T0092382

Baugeologie

Edwin Fecker

Baugeologie

3. Auflage

Edwin Fecker
Geotechnisches Ingenieurbüro Prof. Fecker & Partner GmbH
Ettlingen, Deutschland

ISBN 978-3-662-58997-7 ISBN 978-3-662-58998-4 (eBook)
https://doi.org/10.1007/978-3-662-58998-4

Die Deutsche Nationalbibliothek verzeichnet diese Publikation in der Deutschen Nationalbibliografie; detaillierte bibliografische Daten sind im Internet über http://dnb.d-nb.de abrufbar.

Springer Spektrum
Ausgaben 1987 und 1996 bei Enke Verlag, Stuttgart

Springer Spektrum ist ein Imprint der eingetragenen Gesellschaft Springer-Verlag GmbH, DE und ist ein Teil von Springer Nature.
Die Anschrift der Gesellschaft ist: Heidelberger Platz 3, 14197 Berlin, Germany

Meinem Lehrer Prof. Baurat h. c. Dr.-Ing.
Dr. mont. h. c. Leopold Müller †

Geleitwort zur 1. Auflage

Unsere Bauwerke werden immer größer, unsere Tunnel länger, unsere Talsperren höher. Zugleich aber werden unsere Projekte immer kühner und wagemutiger, nicht nur, weil Gewinnstreben, Optimierungszwang und unrealistische Terminwünsche vorschreiben, das Äußerste aus der jeweiligen Situation herauszuholen, sondern weil z. B. im Talsperrenbau die geologisch günstigsten Plätze längst genutzt sind und wir mit Baugrundsituationen zweiter und dritter Wahl zurechtkommen müssen. Die Abhängigkeit des planenden und des ausführenden Ingenieurs von den geologischen Bedingungen am Ort ist durch all dies noch größer geworden, als sie schon immer war. Dass sie nicht immer ganz erkannt wurde und trotz einer Unsumme angesammelter Erfahrung oft nicht die richtigen Konsequenzen aus den geologischen Tatsachen gezogen wurden, hat zu nicht wenigen Katastrophen geführt. Talsperren sind zugrunde gegangen, Felsrutschungen haben eine erschreckende Zahl von Menschenleben vernichtet, wirtschaftliche Misserfolge von Weltformat haben sich eingestellt. Und das alles meist aus Gründen, welche in einer ungenügenden Berücksichtigung geologischer Gegebenheiten zu suchen sind, in oft mangelnder Bereitschaft, aus Lektionen, die uns die Natur erteilt hat, wirklich zu lernen.

Das allein wäre ein ausreichendes Motiv, trotz Vorhandenseins einer vorzüglichen Fachliteratur, in der Ingenieurgeologie neue Brücken zu schlagen zwischen Ingenieur, Geologe und Geotechniker.

Ein zweites Motiv, eine neue Darstellung der Ingenieurgeologie zu geben, welche längst nicht mehr Angewandte Geologie sondern eine eigene Sparte der Geowissenschaften geworden ist und sich in den letzten Jahrzehnten weiterentwickelt hat, sehe ich in der Erfahrung, dass die Zusammenarbeit zwischen Geologen und Ingenieuren in den letzten zwanzig Jahren sehr zu wünschen übrig lässt, ja dass sie heute weit weniger fruchtbar betrieben wird als in den Jahrzehnten vorher, da Stini sie als ein systematisches Studium der Wechselwirkungen zwischen dem Ingenieur- und Bergbau, Geologie, Geophysik und Werkstoffkunde konzipierte. Vielleicht möchten dies manche Fachgenossen nicht wahrhaben und darauf hinweisen, dass doch die Bedeutung des Themas Ingenieurgeologie ohnedies allgemein bekannt und anerkannt sei und dass, wie man zugeben muss, noch nie so intensive und gründliche geologische Voruntersuchungen für Großbauwerke ausgeführt, noch nie auf so breiter Basis Bohrungen, Probestollen und geophysikalische Untersuchungen ausgeführt, ja geradezu zur Routine geworden seien wie heute. Routine – zugegeben; aber was soll man auf die gegenwärtige Situation für Schlüsse ziehen, wenn man von einem hoch angesehenen Professor eines Fachs, das viel mit Erd- und Felsbau zu tun hat, gefragt wird: allen Ernstes, ganz unter uns: Braucht man diese Ingenieurgeologie in der Praxis wirklich?

Die internationale Praxis sieht betrüblich aus. Gewiss wird viel untersucht und dokumentiert, aber wenig davon wird technisch interpretiert. Vieles wird einfach nicht eingesehen; vieles Notwendige wird bestritten, weil Einsicht zu konsequentem Handeln zwingen und in Widerstreit mit Termin- und Geldfragen geraten würde. Getrennte Bearbeiter sind für Geologie und Geotechnik, für Planung, für Berechnung, Bauausführung und Bauüberwachung zuständig. Meist haben diese Gruppen wenig bis keinen Kontakt miteinander. Theoretiker und Praktiker, beide zu verschiedenartigem Denken erzogen, finden nicht zur Synthese. Kein Gespräch ist zwischen ihnen.

Das starke Interesse, das die technische Öffentlichkeit früher an den geotechnischen Fächern, schon um deren Neuheit willen, entgegengebracht hat, ist ganz wesentlich abgeflaut; die Faszination gilt heute dem exakt Rechenbaren, dem im Computer Erfassbaren, indes die nie so ganz genau in den Griff zu bekommenden geowissenschaftlichen Fakten den jungen Nachwuchs eher desillusionieren. Die einseitige Überkommerzialisierung der technischen Berufe hat auch die Ingenieurbüros, ja sogar die wissenschaftlichen Berater erfasst und einem Konkurrenzdruck ausgesetzt, der der Sache schadet. Die früher noch in Resten vorhandene Intuition muss heute durch Wissenschaftlichkeit ersetzt werden, was vielfach von einem Verlust an innerer Sicherheit begleitet ist. Die vielen Misserfolge und Katastrophen, welche ich miterleben musste, waren aber nie durch Rechenfehler entstanden, sondern immer in Denkfehlern oder Intuitionsmangel begründet.

Wenn wir nicht abwarten wollen, bis durch neue und noch größere Katastrophen wiederum mehr Einsicht erzwungen, Resortgeist abgebaut, fachübergreifende Interessen geweckt und Intuition weniger unterdrückt wird, dann gilt es heute neuerdings für den Gedanken der Zusammenarbeit von Ingenieur und Geowissenschaftler zu werben, ganz so wie Stini dies seinerzeit unermüdlich getan hat, der ein Trommler für die neue Idee genannt wurde: das wichtigste Motiv vielleicht, ein Buch wie dieses auf den Markt zubringen.

Eine der Hauptursachen für den Niveauverlust der fachübergreifenden Zusammenarbeit auf den genannten Gebieten, der auch auf der Baustelle zu fühlen ist, sich am schwersten aber im Desinteresse und in Leistungsmängeln der großen Planungsbüros auswirkt, muss darin gesehen werden, dass dem grundlegenden Unterricht der Ingenieurgeologie heute nur noch ein kleiner Bruchteil derjenigen Semesterstundenanzahl eingeräumt wird, welche einem Stini noch zur Verfügung stand und heute nur noch an Technischen Hochschulen der Osteuropäischen Staaten und Chinas verfügbar sind; ja dass an vielen unserer Universitäten das Gespräch des Ingenieurs mit dem Geologen und Geotechniker überhaupt nicht mehr durch Grundkenntnisse vorbereitet wird und nur Spezialisten ausgebildet werden. Diese aber finden für ihre Argumente kein Ohr, weil beim Gesprächspartner Interesse und Grundlagenverständnis nicht geweckt wurden.

Hier kann ein aus der Geopraxis und aus vertiefter Kenntnis des wissenschaftlichen Dolmetscher- und Brückenschlagfaches Ingenieurgeologie geschriebenes Buch in die krank gewordene Praxis heilend eingreifen. Denn ganz wie vor sechs Jahrzehnten zu Zeiten von Josef Stini oder in den fünfziger Jahren, in welchen Záruba & Mencl ihr Standardwerk der Ingenieurgeologie der Öffentlichkeit übergaben, so tut auch heute wieder eine neue Aktivität not. Neuerlich muss, wie damals, auf die Gefahren einer zu geringen und auf die Chancen einer fruchtbaren Zusammenarbeit auf dem Gebiete der Ingenieurgeologie hingewiesen werden, müssen dem Ingenieur über seine unentrinnbare Abhängigkeit von den Besonderheiten des Baugrundes, die an jedem Bauwerk wieder andere sind, die Augen geöffnet und seine Verantwortung für Tun und Unterlassen auf dem Gebiete baugrundgerechten Planens und Bauens offengelegt werden.

In diesem Sinne wünsche ich den beiden Autoren, mit denen mich seit Langem fruchtbare Arbeitszusammenhänge verbinden, eine gute Aufnahme des Werkes bei vielen Lesern!

Salzburg
1986, am 23. Jahrestag der
Katastrophe von Longarone

Leopold Müller

Vorwort zur 3. Auflage

Die Baugeologie ist eine wichtige Hilfswissenschaft des Bauingenieurwesens. Dem Grund- und Tiefbauingenieur Einblick in dieses für ihn unentbehrliche Grenzgebiet zwischen Geologie und Bauwesen zu geben, ist eines der Ziele dieses Buches; es verfolgt daneben den zweiten Hauptzweck, dem Geologen, welcher sich mit der Beratung bei Gründungen, Tunnelbauten, Talsperrenbauten o. ä. beschäftigen will, zu zeigen, was der Ingenieur von ihm verlangt; nur gegenseitiges Verstehen führt zu brauchbaren geologisch-technischen Gutachten.

Vor über 100 Jahren veröffentlichte Brauns (1878) unter dem Titel *Technische Geologie* das erste deutschsprachige Lehrbuch zu unserem Thema, später erschienen, insbesondere unter dem Titel Ingenieurgeologie, mehrfach Lehrbücher, so die Bücher von Redlich, Terzaghi & Kampe (1929), Záruba & Mencl (1961) und in neuerer Zeit von Prinz & Strauss (5. Aufl., 2011). Dieses Lehrbuch unseres Kollegen Prinz, welches zunächst unter dem Titel *Abriss der Ingenieurgeologie* erschienen war, hatte damals besonders Studierende der Geologie als Zielgruppe im Auge, während unser Buch aus einem Vorlesungsmanuskript für Studierende des Bauingenieurwesens entstanden war, und daher von vornherein etwas andere Schwerpunkte setzte.

Nach einer Zusammenstellung von Erguvanli (1981) dürften zwischen 1880 und 1980 auf der ganzen Welt etwa 75 Lehrbücher zu diesem Wissenszweig erschienen sein. Vergleichen wir die Titel all dieser Bücher und deren Inhalt, so wird deutlich, dass bei den Autoren sehr unterschiedliche Auffassungen herrschten, was Gegenstand des Wissensgebietes sei. So hat z. B. das Buch von Bendel (1944) mit dem Titel *Ingenieurgeologie*, mit aber weitgehend bodenmechanischen und grundbaulichen Inhalten, zu Missverständnissen geführt, die bis heute noch nicht ausgeräumt sind.

Unser Verständnis der Baugeologie gründet sich auf Terzaghi und Stini, auf Cloos sowie Sander, die in den zwanziger und dreißiger Jahren die Baugeologie geprägt haben, und insbesondere auf Müller als Schüler der Genannten, welcher dieser Wissenschaft weitere bedeutende Impulse gegeben hat, z. B. indem er der Gefügekunde in der Baugeologie zum Durchbruch verhalf. Während Terzaghi es am Ende seines Lebens als einen seiner großen Misserfolge bezeichnete, den Bauingenieuren die Geologie nicht in wünschenswerter Weise nähergebracht zu haben, dürfte spätestens in den sechziger und frühen siebziger Jahren die Baugeologie allgemeine Anerkennung gefunden haben und ihre Anwendung überall als notwendig erachtet worden sein, was aber nicht bedeutet, dass sie auch allgemein praktiziert wird.

Die erste und zweite Auflage dieses Buches entstand in Zusammenarbeit mit meinem langjährigen Freund Gerhard Reik. Aufbauend auf den Vorlesungen Leopold Müllers, als dessen Assistenten wir gemeinsam am Institut für Boden- und Felsmechanik der Universität Karlsruhe tätig waren, entstanden Gliederung und erste Texte. Ergänzt haben wir den Vorlesungsinhalt durch eine Einführung in die Geologie und Gesteinskunde, welche dem Bauingenieur die notwendigen Vorkenntnisse vermitteln soll, um die Baugeologie besser verstehen zu können.

1981 gründeten wir zusammen die Beratungsfirma GBM Gesellschaft für Baugeologie und -messtechnik in Rheinstetten bei Karlsruhe. Zu den ersten Aufgaben, welche wir in dem neugegründeten Ingenieurbüro übernahmen, zählten Arbeiten an den teilweise im Bau befindlichen Neubaustrecken Hannover-Würzburg und Mannheim-Stuttgart der Deutschen Bundesbahn. Daneben arbeiteten wir immer noch an der Fertigstellung des Manuskripts für die erste Auflage dieses Buches, welche 1987 erscheinen konnte.

Neben den praktischen Aufgaben drängte es Gerhard Reik aber, wieder an einer Hochschule tätig zu sein, was letztlich dazu führte, dass er sich 1990 um die Professur für das Fachgebiet Ingenieurgeologie an der Technischen Universität Clausthal bewarb. Nach seiner Berufung nahm er dort 1991 die Lehrtätigkeit auf und war zudem mehrere Jahre Dekan seiner Fakultät. In diese Zeit fiel 1996 die durchgesehene zweite Auflage unseres Buches. Die dritte Auflage konnte er leider nicht mehr erleben, weil er bereits wenige Jahre nach seiner Emeritierung im Juli 2014 verstarb.

Zu Dank sind wir Herrn Prof. Dr. O. Natau verpflichtet, als dessen Assistenten wir die ersten Manuskriptteile dieses Buches geschrieben haben und der uns wichtige Anregungen für die Kapitel Spannungsmessungen und Gebirgseigenschaften gegeben hat.

Unseren Kollegen und Bekannten, den Herren Dr. H.-J. Schneider, Prof. Dr. R. Stellrecht, Dr. N. Rengers und Dr. J. Rybář, danken wir für die Durchsicht von Teilen des Manuskriptes und für Ratschläge bei der Abfassung einzelner Kapitel. Die in Kap. 3 abgebildeten Minerale und Gesteine entstammen der Lehrsammlung des geologischen Institutes der Universität Karlsruhe, für die freundliche Genehmigung, diese photografieren und veröffentlichen zu dürfen, bedanken wir uns herzlich. Die elektronenmikroskopischen Aufnahmen Abb. 3.12 und 3.13 fertigte dankenswerterweise Herr Dipl.-Min. H. Joachim vom Mineralogischen Institut der Universität Karlsruhe an.

Die 3. Auflage wurde gegenüber der zweiten insbesondere dort verändert bzw. ergänzt, wo Normen oder Vorschriften neu gefasst oder überarbeitet wurden oder wo technische Neuerungen eingetreten sind. Ansonsten scheint sich der Text der 2. Auflage so gut bewährt zu haben, dass das meiste unverändert bleiben konnte.

Dem Verlag sage ich Dank für die Ausstattung des Buches und sein Verständnis für alle Wünsche der Ausgestaltung. Frau Dr. Stephanie Preuss vom Springer-Verlag und ihrer Kollegin Frau Bettina Saglio danke ich für die gute Zusammenarbeit bei der Gesamtredaktion der 3. Auflage des Buches. Allen nochmals herzlichen Dank.

Ettlingen
im Herbst 2018

Edwin Fecker

Inhaltsverzeichnis

Einführung

1

1.1 Aufgabengebiete der Baugeologie

Bei der Planung und Realisierung nahezu aller bedeutenden Ingenieurprojekte im Bauwesen sind zur Vermeidung von Schäden aus dem Baugrund oder den im Bauwerk verwendeten Erdstoffen, einer Gefährdung durch Erdbeben, Rutschungen, Felsstürze und andere untergrundbezogene Schadensereignisse die geologischen Gegebenheiten zu berücksichtigen (s. Tab. 1.1).

Tab. 1.1 Ingenieurgeologisch-geotechnische Untersuchungsschwerpunkte für verschiedene Bauwerksarten

Bauwerksart	Untersuchungsschwerpunkte
Hochbauten	Standortwahl, Tragfähigkeit und Setzungsverhalten des Baugrundes, Standsicherheit der Baugrubenböschungen, Wasserverhältnisse
Brücken	Standortwahl, Standsicherheit und Setzungsverhalten der Stützenbereiche und Widerlager
Verkehrswege	Trassenlage (Hang- oder Tallage), Setzungsverhalten, Standsicherheit von natürlichen und künstlichen Böschungen, Frostverhalten der Gesteine
Talsperren	Wahl des Absperrquerschnittes, Belastbarkeit des Untergrundes in den maßgebenden Richtungen, Standsicherheit der Felswiderlager, Dichtheit des Stauraumes und Sperrenbereiches, Verlandungsfragen, Erdbebensicherheit und induzierte Seismizität, Standsicherheit der Talhänge des Stauraumes
Tunnel, Stollen, Schächte, Kavernen	Trassen- und Standortwahl, geologisch-geotechnische Prognose, Verhalten der verschiedenen Gebirgsarten beim Ausbruch eines Hohlraumes, Gebirgsspannungen, Wasserverhältnisse, Temperatur, Quell- und Schwellverhalten, Gebirgsgase
Flussbau	Erosionstätigkeit, Erosionshindernisse, Sedimentationstätigkeit, Standsicherheit von Uferböschungen, Feststoffführung
See- und Hafenbau	Erosions- und Verlandungsfragen, Gründungsfragen
Deponien über Tage	Baugrundgeologie und -hydrogeologie, Basisabdichtung, Abdeckung, Standsicherheit
Deponien unter Tage	Bewertung alter Bergwerke, geologische und geotechnische Barrieren, Standsicherheitsnachweise

E. Fecker, *Baugeologie*, https://doi.org/10.1007/978-3-662-58998-4_1

Von Zeit zu Zeit wird die Notwendigkeit eingehender geologischer und geotechnischer Untersuchungen durch gravierende Fehlschläge oder Unglücksfälle unterstrichen. In den Jahren nach dem Bruch der Malpasset-Staumauer 1959 in Frankreich und der katastrophalen Felsgleitung 1963 in den Vajont-Stausee in Italien war es nicht schwierig, die für ähnliche Projekte zuständigen Ingenieure und selbst die mit der Administration und Finanzierung befassten Experten von der Unverzichtbarkeit geologisch-geotechnischer Untersuchungen in den verschiedenen Stadien der Realisierung eines Bauprojektes zu überzeugen.

Generell sind jedoch viele Ingenieure auch heute noch eher geneigt, die Bedeutung der Erdwissenschaften für das Bauingenieurwesen zu unterschätzen. Dies scheint befremdend angesichts der Tatsache, dass viele Bauwerke, wie Staumauern oder Tunnel, auf oder im Fels erstellt und andere, wie Erd- und Steinschüttdämme, nahezu ausschließlich aus Erdstoffen gebaut sind. Am wenigsten Beachtung geschenkt wird den geologischen Gegebenheiten bei kleineren Bauobjekten, da Fehlschläge hier meist weniger spektakulär sind und nicht allgemein bekannt werden. Nur zögernd setzt sich die Einsicht durch, dass eine gebührende Berücksichtigung der geologischen Einflussfaktoren bei Planung, Entwurf und Ausführung von Projekten des Erd-, Grund- und Felsbaues nicht nur die Gefahr von Misserfolgen und Schäden verringert, sondern in vielen Fällen zu wirtschaftlicheren Lösungen führen kann.

Als Teilbereich der jungen Fachdisziplin Ingenieurgeologie kommt der Baugeologie die Aufgabe zu, Erkenntnisse aus den Fachgebieten der Geologie, Geophysik und Mineralogie für das Bauingenieurwesen praktisch nutzbar zu machen. Dabei muss dem Baugeologen gelingen, was geowissenschaftlichen Fachspezialisten häufig schwerfällt:

- Er muss wissen, was für ein spezielles Projekt von Bedeutung, was eher nebensächlich und was bedeutungslos ist,
- er muss die Auswirkungen geologisch-geotechnischer Aussagen auf Bauwerksplanung und -durchführung abschätzen können und
- sich dabei offenhalten für Hinweise, die für den Nichtfachmann zunächst bedeutungslos erscheinen und deshalb oft nicht wahrgenommen werden.

Besonders wichtig für den Baugeologen ist zudem die Fähigkeit zu konstruktiver Zusammenarbeit mit Bau- oder Geotechnikingenieuren.

Bei der Erfassung aller möglichen Wechselwirkungen zwischen Bauwerken und Baugrund und dem Einfluss geologischer Risikofaktoren auf Ingenieurbauten kommt der Baugeologie vor allem die Aufgabe zu, die geologischen Gegebenheiten qualitativ und soweit möglich quantitativ zu beschreiben, bestehende Zusammenhänge aufzudecken und ihre Bedeutung für das jeweilige Projekt herauszustellen. Die physikalischen Eigenschaften – insbesondere das mechanische Verhalten – der Erdstoffe zu bestimmen und hieraus die Kennwerte für Berechnungen abzuleiten, wird meist als Aufgabe der Boden- oder Felsmechanik angesehen. Die Ergebnisse der geologischen und geotechnischen Untersuchungen sind jedoch unbedingt im

Zusammenhang zu sehen und werden deshalb auch vorteilhafterweise in einem geologisch-geotechnischen Bericht zusammengefasst.

Nicht Aufgabe der Baugeologie ist es, Standsicherheitsnachweise zu führen, Stabilitätsanalysen anzustellen, Setzungen zu berechnen usw., wohl aber bei der Entwicklung der hierfür notwendigen Modellvorstellungen bezüglich des Untergrundaufbaues, der Spannungsverhältnisse, der Einflüsse aus dem Grundwasser usw. maßgebend mitzuwirken. Die Meinung zahlreicher Boden- und Felsmechaniker und geologisch wenig vorgebildeter Bauingenieure, hierbei ohne Baugeologie auszukommen, war und ist eine ständige Quelle von Misserfolgen. Solche Misserfolge beruhen kaum je auf fehlerhaften Berechnungen, sondern auf unzutreffenden Annahmen, nicht selten sind hierbei die geologischen Fakten missinterpretiert oder völlig missachtet worden.

Die Fachdisziplin Ingenieurgeologie hat – trotz zeitweiliger Rückschläge – seit der Veröffentlichung des ersten Lehrbuches der Ingenieurgeologie durch Redlich, Terzaghi & Kampe (1929), die Baugeologie und Bodenmechanik noch als einheitliche Fachbereiche ansahen, eine stetige Weiterentwicklung erfahren. Die Anforderungen, die heute an die Baugeologie gestellt werden, sind vor allem gekennzeichnet durch einen Hang zur Quantifizierung der geologischen Daten. Dieser Quantifizierung sind jedoch Grenzen gesetzt. Die Aussagen des Ingenieurgeologen können nicht ausschließlich auf Beobachtungen und Messungen beruhen, sondern auch auf Analogieschlüssen und Intuition. Dies wird deutlich, wenn man sich vergegenwärtigt, dass selbst in günstigen Fällen dem Geologen meist nur ein Tausendstel des z. B. von einer Staumauer beeinflussten Gebirges – aufgeschlossen durch Bohrungen, Stollen und Schürfe – zur Beurteilung unmittelbar vorliegt, und er zudem die zeitlichen Veränderungen, z. B. des Grundwasserstandes, der Spannungsverhältnisse und der Materialeigenschaften usw. berücksichtigen muss. Die Reduktion der nur teilweise direkt erfassbaren Realität und der komplexen Zusammenhänge der verschiedenen Einflussfaktoren auf ein für den Praktiker brauchbares Modell gelingt am besten, wenn es zu einer echten Kooperation zwischen dem planenden Ingenieur und dem Geologen kommt.

1.2 Zusammenarbeit von Bauingenieuren und -geologen

Die gegebenen geologischen Bedingungen, soweit sie für das spezielle Objekt von Bedeutung sind, zu erfassen und bei der Planung, wie der Baudurchführung, so zu nutzen, dass alle baugrundbedingten Vorteile genutzt und Maßnahmen, die sich nachteilig auswirken, vermieden werden, sind Aufgaben, die in Zusammenarbeit zwischen Baugeologen, Geotechnikingenieuren und planenden Bauingenieuren erfüllt werden müssen.

Ein fruchtbares Zusammenwirken im Sinne einer kooperativen Teamarbeit kommt um so eher zustande,

- je höher der Standard des Ingenieurs,
- je weniger begrenzt seine Spezialisierung,

- je mehr Erfahrung er besitzt,
- je besser seine Kenntnisse auf dem Gebiet der Erdwissenschaften sind und
- je häufiger er die Gelegenheit hatte, mit einem erfahrenen Experten der Ingenieurgeologie zusammenzuarbeiten.

Der Fall, in dem der verantwortliche Ingenieur die geologische Expertise nach oberflächlicher Durchsicht zur Seite legt und nie wieder zur Hand nimmt, falls es nicht zu Schadensfällen kommt, ist selten geworden. Vergleichsweise noch seltener wird jedoch der Idealzustand einer kontinuierlichen, kooperativen Zusammenarbeit im Team von den ersten Vorstadien eines Projektes bis zur Funktionskontrolle des fertiggestellten Bauwerkes erreicht.

Eine solche ständige projektbegleitende Zusammenarbeit bietet viele Vorteile:

- In der Initialphase eines Projektes können die ingenieurgeologischen Gegebenheiten durch geeignete Standortwahl und Änderung der Grundkonzeption des Gesamtprojektes noch am ehesten so berücksichtigt werden, dass Vorteile weitgehend genutzt und Gefährdungen ohne besonderen Aufwand vermieden werden.
- In der Planungsphase wird hierdurch garantiert, dass die geologischen Erkenntnisse in ihrer Bedeutung für das Projekt erkannt werden. Der Geologe wird mit dem Projekt konfrontiert und kann besser entscheiden, welche Informationen für den Ingenieur von besonderer Bedeutung sind. Der Ingenieur kann die Möglichkeit alternativer Lösungen besser beurteilen. Nach Erfordernis kann das Erkundungs- und Untersuchungsprogramm sukzessive ergänzt oder geändert werden.
- Während der Bauausführung beinhaltet eine nützliche Zusammenarbeit nicht nur eine gelegentliche Konsultation, sondern – zumindest bei größeren Projekten – auch eine kontinuierliche Dokumentation der angetroffenen geologischen und hydrogeologischen Verhältnisse durch den Ingenieurgeologen. Diese Dokumentation vervollständigt die früher erhobenen Daten und ermöglicht eine Anpassung der konstruktiven Maßnahmen des Bauablaufes usw. an die tatsächlichen geologischen Verhältnisse. Hierbei ist häufig zu beobachten, dass Ingenieure mit geologischen Kenntnissen eher gewillt sind, die notwendigen Modifikationen vorzunehmen. In manchen Ländern werden solche Änderungen infolge starrer Vergabepraktiken und festgelegter Ausführungsvorschriften erschwert und dadurch die Erzielung größtmöglicher Sicherheit und Wirtschaftlichkeit verhindert.
- In der Phase der Überwachung des Verhaltens des Bauwerkes – welche insbesondere bei Staudämmen und -mauern sowie Großkavernen wichtig ist – wird eine zutreffende Interpretation der Verschiebungs- und Spannungsmessungen durch die Beteiligung des Ingenieurgeologen wahrscheinlicher. Wichtig ist hierbei, dass auf eine sorgfältige, detaillierte Dokumentation aus der Bauphase zurückgegriffen werden kann, da die während des Baues freigelegten Fels- und Bodenschichten zumeist der direkten Beobachtung wieder entzogen werden.

Tab. 1.2 Mitarbeit des Ingenieurgeologen in den verschiedenen Arbeitsphasen eines Bauwerks

Ingenieurgeologe	Bauingenieur
Vorstudien	
Klärung der geologischen Situation im Großen	Grundsätzliche Entscheidung über Lokalität, Trassenführung, Hauptanlageverhältnisse
Generelle Projektierung	
Klärung der geologischen Situation am gewählten Ort, Festlegung des Aufschlussprogrammes, Überwachung bzw. Durchführung der Aufschlussarbeiten, Baustofffragen	Entscheidung über Bauwerkstypen, Gründungsarten, Baustofffragen
Detail-Projektierung	
Interpretation der Aufschlussverhältnisse und Durchführung ergänzender Untersuchungen, Disposition von Groß- und Laborversuchen	Anpassung der Baukonstruktionen an das geologische Detail, Entscheidung über Art der Bauweise und Baudurchführung, Festlegung von Beobachtungssystemen
Bauausführung	
Geologische Dokumentation und Bauberatung	Erforderlichenfalls Anpassung von Konstruktion und Ausführung an die im Zuge des Baufortschrittes gewonnenen Daten, Messbeobachtungen
Bauwerksüberwachung	
Mitarbeit bei Deutung von Bauwerksbeobachtungen	Erforderlichenfalls ergänzende Maßnahmen

Die Aufgaben des Bauingenieurs und des Baugeologen in verschiedenen Phasen eines Projektes sind in Tab. 1.2 nochmals zusammenfassend einander gegenübergestellt.

1.3 Ausbildung des Baugeologen und des Bauingenieurs

Um die als notwendig erachtete Teamarbeit zu ermöglichen, muss der Baugeologe mit den Ingenieuraufgaben, deren Lösungskonzepten und der Ingenieurterminologie vertraut sein. Er muss sich mit den anstehenden Aufgaben identifizieren können, um als anerkannter gleichwertiger Partner im Team zu bestehen. Vorgetäuschtes Interesse reicht nicht aus, die Gemeinschaftsarbeit optimal zu bewältigen. Die beteiligten Ingenieure sollten ihrerseits grundlegende Kenntnisse in erdwissenschaftlichen Fachbereichen besitzen und mit den Arbeitsmethoden und der Terminologie soweit vertraut sein, dass sie bereits aufgrund ihrer Ausbildung die Möglichkeiten und die Grenzen der geologischen und geotechnischen Aussagen beurteilen können. Die Notwendigkeit, sowohl Geologen als auch Bauingenieure im Fachgebiet Ingenieurgeologie ausreichend zu unterrichten, wurde in der Bundesrepublik Deutschland im Vergleich zu vielen anderen Ländern relativ spät erkannt. (Erst im Jahre 1970 wurde an der Technischen Hochschule Aachen der erste Lehrstuhl für Ingenieurgeologie und Hydrogeologie eingerichtet.) An vielen Hochschulen werden die Bauingenieure zwar im Fach Geologie unterrichtet, ohne jedoch den speziellen Bezug geologischen Wissens zum Bauwesen vermittelt zu bekommen. Diese inadäquate Ausbildung führt bei den Betroffenen nicht selten zu dem Fehlschluss, dass vonseiten der Baugeologie wenig Hilfe zu erwarten sei.

Nur wenige Bauingenieure betätigen sich als Spezialisten auf dem Gebiet der Baugeologie. Ihre Ausbildung in den Erdwissenschaften muss sich in der Kürze der zur Verfügung stehenden Zeit auf die Übermittlung eines Grundlagenwissens beschränken. Detailkenntnisse in Allgemeiner Geologie, Petrographie, Stratigraphie und Paläontologie können in diesem Rahmen nicht vermittelt werden. Nicht fehlen sollten jedoch kurze Einführungen in die Hydrogeologie, die geophysikalischen Erkundungsmethoden, Luftbildinterpretation, strukturgeologische Feldaufnahmen und weitere Erkundungsmethoden. Von besonderer Bedeutung erscheint es, den Anwendungsbezug immer wieder aufzuzeigen und den Ingenieur mit dem eher ganzheitlichen Denken des Erdwissenschaftlers vertraut zu machen, zu zeigen, dass es der Geologe mit komplexen Strukturen und Zusammenhängen zu tun hat, die oft mehrere verschiedenartige Deutungsmöglichkeiten zulassen, dass man bei der Analyse eines geologischen Problems vom Großen zum Kleinen, vom Ganzen zum Detail gehen muss, um den Orientierungsrahmen nicht zu verlieren, dass man entwicklungsgeschichtlich denken lernen muss, um den strukturellen Aufbau des Untergrundes verstehen zu können und zu begreifen, dass auch gegenwärtig die Erdkruste nur in einem dynamischen Gleichgewicht steht.

Geologen sind – zumindest in zahlreichen europäischen Ländern – von ihrer formalen Ausbildung her meist unzureichend auf eine Ingenieurgeologentätigkeit vorbereitet. Die Ausbildung muss ergänzt werden durch eine ausreichende Unterrichtung in Mathematik, Statistik und Datenverarbeitung, vor allem jedoch in einer Reihe von technischen Disziplinen, wie Bodenmechanik, Felsmechanik, Grund- und Felsbau, Tunnel- und Stollenbau, Wasserbau, Bohrtechnik und Brunnenbau sowie in Statik und technischer Mechanik. Hinzukommen sollten auch Vorlesungen in Ingenieurgeologie, die jeweils spezielle Problembereiche ansprechen. Um dies zu erreichen, muss gegebenenfalls auf eine vertiefende Ausbildung in einigen naturwissenschaftlichen Spezialfächern verzichtet werden.

Dieses Buch soll vor allem auch dazu beitragen, Bauingenieure soweit mit den Grundlagen der Erdwissenschaften und der ingenieurgeologischen Arbeitsmethodik und Denkweise vertraut zu machen, dass sie ein Bewusstsein für die anstehenden Probleme entwickeln und diese als echte Partner mit Ingenieurgeologen, Geotechnikingenieuren oder auch mit anderen Fachexperten der Erdwissenschaften diskutieren können. Die Erfahrung zeigt, dass die Aufgabe, möglichst vielen Bauingenieuren ein Grundverständnis für ingenieurgeologische Fragestellungen zu vermitteln, zumindest genauso wichtig ist wie die Ausbildung der Ingenieurgeologen selbst, da diese beklagenswert wenig erreichen können, wenn ihre Empfehlungen weitgehend auf Unverständnis stoßen.

1.4 Theorie und praktische Erfahrung

Ingenieurgeologie ist prinzipiell ein praxisorientierter Zweig der Erd- und Ingenieurwissenschaften – eine Summe von Erfahrungen, gesammelt und systematisch ausgewertet. Literatur auf diesem Gebiet veraltet deshalb nie völlig. Aus Publikationen z. B. von Heim, Stini oder von Ržiha – mehr als 100 Jahre alt – kann selbst der erfahrene Ingenieurgeologe noch lernen. Fallstudien stellen einen wichtigen Beitrag zur Ingenieurgeologie dar. Nicht alles in der Ingenieurgeologie kann in ein System gefasst und theoretisch erfasst werden. Wenig kann durch Deduktion abgeleitet werden. Vieles verbleibt der synthetisierenden Beurteilung oder auch der Intuition (Müller, 1974).

Von Bedeutung für den Fachbereich erscheint es, dass die so wichtigen Fallstudien nicht nur die Fakten und die Auswirkungen der geologisch-hydrologischen Gegebenheiten enthalten, sondern auch aufzeigen, welche Methoden angewandt wurden, wie und warum die Verhältnisse richtig oder unzutreffend erfasst oder interpretiert wurden. Leider werden Fehlbeurteilungen, aus denen häufig am meisten zu lernen wäre, zumeist verschwiegen.

2 Geologische Grundlagen

2.1 Allgemeines

Geologie ist die Wissenschaft von den Entstehungsvorgängen und der Entwicklungsgeschichte der Erde, insbesondere der unserer direkten Beobachtung zugänglichen Erdkruste. Die Erdkruste ist das Ergebnis einer sich über mehr als 4,5 Mrd. Jahre erstreckenden Bildungsgeschichte. Jede erdgeschichtliche Epoche hat uns Dokumente hinterlassen. Es sind dies die Gesteine, aus deren Ausbildung, räumlicher Aufeinanderfolge und Lagerung der Geologe zu schließen vermag, welche besonderen Bedingungen zur Zeit der Bildung der einzelnen Gesteinsschichten geherrscht haben und durch welche Vorgänge sie nachträglich umgestaltet worden sind.

Im Laufe der Erdgeschichte hat sich auch beginnend nach unserem gegenwärtigen Kenntnisstand vor etwa 3,5 Mrd. Jahren die Lebewelt von einfach gebauten Organismen zu hochspezialisierten vielzelligen Pflanzen und Tieren entwickelt. Diese Entwicklungsgeschichte lässt sich, wenn auch sehr lückenhaft, aufgrund von zumeist versteinerten Tier- und Pflanzenresten rekonstruieren. Die Tatsache, dass durch die Entwicklung des Lebens immer wieder neue Arten entstanden, andere ausgestorben sind, ermöglicht es, Gesteine, die Fossilien enthalten, altersmäßig einzustufen. Das Studium der Entwicklung der Erdkruste und des Lebens auf der Erde über die erdgeschichtlichen Epochen hinweg ist Aufgabe der Historischen Geologie.

Mit den physikalisch-chemischen Grundlagen geologischer Prozesse befasst sich die Allgemeine Geologie. Dabei wird unterschieden zwischen der Endogenen Dynamik, die Vorgänge in der Erdkruste sowie dem -mantel behandelt, und der Exogenen Dynamik, die sich mit Prozessen der mechanischen, chemischen und biologischen Verwitterung, der Ablagerung von Sedimenten und sonstigen an der Erdoberfläche ablaufenden geologischen Vorgängen beschäftigt.

Die Erdkruste liefert dem Menschen Bau- und Rohstoffe; wo und wie wir diese Materialien zu suchen haben, erklärt die Angewandte Geologie. Daneben ist die Erdkruste auch unser Baugrund, auf dem wir Bauten errichten, Straßen und Ei-

E. Fecker, *Baugeologie*, https://doi.org/10.1007/978-3-662-58998-4_2

senbahnen anlegen, den wir mit Tunneln und Stollen durchfahren. Die Geologie hat dabei die Aufgabe, den Baugrund zu erkunden und seine Eignung hierfür festzustellen. Dieses spezielle Gebiet der Angewandten Geologie nennen wir Baugeologie.

Die Hydrogeologie als weiteres Teilgebiet der Angewandten Geologie lehrt schließlich, wo und wie Quellen und Grundwasser aufgesucht und nutzbar gemacht werden können und wie andererseits auch das Grundwasser dort ferngehalten werden kann, wo es ein Bauvorhaben behindert, bzw. wie eine negative zeitweise oder dauernde Beeinträchtigung des Grundwassers, z. B. durch Verschmutzung, Ableitung und Umlenkung, zu vermeiden ist.

In der knapp gehaltenen Zusammenfassung geologischer Grundlagen wird allgemein auf die vorliegenden Erkenntnisse eingegangen und auf Prinzipien, Ziele und spezielle Arbeitsmethoden hingewiesen. Dabei werden Aspekte der Allgemeinen und der Historischen Geologie und der Nachbarwissenschaften in den Vordergrund gestellt, die im Hinblick auf ingenieurgeologische Fragestellungen wichtig erscheinen oder aber besonders geeignet sind, dem Bauingenieur die Denkweise, Methodik des Vorgehens und die anzuwendenden Untersuchungsverfahren näher zu bringen.

Obwohl die physikalischen, chemischen und biologischen Abläufe vergangener Zeiten und der Gegenwart, die den geologischen Bau, die Wasserverhältnisse, die Spannungen im Gebirge etc. bestimmen, prinzipiell weitgehend bekannten Gesetzmäßigkeiten folgen, können die geologischen Verhältnisse infolge der vielen – häufig unbekannten – Einflussfaktoren nicht im Einzelnen mit Sicherheit abgeleitet werden. Der Geologe nimmt vielmehr Hinweise aus vielen Quellen auf und leitet daraus ein mögliches Gesamtbild ab, das er gegebenenfalls bestimmten Tests unterwirft, um es auf seine Plausibilität hin zu prüfen. Dabei ist es häufig erforderlich, zwischen verschiedenen aufgrund der vorliegenden Kenntnisse möglichen Vorstellungen zu entscheiden. Ein Vergleich mit dem Arzt, der in seiner Diagnose – zumindest in schwierigen Fällen – eine Vielzahl von Hinweisen verarbeiten muss, ohne die ihm gestellten Fragen mit letzter Sicherheit beantworten zu können, scheint angebracht. Ähnlich wie in der Medizin haben sich auch für den Geologen die Chancen einer zutreffenden Prognose der Verhältnisse durch technischen Fortschritt bei den Untersuchungsmethoden und die Weiterentwicklung theoretischer Grundlagen verbessert.

Insgesamt soll die zusammenhängende Kurzdarstellung geologischer Grundlagen dem Bauingenieur eine präzisere Vorstellung der Möglichkeiten und der Grenzen geologischer Aussagen ermöglichen und ihn mit der Denkweise des Erdwissenschaftlers, der vor allem immer auch die Entwicklung im Verlaufe langer Zeiträume und unter wechselnden Bedingungen zu berücksichtigen hat, vertraut machen.

2.2 Aufbau des Erdkörpers

Der schalenförmige Aufbau der Erde ist durch geophysikalische Messungen (unterschiedliche Fortpflanzungsgeschwindigkeiten der Erdbebenwellen, Reflexion bzw. Refraktion an den „Schalengrenzen"), Hochdruck-Hochtemperatur-Versuche und vergleichende Untersuchungen an Resten anderer Himmelskörper (Meteoriten) be-

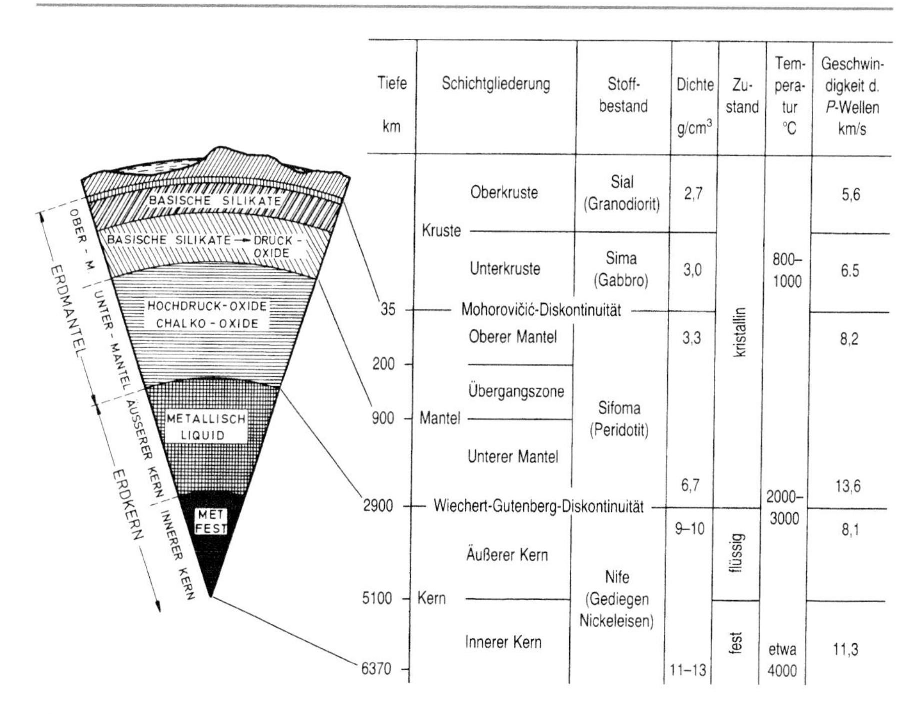

Abb. 2.1 Schematischer Querschnitt durch die Erde mit Zoneneinteilung. (Nach Murawski, 1977; mit freundlicher Genehmigung von © Springer Spektrum, Akademischer Verlag, Heidelberg 2010, alle Rechte vorbehalten)

legt. Abb. 2.1 gibt einen schematischen Überblick über den Aufbau des Erdkörpers sowie die Einteilung in Erdkern, Erdmantel und Erdkruste, deren jeweilige mittlere Dicke sowie die materielle Zusammensetzung und die Druck- und Temperaturbedingungen. Die geologisch bedeutsamen Vorgänge spielen sich im Wesentlichen in der Erdkruste ab, werden jedoch durch Material- und Wärmeaustausch mit dem Erdmantel und Strömungsvorgänge hierin beeinflusst.

Die Oberkruste besteht zum großen Teil aus einer Sedimenthaut und leichten granitischen Gesteinen, die Unterkruste aus schwereren Gabbro- und Basaltgesteinen. Durch unterschiedliche Mächtigkeiten dieser Erdkrustenschalen unter Kontinenten und Ozeanen ergibt sich eine horizontale Gliederung in Kontinentalblöcke und ozeanische Krustenteile (Abb. 2.2), wobei die wesentlich mächtigere Kruste im Bereich der Kontinente, die im Bereich geologisch junger, hoher Faltengebirgszüge ihre größte Dicke erreicht, nach der Vorstellung von Airy – die von einem Schwimmgleichgewicht ausgeht – auch besonders tief in den Erdmantel eingesunken ist. Im Laufe geologischer Zeiträume stellt sich ein Gleichgewichtszustand ein.

Verringert sich das Gewicht eines Kontinentalblockes, z. B. durch den Abtrag hoher Gebirgszüge, so hebt sich dieser im Bestreben, das „Schwimmgleichgewicht" wieder herzustellen, heraus. In ähnlicher Weise wirkt sich auch das Abschmelzen mächtiger Eisüberlagerung aus. So hob sich z. B. Fennoskandien seit dem Ab-

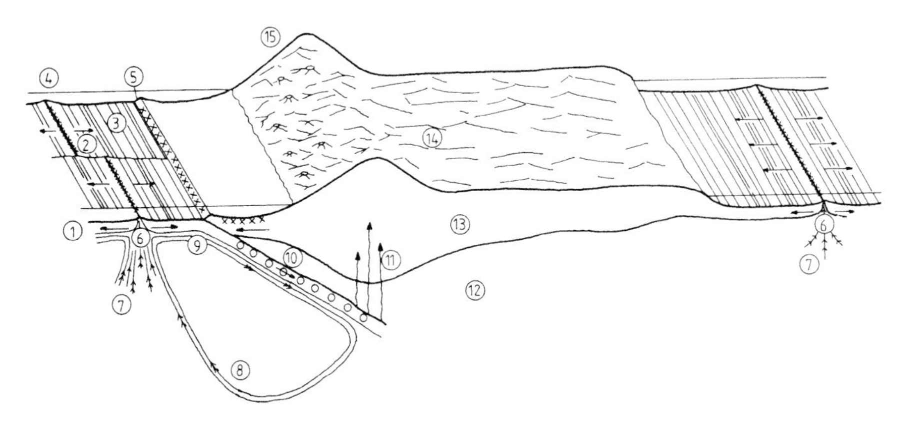

Abb. 2.2 Schematische Darstellung der Beziehungen zwischen Plattentektonik, Erdbebenaktivität und Vulkanismus. *xx* flache Erdbebenherde, *oo* tiefe Erdbebenherde, *1* Ozeanboden, *2* Transformstörung, *3* Isochron, *4* Ozean, *5* Tiefseegraben, *6* mittelozeanischer Rücken, *7* heißes Material steigt unter den mittelozeanischen Rücken auf, *8* Konvektionsströme, *9* Subduktionszone, *10* Benioff-Zone, *11* aufsteigende Magmen, *12* Asthenosphäre, *13* Lithosphäre, *14* Kontinent, *15* Vulkangürtel

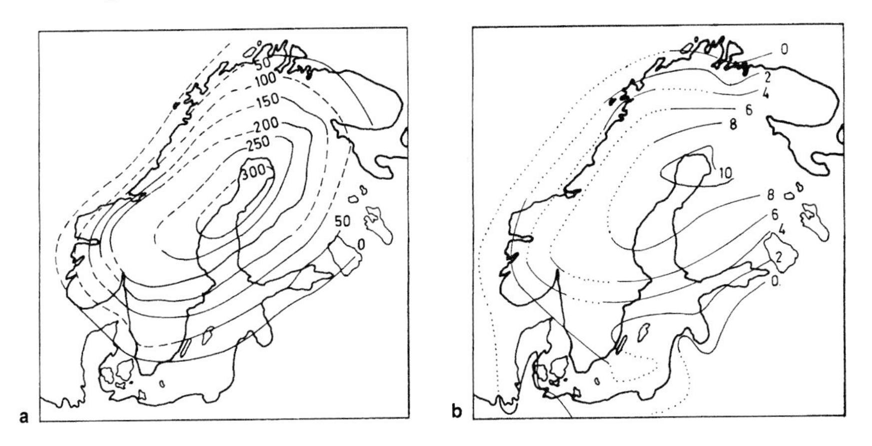

Abb. 2.3 Die nacheiszeitliche epirogene Aufwölbung Fennoskandiens, veranschaulicht durch Linien gleicher Hebung (Isobasen). **a** Gesamthebung in m seit der Zeit des Yoldia-Meeres (seit 7700 v. Chr. Geb.). **b** Gegenwärtiges Aufsteigen in mm/Jahr. (Aus Brinkmann, 1990; mit freundlicher Genehmigung von © Springer-Verlag GmbH Deutschland, 2018, alle Rechte vorbehalten)

schmelzen des Eises der letzten Eiszeit im Verlaufe von ca. 10.000 Jahren um maximal ca. 300 m. Infolge der Zähigkeit des Materials im Erdmantel und der Erdkruste ist dieser Vorgang auch heute noch nicht vollständig abgeschlossen – die derzeitige Hebungsrate beträgt ca. 10 mm/Jahr im zentralen Bereich (Abb. 2.3). Aus der negativen Anomalie der Erdbeschleunigung lässt sich ableiten, dass zum vollkommenen isostatischen Ausgleich eine weitere Hebung von ca. 200 m erforderlich wäre.

2.3 Geotektonik

2.3.1 Konzept der Plattentektonik

Mit dem Konzept der Plattentektonik konnte in den sechziger Jahren erstmals ein globales Modell der geologischen Vorgänge in der Erdkruste entwickelt werden, das eine Vielzahl geologischer Fakten erklärbar macht und Zusammenhänge aufdeckt.

Nach der Theorie der Plattentektonik besteht die äußere Schale der Erde aus einigen verhältnismäßig starren Platten. Die relative Bewegung dieser Platten manifestiert sich im Bereich der Plattengrenzen durch geologische Prozesse, wie Gebirgsbildung, Erdbebenaktivität, Vulkanismus usw. Abb. 2.2 zeigt die strukturellen Details eines Krustenteiles – oder einer Platte – vom Ort der Entstehung neuer Kruste bis zum Plattenrand, an dem der Krustenteil unter die Nachbarplatte abtaucht und wieder aufgeschmolzen wird.

Im Bereich mittelozeanischer Rücken weichen die beiden benachbarten Krustenteile auseinander. Die Zufuhr von Magma aus der teilweise aufgeschmolzenen Asthenosphäre und dessen Erstarrung führt zur Bildung neuer ozeanischer Erdkruste. Durch die nachweisbare Zunahme des Alters der basaltischen Gesteine und der darüberliegenden Tiefseesedimente mit zunehmendem Abstand zum mittelozeanischen Rücken lassen sich die mittleren Geschwindigkeiten des Auseinanderdriftens der Lithosphärenplatten ermitteln (Abb. 2.2).

Die driftenden Lithosphärenplatten führen die aus spezifisch leichterem Gestein bestehenden Kontinentalblöcke mit sich. In dem Bereich, in dem es zur Kollision von Platten und dem Abtauchen (Subduktion) eines Krustenteiles unter den benachbarten Block kommt, laufen eine Reihe geotektonisch besonders bedeutsamer Prozesse ab. Die abtauchenden, relativ kalten und starren Lithosphärenplatten sind der Ort der stärksten Erdbeben (Benioff-Zone) mit besonders tiefen Bebenherden (s. Abb. 2.2). Durch das Mitschleppen der unterschobenen Platte entstehen Tiefseegräben und sich rasch mit mächtigen Sedimentlagen auffüllende Bereiche. Aus der abtauchenden Platte freigesetztes Wasser führt zu einem teilweisen Aufschmelzen im darüberliegenden Bereich des Erdmantels, das Magma steigt auf und kann zum Teil bis zur Oberfläche dringen (Vulkane) oder in tiefer liegenden Bereichen erstarren (Plutonite). Im Bereich der aufdringenden Schmelzen kommt es zur Gesteinsumwandlung (Hochtemperaturmetamorphose). Im Gegensatz hierzu laufen die Gesteinsumwandlungsprozesse im unmittelbaren Subduktionsbereich unter hohem Druck und niedriger Temperatur (Hochdruckmetamorphose) ab.

Kommt es an der Plattengrenze zur Unterschiebung kontinentaler Kruste, so wird diese nur bedingt mit in die Tiefe gezogen (geringes spezifisches Gewicht) – es kommt zu besonders starker Heraushebung (Gebirgsbildung). Der Prozess der Unterschiebung kommt zum Stillstand und es bildet sich i. A. eine neue Subduktionszone in einem rückwärtigeren Bereich der abtauchenden Lithosphärenplatte. Außer den oben erwähnten Relativbewegungen (Divergenz im Bereich der mittelozeanischen Rücken, Konvergenz im Unterschiebungsbereich) gibt es Plattengrenzen mit vorwiegend horizontaler Verschiebungskomponente. Die Bewegungen entlang dieser Grenzbereiche sind ebenfalls mit Erdbeben großer Magnitude verbunden. Die verschiedenen Typen von Plattengrenzen wie:

- Riftbereiche, wo Schollen auseinanderdriften (ozeanische Rücken oder kontinentale Gräben),
- Subduktionsbereiche mit Unterschiebung von ozeanischer Kruste unter ozeanische oder kontinentale Kruste,
- in Sonderfällen Blattverschiebungsbereiche (auch Seitenverschiebung oder Transversalverschiebung genannt)

sind in Abb. 2.2 einander gegenübergestellt. Nach dem heutigen Kenntnisstand begann der gegenwärtige Zyklus der Kontinentaldrift mit der Fragmentation des zusammenhängenden Urkontinents – Pangaea – vor ca. 200 Mio. Jahren.

Während für die Rekonstruktion der geographischen Konfiguration der Kontinente und Ozeane in den letzten ca. 200 Mio. Jahren der Erdgeschichte eine sehr große Menge von Daten vorliegen, die es erlauben, den Ablauf der globaltektonischen Vorgänge nachzuvollziehen, ist dies für ältere Epochen wesentlich schwieriger. Anzeichen für Gebirgsbildungen im Zusammenhang mit der Kollision von Erdkrustenteilen finden sich jedoch auch für frühere Erdzeitalter. Der Antriebsmechanismus der gewaltigen, über sehr lange Zeiträume hinweg ablaufenden Umformungsvorgänge innerhalb der Erdkruste ist bislang nicht schlüssig geklärt. Die wahrscheinlich zutreffendste Hypothese sieht Konvektionsströmungen im Erdmantel mit Zonen aufsteigender heißer, teilweise flüssiger Materialien und Zonen abtauchender abgekühlter fester Krustenteile, die rückwärtige Krustenteile mit sich ziehen, als Hauptursache der Kontinentaldrift an. Da die abtauchenden Krustenteile erst in Tiefen von ca. 700 km vollständig resorbiert werden, müsste ein großer Teil des Erdmantels mit in diesen Konvektionsprozess einbezogen sein.

2.3.2 Erdbeben

2.3.2.1 Ursache von Erdbeben

Erdbeben lassen sich im Allgemeinen mit Bewegungsvorgängen an tektonischen Dislokationsflächen in Verbindung bringen. Die meisten Bebenherde finden sich im Bereich der großtektonischen Bewegungsflächen an Plattengrenzen. Frei von Erdbeben sind jedoch auch die weit von den Plattenrändern entfernten Teile der Erdkruste nicht. Bemerkenswert ist, dass gerade ein Teil solcher Intraplattenbeben mit besonders großen Schäden verbunden war – wie z. B. das Tang-Shan-Beben von 1976 in China, bei dem vermutlich 240.000 Menschenleben zu beklagen waren.

Nach Feldmessungen und Laborexperimenten ist die unmittelbare Ursache der tektonischen Beben in der Freisetzung gespeicherter elastischer Formänderungsenergie zu suchen. Infolge von Unebenheiten und den Unterschieden zwischen Haft- und Gleitreibung bewirken die langsam ablaufenden Krustenverschiebungen zunächst eine zunehmende elastische Verformung des die Störung begrenzenden Gebirges. Erreicht die Scherverformung bzw. -spannung einen kritischen Wert, kommt

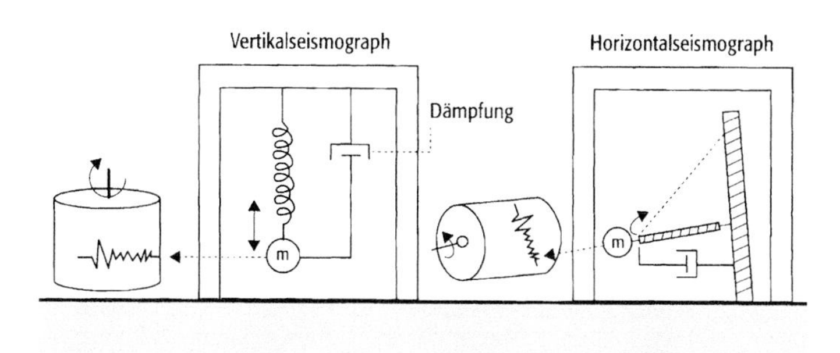

Abb. 2.4 Schematische Darstellung eines Vertikalseismographen mit der Aufhängung der trägen Masse m an einer Feder und eines Horizontalseismographen mit der Aufhängung der Masse nach dem Prinzip der schief eingehängten Tür. (Aus Bock, 2001; mit freundlicher Genehmigung von © Spektrum, Akademischer Verlag, Heidelberg 2001, alle Rechte vorbehalten)

es schlagartig zu einer kurzfristigen Bewegung entlang der vorgegebenen Dislokationsfläche oder auch der Bildung einer neuen Bruchfläche. Dabei kann die Bewegung auf einen kleinen Bereich der Störungsfläche beschränkt sein oder aber im Falle von Großbeben auch erhebliche Ausmaße annehmen. Vielfach kommt es entlang sehr großräumiger Störungssysteme zu einem sukzessiven, sich räumlich verlagernden Abbau der gespeicherten Energie. Ein Beispiel hierfür bietet die San-Andreas-Störungszone in Kalifornien.

Neben ruckartigen Bewegungsvorgängen entlang von Störungszonen sind der Einsturz großer, unterirdischer Abbaukammern und Bergschläge Ursachen von eher lokal bedeutsamen Erdbeben.

2.3.2.2 Erfassung von Erdbeben

Zur Registrierung der Bodenschwingungen werden Seismographen verschiedener Bauarten verwendet. Im Prinzip messen die Seismographen Relativbewegungen zwischen einer möglichst zumindest in einer Ebene freischwingenden trägen Masse und der mit dem Untergrund oder auch einem Gebäude verbundenen Basisplatte (s. Abb. 2.4). Die Bewegungen werden bei modernen Seismographen elektrisch (induktiv oder über Widerstandsänderungen) gemessen und elektronisch verstärkt und übertragen.

Abb. 2.5 zeigt die Aufnahme eines Erdbebenereignisses. Auf dem Seismogramm sind die Einsätze unterschiedlicher Wellen zu erkennen, die den Seismographen z. T. auf unterschiedlichen Wegen vom Fokus des Erdbebens erreichten. Die Unterschiede in der Fortpflanzungsgeschwindigkeit der

- Druckwellen (P-Wellen),
- Scherwellen (S-Wellen) und
- Oberflächenwellen (L-, R-Wellen)

ermöglichen es, die Distanz des Aufnahmestandortes vom Fokus bzw. dem Epizentrum des Bebens zu ermitteln (Abb. 2.6), nachdem durch eine Vielzahl von

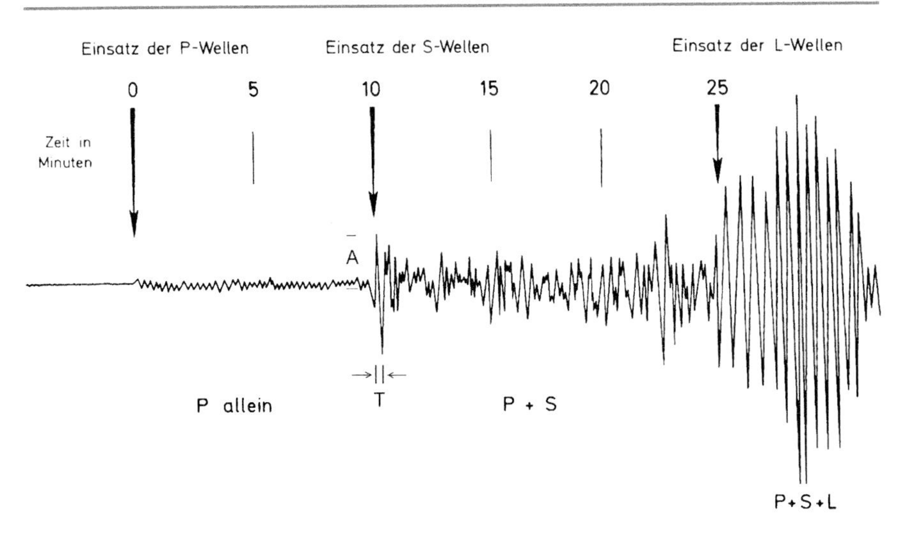

Abb. 2.5 Seismogramm mit Kennzeichnung der Einsätze verschiedener Wellen, die den Aufnahmeort, z. T. über verschiedene Wege erreichen. *A* max. Verschiebungsamplitude auf dem Seismogramm, *T* Periode der Oszillation. (Nach Brinkmann, 1990; mit freundlicher Genehmigung von © Springer-Verlag GmbH Deutschland, 2018, alle Rechte vorbehalten)

Beobachtungen sogenannte Laufzeitkurven aufgestellt sind, auf denen die Zeitunterschiede im Eintreffen der verschiedenen Wellen in Abhängigkeit von der Entfernung des Messortes vom Epizentrum aufgetragen sind.

Zur Beurteilung der Erdbebenstärke haben sich eine auf qualitative Information beruhende Intensitätsskala – die modifizierte Mercalli-Skala – und eine auf Messungen mittels Seismographen beruhende Magnitudenskala nach Richter durchgesetzt. Die Ermittlung der Magnitude M eines Erdbebens basiert auf der Messung der maximalen Verschiebungsamplitude A der Bodenbewegung und der Periode T der Oszillation

$$M = \log\left(\frac{a}{T} + B\right)$$

mit $a = A \cdot F$

A = max. Amplitude der Bodenbewegung
F = Vergrößerungsfaktor des Seismographen
B = empirischer Faktor, der die Entfernung zur Aufnahmestation ausgleicht.

Abb. 2.6 Bestimmung des Epizentrums eines Erdbebens aus den Laufzeitunterschieden der P- und S-Welleneinsätze aus den Seismogrammen verschiedener Erdbebenstationen. **a** Ermittlung der Entfernung vom Epizentrum aus Laufzeitunterschieden, **b** Bestimmung des Epizentrums. (Nach Press & Siever: Earth, 5. Aufl., © 1974/1978 by W. H. Freeman & Co., wiedergegeben mit Erlaubnis) ▶

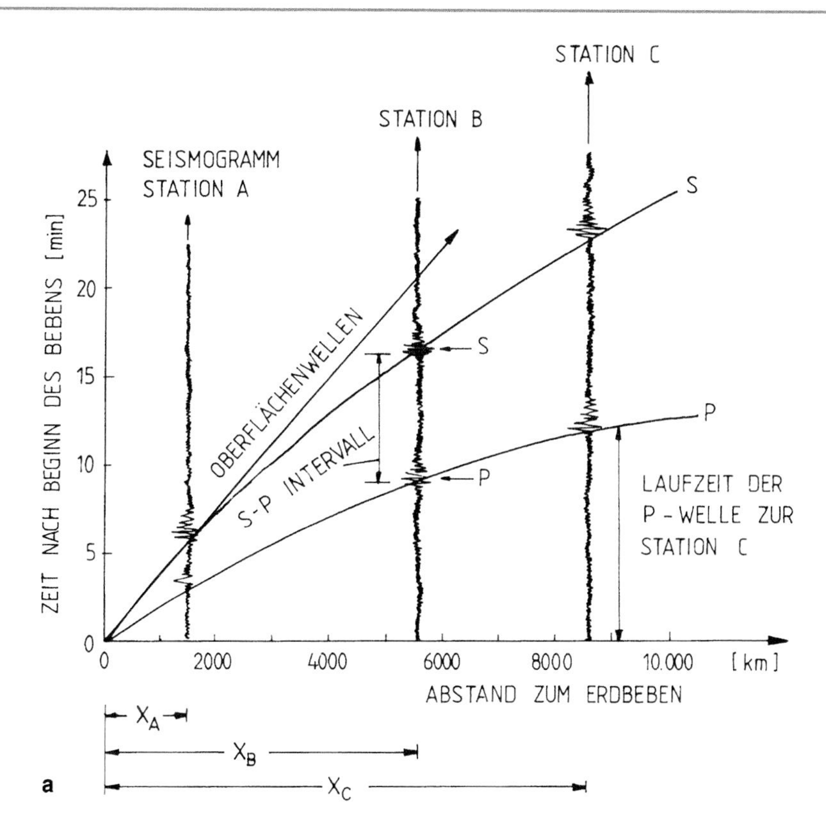
STATION C
STATION B
SEISMOGRAMM
STATION A
S
OBERFLÄCHENWELLEN
S
S-P INTERVALL
P
P
LAUFZEIT DER
P-WELLE ZUR
STATION C
ZEIT NACH BEGINN DES BEBENS [min]
0
5
10
15
20
25
0
2000
4000
6000
8000
10.000
[km]
ABSTAND ZUM ERDBEBEN
X_A
X_B
X_C

a

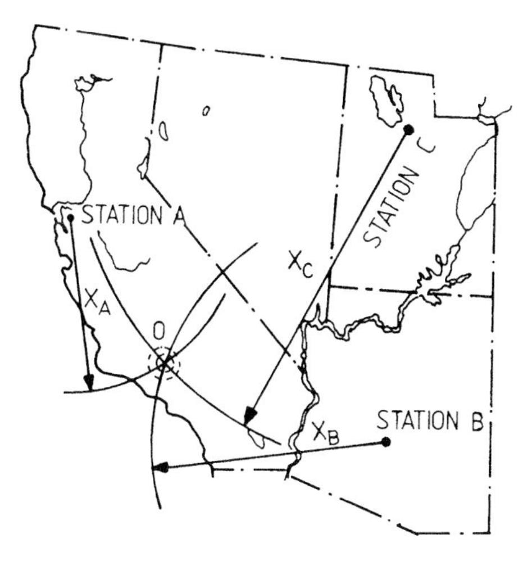
STATION A
STATION C
X_C
X_A
O
X_B
STATION B

b

Um die Magnitudenbestimmung unabhängig von der Entfernung des Aufnahmeortes vom Epizentrum machen zu können, enthält die Formel zur Bestimmung der Magnitude M eine empirische Entfernungskonstante B.

Zusammenhänge zwischen der Intensität, der Magnitude, der freigesetzten Energie und der maximalen Bodenbeschleunigung eines Erdbebens sind allgemein nur ungefähr anzugeben. Auf die Bedeutung von Erdbeben für das Bauwesen wird in Abschn. 2.3.4 näher eingegangen.

2.3.3 Rezente Bewegungen

Die Erdkruste befindet sich in dauernder Umgestaltung durch tektonische Vorgänge. Solange die damit verbundenen Verformungen gleichmäßig verteilt sind, sind sie für das Bauwesen infolge des langsamen Ablaufes und des damit über die Gebrauchsdauer von Bauwerken geringen Betrages der Verformungen ohne Bedeutung. Vielfach handelt es sich jedoch um Verformungsvorgänge, die an bestehende Trennflächen – sogenannte Störungen oder Dislokationen (s. Kap. 4 und die Abschn. 2.3.1 und 2.3.2) – gebunden sind und dann auch plötzliche Verschiebungen im Meterbereich beinhalten können. Entlang von sehr vielen bekannten tektonischen Störungen treten allerdings z. Z. keine messbaren Relativverschiebungen auf – sie sind tektonisch inaktiv. Der direkte Nachweis rezenter, d. h. in unserer Zeit ablaufender Bewegungen wird dadurch erschwert, dass die Verschiebungsgeschwindigkeiten meist gering sind, die Verschiebungen nach z. T. langen Zeiträumen der Ruhe ablaufen, oder, wie dies am Beispiel der Bewegungen entlang der San-Andreas-Störung (Abb. 2.7) zu erkennen ist, sich die Bewegungsaktivität im Verlaufe der Zeit örtlich verlagert (Wallace, 1990). Die Bewegungsspuren eines Erdbebens an der Geländeoberfläche sind in Abb. 2.8 ganz deutlich zu erkennen. Das Erdbeben entlang der Coyote-Creek-Störung in Kalifornien erzeugte eine Relativbewegung entlang vorhandener Kluft- und Störungssysteme.

Neben der direkten Messung – die über viele Jahrzehnte hinweg wiederholt werden muss – ergeben sich wichtige Anhaltspunkte bezüglich möglicher rezenter Bewegungen aus der seismischen Aktivität einer tektonischen Störung. Die Seismik erlaubt heute die genaue Lokalisierung von Bebenherden auch für Beben sehr geringer Magnitude, zudem lassen sich anhand der Seismogramme auch Aussagen über Verschiebungsrichtungen bzw. die die Verschiebungen verursachenden Spannungen machen (Herdflächenmechanismus, s. Abschn. 5.4). Da Änderungen der großräumigen Spannungsfelder nicht selten zu einer Umfunktionierung tektonischer Strukturen führen, können Aussagen zur Richtung und dem Bewegungssinn der Relativverschiebungen aufgrund strukturgeologischer Analysen der Entstehungsmechanismen einer Störung nicht gemacht werden. So überwiegen z. B. heute horizontale Bewegungen entlang den als Abschiebungen mit überwiegend vertikalen Verschiebungen (s. Kap. 4) angelegten Randstörungen des Oberrheingrabens.

Aussagen über die Aktivität von Störungszonen lassen sich z. T. auch aufgrund geologischer Indizien machen. Erfolgte z. B. bei diskordanter Überlagerung

Abb. 2.7 Luftbild der San-Andreas-Störung in Kalifornien mit Blick in nordwestliche Richtung. Die Bewegungsbahn, entlang derer es im Jahre 1906 zu einer Relativverschiebung von ca. 2 m gekommen war, ist im Gelände deutlich erkennbar. (Photo: U.S. Geological Survey, aus Wallace, 1990)

(s. Kap. 4) einer Störungszone keine Verformung der überlagernden Sedimente mehr, kann angenommen werden, dass keine Verschiebungen mehr aufgetreten sind.

Aus direkten Messungen und abgeleitet aus Beobachtungen geologischer Untersuchungen zeigt sich, dass die mittleren Geschwindigkeiten der Relativverschiebungen an Dislokationsflächen im Allgemeinen im Bereich von Bruchteilen bis zu einigen mm/a liegen. Allerdings wurden an tektonisch besonders aktiven Störungen bei einem einzigen Erdbeben Relativverschiebungen von mehreren Metern festgestellt (s. Abschn. 2.3.4).

Abb. 2.8 Bewegungsspuren eines Erdbebens im Jahre 1968 entlang der Coyote-Creek-Störung, Kalifornien. (Photo: U.S. Geological Survey, aus Wallace, 1990)

Für das Bauwesen bedeutsame Bewegungen sind mit einer Reihe von atektonischen, natürlichen oder künstlichen Vorgängen im Untergrund, wie:

- Auslaugungsvorgängen durch Lösung von Salz- und Karbonatgesteinen,
- Kompaktionsvorgängen in mächtigen Lockersedimenten,
- Setzungen infolge starker Grundwasserabsenkung,
- Setzungen des Deckgebirges infolge des Zusammenbruchs von Abbauhohlräumen des Bergbaues (Bergsenkung)

verbunden.

Die inneren Lösungserscheinungen, bei denen durch das Grundwasser oder Sickerwässer vor allem Karbonatgesteine und Salzgesteine (Steinsalz, Gips etc.) gelöst werden, führen zur Hohlraumbildung im Gebirge. Der Nachbruch des Deckgebirges bedingt je nach der Art der Auslaugung und den Eigenschaften und der Mächtigkeit der Deckschichten großräumige Bodensenkungen oder mehr lokale, schärfer abgegrenzte Erdfälle. Im Falle von Salzauslaugungsstrukturen wird auch von Solutionssenken (großräumig) und Solutionsschloten (lokal, diskontinuierlicher Bewegungsvorgang an der Begrenzungsfläche) gesprochen (s. Abschn. 2.5.2.2). Eine ausführliche Behandlung der Problematik solcher Erdfälle und Bodensenkungen geben Laemmlen et al. (1979).

Hangbewegungen – Erdrutsche, Felsgleitungen und Felsstürze, Sackungen etc. – werden in Abschn. 2.6.2.1 eingehender behandelt.

2.3.4 Bedeutung geotektonischer Vorgänge für das Bauwesen

2.3.4.1 Erdbebenwirkungen

Einer Studie der UNESCO zufolge wurden im Zeitraum zwischen 1926 und 1950 etwa 350.000 Menschen Opfer von Erdbebenkatastrophen. Die Zahl der Verletzten betrug ein Vielfaches. Die Sachschäden wurden auf über 12,5 Mrd. Euro geschätzt. Durch das katastrophale Tang-Shan-Beben in China liegen die Verluste im Jahre 1976 noch höher. Die größte Gefahr durch Erdbeben geht i. A. von dem Einsturz von älteren Wohngebäuden und dem Versagen von Hochbauten aus, wie wir dies 2010 beim Erdbeben von Port-au-Prince mit über 310.000 Toten erlebt haben.

Schäden an Bauwerken im Zusammenhang mit Erdbeben, die bis zur vollständigen Zerstörung reichen können, treten auf infolge:

- bleibender Verformungen im Bereich der Bewegungsbahnen,
- Bodenschwingungen,
- der Auslösung von Erdrutschen, Felsstürzen und Lawinen,
- der Anregung von Flutwellen (Tsunamis).

Um die Schäden möglichst weitgehend zu begrenzen, wurden erhebliche Anstrengungen unternommen hinsichtlich:

- der Abgrenzung von Gefährdungsbereichen und deren Einteilung in Erdbebenzonen,
- der Erforschung der Zusammenhänge zwischen Baugrundeigenschaften und der Erdbebenwirkung auf Gebäude und des
- Einflusses dynamischer Vorgänge auf die Stabilität von natürlichen Böschungen und Erdbauwerken,
- der Festlegung von Maßnahmen zur Erhöhung der Widerstandsfähigkeit von Bauwerken entsprechend der jeweiligen Gefährdung und
- der Klärung der Ursachen im Hinblick auf die Vorhersage von Erdbeben und deren Kontrolle.

Schäden an Bauwerken, die aus Bewegungen entlang aktiver Störungszonen herrühren, sind durch bauliche Maßnahmen nur sehr schwierig oder unter sehr hohem Kostenaufwand zu verhindern. Es gilt, die potentiellen Bewegungszonen zu erfassen und weitestgehend von einer Bebauung frei zu halten (Abb. 2.9). Ein negatives Beispiel aus der Zeit vor dem Inkrafttreten von entsprechenden Vorschriften bietet

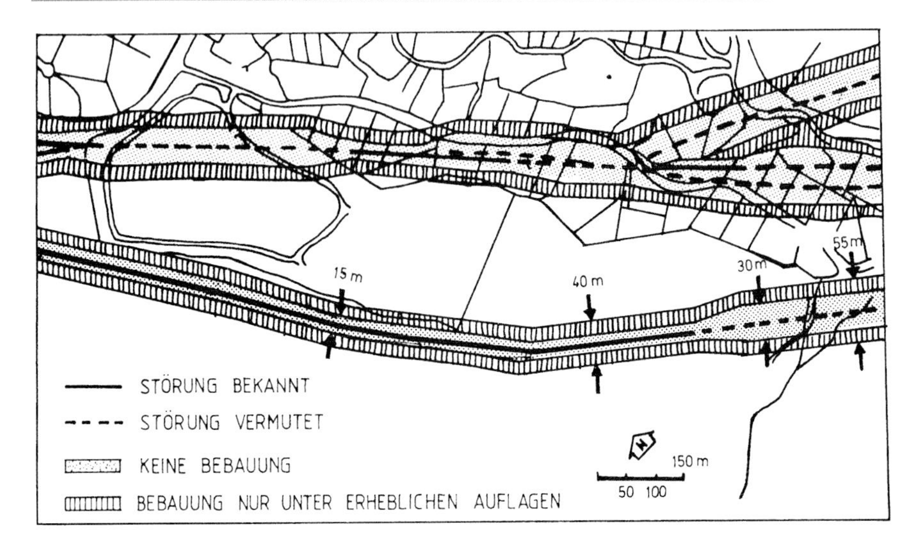

Abb. 2.9 Beispiel für Berücksichtigung der geologischen Verhältnisse in Gebieten aktiver Störungszonen bei der Aufstellung von Bebauungsplänen (Portola Valley, Kalifornien). Je nach der Genauigkeit, mit der die Lage der Störungszone angegeben werden kann, ist die Bebauung eines ca. 30 bis 60 m breiten Streifens nicht gestattet. (Aus U. S. Geological Survey, 1974)

die frühe Bebauung von San Franzisko. Welche besonderen Maßnahmen notwendig werden können, wenn aktive Störungszonen von Bauwerken gequert werden müssen, wird an einem Beispiel im Abschn. 2.3.4.3 verdeutlicht.

Durch die Erschütterungen, die von einem Erdbebenherd ausgehen, werden flächenmäßig ungleich größere Gebiete erfasst, als durch die bleibenden Verschiebungen entlang der Störungszonen.

Die mit einem starken Erdbeben verbundenen dynamischen Bodenbewegungen können mit Seismographen weltweit erfasst werden. Schäden an Bauwerken wurden bei besonders starken Erdbeben noch in Entfernungen bis zu ca. 50 km vom Epizentrum des Bebens festgestellt. Als Hilfsmittel für die Einteilung und Abgrenzung der Erdbebenwirkungen werden Erdbebenskalen benutzt – allgemein durchgesetzt hat sich dabei die M-S-K-Skala. Auf ihr basiert z. B. die Unterteilung der Bundesrepublik Deutschland, Österreichs und der Schweiz in Erdbebenzonen auch EN 1998-1/NA:2011-01 (ehemals DIN 4149:2005-04 „Bauten in deutschen Erdbebengebieten“). Die Angaben zu Lastannahmen, zur Bemessung und zur Ausführung von üblichen Hochbauten erfolgten aufgrund der Auswertung aller geschichtlich bekannt gewordenen Erdbeben und unter Berücksichtigung des Verlaufs der seismisch aktiven Bruchzonen (Abb. 2.10). Aus der Karte der Erdbebenzonen Deutschlands wird deutlich, dass die bedeutenden Erdbebenzonen im unmittelbaren Zusammenhang mit tektonischen Bruchzonen liegen, insbesondere denjenigen der Niederrheinischen Bucht, des Oberrheingrabens und des Hohenzollerngrabens. Eine Reihe weiterer großer Bruchzonen sind z. Z. nicht aktiv.

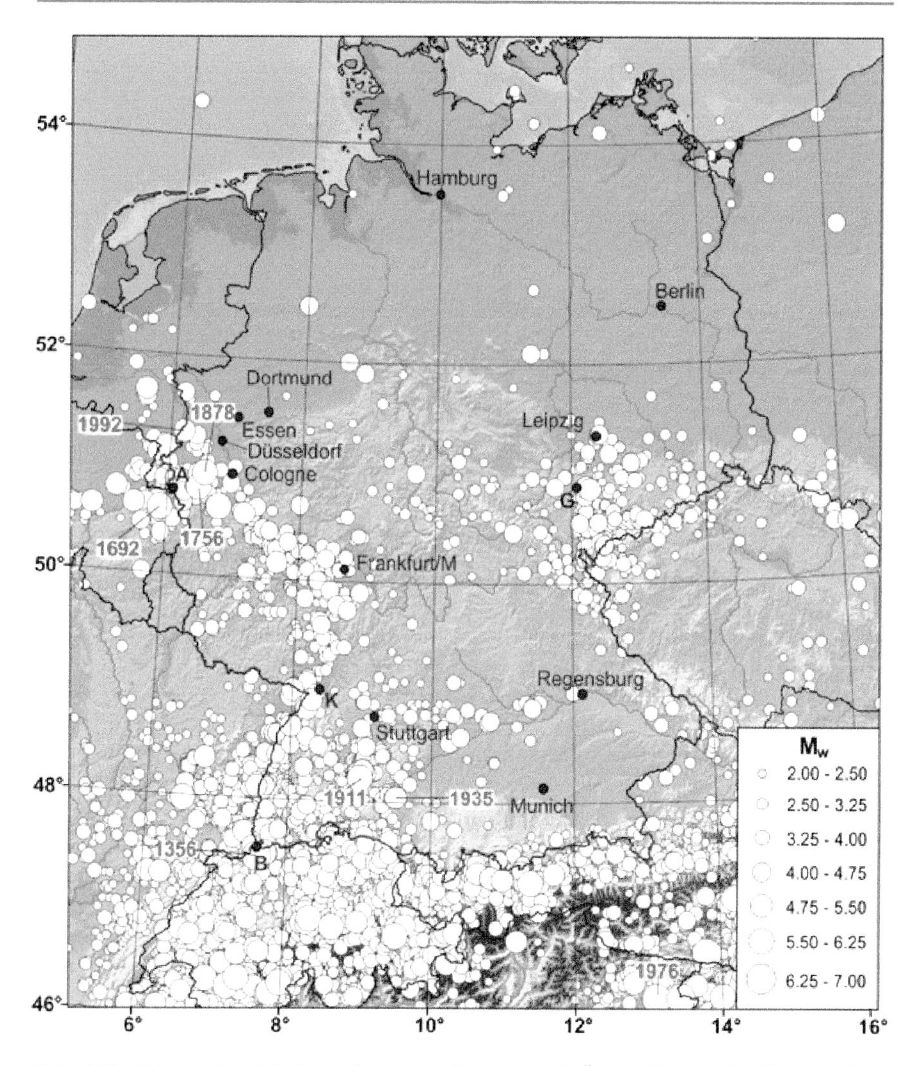

Abb. 2.10 Historische Erdbebenereignisse in Deutschland, Österreich und der Schweiz. Herausragende Ereignisse mit größerer Momentan-Magnitude M_W sind mit Jahreszahl angegeben. *A* Aachen, *B* Basel, *G* Gera, *K* Karlsruhe. (Aus Grünthal et al., 2018, Springer open access: https://doi.org/10.1007/s10518-018-0315-y)

In den Erdbebenzonen 1 bis 4 der Bundesrepublik Deutschland sind nach EN 1998-1 besondere konstruktive Maßnahmen zu treffen. Die Zahl der zulässigen Gebäudestockwerke ist abgestuft nach Erdbebenzonen eingeschränkt, i. A. ist ein Standsicherheitsnachweis für den Lastfall Erdbeben zu führen. In den Zonen A und 0 sind nach den bisherigen Erfahrungen die Belastungen so gering, dass an üblichen Hochbauten bei sachgerechter Ausführung keine nennenswerten Schäden zu erwarten sind. Ein Beispiel für messtechnische Beobachtungen in der Erdbebenzone 1

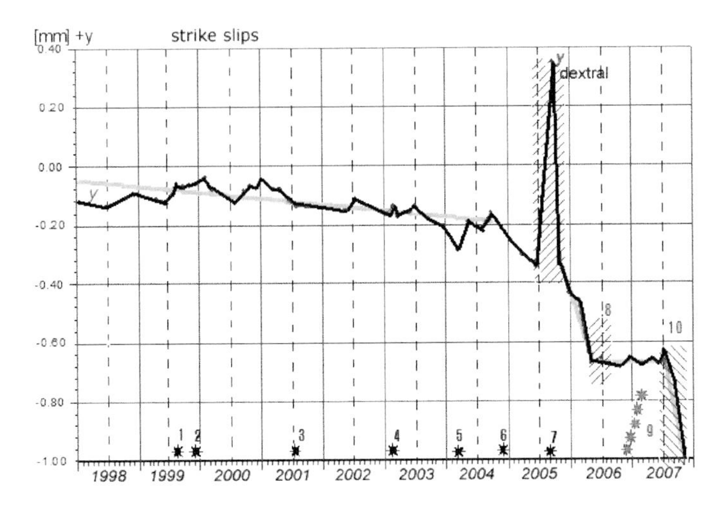

Abb. 2.11 Messung der Horizontalbewegungen parallel zur östlichen Randstörung des Oberrheingrabens im Wattkopftunnel in Ettlingen. Messstelle W2 mit Messungen von 1998 bis 2007. In dem Zeitraum wurden in Europa zehn Erdbeben $M \geq 4$ registriert, wovon die Ereignisse 7 bis 10 einen Einfluss auf die Bewegungen im Wattkopftunnel erkennen lassen. (Aus Stemberk, Fecker, Košták & Rybář, 2008)

„Nördlicher Oberrheingraben" bei Ettlingen zeigt die Abb. 2.11. Dargestellt sind dort die Horizontalverschiebungen parallel zum Graben zwischen zwei Tunnelblöcken des Wattkopftunnels. Die Messstelle ist bei Tunnelmeter 525 im Bereich der Randverwerfung des Grabens eingerichtet und zeigt den Einfluss der Erschütterungen durch Erbeben auf die Messungen.

Die für die Erdbebenzonen 1 bis 4 in Lastannahmen anzusetzenden Horizontalbeschleunigungen sind für einzelne Orte der Bundesrepublik Deutschland aus den Angaben des Geoforschungszentrums Potsdam (https://www.gfz-potsdam.de/din4149-erdbebenzonenabfrage/) ableitbar. Die im Baugrund auftretenden Beschleunigungswerte werden vom Aufbau des Untergrundes beeinflusst. In einfachen Fällen kann dies nach DIN 4149 durch einen Baugrundfaktor κ berücksichtigt werden. Bei ungünstigen Untergrundverhältnissen sind zur Festlegung des Baugrundfaktors spezielle Untersuchungen durchzuführen. Je nach der Bauweise und Nutzungsart der Bauwerke können die Horizontalbeschleunigungen für die Sicherheitsnachweise mit einem Abminderungsfaktor zwischen 0,5 und 1,0 belegt werden. Die als Rechenwert zu verwendende Horizontalbeschleunigung cal b infolge Erdbeben ergibt sich zu:

$$\text{cal}\, b = b_0 \cdot \kappa \cdot \alpha$$

(b_0, κ und α sind der DIN 4149 zu entnehmen).

Sie stellt einen rechnerischen Mindestwert dar, der für Bauwerksklassen 1 und 2 nur auf Personenschutz, für Bauwerksklassen 3 nur bedingt auch auf Objektschutz abzielt.

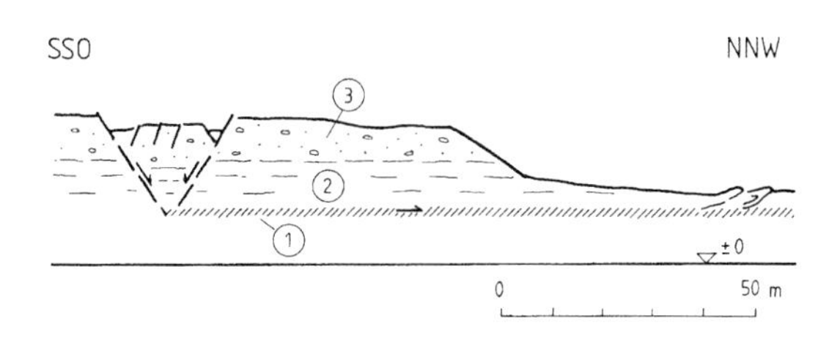

Abb. 2.12 Komplexe Horst-Graben-Strukturen der Bodenbewegungen, die während und nach dem Alaska-Erdbeben vom 28. März 1964 entstanden sind. *1* sensitive schluffige Tone, *2* nichtsensitive schluffige Tone, *3* Sande und Schotter. (Aus Rybář, 1974)

Für Anlagen, von denen besondere Gefahren ausgehen (kerntechnische Anlagen, Behälter mit Giftstoffen etc.), gilt EN 1998-1 nicht. Hier sind wesentlich strengere Maßstäbe anzulegen, z. B. gemäß Kerntechnischem Ausschuss (KTA-Regel 2201). Das Zusammenwirken von Baugrund und Bauwerk sowie dessen Abhängigkeit von der Gründungsart sind zu berücksichtigen. Hierzu sind detaillierte Baugrunduntersuchungen einschließlich der Ermittlung der dynamischen Eigenschaften des Baugrundes erforderlich, um analytische oder numerische Berechnungen zum Nachweis der Sicherheit gegen Erdbeben durchführen zu können (Okamoto, 1984).

Eine besondere Gefährdung kann sich auch aus durch Erdbeben hervorgerufenen Schäden an Staudämmen oder -mauern oder durch die Auslösung von Rutschungen in den Stauraum ergeben. Der Bruch des Lower San Fernando Dammes infolge des Erdbebens vom 9. Februar 1971 (Magnitude 6,6 der Richterskala, Dauer ca. 10 s) hat zu eingehenden Untersuchungen der Ursachen des Bruches von Erd- und Steindämmen geführt (Seed, 1979). Die Untersuchungen ergaben, dass an Dämmen, die aus tonigem Material aufgebaut waren, auch bei starken Erdbeben keine Schäden auftraten. Alle Böschungsbrüche traten bei Dämmen aus sandigem Material auf. Laborversuche zeigten, dass bei diesen Materialien bei zyklischer Belastung der Porenwasserdruck mit steigender Zyklenzahl zu- und die Scherfestigkeit abnimmt. Bei weitgehender Entfestigung spricht man von Liquefaktion bzw. Verflüssigung des Bodens. Für den Lower San Fernando Damm konnte nachgewiesen werden, dass das Versagen auf die Liquefaktion zurückzuführen war (Savidis, 1980).

Ausgelöst durch denselben Effekt kann es auch zum Bruch natürlicher Böschungen kommen. Sehr großräumig traten z. B. Bodenbewegungen auch noch in einer Entfernung von ca. 150 m von der Böschungskante entfernt im Stadtteil Turnagain Heights von Anchorage als Folge des Erdbebens vom 28. April 1964 (Magnitude 8,4 auf der Richterskala) auf. Gebäude und Anlagen in einem Gebiet von ca. 0,4 km^2 wurden weitgehend zerstört. Abb. 2.12 zeigt die Komplexität des Verformungsvorganges mit einer Vielzahl von Gleitflächen, die Horst-Graben-Strukturen bildeten.

In vielen Fällen stellen die zusätzlichen Beschleunigungen während eines Erdbebens auch das auslösende Moment für Felsstürze dar. Eine eingehende Beschreibung der im Zusammenhang mit dem Erdbeben von 1976 im Bereich Udine (Friaul, Magnitude 6,5) aufgetretenen Erdrutsche, Felsstürze und Felsgleitungen gibt Broili

Abb. 2.13 Im Gefolge der Erdbeben vom Jahre 1976 in Friaul, Italien, aufgetretener Felssturz. (Photo: L. Broili)

(1980). Danach kam es allein im Bereich der Stadt Gemona in einem ca. 10 km² umfassenden Gebiet zu 135 Rutschungen und Felsstürzen mit erheblichen Schäden (s. Abb. 2.13).

Im Jahre 1949 wurde die Stadt Khait im Pamirgebirge unter einer Schuttlawine, die sich mit ca. 100 km/h bewegte und über 30 m mächtig war, begraben. Die Schuttlawine wurde durch ein Erdbeben ausgelöst. Zwölftausend Einwohner wurden getötet.

Flutwellen, die durch Erdbeben generiert werden – sog. Tsunamis – haben in einigen Küstenländern – z. B. Thailand (2004), Japan (2011) und Indonesien (2018) – mehrfach enorme Schäden verursacht. Es wurden Wellenhöhen von bis zu 20 m beobachtet, die auch noch Tausende Kilometer vom Epizentrum des Bebens entfernt registriert werden und Schäden verursachen können. Für gefährdete Regionen ist ein Warnsystem eingerichtet worden.

2.3.4.2 Erdbebenvorhersage und Kontrolle

In der Erdbebenvorhersage zeichnen sich nach Jahren intensiver Forschungsarbeit – vor allem in den USA, der UdSSR, China und Japan – gewisse Erfolge ab. In China, wo auch Laien an der Beobachtung von Vorgängen in der Natur (Änderungen der Brunnenwasserspiegel) beteiligt sind, wurden bereits eine Reihe von Erdbeben vorhergesagt. Durch die Evakuierung von Millionen von Menschen konnten dabei

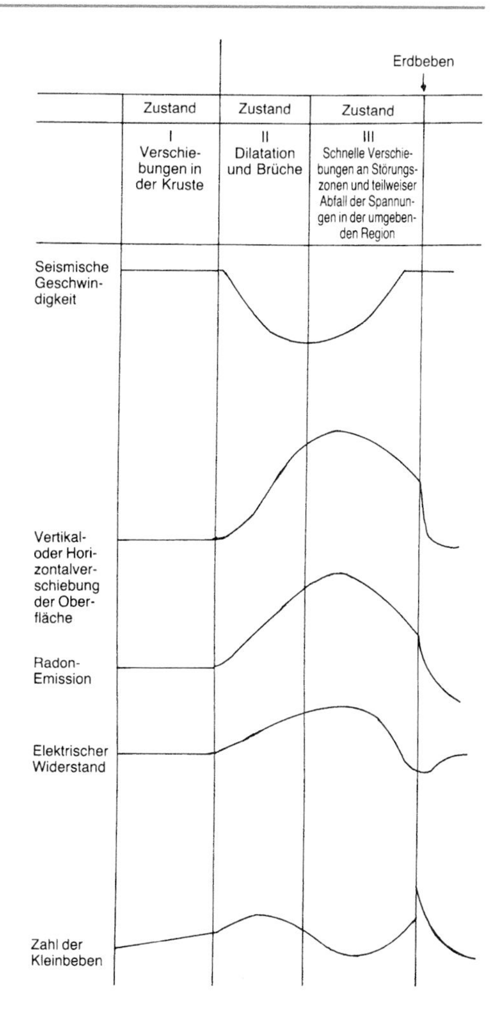

Abb. 2.14 Beobachtbare Veränderungen in der Vorphase starker Erdbeben. (Nach Vogel, 1979; mit freundlicher Genehmigung von © Springer Vieweg)

z. B. beim Hai-Cheng-Beben 1975 wahrscheinlich Zehntausende von Menschen gerettet werden. Vor dem Tang-Shan-Beben von 1976 (schätzungsweise 240.000 Tote) war ebenfalls eine Warnung ausgegeben worden, da es sich jedoch hierbei um eine Langzeitwarnung (Beben innerhalb von 5 Jahren zu erwarten) handelte, war eine Evakuierung noch nicht vorgenommen worden. Diese beiden Beispiele verdeutlichen den gegenwärtigen Stand der Erdbebenvorhersage. Durch eine Reihe von Vorgängen kündigt sich ein großes Erdbeben an, den genauen Zeitpunkt anzugeben, ist jedoch auf wissenschaftlich gesicherter Basis noch nicht möglich.

Die Vorhersage basiert auf Beobachtungen von Veränderungen im Untergrund und der Erdoberfläche des betroffenen Gebietes. Mit der makroskopisch bruchlosen Verformung, die einem Erdbeben vorausgeht und in deren Verlauf es zu einer Erhöhung der Spannungen bis zum Erreichen der Bruchgrenze kommt, entstehen ab einem gewissen Spannungsniveau Risse, die zu einer Dilatanz des Bebenareals

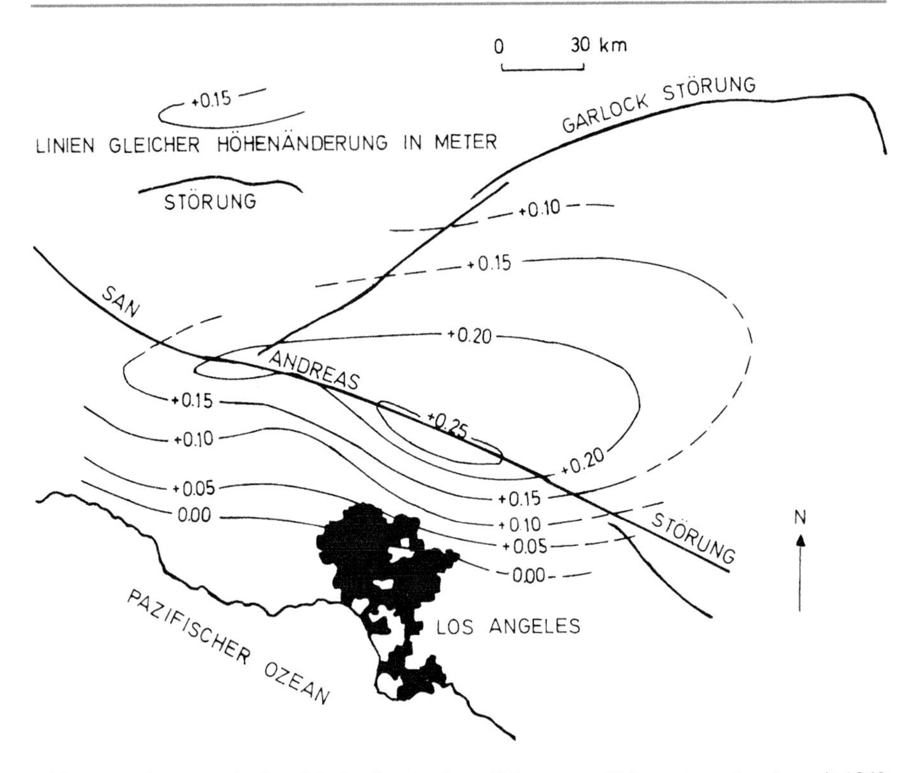

Abb. 2.15 Hebungen im Bereich der San-Andreas-Störung nördlich von Los Angeles seit 1960. (Nach U. S. Geological Survey)

(Volumenvergrößerung) führen. Diese Verformung führt zu messbaren Veränderungen in der Geschwindigkeit seismischer Wellen, der Emission von Radon etc., die Anzahl der schwachen Erdbeben steigt an, die Geschwindigkeit der Vertikal- oder Horizontalbewegungen verändert sich. In Abb. 2.14 ist der Verlauf dieser Veränderungen in der Vorphase eines Erdbebens schematisch dargestellt.

Aus den relativ raschen Hebungen im Bereich der San-Andreas-Störung nördlich von Los Angeles (Abb. 2.15) schließen einige Wissenschaftler, dass sich dieser Abschnitt der Störung in der Vorphase (Phase II, Abb. 2.14) eines energiereichen Erdbebens befindet, zumal bekannt ist, dass durch Verschiebungen entlang dieser Segmente der Störungszone das letzte Mal 1857 ein großes Erdbeben ausgelöst worden war.

Möglichkeiten, Erdbeben unter Kontrolle zu bringen, gibt es bislang nicht. Für Beben mit tiefliegendem Herd liegen hierfür bislang auch keine Ansätze vor. Für Flachbeben, vor allem solchen entlang von transversalen Störungen (Blattverschiebungen), deren Bewegungsfläche bekannt ist, zeichnet sich eine Möglichkeit ab, den Bewegungsablauf zu kontrollieren. Beim Einpressen von Abwasser in den Untergrund unter hohem Druck wurde festgestellt, dass die Zahl von Erdbeben pro Monat mit einer Magnitude $M \geq 1{,}5$ mit der Menge des eingepressten Wassers

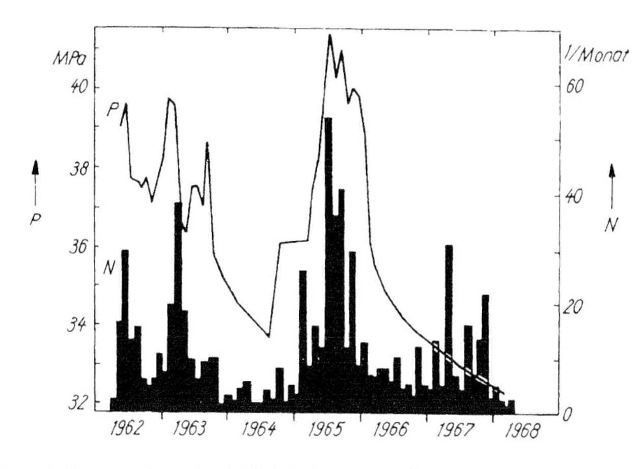

Abb. 2.16 Korrelation zwischen der je Zeiteinheit und mittlerem Druck *P* eingepressten Wassermenge und der Zahl der Erdbeben *N* pro Monat mit einer Magnitude $M \geq 1{,}5$ – Denver, Colorado. (Aus S. Müller, 1970; mit freundlicher Genehmigung von © Springer Nature, Heidelberg 2018, alle Rechte vorbehalten)

anstieg (Abb. 2.16). Der erhöhte Wasserdruck innerhalb von Störungszonen führte offensichtlich zu einer Verringerung der effektiven Normalspannung und damit zur Herabsetzung der für eine Relativbewegung erforderlichen Schubspannungen – es kam vermehrt zu begrenzten Bewegungsvorgängen. Zurzeit laufen Versuche, durch solchen gezielten lokalen Abbau von Spannungen über eine große Zahl schwacher Beben mittels Injektion von Wasser in Störungszonen das Auftreten schwerer Erdbeben zu vermeiden. Durch die Begrenzung der mittels Tiefbohrungen erreichbaren Teufe und die Tatsache, dass es in größeren Tiefen immer schwieriger wird, Wasser in die hier meist völlig geschlossenen und dichten Störungszonen einzupressen, ist es fraglich, ob die Methode zum Erfolg führen wird.

2.3.4.3 Bauliche Sondermaßnahmen bei der Querung aktiver Störungszonen

Bei der Anlage von Verkehrswegen, Druckwasserstollen, Pipelines etc. lässt sich die Querung aktiver Störungszonen nicht immer vermeiden. Um solche Anlagen planen zu können, sollten Angaben zum Deformationsfeld (diskrete Verschiebungsfläche oder breitere Zone) und zur mittleren Verschiebungsgeschwindigkeit gemacht werden. Hier ist vor allem auch der zeitliche Verlauf der Verschiebung (kontinuierlich oder ruckartig mit rasch ablaufenden Verschiebungen) von Bedeutung. Da Verschiebungsmessungen (z. B. aus wiederholten geodätischen Vermessungen) über lange Zeiträume mit ausreichend häufigen Wiederholungsmessungen nur selten vorliegen, müssen vielfach auch auf indirektem Wege Schätzwerte gewonnen werden. Geodätische Beobachtungen im südlichen Oberrheingraben zwischen 1750 und 1970 lassen auf eine Horizontalverschiebung von 1 mm/a und eine Vertikalverschiebung von bis zu 0,5 mm/Jahr schließen. Auch in den Schweizer und Österrei-

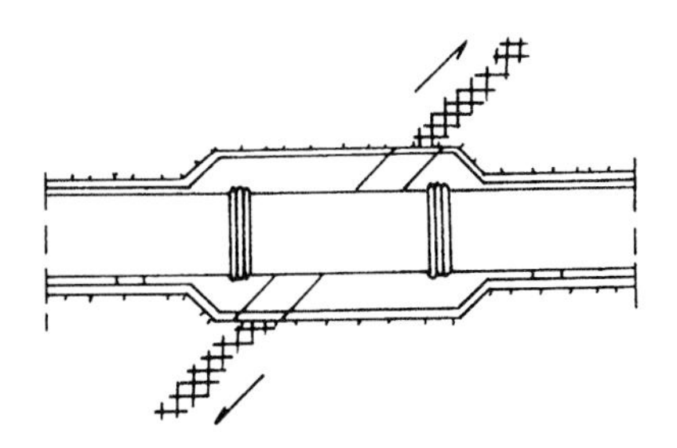

Abb. 2.17 Überbrückung einer aktiven Störungszone durch Stahlrohre mit verformbaren Zwischenbalgen in einer ausgeweiteten Kammer mit Scherfugen (Druckstollen Kraftwerk Yamuna II, Indien). Die Relativbewegungen betragen ca. 14 mm/Jahr. (Aus Müller, 1978)

chischen Alpen sind Vertikalverschiebungen an Störungen in der Größenordnung von mehreren mm/a geodätisch nachgewiesen, im Himalaya und den Anden sogar solche von mehreren Zentimetern pro Jahr.

Die Bauwerke müssen flexible oder nachstellbare Elemente enthalten, die die Bewegungen mitmachen, ohne dass die Funktion beeinträchtigt wird. Ein Beispiel hierfür bietet die konstruktive Ausbildung eines Druckwasserstollens, der eine aktive Störungszone quert (Abb. 2.17).

Auf rezente Bewegungen im Zusammenhang mit Auslaugungsvorgängen und deren Bedeutung für das Bauwesen wird in Abschn. 2.5 näher eingegangen.

2.4 Kreislauf der Stoffe – exogene und endogene Dynamik

2.4.1 Stoffkreislauf und Umwandlungsprozess

In der Erdkruste und auf der Erdoberfläche finden Umwandlungs- und Transportprozesse statt, die das Antlitz der Erde ständig verändern. Diese Vorgänge laufen zumeist – gemessen am Menschenalter – langsam ab. Nur gelegentlich treten rasche Veränderungen auf, die fast ausnahmslos als Katastrophen empfunden werden, insbesondere wenn besiedelte Gebiete davon betroffen sind. Beispiele für solche Ereignisse sind Erdbeben, Vulkanausbrüche, Erdrutsche, Felsstürze, Schlammströme, Hochwasser, wobei bestimmte tektonisch aktive Gebiete (s. Abschn. 2.2) – Hochwasser ausgenommen – wesentlich stärker betroffen sind. Das Ausmaß der Transportleistungen lässt sich z. B. daran ablesen, dass die Flüsse Nordamerikas soviel Feststoffe zum Meer befördern, dass in ca. 14 Mio. Jahren die gesamte über dem Meeresspiegel liegende Festlandmasse Nordamerikas abgetragen wäre. Dieser Transportvorgang kann nur dadurch aufrechterhalten werden, dass in bestimmten Bereichen Hebungsvorgänge stattfinden und dadurch auch über geologisch lange Zeiträume immer neues Gestein zum Zerfall und Transport bereitsteht.

Tab. 2.1 Der Kreislauf der Stoffe als zyklisches Schema. (Aus Cloos, 1936)

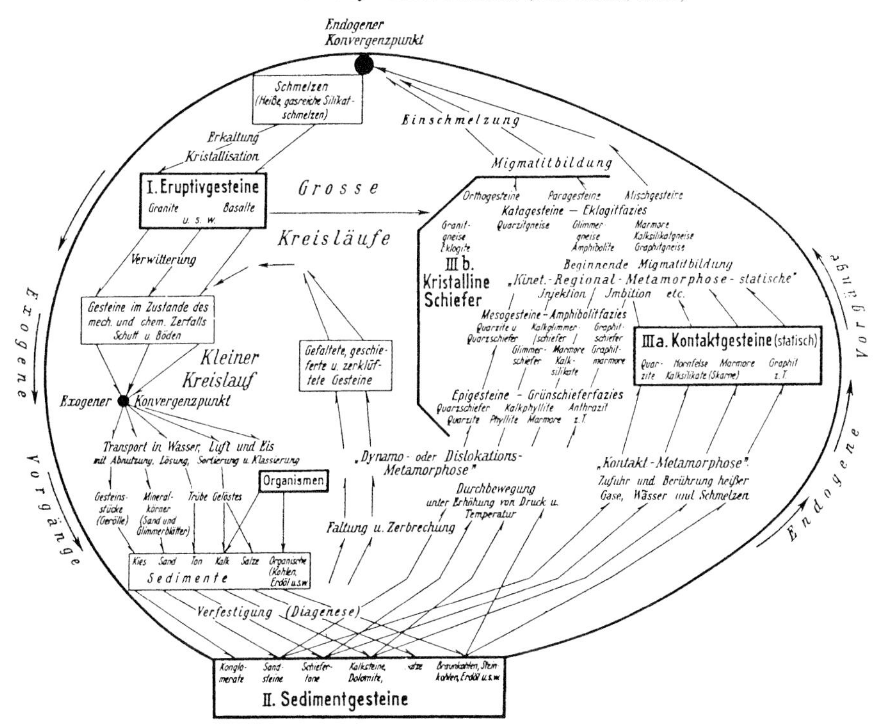

Die in absinkenden Bereichen der Erdkruste zur Ablagerung kommenden Stoffe verfestigen sich mit zunehmender Mächtigkeit der sie überlagernden Sedimente und werden dadurch zum Sedimentgestein. Im Falle weiterer Absenkung kommt es infolge zunehmenden Druckes und steigender Temperatur zu weitergehenden Stoffumwandlungen (Metamorphose mit Bildung metamorpher Gesteine) und schließlich auch zur Aufschmelzung. Aus dem schmelzflüssigen Magma entstehen nach Aufstieg und Abkühlung wieder Festgesteine (Magmatite).

Die Substanzen der Erdkruste geraten so in verschieden weit ausgreifende Kreisläufe der Gesteinsbildung, Gesteinsumwandlung bzw. -zerstörung (Tab. 2.1). Die Kenntnis der Prozesse, die in verschiedenen Phasen des exogenen und endogenen Kreislaufs und der dabei entstehenden unterschiedlichsten Locker- und Festgesteine ablaufen, ist für die Klärung geologischer Fragen von erheblicher Bedeutung. Infolge der zumeist unzureichenden Aufschlussverhältnisse kann man nur aufgrund eines Verständnisses für diese Vorgänge und Kenntnis der Bildungsbedingungen von Gesteinen und Strukturen eine zutreffende Vorstellung von der geologischen Situation eines Gebietes entwickeln.

2.4.2 Verwitterung, Abtrag und Sedimentation

2.4.2.1 Verwitterung

Die verschiedenen Verwitterungsvorgänge führen zu einer mechanischen oder chemischen Zerstörung auch der härtesten und festesten Gesteine. Durch die mechanische Verwitterung wird eine Zerlegung des Gesteins – z. B. durch die Sprengwirkung von in Spalten oder Rissen gefrierendem Wasser – bewirkt, ohne dass sich die chemisch-mineralogische Zusammensetzung ändert. Im Zuge der chemischen Verwitterung werden die das Gestein aufbauenden Minerale zersetzt und in andere umgewandelt. Beide Prozesse laufen i. A. nebeneinander ab, wobei die chemische Verwitterung durch die mechanische Zerlegung häufig stark beschleunigt wird (Einsele, 1983).

Einige der die Gesteine aufbauenden Minerale (z. B. Calcit in Kalkstein) gehen vollständig in Lösung und werden mit dem Oberflächen- oder Grundwasser abgeführt. Andere wie z. B. Feldspäte in Granit gehen nur teilweise in Lösung, als Rückstand bleiben verschiedene Tonminerale. Nur zu einem geringen Teil chemisch zersetzt wird das sehr häufige Mineral Quarz.

Die nicht in Lösung gegangenen Produkte der Verwitterungsprozesse können – abhängig vor allem von den topographischen und klimatischen Verhältnissen – als Bodenbildungen am Ort ihrer Entstehung verbleiben oder als Feststoffe vor allem durch Wasser und Wind transportiert werden.

Außer von der Art und dem Zerlegungsgrad der Ausgangsgesteine hängt die Tiefe, bis zu der die Verwitterungsprozesse in den Untergrund vordringen, stark von den klimatischen Verhältnissen ab. Zu besonders tiefgründiger Verwitterung und – bei geringem topographischen Relief – zu mächtigen Bodenbildungen kommt es in den tropischen Klimaten. In den gemäßigten Klimazonen ist eine sehr tiefreichende Zersetzung z. B. von Graniten nur in bestimmten Zonen festzustellen. Sie reicht aber hier vielfach so tief, dass solche Zergrusungszonen wohl nicht nur durch äußere Vorgänge an der Erdoberfläche, sondern auch durch zirkulierende Tiefenwässer bewirkt wurden.

Zum Teil als Relikte von Warmzeiten in der geologischen Vergangenheit blieben mächtige Bodenbildungen auch in gemäßigten Klimaten bei gegebenen topographischen Verhältnissen erhalten.

2.4.2.2 Abtrag, Transport und Sedimentation

Die Verwitterungsprodukte unterliegen zumeist der Abtragung und dem Transport. Transportmedien sind Wasser, Eis und Wind (Tab. 2.2). Der Transport im Wasser erfolgt sowohl in Lösung (Lösungsfracht) als auch in Form diskreter Teilchen (Schwebstofffracht). Bei Hochwasser werden in Gebirgsbächen in Ausnahmefällen Blöcke von vielen Kubikmetern Volumen in Bewegung gesetzt.

Das Frachtvermögen des fließenden Wassers hängt, wie Hjulström (1935) nachgewiesen hat, von der Fließgeschwindigkeit und der Teilchengröße der Sedimente ab (Abb. 2.18). Um ein ruhendes Korn in Bewegung zu setzen, ist eine höhere Geschwindigkeit notwendig als diejenige, bei der es sich abgesetzt hat. Infolge der Kohäsion zwischen den Teilchen steigt dieser Unterschied bei kleiner werdenden Korngrößen an. Mit dem Transport durch Wasser ist aufgrund der Abhängigkeit

Tab. 2.2 Charakteristik der Transportmedien Wasser, Eis und Wind, sowie beim Transport entstehende typische Sedimente und Landformen. (Nach Fuchs & Klengel, 1977)

	Wasser	Eis	Wind
Bewegung	Rasch, laminar-turbulent	Langsame, zähe Fließbewegung	Stoßweise wehend, unregelmäßig, flächenhaft arbeitend
Transport	Rollend, Größe je nach Wassergeschwindigkeit, Auslese nach Härte und Gestalt	Schiebend, keine Auslese nach Härte und Korngröße	Feiner Staub kann über riesige Entfernungen verfrachtet werden
Typische Sedimente	*Kies*: runde Komponenten, stark sortiert; *Sand*: Schrägschichtung	*Moräne*: unsortiert, feine und grobe Korngrößen nebeneinander, locker, geschrammte Geschiebe, Fehlen der Schichtung	*Flugsand, Löss*: Verbreitung bedeutend, bestimmte Korngrößen (60–70 Gew.-% = 0,1–0,02 mm)

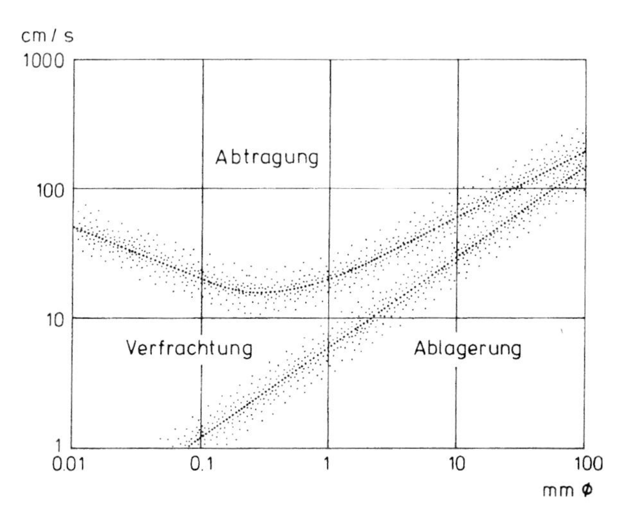

Abb. 2.18 Das Frachtvermögen des fließenden Wassers in Abhängigkeit von der Korngröße und Strömungsgeschwindigkeit. Die Teilchen im Felde „Ablagerung" sind stets in Ruhe, die im Felde „Abtragung" stets in Bewegung. Im Felde „Verfrachtung" bleiben ruhende Teilchen in Ruhe, bewegte in Bewegung. Um ein ruhendes Korn in Bewegung zu bringen, ist also eine höhere Geschwindigkeit notwendig als diejenige, bei der es sich abgesetzt hatte. Infolge der Kohäsion steigt dieser Unterschied gegen feinere Korngrößen. (Aus Brinkmann, 1990)

des Transportvermögens von der Fließgeschwindigkeit i. A. eine Sortierung der Sedimente nach der Korngröße verbunden. So nimmt z. B. in Deltaablagerungen von Seen die Korngröße mit wachsender Entfernung von der Flussmündung ab. Es entstehen komplex aufgebaute Folgen ineinander verzahnter feiner und gröberkörniger Sedimente (Abb. 2.19).

Bei entsprechender Morphologie – vor allem im Hochgebirge – ist der Materialtransport durch Bergstürze, Lawinen und Hangkriechen von erheblicher Bedeutung. Wo Eis oder Wasser den Weitertransport nicht regelmäßig übernehmen,

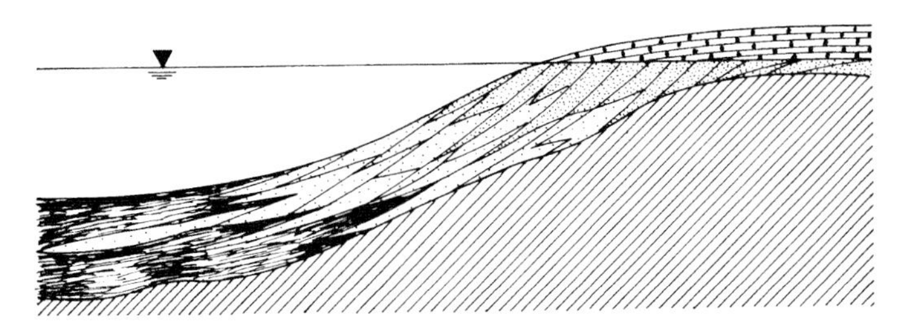

Abb. 2.19 Längsschnitt durch einen Deltakegel. Die Korngröße nimmt mit wachsender Entfernung von der Flussmündung ab. (Aus Brinkmann, 1990)

umgeben sich die Berge mit einem mächtigen Schuttmantel. Während das Oberflächenwasser der Bäche und Flüsse Material, sowohl in gelöster Form als auch als Schwebstoffe, abführt, transportiert das Grundwasser nahezu ausschließlich gelöste Stoffe. Das Verhältnis von gelösten Stoffen zu Schwebstoffen, die in Flüssen transportiert werden, hängt von sehr vielen Faktoren ab (Topographie, Bewuchs, Gefälle, Durchfluss durch Seen etc.) und kann auch je nach Wasserführung sehr stark schwanken.

Beträchtliche Mengen an Schutt wurden durch Gletscher vor allem in Kaltperioden der Erdgeschichte transportiert. Durch Eis können neben kleinsten Partikeln auch Riesenblöcke über große Entfernungen transportiert werden. Die Sedimente aus Gletscherablagerungen (Moräne, Geschiebemergel) unterscheiden sich durch ihren geringen Sortierungsgrad wesentlich von Sand- oder Kiesablagerungen in Flüssen und Seen (Abb. 2.20). In großen Teilen Norddeutschlands und des Alpen-

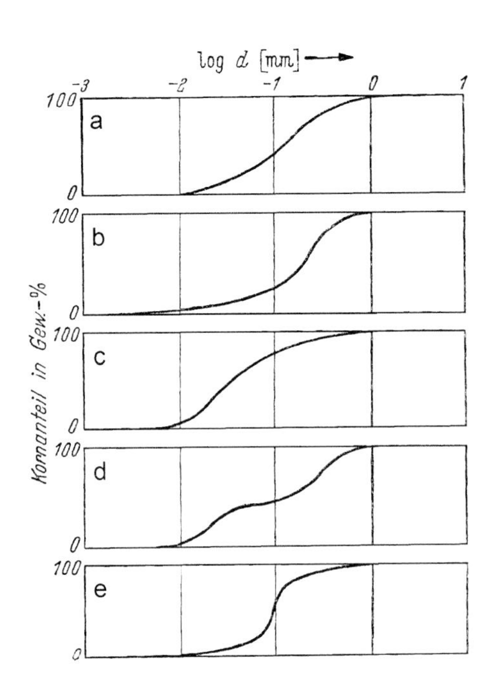

Abb. 2.20 Unterschiede in der Korngrößenverteilung. **a** Normale Häufigkeitskurve (Gew.-% der Korngrößen über d_{50} gleichen denen unter d_{50}), **b** Glazialer Geschiebemergel (in der Hälfte der feineren Körner schwanken die Größen in weiten Grenzen), **c** Fluvio-glaziale Ablagerungen des Voralpenlandes, **d** Strand- oder Kiesablagerungen von Flüssen und Seen, **e** Kornverteilungskurve eines sehr unterschiedlich zusammengesetzten Lockergesteines. (Aus Terzaghi & Peck, 1961; mit freundlicher Genehmigung von © Springer Nature, 2018, alle Rechte vorbehalten)

vorlandes sind Ablagerungen von Gletschern – vielfach durch Flusstransport und Sedimentation z. T. in Seen umgelagert – weit verbreitet.

Insbesondere in den heißen und kalten Wüstengebieten stellt der Transport von Sedimenten durch Wind einen wichtigen Faktor dar. Die Verfrachtung durch Wind bringt i. A. eine relativ strenge Sortierung der Partikel mit sich. So dominieren z. B. in Dünensanden Korngrößen zwischen 0,3 und 0,15 mm. Teilchen unter 0,08 mm sind meist nahezu vollständig ausgeblasen. Dieser Feinstaub kann über weite Entfernungen verblasen werden. Die fruchtbaren Lössablagerungen in Gebieten wie der Ukraine, Teilen Chinas, aber auch in einigen Landstrichen der Bundesrepublik Deutschland, sind die Ablagerungen solchen Staubes, der vor allem in den Eiszeiten von den vergletscherten Gebieten in die vorgelagerten Steppen verblasen worden ist.

2.4.2.3 Sedimentedimentationsräume und -bedingungen

Neben Herkunft der Sedimente und dem Transportmedium sind die Sedimentationsbedingungen der verschiedenen Ablagerungsräume von erheblichem Einfluss auf die Zusammensetzung der Sedimente, der Primärstruktur und Verbreitung. So zeichnen sich z. B. viele marine Flach- und Tiefwassersedimente (wie z. B. Kalksteinfolgen des Jura) durch eine über größere Räume hinweg relativ gleichmäßige Ausbildung hinsichtlich mineralogischer Zusammensetzung, Schichtmächtigkeit etc. aus, während terrestrische Sedimente, z. B. Flusskiesablagerungen, nur eine meist verhältnismäßig geringe laterale Erstreckung aufweisen und einzelne Schichten nur über kurze Erstreckung zu identifizieren sind und sich mit Sedimenten anderer Zusammensetzung verzahnen. Solche Unterschiede sind u. a. bei der Extrapolation der Ergebnisse von Aufschlussbohrungen bei der Baugrunderkundung zu beachten (s. Abb. 7.2).

Tab. 2.3 gibt Beispiele für die unter verschiedenen Sedimentationsbedingungen häufig abgelagerten Sedimenttypen.

2.4.3 Sedimente

2.4.3.1 Lockersedimente und Sedimentgesteine

Die Einteilung und Benennung der Sedimente und Sedimentgesteine erfolgt je nach dem Zweck entweder aufgrund genetischer oder physikalischer Merkmale bzw. der mineralogischen Zusammensetzung (Tucker, 1985).

Als Hauptgruppen werden unterschieden:

- klastische Sedimente,
- chemische und chemisch-biogene Sedimente und
- organogene Sedimente.

Mit Ausnahme einiger biogener Sedimente bzw. Sedimentgesteine weisen die meisten Sedimentgesteine als primäres Gefügemerkmal eine mehr oder weniger ausgeprägte Schichtung auf – bedingt z. B. durch Unterschiede in der Korngröße und Zusammensetzung der Sedimente.

Tab. 2.3 Entstehungsorte, -arten und Substanzen der Sedimente. (Aus Wagenbreth, 1977)

Entstehungsort bzw. -art	Gesteinsgruppe		
	Klastische Sedimente	Chemische Sedimente	Organogene Sedimente
Festland, fließendes Wasser	Kies, Sand, Schluff, Ton (Gesteinsbruchstücke, Quarz, Tonminerale u. a.)	Süßwasserkalk $CaCO_3$ Travertin $CaCO_3$	Süßwasserkalk (z. T. organogen) $CaCO_3$
Teiche und Seen	Sand, Schluff, Ton (Quarz, Tonminerale)	Travertin $CaCO_3$ Seekreide $CaCO_3$	Travertin (z. T. organogen) $CaCO_3$ Faulschlamm (Kohlenstoffverbindungen mit Ton)
Moore	–	Raseneisenerz $Fe(OH)_3$ + Quarz	Torf, Braunkohle (Kohlenstoffverbindungen)
Wind (Wüste, Steppe)	Dünensand (meist Quarz) Löss (Quarz, Tonminerale, Feldspat, Kalk)	–	–
Eis (Gletscher)	Geschiebemergel Bänderton Sand	–	–
Meer	Kies, Sand, Schluff, Ton (Gesteinsbruchstücke, Quarz, Tonminerale u. a.)	Kalkstein $CaCO_3$ Dolomit $CaMg(CO_3)_2$ Gips $CaSO_4 \cdot 2\,H_2O$ Anhydrit $CaSO_4$ Steinsalz NaCl Kalisalze KCl u. a.	Kalkstein z. T. $CaCO_3$ (Riffkalke u. a.)

2.4.3.2 Klastische Sedimente

Die klastischen Sedimente bestehen aus mechanischen Trümmern unterschiedlichster Zusammensetzung, Kornform und Korngröße. Kompaktion und/oder Verkittung mit einem Bindemittel bewirkt die diagenetische Umwandlung der Lockersedimente in die entsprechenden Festgesteine.

Die klastischen Sedimente und Sedimentgesteine werden nach der überwiegenden Kornfraktion weiter unterteilt (Tab. 2.4), insbesondere bei den Festgesteinen werden bei der Klassifizierung Kornform, Kornbindung und mineralogische Zusammensetzung berücksichtigt. Zur detaillierten Beschreibung wären zusätzlich Angaben über Kornform (z. B. eckig, kantengerundet), Kornbindungsart, Art des Bindemittels (z. B. tonig, kalzitisch, quarzitisch) anzugeben.

2.4.3.3 Chemische Sedimente

Die chemischen Sedimente sind Ablagerungen, die aus wässerigen Lösungen ausgeschieden wurden. Die Ausfällung der Salze aus Meerwasser oder Gewässern des Festlandes erfolgt, wenn durch Verdunstung des Wassers oder andere Änderungen im Lösungsgleichgewicht infolge der ständigen Zufuhr gelöster Stoffe durch die Flüsse ins Meer, Temperaturänderungen etc. die Löslichkeit überschritten wird. Die chemischen Sedimente werden i. A. auch ohne Kompaktion diagenetisch zu Festgesteinen mit kristallinem Gefüge umgewandelt.

Tab. 2.4 Gliederung der klastischen Sedimente. (Nach Wagenbreth, 1977)

Ältere wissenschaftliche Bezeichnung	Korndurchmesser [mm]	Lockergesteine		Festgesteine (mit Bindemittel verkittet oder methamorphosiert)	
		Gesteinsart	Gesteinsunterarten (nach Bildungsart)	Gesteinsart	Gesteinsunterarten
Psephite	>63	Geröll, Steine	Flussschotter, Strandgeröll	Konglomerat	Breccie, Grauwacke
	63–20	Grobkies	Flussschotter, Strandgeröll		
	20–6	Mittelkies			
	6–2	Feinkies			
Psammite	2–0,6	Grobsand	Flusssand	Sandstein	Quarzit, Grauwacke, Arkose
	0,6–0,2	Mittelsand	Dünensand Seifensand		
	0,2–0,06	Feinsand	Geschiebelehm		
Pelite	0,06–0,02	Grobschluff	Löss, Bänderton, Auelehm	Schluffstein	Grauwackenschiefer Tonschiefer
	0,02–0,006	Mittelschluff			
	0,006–0,002	Feinschluff			
	<0,002	Ton		Tonstein	

Weit verbreitet sind die karbonatischen Sedimentgesteine, insbesondere Kalkstein und Dolomitstein. Da vielfach gleichzeitig mit den karbonatischen Sedimenten auch feinklastisches Material – hauptsächlich Ton – sedimentiert wird, treten auch Mischgesteine auf.

Tab. 2.5 Gliederung chemischer und organischer Sedimentgesteine. (Aus Brinkmann, 1990; mit freundlicher Genehmigung von © Springer-Verlag GmbH Deutschland, 2018, alle Rechte vorbehalten)

	Anorganisch	Organogen
Eindampfungsgesteine (Evaporite)	Gips (Anhydrit), $CaSO_4 \cdot 2\,H_2O$ Steinsalz, NaCl Kalisalz, KCl	
Ausfällungsgesteine	Kalkstein, $CaCO_3$ Oolithkalk Spatkalk dichter Kalk Mergel (Ton und Kalk) Dolomit, $CaMg(CO_3)_2$	Kalkstein, $CaCO_3$ Foraminiferenschlick Riffkalk Schillkalk (Schalentrümmer) Bone bed (Knochentrümmer)
	Eisen- und Mangansedimente	
	Kieselige Sedimente Hornstein Kieselschiefer	Kieselige Sedimente Kieselkalk (vorw. aus Schwammnadeln) Radiolarite (aus Radiolarien) Kieselgur (aus Diatomeen)
Kaustobiolithe		Torf-Kohle (vorw. aus Pflanzen) Ölschiefer (vorw. aus Plankton) Erdöl, Erdgas (vorw. aus Plankton)

Abb. 2.21 Fossiles Schwammriff in der Zementmergel-Formation des Weißen Juras auf der Schwäbischen Alb bei Schloss Bronnen im Oberen Donautal. Das Schwammriff zeichnet das Relief des Meeresbodens in der Zeit des Weißen Juras nach. (Photo: E. Fecker)

Die entsprechenden Festgesteine bilden eine kontinuierliche Reihe von reinem Kalkstein bis zu reinem Tonstein. Karbonatgesteine mit Tonanteilen zwischen 25 % und 75 % werden als Mergelstein bezeichnet.

Die in Tab. 2.5 aufgeführten Salzgesteine bilden sich unter Bedingungen beschränkter Wasserzirkulation, wobei die Ausscheidung der verschiedenen Evaporite in der Reihenfolge von schwererer zu leichterer Löslichkeit erfolgt. Kalksteine und Evaporite bereiten infolge ihrer Löslichkeit vielfach Probleme für das Bauwesen, wenn sie von Auslaugung betroffen sind (s. Abb. 2.34).

2.4.3.4 Organogene Sedimente

Aus organischen Substanzen in der Form von Pflanzenresten, Schalen der unterschiedlichsten marinen und limnischen Lebewesen, Riffbildungen von Kalkalgen, Korallen etc. bildeten sich in der geologischen Vergangenheit z. T. mächtige Sedimente. Vergleichbare Bildungen sind auch in der Gegenwart zu beobachten, wo immer die entsprechenden Bedingungen gegeben sind.

Organogene Kalksteine – vielfach im Wechsel mit chemisch ausgefälltem Kalkstein oder als organogen-chemisches Mischgestein – sind weitverbreitet. Als Lagen von Muschelschill oder Überresten von Mikroorganismen, Kalkalgen etc. bilden sich ähnlich wie aus chemisch ausgeschiedenen Kalksedimenten geschichtete Kalksteine. Massige Kalksteine entstehen aus Riffbildungen, wovon Abb. 2.21 ein anschauliches Beispiel aus der Zeit des Juras in Süddeutschland gibt.

Neben den häufig karbonatisch-organogenen Sedimenten treten untergeordnet auch Sedimentgesteine auf, die sich überwiegend aus silikatischen Resten von Kleinlebewesen (Diatomeen, Radiolarien) aufbauen. In unverfestigter Form ist Diatomeenerde als Kieselgur bekannt.

Eine weitere wichtige Gruppe organogener Sedimente stellen die Kohlengesteine als Anhäufung von unvollständig zersetzten Pflanzenresten dar. Je nach dem Grad der Inkohlung (diagenetisch-metamorphe Umwandlung) ändern sich Heizwert, Wassergehalt und auch die mechanischen Eigenschaften. So nimmt z. B. die Festigkeit von Torf über Braunkohle zur Steinkohle zu.

2.4.4 Magmatite

2.4.4.1 Entstehung magmatischer Gesteine

Alle aus Schmelzflüssen (Magma) durch Erstarrung entstandenen Gesteine werden als Magmatite bezeichnet. In der jüngeren Erdgeschichte erfolgte bzw. erfolgt die Erstarrung des Magmas vor allem infolge der Abkühlung beim Aufstieg von Gesteinsschmelzen in höherliegende Bereiche der Erdkruste. Die Erstarrung kann unter oder über der Erdoberfläche stattfinden, was eine langsame oder schnelle Abkühlung zur Folge hat.

Global gesehen bestehen enge, direkte Zusammenhänge zwischen Geotektonik und der Entstehung magmatischer Gesteine. So bildet sich laufend neue ozeanische Kruste entlang der mittelozeanischen Rücken (s. Abb. 2.2) durch aufsteigendes Magma, das den infolge des Auseinanderweichens der Lithosphärenplatten freiwerdenden Raum einnimmt. Weitere Zonen der Entstehung magmatischer Gesteine sind an abtauchende Lithosphärenplatten gebunden.

2.4.4.2 Druck- und Temperaturverhältnisse, Magmadifferentiation

Die interne Wärme der Erde – herrührend aus dem Zerfall radioaktiven Materials und dem ursprünglichen Wärmevorrat der Erde – liefert die Energie zur Bewegung der Lithosphärenplatten und der damit verbundenen Prozesse wie Erdbeben, vulkanische Vorgänge, Gebirgsbildung etc. Über die Druck- und Temperaturverhältnisse und die Zustandsform des Materials in größerer Tiefe kann Information nur auf indirektem Wege (Wärmefluss, Erdschwere, Ausbreitung seismischer Wellen) gewonnen werden (die tiefsten Bohrungen erreichen derzeit Tiefen von ca. 12 km).

Nach dem gegenwärtigen Kenntnisstand ist in der Lithosphäre im Mittel mit einer Zunahme der Temperaturen von 2–3 °C je 100 m zu rechnen. Hierbei bestehen jedoch erhebliche lokale und regionale Unterschiede. So rechnet man in Grabensystemen mit aktiver Tektonik mit einem erheblich höheren Temperaturgradienten. Nach Abb. 2.22 wären in ca. 40 km Tiefe im tektonisch aktiven Gebiet Temperaturen von weit über 1000 °C zu erwarten – dies liegt bei den in dieser Tiefe zu erwartenden Drücken in der Nähe des Schmelzpunktes basaltischer Gesteine.

Untersuchungen an vulkanischen Schmelzen ergaben, dass diese erhebliche Unterschiede in ihrer Zusammensetzung aufweisen. Ähnliches ist für die in der Tiefe erstarrenden Magmen zu erwarten. Die aus den Schmelzen entstandenen Magmatite weisen eine dementsprechende Vielfalt auf.

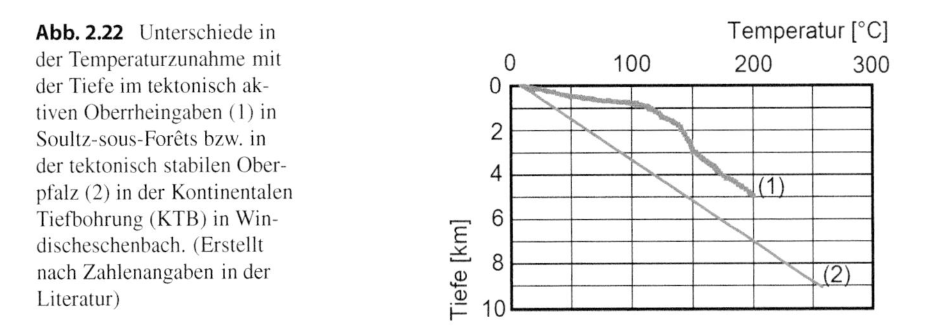

Abb. 2.22 Unterschiede in der Temperaturzunahme mit der Tiefe im tektonisch aktiven Oberrheingaben (1) in Soultz-sous-Forêts bzw. in der tektonisch stabilen Oberpfalz (2) in der Kontinentalen Tiefbohrung (KTB) in Windischeschenbach. (Erstellt nach Zahlenangaben in der Literatur)

Experimentelle Studien über das Kristallisationsverhalten von Gesteinsschmelzen weisen darauf hin, dass die Vielfalt der auftretenden Gesteinstypen und Magmentypen auf partieller Aufschmelzung vorhandener Gesteine und dem Prozess der Magmendifferentiation beruht.

Auf dem Wege der Magmendifferentiation können aus einem ursprünglich basaltischen Magma granitische Magmen sowie Schmelzen intermediärer Zusammensetzung werden. (Granitische Magmen können allerdings auch direkt durch Aufschmelzen von Sedimentgesteinen und Metamorphiten granitischer Gesamtzusammensetzung entstehen.) Mit abnehmender Temperatur ändert sich die Zusammensetzung der aus einer ursprünglich basaltischen Schmelze sich bildenden Minerale (Tab. 2.6). Die fraktionierte Kristallisation setzt voraus, dass die sich bildenden Minerale von der Restschmelze abgetrennt werden, z. B. wie in Abb. 2.23 dargestellt durch Absetzen der spezifisch schweren Frühdifferentiate oder durch Abpressen der Restschmelzen.

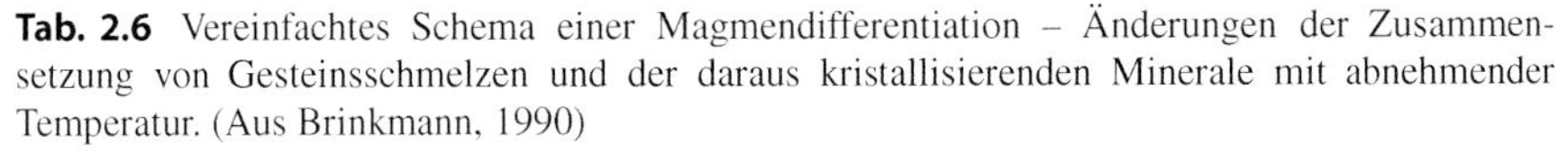

Tab. 2.6 Vereinfachtes Schema einer Magmendifferentiation – Änderungen der Zusammensetzung von Gesteinsschmelzen und der daraus kristallisierenden Minerale mit abnehmender Temperatur. (Aus Brinkmann, 1990)

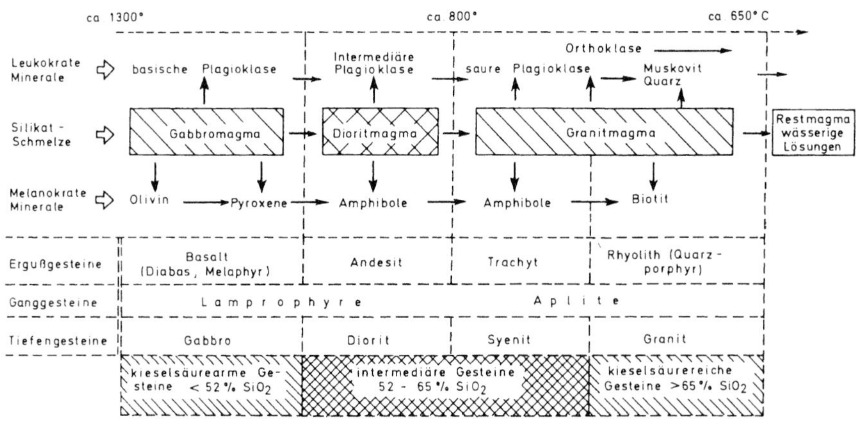

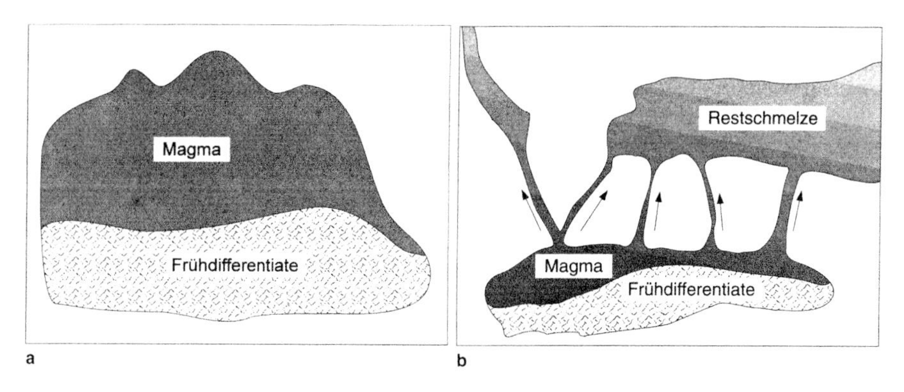

Abb. 2.23 Magmendifferentiation – fraktionierte Kristallisation und Abtrennung des Restmagmas. **a** Fraktionierte Kristallisation. Absonderung von früh kristallisierenden Mineralen durch Absinken in der sich abkühlenden Schmelze. **b** Abtrennung des Restmagmas und Migration in sekundäre Magmenkammern oder zur Erdoberfläche

2.4.4.3 Räumliche Systematik, strukturelle und texturelle Merkmale magmatischer Gesteine

Magmatische Schmelzen entstehen unter verschiedenartigen Ausgangsbedingungen und entwickeln sich bis zur vollständigen Auskristallisation der Schmelzen zu den unterschiedlichsten Magmatiten. Nach ihrer Lage zur Erdoberfläche untergliedert man die magmatischen Gesteine in:

- oberflächennah und rasch erstarrte **Vulkanite** (Ergussgesteine) mit feinkörniger Textur,
- in größerer Tiefe und langsam erstarrte **Plutonite** (Tiefengesteine) mit grobkörniger Textur sowie,
- Ganggesteine mit plattenförmiger Gestalt bevorzugt im subvulkanischen Zwischenbereich.

Aus einem einheitlichen Magmareservoir gespeist, können aufgrund der Magmadifferentiation und der verschiedenartigen Lagerungsformen recht unterschiedliche Gesteinskörper entstehen (Abb. 2.24). Die Unterschiede in der Platznahme, der Reaktion mit dem Nebengestein, der Mineraleinregelung und den Abkühlungsbedingungen spiegeln sich in der Textur der Gesteine und den Gefügemerkmalen wieder.

So ist für Tiefengesteine, deren Abkühlung langsam vor sich ging, eine gleichkörnige, kristalline Struktur mit ineinander verzahnten Einzelkristallen charakteristisch (s. Abb. 4.2a). Relativ häufig, vor allem bei in geringerer Tiefe oder als Ganggestein erstarrten Magmatiten, ist eine sogenannte porphyrische Struktur mit z. T. großen Einsprengungen (s. Abb. 4.2b, c). Die vulkanischen Gesteine sind größtenteils sehr feinkörnig, teilweise mit Einsprengungen. Seltener sind Vulkanite als vulkanische Gläser ausgebildet. Die auf der unterschiedlich raschen Abkühlung be-

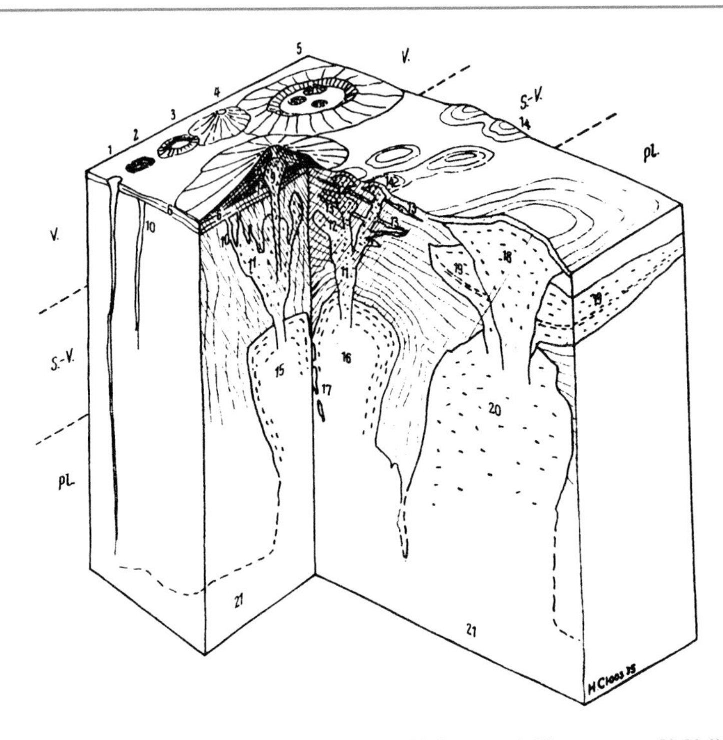

Abb. 2.24 Räumliche Systematik der wichtigsten Vulkan- und Plutontypen. *V.* Vulkane, *S.-V.* Subvulkane, *Pl.* Plutone. *1* Durchschlagsröhre, *2* Maar, *3* Wallberg, *4* Aschenkegel, *5* Caldera mit parasitären Kegeln, *6* Tafel-(Plateau-)Vulkan, *7* Schildvulkan, *8* Gemischter (Strato-)Vulkan, *9* Stock im Kern des Stratovulkans, *10* Gang (Steilgang), *11* Steiler Subvulkan mit Verzweigungen, *12* Flacher Subvulkan mit Verzweigungen, *13* Lager- oder Flachgänge (Sill), *14* Aufwölbung der hangenden Schichten, *15* Vertikalpluton (diskordant zum Nebengestein), *16* Antiklinalpluton (konkordant zum Nebengestein), *17* Nebengesteins-Septum zwischen zwei Plutonen, *18* Trichterpluton von sehr seichter Stellung, *19* Synklinal- bis Horizontalpluton, *20* Pyramidal-Pluton (Batholith i. e. S.), *21* Subplutonische („abyssische") Tiefenzone. (Aus Cloos, 1936; mit freundlicher Genehmigung von © Schweizerbart science publishers, Stuttgart 2018, alle Rechte vorbehalten)

ruhenden strukturellen Unterschiede sind am Handstück und mehr im Detail unter dem Mikroskop an Gesteinsdünnschliffen zu erkennen.

Eine spezielle Gruppe der vulkanischen Gesteine stellen die vulkanischen Aschegesteine – Tuffite – dar, die ihrer Bildung nach eine Zwischenstellung zwischen Magmatiten und Sedimentgesteinen bilden (Abb. 2.25). Granitische Tiefengesteinskörper zeichnen sich häufig durch ein typisches Kluftgefüge aus (Abb. 2.26). Die durch Fließtexturen im Gestein vorgegebenen Lagerklüfte führen bei der Verwitterung zur Ausbildung schalenförmiger Ablösungen. Für basaltische Vulkanite sind säulenförmige Kluftkörper (Abb. 2.27) charakteristisch. Ein besonderes Gefügemerkmal, insbesondere vieler untermeerischer Vulkanite, sind die sogenannten Kissenlaven.

Abb. 2.25 Geschichtete vulkanische Aschegesteine in der Vulkaneifel bei Nickenich; die starke Abweichung der Schichtflächengrenzen von der Horizontalebene stellt ein primäres Gefügemerkmal dar. Die Gesteine sind nicht durch Verformung gefaltet. (Photo: E. Fecker)

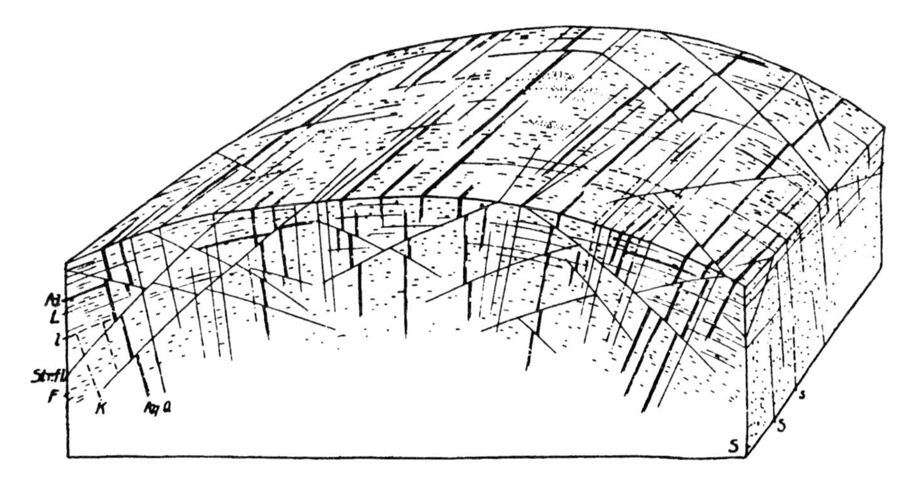

Abb. 2.26 Gefügeschema eines Plutons. *L* Lagerklüfte, *Q* Quer- oder Q-Klüfte, *F* Diagonalklüfte, *S* Längs- oder S-Klüfte. (Aus Cloos, 1936; mit freundlicher Genehmigung von © Schweizerbart science publishers, Stuttgart 2018, alle Rechte vorbehalten)

Abb. 2.27 Ausbildung säulenförmiger Kluftkörper in basaltischen Vulkaniten; Cerro Santa Lucia, Santiago de Chile. (Photo: E. Fecker)

2.4.4.4 Hauptvertreter der magmatischen Gesteine

Innerhalb der Magmatite erfolgt die systematische Einteilung in Gesteinsgruppen und die Benennung eines Gesteins in erster Linie aufgrund des Mineralbestandes (s. a. Abschn. 3.4). Dabei werden insbesondere:

- Quarzgehalt,
- Art und mengenmäßiger Anteil an Kalifeldspäten, Plagioklasen und Feldspatvertretern,
- Art und mengenmäßiger Anteil an dunklen Gemengteilen (z. B. Hornblende, Pyroxen, Augit, Olivin etc.)

zur Klassifikation herangezogen. Eine exakte Benennung ist in vielen Fällen erst aufgrund detaillierter petrographischer Untersuchung z. B. mittels Dünnschliffmikroskopie oder röntgenoptischer Mineralbestimmung möglich.

Die vielfach ausreichende Zuordnung zu den Hauptgruppen der magmatischen Gesteine, wie sie in Abb. 2.28 dargestellt sind, kann jedoch meist aufgrund visueller Beurteilung erfolgen. Als Folge der Unterschiede in den Bildungsbedingungen – vor allem wegen der unterschiedlichen Viskosität der granitischen (sauren) und basaltischen (basischen) Gesteinsschmelzen – überwiegen auf den Kontinentalplat-

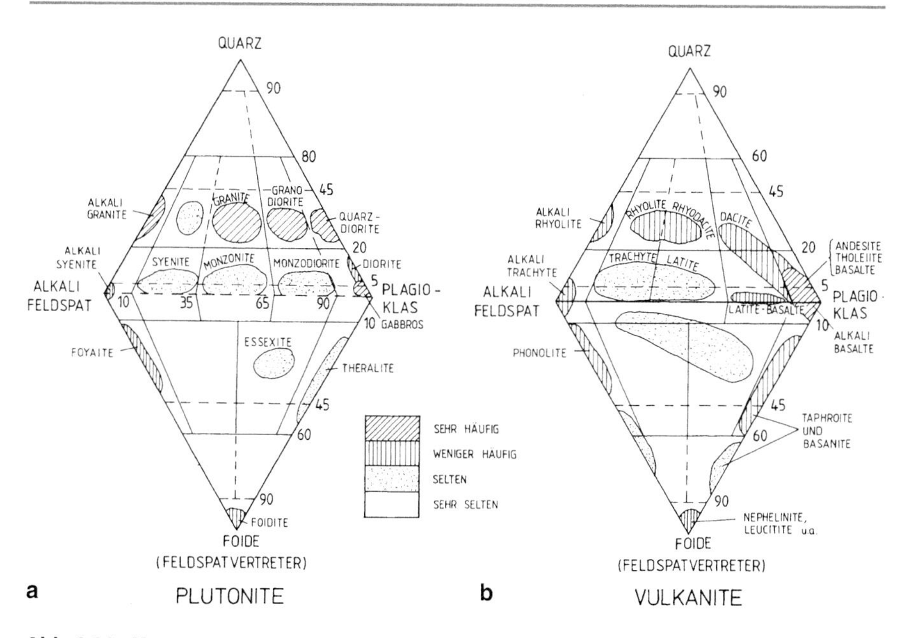

Abb. 2.28 Hauptgruppen der plutonischen (**a**) und vulkanischen (**b**) Gesteine, klassifiziert aufgrund des Gehaltes an wichtigen hellen gesteinsbildenden Mineralen mit Angaben zur Häufigkeit des Vorkommens. (Aus Streckeisen, 1967; mit freundlicher Genehmigung von © Schweizerbart science publishers, Stuttgart 2018, alle Rechte vorbehalten)

ten bei den Tiefengesteinen die granitischen Gesteine, bei den Vulkaniten jedoch die basaltischen Gesteinstypen.

2.4.5 Metamorphite

2.4.5.1 Entstehung metamorpher Gesteine

Geraten Gesteine im Zuge der dynamischen Vorgänge in der Erdkruste in Bereiche, die hinsichtlich Druck und Temperatur erheblich höher sind als zur Zeit der Gesteinsbildung, so können Mineralumwandlungen und strukturelle Änderungen unter zumindest teilweiser Erhaltung des festen Zustandes auftreten. Durch diesen Vorgang der Gesteinsmetamorphose können Sedimentgesteine als auch Magmatite in Metamorphite umgewandelt werden. Aus Metamorphiten selbst können bei Erhöhung der Umwandlungsbedingungen Gesteine eines höheren Metamorphosegrades entstehen.

Die texturellen und mineralogischen Veränderungen können – müssen jedoch nicht – mit einer Änderung in der chemischen Gesamtzusammensetzung verbunden sein.

Werden größere Bereiche der Erdkruste – z. B. im Zuge von Gebirgsbildungsvorgängen – erfasst, so spricht man von einer **Regionalmetamorphose**.

Von intrudierenden Magmen wird Wärme an die Umgebung abgegeben. Dadurch werden die angrenzenden Gesteine am Kontakt umgewandelt: **Kontaktmetamorphose**. Für die Kontaktmetamorphose in Bereichen um intrudierte Magmenkörper ist eine gegenüber normalen Druck-Temperatur-Verhältnissen erhöhte Temperatur kennzeichnend. Der Übergang von Gesteinen, die nicht metamorph umgebildet sind, zu hochmetamorphen Gesteinen – bis hin zur teilweisen oder vollständigen Aufschmelzung – kann hier je nach Art, Form und Größe des Intrusivkörpers, den Unterschieden in Temperatur und chemischer Zusammensetzung von Intrusivmasse und Umgebungsgestein etc. von wenigen Zentimetern (z. B. um Ganggesteine) bis zu 1–2 km (z. B. um große, tief erliegende Intrusivkörper) reichen.

Je nach Metamorphosegrad gehen die ursprünglichen strukturellen Merkmale – wie z. B. die Schichtung von Sedimentgesteinen – teilweise oder vollständig verloren. Infolge des vielfach gerichteten Druckes in den von der Regionalmetamorphose erfassten Erdkrustenbereichen erfolgt eine Einregelung von Mineralen nach ihrer Kristallstruktur (Abb. 4.9a). Bei häufig vorkommenden Metamorphiten, die einen hohen Anteil an plättchenförmigen Mineralen (Glimmerminerale, Graphit, Tonminerale) enthalten, bewirkt dies eine ausgeprägte Anisotropie der Gesteine bezüglich Festigkeit, Verformbarkeit u. a. physikalischen Eigenschaften. Neben der Mineraleinregelung kann die Schieferung metamorpher Gesteine auch auf mechanische Zerscherung (**Dynamometamorphose**) beruhen. Die geometrischen Zusammenhänge zwischen Spannungsfeld, Großstruktur – z. B. Falten – und Schieferungsflächen werden in Kap. 4 behandelt.

2.4.5.2 Metamorphosegrad – Druck- und Temperaturverhältnisse

Die im Zuge der Regionalmetamorphose entstandenen Metamorphite lassen sich nach Metamorphosegraden bestimmten Zonen der Metamorphose mit jeweils charakteristischen Temperatur- und Druckbereichen zur Zeit der Gesteinsumwandlung zuordnen (Wimmenauer, 1985). Die Gesteine der verschiedenen Zonen der Metamorphose weisen typische, bei den betreffenden Drücken und Temperaturen beständige Minerale auf. Einige Minerale, wie z. B. Quarz, treten allerdings in Gesteinen aller Zonen der Metamorphose auf.

Die Umwandlung eines tonigen Sedimentgesteins in die verschiedenen Metamorphosegraden zuzuordnenden Metamorphite lassen sich am Auftreten charakteristischer Minerale wie Muskovit oder Granat ablesen.

Im Druck- und Temperaturfeld sind die Grenzen des Bereiches der Metamorphose gegen den Bereich der Diagenese einerseits und der Anatexis (Aufschmelzung) bei hohen Drücken und Temperaturen andererseits fließend. Bei teilweiser Aufschmelzung oder Vermischung mit magmatischem Material entsteht eine besondere Gruppe komplex zusammengesetzter und strukturierter Gesteine – die sog. Migmatite.

Auch bei der Kontaktmetamorphose lässt sich i. A. eine Zonierung der metamorphen Gesteine feststellen. Dabei nimmt die Stärke der Gesteinsumwandlung von der Kontaktfläche nach außen zum Nebengestein hin ab.

Obwohl es bei der Regional- wie bei der Kontaktmetamorphose von der mineralogischen Zusammensetzung des Ausgangsgesteins abhängt, welches metamorphe Äquivalent unter den jeweiligen Bedingungen entsteht, bewirkt die Metamorphose

Tab. 2.7 Ausgangsmaterial und Bildungsbedingungen häufig vorkommender regionalmetamorpher Gesteine (kristalline Schiefer). (Aus Wagenbreth, 1977)

	Ausgangsgesteine					
Zone der Metamorphose (dazu ungefähre Temperaturen = t und ungefähre Drücke = p)	Aus sauren bis intermediären Magmatiten (Hauptgemengteile)	Aus basischen bis ultrabasischen Magmatiten (Hauptgemengteile)	Aus Sandsteinen und anderen kieseligen Sedimenten	Aus sandig-tonigen Sedimenten	Aus tonig-kalkigen Sedimenten	Aus Kalken
Epizone (t 400–450 °C) (p 100–300 MN/m^2)	*Serizitschiefer* Serizitgneis Porphyroid (Serizit) (Albit) (Quarz)	*Grünschiefer* Chloritschiefer (Chlorit) (Amphibol) (Epidot) (Zoisit)	*Serizitquarzit* (Quarz) (Serizit)	*Quarzphyllit* *Serizitschiefer* (Serizit) (Quarz)	*Kalkphyllit* (Kalkspat) (Serizit)	*Marmor* (Kalkspat)
Mesozone (t 550–700 °C) (p 200–400 MN/m^2)	*Glimmerschiefer* *Muskovitgneis* (Quarz) (Muskovit) (z. T. Feldspat)	*Amphibolit* *Hornblendegneis* (Amphibol) (Oligoklas)	*Glimmerquarzit* (Quarz) (Glimmer)	*Glimmerschiefer* (Glimmer) (Quarz)	*Kalkglimmerschiefer* (Kalkspat) (Glimmer)	*Marmor* (Kalkspat)
Katazone (t 700–900 °C) (p 400–1500 MN/m^2)	*Gneis* *Granulit* (Feldspat) (Quarz) (Biotit) (z. T. Granat) (z. T. Disthen)	*Eklogit* *Augitschiefer* *Olivinschiefer* *Pyroxengranulit* (Augit) (Granat) (Olivin) (Feldspat)	*Granatquarzit* (Quarz) (Granat)	*Gneis* *Granulit* (Feldspat) (Quarz) (Biotit) (z. T. Granat) (z. T. Disthen)	*Kalksilikatfels* (Amphibol) (Granat)	*Marmor* (Kalkspat)

i. A. doch eine gewisse Homogenisierung. So können z. B. Gneise sowohl aus den unterschiedlichsten magmatischen Gesteinen (Orthogneis) wie aus sandig-tonigen Sedimentgesteinen (Paragneis) entstehen (s. a. Tab. 2.7).

2.4.5.3 Hauptvertreter der Metamorphite

Die im Zuge der Regionalmetamorphose entstandenen Gesteine (kristalline Schiefer) sind relativ weit verbreitet. Tab. 2.7 gibt einen Überblick über die aus verschiedenen magmatischen und sedimentären Gesteinen in Abhängigkeit vom Grad der Metamorphose entstandenen kristallinen Schiefer. Ähnlich wie die Magmatite sind die kristallinen Schiefer durch die Haupt- und Nebengemengteile und die texturellen Merkmale zu unterscheiden.

2.5 Historische Geologie

Der Historischen Geologie als dem Kerngebiet dieser Erdwissenschaft kommt die Aufgabe zu, die zeitliche Abfolge von Vorgängen in der Erdkruste und im Bereich der Erdoberfläche aufzuklären. Damit stellt die Geologie eine geschichtsbezogene Wissenschaft dar, und es ist gerade diese Einbeziehung der historischen Komponente in alle Überlegungen des Geologen, die dem Ingenieur in ihrer Bedeutung für die Klärung baugeologischer Fragestellungen häufig nicht ohne Weiteres einsichtig zu machen ist.

Nicht selten wird die Meinung vertreten, dass in der Baugeologie nur der Jetztzustand des von einem Bauwerk beeinflussten Gebirges interessiere. Hierbei wird übersehen, dass Prognosen über die Untergrundverhältnisse nur unter Berücksichtigung des erdgeschichtlichen Werdegangs des betreffenden Gebietes optimal sein können. So ist z. B. in der Planung von Tunnelbauwerken die Kenntnis der stratigraphischen Abfolge der Gesteine unerlässlich. Nur so können auch die strukturellen Verhältnisse geklärt und das Gebirgsverhalten abgeschätzt werden. In welchen Maßen Kosten und Vortriebsleistung vom Gebirgstyp und damit auch von der stratigraphischen Stellung der zu durchörternden Gesteine abhängen, ist dem Beispiel in Abb. 2.29 zu entnehmen.

Auch der Spannungszustand und das zu erwartende Verformungs- und Festigkeitsverhalten hängen vielfach wesentlich von der geologischen Vorgeschichte ab. Ferner können die Fragen, ob Störungen rezent sind, ob Auslaugungsvorgänge im tieferen Untergrund eventuell zu Erdfällen führen usw. nur geklärt werden, wenn die erdgeschichtliche Entwicklung mit in die Überlegungen des Baugeologen einbezogen ist.

2.5.1 Überblick über die Entwicklungsgeschichte der Erde

In der historischen Geologie und verwandten Fachgebieten wurde ein immer detaillierteres Bild der Entwicklungsgeschichte der Erdkruste und des Lebens auf der Erde erarbeitet. Die Erdgeschichte lässt sich in folgende Erdzeitalter unterteilen:

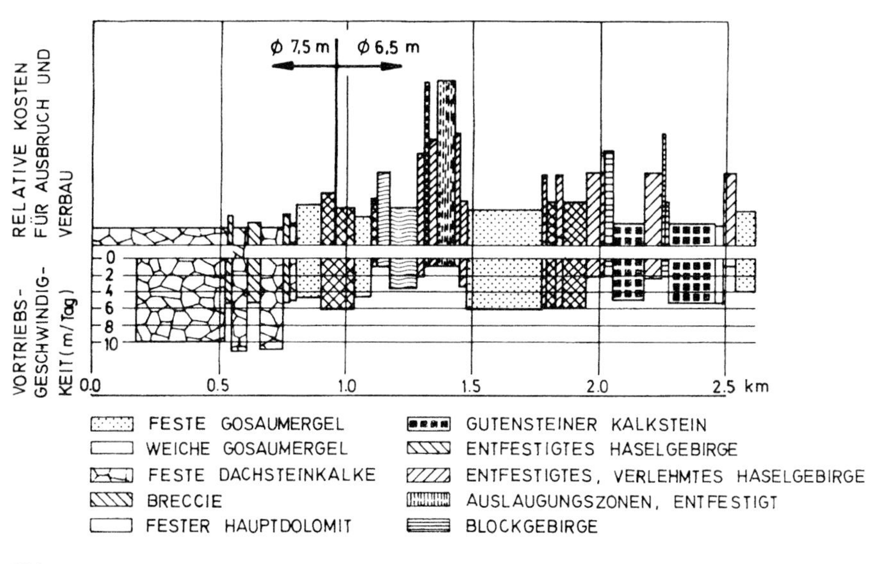

Abb. 2.29 Abhängigkeit der Vortriebsleistung und der Tunnelbaukosten von der Beschaffenheit des zu durchörternden Gebirges. (Aus Spaun, 1974, mit freundlicher Genehmigung von © Prof. Georg Spaun, 2018, alle Rechte vorbehalten)

- Erdneuzeit – Känozoikum
- Erdmittelalter – Mesozoikum
- Erdaltertum – Paläozoikum und
- Erdfrühzeit – Präkambrium

Die Erdzeitalter werden weiter in Systeme und Abteilungen sowie Stufen untergliedert.

Einen Überblick über den zeitlichen Ablauf der Erdgeschichte und die erdkrustengestaltenden Vorgänge, welche die verschiedenen Zeitepochen charakterisieren, gibt Tab. 2.8. Zieht man die immensen Zeitspannen der einzelnen Abschnitte in Betracht, so wird verständlich, dass die Angaben eine weitgehende Generalisierung darstellen.

2.5.2 Stratigraphie

2.5.2.1 Begriff, Methodik und Zweck der Stratigraphie

Stratigraphie ist der Zweig der Historischen Geologie, der sich mit der Abfolge sedimentärer und z. T. vulkanischer Gesteine, deren altersmäßiger Einstufung und Korrelation von Lokalität zu Lokalität beschäftigt. Möglichst detaillierte Kenntnisse über die Abfolge der verschiedenartigen Gesteinsschichten, deren Mächtigkeit und Kontinuität bzw. den mehr oder weniger raschen Änderungen hinsichtlich Gesteinsbeschaffenheit, Schichtdicken, der Fossilführung etc. sind unabdingbare Voraussetzungen zur Erstellung geologischer Karten und Schnitte. Zugleich kann hieraus eine

Tab. 2.8 Erdgeschichtliche Gliederung. (Nach Angaben von Murawski, 1983; mit freundlicher Genehmigung von © Spektrum, Akademischer Verlag, Heidelberg 2010, alle Rechte vorbehalten)

Zeitalter		Alter in Mio. Jahren	System (Formation)	Serie	Stufe	Tektonische Phasen und Ären		Land/Meer-Verteilung in Europa
Käno- zoikum		Känozoikum	Quartär			pasadenisch		
Meso- zoikum			Tertiär	Pliozän				
Paläo- zoikum				Miozän		steirisch	Alpidische Ära	
				Oligozän		savisch		
		50		Eozän		pyrenäisch		
		70		Paleozän		laramisch		
		Mesozoikum	Kreide	B. Obere Kreide	Maastrichtium Campanium Santonium Coniacium Turonium Cenomanium			
		100		A. Untere Kreide	Albium Aptium Barremium Hauterivium Valanginium Berriasium	austrisch Hils		
		140	Jura	Malm		Osterwald Deister		
		150		Dogger				
				Lias				
		180	Trias	Keuper		altkimmerisch		
		200		Muschelkalk				
		225		Buntsandstein				
Präkambrium		Paläozoikum	Perm	Zechstein		pfälzisch saalisch	Variscische Ära (Hercynische)	FESTLAND / MEER
				Rotliegendes	Oberes Unteres	asturisch		
		275	Karbon	B. Oberkarbon	Stefan Westfal Namur	erzgebirgisch sudetisch		
		300		A. Unterkarbon	Vise Tournai	selkisch nassauisch	(bretonisch)	
		345				marsisch		
		350	Devon	C. Oberdevon				
				B. Mitteldevon		reussisch		
				A. Unterdevon		orkadisch		
		400	Silur		Ludlow Wenlock Llandovery	erisch ardennisch	Kaledonische Ära	
		450	Ordoviz		Ashgill Caradoc Llandeilo Llanvirn Arenig Tremadoc	takonisch		
		490				sardisch		
		500	Kambrium	Oberkambrium		Salair		
				Mittelkambrium				
		550		Unterkambrium				
		580				assyntisch		← Meeres-Transgression Regression →

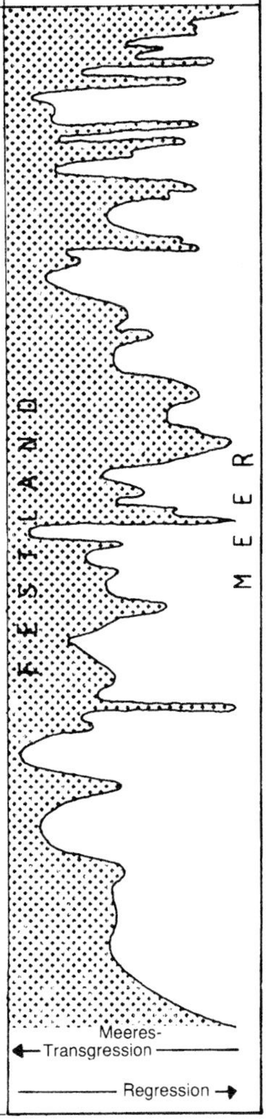

Prognose des Untergrundaufbaus aufgrund von Übertageaufschlüssen oder anderen meist lokalen natürlichen oder künstlichen Aufschlüssen abgeleitet werden. Durch diese Arbeit mehrerer Generationen von Geologen können die Gesteinsfolgen altersmäßig eingestuft und weltweit korreliert werden. Die Bestimmung des relativen

Alters geologischer Körper beruht auf vergleichenden Beobachtungen der Abfolge der Gesteinsschichten unter Anwendung einiger einfacher Grundprinzipien:

- Superposition (die jüngere Schicht liegt über der älteren Schicht eines Sedimentgesteines),
- Horizontale Schichtung (ursprünglich liegen im Wasser sedimentierte Schichten etwa horizontal),
- Kontinuität (Schichten der Sedimentgesteine weisen eine laterale Kontinuität auf und werden i. A. nur allmählich durch andere Schichten ersetzt oder dünnen vollständig aus).

Diese Grundprinzipien stellen keine strengen Gesetzmäßigkeiten dar; zu allen gibt es Ausnahmen – wie z. B. die Umkehrung der Altersabfolge in liegenden Falten (s. Abb. 4.14) – die jedoch bei detaillierter Untersuchung offenkundig wird.

Das Beispiel der Abb. 2.30 zeigt, wie eine vollständige Schichtenfolge durch Vergleich mehrerer in verschiedenen Aufschlüssen beobachteter Teilschichtenfolgen zusammengesetzt werden kann. Je nach den Sedimentationsbedingungen kann eine solche Standardschichtenfolge für ein mehr oder weniger großes Gebiet Gül-

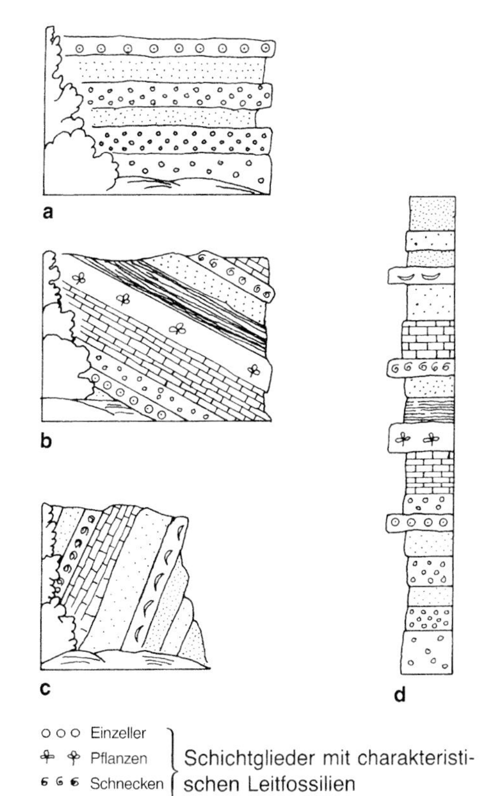

Abb. 2.30 Aufstellung einer vollständigen Schichtenfolge (Standardprofil) aus Teilschichtenfolgen. Die Korrelation der Schichten von Aufschluss zu Aufschluss erfolgt aufgrund der Gesteinsausbildung und mithilfe der Leitfossilien, die eine altersmäßige Einstufung ermöglichen. **a** Steinbruch mit Teilschichtenfolge in horizontaler Lagerung. **b** Steinbruch mit Teilschichtenfolge in schräger Lagerung. **c** Steinbruch mit Teilschichtenfolge in überkippter Lagerung. **d** kombinierte vollständige Schichtenfolge. (Aus Wagenbreth, 1977)

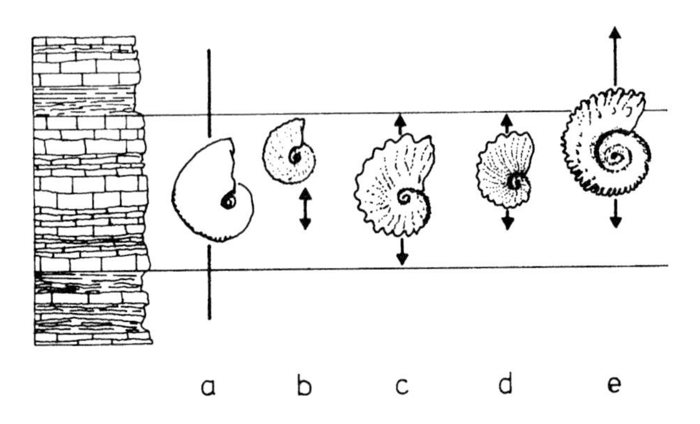

Abb. 2.31 Eignung von Fossilien (hier verschiedene Ammonitenarten) zur relativen Altersbestimmung. Arten, die häufig und wie die Ammonitenarten b, c, und d nur in Schichten, die über einen geologisch kurzen Zeitraum sedimentiert wurden, vorkommen, eignen sich besonders gut als Leitfossilien. *Pfeile* zeigen an, über welchen Zeitintervall hinweg die Arten vorkamen. (Aus Gilluly et al., 1975)

tigkeit besitzen. Nicht selten ergeben sich jedoch Änderungen in der Schichtenfolge – einzelne Schichten werden mächtiger, andere dünnen aus und werden durch andersartige Gesteine ersetzt, es treten andere Fossilien auf etc. – auch über relativ geringe Entfernungen von wenigen Kilometern hinweg.

Von besonderer Bedeutung bei der stratigraphischen Gliederung und der Anwendung der stratigraphischen Erkenntnisse bei der Erstellung von geologischen Karten und Profilen sind sogenannte Leithorizonte, die sich an verschiedenen Lokalitäten aufgrund ihrer petrographischen Eigenschaften und charakteristischer Fossilien (tierische oder pflanzliche Überreste bzw. Abdrücke hiervon) eindeutig wiedererkennen lassen.

Neben den visuell, mit bloßem Auge, unter der Lupe oder dem Mikroskop (an Gesteinsdünnschliffen) feststellbaren Eigenschaften werden in Bohrungen auch physikalische Messgrößen zur Korrelation von Schichten verwendet (s. Abschn. 6.5).

Die altersmäßige Einstufung von Sedimentgesteinen ist u. a. Aufgabe der Paläontologie, die als eigenständiger Wissenszweig die Entwicklung des Lebens auf der Erde erforscht.

Zur Ermittlung des relativen Alters haben sich die Überreste solcher Tier- und Pflanzenarten als geeignet erwiesen, die nur über einen relativ kurzen Zeitraum der Erdgeschichte auftraten, während dieser Zeit jedoch weit verbreitet waren und häufig vorkamen (Abb. 2.31).

Neben den größeren Überresten bzw. Abdrücken von Schalen und sonstigen Hartteilen, die mit bloßem Auge erkennbar sind, werden auch Mikrofossilien, wie Schalenreste von Einzellern, Sporen etc. zur altersmäßigen Einstufung von Sedimenten verwandt. Sie besitzen den Vorteil, auch aus Bohrkernen in größerer Zahl gewonnen werden zu können.

Außer der Ermittlung des relativen Alters von Sedimenten aufgrund der in den Gesteinen vorkommenden Fossilien besteht heute auch die Möglichkeit zu einer absoluten Altersbestimmung z. B. mittels Radiometrie (Bestimmung des relativen

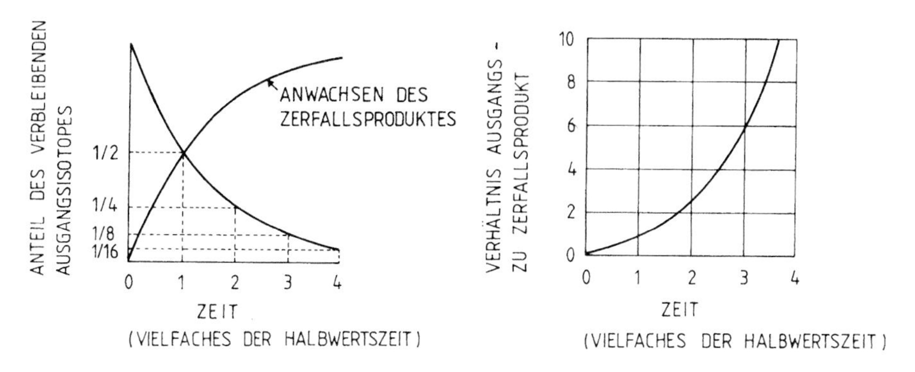

Abb. 2.32 Änderungen im relativen Gehalt am Ausgangsisotop und dem durch den Zerfall entstehenden Tochterisotop eines radioaktiven Elementes im Verlaufe der Zeit. Infolge der sehr unterschiedlichen Halbwertszeiten verschiedener radioaktiver Elemente eignen sich einige Elemente für die Datierung relativ junger Gesteine (z. B. $^{14}C \rightarrow {}^{14}N$, Halbwertzeit 5730 Jahre) andere für auch geologisch gesehen alte Gesteine ($^{87}Rb \rightarrow {}^{87}Sr$, Halbwertzeit 48 Mrd. Jahre, $^{40}K \rightarrow {}^{40}Ar$, Halbwertzeit 1,3 Mrd. Jahre). (Nach Gilluly et al., 1975)

Gehaltes an den verschiedenen Isotopen und Umwandlungsprodukten eines Elementes beim radioaktiven Zerfall, die in den Mineralien eines Gesteins auftreten – siehe Abb. 2.32), oder der sogenannten Warvenzählung u. a. Methoden.

Abb. 2.33 gibt Hinweise darauf, wie auch magmatische Gesteine aufgrund der Lagerung altersmäßig, relativ z. B. zu den benachbarten Sedimentgesteinen, eingestuft werden konnten, auch bevor eine Ermittlung des absoluten Alters möglich war.

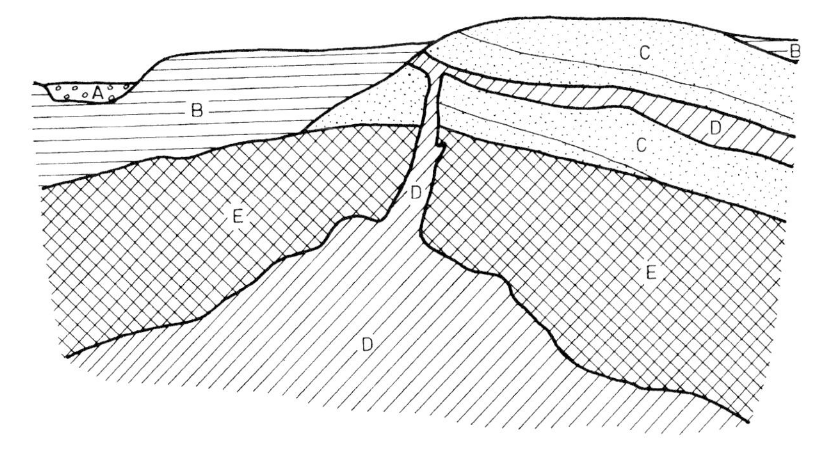

Abb. 2.33 Schemaskizze zur relativen Alterseinstufung magmatischer Gesteine aufgrund der Lagerungsverhältnisse. Der magmatische Intrusivkörper und die damit in Zusammenhang stehenden Ganggesteine (*D*) sind jünger als die Metamorphite (*E*) und die gefalteten Sedimentgesteine (*C*), jedoch älter als die diskordant auf (*C*) auflagernden Sedimentgesteine (*B*) und unverfestigten Sedimente (*A*)

2.5.2.2 Formationsspezifische Baugrundeigenschaften

Regional treten in bestimmten Systemen (Formationen) immer wieder Baugrundprobleme auf, die mit den Eigenschaften der jeweiligen Fest- und Lockergesteinen, deren Gefügemerkmalen und der geologischen Struktur eng verknüpft sind.

In Tab. 2.9 wird für den süddeutschen Raum eine stark vereinfachende Charakterisierung der formationsbedingten Baugrundeigenschaften gegeben. Diesen Angaben kommt nur regional Bedeutung zu, da die während desselben geologischen Zeitraumes andernorts – z. B. in Norddeutschland oder Österreich – entstandenen Gesteine nicht selten wesentlich anders ausgebildet sind. Als ein Beispiel hierfür lässt sich die Formation des Perms anführen, die in Süddeutschland einen guten bis mäßig guten Baugrund darstellt, wogegen in Mittel- und Norddeutschland während der Zechsteinzeit (Oberes Perm) mächtige Salzablagerungen als zeitliches Äquivalent zu den Ton-, Mergel- und Dolomitsteinen Süddeutschlands entstanden. Die Auslaugung dieser Salzgesteine im Untergrund (Subrosion) führt insbesondere dort, wo sie ungleichmäßig erfolgt, zu einer starken Auflockerung des darüberliegenden Gebirges, zu kessel- bzw. schlotförmigen Einbrüchen (Subrosionssenken, Solutionsschloten – Abb. 2.34), die z. T. mit Versturzmassen, z. T. mit jüngeren Sedimenten verfüllt sind. Durch die fortschreitende Auslaugung und den Zusammenbruch von Hohlräumen kann es im Bereich solcher Solutionserscheinungen zur Bildung von Einsturztrichtern (Dolinen) oder auch zu allmählich ablaufenden Setzungsbewegungen kommen.

Ein weiteres Beispiel für die Änderung in den Baugrundeigenschaften, die mit einem allmählichen Wechsel in der Art der Gesteine verbunden sind, bietet u. a. der Buntsandstein.

Mit Ausnahme der hier geringmächtigen Röttonsteine stellen die Sandsteine des Buntsandsteins im Schwarzwald und Odenwald einen Baugrund dar, der sowohl bei der Fundierung von Bauwerken, wie der Errichtung von Hohlräumen relativ geringe Probleme aufwirft.

Im Bereich von Spessart und Rhön schalten sich in die Sandsteine häufiger Tonsteine ein; an der Basis erreichen die Bröckelschiefer, am Top der Buntsandsteinfolge die Röttonsteine erhebliche Mächtigkeiten (Abb. 2.35). Sowohl die Tonsteine, der Bröckelschiefer wie die Röttonsteine neigen zu Rutschungen. Die Röttonsteine enthalten zudem quellfähige Tonminerale und vor allem weiter gegen Norden Salzgesteine, die vielfach ausgelaugt sind oder zur Auslaugung neigen. Damit ist eine Gefährdung von Bauwerken durch Dolinenbildung und ungleichförmige Setzungen verbunden.

Zu den generellen Angaben in Bezug auf die Baugrundeigenschaften in Tab. 2.9 ist anzumerken, dass weitere Faktoren wie z. B. Morphologie und Klima (z. B. im Hinblick auf Rutschungen), die Wasserverhältnisse im Untergrund (z. B. bezüglich des Quellverhaltens) u. a. entscheiden, ob potentiell ungünstige Eigenschaften des anstehenden Gebirges zum Tragen kommen.

Die Bedeutung der lokalen morphologischen und hydrogeologischen Verhältnisse ergibt sich u. a, aus den in Abschn. 7.2 eingehender behandelten Beispielen von Tunnelbauten im Gipskeuper Baden-Württembergs. Nach dem gegenwärtigen

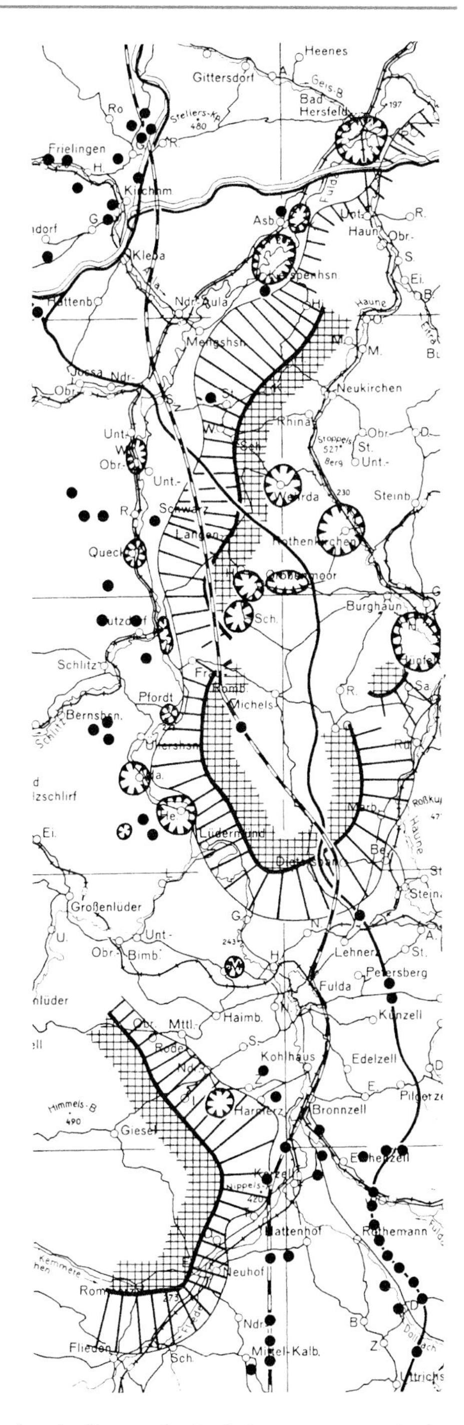

Abb. 2.34 Solutionsschlote und Subrosionssenken im Buntsandstein Osthessens, entstanden infolge der Auslaugung von Zechsteinsalzen. (Aus Prinz, 1982)

Kenntnisstand ist mit Schäden infolge von Quellerscheinungen dort zu rechnen, wo sowohl Anhydrit als auch quellfähige Tonminerale vorhanden sind. Gebirgsbereiche über dem Anhydritspiegel, in denen Anhydrit in Gips umgewandelt ist oder aus denen oberhalb des Gipsspiegels die Calciumsulfatsalze vollständig ausgelaugt wurden, neigen nicht mehr zum Quellen. Das Beispiel zeigt, dass zur Beurteilung des Baugrundes i. A. detaillierte, auf das jeweilige Projekt und die örtlichen Verhältnisse zugeschnittene Untersuchungen erforderlich sind. Kenntnis der regionalen Verhältnisse ist wichtig, reicht jedoch allein zumeist nicht aus, um den Untergrund hinreichend zu beschreiben und die für ein bestimmtes Bauvorhaben notwendigen Maßnahmen zu treffen. Für Tunnelstrecken im anhydrit- und corrensitführenden

Tab. 2.9 Formationsspezifische Baugrundeigenschaften im süddeutschen Raum (stark generalisiert)

System (Formation)	Serie (Abteilung)	Stufe	Hauptsächliche Gesteine	Baugrund-eigenschaften
Quartär	Holozän		Lockerböden, Faulschlamm, Moore, Torf	z. T. setzungsempfindlich, frostgefährdet
	Pleistozän		Löss, Moränen, Schotter, Bändertone, Torf	Mäßig bis guter Baugrund, frostgefährdet, schlechter Baugrund
Tertiär	Miozän Oligozän		Mergel, Sande, Tone, Konglomerate, Basalte, Quarzite, Flysch	Mäßiger bis guter Baugrund mit Ausnahme der Tone, z. T. Rutschungen auf darunterliegendem Ton, rutschgefährdet
Kreide	Oberkreide		Mergelstein, Sandstein	Bei Wasserzutritt zum Teil rutschgefährdet
Jura	Malm (Weißer Jura)		Kalksteine, Mergelsteine	Zum Teil verkarstet, sonst guter Baugrund Zementmergel bei Wasseraufnahme Festigkeitsabnahme
	Dogger (Brauner Jura)		Tonsteine, Eisenoolithe, Kalksteine, Sandsteine	Meist schlechter z. T. sehr schlechter Baugrund; rutschgefährdet, frostgefährdet, setzungsempfindlich (insbes. Opalinuston und Ornatenton)
	Lias (Schwarzer Jura)		Wechselfolge aus Ton-, Mergel- und Sandsteinen, Kalksteinen und Schiefertonen	Mäßiger bis schlechter Baugrund, vielfach rutschgefährdet, frostgefährdet, setzungs- und hebungsempfindlich

Tab. 2.9 (Fortsetzung)

System (Formation)	Serie (Abteilung)	Stufe	Hauptsächliche Gesteine	Baugrund-eigenschaften
Trias	Keuper	Oberer Keuper (Rhät)	Tonstein, Sandstein	
		Mittlerer Keuper (Gipskeuper)	Tonstein, Gips, Anhydrit, Sandstein, Steinmergel, Dolomitstein	z. T. auslaugungs-gefährdet, sonst mäßiger Baugrund, auslaugungsgefährdet, rutschgefährdet, quellfähig
		Unterer Keuper (Lettenkeuper)	Sandstein, Mergelstein, Dolomitstein	Guter bis mäßiger Baugrund
	Muschelkalk	Oberer Muschelkalk	Kalk- u. Mergelsteine, Dolomitstein	Zum Teil verkarstet, sonst guter Baugrund
		Mittlerer Muschelkalk	Dolomitstein, Tonstein, Salzgesteine, Gips	Auslaugungsgefährdet, Verstürzungen im Hangenden, i. A. schlechter Baugrund
		Unterer Muschelkalk (Wellengebirge)	Kalkstein, Dolomitstein, Mergelstein	Relativ guter Baugrund, jedoch in Hangbereichen häufig durch Rutschungen auf Röttonen in Schollen zerlegt
	Bundsandstein	Oberer Buntsandstein (Röt)	Tonsteine, Gips	Rutschgefährdet, auslaugungsgefährdet
		Mittlerer Buntsandstein	Sandsteine, Tonsteine	Guter Baugrund
		Unterer Buntsandstein (Bröckelschiefer)	Sandsteine, Tonsteine	Rutschgefährdet
Perm	Zechstein Rotliegendes		Schiefertone, Arkosesandsteine, Konglomerate, Tonsteine, Mergelsteine, Dolomitsteine, Porphyre (Süddeutschland ohne Salzlager)	Guter bis mäßiger Baugrund
Karbon			Grauwacken, Arkosesandsteine, Porphyre, Konglomerate, Schiefertone	Mäßiger bis guter Baugrund
Devon			Schiefer	Mäßiger Baugrund, ungünstig bei Wasseraufnahme
Altpaläozoikum			Granite, Gneise	Im Allgemeinen guter Baugrund (mit Ausnahme von Zersetzungszonen)

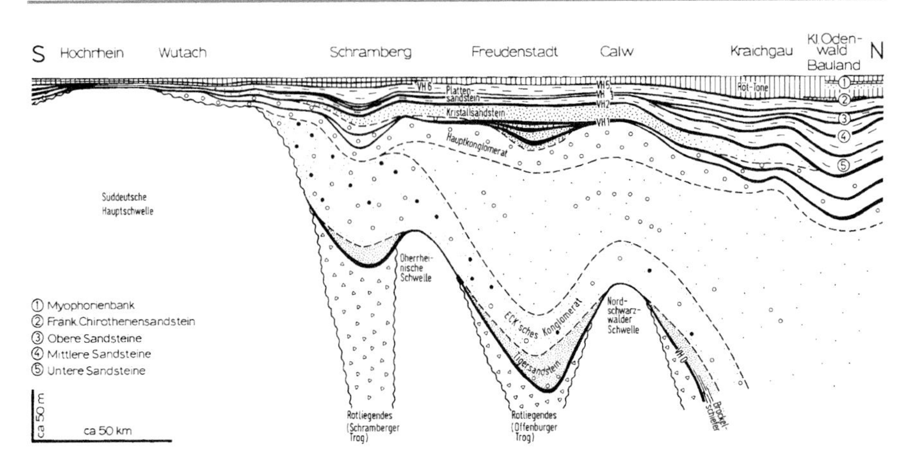

Abb. 2.35 Schematischer Profilschnitt durch den Buntsandstein vom Hochrhein zum Odenwald. (Aus Geyer & Gwinner, 1991; mit freundlicher Genehmigung von © Schweizerbart science publishers, Stuttgart 1991, alle Rechte vorbehalten)

Gipskeuper muss z. B., um Schäden zu vermeiden, Wasserzufuhr aus Bereichen mit stärkerer Wasserführung vermieden werden. Dazu ist u. a. auch die Auflockerung des Gebirges um den Hohlraum herum auf ein Minimum zu beschränken.

Fehleinschätzungen aufgrund der Nichtbeachtung der erdgeschichtlichen Entwicklung und der alleinigen Stützung von Aussagen zur Gründung von Bauwerken bzw. Erstellung von Hohlraumbauten auf immer nur punktuell durchgeführte boden- und felsmechanische Versuche allein sind Legion.

2.6 Geomorphologie

2.6.1 Morphologische Form und Baugrund

Die petrographische Beschaffenheit der Locker- und Festgesteine und die strukturellen Verhältnisse im Untergrund eines Gebietes prägen im Zusammenwirken mit anderen Einflussfaktoren – insbesondere dem Klima – das Landschaftsbild. So ist z. B. die süddeutsche Schichtstufenlandschaft charakteristisch für Gebiete mit flach gelagerten Sedimentgesteinen, die wechsellagernd aus verwitterungsempfindlichen und verwitterungsresistenten Schichten aufgebaut sind. Es bilden sich weiträumige Verebnungsflächen und Steilstufen heraus (Abb. 2.36a).

In Gebieten mit steilstehenden Schichten unterschiedlicher Verwitterungsempfindlichkeit bildet sich ein Gewässernetz aus, das bevorzugte Richtungen parallel und senkrecht zum Streichen der Schichten aufweist. Im Gegensatz hierzu ist für einen Untergrund, der hinsichtlich der Verwitterungsempfindlichkeit einheitlich aufgebaut ist, ein dendritisches Gewässernetz charakteristisch (vgl. Abb. 6.16).

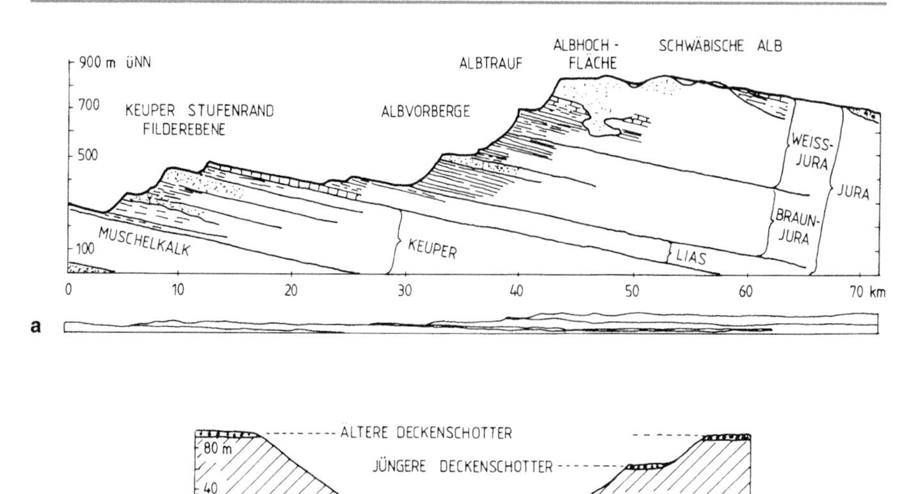

Abb. 2.36 Geologisch bedingte Landschaftsformen Süddeutschlands. **a** Schichtstufenlandschaft Süddeutschlands mit Verebnungsflächen (Kalksteine und Sandsteine des Muschelkalk, Keuper und Jura), überhöhtes und wirkliches Profil (nach Henningsen, 1986). **b** Flussterrassen im süddeutschen Alpenvorland (schematisch). Die Schotterterrassen in unterschiedlicher Höhe über dem heutigen Talniveau lassen sich den quartären Eiszeiten zuordnen: Ältere Deckenschotter der Günzeiszeit, Jüngere Deckenschotter der Mindeleiszeit, Hochterrassenschotter der Rißeiszeit und die Niederterrasse der Würmeiszeit

In Gebirgslandschaften sind Haupttäler, wie z. B. die großen Alpenlängstäler, im Allgemeinen entweder in leicht erodierbaren Gesteinsserien oder entlang von Störungszonen angelegt. Bedeutende Quertäler – vor allem, wenn sie Gesteinsserien unterschiedlicher Verwitterungsempfindlichkeit durchsetzen – sind meist an Störungszonen gebunden.

Geologische Vorgänge des jüngsten Abschnittes der Erdgeschichte zeichnen sich vielfach besonders deutlich in der Geländemorphologie ab. So kann z. B. der Wechsel zwischen Zeiten der Sedimentation und solchen verstärkter Erosion zur Bildung ausgeprägter Flussterrassen führen. Das Beispiel in Abb. 2.36b zeigt einen vereinfachten Schnitt durch ein Tal im süddeutschen Alpenraum. Die morphologisch ausgeprägte Verebnungsflächen bildenden Terrassen lassen sich den vier Hauptvereisungszyklen zuordnen. Aus der zunehmenden Verlehmung ergibt sich eine Veränderung der bautechnischen Eigenschafen und der Verwendbarkeit als Baustoff von den jüngsten Niederterrassenschottern zu den ältesten Deckenschottern.

Ebenfalls morphologisch gut erkennbar sind rezente Einbruchstrukturen wie die Dolinen in Abb. 2.34. Ältere Dolinen, an denen seit längerer Zeit keine Nachbrüche mehr auftraten, sind morphologisch weniger auffällig.

Beispiele für Geländeformen, die im Zusammenhang mit den geologischen Verhältnissen im Untergrund stehen, sind:

Abb. 2.37 Rutschhang mit unruhigem, wellig-kuppigem Relief. (Photo: J. Rybář)

- abflusslose Senken, entstanden infolge von Auslaugungsvorgängen im Untergrund (Dolinen, Einbruchtrichter),
- Talengen, gebildet durch Härtlingszüge,
- Talengen, entstanden durch Bergsturzmassen, oft verbunden mit einem durch die Bergsturzmasse aufgestauten See,
- unruhiges, welliges kuppiges Relief in Hangbereichen infolge von Rutschungen (Abb. 2.37).

Neben den geologischen Großstrukturen zeichnen sich unter gegebenen Umständen auch das Kluftgefüge und Zerrüttungszonen ohne größeren Versatz der Gesteinsschichten morphologisch ab (s. Abschn. 2.6.2.3).

Aufgrund der Zusammenhänge zwischen Untergrund und morphologischen Formen können geomorphologische Untersuchungen eine wertvolle Hilfe bei der Aufhellung der geologischen Situation sein. Hierzu müssen Methodik und Verfahren – auf die hier nicht im Einzelnen eingegangen werden kann – der jeweiligen Fragestellung angepasst sein.

Der Formenschatz des morphologischen Bildes (Bergrücken, Grate, Schluchten, Terrassen, Talweitungen, Gewässernetz etc.) ist geologisch und hydraulisch zu interpretieren. Aus den Geländeformen und ihrer Anordnung, Gestalt, Größe und Feinstruktur können geologische Aussagen abgeleitet werden. Mit zu beachten sind bei geomorphologischen Studien auch Vegetation und Landnutzung, die Rückschlüsse auf den Untergrund zulassen. Neben topographischen Karten werden bei geomorphologischen Studien vor allem Luftbilder unterschiedlichen Maßstabes ausgewertet.

Kleinräumige Strukturen – wie sie z. B. aufgrund von Hangbewegungen entstehen – können auch direkt im Gelände erkannt werden, während großräumige Verwerfungen und Störungssysteme zum Teil erst im kleinmaßstäblichen Satellitenbild zusammenhängend erfasst werden können. Das Prinzip der Luftbildphotographie und -analyse wird in Abschn. 6.2 eingehend behandelt.

2.6.2 Geologische und bautechnische Bedeutung geomorphologischer Formen

Zusammenhänge zwischen geologischen Gegebenheiten und Geländemorphologie und deren bautechnische Bedeutung sind in Tab. 2.10 aufgezeigt. Verständlicherweise können hierbei nur sehr generelle Angaben gemacht werden, die keinen Anspruch auf Vollständigkeit erheben. Die Hinweise auf die Bedeutung für das Bauwesen sind stark verallgemeinert.

Die im Folgenden etwas eingehender behandelten Beispiele sollen aufzeigen, wie wichtig die Beachtung geomorphologischer Tatbestände für den Baugeologen sein kann und wie weit gespannt der Fächer der aus der Morphologie ableitbaren Hinweise ist.

2.6.2.1 Hangbewegungen

Hangbewegungen, die abhängig von den morphologischen Gegebenheiten, dem Materialverhalten des Gebirges, dem Bergwasser u. a. Faktoren in sehr vielfältigen Formen auftreten, gefährden häufig Siedlungen, Verkehrswege, Wasserkraftanlagen u. a. Bauwerke (Arnould & Frey, 1978). Es ist deshalb von eminenter Bedeutung, bereits in der Planungsphase von Bauvorhaben Angaben über Hangbewegungen und mögliche Mechanismen der Bewegungsvorgänge zu erarbeiten.

Da Hangbewegungen mit mehr oder weniger charakteristischen Veränderungen der Oberflächengeometrie des betroffenen Geländes verbunden sind, bilden geomorphologische Studien die Grundlage für die erste Beurteilung eines Gebietes im Hinblick auf mögliche Hangbewegungen. Werden Anzeichen für frühere oder noch andauernde Bewegungen gefunden, müssen eingehendere Detailuntersuchungen und je nach Gefährdungsgrad und Art des betroffenen Objektes Messungen und bautechnische Maßnahmen durchgeführt werden.

Nach dem Bewegungs- und Verformungsmechanismus lassen sich Hangbewegungen einem der vier Grundtypen – Kriechbewegungen, Gleiten, Fließen oder Fall- bzw. Sturzbewegungen – zuordnen. Beispiele hierfür sind in Abb. 2.38 aufgezeigt.

Der aktive Talzuschub Gradenbach bei Heiligblut in Kärnten stellt ein Beispiel für die zerstörerische Kraft auch langsam ablaufender Hangbewegungen dar. Dem Ablauf der Verformungsprozesse nach ist der Talzuschub den Kriechverformungen

Tab. 2.10 Geologische und bautechnische Bedeutung geomorphologischer Formen

Landformen	Morphologische Form und geologische Bedeutung	Ingenieurgeologisch-technische Bedeutung
Ruhige Landformen	*Bedingt durch:* – alte Landoberfläche – geringe Unterschiede in der Gebirgseigenschaft – leicht verwitterbares Gestein – junge weiche Sedimente	Tiefenverwitterung – geringe Erosionsgefahr Instabile Böschungen meist geologisch nicht vorbelastet, z. T. bei geringer Neigung rutschgefährdet
	Ebenen – Aufschüttungsebenen (Beckenverlandungen, Talauffüllungen, meist Lockergesteine) – Abtragungsebenen	Häufiger Wechsel von Bodenarten (horizontal, vertikal), setzungsempfindliche Böden, Gründungsprobleme, erdbebenempfindlich, meist keine Gründungsschwierigkeiten
Abwechslungsreiche Landformen (unruhiges Relief)	*Bedingt durch:* – Festigkeitsunterschiede der Gesteine – starke Erosion als Folge junger Tektonik – Vulkanismus – Rutschformen und Bewegungsmerkmale an Hängen	Von Ort zu Ort wechselnde Gründungs- und Aushubbedingungen; z. T. übersteilte Täler (Rutschungen, Hangstabilitätsprobleme)
	Geländestufen Schichtstufen Wechsel von weichen und harten Schichten Flach gelagert: harte Schichten bilden Verebnungsflächen; Hangkanten, Steilstufen; weiche Schichten Flachhänge Steil gelagert: harte, feste Schichten bilden Härtlingszüge; weiche Schichten bilden Mulden Terrassen (z. B. im Periglazialraum)	Evtl. Blockkriechen der harten Schichten Quellhorizonte (Wassereinbrüche im Untertagebau) Einfluss auf Form künstlicher Böschungen Härtlingszüge günstig für Sohlschwellen, Talsperren, Tunnel Günstig für Trassenführung von Verkehrswegen; Kanten z. T. rutschgefährdet; gute Schotter- und Sandvorkommen
	Abflusslose Senken, Hohlformen Dolinen, Subrosionssenken, z. T. gering ausgebildetes Netz von Oberflächengewässern – Tiefenentwässerung Pockenartige Oberflächenstruktur	Auslaugungen, Erdfälle; Gründungsschwierigkeiten, Gefährdung durch Setzungen, Einbruch von Hohlräumen im Untergrund
	Hangformen Flache Hänge: – tief verwittertes Gebirge – Weichgesteine – Schichtfallen mit dem Hang Steilhänge: – Prallhang – Schichtfallen gegen den Hang – starke Erosion infolge tektonischer Hebung – feste Gesteine	Bei Anlage von steileren Böschungen rutschgefährdet, erosionsgefährdet Zum Teil geringe Standfestigkeit, hangparallele Entspannungsklüfte, Gleittafeln

Tab. 2.10 (Fortsetzung)

Landformen	Morphologische Form und geologische Bedeutung	Ingenieurgeologisch-technische Bedeutung
Talformen	*V-Täler* (Flusserosion) Tiefen- und Seitenschurf, gefügebeeinflusst Grundrissverlauf gefügebedingt evtl. epirogenetisch (s. unten) Hangneigung gefügebedingt	Vielfach günstig für Talsperren Evtl. Umläufigkeit bei Talsperren Gefahr hangparalleler Ablösungen
	U-Täler (Gletschererosion) Übersteilte Hänge Mehrfach gegliederte Talquerschnitte (Talleisten) Glaziale Übertiefung Schuttkegel Talschultern	Gefahr von Sackungen (großräumig) Wichtig für Trassenführung von Verkehrswegen; Schwellen günstig für Talsperren Abdichtungsprobleme, Gefahr von überdeckten ehemaligen Erosionsrinnen Murengefahr Günstig für Verkehrswege
	Asymmetrische Täler Meist gefügebedingt, evtl. gesteinsbedingt	Flacherer Hang nicht grundsätzlich stabiler
	Aufgehängte Täler Tiefenschurf des Haupttales größer; häufig auch bei ehemaliger Vergletscherung des Haupttales	Wasserfälle, Wasserkraftnutzung, Klammbildung, Verkehrsprobleme
	Epigenetische Täler Talauflegungen bei unterbrochener Erosion, Flussläufe abgedrängt und neu eingeschnitten Erosionsunterbrechung durch Bergstürze, Gletscher, tektonische Verstellungen	Dichtungs- und Einbindungsprobleme bei Talsperren
	Talstufen im Längsschnitt bedingt durch: – tektonische junge Hebung und Setzung – Bergstürze, Hangzuschub	Günstig für Wasserkraftnutzung, ungünstig für Verkehrsbauten, wechselnde Baugrundeigenschaften im Verlandungsbereich
	Talengen – infolge von Härtlingszügen (Unterschiede in Gesteinsart und Verwitterungsresistenz) – infolge von Talzuschüben oder Bergstürzen	Günstig für Talsperren, ungünstig für Verkehrsbauten, geomechanisch i. A. günstig Ungünstig für Talsperren

zuzuordnen, wobei einzelne Teilkörper innerhalb dieses derzeit größten Talzuschubes der Alpen rasch ablaufende Gleitbewegungen ausführen (Abb. 2.39).

Geodätische Messungen, die nach der Zerstörung der Wildbachverbauung eingeleitet worden waren, ergaben Bewegungen von 20–50 cm/Jahr mit jahreszeitlich veränderlicher Verschiebungsgeschwindigkeit (s. Abb. 2.39). Die steifen Betonwehre der Wildbachverbauung wurden zumeist vollständig zerstört. Erhebliche

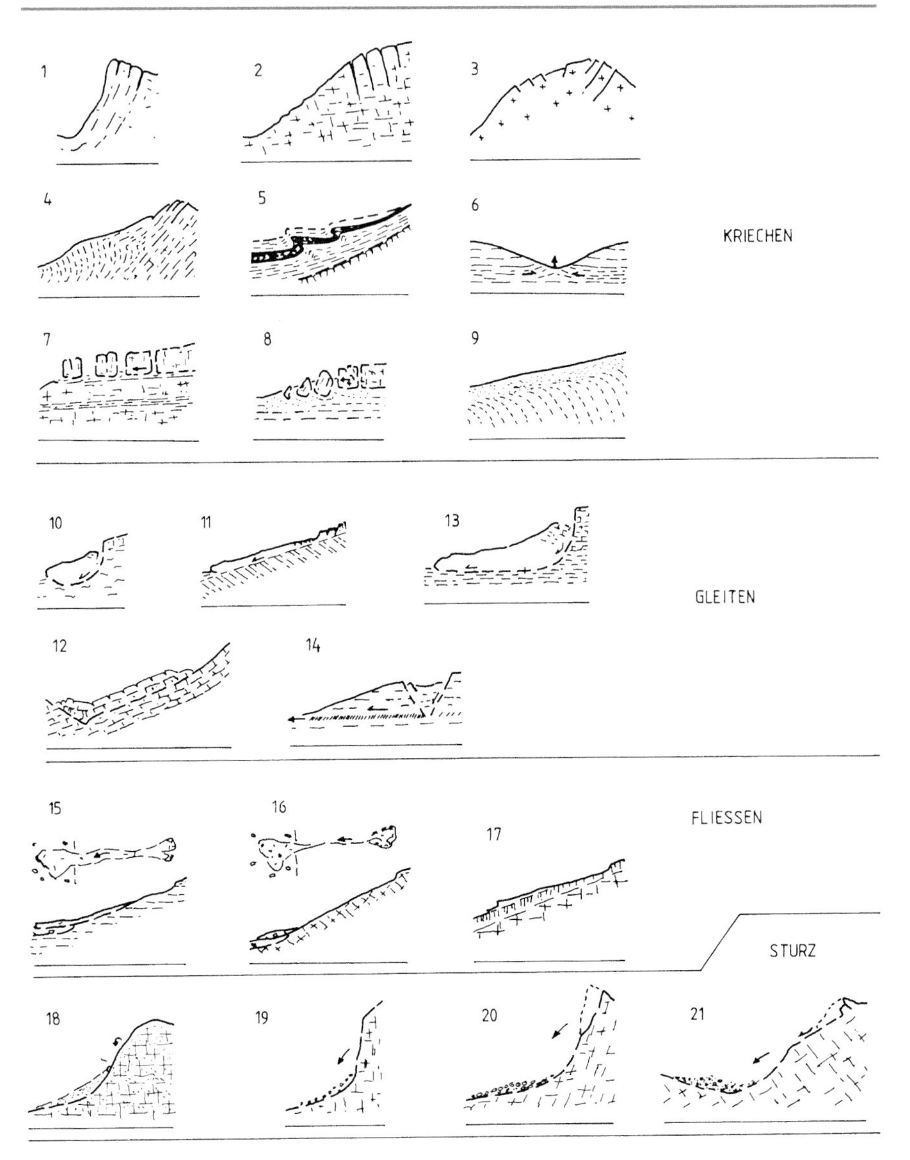

Abb. 2.38 Klassifikation von Hangbewegungen. Beispiele für die vier Grundtypen Gleiten, Fließen und Fallen (Sturz). *1 bis 3* Gefügekriechen: *1* Oberflächenparallele Entspannungsklüfte, *2* Öffnen von Zugrissen, *3* Bergzerreißung. *4 bis 6* Gravitative Faltung: *4* Talzuschub, Sackung, *5* Gleitfaltung, *6* Talantiklinale (bulging). *7 bis 8* Blockkriechen: *7* Blockbewegungen auf einer plastischen Unterlage (cambering), *8* Blockbewegungen entlang einer vorgezeichneten Fläche oder Zone. *9* Oberflächenkriechen: Blockkriechen, Schuttkriechen, Hakenschlagen. *10* Rutschung auf gekrümmter Gleitfläche, *11* Rutschung entlang einer ebenen (Übergang, Locker-Festgestein) Gleitfläche, *12* Felsgleitung entlang bevorzugter Trennflächen, *13* Gleitung entlang kombinierter Gleitfläche, *14* Blockrutschung in einem Grabenbruch, *15* Stromrutschung, *16* Mure, Schlammstrom, Schuttstrom, *17* Oberflächenfließen, *18* Sturz von Lockergesteinsmassen, *19* Steinschlag, *20* Fallsturz, *21* Schlipfsturz (Gleitsturz). (Verändert nach Nemčok et al., 1972; mit freundlicher Genehmigung von © Springer Nature, Heidelberg 2018, alle Rechte vorbehalten)

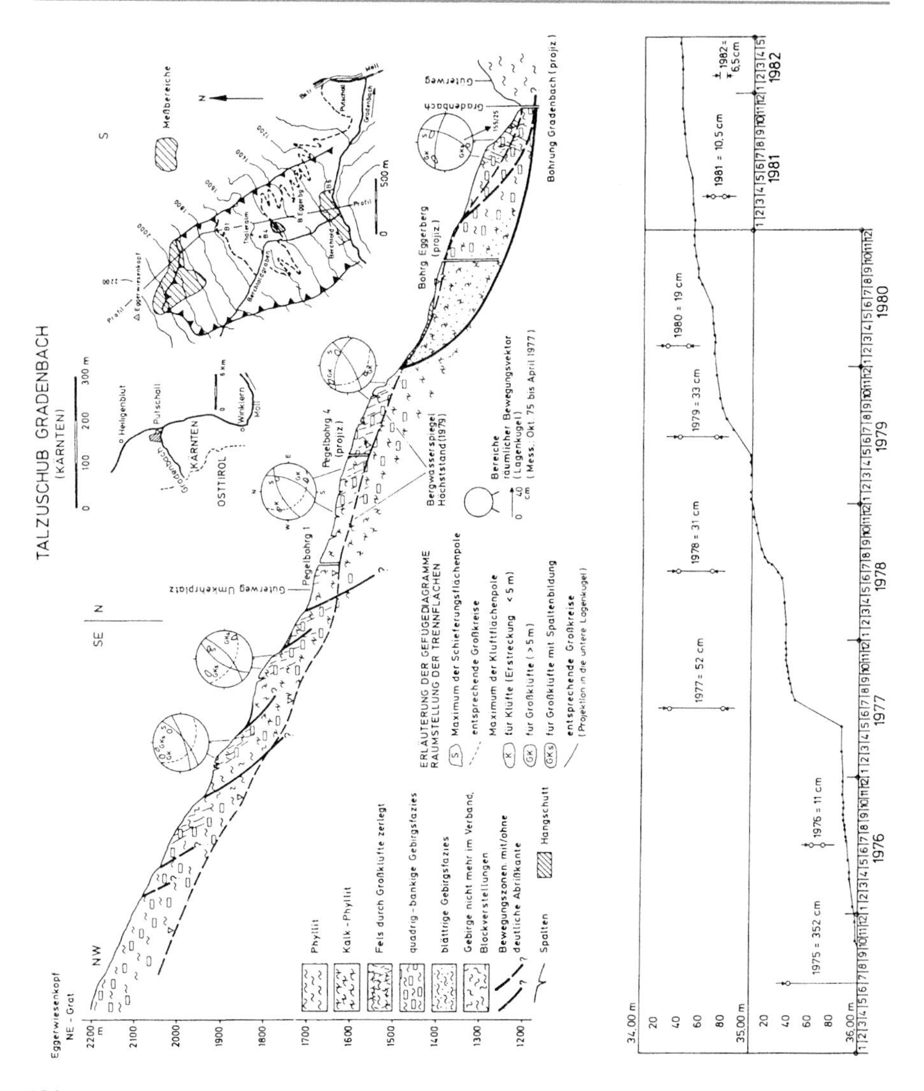

Abb. 2.39 Talzuschub Gradenbach/Kärnten; Gliederung der Talzuschubmasse; Bewegungsgeschwindigkeiten und -richtungen; Verschiebungsmessung im Bereich der Talzuschubsstirn von 1976 bis 1982. (Aus Moser & Mazur, 1983; mit freundlicher Genehmigung von © DGGT e. V., 2018, alle Rechte vorbehalten)

Schäden weisen auch die Gebäude der Thaler Alm auf, die inzwischen geräumt werden musste.

Durch die starke Erosionstätigkeit des tief eingeschnittenen Gradenbaches besteht die Gefahr des Auftretens rasch ablaufender Rutschungen vor allem im unteren Bereich der Talzuschubmasse. Hierdurch könnte der Gradenbach aufgestaut werden und die geschaffene Barriere wieder durchbrechen, was mit zu Tal gehenden Schlamm- und Wasserfluten verbunden wäre.

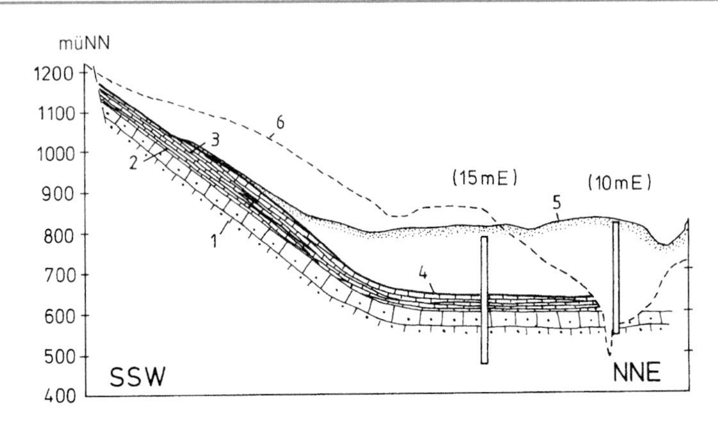

Abb. 2.40 Vajont-Stausee: Felsgleitmasse und Gleitfläche. *1* Malm, dünnbankige Kalkstein-Mergel-Tonsteinfolge; *2*, *3* Kreide: dickbankige Kalksteine (*2*) und Mergelkalkstein (*3*); *4* Gleitfläche; *5* Oberfläche nach Felsgleitung; *6* Ursprüngliche Morphologie. (Aus Müller, 1968)

Abrisskanten und offene Spalten im oberen Bereich des Eggerwiesenkopfes sind als charakteristisches Merkmal des aktiven Talzuschubes im Luftbild deutlich zu erkennen. Aus der Luftbildauswertung ergibt sich auch die Begrenzung der Talzuschubmasse gegen die stabilen Bereiche und die Abgrenzung zusammenhängender Gleitkörper innerhalb des Talzuschubes. Dies zeigt, dass morphologische Studien in die ingenieurgeologischen Untersuchungen mit einzubeziehen sind, wenn die Möglichkeit von Hangbewegungen nicht ausgeschlossen werden kann.

Außer Verkehrswegen und Siedlungsräumen sind Wasserkraftanlagen durch Rutschungen bzw. Felssturz besonders gefährdet. Untersuchungen zur Stabilität der Hänge im Stauraum sollten deshalb möglichst frühzeitig ausgeführt werden, da zu diesem Zeitpunkt noch verschiedene Möglichkeiten der Planungsänderung – z. B. auch die einer Verschiebung des Absperrbauwerkes – bestehen.

Bei der katastrophalen Rutschung großer Felsmassen in den Vajont-Stausee (Abb. 2.40) in den italienischen Alpen, bei der ca. 250 Mio. m^3 Fels entlang von Schichtflächen abglitten und den Stauraum z. T. auffüllten (Abb. 2.41), überströmten die verdrängten Wassermassen die Staumauer und zerstörten die talabwärts gelegene Stadt Longarone nahezu vollständig und verursachten weitere große Schäden im Piave-Haupttal unterhalb der Sperre.

Während des Baues der Libby-Staumauer in den USA kam es beim Herstellen eines Felsanschnittes (Verlegung der Verkehrswege) zu einer Felsgleitung größeren Ausmaßes (Abb. 2.42). Da durch Felssturz oder Felsgleitung in Stauseen überströmende Wassermassen den Damm gefährden und auch, ohne dass es zu einem Bruch der Staumauer kommt, durch Flutwellen – wie im Falle des Vajont-Unglückes – großen Schaden verursachen können, wurden eingehendere Untersuchungen im Hinblick auf die Hangstabilität im Stauraumbereich angestellt. Aus der Geländemorphologie ergaben sich eindeutige Hinweise auf frühere Rutschungen. Im Hangbereich waren deutlich tiefe V-förmige Einkerbungen zu erkennen – vergleichbar mit der aufgrund der Felsgleitung während des Baues der Staumauer entstandenen

Abb. 2.41 Vajont-Stausee nach der Felsgleitung im Jahr 1963. *1* Gleitfläche, *2* Felsgleitmasse, *3* Staumauer, *4* durch Flutwelle von der Vegetation und Lockermassen freigelegter Kalksteinfels. (Aus Müller, 1964)

Geländekerbe. Gleitbahnen und Begrenzungsflächen der Rutschkörper bildeten die Schieferungs- und Kluftfugen in den metasedimentären Gesteinen. Zum Teil waren die abgeglittenen Felsmassen prähistorischer Rutschungen noch im Talraum zu erkennen. Aus deren Gleitweglänge wurde aufgrund vergleichender Modellversuche auf die Gleitgeschwindigkeit möglicher neuer Felsgleitungen geschlossen. Ferner wurde aus den Versuchen die Höhe dadurch entstehender Wellen und das Volumen der die Mauer überströmenden Wassermassen abgeleitet (Banks & De Angelo, 1972). Wie bei einer Reihe anderer großer Felsrutschungen (Vajont, Saidmarreh) hatte sich gezeigt, dass sich die langen Gleitwege der prähistorischen Rutschung

Abb. 2.42 Libby-Stausee, USA – Gleitflächen der Felsgleitung im Staumauerbereich. (Unveröffentlichtes Gutachten L. Müller)

nur bei einer starken Reduzierung des Reibungswinkels erklären lassen. Bei der 1971 eingetretenen Felsgleitung in Libby (Gleitweglänge nur ca. 10 m) war eine solche Reibungsverminderung nicht aufgetreten.

Schäden durch Rutschungen, die jedoch infolge kleinerer Volumina der Rutschmassen oder dem langsamen Ablauf der Bewegungen weniger katastrophale Auswirkungen zeigten, sind von zahlreichen Stauseen bekannt. So traten am Rande des Lake Roosevelt am Columbia Fluss seit dem Füllen des Stauraumes weit

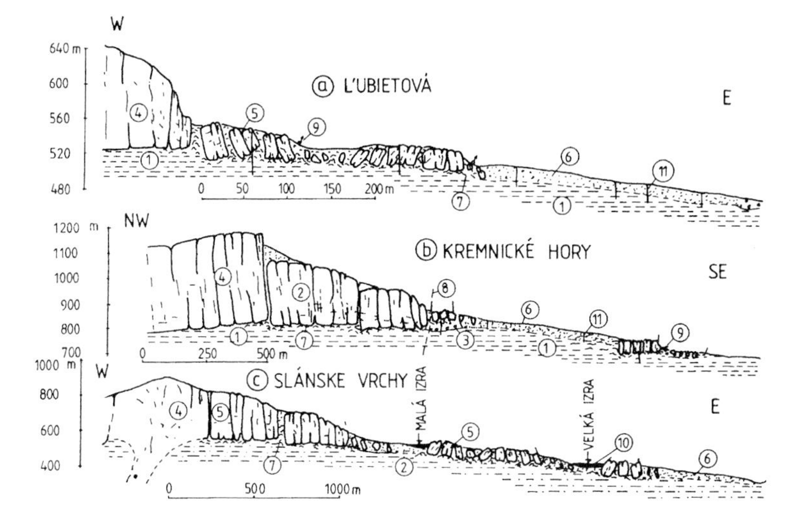

Abb. 2.43 Typisches Blockkriechen in Vulkanmassiven der Slowakei. *1* Schiefrige Tonsteine, *2* Ton und Tonsteine, *3* Ton mit Sand und Kies, *4* Andesite, Agglomerate, Tuffe, *5* Blöcke in Bewegung, *6* Rutschmassen, *7* Zonen stärkerer Kriechverformungen, *8* Verwerfungen, *9* Quellen, *10* Seen, *11* Erkundungsbohrungen. (Aus Malgot, 1977; mit freundlicher Genehmigung von © Springer Nature, Heidelberg 2018, alle Rechte vorbehalten)

über 500 Rutschungen auf (Schuster, 1979). Insgesamt sind dabei schätzungsweise 50–100 Mio. m^3 unkonsolidierter pleistozäner glaziofluviatiler Ablagerungen durch Erdrutsch in Bewegung geraten. Den Verlust an Stauraum nicht mitgerechnet, entstanden hieraus Schäden in Höhe von ca. 25 Mio. EUR. In der Systematik nach Abb. 2.38 sind die Erdbewegungen in den Lockergesteinen den Typen 10 oder 13 (Gleiten entlang gekrümmter Bruchfläche) oder zum Teil den Fließbewegungen, Typ 15 (Schlammströme) zuzuordnen.

Bei entsprechend ungünstigem Untergrund können Massenbewegungen auch in Gebieten mit relativ flachen Hangneigungen auftreten. Blockkriechen, bei dem sich feste Gesteinsblöcke auf weichen Gesteinen – meist Tonen oder Tonsteinen mit geringer Scherfestigkeit – bewegen, stellt einen solchen Vorgang dar. Abb. 2.43 zeigt Beispiele für Kriechvorgänge mit dieser Kinematik. Trotz des langsamen Ablaufes der Verformungen stellen solche Vorgänge, z. B. in Tschechien und der Slowakei, ein ernsthaftes Problem dar, da durch sie Schäden an Straßen, Eisenbahnlinien, Tagebauen und Gebäuden hervorgerufen werden. Langfristige Messungen ergaben Bewegungsgeschwindigkeiten von ca. 1 cm/Jahr (Malgot, 1977). Infolge der mit dem Vorgang des Blockkriechens verbundenen strukturellen Veränderungen des Gebirges (Translationen und Verdrehungen in sich intakter Einzelblöcke) können morphologische Studien bei der Abgrenzung der von den Kriechvorgängen erfassten Bereiche eine unentbehrliche Hilfe sein.

Auch rasch ablaufende Bewegungen können in flachem Gelände auftreten, wenn im Untergrund sogenannte Quick Clays – thixotrope Tone – anstehen. In diesen

Böden verringert sich die Scherfestigkeit bei dynamischer Beanspruchung, z. B. infolge von Erdbeben, stark. Diese Herabsetzung der Scherfestigkeit kann zu Rutschungen und Fließbewegungen führen. Zu solchen Vorgängen kam es z. B. in Turnagain Heights, Alaska, wo während des Erdbebens vom Jahre 1964 durch laterales Auseinanderfließen ein Schollenmosaik mit Horst- und Grabenstrukturen entstand (Abb. 2.12). Von z. T. erheblichen horizontalen wie vertikalen Lageänderungen wurde ein Streifen von ca. 500 m Breite am Küstenkliff erfasst. Ein gesamtes Stadtviertel wurde vollkommen zerstört.

2.6.2.2 Gefahrenkarten

Für besonders gefährdete Gebiete, z. B. in Gebirgsgegenden, werden aufgrund morphologischer, geologischer, hydrologischer und meteorologischer Studien und direkter Beobachtungen Gefahrenkarten entwickelt. Auf diesen Karten sind Gebiete, die von Bergsturz, Rutschungen, Muren, Lawinen etc. gefährdet sind, abgegrenzt (Abb. 2.44). Diese Karten können bei der Ausweisung von Baugebieten, der Trassierung von Verkehrswegen, der Errichtung von Wasserkraftanlagen etc. verwendet werden, wobei sie allerdings im Einzelfall Spezialstudien, z. B. für die Gründung einer Brücke im Kriechhang oder für die Anlage einer Lawinengalerie, nicht ersetzen dürfen.

2.6.2.3 Luftbildgeologische Untersuchungen zur Feststellung der tektonischen Beanspruchung

Ziel der luftbildgeologischen Strukturanalyse ist die Ermittlung des Kluftgefüges und des Zerlegungsgrades des Gebirges, sowie die Lokalisierung von Verwerfungen und Zerrüttungszonen. Die Methode erfasst (siehe Abschn. 6.2) die tektonischen Trennflächen und leitet aus gegenseitigen Lagebeziehungen Aussagen über die Kinematik der Strukturbildung ab. Die Erfassung des gesamten tektonischen Flächengefüges erlaubt die Abgrenzung von Homogenbereichen und von Verwerfungslinien.

Die Abbildung der Gefügespur im Luftbild beruht auf bodenkundlichen, hydrogeologischen und pflanzensoziologischen Erscheinungen sowie in den bewaldeten, gemäßigten Klimaten auf Wuchsformen und Wuchshöhen von Pflanzen, besonders von Bäumen. Ursächlich gehen diese Erscheinungen auf den unterschiedlichen Zerteilungsgrad des Felsuntergrundes und die dadurch bedingten Unterschiede in dem Verwitterungszustand und dem Wasser- und Nährstoffdargebot zurück. Direkt auf rezente Bewegungsvorgänge zurückzuführende Gefügespuren sind selten zu beobachten. Abb. 2.45 zeigt einen Ausschnitt aus einer gefügetektonischen Trassenkartierung, die im Zuge der ingenieurgeologischen Untersuchungen zur Baureifplanung des Tunnels Schwarzenfels der Neubaustrecke Hannover-Würzburg der Deutschen Bahn AG erarbeitet wurde.

Die Gefügespuren und Bruchlinien sind durch die Stärke der Strichführung in vier Gefügekategorien unterschieden. Das dichte, feinverteilte Netz stellt die beobachteten Gefügespuren dar – die Mehrzahl dieser Gefügespuren dürfte im vorliegenden Fall Klüften entsprechen. Bedeutende Bewegungsflächen (im Hinblick auf den Grad der Gebirgszerlegung) sind durch dicke Striche dargestellt.

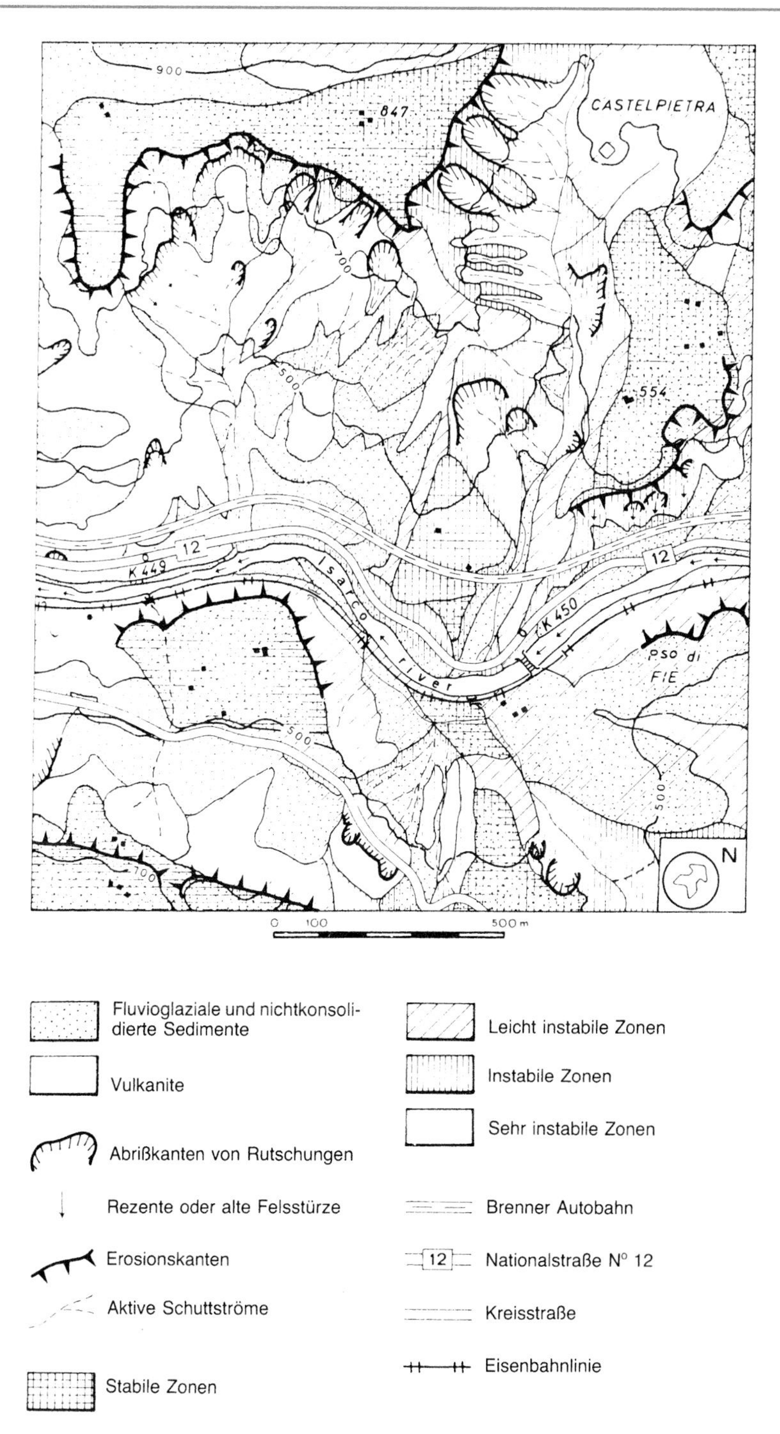

Abb. 2.44 Geotechnisch-geomorphologische Gefahrenkarte. (Aus Fenti et al., 1979; mit freundlicher Genehmigung von © Springer Nature, Heidelberg 2018, alle Rechte vorbehalten)

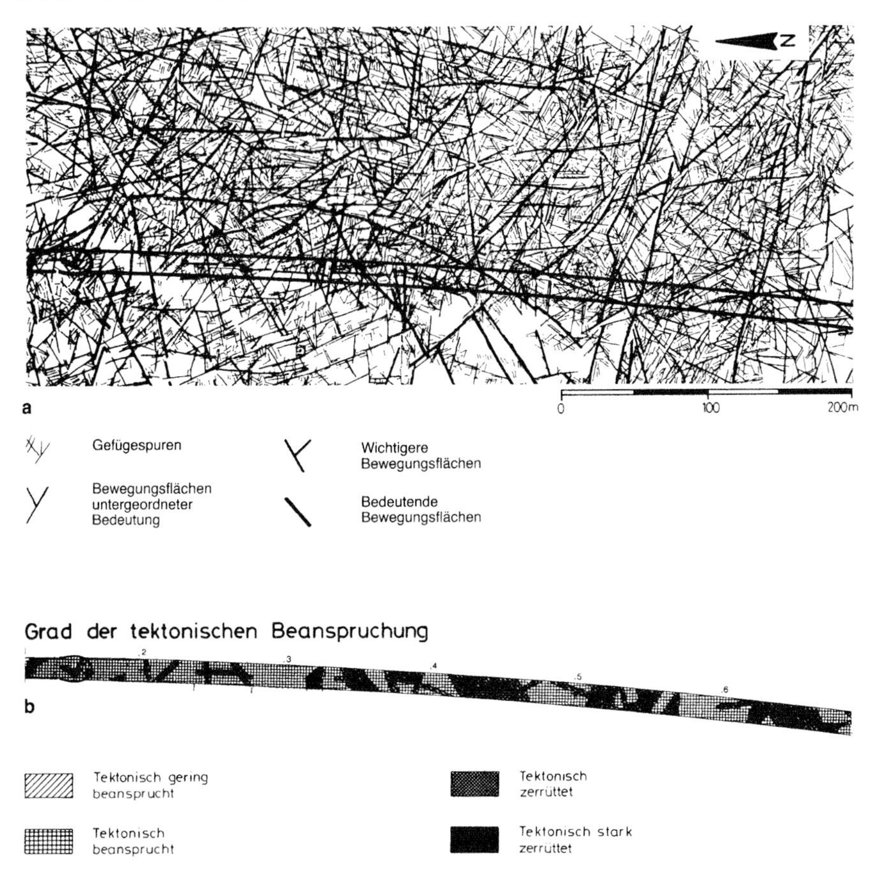

Abb. 2.45 Ausschnitt aus einer gefügetektonischen Trassenkartierung für den Tunnel Schwarzenfels, Neubaustrecke Hannover-Würzburg der Deutschen Bahn AG. **a** Trassenkartierung – Gefügespuren, **b** Trassenband mit Angaben zum tektonischen Beanspruchungsgrad. (Aus Hessisches Landesamt für Bodenforschung, 1981; mit freundlicher Genehmigung von © Hessisches Landesamt für Naturschutz, Umwelt und Geologie 2018, alle Rechte vorbehalten)

Für den engeren Trassenbereich wurde in einem Trassenband eine Einstufung des Gebirges hinsichtlich des Zerrüttungsgrades in folgende Klassen vorgenommen:

- Tektonisch gering beanspruchte Zonen,
- tektonisch beanspruchte Zonen,
- tektonisch zerrüttete Zonen,
- tektonisch stark zerrüttete Zonen.

2.6.2.4 Bedeutung fossiler Landformen und morphologischer Prozesse für die Baugeologie

Außer dem direkt zu beobachtenden morphologischen Formenschatz eines Gebietes muss der Ingenieurgeologe auch die allgemeinen Kenntnisse morphologischer Prozesse in seine Überlegungen miteinbeziehen. So sind z. B. bei der Planung und Durchführung von Baumaßnahmen in glazial übertieften Tälern die Besonderheiten der Gletschererosionen, wie Mulden und Schwellen, der Felsoberfläche in Tallängsrichtung, überdeckte Klammen in Schwellenbereichen etc. zu beachten. Bei der Abdichtung der vielfach mächtigen Schotterkörper unter Staudämmen können erhebliche Schwierigkeiten auftreten, da sich die Talfüllung während des Baufortschrittes unter der Auflast des Dammes laufend verdichtet und durch die starken Setzungen Abdichtungsmaßnahmen unwirksam werden können. Unerkannte Erosionsrinnen (Klammen) können zu erheblichem Mehraufwand für die Abdichtungsmaßnahmen führen.

Beim Auffahren des Lötschbergtunnels im Berner Oberland wurde unerwartet die Schotterfüllung des glazial übertieften Gasterntales angefahren. Dem gewaltigen Wasser- und Lockergesteinseinbruch fiel die gesamte vor Ort befindliche Mannschaft zum Opfer. Der Tunnel musste aufgegeben werden. Der bestehende Lötschberg-Eisenbahntunnel unterfährt die Talfüllung des Gasterntales im Fels in anderer Trassenlage.

3 Gesteinskunde

3.1 Mineral und Gestein

Die Festgesteine stellen Mineralaggregate zumeist mehrerer (polymineralisch) oder einer einzigen (monomineralisch) Mineralart dar. Ausnahmen bilden einige Sedimente bzw. Sedimentgesteine, die ganz oder teilweise aus organischen Stoffen bestehen (z. B. Torf, Braun- oder Steinkohlen) sowie eine Reihe vulkanischer Gesteine, in denen das meist silikatische Material nicht auskristallisierte, sondern als meist undurchsichtiges Gesteinsglas vorliegt.

Die die Gesteine aufbauenden Mineralkörner weisen (mit Ausnahme gewisser Baufehler) eine regelmäßige atomare Gitterstruktur auf. Die Anordnung der Atome ist für jede Mineralart charakteristisch und spiegelt sich in den Eigenschaften und z. T. in der äußeren Form der Kristalle (bei „freiem" Wachstum) wieder. Neben der chemischen Zusammensetzung bildet die mineralspezifische Anordnung der Atome im Kristallgitter (Kristallsystem, Gitterabstand) die Grundlage der Zuordnung zu einer bestimmten Mineralart. Einige wenige Minerale sind amorph, d. h. sie haben keine Gitterstruktur.

Von den über 2000 bekannten Mineralen treten etwa 50 gesteinsbildend auf, wovon wiederum nur etwa 25 häufiger vorkommen. Obwohl die Zahl der Gesteinsarten und deren Varietäten nahezu unüberschaubar groß ist, bilden sich Mineralaggregate nicht in jeder erdenklichen Kombination der verschiedenen gesteinsbildenden Minerale, da diese z. T. sehr unterschiedliche Bildungsbedingungen z. B. hinsichtlich Druck und Temperatur voraussetzen.

Jedes Gestein ist durch die darin vorkommenden Minerale und deren mengenmäßige Anteile (Mineralbestand), durch Gefügemerkmale wie Struktur (Kornform und Korngröße) sowie Textur (räumliche Anordnung und Orientierung der Mineralkörner) charakterisiert. Diese bestimmenden Merkmale bilden deshalb auch die Grundlage moderner Gesteinsbezeichnungen.

Mineralbestand und Gefügeausbildung eines Gesteins stehen in engem Zusammenhang mit seiner Genese und den Umgebungsbedingungen beim Prozess der Gesteinsbildung (s. Abschn. 2.4).

E. Fecker, *Baugeologie*, https://doi.org/10.1007/978-3-662-58998-4_3

3.2 Methodik der Mineral- und Gesteinsbestimmung

Die zur Bestimmung der Gesteinsart anzuwendende Methodik und die Untersuchungsverfahren hängen neben dem Gesteinstyp in erster Linie von den Anforderungen ab, die an die Exaktheit der Zuordnung gestellt werden.

So ist es i. A. für die Fundierung von Gebäuden oder den Felshohlraumbau von untergeordneter Bedeutung, ob es sich bei dem anstehenden Fels um Granit, Grano- oder Quarzdiorit handelt, da das Vorkommen unterschiedlicher Minerale der Feldspatgruppe, die die Unterschiede dieser Gesteinsarten im Wesentlichen bedingen, keine Änderung der bautechnischen Eigenschaften bewirkt. Die in diesem Falle ausreichende Zuordnung des Gesteins zur Gruppe der plutonischen Quarz-Feldspat-Gesteine kann aufgrund visueller Beurteilung mit einfachen Hilfsmitteln im Gelände, d. h. bei der Feldansprache erfolgen.

Mit abnehmender Korngröße der Gesteine wird eine korrekte Ansprache von Gesteinen im Gelände vielfach schwieriger oder unmöglich, da der Mineralbestand nicht makroskopisch zu ermitteln ist. Da andererseits z. B. bei Tongesteinen Art und Mengenverhältnisse der das Gestein aufbauenden Tonminerale bautechnisch bedeutsam sein können – hohe Anteile an quellfähigen Tonmineralen können bei unsachgemäßer Bauweise und Bauausführung im Tunnelbau erhebliche Schäden verursachen (s. Abschn. 7.2) – ist eine quantitative Bestimmung der Tonminerale mit geeigneten Untersuchungsmethoden erforderlich.

Auch die Verwendung eines Gesteins als Baustein oder Schotter kann eine detaillierte mineralogisch-petrographische Untersuchung notwendig machen. So können z. B. höhere Gehalte des Minerals Nephelin oder von Gesteinsglas Basalte zur Verwendung als Brecherprodukte ausschließen, da diese als „Sonnenbrenner" bezeichneten Gesteine durch unter Volumenvergrößerung ablaufende Umwandlung des Nephelins oder des Glases aufgrund innerer Spannungen kleinstückig-grusig zerfallen.

Auch um Aussagen über die Bohr- oder Fräsbarkeit von Fels oder die Verwitterungs- und Frostempfindlichkeit etc. machen zu können, sollten i. A. eingehendere petrographische Untersuchungen angestellt werden.

Die zur Gesteins- und Mineralbestimmung, d. h. der Ermittlung des Mineralbestandes und der Gefügemerkmale bei der Feldansprache bzw. der Untersuchung im Labor anzuwendenden Methoden und Hilfsmittel sind in Tab. 3.1 mit Anwendungsbeispielen zusammengestellt. Geotechnisch bedeutsame Gesteinseigenschaften und die Ermittlung geotechnischer und gesteinsphysikalischer Kennwerte werden in Kap. 7 behandelt.

Die in Tab. 3.1 genannte Härte wird nach der Mohsschen Härteskala beurteilt. Die Skala beruht auf der Ritzhärte zehn verschiedener Minerale, bei der die Minerale mit der höheren Ordnungszahl diejenigen der niedrigeren Ordnungszahl ritzen. Als Hilfsmittel zur Härtebestimmung werden Fingernagel, Messer und Fensterglas herangezogen (Tab. 3.2).

Die Farbe der Minerale kann ebenfalls zur Erkennung des Minerals herangezogen werden. Insbesondere zur Mineralbestimmung bei Erzmineralen wird die

Tab. 3.1 Methoden der Mineral- und Gesteinsbestimmung

	Bestimmungsweise	Hilfsmittel	Gesteins- bzw. Mineralmerkmale
Feldansprache	Makroskopisch-visuelle Ansprache am Handstück bzw. in-situ	Lupe, Hammer, Taschenmesser, verdünnte Salzsäure (3 Teile Wasser, 1 Teil konz. Salzsäure), Strichplatte aus unglasiertem Porzellan	Gefügemerkmale, Korn- bzw. Mineralform, Dichte, Härte, Kalkgehalt, Farbe, Strichfarbe, Geschmack
Laboruntersuchung	Mikroskopische Untersuchung an Dünnschliffen, polierten Gesteinsoberflächen oder Mineralkörnern	Polarisationsmikroskop	Gefügemerkmale, Farbe, Lichtbrechungsindex, Doppelbrechung, Kristallsystem
	Röntgenographisch	Röntgendiffraktometer	Kristallgitterabstände (Mineralart)
	Elektronenoptisch	Elektronenmikroskop Elektronenmikrosonde	Mikrogefüge Elemente der Minerale
	Chemisch-physikalische Analysen	Chemisch-physikalisches Labor	Stoffbestand, Gefüge u. Textur; typische Reaktionsvorgänge; alle chemisch-physikalischen Eigenschaften eines Minerals oder Gesteins

Tab. 3.2 Mohssche Härteskala

Tabelle 3.2 Mohssche Härteskala

Härte	Mineral	Hilfsmittel
1.	Talk	Mit dem Fingernagel ritzbar (1.–2.)
2.	Steinsalz	
3.	Calcit	Mit dem Messer ritzbar (1.–5.)
4.	Flussspat	
5.	Apatit	
6.	Orthoklas	Ritzen Fensterglas
7.	Quarz	
8.	Topas	Schneiden Fensterglas
9.	Korund	
10.	Diamant	

Pulverfarbe herangezogen. Die Pulverfarbe erkennt man am besten durch Streichen auf einem rauen Porzellantäfelchen (Strichfarbe). Eigenfarbe des Minerals und Pulverfarbe sind oft nicht identisch; so sind z. B. Pyritkristalle gelb, ihr Pulver aber grünlich-schwarz.

Bei manchen Mineralen ist auch die Spaltbarkeit ein gutes Erkennungsmerkmal. Abhängig vom inneren Bau der Kristalle spalten sie beim Bruch sehr vollkommen (z. B. Glimmer, Gips), vollkommen (Calcit, Amphibol, Pyroxen) oder schlecht (z. B. Quarz).

3.3 Gesteinsbildende Minerale

3.3.1 Mineralbestand

Die ein Gestein aufbauenden Minerale und deren relativer Anteil an der Gesamtzusammensetzung, sowie die Verteilung der Minerale im Gestein, sind kennzeichnende Merkmale der jeweiligen Gesteinsart.

Hiernach unterscheiden wir zwischen:

- Hauptgemengteilen,
- Nebengemengteilen und
- Übergemengteilen.

Hauptgemengteile sind die Mineralarten, die in hohen prozentualen Anteilen in einem Gestein auftreten. Die Minerale, die als Hauptgemengteile auftreten, sind i. A. typisch für eine gesamte Gesteinsgruppe (z. B. Quarz und Feldspäte für die Gruppe der Granitgesteine)

Nebengemengteile sind Minerale, die in geringen Mengen in vielen verschiedenartigen Gesteinen vorkommen (Apatit, Zirkon, Magnetit, Pyrit z. B. kommen in vielen metamorphen, magmatischen und sedimentären Gesteinen vor).

Übergemengteile treten in hohen prozentualen Anteilen in einem bestimmten Gesteinsvorkommen auf, sind also charakteristisch für eine bestimmte Varietät eines Gesteins. So enthält z. B. ein Hornblende-Biotit-Granit die Minerale Hornblende und Biotit als Übergemengteile. Der korrekte Gesteinsname gibt somit bereits Aufschluss über die Art und ungefähre Menge der das Gestein zusammensetzenden Minerale. Der zuvor erwähnte Hornblende-Biotit-Granit enthält z. B.:

- Quarz und Feldspäte in großer Menge als Hauptgemengteile aller Granite,
- Hornblende und Biotit in ebenfalls größeren Anteilen als Übergemengteile und
- Apatit, Magnetit, Pyrit u. a. in geringen Mengen als Nebengemengteile (Akzessorien).

3.3.2 Wichtige gesteinsbildende Minerale

Die wichtigsten Vertreter der gesteinsbildenden Minerale, etwa 25 an der Zahl, lassen sich in drei Gruppen untergliedern:

- Silikate,
- Nichtsilikate,
- Erzminerale.

Die Gruppe der Silikate (Abb. 3.1–3.15) bilden die Hauptgemengteile der magmatischen und metamorphen Gesteine. In Sedimentgesteinen sind sie ebenfalls häufig vertreten, allerdings kommen dort auch die Nichtsilikate (Abb. 3.16–3.20) wie Calcit oder Gips häufig vor. Die übrigen in den Abbildungen aufgezählten Nichtsilikate und die Erzminerale (Abb. 3.21–3.25) sind meist nur als Nebengemengteile in den Gesteinen vertreten.

3.4 Festgesteine

Während die wissenschaftlich exakte Bestimmung eines Festgesteines je nach Art des Gesteins, insbesondere bei sehr feinkörnigen Gesteinen, mikroskopische, röntgenographische oder chemische Untersuchungen erforderlich machen kann, ist die Zuordnung zu einer der Hauptgruppen der Festgesteine zumeist ohne großen Untersuchungsaufwand möglich. Wichtige Unterscheidungsmerkmale ergeben sich aus der Genese der Gesteine (s. Abschn. 2.4). So lassen sich neben dem mengenmäßigen Mineralbestand und den Strukturmerkmalen (s. Abschn. 4.2) bereits bei der Entnahme eines Gesteins im Gelände aus den Lagerungsverhältnissen, Verwitterungsformen etc. Hinweise für die erste Einstufung eines Gesteins gewinnen.

Da eine eingehende Beschreibung der Festgesteine oder auch nur der wichtigsten Gesteinsgruppen den Rahmen dieses Buches sprengen würde, soll anhand einer tabellarischen Übersicht nur auf wichtige makroskopische Merkmale eingegangen werden, die den Leser in die Lage versetzen sollen, ein Gestein einer der Hauptgruppen zuzuordnen.

Diese Hauptgruppen sind die magmatischen Gesteine mit den drei Untergruppen Tiefen-, Gang- und Ergussgesteine, die Sedimentgesteine sowie die metamorphen Gesteine. Charakteristisches Merkmal der Tiefengesteine ist eine gleichkörnige kristalline Struktur der einzelnen Mineralkomponenten (Abb. 3.26–3.30), wogegen bei den Ganggesteinen große Einsprenglinge in feinkörniger Grundmasse typisch sind (Abb. 3.31–3.35). Bei den Ergussgesteinen besteht das Gestein meist aus einer dichten Grundmasse, in der die gesteinsbildenden Minerale makroskopisch kaum noch zu erkennen sind. Die Einsprenglinge sind im Vergleich zu den Ganggesteinen bedeutend kleiner (Abb. 3.36–3.45).

Die Sedimentgesteine gliedern sich in klastische Sedimente und chemische Sedimente, wobei bei den klastischen der Grad der Kornrundung und die Korngröße ein deutliches Erkennungsmerkmal abgeben (Abb. 3.46–3.50). Bei den chemischen Sedimenten ist das Beträufeln mit verdünnter Salzsäure ein gutes Hilfsmittel zur Gesteinsbestimmung.

Die metamorphen Gesteine sind bei hohem Druck und hoher Temperatur aus magmatischen oder sedimentären Gesteinen entstanden. Je nach dem Grad der Metamorphose haben sich schwach- bis hochmetamorphe Gesteine gebildet, also ist das Ausgangsgestein noch teilweise zu erkennen, oder es ist durch Sprossung von Mineralen eine solch starke Veränderung eingetreten, dass makroskopisch kaum mehr ein Rückschluss auf das Ausgangsgestein möglich ist. Typisches Erkennungsmerkmal aller metamorphen Gesteine ist die lagige Textur bzw. ausgeprägte Anisotropie.

In den Abb. 3.26–3.65 werden die wichtigsten magmatischen, metamorphen und sedimentären Festgesteine durch Mineralbestand, Gefügemerkmale etc. charakterisiert, sowie einige bautechnische Eigenschaften aufgeführt.

Bei den Angaben zu den technischen Eigenschaften ist zu beachten, dass diese zum Teil sehr stark vom Verwitterungszustand abhängen – die Angaben beziehen sich auf unverwittertes oder gering verwittertes Gestein – und Faktoren wie Wassergehalt, Temperatur etc., die ebenfalls Einfluss auf die Materialeigenschaften ausüben, wurden dabei nicht berücksichtigt.

3.5 Lockergesteine (Sedimente)

Ähnlich wie bei den Festgesteinen ergeben sich auch bei den Lockergesteinen – in der Geotechnik auch als Böden bezeichnet – aus der Genese wichtige Hinweise auf die Zuordnung und die bei der Einteilung und korrekten Benennung anzuwendenden Kriterien. Die Zusammenhänge zwischen der Ausbildung und den Eigenschaften der Lockergesteine, den Sedimentationsprozessen, den Bedingungen in den jeweiligen Sedimentationsräumen, der Art der Transportmedien etc. werden in Kap. 2 eingehend erläutert.

Die Benennung der Lockergesteine stützt sich entweder auf die Genese (Beispiele: Flusskiese, Dünensande etc.) oder auf die physikalisch-mineralogischen Merkmale der Gesteine (s. Abschn. 2.4). Für bautechnische Zwecke gibt DIN 18196 eine Bodenklassifikation, die auf

- Korngrößenbereich und Korngrößenverteilung,
- Plastizität und
- organischen Bestandteilen

für die Gruppeneinteilung basiert.

Auf die Gruppeneinteilung nach DIN 18196 wird in Abschn. 7.1 nochmals eingegangen und die wichtigsten Erkennungsmerkmale der verschiedenen Lockergesteinsgruppen werden näher beschrieben.

Silikate

Abb. 3.1 **Quarz** SiO_2, Erkennung: hohe Härte von 7 (ritzt Fensterglas); glasglänzender und muschliger Bruch, keine Spaltbarkeit, Farbe: am häufigsten farblos, durchsichtig grau, milchweiß, durch Beimengung rosa, violett, schwarz; farbige Varietäten oft als Schmucksteine: Rosenquarz, Amethyst, Onyx usw., Dichte: 2,65 g/cm^3, Ähnliche Minerale: Feldspäte und Feldspatvertreter, Flussspat, Vorkommen: in sehr vielen magmatischen, metamorphen und sedimentären Gesteinen (Quarz kommt nicht mit Olivin zusammen als gesteinsbildendes Mineral vor)

Abb. 3.2 **Kalifeldspat** K $AlSi_3O_8$, (monokliner Kalifeldspat: Orthoklas), Erkennung: Härte 6 (ritzt Fensterglas); vollkommene Spaltbarkeit: Spaltflächen stehen senkrecht aufeinander; Zwillingsbildung (Karlsbader Zwilling), Farbe: meist weiß oder fleischfarben, durchsichtig (Sanidin und Adular), Dichte: 2,56 g/cm^3, Ähnliche Minerale: Plagioklas, Quarz, Schwerspat, Vorkommen: Hauptgemengteil in Tiefen- und Ergussgesteinen, Gneisen

Abb. 3.3 **Plagioklas** (Kalknatronfeldspat), Stufenlose Mischung von Na $AlSi_3O_8$ (Albit) und Ca $Al_2Si_2O_8$, (Anorthit), Erkennung: Härte 6–6,5; vollkommene Spaltbarkeit; Spaltflächen stehen nicht senkrecht aufeinander; Zwillingsstreifung, Farbe: meist weiß, oft grünlich, bläulichbraun; Labradorit: azurblau schillernd, Dichte: 2,61–2,74 g/cm^3, Ähnliche Minerale: Kalifeldspat, Quarz, Schwerspat, Vorkommen: sehr verbreitet in fast allen magmatischen Gesteinen, in Metamorphiten

Abb. 3.4 **Leucit** (Feldspatvertreter) K $AlSi_2O_6$, Erkennung: Härte 5,5–6, kommt nicht mit Quarz zusammen als gesteinsbildendes Mineral vor, Kristallform Ikositetraeder; helle Farbe, Farbe: weißlich bis grau, Dichte: 2,47 g/cm^3, Ähnliche Minerale: Feldspäte, Quarz, Kalkspat, Schwerspat, Vorkommen: in alkalireicher, kieselsäurearmer Lava (Leucit-Basalt, Phonolith, Leucit-Trachyt)

Abb. 3.5 **Nephelin** (Feldspatvertreter) Na $AlSiO_4$, Erkennung: Härte 5,5–6, kommt nicht mit Quarz zusammen als gesteinsbildendes Mineral vor; ausgesprochener Fettglanz (daher auch alte Bezeichnung: Eläolith = Ölstein), Farbe: farblos, grauweiß mit gelblicher, bräunlicher usw. Tönung, Dichte: 2,62 g/cm^3, Ähnliche Minerale: Feldspäte, Quarz, Kalkspat, Schwerspat, Vorkommen: in magmatischen, kieselsäurearmen Alkaligesteinen (Nephelin-Basalt)

Abb. 3.6 **Pyroxen** (Augit) $Ca(Mg, Fe) Si_2O_6$, Bei wechselndem Chemismus verschiedene Namen: z. B. Enstatit, Bronzit, Hypersthen, Augit, Diallag, Diopsid, Erkennung: achteckiger Querschnitt: Spaltwinkel von etwa 90°, meist schwarz; meist gedrungen-säulig bis -plattig; Härte: 5–6; Spaltflächen mit Treppen, Farbe: schwarz, bräunlichschwarz, grünlichschwarz, dunkelgrün: undurchsichtig, Dichte: 3,25–3,45 g/cm^3, Ähnliche Minerale: Amphibole (Hornblenden), Vorkommen: Einsprenglinge in Tuffen, in Tiefen-, Gang- und Ergussgesteinen, selten mit Quarz zusammen vorkommend

Abb. 3.7 **Amphibol** (Hornblende), Ca_2 (Al, Fe, $Mg)_5(OH)_2[(Si, Al)_4O_{11}]_2$, Bei wechselndem Chemismus verschiedene Namen: Tremolit, Aktinolith, Nephrit, Erkennung: sechseckiger Querschnitt; Spaltwinkel von 124°; schwarze bis dunkelgrüne Farbe: meist nadelig, faserig bis langsäulig: Härte 5–6; Spaltflächen fast glatt (besser als bei Pyroxen, aber schlechter als bei Biotit (Glimmer)), Farbe: schwarz, grünlichschwarz: schwarzbraun: undurchsichtig, Dichte: 3,10–3,40 g/cm^3, Ähnliche Minerale: Pyroxene, Vorkommen: Gemengteil in Syenit, Diorit, Gneis, Amphibolit

Abb. 3.8 **Biotitglimmer** $K(Fe, Mg, Mn)_3(OH, F)_2(Si, Al)_4O_{10}$, Erkennung: sehr vollkommene Spaltbarkeit in dünne, elastisch biegsame, im Idealfall 6-seitige Blättchen, Härte 2–3 (mit dem Messer ritzbar), Farbe: schwarz, dunkelbraun, undurchsichtig bis durchscheinend, Dichte: 3,00 g/cm^3, Ähnliche Minerale: Hornblende: Augit, Vorkommen: in fast allen magmatischen Gesteinen, in Gneisen, Glimmerschiefern

Abb. 3.9 **Muskovitglimmer** $KAl_2(OH, F)_2$ $AlSi_3O_{10}$, Erkennung: sehr vollkommene Spaltbarkeit in dünne, elastisch biegsame, im Idealfall 6-seitige Blättchen; Serizit: feinkörniger Muskovit, Härte 2–3, Farbe: weißlich, grau, hellgelb; durchsichtig bis durchscheinend, Dichte: 2,83 g/cm^3, Ähnliche Minerale: Biotit, Gips, Talk, Vorkommen: in Metamorphiten, in Sedimenten; nicht in Ergussgesteinen, besonders aber in Tiefengesteinen

Abb. 3.10 **Olivin** (Peridot) $(Mg, Fe)_2SiO_4$, Erkennung: Härte 6,5–7; muscheliger Bruch; Glasglanz; flaschengrüne Farbe, Farbe: flaschengrün, gelbgrün, selten braun, Dichte: 3,30 g/cm^3, Vorkommen: In Magmatiten wie Peridotit und Dunit, in Gabbro, Diabas, Basalt und basischen Tuffen; in Talk- und Serpentinschiefer (Olivin kommt nicht mit Quarz als gesteinsbildendes Mineral zusammen vor)

Abb. 3.11 **Granat**, Almandinreihe $(Mg, Fe, Mn)_3Al_2(SiO_4)_3$ mit Pyrop, Almandin. Spessartin, Andraditreihe $Ca_3(Al, Fe, Cr)_2(SiO_4)_3$ mit Grossular, Andradit, Uwarowit, Granat zersetzt sich gerne zu Epidot, Erkennung: Kristallform (meist als Rhombendodekaeder oder Ikositetraeder), Fettglanz, Härte 6,5–7,5, Farbe: rot, braun, grün, nicht blau, Dichte: 3,75–4,25 g/cm^3, Ähnliche Minerale: Rubin, Vorkommen: vorwiegend in metamorphen Gesteinen wie Glimmerschiefern, Gneisen, Eklogiten

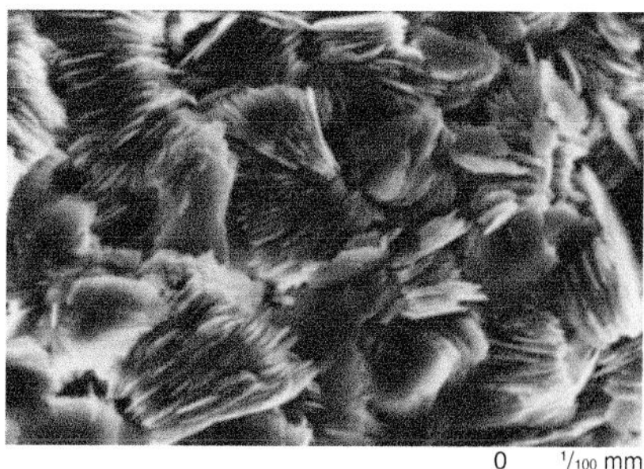

Abb. 3.12 **Tonminerale**, Kaolinit $Al_4(OH)_8Si_4O_{10}$, Illit $KAl_2(OH)_2/(Si, Al)_4O_{10}$, Montmorillonit $Al_2(OH)_2Si_4O_{10} \cdot n\,H_20$, Erkennung: Einzelkristalle fast stets submikroskopisch klein; in derben Massen auftretend, die sich fettig anfühlen, Farbe: dichte Massen weiß, meist durch Beimengung mit gelber, bräunlicher Tönung, Dichte: 2,00–2,60 g/cm^3, Ähnliche Minerale: Serizit, Talk, Vorkommen: im Verwitterungsrückstand magmatischer und metamorpher Gesteine

Abb. 3.13 **Chlorit** $(Mg, Fe, Al)_{5-6}(OH)_8(Si, Al)_4O_{10}$, Erkennung: grüne bis schwarzgrüne Farbe; Härte 2–2,5: sehr vollkommene Spaltbarkeit; fehlende Elastizität bei Spaltblättchen, Farbe: grün bis schwarzgrün, Dichte: 2,56 g/cm^3, Ähnliche Minerale: Biotit, Glaukonit, Vorkommen: in metamorphen Gesteinen wie Chloritschiefer

Abb. 3.14 **Talk** (Speckstein) $Mg_3(OH)_2Si_4O_{10}$, Erkennung: Härte 1 (mit dem Fingernagel ritzbar); fühlt sich fettig an, Farbe: blassgrün, weiß mit gelblicher oder bräunlicher Tönung durch verschiedene Beimengungen, Dichte: 2,78 g/cm^3, Ähnliche Minerale: Muskovit; Chlorit; Gips; Tonminerale, Vorkommen: in der Nachbarschaft ultrabasischer Gesteine, die hydrothermal und metamorph zu Talk umgewandelt sind

Abb. 3.15 **Serpentin** $Mg_6(OH)_8Si_4O_{10}$, Erkennung: gelbgrüne Farbe; Härte 3–4; meist schuppige, blätterige oder dichte Massen, Farbe: hell- bis dunkelgelbgrün, oft gefleckt, geädert, Dichte: 2,56 g/cm^3, Ähnliche Minerale: Chlorit; Talk, Vorkommen: in der Nachbarschaft ultrabasischer und basischer Ergussgesteine, die hydrothermal zu Serpentin zersetzt sind

Nichtsilikate

Abb. 3.16 **Kalkspat** (Calcit) $CaCO_3$, Erkennung: Härte 3; Aufbrausen mit kalter verdünnter Salzsäure; gute Spaltbarkeit (Form des Spaltkörpers: rhomboedrisch), Farbe: alle Färbungen möglich, am häufigsten milchweiß und bräunlich, Dichte: 2,72 g/cm^3, Ähnliche Minerale: Aragonit (chemisch gleich, jedoch anderer Kristallaufbau), Dolomit, Quarz, Gips, Anhydrit., Entstehung und Vorkommen: gesteinsbildende Substanz wichtiger Sedimentgesteine in allen geologischen Systemen: in Klüften, aber auch in Ergussgesteinen

Abb. 3.17 **Dolomit** $CaMg(CO_3)_2$, Erkennung: Härte 3,5–4: kein Aufbrausen mit kalter verdünnter Salzsäure, nur langsame Bläschenbildung; rhomboedrische Kristalle und Spaltstücke, Farbe: weiß bis bräunlich; durch Verunreinigung rötlich oder grünlich, Dichte: 2,87 g/cm^3, Ähnliche Minerale: Kalkspat, Vorkommen: in Dolomitstein (oft sekundär aus Kalkstein oder Marmor entstanden), in Sedimenten wechsellagernd mit Kalkstein, in Gips, in Erz- und Mineralgängen, in Schiefern

Abb. 3.18 **Gips** $CaSO_4 \cdot 2\,H_2O$, wasserfreie Form: Anhydrit $CaSO_4$, Erkennung: Härte 2; mit dem Fingernagel ritzbar: Anhydrit dagegen Härte 3–3,5; sehr gute Spaltbarkeit in einer Richtung; keine Reaktion mit Salzsäure; oft faserig (Fasergips); verformbar, jedoch nicht elastisch, Farbe: weißlich bis grau, selten durchsichtig, Dichte: 2,32 g/cm^3 (Gips); 2,96 g/cm^3 (Anhydrit), Ähnliche Minerale: Kalkspat, Muskovit, Steinsalz, Vorkommen: sedimentär in Seen und abgeschlossenen salzhaltigen Meeresbecken. Hydratisierung von Anhydrit unter Volumenzunahme bis 60 %

Abb. 3.19 **Steinsalz** (Halit) NaCl, Erkennung: salziger Geschmack: Wasserlöslichkeit; Härte 2 (mit dem Fingernagel ritzbar); Kristallausbildung und Spaltkörper würfelig, Farbe: farblos, weißlich: weitere Farben durch Verunreinigungen, Dichte: 2,20 g/cm^3, Ähnliche Minerale: Kalisalz (Sylvin), Vorkommen: Salzlagerstätten in verschiedenen geologischen Epochen, besonders im Perm und in der Trias

Abb. 3.20 **Apatit** $Ca_5\,(PO_4)_3$ (F, Cl, OH), Erkennung: Härte 5, Farbe: meist rötlich oder graugrün, Dichte: 3,18 g/cm^3, Ähnliche Minerale: Feldspäte, Vorkommen: in fast allen Eruptiv- und metamorphen Gesteinen, in Graniten, sedimentär als Phosphorit

Erzminerale

Abb. 3.21 **Bleiglanz** PbS, Erkennung: an der hohen Dichte; metallisches Aussehen; Härte 2,5–3; Strichfarbe dunkelgrau; würfelige Spaltform, Farbe: bleigrau: undurchsichtig, Dichte: 7,20–7,60 g/cm^3, Ähnliche Minerale: Zinkblende, Vorkommen: in hydrothermalen Erzgängen und Verdrängungen von Kalken, sedimentär syngenetisch

Abb. 3.22 **Pyrit** (Schwefelkies) FeS_2, Erkennung: Farbe fahlgelb oder hellmessinggelb, Strichfarbe grünlich schwarz; würfelige oder oktaedrische Kristallform; parallele Riefen auf den Würfelflächen; Härte 6–6,5 (einziges verbreitetes Sulfid, das Glas ritzt), Farbe: fahlgelb mit Graustich oder hellmessinggelb, oft mit gelbbrauner Anlauffarbe, Dichte: 5,16–5,22 g/cm^3, Ähnliche Minerale: Markasit (gleicher Chemismus, andere Kristallausbildung), Kupferkies, Magnetkies, Vorkommen: in magmatischen Gesteinen: in metasomatischen und hydrothermalen Lagerstätten, als Konkretionen in Sedimenten, in sandig-tonigen Ablagerungen, in Kohlen, verbreitetstes Sulfid der Erdrinde

Abb. 3.23 **Hämatit** (Roter Glaskopf) Fe_2O_3, Erkennung: kirschroter Strich; hohe Härte von 5,5–6; oft nierig-traubige Oberfläche, Farbe: eisenschwarz bis stahlgrau, Dichte: 5,26 g/cm^3, Ähnliche Minerale: Limonit; Zinkblende, Vorkommen: besonders in sauren magmatischen Gesteinen, Granit, Syenit, Andesit u. a.; in Glimmerschiefern und Quarziten

Abb. 3.24 **Limonit** (Brauner Glaskopf) FeO-OH, Erkennung: brauner Strich und ockerartige Beschläge; oft nierig-traubige Oberfläche; Härte 4–5,5, Farbe: schwarzbraun, rotbraun bis ockerfarben, Dichte: 3,50–4,00 g/cm^3, Ähnliche Minerale: Hämatit, Zinkblende, Vorkommen: überall an der Erdoberfläche. In sedimentären Brauneisensteinlagerstätten, in der Oxidationszone von Sulfidlagerstätten, Limonit bedingt die Gelb- und Braunfärbung der Verwitterungskruste

Abb. 3.25 **Siderit** (Spateisenstein) $FeCO_3$, Erkennung: gute Spaltbarkeit: Härte bis 4,5; gelegentlich fasrige Gebilde von kugeliger oder tropfsteinähnlicher Form, Farbe: gelblichweiß; angewittert braun bis schwarz, Dichte: 3,80–4,50 g/cm^3, Ähnliche Minerale: Dolomit, Vorkommen: vorwiegend in Sedimenten und magmatischen Gesteinen

Tiefengesteine

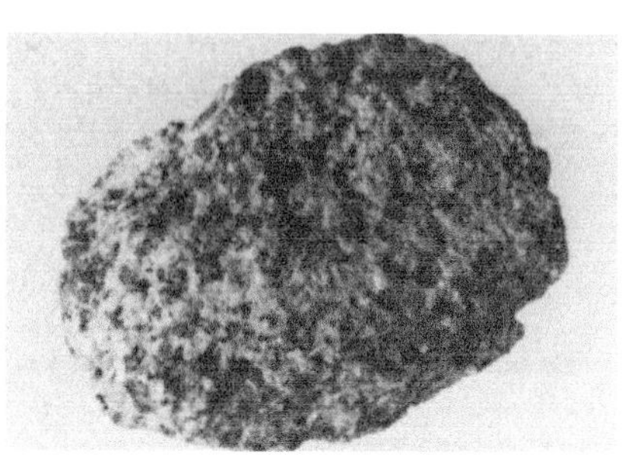

Abb. 3.26 **Granit**, Mineralbestand: Hauptgemengteile: Kalifeldspat, **Quarz,** Plagioklas daneben Biotit. Nebengemengteile: Hornblende, Muskovit, Gefüge: vollkristallin, mittel- bis grobkörnig, richtungslos. Farbe: meist hell, rötlichweiß oder grau, Dichte: 2,6–2,8 g/cm^3, Technische Merkmale: hochfest, widerstandsfähig, hart, spröde, regelmäßig teilbar, polierbar, gut bearbeitbar. Einachsige Druckfestigkeit zwischen 100 und 240 MN/m^2, häufigstes Tiefengesetin der Erde

Abb. 3.27 **Syenit**, Mineralbestand: Hauptgemengteile: Kalifeldspat, **Hornblende,** Biotit (kein Muskovit): kaum Quarz. Nebengemengteile: Plagioklas, Gefüge: vollkristallin, fein- bis grobkörnig: meist richtungslos-körnige Anordnung, Farbe: hell, meist weißlich-grau mit rötlichem bis violettem Stich, Dichte: 2,6–2,9 g/cm^3, Technische Merkmale: hochfest, widerstandsfähig, hart, zäh, kantenfest, gut polierbar. Druckfestigkeit zwischen 150 und 250 MN/m^2, Vorkommen: Sachsen

Abb. 3.28 **Diorit**, Mineralbestand: Hauptgemengteile: **Plagioklas, Hornblende.** Nebengemengteile: Biotit (ersetzt teilweise Hornblende), Augit, kein nennenswerter Quarzanteil, Gefüge: vollkristallin, mittel- bis feinkörnig. Richtungslos-körnige Anordnung, Farbe: mittelgrau, Dichte: 2,8–3,0 g/cm^3, Technische Merkmale: hochfest, widerstandsfähig, sehr hart, zäh, kantenfest, schwer bearbeitbar, gut polierbar. Druckfestigkeit zwischen 150 und 180 MN/m^2, Vorkommen: Odenwald

Abb. 3.29 **Gabbro**, Mineralbestand: Hauptgemengteile: **Plagioklas** (Ca-reich), **Pyroxen,** weniger häufig Olivin und Hornblende. Nebengemengteile: Glimmer, Gefüge: vollkristallin, grob- bis feinkörnig, richtungslos-körnige Anordnung, Farbe: dunkelgrünlichgrau bis schwarz, Dichte: 2,7–3,0 g/cm^3, Technische Merkmale: hochfest, widerstandsfähig, hart, zäh, schwer bearbeitbar, gut polierbar. Druckfestigkeit um 180 MN/m^2, Vorkommen: im Harz

Abb. 3.30 **Peridotit**, Mineralbestand: Hauptgemengteile sind körniger Olivin, auch Pyroxen und Hornblende, manchmal Biotit, Gefüge: regellos feinkörnig. Das ursprüngliche Gefüge ist durch Serpentinisierung häufig zerstört, Farbe: von hellgelblich-grün über dunkelgrün bis schwarz, Dichte: 3,2–3,5 g/cm^3, Technische Merkmale: hochfest, widerstandsfähig, hart, schwer bearbeitbar, polierbar. Druckfestigkeit zwischen 150 und 280 MN/m^2, Vorkommen: im Harz, Odenwald, Erzgebirge

Ganggesteine

Abb. 3.31 **Granitporphyr**, Mineralbestand: Ganggestein des Granits mit gleichem Mineralbestand, Gefüge: feinkörnige Grundmasse, darin große Kalifeldspäte und Quarze (typisch porphyrische Gefüge), Farbe: weiß, grau bis rötlich, Dichte: 2,6–2,8 g/cm^3, Technische Merkmale: Solange die Körnung fein- bis mittelkörnig ausgebildet ist, entsprechen die Eigenschaften dem granitischen Stammgestein. Einachsige Druckfestigkeit zwischen 100 und 240 MN/m^2, Vorkommen: Die Granitporphyre sind ebenso weit verbreitet wie die Granite

Abb. 3.32 **Granitaplit**, Mineralbestand: Ganggestein des Granits mit Anreicherung der **hellen** Gemengteile des Stammmagmas. Hauptgemengteile: Kalifeldspat, Albit, Quarz. Nebengemengteile: wenig Muskovit und Biotit, Gefüge: feinkörnig bis dicht, zuckerkörnig, Farbe: hell, weiß, gelblich oder rötlich, Dichte: 2,6–2,8 g/cm^3, Technische Merkmale: sehr verwitterungsbeständig; bildet Härtlinge, Vorkommen: Aplite bilden Gänge in Graniten

Abb. 3.33 **Pegmatit**, Mineralbestand: Hauptgemengteile: Kalifeldspat, Quarz und Plagioglas. Nebengemengteile: Biotit und Muskovit sowie die seltenen Minerale Apatit, Topas, Turmalin usw. Vorwiegend von granitischem Stammmagma ausgehend, Gefüge: sehr grobkörnig (bis zu faustgroße Kristalle und größer), Farbe: rötlich, weißgrau, Dichte: 2,6–2,8 g/cm^3, Technische Merkmale: hart, hochfest, Vorkommen: Erzgebirge, Fichtelgebirge, Oberpfalz, Bayrischer Wald

Abb. 3.34 **Lamprophyr** (Minette), Mineralbestand: Ganggestein der **basischen** Tiefengesteine mit Anreicherung der **dunklen** Gemengteile des Stammmagmas. Hauptgemengteile: Biotit. Orthoklas. Nebengemengteile: wenig Plagioklas, fast kein Quarz, Gefüge: dicht bis feinkörnig, Farbe: dunkelgrau, hell gesprenkelt, Dichte: 2,8–3,0 g/cm^3, Technische Merkmale: hart, hochfest, Vorkommen: bilden Gänge, z. B. in Graniten

Abb. 3.35 **Lamprophyr** (Spessartit), Mineralbestand: Ganggestein der **basischen** Tiefengesteine (z. B. Gabbro) mit Anreicherung der **dunklen** Gemengteile des Stammmagmas. Hauptgemengteile: Plagioklas. Augit. Nebengemengteile: Hornblende, Gefüge: dicht bis feinkörnig, Farbe: grünlichgrau, Dichte: 2,9 g/cm^3, Technische Merkmale: hochfest, hart. Druckfestigkeit 240 bis 260 MN/m^2, Vorkommen: im Spessart, Odenwald, Pfalz

Ergussgesteine

Abb. 3.36 **Rhyolith** (Ergussäquivalent des Granits), Mineralbestand: wie Granit, Gefüge: sehr dichte, oft wachsglänzende Grundmasse, mit Einsprengungen von Sanidin und Quarz; selten Biotit, Farbe: weiße, graue bis gelbliche Grundmasse, Dichte: 2,4–2,6 g/cm^3, Technische Merkmale: hochfest, hart bis sehr hart, spröde, teilweise großer Porenraum, dann nicht frostsicher. Bei Glasgehalt verwitterungsempfindlich. Einachsige Druckfestigkeit bis 200 MN/m^2, Vorkommen: in Vulkangebieten

Abb. 3.37 **Quarzporphyr** (Rhyolith älterer Formationen), Mineralbestand: wie Granit, Gefüge: porphyrisch oder dicht, Fluidaltextur. Einsprenglinge von **Kalifeldspat, Quarz,** ferner Plagioklas und wenig Biotit, Farbe: meist kräftige Farben: rot, gelb, braun, violett, grünlich, Dichte: 2,5–2,6 g/cm^3, Technische Merkmale: hochfest, hart bis sehr hart, spröde, teilweise großer Porenraum, dann frostempfindlich. Glasgehalt beeinträchtigt die Güte des Gesteins. Druckfestigkeit: 150 bis 240 MN/m^2, Vorkommen: im Odenwald

Abb. 3.38 **Trachyt** (Ergussäquivalent des Syenits), Mineralbestand: wie Syenit, Gefüge: porphyrisch, porös, dichte Grundmasse. Meist Fluidaltextur, Einsprenglinge von **Sanidin, Hornblende,** Plagioklas, Farbe: lichtgrau, gelblich, rötlich, Dichte: 2,5–2,6 g/cm^3, Technische Merkmale: fest, hart, spröde, schwer bearbeitbar, Druckfestigkeit 80–150 MN/m^2, Vorkommen: im Siebengebirge, Odenwald, Laacher See, Westerwald, Nahegebiet

Abb. 3.39 **Keratophyr** (Trachyt älterer Formationen), Mineralbestand: wie Syenit, Gefüge: porphyrisch, auch Fließtextur. Dichte Grundmasse. Einsprenglinge von **Kalifeldspat, Biotit** und **Hornblende** (fast völlig zersetzt), wenig Plagioklas, Farbe: grau. Durch Verwitterung meist rötlich-, gelblich- oder grünlich-grau, Dichte: 2,5–2,7 g/cm^3, Technische Merkmale: fest, hart, weit verbreiteter und beliebter Werkstein. Druckfestigkeit 50–70 MN/m^2, Vorkommen: im Lahn-Dill- und Saar-Nahe-Gebiet

Abb. 3.40 **Bimsstein** (glasig, erstarrtes, saures Ergussgestein), Gefüge: hoch porös bis schaumig; manchmal Einsprenglinge von z. B. Sanidin, Farbe: grauweiß, Dichte: kleiner 1 g/cm^3 (gutes Erkennungsmerkmal), Technische Merkmale: wird zu Leichtbaustein verarbeitet, Vorkommen: in der Eifel

Abb. 3.41 **Andesit** (Ergussäquivalent des Diorits), Mineralbestand: wie Diorit, Gefüge: porphyrisch. Fluidalgefüge. Grundmasse dicht. Einsprenglinge von Plagioklas, Hornblende, Augit, Glimmer, Farbe: grau, bräunlich bis dunkelgrau, dunkelbraun und fast schwarz mit rötlichem Farbton, Dichte: 2,5–2,8 g/cm^3, Technische Merkmale: hochfest, hart, spröde, schwer bearbeitbar, Einachsige Druckfestigkeit bis 300 MN/m^2, Vorkommen: im Siebengebirge und in der Eifel

Abb. 3.42 **Porphyrit** (Andesit älterer Formationen), Mineralbestand: wie Diorit, Gefüge: porphyrisch, Grundmasse teilweise vollkristallin-feinstkörnig, teilweise glasig. Mandelstein – manchmal Fluidalgefüge. Einsprenglinge von **Plagioklas, Hornblende,** Biotit oder Pyroxen, Farbe: grau bis dunkelgrau, durch Chloritisierung grünlich, Dichte: 2,5–2,9 g/cm^3, Technische Merkmale: fest bis hochfest, hart, gut polierfähig. Druckfestigkeit 120–240 MN/m^2, Vorkommen: im Harz

Abb. 3.43 **Basalt** (Ergussäquivalent des Gabbros), Mineralbestand: wie Gabbro, Gefüge: Grundmasse dicht, porphyrisch bis körnig, oft glasig: Fluidaltextur. Einsprenglinge (meist undeutlich) von **Augit.** Hornblende, **Plagioklas,** Olivin. Säulige Absonderung, Farbe: blaugrau bis schwarzgrau, Dichte: um 3,0 g/cm^3, Technische Merkmale: hochfest, sehr hohe Schlagfestigkeit und Schleifhärte; bei höherem Glasgehalt verwitterungsempfindlich, Druckfestigkeit zwischen 200 und 350 MN/m^2. Häufigstes Ergussgestein der Erde

Abb. 3.44 **Melaphyr** (Basalt älterer Formationen), Mineralbestand: wie Gabbro, Gefüge: porphyrisch oder dicht. Einsprenglinge von **Augit, Plagioklas** und **Olivin.** Farbe: in frischem Zustand schwarz, angewittert rotbraun, violett bis grünlich, Dichte: 2,8–3,3 g/cm^3, Technische Merkmale: hochfest, hart, bei glashaltigen Melaphyren Gefahr der sog. Sonnenbrenner-Verwitterung. Druckfestigkeit 240–300 MN/m^2, Vorkommen: im Karbon und Perm der deutschen Mittelgebirge

Abb. 3.45 **Phonolith** (Ergussäquivalent des Nephelin-Syenits) Mineralbestand: wie Syenit, mit 20 bis **40 %** Anteil an Nephelin, quarzfrei, Gefüge: porphyrisch, Grundmasse feinkörnig bis dicht. Fließtextur möglich. Einsprenglinge von **Sanidin, Nephelin, Hornblende**, Farbe: hellgrau, bräunlichgrau oder grünlichgrau, Dichte: 2,6–2,9 g/cm^3, Technische Merkmale: hochfest, hart. Druckfestigkeit 170–270 MN/m^2, Vorkommen: Hegau, Kaiserstuhl, Rhön, Westerwald, Eifel

Sedimentgesteine

Abb. 3.46 **Breccie**, Mineralbestand: vorwiegend eckige Gesteins- oder Mineraltrümmer aller Gesteinsarten, besonders aber Quarz. Meist quarzitisch, karbonatisch oder tonig-schluffig verkittet, Gefüge: klastisch, meist ungeschichtet, unklassiert und meist unsortiert. Korngröße vorwiegend über 2 mm, Farbe: hängt vom Ausgangsmaterial ab, Dichte: 2,5–2,7 g/cm^3, Technische Merkmale: je nach Art des Bindemittels fest bis wenig fest, Vorkommen: in Ablagerungsgebieten mit wenig Wassertransport

Abb. 3.47 **Fanglomerat**, Mineralbestand: vorwiegend eckige und kantengerundete Gesteins- und Mineraltrümmer aller Gesteinsarten, besonders aber Quarz, Meist quarzitisch, karbonatisch oder tonig-schluffig gebunden, Gefüge: klastisch, ungeschichtet, unklassiert und unsortiert. Korngröße vorwiegend über 2 mm, Farbe: hängt vom Ausgangsmaterial ab, Dichte: 2,5–2,7 g/cm^3, Technische Merkmale: je nach Art des Bindemittels fest bis wenig fest, Vorkommen: in Schlammströmen

Abb. 3.48 **Konglomerat**, Mineralbestand: vorwiegend gerundete Gesteins- und Mineraltrümmer aller Gesteinsarten, besonders aber Quarz. Meist mit quarzitischem aber auch karbonatischem oder tonig-schluffigem Bindemittel, Gefüge: betonartig, meist wenig gut geschichtet, unklassiert und meist unsortiert. Korngröße vorwiegend über 2 mm, Farbe: grau bis rotbraun, Dichte: 2,55–2,65 g/cm^3, Technische Merkmale: hochfest bis mittelfest, i. A. hart, Vorkommen: Fluviatile und küstennahe Sedimente

Abb. 3.49 **Sandstein**, Mineralbestand: eckige und gerundete Quarzminerale, untergeordnet Feldspat. Glimmer u. a. Vorwiegend quarzitisch, karbonatisch oder tonig verkittet, Gefüge: fein- bis mittelkörnig, bankig-schichtig, Farbe: grau, rotbraun, dunkelgraugrün, gelblich, Dichte: 1,9–2,7 g/cm^3, Technische Merkmale: je nach Bindemittel gering fest bis hochfest, mürbe bis hart, bei toniger Kornbindung verwitterungsempfindlich, z. T. frostempfindlich, Vorkommen: in küstennahen Ablagerungen

Abb. 3.50 **Tonstein**, Mineralbestand: verschiedene Tonminerale (z. B. Kaolinit, Illit, Montmorillonit) mit Beimengungen von feinsten Quarz-, Feldspat-, Kalk- und Glimmerteilchen. Erkennbar an der geringen Härte. Ritzprobe mit Fingernagel, Gefüge: dicht und gut geschichtet, Farbe: grau, rot, grün, gelb, braun, violett, schwarz, Dichte: 2,5–2,6 g/cm^3, Technische Merkmale: gering fest bis mittelfest, hart bis weich: nicht witterungsbeständig, evtl. quellfähig, Vorkommen: in küstenferneren Ablagerungen

Abb. 3.51 **Mergelstein**, Mineralbestand: Kalkspat und Tonminerale im Mischungsverhältnis zwischen 25 und 75 % $CaCO_3$. Erkennbar am Brausen beim Beträufeln mit verdünnter Salzsäure. Braust je nach Kalkgehalt mehr oder weniger, Gefüge: meist dicht, Farbe: rötlich, grünlich, bräunlich, grau, Dichte: etwa 2,7 g/cm^3, Technische Merkmale: gering fest bis mittelfest, hart bis weich; kaum verwitterungsbeständig. Einachsige Druckfestigkeit: bis 20 MN/m^2, Vorkommen: in marinen und limnischen Sedimenten

Abb. 3.52 **Kalkstein**, Mineralbestand: überwiegend Kalkspat mit Beimengungen von Quarzsand. Ton. Gut am Aufbrausen mit verdünnter Salzsäure zu erkennen, Gefüge: kristallinisch-spätig, dicht, bankig; zellig-porös (Zellenkalk), lagig-porös (Travertin), oolithisch (Kalkoolith), Farbe: gelbweiß, grau-braun, rein weiß, Dichte: 1,7–2,8 g/cm^3, Technische Merkmale: mittelfest, mittelhart, polierbar. Druckfestigkeit 20–180 MN/m^2, Vorkommen: in limnischen Meeresbecken

Abb. 3.53 **Dolomitstein**, Mineralbestand: überwiegend Dolomit mit wechselnden Mengen von Kalkspat. Mit verdünnter Salzsäure entsteht beim Beträufeln schwache Bläschenbildung, Gefüge: körnig-spätig, Farbe: Meist weiß, grau, Dichte: 2,85–2,95 g/cm^3, Technische Merkmale: verwitterungsbeständiger als Kalkstein, häufig kleinstückig zerklüftet. Druckfestigkeit kaum über 120 MN/m^2, Vorkommen: in der südalpinen Trias

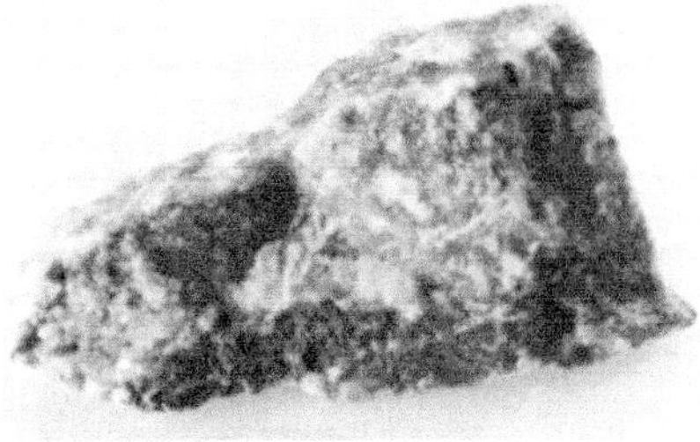

Abb. 3.54 **Gipsstein**, Mineralbestand: überwiegend Gips mit Beimengungen von Ton, Mergel und Glimmer. Erkennbar an der geringen Härte (2). Zeigt keine Reaktion mit verdünnter Salzsäure, Gefüge: sehr feinkörnig bis dicht, Farbe: weißlich, grau, auch rötlich, in dichten Massen mattes Aussehen, Dichte: 2,3–2,5 g/cm^3, Technische Merkmale: gering fest bis mittelfest; über längere Zeit ist der Gips auslaugbar, Vorkommen: in abgeschlossenen Meeresarmen

Abb. 3.55 **Anhydritstein**, Mineralbestand: überwiegend Anhydrit mit Beimengungen von Ton-Mergel und Glimmer. Ähnelt dem Gipsstein; hat jedoch größere Härte (3–3,5). Zeigt keine Reaktion mit verdünnter Salzsäure, Gefüge: meist feinkörnig: teilweise dicht; lagig bis regellos abgelagert, Farbe: meist hellgrau, auch gelblich, Dichte: 2,6–2,8 g/cm^3, Technische Merkmale: gering fest bis mittelfest; wandelt sich bei Wasserzugabe in Gips um. Druckfestigkeit um 40 MN/m^2, Vorkommen: wie Gipsstein

Metamorphe Gesteine

Abb. 3.56 **Tonschiefer** (Ausgangsgestein toniges Sediment) Mineralbestand: Einzelgemengteile meist nur unter dem Mikroskop erkennbar. Quarz, Serizit, Chlorit, Gefüge: schieferig, Farbe: grau, schwarz, grünlich, rötlich, bräunlich, Dichte: 2,5–2,6 g/cm^3, Technische Merkmale: Mittelfest bis wenig fest, gut spaltbar, oft frostempfindlich, hoch anisotrop. Einachsige Druckfestigkeit zwischen 50 und 80 MN/m^2, Vorkommen: Rheinisches Schiefergebirge

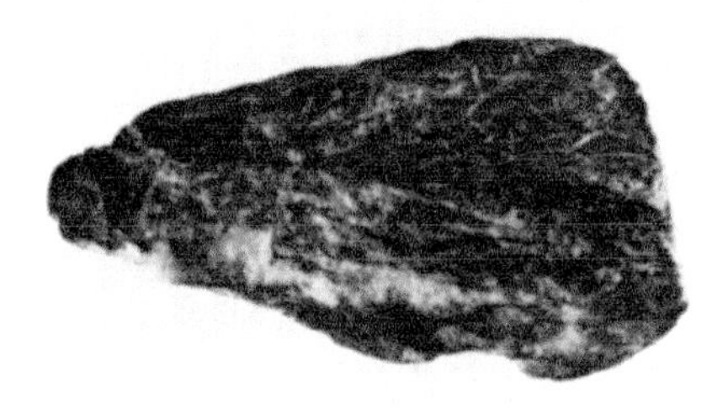

Abb. 3.57 **Phyllit** (Ausgangsgestein toniges Sediment oder Granodiorit), Mineralbestand: Quarz, Muskovit. Chlorit, Gefüge: gut geschiefert, Glimmer meist schuppig; Quarz in Linsen, Schmitzen oder Knauern. Häufig stark gewellte, blätterartig gefältelte Schieferflächen mit fettartig bis seidenglänzenden Serizithäutchen überzogen, Farbe: grau bis grünlich, seidenglänzend, Dichte: 2,7–3,0 g/cm^3, Technische Merkmale: gering fest, besonders anisotrop, häufig frostempfindlich, Druckfestigkeit oft nur wenige MN/m^2, Vorkommen: Bayrischer Wald

Abb. 3.58 **Glimmerschiefer** (Ausgangsgestein toniges Sediment, Diorit, Porphyrit, Andesit und Quarzporphyr), Mineralbestand: Quarz, reich an **Muskovit,** Biotit, kein oder kaum Feldspat. Gefüge: vollkommen schieferig mit guter Paralleltextur, flaserig. Glimmer grobkörnig, umschließt die Quarzlagen. Quarz meist recht grobkörnig, Farbe: graublau bis graugrün, auch graubraun, stark glänzend, Dichte: 2,6–2,9 g/cm^3, Technische Merkmale: mittelfest, anisotrop. Druckfestigkeit 70–130 MN/m^2, Vorkommen: in Faltengebirgen

Abb. 3.59 **Amphibolit** (Ausgangsgestein Diabas, Gabbro, Tonmergel), Mineralbestand: **Hornblende,** Plagioklas. Gefüge: fein- bis grobkörnig, richtungslos körnig bis gut schieferig. Auch lagig durch den Wechsel feldspatarmer dunkler und feldspatreicher heller Partien, Farbe: dunkelgraugrün bis schwarz, Dichte: 3,0 g/cm^3, Technische Merkmale: hochfest bis mittelfest, mäßig spaltbar, i. A. anisotrop. Druckfestigkeit 200 MN/m^2, Vorkommen: Schwarzwald, Bayrischer Wald

Abb. 3.60 **Orthogneis** (Ausgangsgestein meist Granit), Mineralbestand: **Kalifeldspat, Plagioklas,** Quarz, Muskovit, Hornblende, Gefüge: flaserig geschiefert, auch knotig, körnig, stängelig (Quarz-Feldspat-Aggregate in einer Richtung gestreckt), schuppig (Glimmer in getrennten Lamellen), Farbe: hell- bis dunkelgrau, rötlich, Dichte: 2,5–2,9 g/cm^3, Technische Merkmale: hochfest, hart, i. A. gut spaltbar. Druckfestigkeit 150–250 MN/m^2, Vorkommen: Schwarzwald, Odenwald, Spessart

Abb. 3.61 **Paragneis** (Ausgangsgestein Tonstein, Mergel, Grauwacken), Mineralbestand: Kalifeldspat, Plagioklas, Quarz, Biotit, Gefüge: schieferig, lagig flaserig, auch stängelig und schuppig. Minerale sehr ungleichkörnig, Farbe: dunkelgrau, graubraun. Dichte: 2,6–3,0 g/cm^3, Technische Merkmale: hochfest, hart, i. A. gut spaltbar. Einachsige Druckfestigkeit 150–250 MN/m^2, Vorkommen: Schwarzwald, Bayrischer Wald, Erzgebirge

Abb. 3.62 **Quarzit** (Ausgangsgestein Sandstein, Pegmatit, Aplit), Mineralbestand: fast ausschließlich Quarz. Gefüge: massig, richtungslos körnig, Farbe: weißlich, schwach rauchgrau, bräunlich, gelblich, grünlich durch Beimengungen. Auf Bruchflächen Quarzglanz. Dichte: 2,6 g/cm^3, Technische Merkmale: hochfest, sehr hart. Druckfestigkeit 220–300 MN/m^2, Vorkommen: Rheinisches Schiefergebirge, Taunus, Erzgebirge

Abb. 3.63 **Serpentinit** (Ausgangsgesteine olivin-, pyroxen- und amphibolreiche Magmatite), Mineralbestand: Serpentin; Begleitminerale sind Pyroxen, Glimmer, Chlorit, Talk. Gefüge: teils massig, teils faserig oder blättrig, Farbe: schmutzig dunkelgrün, geflammt, gefleckt oder geädert, matter Glanz, Dichte: 2,6–3,1 g/cm^3, Technische Merkmale: geringe Härte, gut bearbeitbar. Druckfestigkeit 70–80 MN/m^2, Vorkommen: Schwarzwald, Vogesen, Fichtelgebirge

Abb. 3.64 **Eklogit** (Ausgangsgestein Mergel, Diorit, Gabbro), Mineralbestand: grüner Pyroxen und roter Granat. Nebengemengteile: Amphibole, Glimmer. Gefüge: meist massig, selten geschiefert, grob- bis feinkörnig, nie dicht, Farbe: grün mit roten Flecken. Dichte: sehr hoch: 3,2–3,6 g/cm^3, Technische Merkmale: hart, zäh, polierbar, Vorkommen: Bayrischer Wald, Niederösterreich, Tirol, Tessin, Wallis

Abb. 3.65 **Marmor** (Ausgangsgestein Kalkstein), Mineralbestand: Kalkspat; Begleitminerale: Quarz, Glimmer, Feldspäte. Beim Beträufeln mit verdünnter Salzsäure Aufbrausen. Gefüge: körnig; dicht; massig; richtungslos; auch flaserig-lagig durch Glimmerminerale, Farbe: weiß, grau, blaugrau, gelblich, lichtrötlich, Dichte: 2,6–2,8 g/cm^3, Technische Merkmale: mittelfest bis hochfest, hart, polierbar. Druckfestigkeit 80–180 MN/m^2, Vorkommen: Fichtelgebirge, Oberpfalz

4 Gesteins- und Gebirgsgefüge

4.1 Gefügebegriff

Die grundlegende Fassung und gültige Prägung des Gefügebegriffes verdanken die Geowissenschaften den Professoren Sander und Schmidt. Sander (1950, S. 5) definiert die „Raumdaten im Inneren eines betrachteten Bereiches" als:

1. Raumdaten in ihrem räumlichen Zusammenhang untereinander. Darauf beziehen sich die Wörter Gefüge, Bau, Struktur, Textur usw., z. B. eine Mauer aus Ziegeln.
2. Raumdaten, welche auch ohne ihren räumlichen Zusammenhang untereinander eindeutig und zur Beschreibung des Gefüges brauchbar sind, darauf beziehen sich die Wörter Gefügeelement, Baustein usw., Ziegel aus jener Mauer.

Um die praktische Bedeutung der Gefügekunde für die Ingenieurgeologie vor Augen zu stellen, bedarf es nur einer Aufzählung der vielen Fachausdrücke, die zu unserem täglichen Brot geworden sind, dass wir gar nicht mehr daran denken, dass sie aus der Gefügekunde stammen und dass all die vielen Begriffe erst gewonnen werden mussten: Gefüge, Fuge, Häufung, Lagenkugel, Verteilungspläne, Gesteinshomogenität und -inhomogenität, Gefügeregelung, Gefügeanisotropie, Fließgefüge sind nur einige der alltäglichen Beispiele. Technisch wichtig für die Darstellung von Gefügedaten, wie z. B. Schichtflächen, Schichtklüften, Schieferungsebenen, Schieferungsklüften, Groß- und Kleinklüften, ist die Unterscheidung von „Ortslage und Drehlage" oder, wie wir in Anlehnung an die uns hierfür zuständig erscheinende Geometrie lieber sagen: Lage und Richtung (wenn es sich um eine „Lineare") bzw. Stellung (wenn es sich um eine Fläche handelt). Zur Darstellung der Richtungen und Stellungen – statistisch und einzeln – verwenden wir die Lagenkugel (s. Abb. 6.49 und 6.50), mit Einheitsquadraten (s. Abb. 6.53 und 6.54) kann zusätzlich (zu Richtung und Stellung) die Ortslage dargestellt werden.

Eine besondere Stärke der Gefügekunde ist die exakte Unterscheidung von Beschreibung und genetischer Erklärung in ihrer Sprache: von morphologischem und funktionalem Gefüge. Die Begriffsschärfe der Gefügekunde – z. B. in ihrer Defini-

E. Fecker, *Baugeologie*, https://doi.org/10.1007/978-3-662-58998-4_4

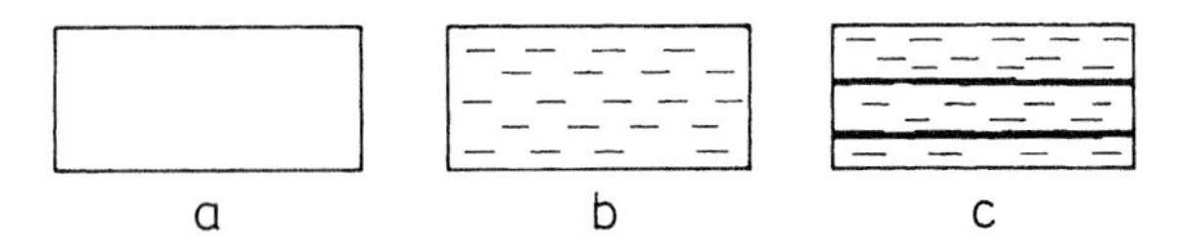

Abb. 4.1 Erläuterung zu den Begriffspaaren Isotropie – Anisotropie und Homogenität – Inhomogenität. Der Schnitt durch den Gesteinskörper (**a**) ist isotrop, durch (**b**) und (**c**) anisotrop; **a** und **b** sind homogen, **c** inhomogen

tion des Fließens als „kontinuierlicher geordneter Relativbewegung, ausgeführt von (im Vergleich zum betrachteten Bereich) genügend kleinen Teilen, solange diese einander berühren" – ist in den mechanischen Wissenschaften unerreicht geblieben, in welchen allzu oft der morphologisch-kinematische Vorgang mit Spannungs- oder Energiebegriffen vermengt wird.

Sander unterscheidet Verteilungsgefüge und Richtungsgefüge, wobei das Richtungsgefüge dem unter dem Ausdruck „Tropie" zusammengefassten Begriffspaar Isotropie und Anisotropie sowie das Verteilungsgefüge den unter „Genität" vereinigten Begriffen Homogenität und Inhomogenität zukommt. Verdeutlicht werden diese Begriffspaare in Abb. 4.1.

Zu den grundlegenden Erkenntnissen der Gefügekunde gehört die der Abhängigkeit der Gebirgs- und Gesteinseigenschaften vom jeweils betrachteten Größenbereich. Geomechanisch haben wir erkannt, dass in jeder Größenordnung das Material sozusagen ein „anderes" ist. So machte erst die Gefügekunde die rechnerische Behandlung des mechanischen Verhaltens von Gebirgsmassen möglich, und zwar nicht bloß deshalb, weil sie die wesentlichen Gefügeelemente sowohl hinsichtlich ihrer durchschnittlichen Orientierung als auch der regelhaften Abweichungen beschreibt, sondern auch dadurch, dass sie uns in die Lage versetzt, alle Unregelmäßigkeiten und Materialfehler (z. B. Klüfte) begrifflich in das System „Gebirge" mit einzubeziehen. Somit können wir Stoffgesetze für dieses Gebirge aufstellen, welche sich von denen der Gesteinssubstanz wesentlich unterscheiden.

Zu dem umfangreichen Begriffsinventar der Gefügekunde haben ingenieurgeologische Praxis und geomechanische Theorie noch einiges hinzugefügt, das wir als Erweiterung dieses gedanklichen Instrumentariums betrachten dürfen. Hierzu zählen die Erscheinungsformen der Kluftstaffel, der Bruchstaffel und der Vertretungskluft nach Müller-Salzburg, vor allem aber Pachers Definition des ebenen und des räumlichen Kluftflächenanteils, den wir auch als Durchtrennungsgrad ansprechen. Hierher gehören ferner Stinis Klüftigkeitsziffer sowie dessen Gedankenmodell des Kluftkörpers (s. Abschn. 6.6.2).

4.2 Gesteinsgefüge

Wenn wir von der Entstehung des Gefüges sprechen, so müssen wir streng zwischen dem Gefüge des Gesteins und dem Gefüge des Gebirges unterscheiden. Gestein kennzeichnet eine ganz bestimmte Art der Mineralvergesellschaftung, deren Hauptkomponenten (> 20 %) den Gesteinsnamen und deren Gefüge Auskunft über ihre Struktur und Textur abgeben.

Gebirge dagegen kann eine Vergesellschaftung, eine Wechsellagerung von mehreren Gesteinsarten sein. Es ist in der Regel durch Klüfte, Störungen usw. in ein Vielkörpersystem zerlegt.

Die Entstehung des Gesteinsgefüges geht auf die Art und die physikalisch-chemischen Bedingungen der Sedimentation, die Auskristallisation aus einem Magma oder auf die durchlaufene Metamorphose zurück (s. Abschn. 2.4).

Das Gesteinsgefüge wird durch die strukturellen und texturellen Merkmale näher gekennzeichnet. Strukturmerkmale sind:

- Größe der Einzelkörner,
- Korngrößenverteilung,
- Form und Rundung der Mineralkomponenten,
- Art der Kornbindung.

Texturelle Merkmale sind:

- Lage und Verteilung der Mineralkomponenten (= Richtungs- und Verteilungsgefüge) und der
- Grad der Raumerfüllung (kompakte oder poröse Textur).

In der deutschsprachigen Literatur werden die Begriffe Struktur und Textur häufig verwechselt. Neben Gedankenlosigkeit und Unwissen rührt diese Verwechslung insbesondere daher, dass in den angelsächsischen Sprachen das Wort Struktur *texture* heißt. Beim Zitieren angelsächsischer Literatur wird dadurch häufig fälschlich das Wort *texture* mit Textur übersetzt. Textur ist im Englischen das Wort *fabric* und Absonderung (z. B. Säulenbildung des Basalts) *structure*. In der deutschen Sprache sind die Begriffe durch Schmidt, Sander u. a. eindeutig definiert und sollten daher auch nicht anders gebraucht werden.

4.2.1 Gefüge magmatischer Gesteine

Struktur und Textur der magmatischen Gesteine hängen neben dem Kristallisationsvermögen weitgehend von der Geschwindigkeit der Erstarrung ab: Bei langsamer Abkühlung entstehen eine kristalline Struktur und eine kompakte, den gesamten Raum der Gesteinsmasse füllende Textur, wie sie für Tiefengesteine typisch ist. Bei rascher Erstarrung entsteht eine glasige Struktur und eine z. T. poröse Textur, wie sie bei manchen vulkanischen Ergussgesteinen zu beobachten ist. Das Kristallisationsvermögen ist eine Fähigkeit der Substanz, Kristalle zu bilden, es wird durch langsame Abkühlung begünstigt und ist daher in Tiefengesteinen größer als in Ergussgesteinen.

Die Struktur der magmatischen Gesteine kann nach Leitmeier (1950) aufgrund von vier Einteilungsprinzipien gruppiert werden:

1. Prinzip, nach dem Aggregatzustand der einzelnen Gemengteile:
   (a) **Holokristallin** sind glasfreie Erstarrungsgesteine; alle Bestandteile sind kristallisiert. Dies ist die Normalstruktur der Tiefengesteine.
   (b) **Glasig** (hyalin) sind Gesteine, deren Hauptanteil glasig erstarrt ist.
   (c) **Hypokristallin** sind Gesteine, die teilweise kristallin und teilweise glasig erstarrt sind. Dies ist die Struktur vieler Ergussgesteine.
2. Prinzip, nach der Form und Gestalt der einzelnen Gesteinsgemengteile:
   (a) **Idiomorph** sind Minerale, die unbehindert wachsen konnten, sie sind die ersten Ausscheidungen in der Kristallisationsreihe; dies ist die typische Form der Einsprenglinge.
   (b) **Xenomorph** sind Minerale mit behindertem Wachstum.
   (c) **Hypidiomorph** sind Minerale, die gegenüber manchen Nachbarmineralen idiomorph, gegenüber anderen xenomorph wachsen konnten; die häufigste Form der Tiefengesteinsgemengteile.
3. Prinzip, nach der absoluten Größe bei nicht allzu großen relativen Größenunterschieden:
   (a) **Makrokristallin** sind Minerale, die mit bloßem Auge erkennbar sind.
   (b) **Mikrokristallin** sind Minerale, die nur unter dem Mikroskop erkennbar sind.
   (c) **Kryptokristallin** sind Minerale, die auch unter dem Mikroskop nicht zu bestimmen sind.
4. Prinzip, nach der relativen Größe:
   (a) **Körnig** sind Gesteine, deren Minerale alle etwa gleiche Größe haben. Nach der Korngröße wird unterschieden in:
      - dicht: die einzelnen Gemengteile sind mit bloßem Auge nicht unterscheidbar
      - feinkörnig: Gemengteile bis höchstens 2 mm ⌀
      - kleinkörnig: Gemengteile von 2–3 mm ⌀
      - mittelkörnig: Gemengteile von 3–5 mm ⌀
      - grobkörnig: Gemengteile von 5–10 mm ⌀
      - großkörnig: Gemengteile von 10–15 mm ⌀
      - riesenkörnig: Gemengteile über 15 mm ⌀
   (b) **Porphyrisch** sind Gesteine, die charakterisiert werden durch das Vorhandensein relativ großer, fast immer gleichmäßig idiomorpher Einsprenglingkristalle in einer relativ feinkörnigen Grundmasse. Die Einsprenglingkristalle wurden bereits in größerer Tiefe vom Magma ausgeschieden und dann bei seinem Aufstieg emporgetragen. Beim Austritt des Magmas an die Erdoberfläche oder bei rascher Erstarrung des Magmas in Gesteinsspalten erstarrt der noch flüssige Anteil dann relativ schnell, weshalb das Gestein feinkörnig oder sogar glasig auskristallisiert. Porphyrische Strukturen finden wir also in erster Linie bei den vulkanischen Gesteinen und ferner bei den Ganggesteinen. Daneben treten aber auch Tiefengesteinsarten auf, die durch Kalifeldspat-Einsprenglinge von mehreren cm Größe eine ausgesprochen porphyrische Struktur besitzen.

Abb. 4.2 Strukturmerkmale verschiedener magmatischer Gesteine. **a** Hypidiomorph-körnige Struktur eines Tiefengesteines (Granodiorit aus Nevada), Textur richtungslos, kompakt, 20fach vergrößert (aus Leitmeier, 1950; mit freundlicher Genehmigung von © Springer-Verlag, 1950, alle Rechte vorbehalten). **b** Porphyrische Struktur eines Ergussgesteines (Trachyt vom Siebengebirge), natürliche Größe (Photo: E. Fecker). **c** Glasig-porphyrische Struktur mit Fließtextur (Quarzporphyr von Bozen), ca. 50fach vergrößert (aus Leitmeier, 1950; mit freundlicher Genehmigung von © Springer-Verlag, 1950, alle Rechte vorbehalten)

Aus der Kombination der vier Prinzipien ergeben sich verschiedene Gesamtstrukturen, die bei der Klassifikation und Erkennung von ausschlaggebender Bedeutung sind.

Zur Veranschaulichung diene die Abb. 4.2, wo beispielhaft einige der häufig vorkommenden Gesteinsstrukturen magmatischer Gesteine wiedergegeben sind.

In der Textur der magmatischen Gesteine drückt sich die Art und der Grad der Raumerfüllung aus. Sie beeinflusst im hohen Grade die Festigkeit, Wasseraufnahmefähigkeit und Wasserdurchlässigkeit der Gesteine, während sie für die Systematik der magmatischen Gesteine von geringer Bedeutung ist. Nach Lage und Verteilung der Mineralkomponenten unterscheiden wir:

- richtungslose Textur, tritt bei den meisten körnigen Tiefengesteinen auf,
- Fließtextur, entsteht dadurch, dass sich blättchenförmige Mineralarten parallel zur Fließebene oder Stängel- bis nadelförmige Minerale parallel zur Fließrichtung, also fadenförmig anordnen.

Am deutlichsten entwickelt ist die Fließtextur bei manchen vulkanischen Gesteinen mit porphyrischer Struktur insbesondere dann, wenn am Ende die Grundmasse glasig erstarrt.

Nach dem Grad der Raumerfüllung unterteilen wir die Textur in:

- kompakte Textur: Der gesamte Raum ist durch die Gesteinsmasse erfüllt (charakteristisch für Tiefengesteine)
- poröse Textur: Das Gestein enthält Hohlräume der verschiedensten Form und Größe. Fast immer werden die Hohlräume durch Gasblasen gebildet, die beim

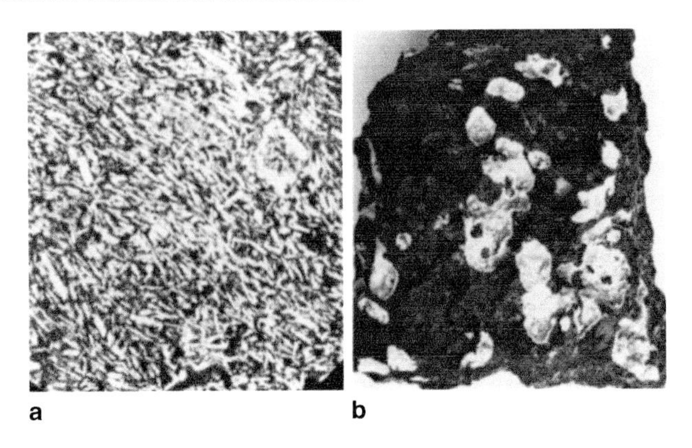

Abb. 4.3 Texturmerkmale verschiedener magmatischer Gesteine. **a** Fließgefüge eines Ergussgesteines (Basalt von Weitendorf), ca. 50fach vergrößert (aus Stini, 1929; mit freundlicher Genehmigung von © Springer, 1929, alle Rechte vorbehalten). **b** Poröse Textur eines Ergussgesteines (Basaltmandelstein vom Kaiserstuhl), natürliche Größe (Photo: E. Fecker)

Erstarren des Gesteins fixiert wurden. Derartige poröse Texturen finden sich vor allem bei den vulkanischen Gesteinen.

In Abb. 4.2 und 4.3 sind Beispiele häufig anzutreffender Texturen magmatischer Gesteine wiedergegeben.

4.2.2 Gefüge der Sedimentgesteine

Das Gefüge der Sedimentgesteine wird bestimmt von der Art des Transportes (Wasser, Wind etc.), der Ablagerung sowie der nachfolgenden Verfestigung. Dabei entstehen typische Strukturen und Texturen, auf die wir nur streiflichtartig eingehen. Eine ausführliche Beschreibung liegt von v. Engelhardt, Füchtbauer & Müller (1964) vor, die zur Vertiefung des Fragenkomplexes dienen mag.

Die Strukturmerkmale Korngröße und Korngrößenverteilung (Granulometrie) sind mithilfe der Sieb- und Schlämmanalyse nach DIN 18123 einfach zu bestimmen (s. Abschn. 7.1.4.1), wenn das Sediment nicht verfestigt ist. Ist das Sediment jedoch durch chemische und mechanische Prozesse verfestigt, so ist eine Zerlegung in Einzelkörper oft äußerst schwierig, ja sogar gelegentlich unmöglich. In solchen Fällen ist die granulometrische Untersuchung nur durch Dünnschliffe möglich. Dabei werden in den Dünnschliffen unter dem Mikroskop die größten Korndurchmesser in der Schnittebene von etwa 200–300 Körnern gemessen, wobei eine Raster-Glasplatte (Rasterscheibe) zur Festlegung der regelmäßigen Abstände verwendet wird, sodass die 300 vermessenen Körner gleichmäßig über die Schlifffläche verteilt sind.

Eine weitere strukturelle Teilchencharakterisierung ergibt sich aus der

- Form oder Gestalt und der
- Ecken- und Kantenrundheit.

Zur qualitativen Beschreibung der Kornform gibt der British Standard 2955 folgende Beschreibungen:

- nadelförmig (*acicular*)
- kantig (*angular*): scharfkantige oder grobe polyedrische Form
- kristallin (*crystallin*) geometrische Form, frei in einer Flüssigkeit gewachsen
- verzweigt, dendritisch (*dendritic*): eisblumenartig verzweigte, kristalline Form
- faserig (*fibrous*): regelmäßig oder unregelmäßig fadenförmig
- schuppig (*flaky, lamellar*): plättchenähnlich
- körnig (*granular*): in alle Richtungen gleich dimensionierte, jedoch unregelmäßige Form
- unregelmäßig (*irregular*): ohne jegliche Symmetrie
- knotenartig (*nodular*): gerundete, unregelmäßige Form
- kugelig (*spherical*): globusförmig.

Zur quantitativen Beschreibung der Kornform von Lockersedimenten schlägt Walz (1936) vor, von 30 Körnern die Größtabmessungen x_a, x_b, x_c zu bestimmen, wobei

x_a die größte Länge des Teilchens,
x_b die größte Länge senkrecht zu x_a und
x_c die größte Länge senkrecht zu x_a und x_b

angibt. Von den gemittelten Längen bildet Walz die Quotienten x_b/x_c und x_a/x_c und ordnet mithilfe des Diagramms (Abb. 4.4) die Kornformen in:

A: kugelig, vielkantig gedrungene bis würfelige Körner
B: noch gedrungen erscheinende Körner, jedoch ohne ausgesprochen kugelige Form
C: flach- und langgeformte Teile mit nur noch mäßig gedrungener Form
D: ausgesprochen flache und lange Formen.

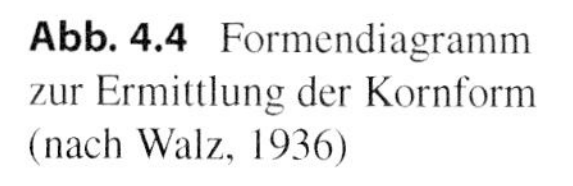

Abb. 4.4 Formendiagramm zur Ermittlung der Kornform (nach Walz, 1936)

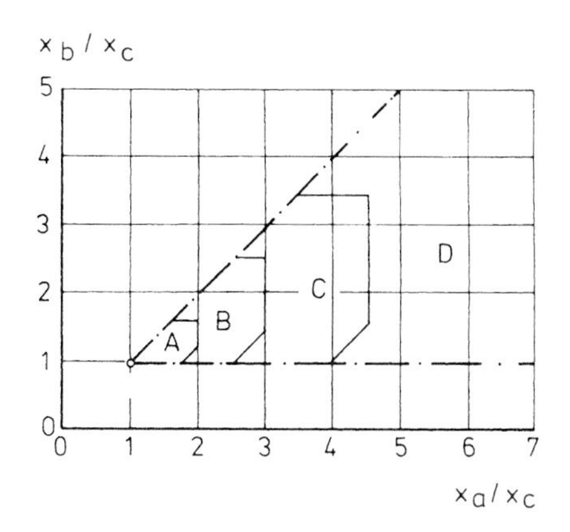

Tab. 4.1 Rundheitsbereiche nach Powers (1953)

Benennung	Rundheitswert (Sphärizität) nach Wadell	Geometrisches Mittel der Grenzen
Sehr eckig (*very angular*)	0,12–0,17	0,14
Eckig (*angular*)	0,17–0,25	0,21
Kantengerundet (*sub-angular*)	0,25–0,35	0,30
Angerundet (*sub rounded*)	0,35–0,49	0,41
Gerundet (*rounded*)	0,49–0,70	0,59
Gut gerundet (*well rounded*)	0,70–1,00	0,84

Die **Ecken- und Kantenrundheit** kann entweder in aufwendiger Weise gemessen werden (z. B. nach Wadell, 1932) oder nach dem Augenschein bestimmt werden. Dabei wird der Rundheitswert entweder direkt geschätzt oder ein zu untersuchendes Teilchen in einem Standardsatz eingeordnet, dessen Werte durch genauere Messungen einmal festgestellt wurden. Solche Einteilungen stammen von Russell & Taylor (1937), Krumbein (1941) und Pettijohn (1949). Aufbauend auf deren Einteilungen legte Powers (1953) sechs Rundheitsbereiche mit folgenden Grenzen fest (Tab. 4.1).

Die Standardmodelle dieser sechs Rundheitsbereiche sind in Abb. 4.5 wiedergegeben, und zwar jeweils für Teilchen mit hoher und mit niedriger Sphärizität, wie Wadell das Verhältnis der Oberfläche einer volumengleichen Kugel zur tatsächlichen Oberfläche des zu messenden Teilchens nennt.

Die Bestimmung der Rundheit p eines Korngemisches erfolgt dadurch, dass jedes Teilchen durch Vergleich mit dem Standardsatz in eine Gruppe eingeordnet und anschließend das gewogene Mittel

$$p = \frac{\sum_i p \cdot N_i}{\sum_i N_i}$$

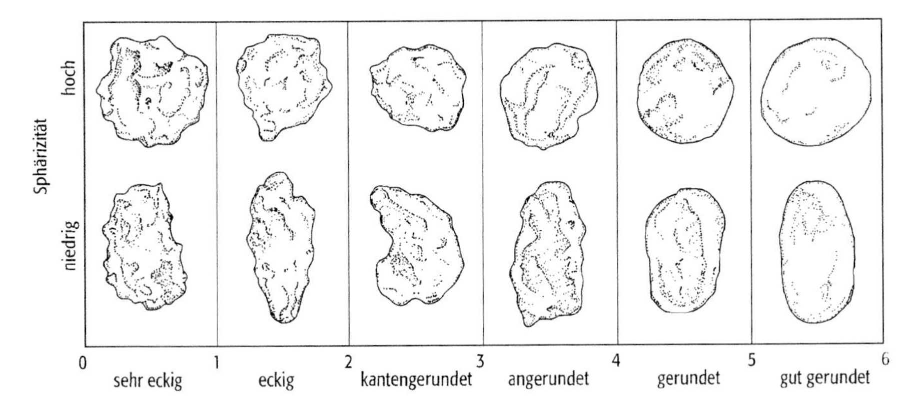

Abb. 4.5 Sechs Kategorien bekannter Kornrundung. Für jede Kategorie ist ein Korn mit niedriger und höherer Sphärizität dargestellt (aus Lexikon der Geowissenschaften; mit freundlicher mit freundlicher Genehmigung von © Spektrum, Akademischer Verlag, Heidelberg 2001, alle Rechte vorbehalten)

berechnet wird, wobei p_i der zu einer Gruppe gehörende Rundheitswert und N_i die Anzahl der in dieser Gruppe vorhandenen Körner ist.

Die Art der Kornbindung ist entscheidend für die Festigkeit, Bearbeitbarkeit, Wetterbeständigkeit usw. Wir unterscheiden:

- Die **unmittelbare** Kornbindung, wie z. B. in Tongesteinen, wo die einzelnen Körner unmittelbar aneinander haften.
- Die **mittelbare** Kornbindung, die für Sandsteine, Konglomerate usw. charakteristisch ist, bei der die einzelnen Sandkörner oder Gerölle durch ein Bindemittel, z. B. Calcit, Brauneisen, Quarz, Ton, miteinander verkittet sind.

Die Festigkeit des Kornbindemittels kann größer, gleich oder kleiner sein als die der Sedimentkörner selbst.

Das auffälligste Texturmerkmal der Sedimentgesteine ist die Schichtung (St). Schichtung nennen wir den Lagenaufbau der Sedimentgesteine. Sie entsteht durch die wechselnde Ablagerung von Mineralkörnern unterschiedlicher Größe, chemischer Zusammensetzung und Ablagerungsart. Lagen mit etwa gleicher Zusammensetzung bezeichnet der Geologe als Schichten und deren Dicke als Mächtigkeit. Von besonderer technischer Bedeutung sind tonige Zwischenlagen, weil deren Zug- und Scherfestigkeit besonders gering ist.

In Abb. 4.6 ist eine phänomenologische Klassifikation der Schichtung wiedergegeben, die Rückschlüsse auf die Genese zulässt. So ist gleichscharige, ebene und parallele Schichtung typisch für chemische Sedimente, wie z. B. eine Anhydrit-Dolomit-Wechsellagerung, die in schwach bewegtem Wasser ausgefällt wurde, während gekrümmte, ungleichscharige Schichtung – Schrägschichtung oder Kreuzschichtung genannt – auf ruhig strömendes Wasser oder Windtransport mit geringer Transportkraft hindeutet.

In Abb. 4.7 sind einige der wichtigsten Richtungs- und Verteilungsgefüge – auch internes Gefüge genannt – aus einer Sandsteinfolge schematisch dargestellt.

Die Schichtgrenze bzw. Schichtfläche entsteht durch Unstetigkeiten des Sedimentationsgeschehens. Sie kann wiederum eben oder uneben sein, was für den mechanischen Gleitwiderstand auf solchen Flächen von ausschlaggebender Bedeutung ist. Einige typische Gefüge auf der Unterseite einer Sandsteinschicht sind in Abb. 4.7 schematisch wiedergegeben.

Typisch für die Oberfläche einer solchen Schicht sind die sog. Rippelmarken (s. a. Abb. 6.46), deren Entstehung an Sandstränden aller Meere und Seen zu beobachten ist.

Nach dem Grad der Raumerfüllung der sedimentbildenden Teilchen können wir wie bei den magmatischen Gesteinen kompakte und poröse Texturen unterscheiden:

- Kompakte Textur: Besonders bei dichten Kalksteinen, Tonsteinen usw.
- Poröse Textur: Typisch für sämtliche Lockergesteine, ferner auch bei Sandsteinen und Konglomeraten mit wenig Bindemittel. Stark porös durch große Hohlräume sind auch bestimmte Abarten von Kalkstein, wie Zellenkalk oder Zellendolomit.

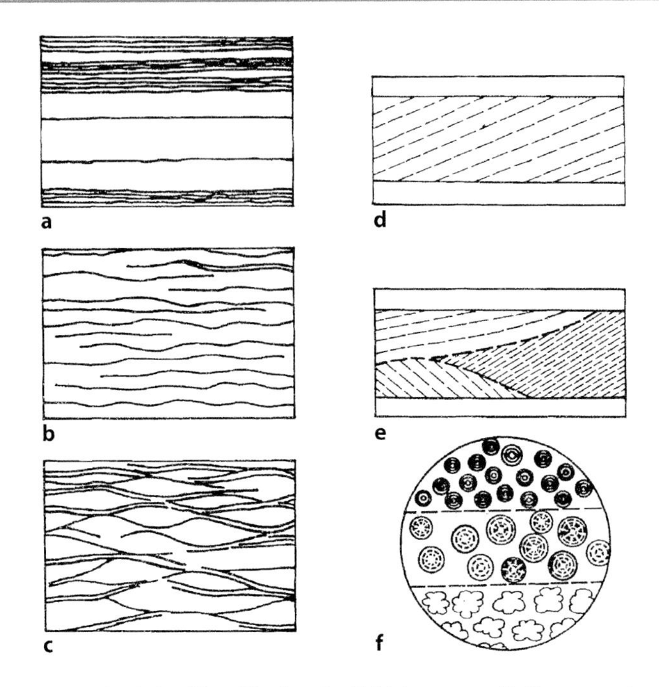

Abb. 4.6 Phänomenologische Klassifikation der Schichtung von Sedimentgesteinen. **a** Gleichscharige, ebene und parallele Schichtung; **b** flaserige Sedimentation; **c** knotiges Sediment; **d** Bank mit Schrägschichtung (*gestrichelt*); **e** Bank mit Kreuzschichtung (*gestrichelt*); **f** oolithisches Textur: konzentrische Oolithe (*oben*), radialstrahlige Oolithe (*Mitte*), zusammengesetzte Ooide (*unten*) (aus Wagenbreth, 1977)

4.2.3 Gefüge metamorpher Gesteine

Metamorphe Gesteine entstehen, wie in Abschn. 2.4 dargestellt, durch Gesteinsumwandlung aus Sedimentgesteinen oder Magmatiten. Je nach den Randbedingungen, die zur Umkristallisation bzw. Metamorphose führen, sind bei der

- **Kontaktmetamorphose** eine Aufheizung des Nebengesteins auf kleinem Raum infolge einer Magmenintrusion und bei der
- **Versenkungsmetamorphose** oder Regionalmetamorphose ein Absenken des Gesteins in so große Tiefen, dass die dort herrschenden Temperaturen und Drücke zur Umkristallisation der Minerale führen.

Bei der metamorphen Umkristallisation wachsen die einzelnen Kristallarten nicht nacheinander wie bei den Eruptivgesteinen, sondern gleichzeitig. Sie behindern sich daher gegenseitig in ihrem Wachstum, sodass unregelmäßige Kristallformen entstehen. Die hierbei zur Ausbildung gelangende Struktur nennt man **kristalloblastische** Struktur (s. Abb. 4.8a).

Unter den Mineralen der metamorphen Gesteine finden sich aber auch solche, die infolge ihrer großen Kristallisationskraft in der Lage sind, bei ihrem Wachstum die

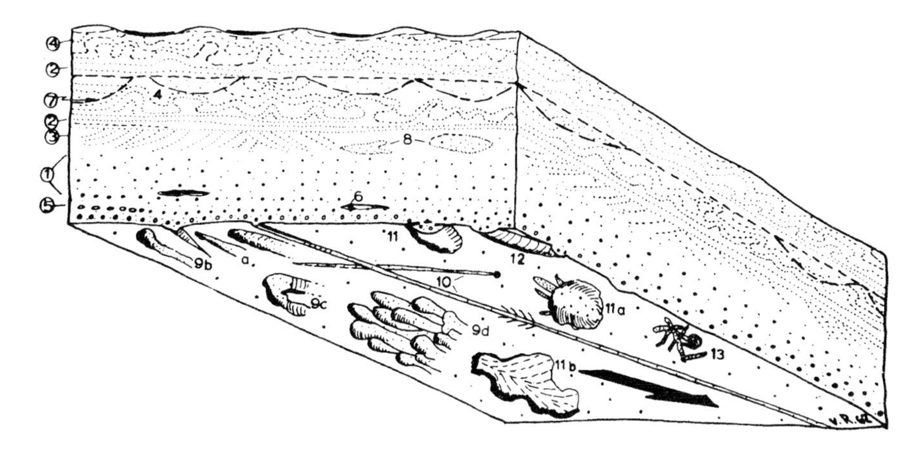

Abb. 4.7 Richtungs- und Verteilungsgefüge einer Sandsteinfolge aus dem Flysch (schematisch). Wasserströmung in Pfeilrichtung (aus v. Rad, 1962; mit freundlicher Genehmigung von © Schweizerbart science publishers, Stuttgart 1962, alle Rechte vorbehalten). *Internes Gefüge:* 1. Gradierte Schichtung (*graded bedding*), 2. Feinschichtung (*parallel bedding*), 3. „Kreuzschichtung" (*cross lamination*), 4. Wickeltextur (*convolute lamination*), 5. Kornregelung (*grain orientation*) 6. Schieferton oder Ton-Einschlüsse (*shale fragments*), 7. Rippelschichtung, Strömungsrippeln (*ripple marks*) 8. Nester von verkieseltem Sandstein. *Unterflächenmarken (sole markings):* 9. Strömungsmarken (*flute casts*): a flache spitze Form, b Birnen-Form, c Hufeisen-Form, d zusammengesetzte Form (*multiple fl. c.*); 10. Schleifmarken (*groove casts*), z. T. mit lateralen Fiedern 11. a, b Belastungsmarken (*load casts*) 12. Erosionsrinne, Prielausgüsse (*gouge channels*) *Lebensspuren:* 13. Wurm-Kriechspuren und -Fressbauten

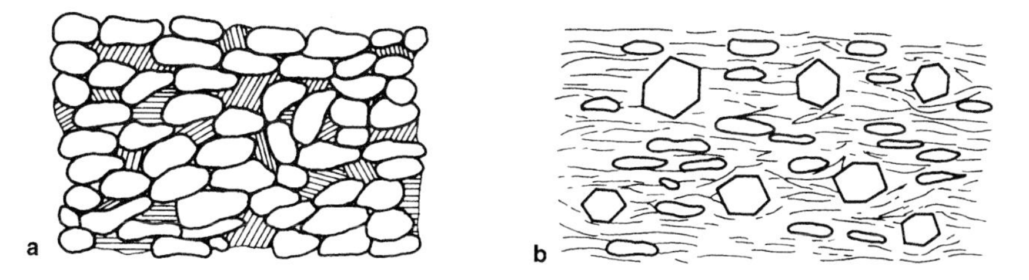

Abb. 4.8 Strukturen metamorpher Gesteine. **a** Kristalloblastische Struktur. **b** Porphyroblastische Struktur

anderen Minerale beiseitezuschieben oder zu umwachsen, und die auf diese Weise eine regelmäßige Kristallform und oft auch eine beträchtliche Größe erreichen können. Man nennt Minerale, die in dieser Form auftreten, auch Porphyroblasten und die entsprechenden Strukturen porphyroblastische Strukturen (Abb. 4.8b). In der Form von Porphyroblasten treten z. B. häufig auf: Granat, Disthen, Staurolith, Magnetit, Rutil, Albit etc.

Weitere Abarten von Strukturen können dadurch entstehen, dass der größte Teil der Minerale entweder körnig oder schuppig-blättrig beziehungsweise faserförmig ist.

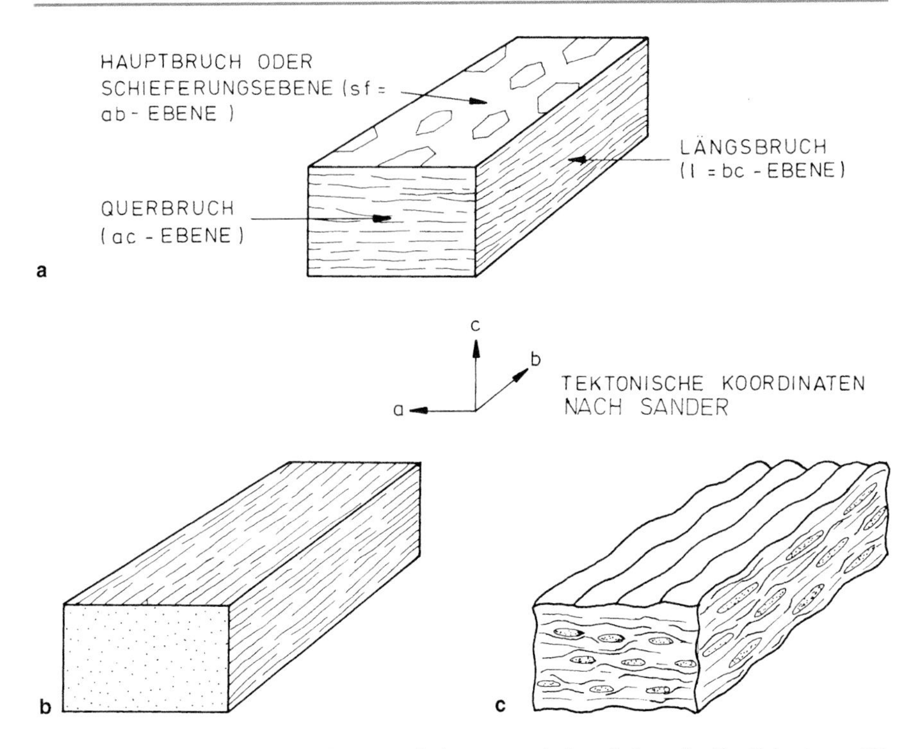

Abb. 4.9 Gliederung der Schieferung nach der geometrischen Anlage der Paralleltextur. **a** Flächenhafte (laminare) Textur. **b** Gestreckte oder stängelige (lineare) Textur. **c** Flaserige (lentikulare) Textur

Typische Texturen metamorpher Gesteine sind:

a) **Schiefrige** Textur
Sie entsteht durch Anordnung blättchen- oder schuppenförmiger Mineralarten (z. B. Glimmer, Chlorit) sowie von stengelförmigen Kristallen (z. B. Hornblende) parallel zu einer bestimmten Ebene (Schieferungsebene).
Im Einzelnen können gleichmäßig-schiefrige, unregelmäßig verflochtene = flaserige oder auch mehrlagige (Wechsel von dunklen Glimmer- und hellen Quarz-Feldspatlagen) Paralleltexturen auftreten (s. Abb. 4.9).
Die flächenhafte Paralleltextur kann im Verlauf der Gesteinsumbildung gestört werden und daher auch gekrümmt, gewellt oder zerbrochen sein. Nach dem Grad der Schieferung können wir mit Sander (1948) auch von hochgradig, mittelmäßig und schwach geschieferten Gesteinen sprechen. Die gestreckte Textur zeigt im Handstück parallel zur tektonischen b-Achse (= der faltenparallelen Achse nach Sander) eine deutliche Striemung. Die flaserige Textur zeigt wel-

lenförmige Ausbiegungen der Schieferungsflächen, wobei ebenfalls orientierte Großkristalle wie Fremdkörper zwischen den Schieferungsflächen liegen. Schieferung (S) bedingt eine leichtere Teilbarkeit des Gesteins in paralleler Raumstellung. Diese leichtere Teilbarkeit kann entweder durch Paralleltextur oder durch kaum wahrnehmbare Haarrisse bedingt sein.

b) **Stängelige** Textur
Sie kommt durch die Anordnung stängeliger Mineralarten (z. B. Hornblende) parallel zu einer bestimmten Richtung zustande. Sie kann außerdem durch eine feine Verfaltung parallel zu einer bestimmten Richtung hervorgerufen werden. Die beiden genannten Texturformen entstehen durch gleichzeitige mechanische Durchbewegung und Umkristallisation von Gesteinen. Sie kennzeichnen also die Bildungen der regionalen Thermo-Dynamo-Metamorphose.

c) **Richtungslos massige** (oft pflasterartige Textur)
Diese Textur (in Verbindung mit granoblastisch-körniger oder porphyroblastischer Struktur) entsteht durch eine Umkristallisation von Gesteinen unter hohen Temperaturen (z. B. im sog. „Kontakthof" von Granitmassiven).
Sie kann außerdem in den durch Anatexis mehr oder weniger verflüssigten Gesteinen der tiefsten Stockwerke des kristallinen Grundgebirges auftreten. Diese Gesteine ähneln dann weitgehend den körnigen Tiefengesteinen.

4.3 Gebirgsgefüge

Bewegungen der Erdkruste führen lokal und regional zu Faltungen und Bruchbildungen. Der Motor dieser räumlich begrenzten Verformungen wird durch endogene und exogene Kräfte im Gang gehalten. Hebungen, Senkungen und laterale Verschiebungen ganzer Erdkrustenteile können nachgewiesen werden (s. Abschn. 2.4). Unmittelbare Anzeichen eines heute noch Fortdauerns dieser Bewegungen sind die Erdbeben. Aus der Morphologie der Bruchstrukturen, hier Flächengefüge genannt, und der Faltungen, hier als Faltengefüge bezeichnet, lassen sich einerseits Rückschlüsse auf die Genese, andererseits auch deren Auswirkungen auf das mechanische Verhalten des Gebirgsverbandes ableiten.

4.3.1 Flächengefüge

Meist als Folge einer bruchhaften Verformung des Gebirges entsteht die Klüftung oder das sog. Flächengefüge, dessen Einzelelemente wir als Klüfte bezeichnen.

Klüftung (K) nennen wir alle Trennflächen im Gestein, welche eine Erstreckung <100 m haben (im Gegensatz zu den Störungen, welche weiträumig über viele hundert Meter, oft Kilometer, durchstreichen und sich damit nicht durch ihr Wesen, wohl aber durch die Größenordnung von Klüften unterscheiden).

In der Literatur finden sich zahlreiche Versuche, die Klüfte[1] nach bestimmten Merkmalen einzuteilen. Hierzu bemerkt Müller (1933, S. 187), dass der wissenschaftliche Fortschritt gehemmt wird, wenn bei der „Einteilung der Klüfte nicht streng nach beschreibender und erklärender Ausdrucksweise unterschieden wird. Denn eine rein beschreibende Bezeichnungsweise vermittelt Beobachtungen, die, unabhängig von den herrschenden Anschauungen und deren Wandlungen, von dauerndem Wert sind. Anders die erklärende (besser: auf eine Erklärung gestützte) Bezeichnungsweise; sie muss, wenn man sich ihrer allein bedient, zu Missverständnissen führen, sobald die Erklärung selbst umstritten ist".

Nach Müller (1963) unterteilen wir Klüfte in gemeine Klüfte (k, K, R), Schichtklüfte (Ks) und Schieferungsklüfte (Kst). Mit Stini (1929) benutzen wir zunächst eine **erklärende** Einteilung für die **gemeinen Klüfte**. Er gliedert den Oberbegriff Kluft in Absonderungs- und Bewegungsklüfte. Die Bewegungsklüfte wiederum untergliedert er nach der Bewegung, die an den Spaltflächen stattgefunden hat, in Verschiebungs- oder Gleitungsklüfte und Zerrklüfte (Trennklüfte oder Spalten) – völlig im Einklang mit der Terminologie der Werkstoffforschung, welche seit den Festlegungen von Roš & Eichinger (1949, S. 52 und 75) den Trennbruch, den Gleitungsbruch und den Verschiebungsbruch kennt. Trennbruch (Trennkluft) und Gleitungsbruch (Gleitungskluft) sind Grenzfälle des viel allgemeineren Falles, nämlich des Verschiebungsbruches (bzw. der Verschiebungskluft). Der Verschiebungsbruch besitzt immer zwei Bewegungskomponenten, eine normal und eine parallel zur Trennfläche. Dagegen zeichnen sich die Sonderfälle nur durch eine Bewegungskomponente aus – der Trennbruch durch die normale und der Gleitungsbruch durch die parallele Bewegung zur Trennfläche. Da der Verschiebungsbruch ohne Zweifel die häufigste Bruchart ist, sind alle früheren Einteilungen, welche die Klüfte nach den Merkmalen der Grenzfälle unterteilen, unlogisch und daher zu verwerfen.

In Tab. 4.2 sind die Bewegungsklüfte nach ihren Erkennungsmerkmalen gegliedert und näher gekennzeichnet (s. hierzu auch Abschn. 6.6.1).

Die Absonderungsklüfte, insbesondere der magmatischen Gesteine, werden von Stini nicht weiter untergliedert.

Eine rein **beschreibende** Einteilung gibt Müller (1963, S. 149). Er unterscheidet nach der Erstreckung der Trennfläche:

Kleinkluft (k): <1 m Erstreckung,
Großkluft (K): 1–10 m Erstreckung,
Riesenkluft (R): 10–100 m Erstreckung,
Störung (F): >100 m Erstreckung.

Diese Einteilung ist vor allem in der Felsmechanik zu großer Bedeutung gelangt, weil in den mathematischen wie in den mechanischen Modellen des Felsbaus eine

[1] Es muss festgestellt werden, dass „Fuge" ein viel sauberer Begriff ist als der in der Baugeologie eingebürgerte der „Kluft", da man bei diesem Wort an „klaffen" denkt, obgleich es sich von „klieben" (= spalten) herleitet; dennoch sollte ein über den Wissenschaftsbetrieb hinaus in die Praxis eingedrungener Wortgebrauch nicht mehr geändert werden.

Tab. 4.2 Merkmale unterschiedlicher Kluftarten (Bewegungsklüfte) in Festgesteinen (aus Fecker, 1977)

Merkmale		Gleitungsklüfte	Verschiebungsklüfte	Trennklüfte
Ebenheit		Sehr eben	Eben bis uneben	Selten eben
Rauigkeit		Glatt bis spiegelglatt	Glatt bis rau	Rau
Durchtrennungsgrad		Hoch	Halbhoch	Niedrig
Klufterstreckung		Störungen bis Riesenklüfte	Riesenklüfte bis Kleinklüfte	Großklüfte bis Kleinklüfte
Kluftöffnung		Eng	Unterschiedlich	Weit
Bestege		Kluftletten	Abrieb	–
Bewegungsspuren		Harnische	–	–
Störungen im Molekularbereich		Gittergleitungen	Spaltungen der Kristallite	Spaltungen der Kristallite
Orientierung zum Mikrogefüge		Diagonalklüfte	Diagonalklüfte	Querklüfte = ac-Klüfte Längsklüfte = bc-Klüfte Lagerklüfte = ab-Klüfte
Bruchwinkel 2α		90° σ_1 $\sigma_1 > \sigma_3$ σ_3	σ_1 70°–80° σ_3	σ_1 0° σ_3
Reibungswinkel (bei unbehinderter Dilatation)	Initial-	–	30° bis 55°	40° bis 55°
	Rest-	ca. 15° bis 30°	20° bis 40°	30° bis 45°

große, weiträumig durchziehende Trennfläche eine ganz andere physikalische Bedeutung besitzt und eine ganz andere mathematische Behandlung erfordert als z. B. die zu Scharen geordneten Klüfte.

Da Schichtung und Schieferung eine erhöhte Teilbarkeit der Gesteine bedingen, kennzeichnen wir Klüfte, die parallel zur Schichtung oder Schieferung liegen, als Schichtklüfte (Ks oder ks) bzw. als Schieferungsklüfte (Kst oder kst). Ihre Entstehung geht auf Absonderungen oder Bewegungen zurück, weshalb sie Müller mit Recht zu den Klüften zählt. Ihre mechanische Wirkung ist den gemeinen Klüften gleichzusetzen.

Störungen (F) sind Trennflächen im Gestein von großer Erstreckung, längs deren meist Verschiebungen oder Höhenverstellungen ganzer Krustenteile stattgefunden haben. Störungen unterscheiden sich von Klüften nur in der Größenordnung. Auf die Sinnlosigkeit, bei einer „sichtbaren" Relativbewegung zweier Schnittufer des Gesteins bereits von einer Störung zu sprechen, hat Müller mehrfach hingewiesen.

Störungen unterteilen wir nach Müller (1963) aufgrund des Zerlegungsgrades des Gesteins (Abb. 4.10). Überleitend von den gemeinen Klüften reicht diese Einteilung von den Riesenklüften bis zu den Zerrüttungsstreifen (von links nach rechts) und je nachdem, wie stark das Zerreibsel zwischen beiden Gesteinsufern zerkleinert

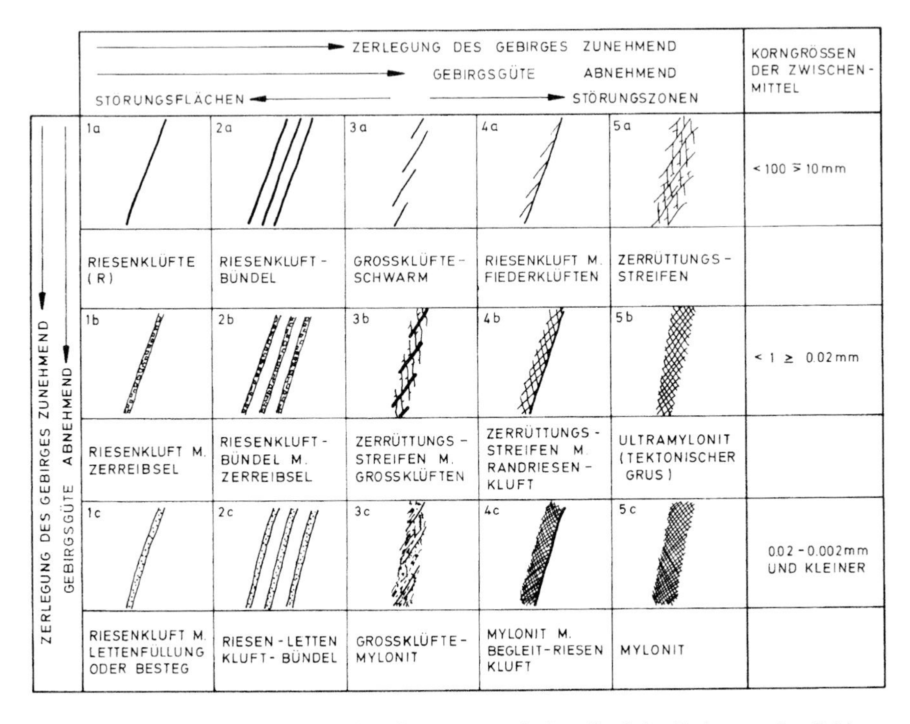

Abb. 4.10 Einteilung der geologischen Störungen nach dem Grad der Zerlegung des Gebirges (nach Müller, 1963; mit freundlicher Genehmigung von © Springer-Verlag GmbH Deutschland, 2018, alle Rechte vorbehalten)

und verwittert ist, sprechen wir von Zerrüttungsstreifen oder Myloniten (von oben nach unten)[2].

Im Aufschluss können wir Störungen nach ihrer Relativbewegung in Abschiebungen, Aufschiebungen und Blattverschiebungen einteilen (s. Abb. 4.11). Analog den Beobachtungen an Druckversuchen in Einaxial- und Dreiaxialversuchen, wo meist zwei unter einem Winkel 2α zueinander geneigte Bruchflächen entstehen, kann aus dem Einfallen der Verschiebungsfläche und dem relativen Bewegungssinn auf die Richtung der Hauptnormalspannungen, die zum Zeitpunkt der Bruchbildung wirkten, geschlossen werden. Für die reinen Grenzfälle (Abb. 4.11a bis c) ist die Bestimmung dieser Achsrichtungen trivial. Für den allgemeinen Fall einer Störung mit Horizontal- und Vertikalverschiebungsanteil (Abb. 4.11d) erfolgt die Bestimmung der Hauptachsen am einfachsten in der Lagenkugel in Pollage (s. Abschn. 6.6.2).

Die Kombination der erwähnten Störungstypen ergibt eine Reihe ebenfalls erwähnenswerter tektonischer Strukturen. Krustenteile, die durch zwei gegeneinander

[2] Den Begriff Mylonit verwendet Müller aufgrund des Sprachgebrauchs im Tunnelbau, wo solche Zonen als sehr gebräch bis sehr druckhaft klassifiziert werden. Nach internationaler Nomenklatur sind Mylonite aber eigentlich Festgesteine, die durch sog. Dislokationsmetamorphose entstanden sind.

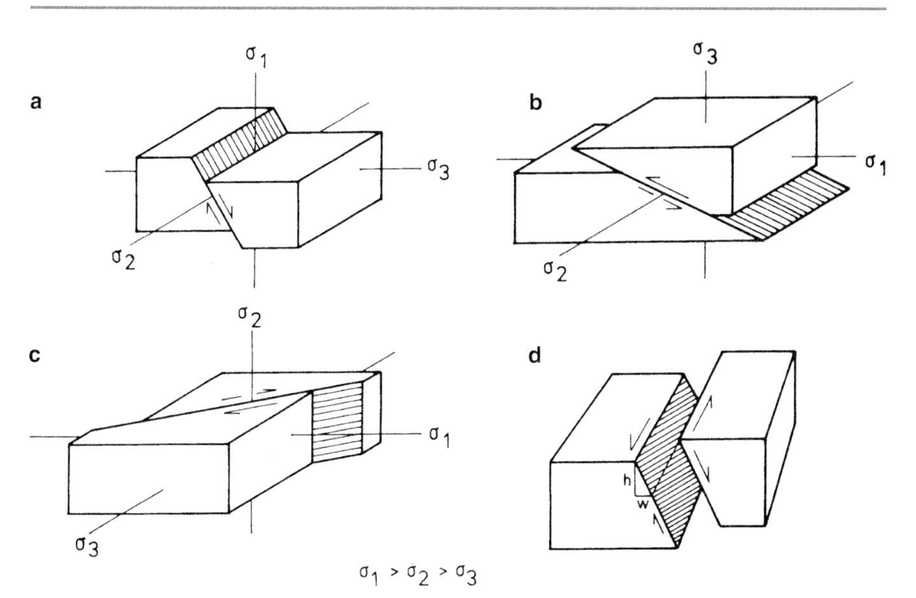

Abb. 4.11 Einteilung der geologischen Störungen nach ihrer Relativbewegung und nach dem Spannungszustand bei Bruchentstehung. **a** Abschiebung, **b** Aufschiebung, **c** Blattverschiebung, **d** Störung mit Horizontal- und Vertikalverschiebungsanteil (schräge Abschiebung) h = Sprunghöhe, w = Sprungweite

einfallende Abschiebungen begrenzt sind, heißen Gräben. Fallen sie dagegen voneinander weg ein, so entsteht ein Horst. Mehrere etwa parallele Abschiebungen mit gleichsinnigem Einfallen erzeugen einen Staffelbruch (Störungstreppe).

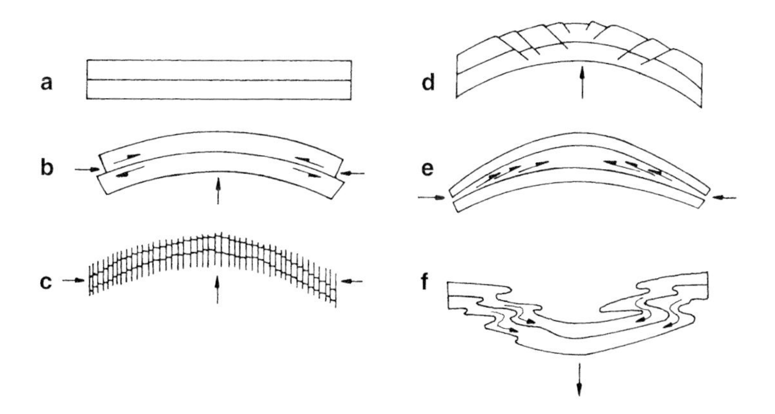

Abb. 4.12 Faltenform und deren Genese (nach Ashgirei, 1963). **a** Ausgangslage, **b** Biegefaltung durch Sehnenverkürzung und laminarer Gleitung bei seitlichem Druck, **c** Scherfaltung (Zerscherung normal zum ursprünglichen Schichtverband), **d** Beulung durch vertikalen Druck ohne Sehnenverkürzung, **e** Biegefaltung begleitet von Fließen zwischengelagerter plastischer Gesteinsschichten, **f** Faltung mit schichtparallelem Fließen unter Einwirkung der Schwerkraft

4.3.2 Faltengefüge

Gefaltete Gesteinskomplexe oder Falten sind eine weitverbreitete Deformationserscheinung geologischer Schichten. Sie kann unterschiedliche Ursachen haben und auf verschiedene Weise ablaufen. Eine systematische Übersicht der Faltenformen, welche die genetische Deutung des Faltenvorganges miteinbezieht, hat Ashgirei (1963) veröffentlicht (Abb. 4.12). Falten gliedern sich in Sättel und Mulden. Die Elemente einer Falte wurden von Adler, Fenchel, Hannak & Pilger (1965) in einem

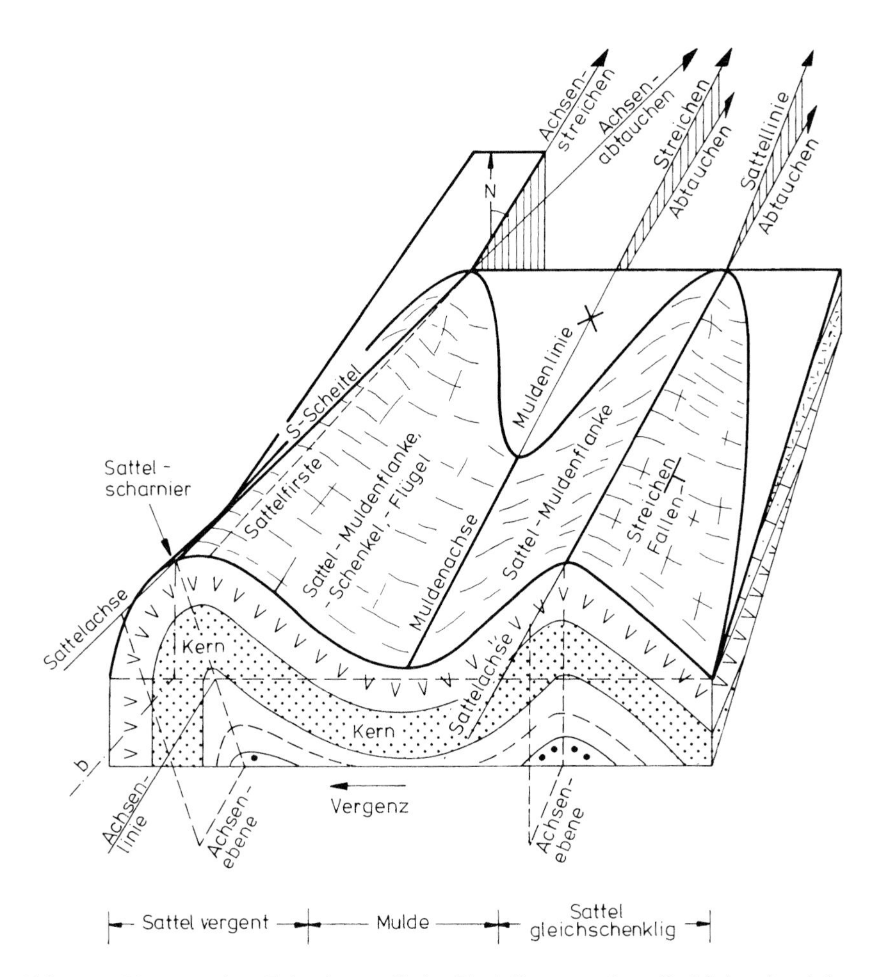

Abb. 4.13 Elemente einer Falte dargestellt im Blockdiagramm, b = Projektion des Achsenstreichens auf die Bildebene (nach Adler, Fenchel, Hannak & Pilger, 1965; mit freundlicher Genehmigung von © Springer-Verlag GmbH Deutschland, 2018, alle Rechte vorbehalten)

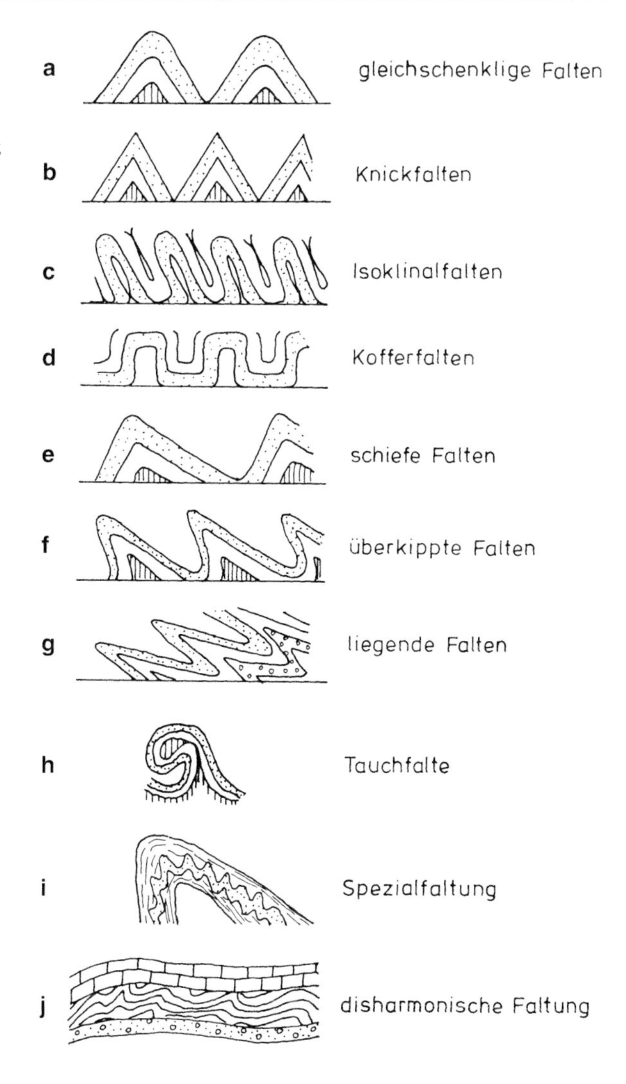

Abb. 4.14 Faltenarten: **a** bis **d** symmetrische Falten. **e** bis **j** asymmetrische Falten. (Nach Adler, Fenchel, Hannak & Pilger, 1965; mit freundlicher Genehmigung von © Springer-Verlag GmbH Deutschland, 2018, alle Rechte vorbehalten)

Blockdiagramm in anschaulicher Weise zusammengefasst (Abb. 4.13), ohne allerdings die Zusammenhänge von Genese und Morphologie der Faltenerscheinungen miteinzubeziehen. Unterschieden werden aufrechte und schiefe – sogenannte vergente – Falten, je nachdem, ob die Achsenebene senkrecht steht oder geneigt ist.

Nach der Erscheinungsform unterscheiden wir die in Abb. 4.14 dargestellten Faltentypen. Unterscheidungsmerkmal ist dabei, ob die Falten aufrecht, vergent, liegend, symmetrisch oder asymmetrisch sind.

Entscheidend für die Gestalt einer Falte ist das Zusammenwirken verschiedener Faktoren, nämlich:

- die Härte bzw. Plastizität der Gesteinsschichten,
- die Schichtmächtigkeiten,
- das Verhältnis von faltenbildenden Kräften und Festigkeiten der Gesteine,
- die Faltenbildungszeit.

Aufgrund von Geländebefunden lässt sich vereinfacht sagen, dass festere Gesteine gewöhnlich größere einfacher gebaute Falten und weiche Gesteine kleine, kompliziert gebaute Falten bilden. Wird eine Wechsellagerung fester und weicher Gesteine einer Faltung unterworfen, so können zwei Faltenformen übereinander entstehen, was als disharmonische Faltung bezeichnet wird.

Mithilfe der Sanderschen Gefügekoordinaten lassen sich die kinematischen Vorgänge bei der Bildung einer Falte auf einfache Weise rekonstruieren. Hierzu wird das Koordinatensystem an beliebigen Punkten der Falte nach den Hauptrichtungen des dort herrschenden Verformungszustandes orientiert, wobei die sogenannte b-Achse (s. Abb. 4.13) normal zur Hauptverformungsebene auszurichten ist. Durch Transformation der Sanderschen Koordinaten auf die Kugelkoordinaten der Lagenkugel (s. Abschn. 6.6.2), welche in der Regel durch „Wälzungen" des Koordinatensystems erfolgt, kann ein Bezug zu den geographischen Richtungskoordinaten und damit zur Tektonik bzw. zum regionalen Spannungsfeld hergestellt werden.

Gebirgsspannungen 5

5.1 Notwendigkeit der Kenntnis der Spannungen im Gebirge

Der Kenntnis von Gebirgsspannungen kommt neben den mechanischen und hydraulischen Parametern des Gebirges beim Bauen im Fels eine außerordentliche Bedeutung zu (Natau, 1975). So muss z. B. die immer noch weitverbreitete Meinung revidiert werden, dass die Kenntnis der Gesteins- und Verbandseigenschaften des Gebirges ausreicht, die Standfestigkeit von untertägigen Hohlräumen abzuschätzen. Neuere Arbeiten zeigen eindeutig, welch entscheidender Einfluss dem Spannungszustand bezüglich der Zuordnung des Gebirges in die jeweilige Gebirgsklasse – z. B. in der Gebirgsklassifikation nach Lauffer – zukommt. Ein und dasselbe Gebirge zeigt unter verschiedenen Beanspruchungen – die im Felsbau unter Tage ja aus dem primären Spannungszustand resultieren – unterschiedliches Verformungs- und Bruchverhalten. Liegen die Spannungen bezüglich der Gebirgsfestigkeit im kritischen Bereich, so verformt es sich je nach Größe der Spannungen mehr oder weniger rasch, bis es letztlich zu Bruch geht. Dies bedeutet, dass dasselbe Gebirge je nach Größe der infolge des Ausbruches eines Hohlraumes entstandenen sekundären Spannungen dieser neuen Beanspruchung unterschiedlich lange ohne Ausbau standhalten kann. Sind die Spannungen gering, ist die Standzeit groß, liegen sie in der Nähe der maximalen Tragfähigkeit, so zeigt das Gebirge eine kurze Standzeit – es verhält sich „sehr gebräch“ in der Klassifikation nach Lauffer. Für Spannungen unterhalb der „kritischen Beanspruchung“ (nach Vardar, 1977) ist dasselbe Gebirge zeitlich „unbegrenzt standfest“.

Während früher baubedingt der Ausbau eines Tunnels überwiegend durch Auflockerungsdruck beansprucht wurde, kommt beim modernen Untertagebau, dessen grundlegendes Prinzip es sein sollte, durch entsprechende Steuerung die Auflockerung gering zu halten, die Belastung des Ausbaues aus der Spannungsumlagerung.

Zu Beginn der 70er-Jahre war es durch die Entwicklung von Berechnungsverfahren auf der Basis der finiten Elemente möglich geworden, den Einfluss verschiedener gebirgs- und bautechnischer Faktoren auf die beim Auffahren untertägiger

E. Fecker, *Baugeologie*, https://doi.org/10.1007/978-3-662-58998-4_5

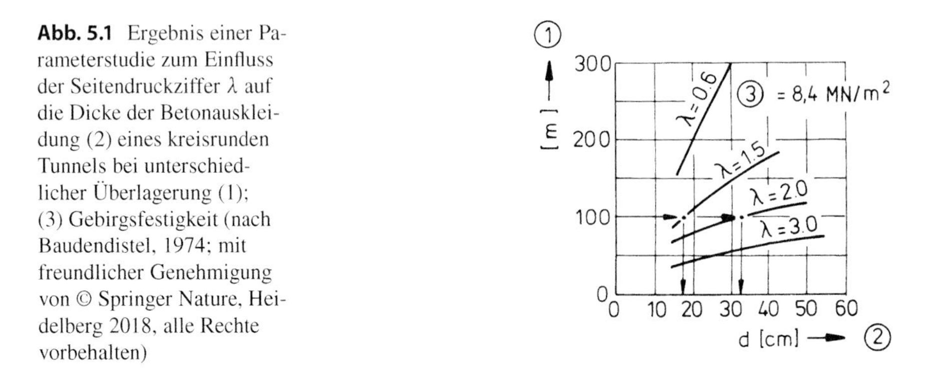

Abb. 5.1 Ergebnis einer Parameterstudie zum Einfluss der Seitendruckziffer λ auf die Dicke der Betonauskleidung (2) eines kreisrunden Tunnels bei unterschiedlicher Überlagerung (1); (3) Gebirgsfestigkeit (nach Baudendistel, 1974; mit freundlicher Genehmigung von © Springer Nature, Heidelberg 2018, alle Rechte vorbehalten)

Hohlräume im Gebirge und im Ausbau zu erwartenden Verformungen und Spannungen – zumindest ihrer Tendenz nach – realistisch zu erfassen.

Angesichts erheblicher Schäden an der Tunnelauskleidung des 83 km langen Orange-Fish-Tunnels in Südafrika hat Baudendistel (1974) seinerzeit Untersuchungen und Berechnungen hinsichtlich des Einflusses der Primärspannungen durchgeführt.

Die Ergebnisse dieser Parameterstudien zum Einfluss der Seitendruckziffer auf die Dicke der Auskleidung (Abb. 5.1) führten zu der Forderung, der Bestimmung

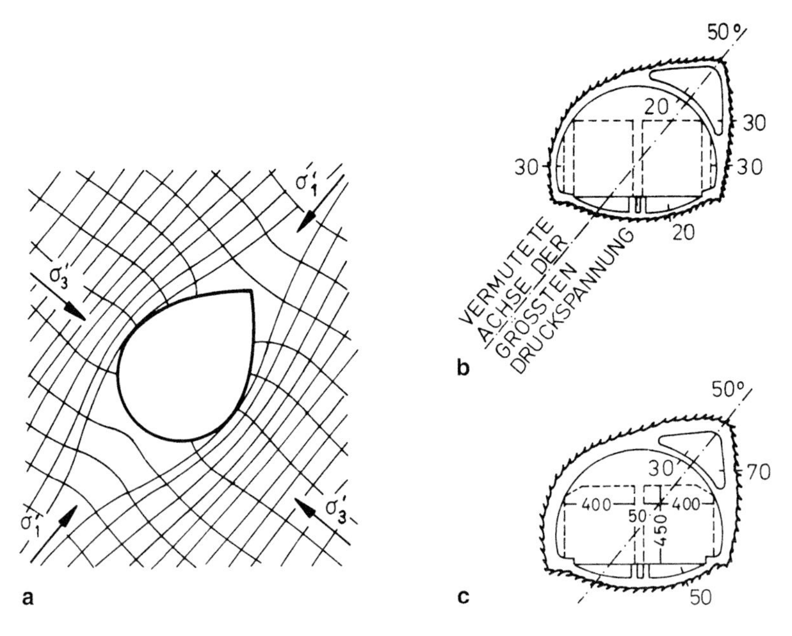

Abb. 5.2 Unsymmetrische Tunnelform in Anpassung an die Schräglage der Gebirgsdruckkomponenten: Entwurf zum Straßentunnel am Felbertauern; **a** Spannungsverteilung, **b** leichtes Verkleidungsprofil, **c** schweres Druckprofil (nach Müller, 1959; mit freundlicher Genehmigung von © Springer, 2018, alle Rechte vorbehalten)

der Primärspannungen im Gebirge mehr Aufmerksamkeit zu schenken. Dies stand im Einklang mit der gestiegenen Bedeutung, die den Primärspannungsverhältnissen des Gebirges beim Untertagebau, zum Beispiel nach dem Konzept der Neuen Österreichischen Tunnelbauweise (NÖT), zukommt.

Da sich die Festigkeit des Felsverbandes mit zunehmender mittlerer Spannung erhöht, ist i. A. nicht so sehr die absolute Größe der größten Spannungskomponente maßgebend, sondern die kleinste Spannungsgröße und die jeweilige Spannungsdifferenz. Von ganz außerordentlicher Bedeutung ist schließlich die Orientierung der Hauptspannungen – bzw. der max. Schubspannungen – im Raum. So kann z. B. die Stabilität einer Kaverne bei gleichem Aufwand an Sicherungsmitteln durch günstige Orientierung bezüglich der Hauptspannungsrichtungen wesentlich erhöht werden. Haimson (1978) bringt Beispiele aus den USA hierzu. Auch durch die Formgebung kann dem Spannungsfluss im Gebirge Rechnung getragen werden. Beispiele hierfür sind z. B. unsymmetrische Tunnelformen (Abb. 5.2) oder entsprechend dem Spannungszustand liegende oder senkrecht stehende elliptische Querschnittsformen.

Optimale Ausnutzung der Mittrageigenschaften des Gebirges im Untertagebau durch entsprechende Planung und eine realistische Schätzung der Verbau- und Ausbaumaßnahmen sowie die Vermeidung kostspieliger Sanierungsarbeiten durch Schäden, wie sie häufig durch unerwartet hohe Gebirgsspannungen entstanden sind, ist nur bei rechtzeitiger Kenntnis des Primärspannungszustandes möglich.

5.2 Spannungsmessverfahren

Spannungsmessverfahren im Gebirge lassen sich nach dem heutigen Stand der Technik in folgende vier Gruppen einteilen:

- Entlastungsmethoden,
- Kompensationsmethoden,
- Methoden nach der Theorie des steifen Einschlusses,
- Methoden der Risserzeugung im Gebirge.

Bei der Gruppe der Entlastungsmethoden macht man sich die Tatsache zunutze, dass ein belasteter Körper bei seiner Entlastung Verformungen erfährt. Wenn E-Modul und Poissonzahl des Gebirges bekannt sind, lassen sich aus den Verformungen die Spannungen rückrechnen.

Zu den ersten bekannten Entlastungsmethoden zählt die in Südafrika entwickelte sogenannte Doorstopper-Methode (Leeman, 1971). Auf den geglätteten Boden eines Bohrloches wird mit einer speziellen, an einem Gestänge geführten Setzeinrichtung ein mit einer Dehnungsmessstreifenrosette bestückter Trägerkörper (Doorstopper) richtungsorientiert aufgeklebt. Nach einer Nullmessung wird die Messfläche, also der Bohrlochboden, überbohrt und die Entlastungsverformungen in der Stirnfläche des so entstandenen, entspannten Bohrkerns durch erneute Messung be-

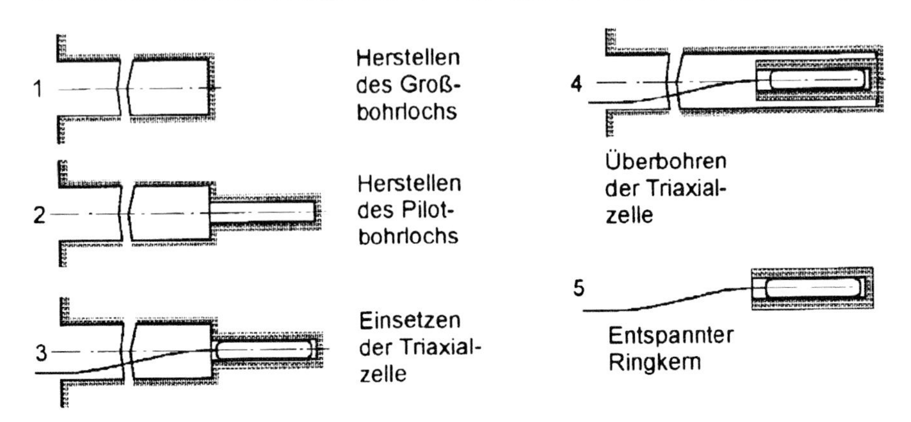

Abb. 5.3 Prinzip der Bohrlochmantel-Entlastungsmethode (mit freundlicher Genehmigung von © GIF GmbH, 2018, alle Rechte vorbehalten)

stimmt. Diese Methode kann in Bohrlöchern bis in Tiefen von etwa 30 m eingesetzt werden. Die Methode gilt heute aber als veraltet.

In ähnlicher Weise wird bei den Bohrlochmantel-Entlastungsversuchen mit der sog. Triaxialzelle vorgegangen, wo über Dehnungsmessstreifen oder mit mechanischen Messtastern die Verschiebung der Bohrlochwand beim Überbohren gemessen wird (Abb. 5.3). Der Anwendungsbereich dieser Methoden geht heute bis in Bohrlochteufen von etwa 150 m.

Bock & Foruria (1983) haben eine Entlastungsmethode entwickelt, die aus einer wiedergewinnbaren Spannungsmesszelle besteht und in HQ-Bohrlöchern (96 mm ⌀) eingesetzt werden kann. Anstatt der üblichen Bohrlochentlastung durch Überbohren wird bei dieser Methode eine Schlitzentlastung in der Bohrlochwand dadurch erzeugt, dass in der Bohrlochachse mit einem Diamantsägeblatt radiale Sägeschnitte ausgeführt werden. Die Schlitzentlastung während und nach dem Sägevorgang wird mit tangentialen Verformungsaufnehmern kontinuierlich gemessen.

Die Entlastungsmethoden eignen sich gut für Bestimmungen des Absolutwertes der Spannungen; für die Beobachtung von Spannungsänderungen im Gebirge sind sie weniger geeignet.

Die Kompensationsmethoden zeichnen sich dadurch aus, dass die während einer künstlichen Entspannung des Gesteins auftretenden Verformungen durch einen Kompensationsdruck, der mit geeigneten Belastungseinrichtungen aufgebracht wird, wieder rückgängig gemacht werden. Die hierzu aufzubringenden Spannungen entsprechen in der Regel den ursprünglich vorhandenen Spannungen.

Diese Methode wird vornehmlich in unterirdischen Hohlräumen angewandt, wobei die Entlastung in der Regel durch einen Sägeschnitt erfolgt. Möglich sind aber solche Messungen auch in Bohrlöchern, indem die Bohrlochwand doppelt geschlitzt wird, und durch Druckkissen in den Schlitzen die Verformungen des Bohrloches kompensiert werden.

Für die Messung von Spannungsänderungen – weniger zur Bestimmung der Absolutwerte – eignen sich die Methoden nach der Theorie des steifen Einschlusses. Die Methode benutzt Messgeber, deren E-Modul wesentlich höher ist als der des Gesteins an der Messstelle. Da der kraftschlüssige Einbau, dicht am Gebirge anliegend, nur schwer zu erreichen ist, können mit diesen Gebern meist nur Spannungsänderungen gemessen werden. Aussichten, auch die Primärspannungen selbst zu messen, bestehen jedoch beim Einsatz eines solchen Messgebers im viskosen oder im plastisch beanspruchten Gebirgsbereich. Hier kann man damit rechnen, dass der Geber durch Fließen des Gebirges „einwächst", d. h., dass sich die im Gebirge herrschenden Spannungen allmählich auch im Messgeber aufbauen. Außerdem kann hier, ebenfalls aufgrund des Gebirgsfließens, ein ausgeprägter hydrostatischer Spannungszustand erwartet werden.

Bei dem am häufigsten angewandten Messverfahren mit hydraulischen Druckmessdosen (s. Abb. 5.11) wirkt der in dem Druckkissen herrschende Druck auf eine Membrane ein, die dadurch gegen eine Platte gepresst wird und zwei dort angebrachte Bohrungen verschließt. Durch die eine der Bohrungen wirkt ein Gegendruck, der so lange gesteigert wird, bis die Membrane von der Platte abhebt. Da beide Bohrungen in diesem Fall miteinander kommunizieren, äußert sich das Abheben durch Ausströmen des Druckmediums an der zweiten Bohrung. Der notwendige Gegendruck entspricht dann dem in der Messdose herrschenden Druck. Zur Anzeige sind nur geringe Membranbewegungen notwendig, die Messdose arbeitet demzufolge sehr steif.

Das einzige bisher zur Anwendung kommende Verfahren zur Messung von absoluten Spannungen in Bohrlochtiefen über 200 m Teufe ist die Methode der Risserzeugung im Gebirge, die unter dem Namen „Hydraulic Fracturing" bekannt geworden ist. Es wurde bereits in Bohrlochtiefen von 5000 m und mehr eingesetzt. Unter der Voraussetzung bestimmter Randbedingungen ermöglicht es die vollständige Bestimmung des Spannungstensors.

5.2.1 Primärspannungsmessung nach der Entlastungsmethode

5.2.1.1 Spannungsmessung mit der Triaxialzelle

Bohrt man in einen unbelasteten Gebirgskörper ein Bohrloch und belastet den Gebirgskörper anschließend, so ändert das Bohrloch seine Form. Ursprünglich kreisrund wird es einen kleineren und darüber hinaus bei unterschiedlichen Seitendrücken einen elliptischen Querschnitt annehmen.

Die Durchmesseränderung ist dabei eine Funktion u. a. der Spannungen, des E-Moduls und der Poissonzahl.

Entsprechendes gilt für den umgekehrten Fall: Wird ein Bohrloch in einen belasteten Gebirgsbereich gebohrt und wird dieser Gebirgsbereich anschließend entlastet, so wird der Bohrlochquerschnitt seine Form ebenfalls, allerdings nun in umgekehrter Richtung, ändern. Eine vollständige Entlastung der Bohrlochumgebung kann auf einfachste Weise durch koaxiales Überbohren des Pilotbohrloches mit ei-

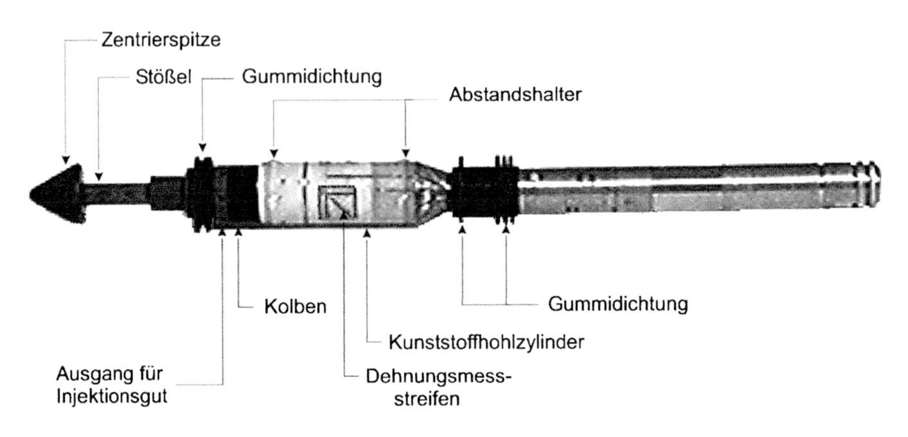

Abb. 5.4 Triaxialzelle HI zur Messung der Primärspannungen nach der Mantelentlastungsmethode (mit freundlicher Genehmigung von © GIF GmbH, 2018, alle Rechte vorbehalten)

ner Kernbohrkrone erreicht werden (Abb. 5.3). Es ist dabei darauf zu achten, dass der überbohrte Hohlkern keine messbaren Zerrüttungs- oder Auflockerungserscheinungen des Gesteinsgefüges und damit inelastische Volumenänderungen erfährt.

Um den dreidimensionalen Spannungszustand im Gebirge nach dem Verfahren der Mantelentlastung zu messen, wurden seit 1972 an mehreren Forschungsinstituten Messzellen entwickelt, von denen hier eine, die „Hollow Inclusion Stress Cell" der Commonwealth Scientific and Industrial Research Organisation (CSIRO) näher beschrieben werden soll.

Die HI-Zelle besteht aus einem Kunststoffrohr, in dem 9 Dehnungsmessstreifen eingebettet sind (Abb. 5.4). Diese Zelle wird in einem EX-Bohrloch (⌀ 38 mm, Länge etwa 600 mm) in Kunststoffinjektionsgut eingebettet und nach dem Aushärten mit einer Überbohrkrone (⌀ 146 mm) freigebohrt, wobei vor, während und nach dem Bohrvorgang kontinuierlich die Bohrlochdurchmesseränderung gemessen wird.

Durch den Einsatz eines Bohrlochcomputers, der unmittelbar über der Messzelle befestigt wird, ist es in neuerer Zeit gelungen, das Messverfahren in bis zu 150 m tiefen Bohrlöchern einzusetzen (Abb. 5.5). Für noch größere Einbautiefen stellt die Topfzeit des Kunststoffklebers eine Grenze dar.

In der HI-Zelle sind die drei Dehnungsmessrosetten unter 120° zueinander angeordnet, sodass insgesamt drei Dehnungsmessstreifen in Ringrichtung (A90, B90, C90), zwei in Axialrichtung (A0, C0) und vier unter ±45° zur Bohrlochachse zu liegen kommen (s. Abb. 5.6). Jeder Messstreifen ist 10 mm lang, um groß im Vergleich zur Körnung des Gesteins zu sein. Durch Anordnung und Größe ist gewährleistet, dass eine realistische Messung des kompletten Spannungstensors möglich ist.

Um die HI-Zelle im Bohrloch zu injizieren, wird die Zelle mit einem 2-Komponenten-Kleber gefüllt und dieser durch Bohrungen mithilfe eines zylinderförmigen Stößels ausgepresst, sodass der Hohlraum zwischen Messzelle und Bohrlochwand gänzlich verfüllt ist. Die Wanddicke der Füllung beträgt im Nor-

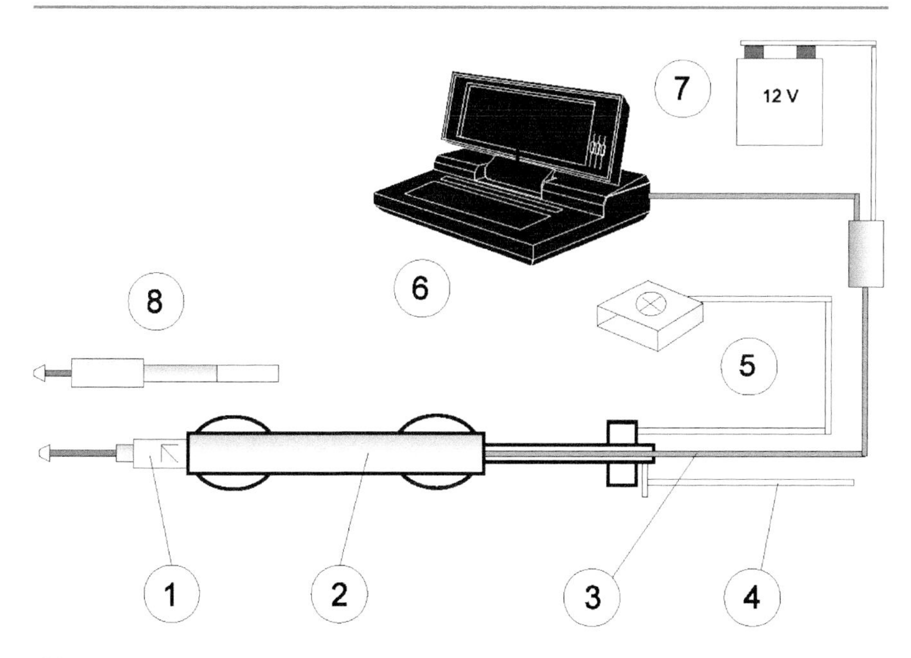

Abb. 5.5 Komponenten zur Durchführung von Spannungsmessungen mit der HI-Zelle. 1 Triaxialzelle mit Bohrlochcomputer, 2 Setzvorrichtung mit Kompass, 3 Daten- und Steuerungskabel, 4 Setzgestänge, 5 Inklinometer, 6 Laptop mit Datenerfassungssoftware, 7 externe Stromversorgung, 8 Dummy der Triaxialzelle zur die Überprüfung des Messbohrloches (mit freundlicher Genehmigung von © GIF GmbH, 2018, alle Rechte vorbehalten)

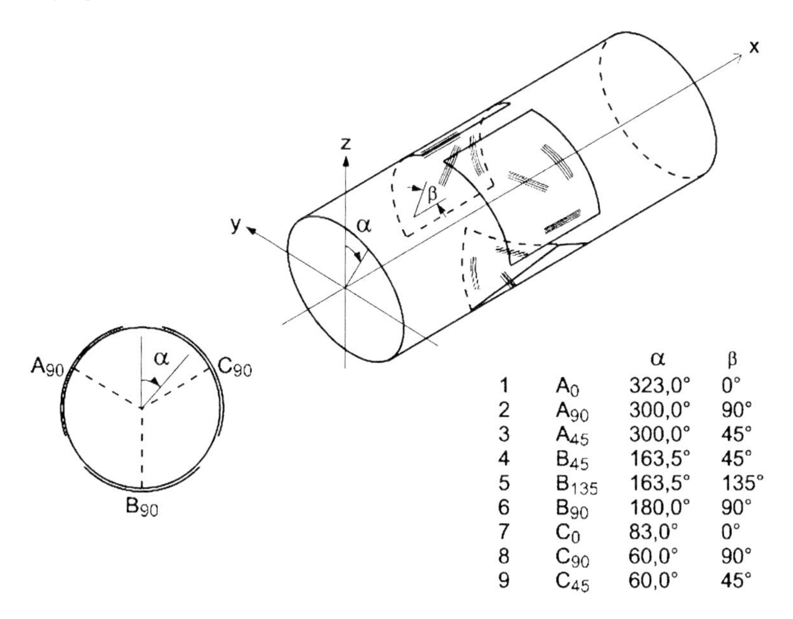

Abb. 5.6 Anordnung der Dehnungsmessrosetten in der HI-Zelle (mit freundlicher Genehmigung von © GIF GmbH, 2018, alle Rechte vorbehalten)

malfall 1,5 mm, sie kann sehr einfach am überbohrten Kern genau nachgemessen werden, weil dieser Wert eine bedeutende Rolle bei der Berechnung des Spannungstensors spielt. Der Stößel kann entweder durch Verschieben der Messzelle gegen das Bohrlochtiefste oder durch einen Zugdraht betätigt werden.

Nach dem Aushärten des Klebers wird die Setzvorrichtung ausgebaut und der Bohrlochcomputer ermöglicht während des Überbohrens eine kontinuierliche Messung der Dehnungen an der Messzelle. Früher waren kontinuierliche Messungen nur über Kabel und bei Einsatz einer Spindelbohrmaschine mit Einfachkernrohr möglich.

Der Einbau unter Wasser ist möglich, da das verwendete Kunststoffinjektionsgut auch bei Gegenwart von Wasser aushärten kann. Zufriedenstellende Ergebnisse können aber nur dann erzielt werden, wenn der Kluftabstand an der Messstelle größer als 250 mm ist und davon ausgegangen werden kann, dass die Messzelle innerhalb eines größeren Kluftkörpers liegt. Um dies vor dem Versuch zu überprüfen, wird das Pilotbohrloch als Kernbohrung ausgeführt und nur dort eine Messzelle eingeklebt, wo der Bohrkern ungeklüftet ist.

Zur Berechnung des vollständigen Spannungstensors aus den Messergebnissen der CSIRO-Zelle ist die Kenntnis folgender Eingangsparameter erforderlich:

- Verformungsbeträge der Zelle infolge der Gesteinsentlastung,
- räumliche Orientierung der Messzelle,
- elastische Gesteinseigenschaften.

Da die Dehnungsmessstreifen der CSIRO-Zelle von der Wandung des EX-Bohrlochs durch einen ca. 1,5 mm breiten Araldit-gefüllten Spalt getrennt sind, unterscheiden sich die in Ringrichtung sowie in 45°- bzw. 135°-Richtung gemessenen Dehnungen von den tatsächlichen Werten. Worotnicki & Walton (1976) haben daher vier Korrekturfaktoren ermittelt, mit deren Hilfe sich die an der Bohrlochwandung aufgetretenen Verformungen aus den gemessenen Werten berechnen lassen. Diese Korrekturfaktoren finden im Auswerteprogramm Berücksichtigung.

Geeignete Formeln zur Berechnung des Spannungszustands aufgrund der gemessenen Verformungen der Bohrlochwandung infolge Überbohrens wurden von Leeman (1971) veröffentlicht. Zur Bestimmung des vollständigen Spannungstensors sind allgemein sechs voneinander unabhängige Dehnungsmessungen erforderlich. Die CSIRO-Zelle liefert jedoch neun Dehnungswerte in acht verschiedenen Richtungen. Diese Redundanz der Messwerte ermöglicht eine Auswahl der Ergebnisse mithilfe einer Regressionsrechnung nach dem Prinzip der kleinsten Quadrate. Im ersten Schritt wird somit der aus dem Gesamtbild herausragendste Dehnungsmesswert ermittelt und eliminiert. Mit den verbleibenden acht Messwerten kann dann ein weiterer Iterationsschritt vorgenommen werden. Maximal drei Iterationen sind möglich, da mindestens sechs Dehnungsmesswerte gewertet werden müssen. Darüber hinaus lässt sich die Qualität eines Datensatzes anhand der statistischen Kennwerte beurteilen, welche vom Rechenprogramm ermittelt werden.

Man sollte jedoch bedenken, dass die multiple Regressionsrechnung gewisse Annahmen – die Daten betreffend – beinhaltet und eine streng nach statistischen Gesichtspunkten optimierte Lösung liefert. Eine endgültige Beurteilung der Relevanz einzelner Messwerte sollte daher weiterhin aufgrund von Erfahrungswerten vorgenommen werden. Von Bedeutung dabei sind außer den statistischen Kennwerten auch Einflüsse, die aus den individuellen Bedingungen während der Versuchsdurchführung resultieren.

Der Spannungszustand im Gebirge wird mithilfe des Programms STRESS91 berechnet. Das von Miller in Australien entwickelte Rechenprogramm verwendet das oben beschriebene Iterationsverfahren; während jedes Iterationsschrittes wird der Dehnungswert mit der größten Abweichung zur Kleinsten-Quadrate-Lösung eliminiert. Ebenso können jedoch auch einzelne Messwerte vom Bearbeiter aussortiert werden, wenn sie aus irgendeinem Grund unbrauchbar erscheinen.

Als Eingabedaten erwartet das Programm:

- Allgemeine Informationen zur Kennzeichnung des Versuchs,
- Orientierung der Bohrung,
- E-Modul und Poissonzahl des Gesteins,
- Dehnungswerte und Raumstellung der Dehnungsmessstreifen.

Der Programmoutput besteht aus:

- den drei Hauptspannungsrichtungen und -beträgen,
- drei Normal- und drei Scherkomponenten relativ zum Bezugssystem und
- den kennzeichnenden statistischen Werten zur Beurteilung der Zuverlässigkeit der Messergebnisse.

5.2.1.2 Spannungsmessung mit der Bohrlochschlitzsonde

Bohrlochschlitzentlastung mit der Bohrlochschlitzsäge ist ein zweidimensionales Primärspannungsmessverfahren. Es basiert auf dem Prinzip einer lokalen Spannungsentlastung in einer Bohrung. Mithilfe einer pneumatisch angetriebenen Diamantsäge werden parallel zur Bohrlochachse Entlastungsschlitze gesägt (Abb. 5.7). Die Schlitze sind jeweils ca. 1 mm weit und bis zu 20 mm tief.

In unmittelbarer Nähe des Schlitzes wird während des Sägens ein eigens entwickelter Kontaktdehnungsaufnehmer mit einer definierten Kraft an die Bohrlochwand gedrückt (Abb. 5.8). Seine Funktion ist die Erfassung der tangentialen Dehnung der Bohrlochwandung, die mit dem Schlitzen einhergeht. Bei dieser Messkonfiguration tritt am Messpunkt eine vollständige lokale Spannungsentlastung auf, die sich in einer proportionalen tangentialen Dehnung äußert.

Am jeweiligen Messort werden nacheinander Schlitze in voneinander unabhängigen Richtungen gesägt. Drei um jeweils 120 ° versetzte Schlitze ermöglichen die Bestimmung des zweidimensionalen Spannungszustands. Normalerweise werden für eine Spannungsmessung jedoch noch drei zusätzliche Schlitzversuche an

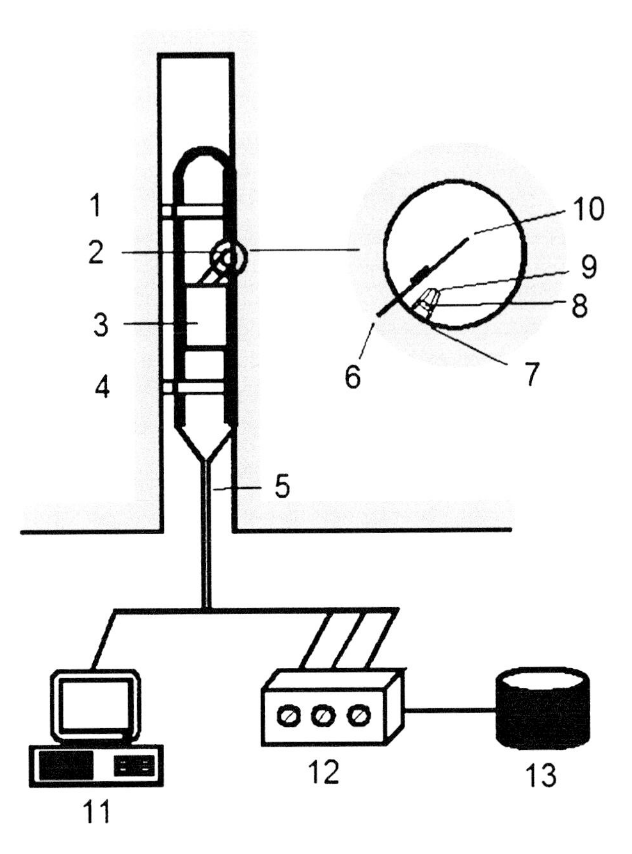

Abb. 5.7 Prinzipskizze der Messeinrichtung zur Spannungsmessung mit der Schlitzsonde (mit freundlicher Genehmigung von © GIF GmbH, 2018, alle Rechte vorbehalten). 1 Pneumatikzylinder; 2 Diamantsägeblatt; 3 Turbine; 4 Pneumatikzylinder; 5 Messkabel und Versorgungsleitungen; 6 Schnitt in der Bohrlochwand; 7 Dehnungsaufnehmer; 8 Gelenk; 9 Dehnungsmessstreifen; 10 Diamantsäge; 11 Datenlogger; 12 Hydraulik- und Pneumatiksteuerung; 13 Druckkessel

einer 10 cm entfernten Bohrlochstelle durchgeführt, um eine Überbestimmung der Ergebnisse zu verifizieren.

Die sich daraus ergebende Redundanz der Messdaten erlaubt eine Quantifizierung der Güte der Messdaten, z. B. in Form eines Korrelationskoeffizienten. Diese Möglichkeit der inneren Kontrolle der Messdaten hat sich bei der Durchführung und Interpretation der Bohrlochschlitzversuche als äußerst vorteilhaft herausgestellt. Erscheint z. B. während der Versuchsdurchführung die innere Konsistenz der Messergebnisse als unzureichend niedrig, so können unmittelbar zusätzliche Schlitze geschnitten werden, bis sich ein hinreichend beständiger Trend abzeichnet.

Bei der Auswertung wird der Untersuchungsbereich als ideal elastisch, homogen und isotrop angenommen. Die Materialkennwerte Elastizitätsmodul und Querdehnungszahl müssen bekannt sein. Mithilfe des Modells der gelochten Scheibe wird

Abb. 5.8 Schlitzsäge und Kontaktdehnungsaufnehmer (mit freundlicher Genehmigung von © GIF GmbH, 2018, alle Rechte vorbehalten)

durch die Entlastung des sekundären Spannungszustandes beim Schlitzen im Bohrloch der Primärspannungszustand über die Kirschsche Gleichung (Kirsch, 1898) berechnet.

Die Genauigkeit der Schlitzsonden-Spannungsmessungen hängt von dem Modul des Gesteins und der Empfindlichkeit des Dehnungsgebers ab. Für ein Gestein mit einem E-Modul von 40 GPa beträgt die Genauigkeit ca. $\pm 0{,}5\,\mathrm{MPa}$. Gewöhnlich liegt die Auflösung des Sensors bei ca. 1 Mikrostrain.

Um den dreidimensionalen Spannungszustand im Gebirge zu bestimmen, muss das Verfahren in drei Bohrungen mit unterschiedlichen Richtungen durchgeführt werden. Die Richtungen und Neigungen der möglichst ortsnahen Bohrungen müssen bekannt sein.

5.2.2 Spannungsmessungen mit der Kompensationsmethode

Das Verfahren beruht auf einer künstlichen Entspannung des Gebirges durch einen Sägeschnitt, bei gleichzeitiger Messung der auftretenden Verformung. Diese wird durch einen Kompensationsdruck, der mit einem Druckkissen im Sägeschnitt aufgebracht wird, wieder rückgängig gemacht. Die hierzu aufzubringenden Spannungen

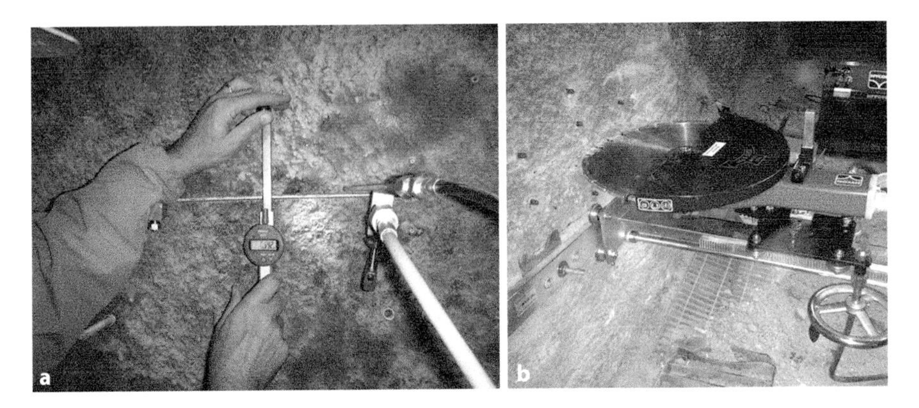

Abb. 5.9 Kompensationsverfahren im Messschlitz. **a** Versuchsaufbau mit Messstiften, Setzdehnungsgeber und Druckkissen; **b** Herstellen des Messschlitzes (Photos: E. Fecker)

entsprechen in der Regel den vor dem Sägeschnitt vorhandenen Spannungen. Im Gegensatz zu den Entlastungsmethoden ist bei diesem Verfahren eine Kenntnis der elastischen Konstanten des an der Messstelle anstehenden Gesteins nicht notwendig.

Die Kompensationsmethode wurde erstmals von Mayer et al. (1951) angewendet und später durch Rocha et al. (1969) vereinfacht und verfeinert. Ihr Prinzip und die Arbeitsvorgänge sind in Abb. 5.9 veranschaulicht. Im ersten Arbeitsgang werden auf der Oberfläche des Bauteiles Messstifte auf beiden Seiten des herzustellenden Messschlitzes in geeigneter Anordnung einzementiert. Ihre Abstände werden mit elektrischen Wegaufnehmern oder Setzdehnungsgebern (Ablesegenauigkeit $\pm 1\,\mu$m) registriert.

Im Anschluss an die Nullmessung wird mit einer diamantbestückten Kreissäge ein in der Regel 400 mm langer und 5 mm breiter Messschlitz hergestellt. In den Schlitz wird ein halbmondförmiges hydraulisches Druckkissen passgenau eingesetzt und mit einer Hydraulikpumpe, an der ein Feinmessmanometer der Klasse 1.0 angebracht ist, verbunden. Das Druckkissen wird anschließend soweit belastet, bis die Entlastungsverformungen wieder kompensiert sind (Abb. 5.10).

Das Verfahren besitzt eine Reihe von Vorteilen:

- es setzt kein linearelastisches Gebirge voraus,
- die Verformungseigenschaften des Gebirges (Gesteins) müssen nicht bekannt sein,
- infolge der großen Versuchsabmessungen haben Inhomogenitäten des Gebirges geringere Bedeutung.

Diese Methode versagt allerdings beim Auftreten von Zugspannungen, die jedoch in der Praxis seltener vorkommen.

Bei der Auswertung der Versuchsergebnisse nach der Kompensationsmethode wird zur Bestimmung der ursprünglichen Spannung σ_n von folgender Gleichung

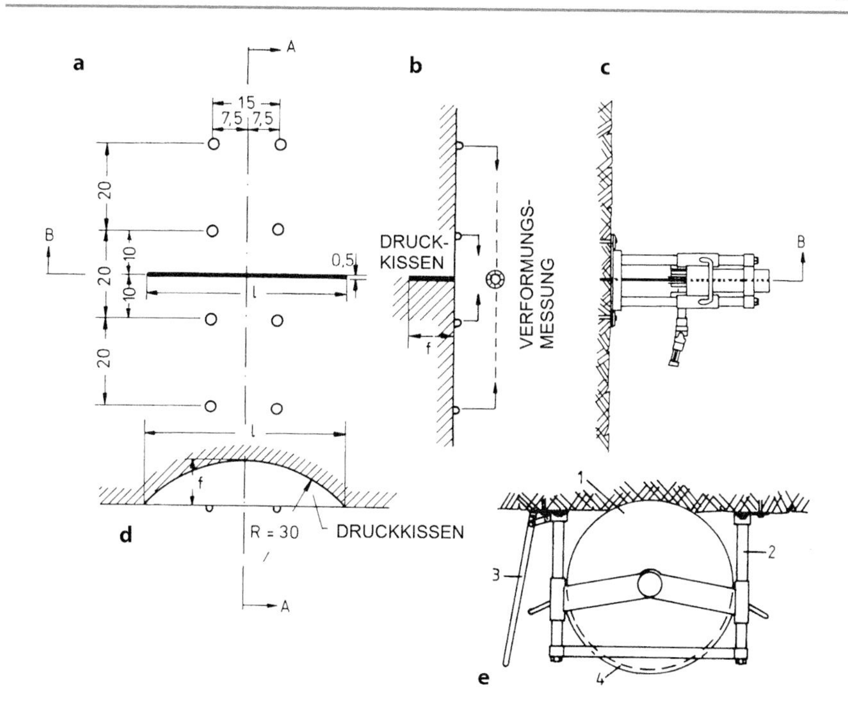

Abb. 5.10 Kompensationsverfahren im Messschlitz (aus Rocha et al., 1969; mit freundlicher Genehmigung von © LNEC, 2018, alle Rechte vorbehalten). **a** Ansicht des Versuchsaufbaues mit Messschlitz und Messstiften. **b** Schnitt A–A. Druckkissen und Messstifte zur Verformungsmessung. **c** Schlitzsäge an der Messstelle festgedübelt. **d** Schnitt B–B. Schlitzbreite = 400 mm. **e** Schlitzsäge: (1) Diamantsägeblatt, (2) Führungssäulen, (3) Hebe- und Absenkvorrichtung (4) Schutzkasten. Alle Maße in cm

ausgegangen:

$$\sigma_n = p \cdot K_m \cdot K_a \quad [\text{MPa}]$$

mit:

p = Öldruck im Kissen bei vollkommener Kompensation [MPa],
K_m = Formkonstante des verwendeten Druckkissens (siehe dazu die Untersuchungen von Rossi, 1987),
K_a = Verhältnis zwischen Kissenfläche und Schnittfläche, das aus dem Radius des Sägeblatts und der Tiefe des Schnitts berechnet werden kann.

Die mit dieser Gleichung bestimmten Spannungen entsprechen den tangentialen Spannungen im Abstand von 5 cm vom Außenrand der Felsoberfläche.

Unter der Voraussetzung, dass in den Druckkissen Weggeber eingebaut sind, oder, dass das zur Druckkissenaufweitung eingespeiste Volumen der Hydraulikflüssigkeit auf 1 cm^3 genau gemessen werden kann, eignen sich die Kompensationsversuche auch zur Bestimmung des Gebirgsverformungsmoduls. Entsprechend der

Empfehlung Nr. 7 des Arbeitskreises 3.3 – Versuchstechnik Fels – der Deutschen Gesellschaft für Geotechnik e. V. (Leichnitz & Müller, 1984) sind in diesem Falle im allgemeinen jedoch große Schlitze mit Druckkissen von ca. 1000×1000 mm (LFJ) zu verwenden. Nach der Elastizitätstheorie gilt für den homogenen, isotropen Halbraum, auf den eine Gleichlast einwirkt:

$$E = \left(1 - \nu^2\right) \frac{K}{\Delta s} \Delta p \quad \text{[MPa]}$$

mit:

ν = Poissonzahl,
K = Formbeiwert mit der Dimension einer Länge,
Δp = Änderung des Öldruckes im Kissen [MPa],
Δs = Druckkissenaufweitung infolge Δp [mm].

Bei Kenntnis des Beiwertes K ist also eine Bestimmung des Gebirgsverformungsmoduls möglich. In der Empfehlung Nr. 7 des Arbeitskreises 3.3 (Leichnitz & Müller, 1984) sind K-Werte für Kissen mit 1000 mm Breite und 1250 mm Gesamtlänge wiedergegeben. Darüber hinaus sei auf die Publikationen von Loureiro-Pinto (1981) verwiesen, wo weitergehende Berechnungsmöglichkeiten für K-Werte angegeben sind.

5.2.3 Spannungsmessungen mit dem Verfahren des steifen Einschlusses

Bei dem Verfahren des steifen Einschlusses (Hard-Inclusion) werden Spannungsaufnehmer mit i. A. hoher Steifigkeit in ein Bohrloch eingebracht, um auftretende Spannungsänderungen zu registrieren. Die Methode benutzt Messgeber, deren E-Modul hoch ist im Vergleich zum E-Modul des Gebirges an der Messstelle. Dabei geht man von folgenden grundlegenden theoretischen Zusammenhängen aus:

Bringt man in einen elastisch beanspruchten Gebirgskörper mit dem E-Modul E_G einen Messgeber mit dem E-Modul $E_M > E_G$ kraftschlüssig ein, so wird sich die Spannung im Messgeber von der im umgebenden Gebirgskörper unterscheiden; es treten Spannungskonzentrationen im Messgeber auf. Ist das Verhältnis der Moduln E_M/E_G bekannt, so lassen sich die im Geber gemessenen Spannungen korrigieren.

In Abhängigkeit vom Prinzip der Messwertumformung bzw. der Messwertübertragung lassen sich eine Reihe von Verfahren unterscheiden:

- hydraulisches Messprinzip (Druckkissen, Druckdose),
- elektrisches Messprinzip (Dehnungsmessstreifen, induktive Geber),
- mechanisches Messprinzip (Schwingsaiten, Messuhren),
- optisches Messprinzip (spannungsoptisch aktive Materialien).

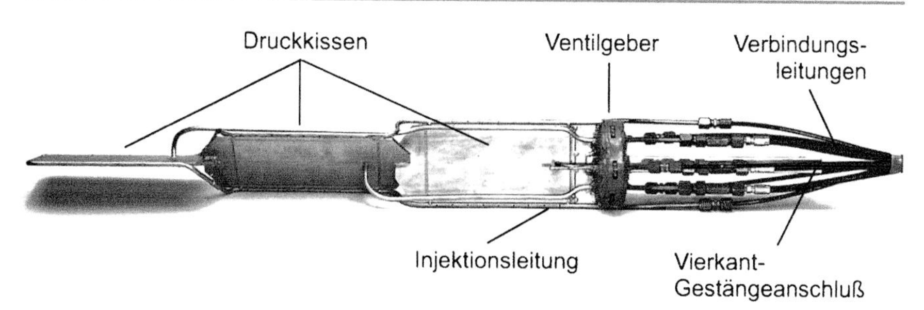

Abb. 5.11 Druckmessgeber mit drei hydraulischen Druckkissen (mit freundlicher Genehmigung von © Glötzl GmbH, 2018, alle Rechte vorbehalten)

Als Spannungsaufnehmer haben sich flache Druckkissen hoher Normalsteifigkeit besonders bewährt. Die Druckmessgeber (Abb. 5.11) werden orientiert in Messbohrlöcher eingebaut. Gemessen wird die Spannungskomponente normal zu den Druckkissen.

Zur Herstellung des Kraftschlusses zwischen Druckkissen und dem Gebirge werden die Bohrlöcher mit einem geeigneten, auf das Gebirgsverhalten abgestimmten Mörtel verfüllt. Nach Abbinden des Verfüllmörtels kann eine Vorspannung durch Hochdruckinjektion von Epoxidharzen vorgenommen werden.

Das Verfahren ist geeignet zur Erfassung auch relativ geringer Spannungsänderungen. In viskosen oder in plastisch beanspruchten Gebirgsbereichen kann man damit rechnen, dass der Geber durch Fließen des Gebirges „einwächst", d. h., dass sich die im Gebirge herrschenden Spannungen allmählich auch im Messgeber aufbauen. Bei solchen Gebirgsverhältnissen und entsprechend gewähltem Verfüllmörtel können dann außer Spannungsänderungen auch die tatsächlichen Größen der Normalspannungskomponenten ermittelt werden.

Der Gebirgsspannungsaufnehmer besteht aus drei richtungsorientierten, flachen Stahl-Druckkissen mit 3 Ventilgebern, um je 120° gedreht angeordnet, mit einer Belastbarkeit von 0–50 bar (erforderlichenfalls auch höher), ferner einer Injektionsleitung um die Druckkissen und Verbindungsleitungen für die Messung der Ventilgeber sowie Injektionsleitungen für die Nachinjektion.

Die Messung des Druckes in den Druckkissen wird pneumatisch/hydraulisch über Ventilgeber System Glötzl oder elektrisch mit Druckaufnehmern vorgenommen. Die in den Druckkissen herrschende Spannung wird am Messgerät direkt in bar angezeigt.

Die gelochten Hochdruck-Injektionsleitungen, die randlich um die Druckkissen angeordnet sind, werden mit Klebeband verschlossen, um ein Eindringen von Verfüllmaterial beim Einbau zu verhindern. Nach Verfestigung des Verfüllmaterials kann über diese Injektionsleitungen durch Einpressen von z. B. Kunstharzen eine Vorspannung des Füllmaterials und der darin eingeschlossenen Spannungsaufnehmer erfolgen.

5.2.4 Hydraulic Fracturing

Primärspannungsmessungen nach der Methode des „Hydraulic Fracturing" wurden erstmals 1957 von Hubbert und Willis ausgeführt, wobei sie sich ein Standardverfahren der Erdölindustrie zur Erhöhung der Gebirgsdurchlässigkeit zunutze machten. Sie formulierten gleichzeitig für impermeables, homogen-isotropes Gebirge eine Theorie, welche die beobachteten Phänomene bei der Risserzeugung beschreiben und eine Ermittlung der Hauptspannungen gestatten sollte. Dabei setzten sie voraus, dass eine der drei Hauptspannungen nahezu parallel zur Messbohrung verläuft.

Zur Messung wird in der gewünschten Tiefe das Bohrloch mit einem oberen und unteren Gummipacker abgedichtet (s. Abb. 5.12a) und in den Zwischenraum mit einer Länge von 900 mm so lange Wasser injiziert, bis in der Bohrlochwand ein Zugriss entsteht und Wasser, verbunden mit einem Druckabfall, in das Gebirge eindringen kann. Der Druck bei der Rissinitiierung wird als Rissinitiierungsdruck p_{c1} bezeichnet (Abb. 5.12b).

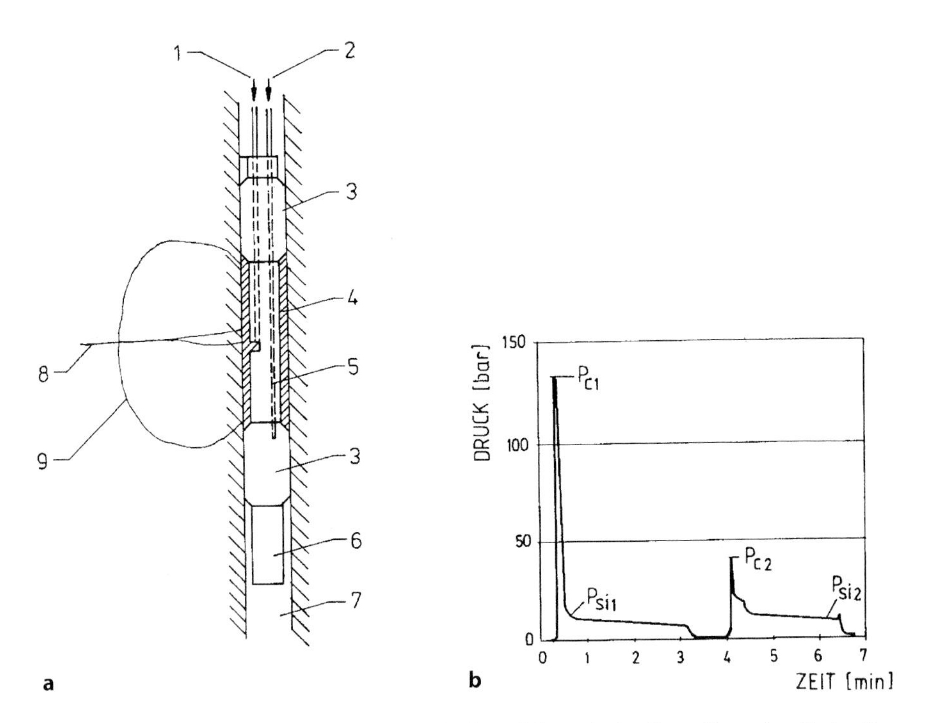

Abb. 5.12 Methode des „Hydraulic Fracturing". **a** Schematische Darstellung des Hydraulic-Fracturing-Systems im Bohrloch und Lage der möglichen Rissebenen (axial, transversal bzw. normal): 1 Druckleitung zur Risserzeugung, 2 Druckleitung für Packer, 3 Gummipacker, 4 Druckflüssigkeit, 5 Druckzone, 6 Druckaufnehmer, 7 Bohrloch ∅ 101 mm, 8 hydraulisch erzeugter Riss (transversal), 9 hydraulisch erzeugter Riss (axial). **b** Druck-Zeit-Kurve während des Hydraulic-Fracturing-Experimentes

Die Rissausbreitung kommt zum Stillstand, wenn keine weitere Flüssigkeit eingepresst wird und sich ein zweiter Druck p_{si1} einstellt, der gerade ausreicht, den Riss offenzuhalten. Nach einer völligen Druckentlastung der Teststrecke wird in einem zweiten Versuch der Öffnungsdruck des in der Bohrlochwandung erzeugten Risses bestimmt. Aus diesen Drücken und aus der Orientierung des entstandenen Risses, der mit einem Abdruckpacker abgebildet wird, kann die Größe und Richtung der Hauptnormalspannungen abgeleitet werden.

Theoretische und experimentelle Untersuchungen haben gezeigt (Rummel & Alheid, 1980), dass dieser Riss zunächst parallel zur Bohrlochachse verläuft, und zwar normal zur kleinsten horizontalen Hauptspannung σ_{Hmin}. Wenn die Spannung parallel zur Bohrlochachse von den drei Hauptspannungen den kleinsten Wert hat, wird sich die Rissebene bei ihrer Ausbreitung drehen und in einiger Entfernung vom Bohrloch normal zu dieser Spannung verlaufen. In allen anderen Fällen bleibt es bei der achsparallelen Rissausbreitung und es gilt (für eine vertikale Bohrung):

$$\sigma_{H\,min} = p_{si1}$$

Die vertikale Hauptspannung muss dann aus der Überlagerungshöhe h und der mittleren Dichte ρ des überlagernden Gebirges berechnet werden:

$$\sigma_V = \rho \cdot g \cdot h$$

Falls σ_v die kleinste der drei Hauptspannungen ist, registriert man nach dem Entstehen des vertikalen Initialrisses zunächst einen Druckwert p_{si1}. Wenn die Drehung der Rissebene in die horizontale Richtung erfolgt ist, stellt sich ein zweiter, kleinerer Druckwert p_{si2} ein. In diesem Falle entspricht:

$$\sigma_{Hmin} = p_{si1} \quad \text{und} \quad \sigma_V = p_{si2}$$

Der Wert für die größere horizontale Hauptspannung σ_{Hmax} errechnet sich aus der Beziehung:

$$p_{c1} - p_o = \frac{\beta_z + 3 \cdot \sigma_{H\,min} - \sigma_{H\,max} - 2 \cdot p_o}{k}$$

oder

$$\sigma_{H\,max} = 3 \cdot \sigma_{H\,min} + \beta_z - 2 \cdot p_o - k\,(p_{c1} - p_o)$$

Darin sind:

β_z = Zugfestigkeit des Gesteins
p_o = Porenwasserdruck am Messort
k = Poroelastischer Parameter ($1 \leq k \leq 2$)

In undurchlässigem Gebirge ist $k = 1$ und es gilt:

$$\sigma_{H\,max} = 3 \cdot \sigma_{H\,min} + \beta_z - p_o - p_{c1}$$

Die Richtung des neu entstandenen Risses und damit die Richtung der Hauptspannungen wird mit einem Abdruckpacker bestimmt, der orientiert in das Bohrloch eingebracht und hydraulisch gegen die Bohrlochwandung gepresst wird, wobei ein Abdruck des Initialrisses entsteht. Eine weitere Möglichkeit, die Raumstellung der Rissspur zu ermitteln, bieten akustische Bohrlochscanner, welche die Rissspur aufgrund von Unterschieden der dynamischen Eigenschaften der Bohrlochwand orten (siehe die ausführliche Beschreibung des Verfahrens in Abschn. 6.6.4).

Baumgärtner (1987) konnte nachweisen, dass das Verfahren auch in nichtelastischem und geklüftetem Gebirge eingesetzt werden kann und dass die Bohrung nicht parallel zu einer der Hauptspannungsrichtungen liegen muss.

Die Forderung der klassischen Hydrofrac-Theorie, möglichst homogene und isotrope Bohrlochabschnitte auszuwählen, in denen bei entsprechenden Spannungszuständen ein normal zur kleinsten Hauptspannung streichender Radialriss erzeugt werden kann, bereitete in der Praxis nämlich erhebliche Schwierigkeiten und stellte damit ein großes Handicap des Hydrofrac-Verfahrens dar. Nach den Ansätzen von Baumgärtner war es erforderlich, die Versuchstechnik zu variieren und den sogenannten Refrac-Druck beim mehrfachen Öffnen und Erweitern vorhandener Klüfte zu ermitteln, um die Normalspannung auf der hydraulisch aktivierten Kluft zu bestimmen.

Das Hydraulic-Fracturing-Verfahren eignet sich damit insbesondere dafür, dass es die fast kontinuierliche Messung von Spannungstiefenprofilen in bestehenden Bohrungen zulässt und dass Messungen bis in Teufen von 5000 m möglich sind, was bei den anderen Verfahren aus technischen Gründen bisher nie gelang.

5.2.5 Geophysikalische Methoden der Spannungsermittlung

Nichtmechanisch arbeitende Spannungsmessverfahren sind die beiden geophysikalischen Verfahren, welche sich unterschiedliche Schallfortpflanzung und unterschiedlichen elektrischen Widerstand bei sich ändernden Spannungszuständen zunutze machen.

Setzt man voraus, dass die Schallgeschwindigkeit von den elastischen Konstanten und diese wiederum vom Spannungszustand abhängen, so ergibt sich ein Zusammenhang zwischen Schallgeschwindigkeit und Gebirgsspannung. Sind jedoch schon die Bestimmungen dieser Konstanten schwierig, so werden erst recht durch Klüfte, Schichtflächen, Hohlräume, wechselnde Temperaturen die Schalllaufzeiten beeinträchtigt, was zu relativ großen Unsicherheiten bei der Auswertung führt. Wie ein Vergleich der von Greiner (1978) mittels der „Doorstopper"-Methode gemessenen In-situ-Spannungen und der von Lohr (1969) beschriebenen systematischen Veränderungen der Fortpflanzungsgeschwindigkeit seismischer Wellen im Voralpenraum zeigen, ergeben sich zumindest Hinweise auf Gebiete erhöhter Spannungen und auf die Richtungen der größten bzw. kleinsten Horizontalspannung. Nach Greiner (1978) verlaufen die Linien gleicher Geschwindigkeitserhöhung in der Molasse des nördlichen Voralpenraumes parallel zur Begrenzung des Alpenkörpers und etwa normal zu den gemessenen Richtungen größter Hauptnormalspannung.

Bei den Verfahren, welche die Abhängigkeit der elektrischen Leitfähigkeit des Gesteins von seiner mechanischen Beanspruchung als Messprinzip nutzen, spielen ebenfalls zahlreiche andere Einflussgrößen, wie z. B. die Gesteinsfeuchtigkeit eine solche dominierende Rolle, dass auch dieses Verfahren nur für den Einsatz im Labor geeignet ist.

Wenngleich die indirekten Methoden nicht als zuverlässige Messverfahren anzusprechen sind, bieten sich, wie aus obigem Beispiel der Laufzeiten von Schallwellen zu ersehen ist, doch gewisse von Ingenieurgeologen nicht zu vernachlässigende Indizien bezüglich wahrscheinlicher Hauptspannungsrichtungen und der zu erwartenden Verhältnisse zwischen maximaler und minimaler Horizontalspannung.

5.2.6 Ermittlung von Spannungsänderungen

Vielfach interessieren im Bauwesen die mit einem bestimmten Bauvorgang verbundenen Spannungsänderungen im Gebirge. Hierbei ergeben sich zusätzlich Schwierigkeiten dadurch, dass Änderungen im Verformungsfeld über längere Zeit sicher und mit hoher Genauigkeit gemessen werden müssen (Baumann, 1984). Kriech- und Relaxationsvorgänge – sowohl im Gestein bzw. Gebirge als auch im Verformungsgeber – bzw. bei geklebten Verformungsaufnehmern (z. B. Doorstopper, Dehnungsmessstreifen etc.) an der Klebestelle, sind nur sehr schwierig in der Auswertung der Ergebnisse zu berücksichtigen. Zur Ermittlung der Spannungsänderungen aus den gemessenen Dehnungen sind die zur Bestimmung des Spannungstensors entwickelten Formeln für die Bohrlochentlastungsverfahren nicht allgemein anwendbar.

Pariseau (1978) betont, dass „weiche“ Messwertaufnehmer – wie z. B. die Bohrlochmessgeber des US Bureau of Mines, die CSIRO-Messzelle und ähnliche Geräte – die Auswertung erleichtern, da hier nur das Gebirgsverhalten bekannt sein muss. Bei der Verwendung „harter“ Messaufnehmer, die infolge ihrer hohen Eigensteifigkeit die Verformung in der Umgebung der Messstelle wesentlich beeinflussen, sind hierfür keine allgemeingültigen Formeln zur Ermittlung der Spannungsänderungen anzugeben. Diese sind von der Geometrie, der Bauweise des jeweiligen Gebers und den Steifigkeitsverhältnissen von Gebirge und Messaufnehmer abhängig.

5.2.7 Geologisch bedingte Anwendungsgrenzen

Theoretische Überlegungen und Erfahrung zeigen, dass das Problem der Primärspannungsmessung in wenig oder kaum geklüftetem oder geschichtetem, homogenem und elastisch-isotropem Gebirge zufriedenstellend gelöst ist. Auch für die Spannungsermittlung in anisotropem Gebirge gibt es zumindest für orthotrope Symmetrie praktikable Rechenansätze (Rahn, 1981). Messung und Auswertung werden allerdings aufwendiger. Weichen die elastischen Konstanten in verschiedenen Raumrichtungen nicht zu stark voneinander ab, genügt es, für die Praxis meist mit einem mittleren Wert für E-Modul und Querdehnungszahl zu rechnen.

Am häufigsten eingesetzt werden bei homogenem, elastisch reagierendem Gebirge Messverfahren aus der Gruppe der Entlastungsmethoden. Auch die Kompensationsverfahren sind anwendbar, jedoch generell etwas aufwendiger. Für Messungen in größeren Tiefen steht das Hydraulic-Fracturing-Verfahren zur Verfügung.

Bei inhomogenem Gebirge hängt die Wahl des geeigneten Messverfahrens von der Größe der Inhomogenitäten ab, die das Spannungsfeld störend beeinflussen. In jedem Fall ist immer ein möglichst großflächiges Messgerät zu verwenden, das eine statistisch ausreichende Zahl von Inhomogenitäten überdeckt und einen Spannungsmittelwert misst. „So ist z. B. beim Einsatz von Dehnungsmessstreifen das einzelne Kristallkorn im Gesteinsverband schon als Inhomogenität anzusehen. Die Messgitterlänge des DMS sollte mindestens das Fünffache des Korndurchmessers betragen. Haben die Inhomogenitätsbereiche eine größere räumliche Ausdehnung, so empfiehlt sich die Wahl eines kleinen Messgebers, der vollständig innerhalb oder außerhalb einer solchen Zone eingebaut werden sollte. Auch hier ist die Einhaltung eines Größenverhältnisses von mindestens 5:1 ratsam, d. h. der Abstand der Inhomogenitätsgrenze vom Messgeber sollte in jeder Richtung mindestens das 2,5fache von dessen größter Abmessung sein" (Natau, 1978).

Bei Messungen in stark geklüftetem und geschichtetem Gebirge kann der einzelne Kluftkörper „durchaus linear-elastisch reagieren, während sich die Gesamtheit des Gebirges pseudoplastisch verhält." Die Spannungen können örtlich relativ stark variieren. Bei der Wahl des Messverfahrens in solchem Gebirge ist daher das Verhältnis der Kluftkörpergröße zur Größe des Messgebers zu berücksichtigen. Bei Kluft- bzw. Schichtabständen im cm- oder dm-Bereich scheint das Kompensationsverfahren im Messschlitz mit großflächigen Druckkissen prädestiniert (Natau, 1978).

Für ein Gebirge mit ausgeprägt plastisch-viskosem Spannungs-Dehnungs-Verhalten eignen sich, wie bereits erwähnt, manche Hard-Inclusion-Messverfahren, da solche Gebirgseigenschaften erwarten lassen, dass das Messelement durch Fließvorgänge „einwächst". In diesem Fall wird eine Messung absoluter Spannungswerte mit harten Messgebern möglich, die ja sonst eher zur Ermittlung von Spannungsänderungen eingesetzt werden. In Salzgesteinen wurden Hard-Inclusion-Geber in Bohrungen von über 600 m Tiefe eingesetzt (Glötzl et al., 1986). Verfahrenstechnik und Weiterentwicklung der Messgeber sollten bald Messungen in Tiefen bis zu ca. 5000 m ermöglichen.

„Es wird deutlich, dass es ein universell anwendbares Spannungsmessverfahren nicht gibt und wahrscheinlich auch nie geben wird. Die Auswahl der am besten geeigneten Methoden sowie die Festlegung der Zahl der Messstellen macht eine intensive Vorerkundung des Gebirges notwendig. Hierzu gehören vor allem die Untersuchung der Verformungseigenschaften des einzelnen Gesteinskörpers und des gesamten Gebirgsverbandes sowie gefügekundliche Aufnahmen des Messgebietes" (Natau, 1978).

Die Erfahrung zeigt, dass auch dann, wenn das Gebirge nicht so ideal ausgebildet ist, wie es Messverfahren und Auswertemethode im Prinzip verlangen, für die Baupraxis brauchbare Ergebnisse erzielt werden. Hier gilt es, die Genauigkeit abzuschätzen und die Plausibilität der Ergebnisse anhand von anderen Beobachtungen und Messungen zu verifizieren.

5.2.8 Spannungsindikatoren

Außer durch Messungen kann der Ingenieurgeologe verschiedene Hinweise nutzen, um erste Anhaltspunkte über den Primärspannungszustand zu bekommen. Solche Informationen sollten Messungen nicht ersetzen, können jedoch Messergebnisse bestätigen und die Extrapolation auf das Umfeld des Messortes sicherer machen.

Besonders wichtig sind solche Hinweise in der Frühphase der Planung von großen Ingenieur- oder Bergbauprojekten, wenn noch keine Messergebnisse vorliegen, häufig jedoch bereits wichtige Entwurfsentscheidungen zu treffen sind.

Hier sollte zunächst noch darauf verwiesen werden, dass sich eine Reihe in der Vergangenheit häufig benutzter geologischer Indikatoren als nicht immer anwendbar erwiesen, da sie vielfach Spannungsrichtungen der geologischen Vergangenheit repräsentieren, die von den heutigen abweichen können. Beispiele hierfür sind:

- Winkel zwischen konjugierten Bruchflächen,
- Harnische,
- Drucklösungsstrukturen,
- Streichrichtung von Basaltgängen und andere.

Beispielhaft wird nachfolgend auf einige Begutachtungen aus dem Gebiet der südwestdeutschen Großscholle eingegangen, die Hinweise zum derzeitigen Spannungsfeld liefern. Insbesondere in harten, relativ spröden Gesteinen lässt sich in Steinbrüchen feststellen, dass – ähnlich wie beim Hydraulic-Fracturing – Risse in vertikalen Sprengbohrlöchern bevorzugt in Richtung der maximalen, horizontalen Druckspannung entstehen. Auch wenn dann sekundär ein von Bohrloch zu Bohrloch verlaufender Bruch entsteht, lässt sich dieser vertikale Riss beim Profilsprengen in der stehengebliebenen Bohrlochspur noch erkennen (Abb. 5.13). Bei dem dargestellten Verlauf der Steinbruchwände weisen nur die Bohrlöcher in der Wand normal zur gemessenen größten Horizontalspannung solche Risse auf.

Als weitere Horizontaldruckerscheinung lassen sich oberflächennahe Sekundärstrukturen, wie sie von White et al. (1974) aus Kanada (siehe Abschn. 5.3.4) sowie von Roloff (1978) und Reik (1985) aus dem fränkischen Raum (siehe Abb. 5.33–5.35) beschrieben wurden, analysieren.

Auch die Auswertung von Erdbebendaten und Bohrlochwandausbrüchen, auf die in Abschn. 5.3.3 näher eingegangen wird und von durch Entlastung entstandenen Mikrorissen im Gestein (Abschn. 5.4.4), kann man brauchbare Hinweise, zumindest auf die Richtung der Hauptspannungen im Gebirge, ableiten.

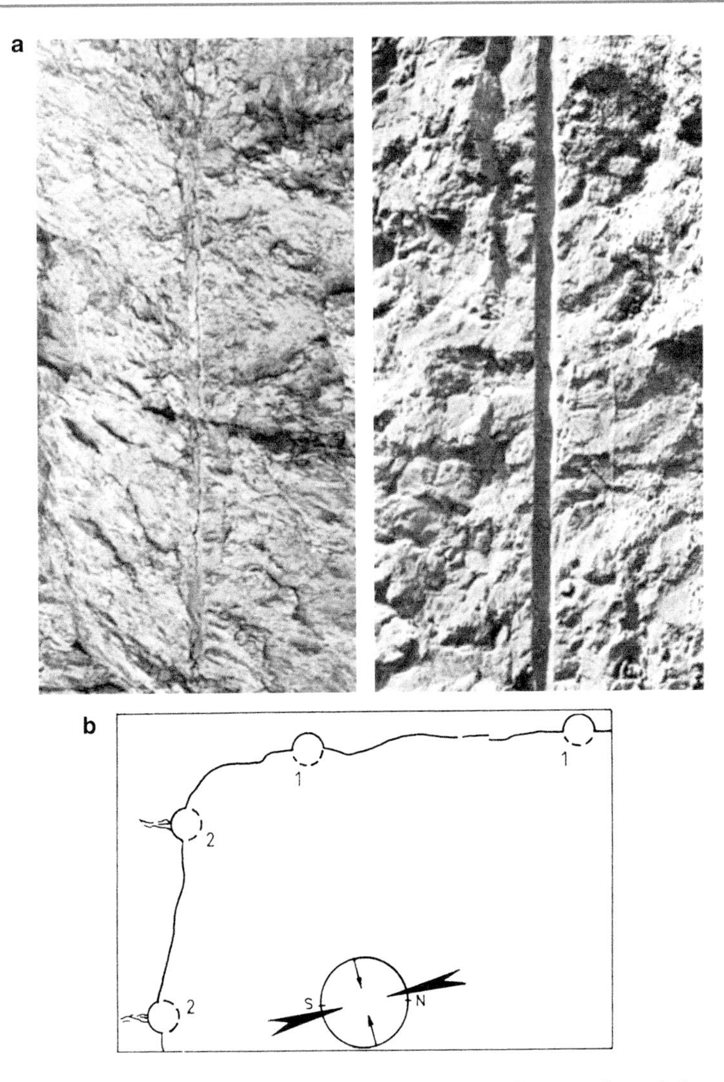

Abb. 5.13 Rissbildung an Sprengbohrlöchern als Spannungsindikator. **a** Sprengbohrungen der südlichen (*links*) und der westlichen Steinbruchwand (*rechts*) des Kalksteinbruchs Kleinkems, Südbaden, mit (*links*) bzw. ohne (*rechts*) Primärrissen normal zur Steinbruchwand (Photo: G. Reik). **b** Richtung primärer Rissentwicklung in vertikalen Sprengbohrungen und Vergleich mit der Richtung maximaler horizontaler Druckspannung aus Primärspannungsmessungen in demselben Steinbruch (bei Kleinkems, Baden. Dickbankiger Kalkstein), 1 keine Risse normal zur Wand, 2 Sprengbohrlöcher mit Rissansatz normal zur Steinbruchwand parallel zur Bohrung

5.3 Gebirgsspannungen – regionales Spannungsfeld, Geotektonik, lokale Einflüsse

5.3.1 Generelle Aussagen

Eine große Anzahl von Spannungsmessungen zeigt, dass die Spannungen keineswegs in allen Gebieten von derselben Intensität sind. Sie bestätigen damit den aus der Großtektonik und der Seismotektonik abgeleiteten Befund, dass es Krustenbereiche mit hohen Spannungskonzentrationen gibt. Autoren, die sich mit der zusammenfassenden Analyse von Spannungsmessergebnissen befasst haben, kommen zu dem Schluss, dass der primäre Spannungszustand im Gebirge das Ergebnis der Überlagerung verschiedener Einflüsse ist, und dass es deshalb keine allgemeingültige Berechnungsformel für den Gebirgsdruck in einer vorgegebenen Tiefe geben kann. Die Datenzusammenstellung in Abb. 5.14 kann dies verdeutlichen. Die horizontalen Spannungskomponenten weisen in geringen und mittleren Teufen eine sehr große Streubreite auf. Nach Rahn (1981) konzentrieren sich die Ergebnisse der Datenanalysen auf folgende Aussagen:

- Die Vertikalspannung lässt sich im Allgemeinen aus der Überlagerung relativ gut abschätzen.
- Im Umfeld von Faltengebirgen und in den tektonisch wenig aktiven Schilden der Erde ist in der Regel mindestens eine Horizontalspannungskomponente betragsmäßig größer als der Überlagerungsdruck.
- In jungen Deckgebirgen und in Gebieten mit Bruchtektonik sind die Vertikaldrücke meistens höher als die Horizontaldrücke.
- Die Streuung der Messdaten ist im Allgemeinen bei Oberflächen nahen Messungen sehr groß, sie nimmt mit zunehmender Tiefe ab.
- Mit wachsender Teufe nähern sich die Spannungsverhältnisse im Gebirge dem hydrostatischen Zustand ($\sigma_H = \sigma_V = \rho \cdot g \cdot h$).

5.3.2 Regionale Analyse von Spannungsmessergebnissen

Die aus dem mitteleuropäischen Raum vorliegenden Messergebnisse – hauptsächlich aus Bohrlochentlastungsmessungen mittels Doorstopper oder Dreiaxialzelle und Hydraulic-Fracturing-Messungen – bestätigen prinzipiell diese Feststellungen und lassen aufgrund der gebietsmäßigen Beschränkung und der geologisch-geodynamischen Detailkenntnisse dieses Raumes eine weitergehende Analyse zu.

Da die vertikale Spannungskomponente den Messergebnissen nach, von Topographie-Effekten abgesehen, für praktische Zwecke ausreichend genau durch den Überlagerungsdruck beschrieben wird, kann sich die Analyse der Daten auf Betrag und Richtung der maximalen bzw. minimalen Horizontalspannung und das Verhältnis von Vertikal- zu Horizontalspannungen konzentrieren.

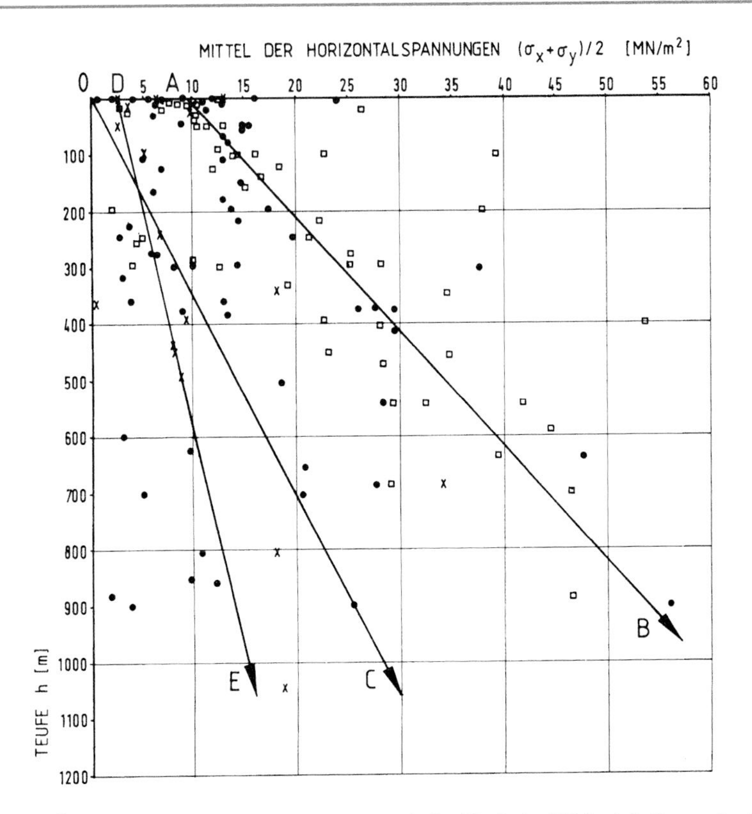

Abb. 5.14 Änderung der Horizontalspannungen mit der Teufe in Abhängigkeit von der Tektonik des Gebietes (OC theoret. Vertikalspannung, AB Horizontalspannungen in alten Schilden und prämesozoischen Faltengebirgen). DE Horizontalspannungen in tektonisch wenig beanspruchten Gesteinen. □ Alter Schild, ● Faltengebirge, x sedimentäres Deckgebirge, Rift-Zonen (Aus Ranalli & Chandler, 1975; mit freundlicher Genehmigung von © Springer Nature, Heidelberg 2018, alle Rechte vorbehalten)

Um die aus unterschiedlichen Teufen stammenden Messergebnisse vergleichen zu können, haben Greiner (1978) und Baumann (1981), die einen großen Teil der Doorstopper-Messungen durchgeführt haben, den Begriff des Horizontalspannungsüberschusses, wie in Abb. 5.15 erläutert, eingeführt.

Bezüglich der Primärspannungsverhältnisse weisen großtektonische Einheiten des mitteleuropäischen Raumes Besonderheiten auf:

- Charakteristisch für die Westalpen sind sehr hohe Horizontalspannungen und eine vermutlich auf erhebliche topographische Effekte zurückzuführende uneinheitliche Richtung der größten Horizontalspannung.
- Nördlich der Alpen ist die Richtung der größten Horizontalspannung wesentlich einheitlicher und zeigt im westlichen Teil des untersuchten Gebietes etwa SO–NW; östlich des südwestdeutschen Blockes weist die Richtung der größten Horizontalspannung eine Drehung entgegen dem Uhrzeigersinn auf.

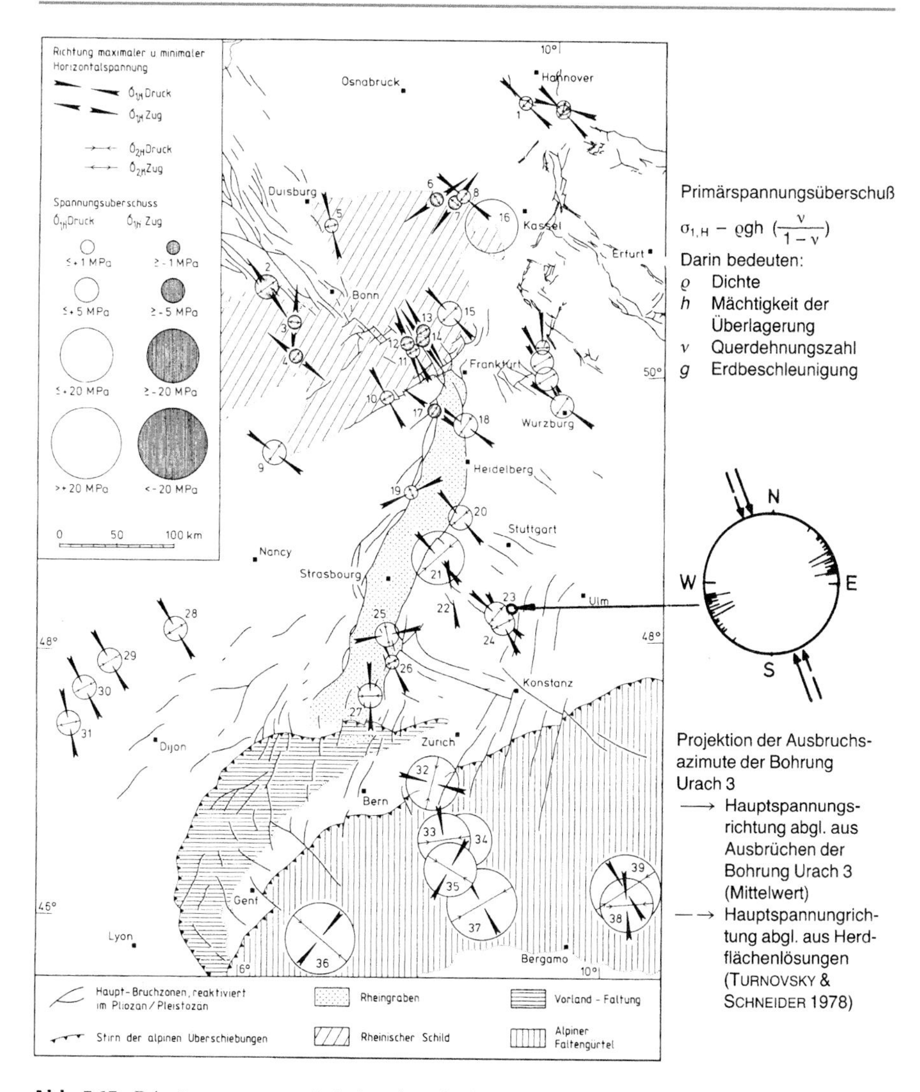

Abb. 5.15 Primärspannungsverhältnisse im mitteleuropäischen Raum (nach Baumann, 1981, mit Ergänzungen) und Vergleich von Ergebnissen oberflächennaher Primärspannungsmessungen mit aus Erdbebendaten und Bohrlochrandausbrüchen abgeleiteten Richtungen maximaler horizontaler Druckspannung

- Im Vergleich zum Alpenraum sind die Horizontalspannungen betragsmäßig im Vorland wesentlich geringer. Auch in den derzeit tektonisch aktivsten Gebieten Süddeutschlands, dem Hohenzollerngraben und dem Oberrheingraben, ließen sich keine betragsmäßig signifikant von der Umgebung abweichenden, erhöhten Spannungen nachweisen (Greiner, 1978). Außerhalb der Rheinischen Masse ist jedoch die größere Horizontalspannungskomponente meist immer noch erheblich größer als der Überlagerungsdruck, das heißt:

$$\lambda = \frac{\sigma_{1,H}}{\sigma_V} > 1.$$

- Das Rheinische Massiv und das unmittelbar östlich angrenzende Gebiet weisen Horizontalspannungen auf, die deutlich geringer sind als der Überlagerungsdruck. Zum Teil wurden sogar Zugspannungen ermittelt.
- Bezüglich der geringsten horizontalen Druckspannung ($\sigma_{2,H}$ in Abb. 5.15) lassen sich infolge der starken Streuung aus den vorliegenden Messwerten kaum verbindliche Aussagen ableiten. Sie sind jedoch meist signifikant kleiner als die maximalen Horizontalspannungen. Im südwestdeutschen Raum waren die von Greiner (1978) in Teufen zwischen 4 und 140 m gemessenen kleinsten Horizontalspannungen durchschnittlich um 1,0 MN/m^2 geringer, wobei auch geringe Zugspannungen gemessen wurden.
- Die Messungen in den Massiven östlich des südwestdeutschen Blocks ergaben ebenfalls geringere Horizontalspannungsüberschüsse mit λ-Werten um etwa 1,0.

Vielfach noch größere Horizontalspannungen als im westlichen Alpenraum und anderen Faltengebirgen wurden in geologisch alten Schilden gemessen. Hier liegen zahlreiche Messwerte vor, da die hohen Spannungen häufig Bergschläge verursachen und damit zu betrieblichen Schwierigkeiten in Bergbaubetrieben führen. So ergaben Messungen in Skandinavien Horizontalspannungen bis zu 45 MN/m^2 in geringer Tiefe (Hast, 1967 und 1969, Hiltscher 1972). Auch in Russland wurden unverhältnismäßig hohe Horizontalspannungen gemessen (Kropotkin, 1972). Aus Nordamerika, Südafrika und Australien wird über abnorm hohe horizontale Krustenspannungen von Norman (1970), Eisbacher & Bielenstein (1971), Herget (1972), Sbar & Sykes (1973), Gay (1975) sowie Mathews & Edwards (1969) berichtet.

Die hohen Horizontalspannungen werden überwiegend früheren oder rezenten tektonischen Vorgängen zugeschrieben oder als Folge der Behinderung der Entlastung in horizontaler Richtung bei der Denudation betrachtet (Voight, 1966; Baudendistel, 1974).

5.3.3 Regionales Spannungsfeld und Neotektonik

In seismisch aktiven Gebieten ergibt sich die Möglichkeit, aus der Herdkinematik von Erdbeben Aussagen über den Spannungszustand des betreffenden Krustenteiles abzuleiten. Aus den Aufzeichnungen der Erdbebenstationen werden die initialen Bewegungsrichtungen am Ort der jeweiligen Station aus den Ersteinsätzen von Kompressionswellen ermittelt. Dabei werden je nach Lage der Beobachtungsstation Dilatation (Bewegung auf den Herd zu) und Kompression (Bewegung vom Herd weg) beobachtet (Abb. 5.16).

Bereiche mit Dilatation bzw. Kompression als Ersteinsatz lassen sich durch zwei orthogonale Flächen, die sogenannten Knotenebenen, voneinander abtrennen. Entlang einer dieser Ebenen erfolgte die Bewegung am Erdbebenherd. Die Richtung

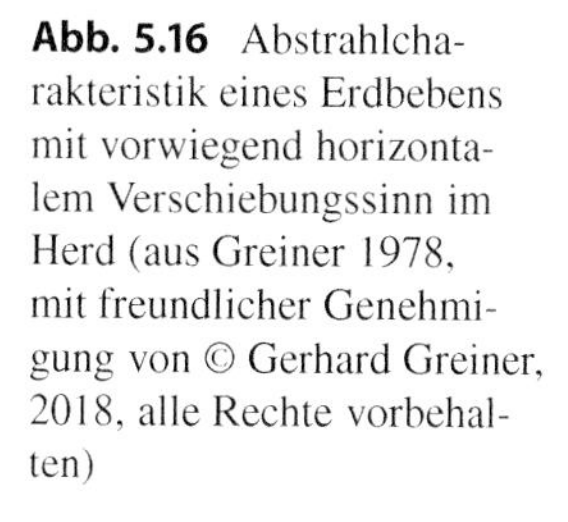

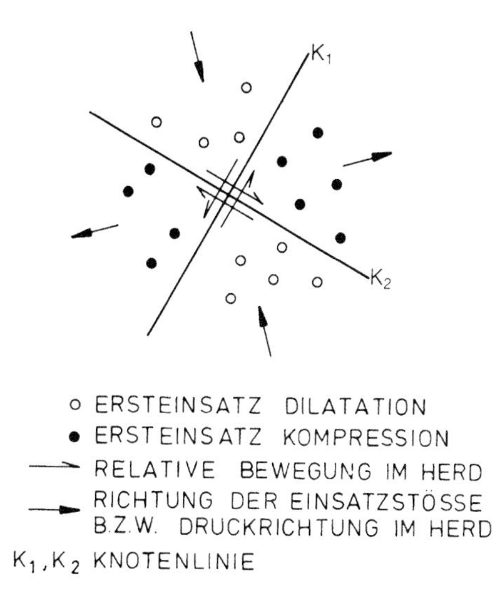

Abb. 5.16 Abstrahlcharakteristik eines Erdbebens mit vorwiegend horizontalem Verschiebungssinn im Herd (aus Greiner 1978, mit freundlicher Genehmigung von © Gerhard Greiner, 2018, alle Rechte vorbehalten)

der größten Druckspannung halbiert den Kompressionssektor. Das Vorhandensein vorgegebener Flächen oder Schwächezonen, entlang denen Bewegungen ohne Neubruch durch das Gestein auftreten, erschwert die Auswertung der seismischen Information. Zur Bestimmung der Hauptspannungsrichtungen sind dann zusätzlich die Kenntnisse der Raumlage der entsprechenden Bewegungsfläche und der Reibungseigenschaften erforderlich.

Für das westliche Mitteleuropa stellt das Oberrheingraben-Bruchsystem ein Element dar, das tektonisch aktiv ist. Im Zusammenhang mit Scherverformungen entlang der Riftzone treten Erdbeben auf. Wertet man die Erdbebendaten nach der Methode der Fault-plane-solutions im Hinblick auf die Richtung der maximalen horizontalen Druckspannung aus, so ergibt sich eine Übereinstimmung in der Spannungsrichtung (Abb. 5.15), die einen direkten Zusammenhang nahelegt (Ahorner, 1975).

Auch die Auswertung von Bohrlochwandausbrüchen, die in Bohrungen häufig auftreten und in Abhängigkeit vom Spannungsfeld des Gebirges eine bevorzugte Richtung aufweisen (Abb. 5.17), zeigt, dass im Bereich der südwestdeutschen Großscholle die Hauptdruckspannungsrichtung in der Tiefe im Mittel gut mit der oberflächennah ermittelten übereinstimmt (Abb. 5.15).

Ein Vergleich der aus Erdbeben abgeleiteten Hauptspannungsrichtungen und der aus In-situ-Spannungsmessungen ermittelten Werte durch Sbar & Sykes (1973) im Innern der nordamerikanischen Platte ergab auch hier eine generelle Übereinstimmung. Aus den Herdflächenlösungen ließ sich ableiten, dass überwiegend Aufschiebungen auftraten, was zur Annahme berechtigt, dass die gemessenen hohen horizontalen Spannungen zum Teil eine Auswirkung rezenter Tektonik sind.

Da die In-situ-Spannungen nahe der Oberfläche vielfach durch lokale Faktoren – insbesondere topographische Effekte – beeinflusst werden und zudem der unvollständigen Entlastung in horizontaler Richtung im Gefolge der Hebung und

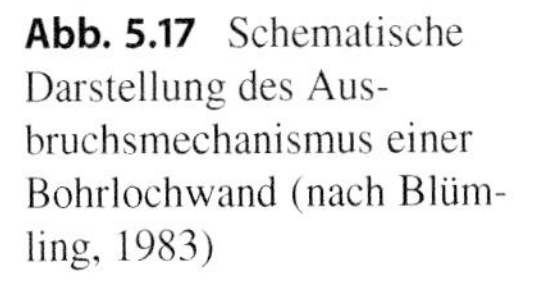

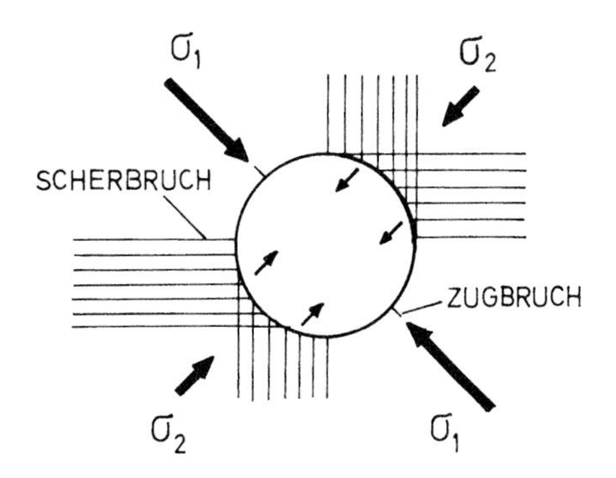

Abb. 5.17 Schematische Darstellung des Ausbruchsmechanismus einer Bohrlochwand (nach Blümling, 1983)

Denudation eines Gebietes, wie nachfolgend beschrieben, erhebliche Bedeutung zukommen kann, lassen sich sichere Aussagen über den Spannungszustand eines Gebietes in Oberflächennähe aus der gegenwärtigen Tektonik allein nicht ableiten.

5.3.4 Einfluss von Entlastungsvorgängen auf die Gebirgsspannungen

Hohe Horizontalspannungen in geringen Tiefen, wie sie auch in tektonisch wenig aktiven Gebieten beobachtet wurden, lassen vermuten, dass diese häufig auf die unvollständige Entlastung in horizontaler Richtung im Verlaufe der Heraushebung und Denudation zurückzuführen sind. Da die Geologie sich in erster Linie mit den aus tektonischen Vorgängen resultierenden Strukturen und den hierbei wirkenden Spannungen beschäftigte, wurde die Bedeutung von Entlastungsvorgängen zunächst nur von wenigen Geologen und Bau- bzw. Bergingenieuren erkannt. Geht man vereinfachend davon aus, dass mit der Denudation eines Gebietes keine Lateraldeformation verbunden ist, so erhält man – elastisches Verhalten vorausgesetzt – mit zunehmender Abtragung eine Zunahme der Seitendruckziffer λ.

In einem Beispiel geht Voight (1966) davon aus, dass ein Gesteinselement in der Tiefe einem „Heimschen" Spannungszustand ($\sigma_1 = \sigma_2 = \sigma_3$) unterliegt. Die Abtragung führt bei einer Poissonzahl von 0,2 zu Horizontalspannungen von ca. 20 MN/m^2 bis 25 MN/m^2, wenn ein Gesteinselement, das in ca. 1 km Tiefe lag, sich nach dem Abtragungsvorgang nahe der Erdoberfläche befindet.

Voight betont, dass die Annahme der Gültigkeit der Elastizitätsgesetze für die Untersuchungen des ursprünglichen Spannungszustandes in großer Tiefe im Allgemeinen unhaltbar sei, während sie bei Untersuchungen der relativ rasch und unter sich verringernden Umgebungstemperaturen und Drücken ablaufenden Entlastungsvorgänge durchaus realistisch sein kann.

Durch die Langzeit-Gebirgsfestigkeit ergibt sich eine natürliche obere Grenze der maximal möglichen Horizontalspannungen. Wird diese Grenze überschritten, so kommt es im Gefolge des Entlastungsvorganges zur Bildung von Bruch- bzw. Auffaltungsvorgängen (Abb. 5.18).

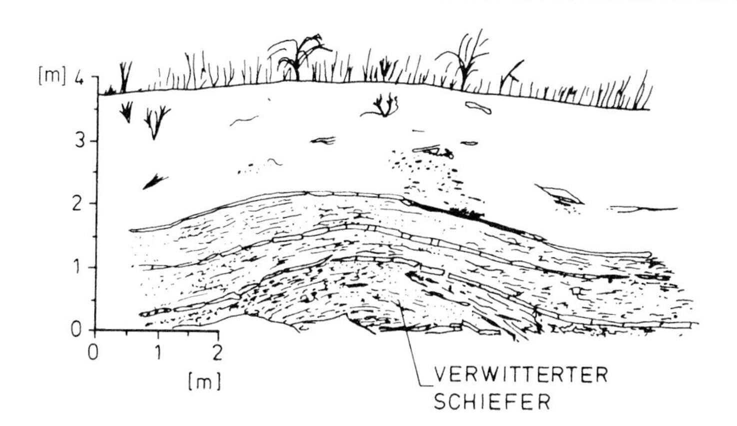

Abb. 5.18 Auffaltung infolge hoher Horizontalspannungen in Oberflächennähe. Beispiel aus Tullamore, Ontario (nach White et al., 1974)

Der Antriebsmechanismus für die Entstehung der „Entlastungsstrukturen" ist in der gespeicherten elastischen Energie des Gebirges zu suchen. Da diese bereits nach relativ geringer Verformung aufgezehrt ist, sind die dadurch entstandenen Sekundärstrukturen meist wenig spektakulär und fanden nur dann Beachtung, wenn die hohen Horizontalspannungen bei der Errichtung von Ingenieurbauten oder im Bergbau unliebsam in Erscheinung traten.

Ausführlich beschreiben White et al. (1974) solche Strukturen aus Ontario, Kanada – einem Gebiet, in dem in flachlagernden, paläozoischen Sedimentgesteinen hohe Horizontalspannungen in der Größenordnung von 8 MN/m^2 bis ca. 20 MN/m^2 in Oberflächennähe zu erheblichen Schwierigkeiten beim Tunnelbau geführt haben.

Auch beim Bau des über 80 km langen Orange-Fish-Tunnels in Südafrika kam es zu Erschwernissen und Schäden infolge hoher Horizontalspannungen in flachliegenden, tektonisch wenig beanspruchten Sedimentgesteinen. Baudendistel (1974) betrachtet – von ähnlichen Überlegungen wie Voight (1966) ausgehend – die hohen Horizontalspannungen als eine Folge der Denudation. Er bezieht in seine Betrachtungen mit ein, dass infolge Überschreitens der nichtlinearen Grenzbedingung in der Belastungsphase Bruch bzw. Fließen eintreten kann, was einer Erhöhung der Seitendruckziffer λ gleichkommt (Abb. 5.19a). Eine noch wesentlich stärkere Erhöhung von λ ergibt sich jedoch während der Phase des Abtrags der Überlagerung. Die Änderung von λ mit der Tiefe wurde für drei Fälle, ausgehend von einer Seitendruckziffer $\lambda = 0{,}4$ bzw. $\lambda = 1{,}0$ vor Beginn der Abtragung und einer Erosion von 500 m bzw. 1000 m überlagerndem Material ermittelt. Der Querdehnungskoeffizient ν wurde dabei zu 0,15 angenommen. Für den Fall A (Abb. 5.19b) ergab sich eine relativ gute Übereinstimmung für das von Baudendistel (1974) untersuchte Beispiel. Da in Oberflächennähe mit einem verwitterten Bereich zu rechnen ist, welcher eine Speicherung horizontaler Spannungen nicht in gleichem Maße erlaubt, wurden die theoretisch asymptotisch verlaufenden Kurven in Oberflächennähe um-

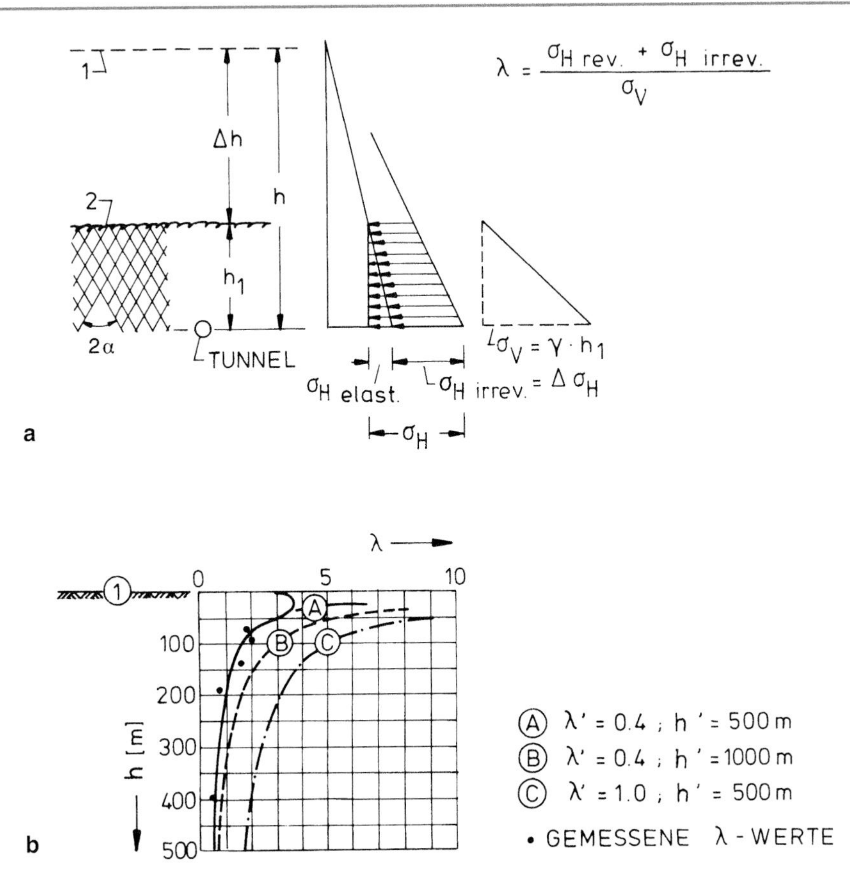

Abb. 5.19 Entstehung einer erhöhten Seitendruckziffer infolge irreversibler horizontaler Spannungen und Entlastung durch Denudation. **a** Schematische Darstellung und mathematische Formulierung. 1 ehemalige Oberfläche, 2 Oberfläche nach Denudation (aus Müller, 1978; mit freundlicher Genehmigung von © Springer-Verlag GmbH Deutschland, 2018, alle Rechte vorbehalten). **b** Beispiel: Mögliche Werte der Primärspannungen infolge Denudation, 1 jetzige Oberfläche; ein dem Gebirge bei früherer Überlagerung h' eingeprägter Seitendruck-Wert; A, B, G: infolge bzw. nach Denudation der früheren Überlagerung h' auftretende Werte (aus Baudendistel, 1974)

gelenkt. Die erheblichen Auswirkungen der hohen Seitendruckziffer auf die Kosten für Verbau bzw. Ausbau eines Tunnels werden in Abschn. 5.6 dargelegt.

5.3.5 Einfluss der Morphologie auf den lokalen Spannungszustand

Durch die Topographie eines Gebietes können sich vor allem im Hoch- und Mittelgebirge erhebliche lokale Spannungskonzentrationen ergeben. Da die im Bauwesen vorzunehmenden Eingriffe zumeist oberflächennah erfolgen, sind diese Effekte hier von besonderer Bedeutung. Sind die mechanischen Eigenschaften des

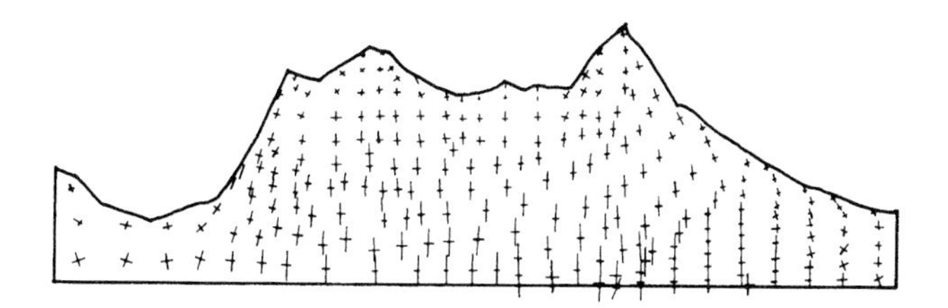

Abb. 5.20 Ergebnisse einer Finite-Elemente-Berechnung der Spannungsverteilung infolge des Eigengewichts eines Gebirgsstockes (aus Scheidegger, 1978; mit freundlicher Genehmigung von © Springer 2018, alle Rechte vorbehalten)

Gebirges bekannt, so lässt sich die Spannungsverteilung, z. B. für beliebige Querschnittsformen von Tälern, numerisch mittels Finite-Elemente-Berechnungen ermitteln (Abb. 5.20). Für linear elastisches, isotropes Stoffverhalten und einfache geometrische Verhältnisse gibt es auch analytische Lösungen (Abb. 5.21). Dass bei stark anisotropem Materialverhalten – wie es besonders ausgeprägt in Sedimentgesteinen und metamorphen Schiefern vielfach vorkommt – die Spannungsverteilung sehr stark von der Raumstellung der Schicht- bzw. Schieferungsflächen abhängt, wird aus numerischen Berechnungen und Modellversuchen (Sharma, 1978) deutlich. In-situ-Spannungsmessungen zur direkten experimentellen Bestimmung der Spannungsverteilung, z. B. über einen Talquerschnitt hinweg, liegen bislang nicht vor. Messungen in den Österreichischen Alpen, über die Scheidegger (1978) be-

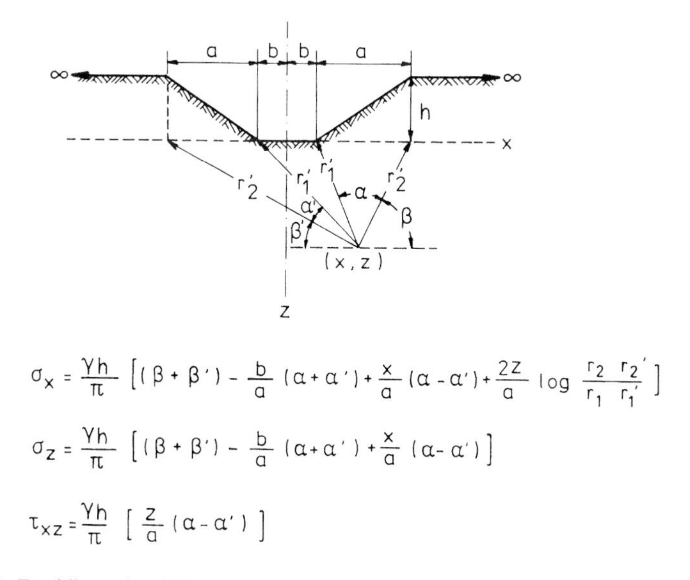

Abb. 5.21 Zweidimensionale Lösung für die Spannungsverteilung unter einem Tal unter Annahme elastischen Verhaltens des Gebirges (nach Voight, 1966; mit freundlicher Genehmigung von © LNEC, 2018, alle Rechte vorbehalten)

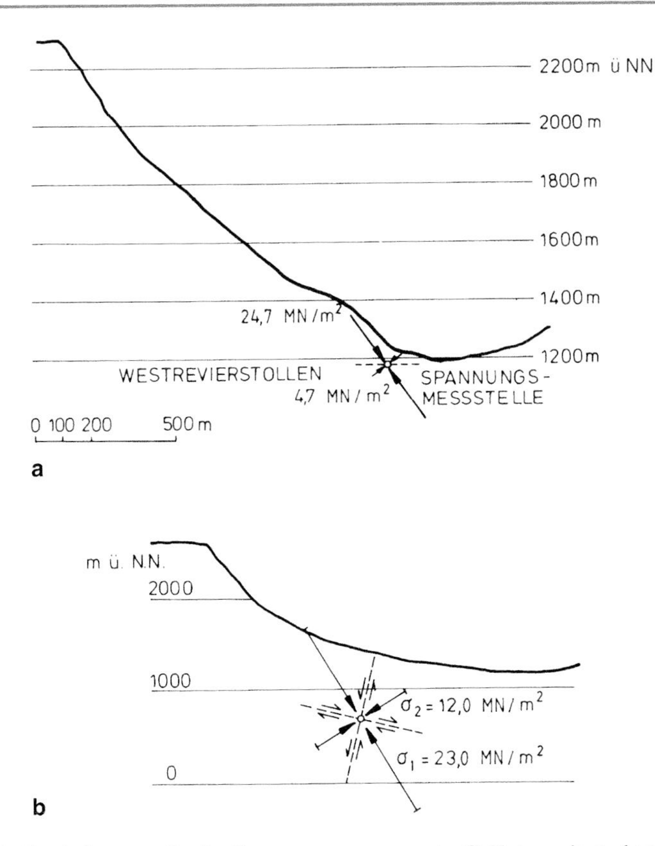

Abb. 5.22 Ergebnisse von In-situ-Spannungsmessungen in Gebieten mit starkem topographischem Relief. **a** Felbertal (Österreich). **b** Mühlbach, Kupfererzbergwerk (Österreich) (nach Scheidegger, 1978; mit freundlicher Genehmigung von © Springer 2018, alle Rechte vorbehalten)

richtet, deuten darauf hin, dass die rechnerisch ermittelten Spannungsverteilungen zumindest qualitativ zutreffend zu sein scheinen (Abb. 5.22).

Im Zuge der Planungsarbeiten für eine große Kraftwerkskaverne in Indonesien wurden eingehende Untersuchungen zum primären Spannungszustand angestellt. Mittels der Bohrlochentlastungsmethode gemessene und numerisch ermittelte In-situ-Spannungen lassen den Einfluss der Topographie deutlich erkennen (Abb. 5.23). Für eine Querdehnungszahl von $\nu = 0{,}45$ stimmten die errechneten maximalen Durckspannungen am ehesten überein. Die Rechnung ergab für diesen Fall eine Seitendruckziffer $\lambda = \sigma_H/\sigma_V$ von 0,80.

Die Messungen erbrachten einen λ-Wert von 1,0. Es wurde angenommen, dass die erhöhten Horizontalspannungen aus unvollständiger Entlastung nach Erosion des geologisch gesehen jungen Flusstales resultieren. Die Beobachtungen beim Auffahren der Kaverne (s. Abschn. 5.6) haben die Messergebnisse bestätigt.

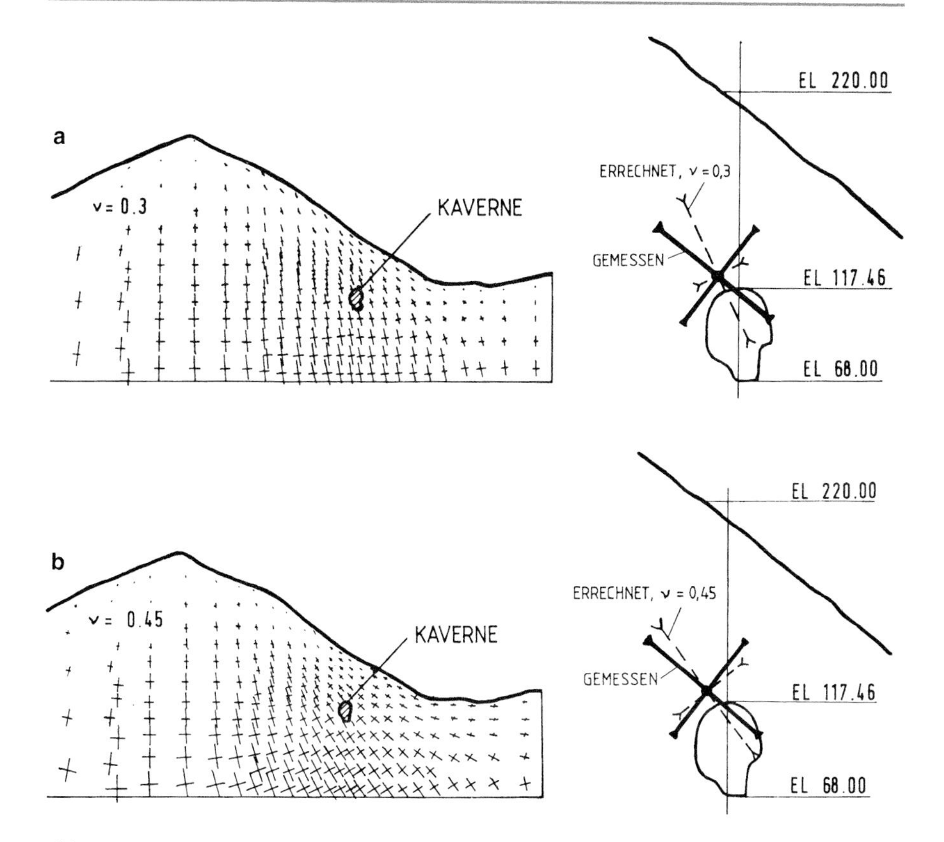

Abb. 5.23 Vergleich von rechnerisch ermittelten und gemessenen Primärspannungen – Felskaverne Cirata, Indonesien. Berechnung mittels finiter Elemente unter Annahme eines elastisch-isotropen Gebirges. Dargestellt sind die Verteilung der rechnerisch ermittelten Hauptspannungen (links) und die errechneten und gemessenen Spannungskomponenten (Untersuchungsstollen über Kavernenfirste). **a** numerische Berechnung unter der Annahme $\nu = 0,3$. **b** numerische Berechnung unter der Annahme $\nu = 0,45$

5.4 Geologische Strukturelemente als Indikatoren der Spannungsgeschichte

5.4.1 Erdgeschichtliche Zuordnung

Eine Reihe von Studien zeigen, dass Zusammenhänge zwischen Gesteinstextur, Felsgefüge und dem Spannungszustand bestehen. Diese Zusammenhänge sind allerdings vielfach sehr komplexer Natur und nur in Ausnahmefällen so beschaffen, dass man z. B. aus dem zur Zeit der Entstehung von Verschiebungsbrüchen im Fels herrschenden Spannungszustand in der Kreidezeit den rezenten Spannungszustand direkt ablesen könnte. Hier muss man zunächst streng trennen zwischen dem aus Gefüge und Textur abgeleiteten Spannungszustand zum Zeitpunkt der Entstehung der jeweiligen Strukturelemente und dem derzeitigen Spannungszustand.

5.4.2 Paläostressfeld und Gesteins- sowie Felsgefüge

Insbesondere im tektonisch beanspruchten Gebirge bleiben als Folge der Deformationsprozesse Strukturen zurück, aus denen sich Schlüsse auf den Spannungszustand ziehen lassen, wobei sich vielfach die Hauptspannungsrichtungen genauer bestimmen lassen, als ihre Magnituden. Die Berechtigung zum Schluss von Struktur auf Spannungszustand wird zumeist aus Beobachtungen, die bei der experimentellen Gesteinsverformung gemacht wurden, abgeleitet. Es lassen sich dabei Strukturelemente aller Größenbereiche verwenden.

Beispiele großräumiger tektonischer Elemente sind Falten- und Bruchstrukturen (Aufschiebungen, Überschiebungen, Abschiebungen, Blattverschiebungen, Gangsysteme). Aus ihnen lassen sich allgemeine Aussagen über das regionale Spannungsfeld ableiten. Dabei ist allerdings zu beachten, dass die lokalen Spannungen, z. B. in verschiedenen Bereichen eines Grabens, in Richtung und Betrag sehr stark von den mittleren „globalen" Spannungen abweichen können. So verdeutlicht ein Modellversuch von Hans Cloos (Abb. 5.24), den er in den 1940er-Jahren am Institut für Geologie der Universität Bonn ausführte, dass bei einer großräumigen Aufwölbung, wie wir dies vom Schwarzwald und den Vogesen kennen, im Scheitel der Wölbung lokale Spannungen vorhanden sind, welche die Bildung eines Grabens, im Falle des Modellversuches des Oberrheingrabens, zur Folge haben.

Abb. 5.24 Experiment von Hans Cloos an einem Tonmodell. Der Gipsabguss zeigt einen Versuch, der sich mit der Entstehung tektonischer Strukturen bei der Bildung eines Grabens befasst (Photo: E. Fecker)

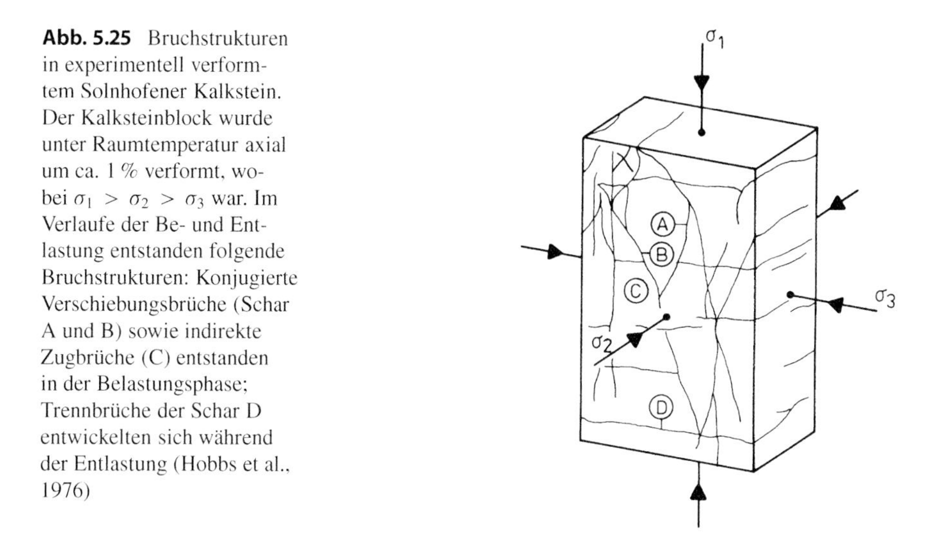

Abb. 5.25 Bruchstrukturen in experimentell verformtem Solnhofener Kalkstein. Der Kalksteinblock wurde unter Raumtemperatur axial um ca. 1 % verformt, wobei $\sigma_1 > \sigma_2 > \sigma_3$ war. Im Verlaufe der Be- und Entlastung entstanden folgende Bruchstrukturen: Konjugierte Verschiebungsbrüche (Schar A und B) sowie indirekte Zugbrüche (C) entstanden in der Belastungsphase; Trennbrüche der Schar D entwickelten sich während der Entlastung (Hobbs et al., 1976)

Aus der Geometrie von Bruchstrukturen lassen sich bei Kenntnis des Festigkeitsverhaltens eines Materials – zum Zeitpunkt der Bruchentwicklung – sowohl die Hauptspannungsrichtungen wie auch die Spannungsmagnituden abschätzen. Da, wie aus Abb. 5.25 hervorgeht, im Verlaufe eines Belastungszyklus mechanisch recht unterschiedlich zu bewertende Brüche entstehen können (s. auch Kap. 4), ist es oft schwierig, die einzelnen Kluftscharen und Brüche eindeutig einem bestimmten Typ zuzuordnen.

Im Kleinbereich bieten Strukturen wie Mikrorisse, Zwillingslamellen und Deformationsbänder in Einzelkristallen, Knickfalten (*kinkbands*) in blättrigen Mineralen (Gips, Glimmer) und die bevorzugte Orientierung kristallographischer Achsen (z. B. der c-Achsen von Quarz) Anhaltspunkte über die Paläospannungen (Hobbs, Means & Williams, 1976). Da sich die Strukturelemente nur unter einem bestimmten Druck-Temperatur-Regime bilden, lassen sich auch die Beträge der Paläospannungen grob abschätzen.

5.4.3 Zeitliche Änderung regionaler Spannungsfelder

Ein Beispiel für die zeitliche Änderung des regionalen Spannungsfeldes gibt Illies (1974), der aufgrund mehrerer Indizien eine Drehung der Richtung der maximalen Hauptdruckspannung im nördlichen Alpenvorland von etwa NNO zu Ende des Mesozoikums in die heutige NNW-Richtung ableitet. Das aus den Makrostrukturen (Oberrheingraben, Hessische Senke) postulierte Spannungsfeld (Abb. 5.26) zum Ausgang des Mesozoikums spiegelt sich auch in der Streichrichtung von Basaltgängen dieses Alters wider. Für diese Gänge kann angenommen werden, dass sie normal zur Richtung der kleinsten Hauptdruckspannung streichen. Im Gegensatz hierzu ist das rezente Spannungsfeld, wie es sich aus Herdmechanismen von Erd-

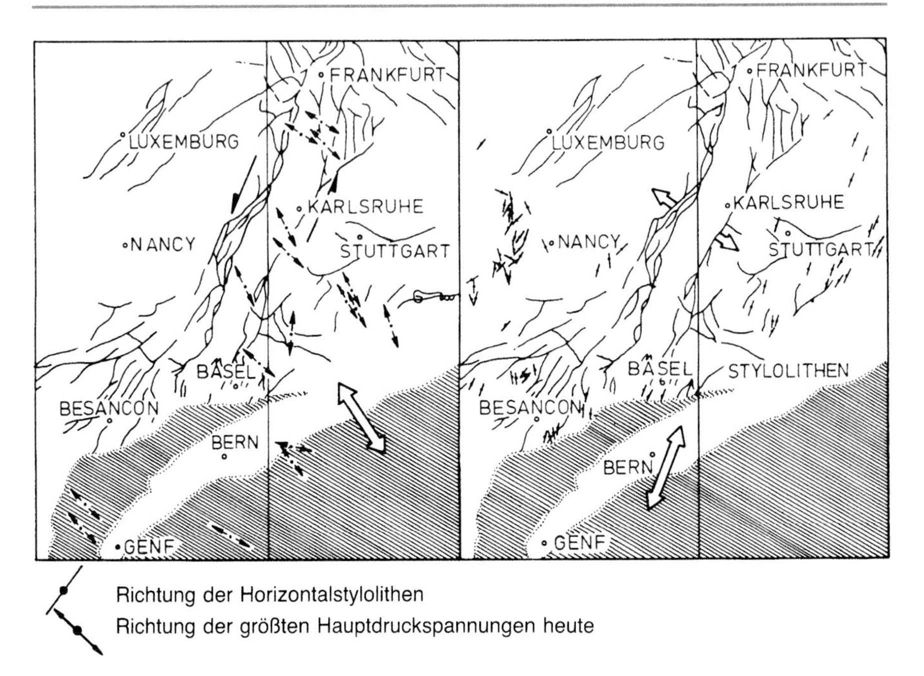

Abb. 5.26 Umwandlung des Oberrheingrabens von einem Zerrgraben in eine Struktur, die durch sinistrale Scherung gekennzeichnet ist. Die Drehung der Hauptspannungsrichtungen ist belegt aus der Richtung von Horizontalstylolithen für die Tertiärzeit (rechts) und heute durch In-situ-Spannungsmessungen sowie Herdflächenlösungen von Erdbeben (links) (nach Illies, 1975; mit freundlicher Genehmigung von © Springer Nature, Heidelberg 2018, alle Rechte vorbehalten)

beben und In-situ-Spannungsmessungen sowie aus rezenten Krustenbewegungen (Bonjer et al., 1984) ergibt, charakterisiert durch NNW gerichtete max. Horizontalspannungen.

Die Drehung der Richtung maximaler Horizontalspannung lässt sich anhand mehrerer Beobachtungen relativ schlüssig nachweisen:

- Horizontalstylolithen (Drucklösungsstrukturen) weisen je nach Entstehungsalter unterschiedliche Orientierung auf;
- die Richtung von Basaltgängen hängt von ihrem Entstehungsalter ab;
- Sedimenttröge im Gebiet des Oberrheingrabens haben unterschiedliche Streichrichtung, je nach Zeit der Entstehung;
- die ursprünglich als Abschiebungen (Dehnungsstrukturen) entstandenen Randstörungen des Oberrheingrabens wurden zu Blattverschiebungen (horizontale Scherung) umfunktioniert.

5.4.4 Gefüge und rezentes Spannungsfeld

Wie im vorangehenden Abschnitt dargestellt, lässt sich infolge der zeitlichen Änderung des Spannungszustandes von den Strukturelementen, die sich z. B. zur Zeit der tektonischen Deformation eines Krustenteiles im Mesozoikum gebildet haben, nicht ohne Weiteres auf den heutigen Spannungszustand schließen.

Betrachtet man jedoch die gesamte Spannungsgeschichte eines Gebirgselementes, so ist es durchaus verständlich, dass vielfach direkte geometrische Beziehungen beobachtet werden konnten, wie die folgenden Beispiele zeigen.

Bielenstein & Eisbacher (1969) weisen auf Zusammenhänge zwischen postorogenetischen Klüften und der Richtung rezenter Hauptspannungen hin. Die tektonische Analyse ergab, dass die gefügeprägende Deformation des von ihnen untersuchten Teiles des kanadischen Schildes vor ca. 1,7 Mio. Jahren durch etwa NS gerichtete maximale Druckspannungen erfolgte. Etwa OW streichende, nahezu vertikale Klüfte – die auch in wesentlich jüngeren ungefalteten Decksedimentgesteinen zu finden sind – zeigen keine Anzeichen von Verschiebungen und sind parallel zur rezenten maximalen Horizontalspannung orientiert. Das heißt, die Richtung maximaler Druckspannung hat sich seit der gefügeprägenden Deformation um 90° gedreht.

Auf geometrische Zusammenhänge zwischen der gegenwärtigen Richtung der maximalen Hauptdruckspannung und der Orientierung von Mikrorissen in Bohrkernen aus Granit und Gneis, die aus einem Gebiet hoher Horizontalspannungen entnommen wurden, weist Norman (1970) hin.

Während Gefügeelemente, wie Klüfte, Scherzonen und Schieferung in diesem Gebiet Nordamerikas keine konsistente geometrische Beziehung zum rezenten Spannungsfeld erkennen ließen, zeigten die Mikrorisse (Abb. 5.27) in fünf Fällen eine bevorzugte Orientierung normal zur Richtung größter Druckspannung. In einer der sechs untersuchten Lokalitäten waren die Mikrorisse dagegen parallel zur größten Druckspannung eingeregelt. Norman betrachtet die Mikrorisse als ein Entlastungsphänomen. Reik & Vardar (1974) haben die Entstehung solcher Mikrorisse als Folge der Entlastung nachgewiesen und gezeigt, dass die Mikrorisse normal zur ehemaligen Richtung größter Druckspannung entstehen. Die durch die Mikrorisse bedingte Herabsetzung der Zugfestigkeit lässt sich in Gesteinen, die keine anderen Inhomogenitäten enthalten, zur Ermittlung der bevorzugten Richtung von Mikrorissen verwenden. In Punktlastversuchen, durchgeführt an solchen Gesteinen, entwickeln sich Spaltzugrisse bevorzugt parallel zum Streichen der Mikrorisse (Abb. 5.28). Mithilfe dieser einfachen Versuche lässt sich die bevorzugte Richtung von Mikrorissen auch über größere Bereiche ermitteln (Abb. 5.29). Hieraus könnte sich eine Möglichkeit ergeben, Aussagen über die regionale Verteilung der Hauptspannungsrichtungen zu gewinnen. Norman (1970) weist zudem darauf hin, dass sich die Mikrorissanalyse vor allem auch an Gesteinskernen aus großer Tiefe anwenden lässt, wo die sonst üblichen Spannungsmessverfahren mit Ausnahme des Hydraulic Fracturing bislang nicht ausgeführt werden können.

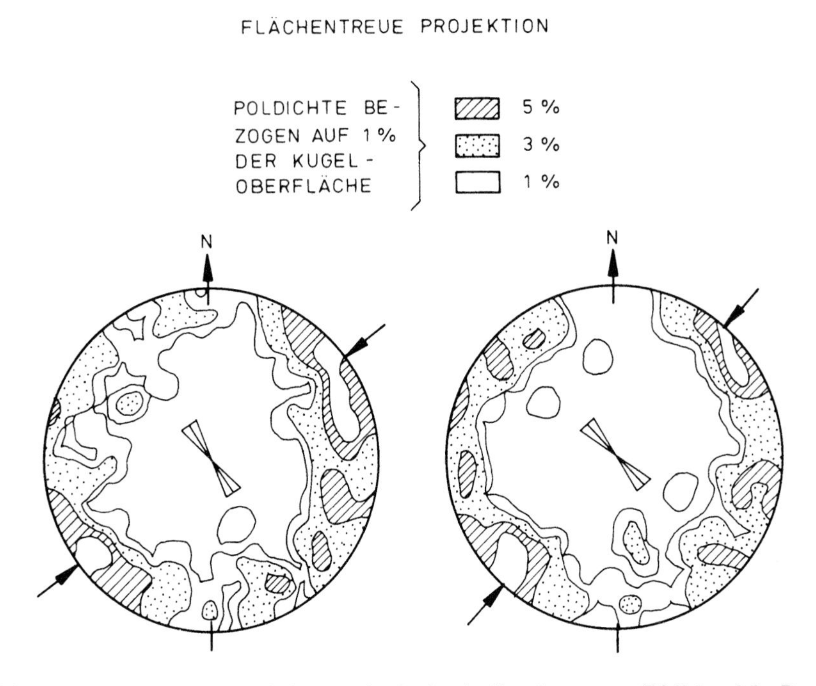

Abb. 5.27 Zusammenhänge zwischen maximaler In-situ-Druckspannung (Pfeile) und der Raumlage von Mikrorissen in Gneisen bei Atlanta (USA). Die Raumstellung der Mikrorisse ist durch Poldichte und die mittlere Streichrichtung gegeben (aus Norman, US Bureau of Mines Report, Inv. 7365, 1970)

Abb. 5.28 Zugfestigkeitsanisotropie in tektonisch deformierten Sandsteinen (bevorzugte Bruchrichtung in Punktbelastungsversuchen liegt parallel zum Trend der Faltenachsen) (aus Reik, 1974)

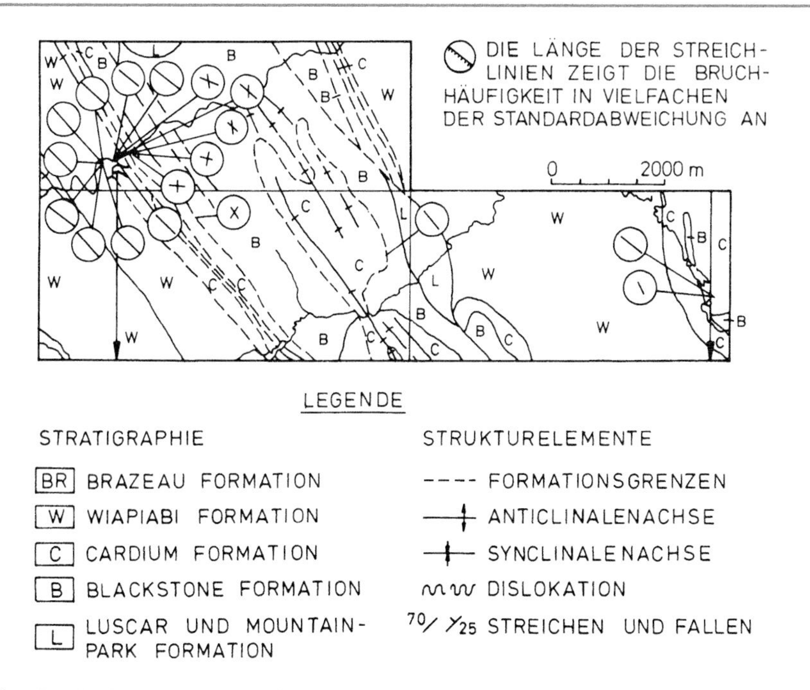

Abb. 5.29 Punktbelastungsversuche an Cardium Sandsteinproben – Statistisch ermittelte mittlere Bruchrichtung (aus Reik & Vardar, 1974)

5.5 Anthropogene Einflüsse auf den Spannungszustand

Mit Eingriffen in den Untergrund sind vielfach Änderungen des Spannungszustandes in der Umgebung verbunden. Im Allgemeinen sind diese jedoch – wie beim Aushub tiefer Baugruben, dem Tunnel- bzw. Kavernenbau etc. – relativ lokale Erscheinungen, zumindest bei sachgemäßer Vorgehensweise.

Zu großräumigeren Veränderungen kann jedoch das Aufstauen großer Wassermassen, das Absenken des Grundwassers oder auch das Einpressen von Wasser unter hohem Druck führen.

Vielfach steht das Gebirge bereits unter Spannungen, die nahe an der kritischen Schwelle liegen, sodass z. B. die von einem Stausee verursachten Spannungsänderungen lokal zur Überschreitung der Materialgrenzbedingung führen können.

Seitdem Carder (1945) zum ersten Mal auf einen Zusammenhang zwischen lokaler Seismizität und Aufstau eines Sees (Lake Mead, USA) hingewiesen hat, sind mehr als 30 weitere Fälle bekannt geworden, in denen Stausee-induzierte Erdbeben auftraten. Die Stärke der Beben reicht von solchen mit katastrophalen Ausmaßen (Kremasta in Griechenland; Koyna in Indien) bis hin zu Mikrobeben. Da Erdbeben direkt (Dammbruch) oder indirekt (z. B. Bergrutsch) große Katastrophen zur Folge haben können, ist die Erforschung des Problems der „*man made earthquakes*" vordringlich. In einigen Ländern (z. B. der Schweiz) ist die seismische Beobachtung an größeren Stauseen inzwischen gesetzlich vorgeschrieben.

Die mit der Wasserauflast verbundenen Spannungsänderungen sowie der Einfluss der Veränderung der Kluft- bzw. Porenwasserdrücke im Verlauf eines Auf-/Abstau-Zyklus wurden von G. Bock (1978) eingehend untersucht.

Danach können sich, vor allem durch die Änderung der Spannungsverhältnisse entlang von Störungen bzw. Großklüften, bei ungünstiger Raumstellung Gefahren ergeben. Entscheidend ist dabei auch die Richtung der Hauptspannung des primären Spannungsfeldes.

Vielfach – vor allem im nicht wassergesättigten Gebirge – ist die Verminderung der effektiven Normalspannung entlang von Großklüften oder Störungszonen durch Erhöhung des Kluftwasserdruckes von größerer Bedeutung als die Wasserauflast im Staubecken selbst (G. Bock, 1978; Blum, 1975). Bei günstiger Raumstellung von Störungsflächen können sich die Spannungsänderungen infolge Wasserauflast auch stabilisierend auswirken. Dies erklärt, weshalb sich in einigen Gebieten nach dem Anlegen großer Stauseen die Seismizität verringerte.

5.6 Auswirkungen unerwartet hoher Spannungen

Da Ingenieurbauwerke zumeist in geringer Tiefe ausgeführt werden, treten vielfach Schwierigkeiten im Zusammenhang mit hohen Horizontalspannungen auf. Ein Beispiel hierfür bietet der 83 km lange Orange-Fish-Tunnel in Südafrika. In den massigen, festen Sandsteinen und Schluffsteinen der Karroo-Serie entstanden vielfach unerwartete, glockenförmige Mehrausbrüche und Verbrüche. Diese traten oft erst Monate nach dem Ausbruch auf, nicht selten in Strecken, deren Gebirgsbeschaffenheit zunächst keine Schwierigkeiten hatte erwarten lassen. In mit Netzen und 1,5 m langen Kurzankern gegen Nachfall aus der Firste gesicherten Bereichen wurde der Nachfall mit der Zeit so beträchtlich, dass Netze und Anker den Beanspruchungen nicht mehr standhielten (Abb. 5.30). Verbesserungen ergaben sich hier erst nach dem Einbau längerer Anker. In den mit Spritzbeton und Kurzankern gesicherten Tunnelabschnitten kam es vielfach zu Stauchungen und Scherbrüchen in der Spritzbetonschale (Abb. 5.31). Die Spritzbetonschale verlor jedoch dadurch ihre Funktion als vorläufige Sicherung nicht. Bei Kenntnis und Berücksichtigung der hohen Horizontalspannungen hätten sich die Schäden, zu deren Sanierung viele Millionen Euro aufgewendet werden mussten, zum größten Teil vermeiden lassen. Negativ ausgewirkt hat sich die nur allmählich – im Verlaufe von Wochen bzw. Monaten – ablaufende Umlagerung der Spannungen. Ähnlich lang anhaltende Entspannungsdeformationen in Richtung auf Hohlräume und tiefe Baugruben zu wurden aus Kanada beschrieben (Franklin & Hungr, 1978), wo ebenfalls hohe Horizontalspannungen in nahezu söhlig gelagerten paläozoischen Sedimentgesteinen der Niagara Peninsula auftreten. Dort zeigte sich, dass die Entspannungsdeformation 200 m bis 300 m tief reichen und lange andauern kann.

Die Horizontalverschiebung relativ von Schicht zu Schicht betrug dort z. T. bis zu 10 cm. Mit dem Einbau des endgültigen Ausbaues musste monatelang gewartet

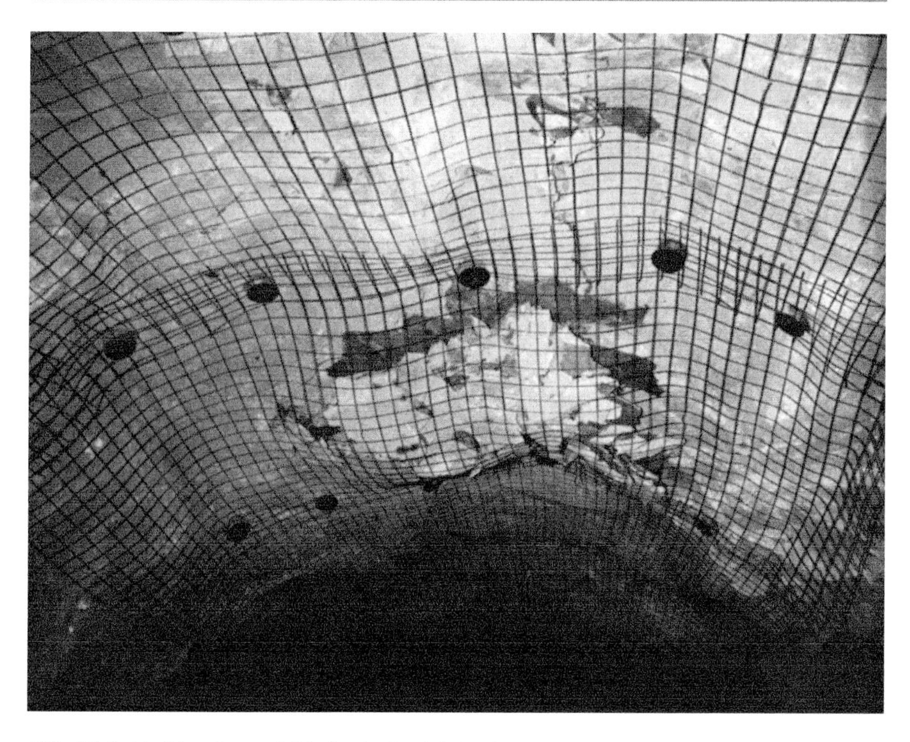

Abb. 5.30 Nachbruch von Schluffstein durch hohe Horizontalspannungen, Orange-Fish-Tunnel; Südafrika (aus Müller, 1978; mit freundlicher Genehmigung von © Springer-Verlag GmbH Deutschland, 2018, alle Rechte vorbehalten)

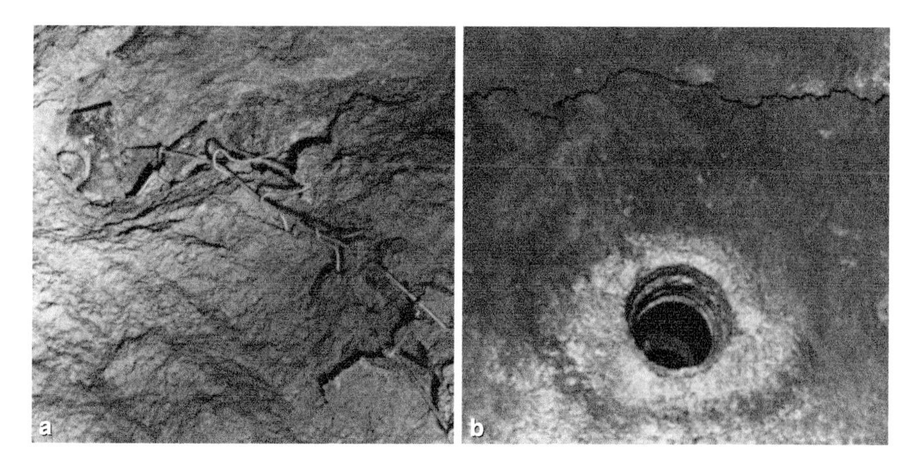

Abb. 5.31 Beispiel für einen Überschiebungsbruch in der Firste eines Tunnels infolge hohen Seitendruckes. **a** Bruch und Kröpfung des Baustahlgewebes in der Spritzbetonschale; **b** Schichtverschiebungen und Fugenöffnungen im überlagernden Gebirge (aus Müller, 1978; mit freundlicher Genehmigung von © Springer-Verlag GmbH Deutschland, 2018, alle Rechte vorbehalten)

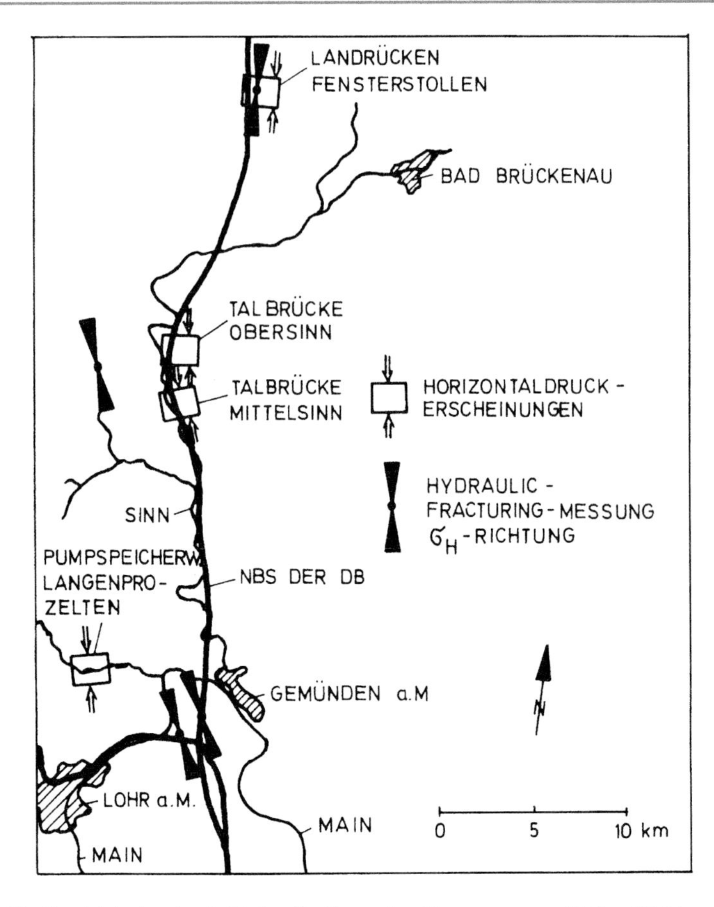

Abb. 5.32 Vergleich der durch Hydraulic-Fracturing-Messungen ermittelten Richtung der maximalen Horizontalspannungskomponente mit anderen Horizontaldruckerscheinungen im Buntsandstein des Raumes Gemünden-Main-Fulda (aus Reik 1985)

werden. In Baugruben, Kanälen etc. mussten zwischen Fels und Bauwerk kompressible Materialien wie Polyurethane, Polystyrene oder Schwefel in Lagen bis zu 15 cm Dicke eingebaut werden, um Bauwerksschäden, wie sie früher dort häufig selbst bei Betonsohlplatten > 1 m Dicke aufgetreten waren, zu vermeiden.

Erhöhte Horizontalspannungen sind durch Spannungsmessungen (s. Abb. 5.32) und durch verschiedene Horizontaldruckerscheinungen auch aus dem nahezu horizontal gelagerten Buntsandstein Süddeutschlands bekannt.

So lassen sich in quer zur Richtung größter Druckspannung verlaufenden Tälern im Taltiefsten Auffaltungen oder Aufschiebungen beobachten, die nur den oberflächennahen Felsbereich – im Buntsandstein zum Beispiel 2–4 m unter Felsoberkante – erfassen (Abb. 5.33). Darunter ist die Sandsteinplatte horizontal verspannt. Im

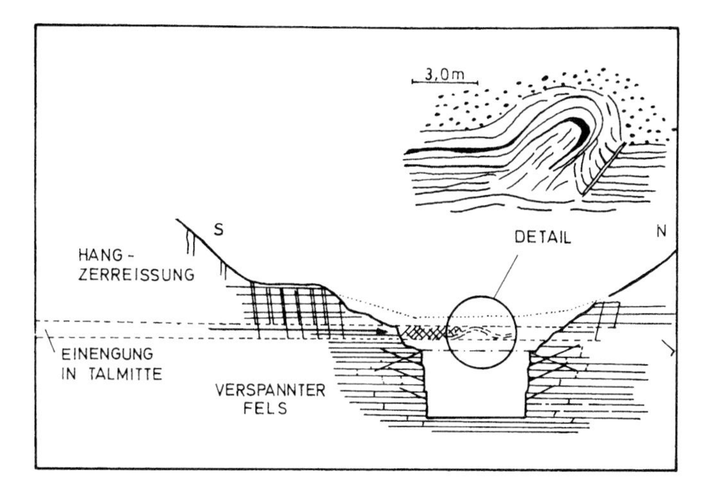

Abb. 5.33 Oberflächennahe Einengungsstruktur im Taltiefsten von Tälern, die etwa normal zur Richtung größter horizontaler Druckspannung verlaufen; Krafthausbaugrube Langenprozelten (aus Roloff, 1978; mit freundlicher Genehmigung von © Springer-Verlag 2018, alle Rechte vorbehalten)

Gegensatz zu den Einengungserscheinungen im Talboden stehen die entspannten Hangbereiche mit zu Spalten geöffneten Klüften.

Ein weiteres Beispiel zeigt diese Phänomene in der Baugrube eines Brückenpfeilers der Bundesbahn-Neubaustrecke Hannover-Würzburg:

- Aufschiebung im Taltiefsten (Abb. 5.34);
- offene oder verfüllte Spalten im Hangbereich.

Ähnliche Beobachtungen waren auch in Südafrika und Kanada in Gebieten gemacht worden, in denen es, wie bereits geschildert, zu erheblichen Schäden durch die hohen Horizontalspannungen gekommen war.

Beim Bau der Tunnel des Südabschnittes der Neubaustrecke Hannover-Würzburg der Deutschen Bahn traten die erhöhten Horizontalspannungen nicht unliebsam in Erscheinung, da die Strecke parallel bzw. spitzwinklig zur Richtung größter Druckspannung verläuft. Dagegen ergaben sich für Tunnelstrecken im Auflockerungsbereich der Talhänge Schwierigkeiten infolge zu geringer horizontaler Verspannung und spaltenförmig geöffneter N-S-streichender Klüfte, worüber Harpf & Gais (1983) sowie Niedermeyer et al. (1983) berichtet haben (s. Abb. 5.35). Als Gegenmaßnahme hat sich die Stabilisierung des Gebirges mittels Kluftverfüllung durch Injektion von Zementsuspension oder Zementmörtel mit Bentonit am besten bewährt. Hierdurch konnte das Ausweichen der Kalottenfüße – gefolgt von Firstsetzungen über 10 cm – weitgehend verhindert werden. Die Firstsetzungen beim Kalottenvortrieb reduzierten sich auf i. A. weniger als 5 cm.

Abb. 5.34 Auffaltung und Aufschiebung oberflächennaher Schichten in der Baugrube eines Brückenpfeilers der Neubaustrecke Hannover-Würzburg der Deutschen Bahn AG (Talbrücke Obersinn) (Photo: G. Reik)

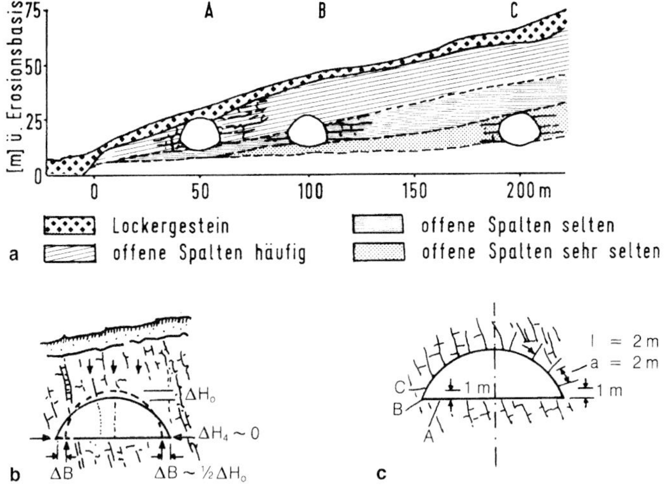

Abb. 5.35 Tunnelstrecken im Auflockerungsbereich eines Talhanges **a** Einflussbereich der Gebirgsauflockerung. **b** Schematische Darstellung der gefügebedingten hohen Vertikalbelastung mit größeren Firstsetzungen ΔH_0 und Divergenzen ΔB und geringerer Setzung der Kalottenfüße (Tunnellagen A und B). **c** Erfolgreich angewandte Injektionsprogramme. Linke Variante: Injektion in drei Bohrlochreihen (A, B, C) je Tunnelseite; rechte Variante: Injektion in Ulme und Firste – Deutsche Bahn AG Neubaustrecke Hannover-Würzburg, Tunnel Burgsinner Kuppe (nach Niedermeyer et al., 1983 und Harpf & Gais, 1983; mit freundlicher Genehmigung von © EW-Medien und Kongresse, 2019, alle Rechte vorbehalten)

	Primärspannung	Verformungsbild	Vertikale Konvergenz	Horizontale Konvergenz
Berechnung Finite Elemente	$\sigma_H = 0{,}18\sigma_V$	 Berechnung	≈ 2 mm symmetrisch	≈ 0 mm
Messung		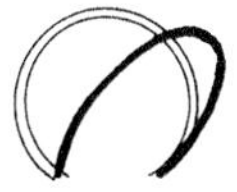 Messung	> 1 - 3 mm unsymmetrisch	> 6 - 9 mm unsymmetrisch
Nachrechnung	$\sigma_H = 2\sigma_V$ E - Moduli halbiert	 Nachrechnung	≈ -2,5 mm symmetrisch	≈ 7 mm symmetrisch

Abb. 5.36 Einfluss der Primärspannung auf die Konvergenz eines Stollens (nach Kirschke, 1978; mit freundlicher Genehmigung von © Springer-Verlag 2018, alle Rechte vorbehalten)

Deutlich wurde der Einfluss erhöhter Horizontalspannung im Fensterstollen des Landrückentunnels der obengenannten Bundesbahn-Neubaustrecke. Während im etwa parallel zur größten Druckspannung verlaufenden Abschnitt nur geringe horizontale Konvergenzen oder sogar Divergenzen beobachtet wurden, traten in dem normal zur größeren Horizontalspannung verlaufenden Abschnitt – bei sonst etwa vergleichbaren Gebirgsverhältnissen – erhebliche Horizontalkonvergenzen auf. Die Bewegungen kamen auch durch Nachankerung nicht zum Stillstand. Erst nach Sohlschluss klangen die Verschiebungen ab.

Für einen vermutlich ebenfalls etwa normal zur maximalen Horizontalspannung verlaufenden Wasserstollen mussten nach Kirschke (1978) die Rechenannahmen von $\lambda = 0{,}18$ auf $\lambda = 2{,}0$ geändert werden, um Übereinstimmung zwischen gemessener und errechneter Konvergenz zu erzielen (Abb. 5.36).

Spaun (1979) vermutet Zusammenhänge zwischen Quellerscheinungen und hohen Horizontalspannungen. Versuche an geschichteten Gebirgsmodellen (Abb. 5.37) und Beobachtungen im Tunnel- und Stollenbau zeigen, dass sich bei hohem Seitendruck und flacher Schichtlagerung in der Firste und im Sohlbereich relativ tief reichende Auflockerungs- und Bruchzonen entwickeln. Die Auflockerung bewirkt erhöhte Wasserwegsamkeit und damit verbunden zunehmende Quellneigung im Sohlbereich.

Leider wurde beim Bauen in quellfähigem Gebirge bislang auf die Ermittlung des Primärspannungszustandes wenig Wert gelegt. Aufgrund des großräumig bekannten regionalen Spannungsfeldes kann angenommen werden, dass in dem in Abb. 5.38 gezeigten Beispiel die maximale horizontale Druckspannung etwa normal zur Tunnelachse – das heißt ungünstig – ausgerichtet ist.

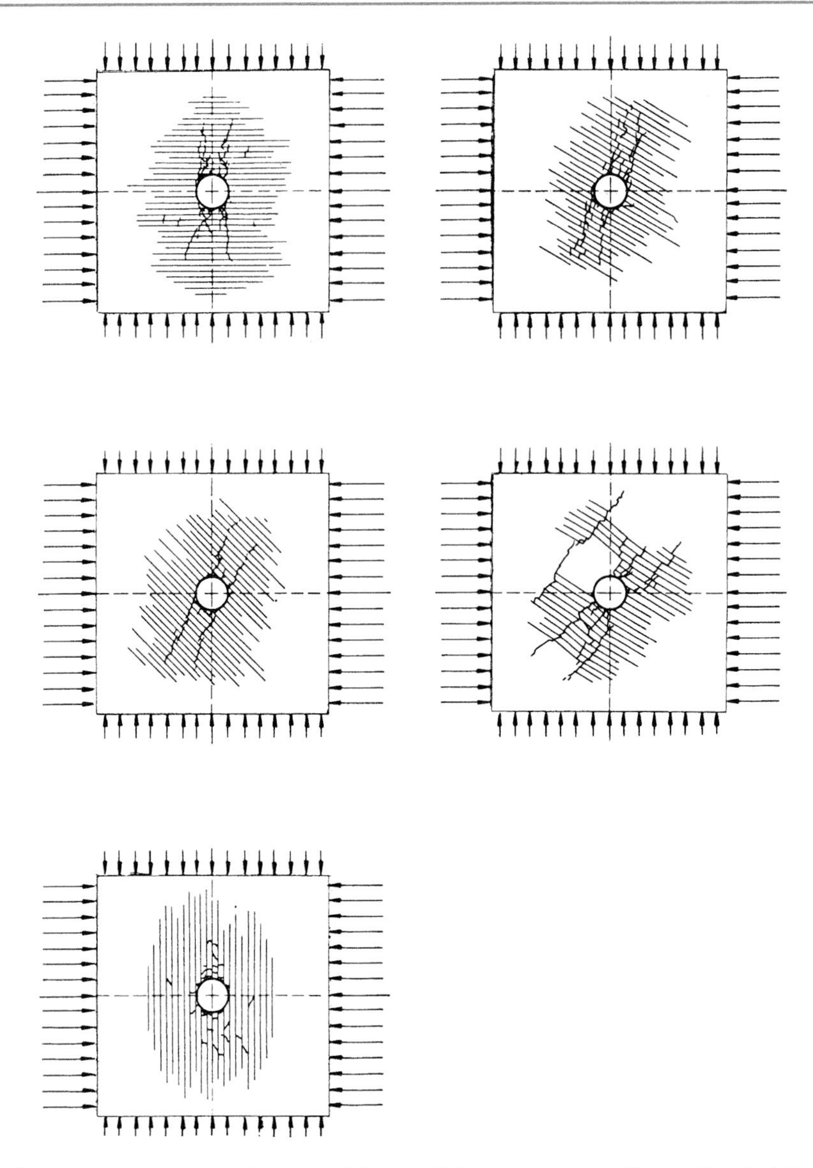

Abb. 5.37 Bruchbilder geschichteter Gebirgsmodelle mit unterschiedlichem Schichteinfallen. Tiefreichende Auflockerung im First- und Sohlbereich besonders bei flacher Schichtlagerung und hoher Horizontalspannung, $\lambda = \sigma_H/\sigma_V = 3$ (aus Vardar, 1977; mit freundlicher Genehmigung von © Mahir Vardar, 2018, alle Rechte vorbehalten)

Die Auffahrung großräumiger Untertagebauwerke, die vielfach mit erheblichem Sicherungsaufwand verbunden ist, kann nur bei Kenntnis des primären Spannungszustandes wirtschaftlich und zugleich sicher erfolgen. Dies gilt vor allem beim Bauen in Gebirge mit nur mittleren Festigkeiten, stärkerer Zerlegung oder besonderem Gefügeeinfluss.

Abb. 5.38 Aufwölbung der Sohle im Versuchs- und Erkundungsstollen für einen Autobahntunnel im Gipskeuper Baden-Württembergs (Photo: E. Fecker)

Bereits in der Phase der Vorplanung kann, falls nicht wie im nachfolgend behandelten Beispiel der Großkaverne des Krafthauses Cirata in Indonesien andere Faktoren bestimmend sind, eine Optimierung durch günstige Ausrichtung der Kavernenachse im Hinblick auf den primären Spannungszustand erfolgen.

Weitere Untersuchungen gelten der Wahl eines günstigen Querschnittes. Es gilt hierbei, Spannungskonzentrationen durch gerundete Querschnittsformen zu mini-

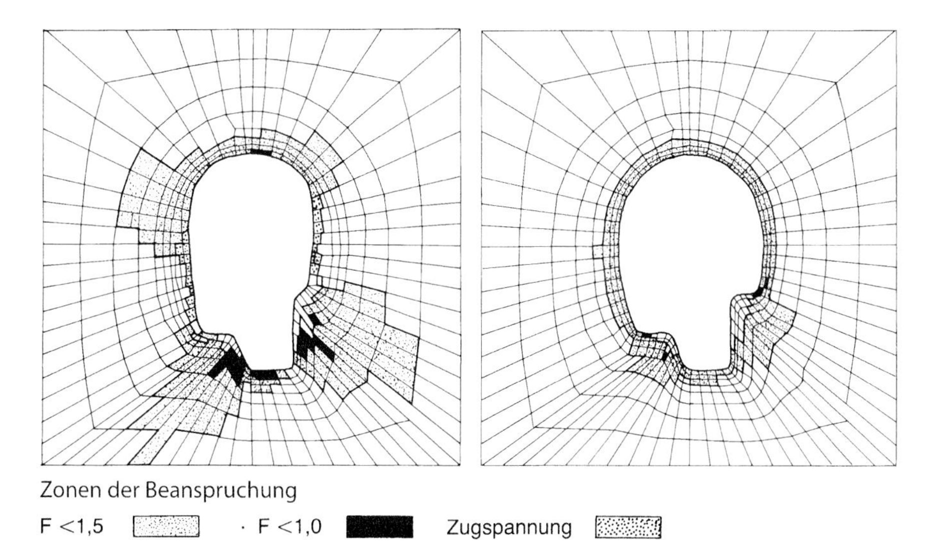

Abb. 5.39 Vergleich der Gebirgsbeanspruchung für zwei mögliche Querschnittsformen der Kraftwerkskaverne Cirata, Indonesien (aus Reik & Soetomo, 1986). Primärspannungszustand angenommen zu $\sigma_V = \sigma_H = 4\,\mathrm{MN/m^2}$; der Faktor F gibt das Verhältnis von numerisch ermittelter Scherdehnung zur Bruchdehnung wieder. $F < 1{,}0$ bedeutet Überbeanspruchung und Bruch

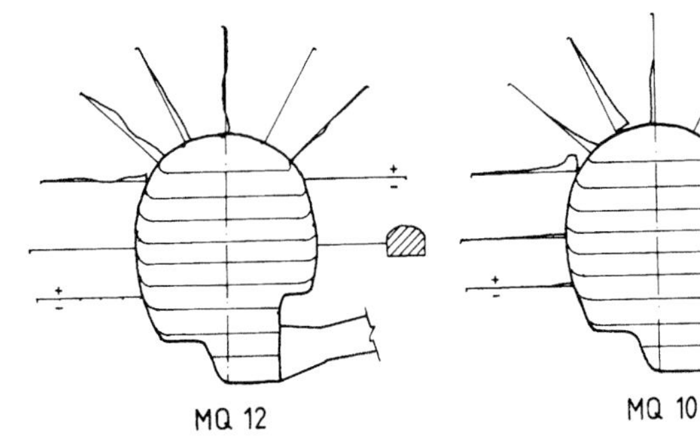

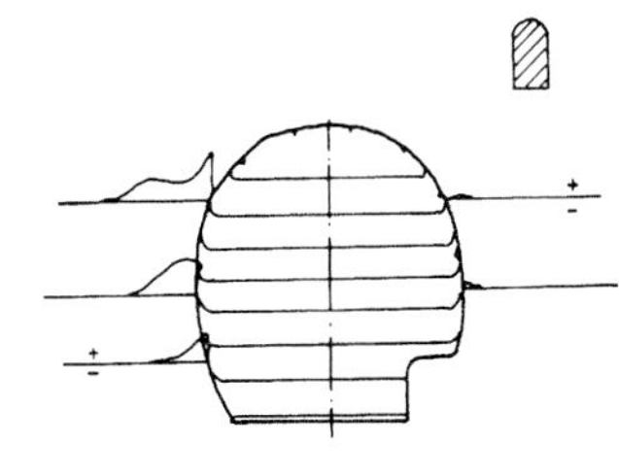

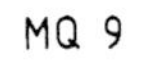

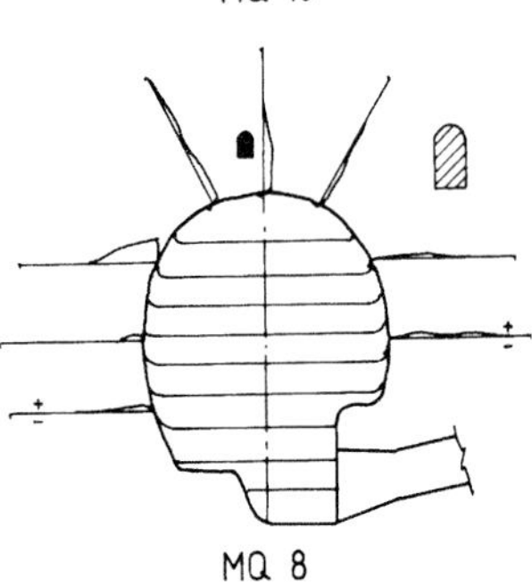

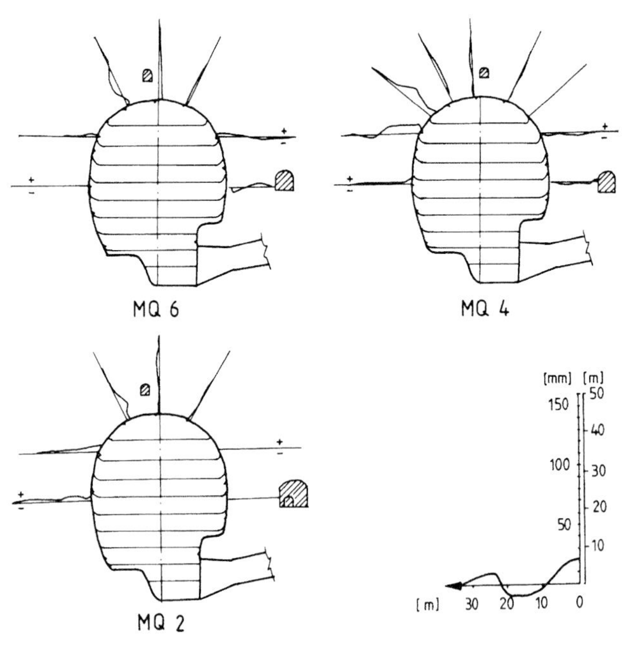

Abb. 5.40 Ergebnisse von Verschiebungsmessungen mit Mehrfachextensometern in verschiedenen Messquerschnitten der Kraftwerkskaverne Cirata, Indonesien. Die Verschiebungsbeträge der Extensometermessungen sind dem Maßstab rechts unten zu entnehmen (Messungen G. Reik)

Abb. 5.41 Neubruchbildung in der südlichen Ulme der Kraftwerkskaverne Cirata, Indonesien (Photo G. Reik)

mieren und Bereiche mit ungünstigen Spannungszuständen (hohe Hauptspannungsdifferenzen, Zugspannungen) möglichst klein zu halten.

So wurde für die Kaverne Cirata aufgrund eingehender Untersuchungen eine Querschnittsform mit aufgerundeter Ulme gewählt, obwohl sich die Kavernenbreite dadurch von 30 m auf 35 m erhöhte und deshalb Mehrkosten infolge des größeren Ausbruchvolumens in Kauf genommen werden mussten. Es war anzunehmen, dass diese Mehrkosten wesentlich geringer sein würden, als der Aufwand für zusätzliche Sicherungs- und Ausbaumittel. Die weitaus größere Beanspruchung des Gebirges in der Umgebung der Kaverne bei der ungünstigen Querschnittsform ist aus Abb. 5.39 ersichtlich. Bei einer Kavernenbreite von $B = 30$ m traten Zonen mit Zugspannungen und ausgedehntere, durch zu große Scherverformung überbeanspruchte Bereiche auf.

Die Verbaumaßnahmen – Spritzbeton, Vorspannanker mit hoher Tragkraft und Kurzanker – wurden in Abhängigkeit vom Spannungszustand und den Festigkeits-

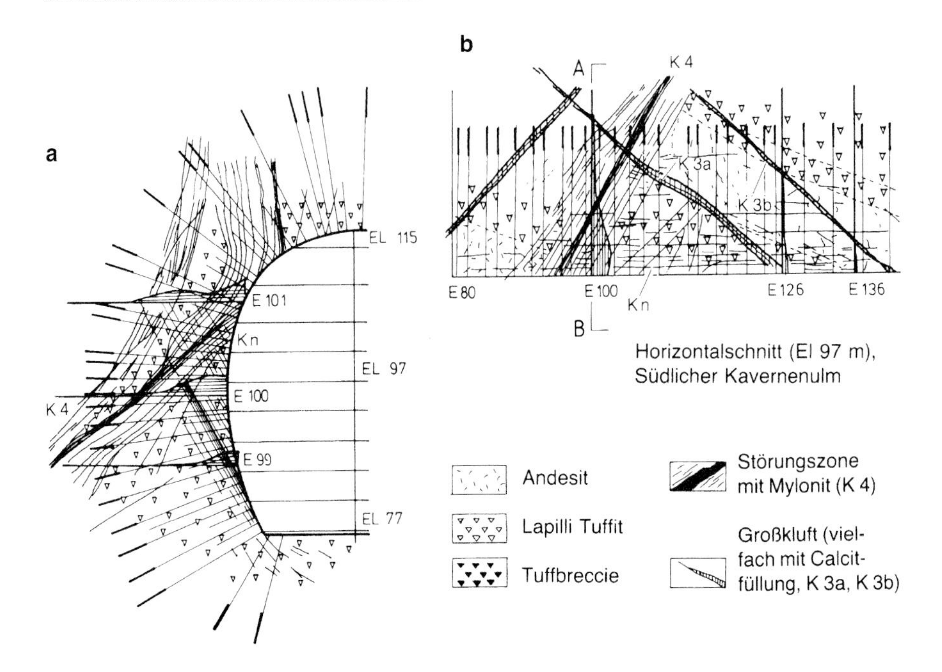

Abb. 5.42 Ausbildung eines Gebirgskeiles begrenzt durch Störungszone K 4, Großklüfte K 3 und Neubrüche Kn im südlichen Ulm- und Firstbereich der Kraftwerkskaverne Cirata, Indonesien. **a** Vertikalschnitt A–B; **b** Horizontalschnitt (97 m ü. NN) (aus Reik & Soetomo, 1986)

und Verformungseigenschaften des Gebirges so gewählt, dass die Mittrageigenschaft des Gebirges weitestgehend erhalten bleibt.

Die zur Überwachung und Kontrolle der Stabilität ausgeführten Messungen (Verschiebungen, Ankerkräfte) und visuelle Beobachtungen bestätigten den aufgrund von In-situ-Messungen und numerischen Berechnungen (s. Abschn. 5.3.5) angenommenen Primärspannungszustand qualitativ.

Verschiebungsgrößen des beidseitigen Kavernenulm- und Firstbereiches waren generell größer. Dies führte auch zu einer meist geringen Zunahme der Ankerkräfte in diesem Bereich. Verschiebungen nach Einbau der Extensometer im talseitigen Ulm- und Firstbereich waren sehr gering (Abb. 5.40).

Spannungskonzentrationen, wie sie aufgrund des primären Spannungszustandes am jeweiligen beidseitigen Kavernenfußbereich aufgrund der numerischen Analyse mittels finiter Elemente zu erwarten waren, führten zur Entstehung zahlreicher Risse im anstehenden Fels. Diese Risse streichen i. A. parallel zur Kavernenachse, bei einem Einfallwinkel von 45°–65° zum Hohlraum hin (Abb. 5.41).

Besonders betroffen von dieser Erscheinung waren Bereiche, die von Großklüften durchzogen, aber ansonsten wenig zerlegt waren.

Der bergseitige Ulm- und Firstbereich des Mittelteils der Kaverne zeichnete sich bereits sehr früh durch etwas größere Verschiebungen aus. Wie aus den Schnitten durch diesen beidseitigen Kavernenbereich zu sehen ist, war dort als Folge der Neubruchbildungen ein Gebirgskörper entstanden, der eine Gefährdung der Stabilität durch Gleiten oder Ausquetschen befürchten ließ (Abb. 5.42).

Bereits während des Ausbruchs, der in Strossen von i. A. 4 m Höhe mit sofort nachgezogener Sicherung der Kavernenwände erfolgte, war der Sicherungsaufwand in diesem Bereich erheblich verstärkt worden. Insgesamt wurden ca. 200 zusätzliche Vorspannanker je 1000 kN Tragkraft und 20 m Länge und über 1000 zusätzliche Einstabvorspannanker (100 kN, 7 m lang) eingesetzt. Durch weitere Zusatzmaßnahmen, wie Ankerung im Sohlbereich und Injektion der während des Ausbruchs entstandenen Risse im Gebirge und Nachankerung im bergseitigen Firstbereich, wurde die Langzeitstandsicherheit erhöht.

6 Erhebung und Darstellung baugeologischer Daten

Beim Entwurf boden- und felsmechanischer Aufgaben beruhen alle Berechnungen auf Daten, die reale geologische Gegebenheiten stark vereinfacht wiedergeben. Diese Idealisierung muss so erfolgen, dass der Entwurf der geologischen Situation bestmöglich Rechnung trägt, die für das Bauwerk wichtigen Daten also herausarbeitet, während alle unwichtigen Details beiseitegeschoben werden müssen. Insbesondere bei sehr komplexen geologischen Gegebenheiten erfordert das Erheben maßgeblicher geologischer Daten eine Vertrautheit mit bautechnischen Entwurfsmöglichkeiten und einen regen Gedankenaustausch zwischen Geologe und Ingenieur. Hier bereitet oft der übliche Lösungsweg des Ingenieurs, ein gegebenes Problem immer auf ein ebenes Problem zu reduzieren, erhebliche Schwierigkeiten, weil die geologische Situation in der Regel räumliche Lösungen aufzwingt. Ferner überschätzen manche Ingenieure die Rolle der Berechnung für den Entwurf, weil sich in der Praxis bei der Erhebung geotechnischer Daten oft unüberwindliche Schwierigkeiten ergeben, die so unsichere Eingangswerte bedingen, dass noch so aufwendige Berechnungen rundweg falsche Ergebnisse liefern, aber eben Ergebnisse vortäuschen. Vielfach wären Parameterstudien, die mit oberen und unteren Grenzwerten arbeiten, weitaus sinnvoller, weil dabei der Einfluss schwer erfassbarer geologischer Eingangswerte auf die Rechenergebnisse studiert und bewertet werden könnte.

Die Darstellung der geotechnischen Daten muss den räumlichen Gegebenheiten Rechnung tragen, was vom Geologen und vom Ingenieur ein geschultes Vorstellungsvermögen voraussetzt. Beim Geologen ist diese Schulung in aller Regel nicht vorhanden, bei der Ausbildung der Ingenieure rückt sie bedauerlicherweise mehr und mehr in den Hintergrund.

In zahlreichen geologischen Gutachten und Veröffentlichungen sind z. B. immer noch Darstellungen von statistischen Kluftmessungen zu finden, die nur die Streichrichtung einer Kluft wiedergeben, obwohl auch der Fallwinkel erhoben wurde. Solche Diagramme sind für bautechnische Zwecke völlig ungeeignet, weil gerade die Fallrichtung der Kluft, z. B. für die Standsicherheit einer Böschung, überaus wichtig werden kann. Ein weiterer Mangel sind stark überhöhte Schnitte, die beim weniger geschulten Betrachter ganz falsche Vorstellungen von der geologischen Situation hervorrufen.

E. Fecker, *Baugeologie*, https://doi.org/10.1007/978-3-662-58998-4_6

6.1 Geologische Karten und Profile

Karte und Profil sind die wichtigste Grundlage einer jeden größeren Bauaufgabe. Die ingenieurgeologische Detailuntersuchung beginnt zweckmäßigerweise mit einer ins Einzelne gehenden Kartierung, wobei nicht nur der eigentliche Baubereich, sondern auch ein weites Umland erfasst werden sollte. Diese Kartierung soll von einem erfahrenen Geologen vorgenommen werden, der seine Kenntnisse von vorangegangenen Projekten nicht nur in die Auswertung und Interpretation der geologischen Situation, sondern auch in die Aufnahmetechnik mit einfließen lassen kann. Dem Bauingenieur fällt nach der Kartierung die Aufgabe zu, zusammen mit dem Geologen die technischen Auswirkungen der Geländebeobachtungen für das Projekt herauszuarbeiten; hierzu ist es notwendig, dass er die Grundzüge der Aufnahmetechnik und die Umsetzung bzw. Verschlüsselung räumlicher Daten in eine ebene Karte nachvollziehen kann.

6.1.1 Stratigraphische und petrographische Karten

Die Darstellung geologischer Gegebenheiten setzt in der Regel topographische Kartenunterlagen voraus. In diesen sind Geländeformen, Gewässer, Siedlungen, Straßen, Steinbrüche usw. in einer linearen Verkleinerung (= Kartenmaßstab) dargestellt, wobei die wichtigste zeichnerische Veranschaulichung des Reliefs durch Höhenlinien erfolgt. Höhenlinien bzw. Isohypsen sind nach Heissler (1962) gedachte Linien im Gelände, die Punkte gleicher Meereshöhe miteinander verbinden. Sie können auch als Schnittlinien des Geländes mit gleichabständigen, zum Ausgangsniveau parallelen Flächen definiert werden. Der lotrechte Abstand zweier derartiger Flächen ist die Äquidistanz. Topographische Karten können wir nach ihren Maßstäben gemäß Tab. 6.1 klassifizieren.

In einer Reihe von Karten, insbesondere Spezialkarten, ist das sog. Gauss-Krügersche Koordinatennetz aufgedruckt. Dabei wird das ideelle Netz der Meridiane und Parallelkreise der Erdoberfläche durch eine winkeltreue zylindrische Abbildung auf die Kartenebene übertragen, wobei der Hauptmeridian längentreu ist und die Längen der ellipsoidischen Ordinaten gedehnt sind. Um diese Dehnung in tragbaren Grenzen zu halten, wurden in Deutschland Koordinatensysteme eingerichtet, bei denen die Meridiane 6°, 9°, 12° und 15° östlicher Länge Hauptmeridiane darstellen, also längentreu sind. Jedes der Koordinatensysteme hat nach beiden Seiten eine Ausdehnung von zwei Längengraden (rund 130 km) und erhält den Wert Y = 500.000 m. Davor erscheint als Kennziffer die fortlaufende Nummer jedes Streifens. Sie ist gleich der durch 3 geteilten Längengradzahl des Hauptmeridians. Die so veränderten Ordinaten heißen Rechtswerte. Die Abszissen werden vom Äquator auf dem Hauptmeridian gezählt und als Hochwerte bezeichnet. Zur Angabe der Koordinaten eines beliebigen Punktes auf der Karte dient der Plananzeiger, der an eine entsprechende unterhalb des zu bestimmenden Punktes waagrechte Gitterlinie so angelegt wird, dass die senkrechte Teilung den zu bestimmenden Kartenpunkt berührt. Der Rechtswert wird immer vor dem Hochwert angegeben.

Tab. 6.1 Klassifizierung topographischer Karten nach ihrem Maßstab

Maßstab	Kartenbeispiele	Art der Karte
1 : 500	Katasterpläne	Plankarten
1 : 1000		
1 : 2000	Flurkarten	
1 : 5000	Deutsche Grundkarte	
1 : 10.000	Stadtpläne	
1 : 20.000	Messtischblätter	Spezialkarten
1 : 25.000	2-cm-Karte	
1 : 50.000		
1 : 75.000		Übersichtskarten
1 : 100.000	1-cm-Karte	
1 : 300.000	Übersichtskarte Mitteleuropa	
Bis etwa 1 : 500.000		Generalkarten
Bis etwa 1 : 10 Mio.	Übersichtskarte von Europa und Vorderasien 1 : 800 000 Internationale Weltkarte	Regional- und Länderkarten
Ab 1 : 20 Mio.		Erdteilkarten

Grundsätzlich ist bei allen neuzeitlichen topographischen Karten Geographisch-Nord oben. Bei Gradeinteilungen ist die Nordrichtung parallel zu den senkrechten Gitterlinien. Beim Arbeiten mit einem Kompass ist darauf zu achten, dass die Magnetnadel nach Magnetisch-Nord zeigt. Diese sog. Deklination unterliegt zeitlichen und örtlichen Änderungen des Magnetfeldes der Erde, sie betrug z. B. im Januar 2015 im Raum Karlsruhe 1° 56′ nach Osten. (Das Geoforschungszentrum Potsdam stellt im Internet einen Deklinationsrechner bereit, der eine Berechnung der Deklination für alle größeren deutschen Städte, aber auch für Orte der ganzen Welt, erlaubt. Siehe dazu: www-app3.gfz-potsdam.de/Declinationcalc/declinationcalc.html.)

In die topographische Karte werden mithilfe von Farben, Signaturen und Symbolen die Verbreitung und Lagerung der geologischen Schichten der verschiedenen Zeitabschnitte (Formationen) eingezeichnet. Solche Karten nennen wir stratigraphische Karten. Häufig werden auch Verbreitung und tektonische Lagerung gewisser Gesteinsarten ohne Rücksicht auf ihre Altersstellung dargestellt. In solchen Fällen spricht man von petrographischen Karten. Im Allgemeinen zeigt die geologische Karte einen Zustand, der die mehr oder minder mächtige Verwitterungsschicht oder jüngere Deckschichten **abdeckt** (d. h. weglässt), um den geologischen Aufbau der **anstehenden** Gesteinsschichten besser kenntlich zu machen (s. Abb. 6.1). Neben dem relativen Alter, der räumlichen Lage der Schichten und dem Gesteinsaufbau enthalten die geologischen Karten auch Angaben über Fossilführung, Lagerstätten, Bodenaufbau, Quellen usw.

Der Maßstab geologischer Karten ist von ihrem Verwendungszweck abhängig. Für Ingenieurbauten wird am besten der Maßstab der Baupläne verwendet. Für das Umland sind Maßstäbe von 1 : 1000 bis 1 : 5000 ratsam. Seit 1866 wird für das Grundkartenwerk, die sog. amtliche geologische Spezialkarte, im deutschsprachi-

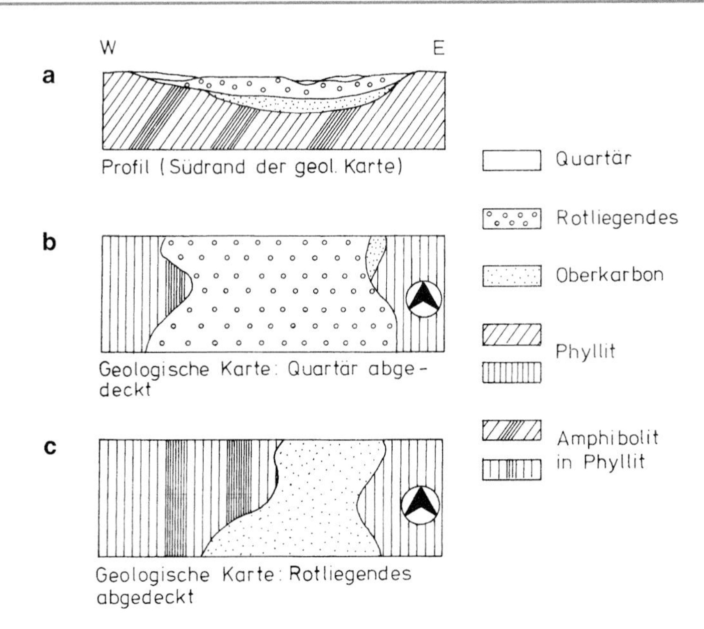

Abb. 6.1 Verschieden tief abgedeckte geologische Karten (nach Wagenbreth, 1958; mit freundlicher Genehmigung von © Springer Vieweg, Wiesbaden, 2018, alle Rechte vorbehalten)

gen Raum der Maßstab 1 : 25.000 verwendet. Dieses Kartenwerk ist allerdings noch lange nicht abgeschlossen, ebenso der geologische Atlas der Schweiz 1 : 25.000, der seit 1930 erscheint. Darüber hinaus existieren Übersichtskarten im Maßstab 1 : 100.000 bis 1 : 500.000 für fast alle Gebiete des deutschsprachigen Raumes.

Die in der geologischen Karte verwendeten Farben, Signaturen und Symbole sind am Kartenrand zusammengefasst und kurz erläutert. Die Farbgebung folgt dem Prinzip: Je jünger die Formation, desto heller der Ton der betreffenden Farbe. Die international gebräuchlichsten Farben sind:

- Holozän = Blassgrün
- Pleistozän = Graugelb oder blassgelb
- Tertiär = Hellgelb bis dunkelgraugelb
- Kreide = Gelbgrün
- Jura = Blau
- Trias = Violett
- Perm = Rehbraun, graubraun
- Karbon = Dunkelbraun
- Devon = Gelbbraun
- Ordovizium/Silur = Blaugrün
- Kambrium = Graugrün
- Proterozoikum = Blassgrün
- Archaikum = Rosa
- Junge Eruptiva = Hellrot
- Alte Eruptiva = Dunkelrot

Die Grenzlinien der geologischen Schichten bzw. der Gefügeflächen und deren Verschneidung mit den Höhenlinien erlauben Aussagen über die Raumlage dieser Elemente. Liegt eine Schicht z. B. horizontal (söhlig), so ist die Ausstrichlinie (= Schnittspur einer Schicht mit der Erdoberfläche) in einem morphologisch ge-

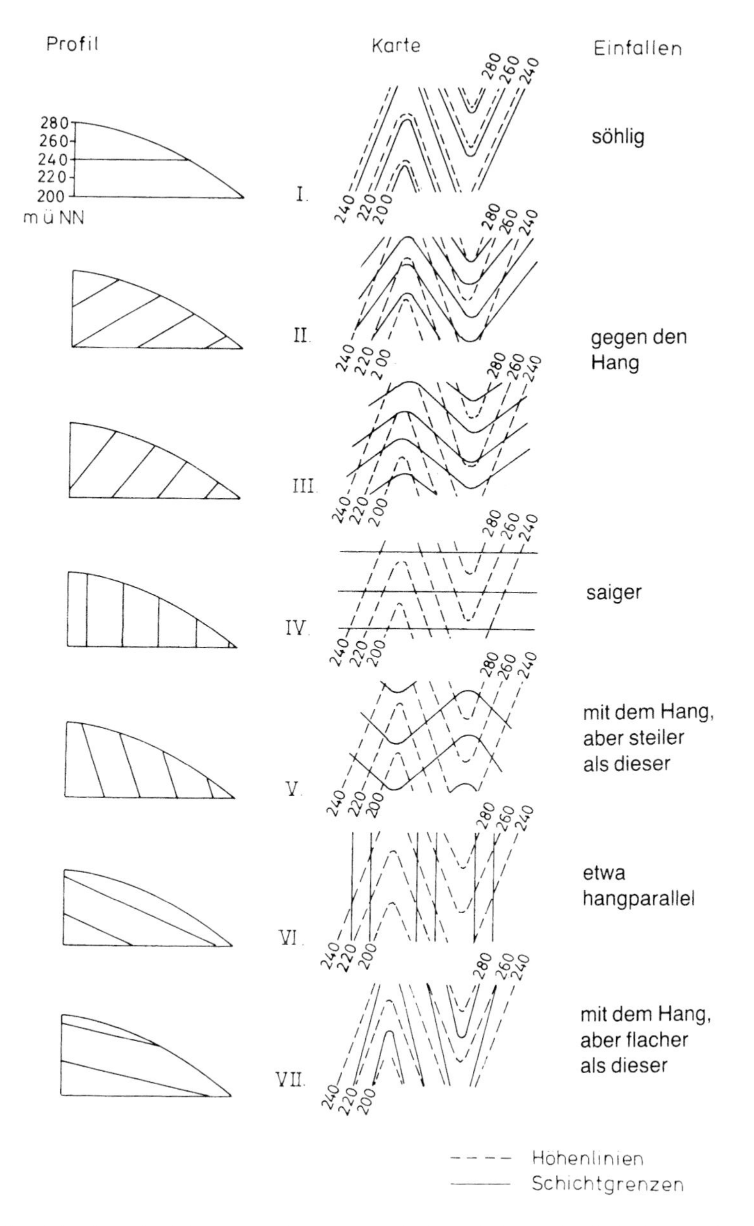

Abb. 6.2 Verlauf von Schichtgrenzen in morphologisch gegliedertem Gelände (nach Adler, Fenchel, Hannak & Pilger, 1965; mit freundlicher Genehmigung von © Springer-Verlag GmbH Deutschland, 2018, alle Rechte vorbehalten)

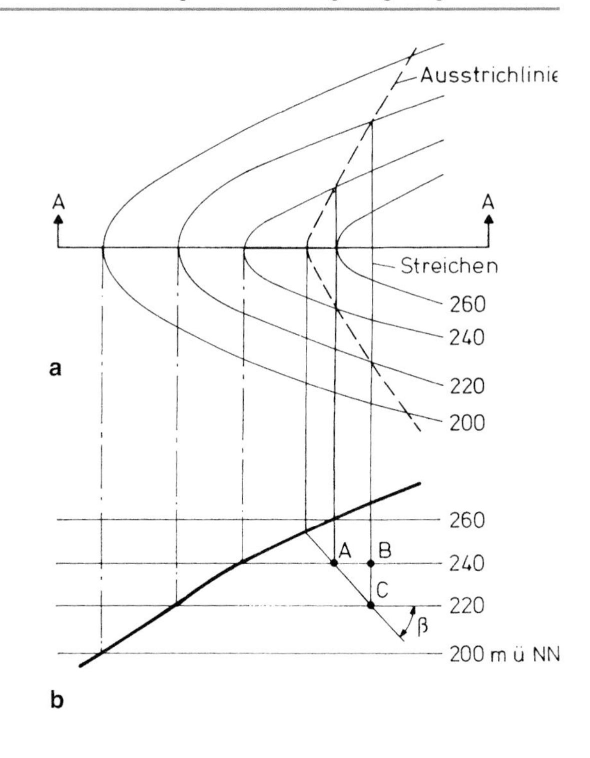

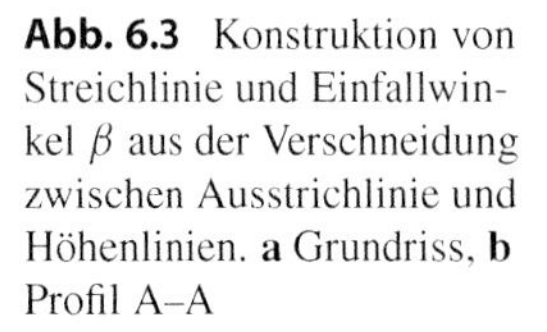
Abb. 6.3 Konstruktion von Streichlinie und Einfallwinkel β aus der Verschneidung zwischen Ausstrichlinie und Höhenlinien. **a** Grundriss, **b** Profil A–A

gliederten Gelände parallel zu den Höhenlinien. Die verschiedenen Kombinationen von Raumlage der Schichten bzw. Gefügeelementen und Morphologie der Erdoberfläche haben Adler, Fenchel, Hannak & Pilger (1965) zusammengestellt (Abb. 6.2).

Aus dem Verlauf der Ausstrichlinien und den Höhenlinien der Karte lässt sich das Streichen einer Schicht entnehmen, indem man zwei Schnittpunkte der Ausstrichlinie mit ein und derselben Höhenlinie durch eine Gerade verbindet. Sofern das Einfallen nicht durch Signaturen kenntlich gemacht ist, kann es ebenfalls aus der geologischen Karte entnommen werden, indem man zwei Streichgeraden konstruiert (s. Abb. 6.3), welche durch die Schnittpunkte einer Ausstrichlinie mit zwei benachbarten Höhenlinien gelegt werden. Aus dem Abstand der beiden parallelen Streichgeraden $\overline{AB}$ und dem Höhenunterschied zwischen den beiden Isohypsen $\overline{BC}$ (Äquidistanz) ergibt sich der Einfallwinkel β aus:

$$\tan \beta = \frac{\overline{BC}}{\overline{AB}}.$$

Die Dicke bzw. Mächtigkeit einer geologischen Schicht kann der Karte ebenfalls entnommen werden. Bei *horizontal* gelagerten Schichten errechnet sich die Mächtigkeit m in morphologisch gegliedertem Gelände zu:

$$m = a \cdot \tan \gamma$$

wobei a die Projektion der sog. Ausbissbreite b in die Kartenebene und γ der Böschungswinkel ist (s. Abb. 6.4a). Sind die Schichten dagegen nicht horizontal

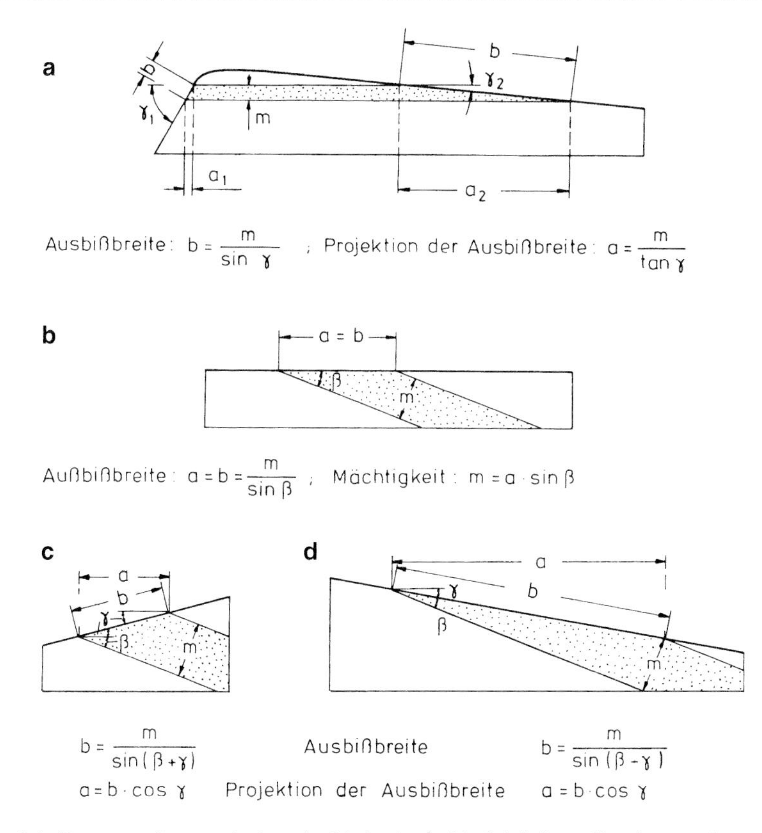

Abb. 6.4 Zusammenhang zwischen Ausbissbreite b, Mächtigkeit m, Böschungsneigung γ und Einfallwinkel β (nach Wagenbreth, 1958; mit freundlicher Genehmigung von © Springer Vieweg, Wiesbaden, 2018, alle Rechte vorbehalten). **a** Horizontale Schicht in unterschiedlich geneigtem Gelände, **b** geneigte Schicht in horizontalem Gelände, **c** geneigte Schicht in geneigtem Gelände, entgegengesetztes Einfallen, **d** wie **c**, jedoch gleichsinniges Einfallen von Böschung und Schicht

gelagert, so ist bei der Berechnung der Mächtigkeit der Einfallwinkel der Schicht β zu berücksichtigen. Im Falle horizontalen Geländes (Abb. 6.4b), wo die Ausbissbreite b gleich der Projektion in die Kartenebene ist, errechnet sich die Mächtigkeit m aus:

$$m = a \cdot \sin \beta.$$

Im Falle morphologisch gegliederten Geländes und gleichzeitigem Einfallen der Schichten entgegengesetzt zur Böschung (Abb. 6.4c) ergibt sich die Mächtigkeit aus:

$$m = b \cdot \sin(\beta + \gamma)$$

und bei gleichsinnigem Einfallen von Böschung und Schichtung (Abb. 6.4d) aus:

$$m = b \cdot \sin(\beta - \gamma).$$

Entsprechend der Auswertung des Fallens und Streichens von geologischen Schichten in der Karte erfolgt die Bestimmung der Raumstellung von Trennflächen wie z. B. Störungen. Die Sprunghöhe h einer Verwerfung lässt sich nach Wagenbreth (1958) im waagrechten Schnitt ermitteln, indem man den durch die Verwerfung verursachten Niveauunterschied einer markanten Schicht auf beiden Seiten der Verwerfung trigonometrisch berechnet oder graphisch bestimmt.

6.1.2 Baugrundkarten

Die amtliche geologische Spezialkarte im Maßstab 1 : 25.000 ist für die Belange von Ingenieurbauten in den meisten Fällen nicht ausreichend. Aus diesem Grund wurden für zahlreiche größere Städte Baugrundkarten im Maßstab 1 : 5000 bis 1 : 10.000 kartiert, die statt des geologischen Schichtaufbaus Aussagen über die Mächtigkeit der quartären Lockergesteine und die **Tragfähigkeit** des Untergrundes in verschiedenen Tiefen enthalten, die ferner Angaben über das **Grundwasser** verzeichnen und in denen üblicherweise auch alle Lagepunkte und Schichtenverzeichnisse bekannter **Bohrungen** registriert sind (Abb. 6.5, s. a. Arnould et al., 1979).

Profile ergänzen in der Regel solche Kartenwerke und tragen zum Verständnis und zur Lesbarkeit bei. Nach unserer Ansicht sind allerdings Zahlenangaben über Baugrundeigenschaften nicht besonders dienlich, weil die Kennwerte nur in weiten Grenzen angegeben werden können, was für ein konkretes Bauwerk von geringem Nutzen ist. Baugrundkarten sind bei Neubauten und für die Stadtplanung eine erste Orientierungshilfe. Sie entheben aber den Planer großer und schwieriger Bauwerke niemals von seiner Pflicht, durch weitere Aufschlüsse und bodenphysikalische Untersuchungen den Baugrund näher zu erkunden.

Eine vorbildliche ingenieurgeologische Landeskartierung wird seit Jahren in Tschechien betrieben (Pašek & Rybář, 1961, Matula & Pašek, 1966). Dort steht vor allem im Vordergrund, dass die ingenieurgeologische Karte eine gute geologische Karte sein muss, die allerdings unter dem besonderen Aspekt ihrer Verwendung für Bau- und Landesplanung angefertigt wird.

Bei Großbauten, wie z. B. Wasserkraftwerken, ist immer eine baugeologische Karte zu erarbeiten. Sie wird am besten im Maßstab der Baupläne kartiert. Ihr Inhalt richtet sich nach den speziellen Erfordernissen des Bauwerks. Beim Bau einer Talsperre können diese Erfordernisse sehr unterschiedlich sein, sodass z. B. verschiedene baugeologische Karten des gesamten Stauraumes zu erstellen sind, in welchem auf die Standsicherheit der Hänge, die Erdbebensicherheit oder die Durchlässigkeit einzelner Gebirgsbereiche eingegangen wird. Dagegen wird die baugeologische Karte im Bereich des Absperrbauwerks neben der Gesteinsbeschreibung hauptsächlich das Gebirgsgefüge und den Grad der Auflockerung und Verwitterung zum Thema haben. Dabei wird in einem ersten Schritt nach geologischen Grundsätzen kartiert und in einem zweiten Schritt in Zusammenarbeit mit dem Ingenieur eine Karte der Homogenbereiche erstellt, in der z. B. Bereiche gleicher mechanischer

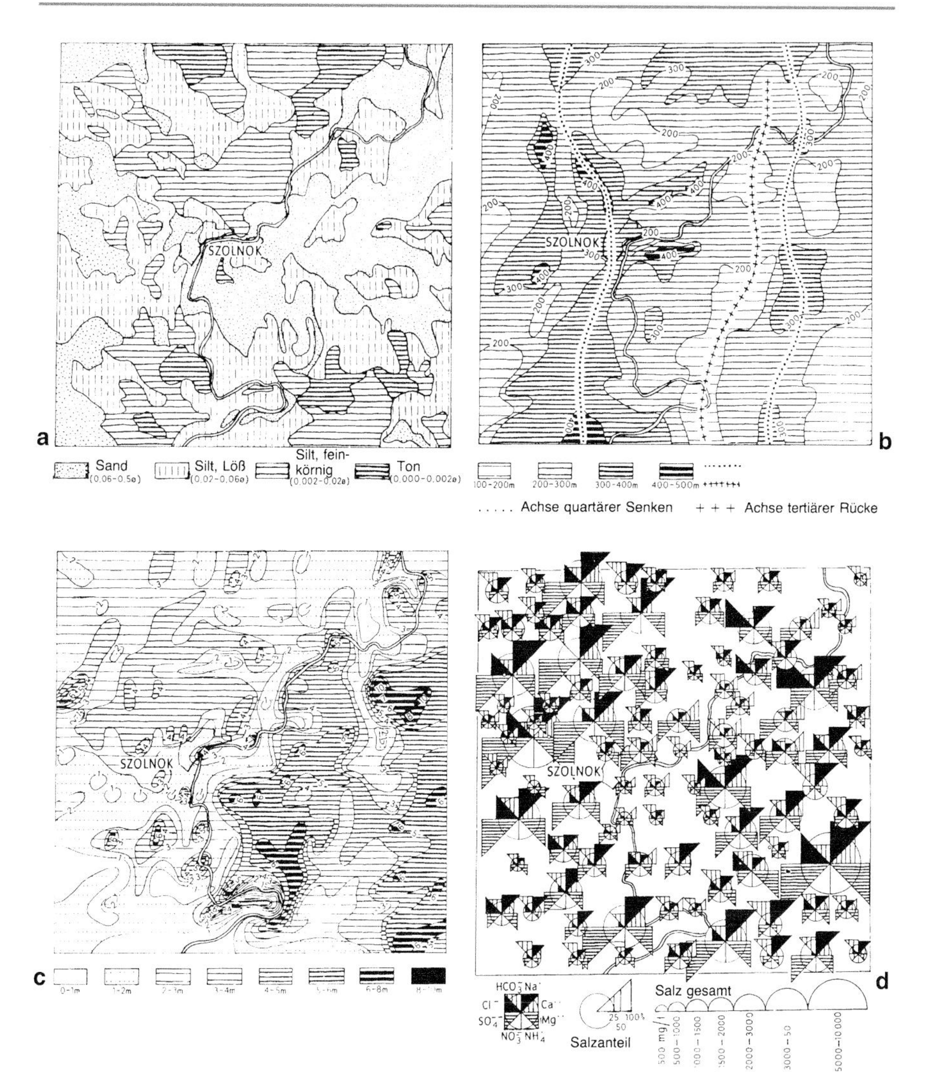

Abb. 6.5 Beispiel einer Baugrundkarte aus Ungarn (aus Kézdi, 1973). **a** Geologie in 5 m Tiefe, **c** Tiefenlage des Grundwasserspiegels, **b** Mächtigkeit des Quartärs, **d** Mineralisation des Grundwassers

Gebirgseigenschaften oder Bereiche gleicher Wasserdurchlässigkeiten ausgeschieden werden.

Wieder andere Erfordernisse stellt der Bau einer Straße oder eines Tunnels an die Baugrundkarte. Bei der Straße steht neben den mechanischen Eigenschaften z. B. die Gewinnbarkeit der anstehenden Gesteine oder die Standsicherheit von Böschungen im Vordergrund, entsprechend ist hierauf in der Karte bzw. im Längsprofil Rücksicht zu nehmen (s. Abb. 9.1). Eine Möglichkeit der geologischen Veranschaulichung einer Tunneltrasse, wo die Standsicherheit des Gebirges in Abhängigkeit von unterschiedlichen geologischen Verhältnissen und der Wasserzudrang von ausschlaggebender Bedeutung sind, ist in Abb. 10.2 wiedergegeben.

Den Baugrundkarten verwandt sind auch sog. Risikokarten, die den Grad der Erdbebenintensität wiedergeben oder Rutschungen und Rutschgebiete registrieren.[1] In Tschechien ist jeder Ingenieurgeologe und Landesplaner verpflichtet, die vorhandenen Risikokarten in seinen Planungen mit zu berücksichtigen. Dort sind alle Rutschungen in einer Geologischen Datenbank gespeichert, und zwar mit folgenden Kenndaten:

- Numerische Angaben (z. B. Koordinate, Dimensionen, Datum der Entstehung der Bewegung usw.)
- Angaben beschreibenden Charakters, die genau klassifiziert sind (z. B. Rutschungstyp, Alter, Aktivitätsgrad)
- Angaben beschreibenden Charakters, die nicht klassifiziert sind (z. B. morphologische Beschreibung der Abrisswand).

Darüber hinaus ist jede Rutschung in der geologischen Karte im Maßstab 1 : 25.000 eingetragen, wo die Rutschungen nach Alter und Aktivität gegliedert sind. Rezente, aktive Rutschungen sind rot, rezente, potentielle und fossile Rutschungen schwarz eingetragen. Blau sind die hydrogeologischen Verhältnisse (Quellen, Wasserläufe, Wasserflächen, Nassstellen, abflusslose Einsenkungen) signiert. Beschädigte und gefährdete Objekte wurden violett eingezeichnet.

Eine systematische Erstellung solcher Datenbanken und Karten nach dem Vorbild von Tschechien ist inzwischen in vielen Ländern im Gange. So wird in Österreich eine Dokumentationskarte erarbeitet, die auf ihrer Rückseite Hangdeformationen in den österreichischen Alpen verzeichnet. In Italien werden Risikokarten im Maßstab 1 : 25.000 erarbeitet, die neben Hangbewegungen auch Erosionserscheinungen dokumentieren. Gelbe und grüne Symbole zeigen die Erosionsformen, rote und schwarze die Hangbewegungen. Der Typ des Zeichens ändert sich nach der Art der Bewegungen, die Farbe ändert sich nach dem Aktivitätsgrad (z. B. aktiv, beruhigt, stabilisiert). Die Bezeichnung der Kontur ändert sich nach dem Alter (rezent, alt, fossil). Größere Rutschungsgebiete haben zudem noch eine Schraffur. Durch farbige Flächen sind die geologischen Verhältnisse vereinfacht dargestellt. Man kann ferner die Böschungsneigung durch verschiedene Intensität der Farbe unterscheiden (Fenti et al., 1979; s. a. Abb. 2.44).

In der Bundesrepublik Deutschland ist eine ähnliche Dokumentation durch die geologischen Landesämter im Gange.

In der Schweiz verzeichnet die geotechnische Karte 1 : 200.000 die Rutschungen mit roten Pfeilen, die Kriechbewegungen (Sackungen) mit grünen Pfeilen.

In Frankreich ist ein Kartenwerk im Maßstab 1 : 20.000 nach dem ZERMOS Plan in Arbeit (*identification des zones exposées aux risques liés aux mouvements*

[1] Für Ratschläge, die uns Herr Dr. Rybář bei der Abfassung dieses Kapitels gab, bedanken wir uns herzlich.

du sol et du sous-sol). Es werden geologische Erscheinungen natürlicher Herkunft und auch durch menschliche Tätigkeit hervorgerufene Erscheinungen kartiert, die für die Bebauung gefährlich sein können. In rot sind gefährliche Erscheinungen dargestellt, in grün sind Flächen, die im Falle einer Aktivierung der Erscheinungen gefährlich werden könnten, z. B. ein voraussichtliches Akkumulationsgebiet, wenn es zum Abstürzen eines aufgelockerten Felsbereichs kommt. Es werden ferner folgende Erscheinungen eingezeichnet: Steinschlag, Gefahr von Stürzen, Rutschungen und Gebiete, die in Bewegungsgefahr sind, Erosionsformen und Bahnen von Muren, Auslaugungserscheinungen im Gips, Toteis, alte Bergbautätigkeit, Bergsenkungsgebiete, Seismizität oder Gefährdung durch vulkanische Tätigkeit.

6.1.3 Geologische Profile

Eine wichtige Ergänzung zur geologischen Karte ist das geologische Profil. Hierzu wird zunächst ein topographisches Profil längs der gewählten Profillinie konstruiert (s. Abb. 6.3). Zur Konstruktion der geologischen Schichten muss überlegt werden, ob die Schichten horizontal gelagert sind, also die untere und obere Schichtgrenze parallel zu den Höhenlinien verläuft, oder ob die Schichten geneigt sind und sich das Erscheinungsbild in der Karte gemäß Abb. 6.2 darstellt. Profile, die normal zum Streichen (s. Abschn. 6.6.1) der geologischen Schichten gewählt werden, zeigen den wahren Einfallwinkel und die wahren Mächtigkeiten geneigter, geologischer Schichten, während Profile in anderen Richtungen ein scheinbares, immer flacheres Einfallen und eine scheinbare Mächtigkeit vortäuschen.

Die Profile sollten nach Möglichkeit nicht überhöht werden, weil sonst ein falsches Bild der geologischen Situation entsteht.

Sind die geologischen Schichten gefaltet oder ist das Gebirge durch Störungen zerlegt, so erfordert die Erstellung eines Profiles die Zuziehung eines geschulten Geologen.

Baugeologische Karten und Profile, welche die geologischen Gegebenheiten des Untergrundes zweidimensional wiedergeben, sollten bei großen Bauvorhaben durch räumliche Modelle und Blockbilder ergänzt werden. Sie dienen der Veranschaulichung der Lagebeziehung zwischen Schichtung, Schieferung, Klüftung einerseits und deren Raumstellung zum Bauwerk andererseits und ermöglichen dem weniger in die Baugeologie eingeweihten beteiligten Kreis von Fachleuten ein rasches Verständnis der Wechselbeziehungen zwischen Bauwerk und Gebirge. Als Einführung in die Technik der Darstellung geologischer Karten und Profile in Blockbildern mag das anschauliche Werk von Blaschke et al. (1977) dienen.

6.2 Photogeologie

In häufigen Fällen ist die Erhebung geologischer Daten im Gelände entweder nicht oder nur unter großen Umständen möglich. In solchen Fällen bietet sich die Anwendung der Photographie und anderer Fernerkundungstechniken (*remote sensing*) an. Daneben bereichern diese Methoden auch die unmittelbaren Geländeaufnahmen, weil sie die „zweidimensionale" Betrachtungsweise des Aufnahme-Geologen um eine weitere, mittelbare Dimension ergänzen. Einer der wesentlichen Vorteile der Verwendung von Luftbildern ist ferner die Möglichkeit, Geländearbeiten besser zu planen. Man kann sagen, dass eine gute Vorbereitung mit Luftbildern die Geländearbeit einerseits auf die Hälfte reduziert, andererseits bereits frühzeitig Details erkennen lässt, die man sonst erst nach aufwendiger Geländearbeit lokalisiert hätte.

Prinzipiell können alle Bereiche des elektromagnetischen Spektrums (Kurz- und Langwellen) Informationen über die Erdoberfläche übertragen. In verschiedenen Spezialverfahren der Fernerkundung werden die folgenden Wellenbereiche verwendet:

- **Ultraviolette Strahlung:**
  Der ultraviolette Bereich des elektromagnetischen Spektrums kann wegen der starken Streuung in der Atmosphäre nur aus geringen Flughöhen für die Fernerkundung nutzbar gemacht werden. Die Anwendung auf geowissenschaftliche Probleme steht erst in den Anfängen.
- **Sichtbares Licht:**
  Die sichtbare Strahlung und die Infrarotstrahlung werden für die Photographie als älteste und bekannteste Verfahren der Photogeologie verwendet. Durch die Einführung von Multispektralaufnahmen ist dieses Feld bedeutend ausgeweitet worden.
- **Mittlere und ferne Infrarot-(Wärme-)Strahlung:**
  Im Wellenlängenbereich von 3–1000 μm entstehen durch punktweises Abtasten der Erdoberfläche Thermogramme, die sich durch hohes Temperaturauflösungsvermögen auszeichnen.
- **Mikrowellen:**
  Beim Radarverfahren werden die vom Aufnahmeort ausgesandten und an der Erdoberfläche reflektierten Mikrowellen zur Daten- und Bildgewinnung verwendet.

Für die ingenieurgeologische Erkundung bietet die quantitative Luftbildauswertung folgende Möglichkeiten:

- Erfassen von Lineationen und Erkennen großtektonischer Zusammenhänge.
- Exakte tektonische Messungen, insbesondere im Hochgebirge.
- Kartieren des Kluftnetzes und der Schichtköpfe. Verfolgen markanter Gesteinsgrenzen, Abgrenzen pleistozäner und holozäner Sedimente.

Mithilfe der terrestrischen Photogrammetrie sind z. B. zu ermitteln:

- Raumlage von tektonischen Elementen in Steinbrüchen und Felsabdeckungen, in Hohlräumen unter Tage.
- Ermittlung von Homogenbereichen sowie Aufrisskartierung von Steilwänden usw.

6.2.1 Photographie

Die Photographie ist das am häufigsten angewandte Verfahren der Photogeologie. Die Photographie verwendet analoge oder digitale optische Systeme, um den sichtbaren Teil des Lichtes (zwischen 400 und 700 μm) und die nahe Infrarotstrahlung abzubilden.

Früher am häufigsten verwendet und von einem großen Teil der Erde erhältlich ist die **Schwarzweißphotographie.** Sie zeichnet sich durch einfache Reproduktionstechnik aus. Bei einer Überlappung der Bilder von 60 % in Flugrichtung ist eine dreidimensionale Betrachtung der Erdoberfläche möglich. Sie ist heute in Deutschland besonders deshalb noch weit verbreitet, weil bei großen Bauprojekten und Infrastrukturmaßnahmen Luftbilder der Alliierten Streitkräfte aus dem 2. Weltkrieg die Möglichkeit bieten, Blindgänger von abgeworfenen Bomben zu identifizieren und zu entschärfen.

Die **Farbphotographie** zeitigt bessere Interpretationsergebnisse, weil sich die Farbtöne unterschiedlicher Gesteinstypen besser unterscheiden lassen als bei der Schwarzweißphotographie. Z. B. lassen sich Verwitterungszonen entlang Störungen durch Unterschiede in der Vegetation durch die Farbphotographie besonders gut erkennen. Ihr Nachteil besteht aber in einer komplizierten Reproduktionstechnik, welche keine konstante Farbqualität garantiert.

Multispektralaufnahmen und Infrarotaufnahmen werden in der Photogeologie zwar eingesetzt, für ingenieurgeologische Zwecke sind ihre Anwendungsmöglichkeiten gering.

Die Bildauflösung der Luftbilder hängt von verschiedenen Umständen ab, als Faustformel für die üblichen Luftbildmaßstäbe gilt: 0,25 m bei einem Maßstab von 1 : 5000, 2,5 m bei einem Maßstab von 1 : 50.000. Satellitenphotos mit Bildmaßstäben von 1 : 1.000.000 haben nur eine Bildauflösung von 10 bis 20 m und sind daher für ingenieurgeologische Untersuchungen nur von untergeordneter Bedeutung.

In der terrestrischen Photographie werden Maßstäbe von 1 : 1 bis 1 : 500 verwendet. Die Auflösung ist dementsprechend gut bis sehr gut.

Die ingenieurgeologischen Eigenschaften der anstehenden Gesteine und Böden lassen sich aus der Luftbildphotographie indirekt aus der Geomorphologie ableiten, da die Morphologie und die Art des Entwässerungssystems ein Bild der Durchlässigkeit des Oberflächenmaterials, des Erosionswiderstandes des Gebirges, der Abtragungs- und Auflandungsprozesse, der Schichtung, Klüftung, Faltung und regionalen Orientierung der Störungen widerspiegelt (Rengers, 1976).

Mit einfachen photogrammetrischen Techniken lassen sich quantitative Informationen über Form der Böschungen, insbesondere Böschungsneigungen, aber auch über Merkmale instabiler Talflanken ermitteln.

Zur besseren Erkennung von Rutschungen, aber auch zum Auffinden aktiver Störungszonen, haben Cluff & Slemmons (1972) eine besondere Technik der Schwarzweißphotographie entwickelt, die sogenannte *low sun angle photography*, bei der durch Schatteneffekte sonst nicht erkennbare morphologische Eigenheiten von aktiven Störungen erkannt werden können.

Die Anwendung der terrestrischen Photographie ist besonders bei der Aufnahme von steilen, natürlichen und künstlichen Felsanschnitten geboten. Durch Messung der Bildkoordinaten von mehr als drei Punkten auf jeder einzelnen Kluftfläche in einem Stereokomparator lassen sich ausgezeichnete statistische Kluftmessungen durchführen, die den Kompassmessungen in vieler Hinsicht überlegen sind (Preuss, 1974). Mit einfacheren Mitteln kann durch Auswertung unter einem normalen Stereoskop und Verwendung eines *dip estimators* auch die Raumstellung von Flächen ermittelt werden. Neben der Raumstellung der Kluftscharen kann auch die Unebenheit der Kluftoberflächen, die Abgrenzung von Homogenbereichen und die Kluftdichte aus terrestrischen Photoaufnahmen bestimmt werden (Rengers, 1967). Aber auch für jede Art von Verformungsmessungen von Böschungen, wie Rutschbewegungen oder Widerlagerverformungen beim Füllen von Stauseen, ist diese Methode geeignet.

6.2.2 Thermographie

Informationen über die Temperatur der Erdoberfläche erhalten wir durch punktweises Erfassen der mittleren und fernen Infrarotstrahlung. Da jedoch zahlreiche Faktoren die Oberflächentemperatur beeinflussen, ist der Wert der geologischen Information aus solchen Bildern stark beeinträchtigt. Dennoch können Informationen über Grundwasser und Quellen oder über wasserstauende Schichten und Störungen gewonnen werden, weil sich durch das reiche Wasserangebot die Vegetation verändert und solche Unterschiede im Infrarotbild deutlich sichtbar werden.

6.2.3 Radarverfahren

Bei diesem Verfahren werden Radarimpulse von einem Flugzeug ausgesendet und nach Reflexion an der Erdoberfläche zurückkehrende Signale von einer Antenne aufgefangen. Die Intensität der zurückkehrenden Signale wird in Grautöne umgesetzt und ergibt so ein Bild des überflogenen Geländes. Diese Methode hat den Vorteil, dass auch bei Nacht, bei Wolkendecke, ungünstiger Sonneneinstrahlung und Regen Bildflüge durchgeführt werden können. Routineaufnahmen haben einen Bildmaßstab von 1 : 250.000, die auch bei dichter Vegetation großmaßstäbliche morphologische Merkmale des Geländes erkennen lassen. Falten und größere Störungen sind insbesondere dann zu erkennen, wenn sie sich in der Morphologie genügend widerspiegeln. Besonders klar sind Seen und Flussläufe zu erkennen. Für speziellere ingenieurgeologische Aufgaben scheidet diese Methode jedoch schon wegen des Bildmaßstabes aus.

Zusammenfassend kann gesagt werden, dass nicht alle Fernerkundungstechniken in den verschiedenen Stadien einer ingenieurgeologischen Erkundung und Projektbearbeitung eingesetzt werden können. Aus der Tatsache, dass die besten ingenieurgeologischen Informationen über geologische Gegebenheiten aus morphologischen Details gewonnen werden, ergeben sich nach Rengers (1978) an die eingesetzten Mittel folgende Forderungen:

Tab. 6.2 Überblick über die Güte von Fernerkundungsmethoden beim ingenieurgeologischen Einsatz (nach Rengers, 1978; mit freundlicher Genehmigung von © Instituto Geológico y Minero de España (IGME), 2018, alle Rechte vorbehalten)

Bildinhalte	Photographie			Multispektralaufnahme		Radar	Thermographie
	Satellit	Luftbild	Terrestrisch	Satellit	Luftbild	Luftbild	Luftbild
Maßstab	1:1.000.000	1:5000 bis 1:60.000	1:1 bis 1:500	1:250.000 bis 1:1.000.000	1:5000 bis 1:50.000	1:100.000 bis 1:250.000	1 :5000 bis 1:50.000
Auflösung	0	++	++	–	0	–	–
Geometrie	++	++	+	++	–	0	–
Relief	Nicht stereo	++	++	Nicht stereo	Nicht stereo	0	Nicht stereo
Spektralinformation	0/+	+	+	++	++	–	–/0

– schlecht, 0 ausreichend, + gut, ++ sehr gut

- Die Bilder müssen **stereoskopisch** betrachtet werden können, d. h. sich überlappen;
- sie müssen einen **großen Bildmaßstab** besitzen;
- sie müssen eine gute **Auflösung** haben und
- möglichst **verzerrungsfrei** sein.

Tab. 6.2 gibt einen Überblick über die Güte der verschiedenen Methoden und Tab. 6.3 zeigt, in welchen Stadien der ingenieurgeologischen Projektbearbeitung die verschiedenen Methoden am sinnvollsten eingesetzt werden.

6.2.4 Grundzüge der Photogrammetrie

Im Allgemeinen verstehen wir unter einem Luftbild eine Photographie, bei der die optische Achse lotrecht zum Aufnahmegelände steht. Ist die Aufnahmerichtung vertikal, d. h.

$$\nu = 0^\circ$$

so sprechen wir von einem Nadirbild, bei dem der Mittelpunkt des Geländes mit dem Mittelpunkt des Bildes zusammenfällt. Bei Winkeln von:

$$\nu = 1^\circ\text{–}2^\circ$$

handelt es sich um Senkrechtaufnahmen, wie sie üblicherweise zur Luftbildauswertung geliefert werden und bei:

$$\nu = 20^\circ\text{–}30^\circ$$

Tab. 6.3 Eignung verschiedener Fernerkundungsmethoden in unterschiedlichen Stadien der ingenieurgeologischen Projektbearbeitung (nach Rengers, 1978; mit freundlicher Genehmigung von © Instituto Geológico y Minero de España (IGME), 2018, alle Rechte vorbehalten)

Projektphase		Photographie			Multispektral-aufnahme		Radar	Thermo-graphie
	Karten-maßstab	Satellit	Luft-bild	Terrestrisch	Satellit	Luft-bild	Luft-bild	Luftbild
Vorphase	1:10.000 bis 1:50.000	–/0	+ +	–	0/+	–	0	–
Erkundungs-phase	1:1000 bis 1:10.000	–	+ +	0	–	–	–	–
Hauptunter-suchung	1:100 bis 1:5000	–	0/+	+	–	–	–	–
Baubeglei-tende Unter-suchungen	1:100 bis 1:1000	–	–	+ +	–	–	–	–
Betriebs-phase	1:100 bis 1:1000	–	–	+	–	–	–	–

– unbrauchbar, 0 begrenzt brauchbar, + brauchbar, + + sehr brauchbar

wird bereits von Schrägbildern gesprochen; auf ihre Auswertung wird hier nicht näher eingegangen, da bei Schrägaufnahmen die Verzerrung eine photogrammetrische Auswertung stört.

Erst die **Rahmenmarken** und die **Aufnahmebrennweite** f machen aus einer allgemeinen Photoaufnahme ein Messbild. In Abb. 6.6 sind alle Hilfsabbildungen eines typischen Luftbildes dargestellt.

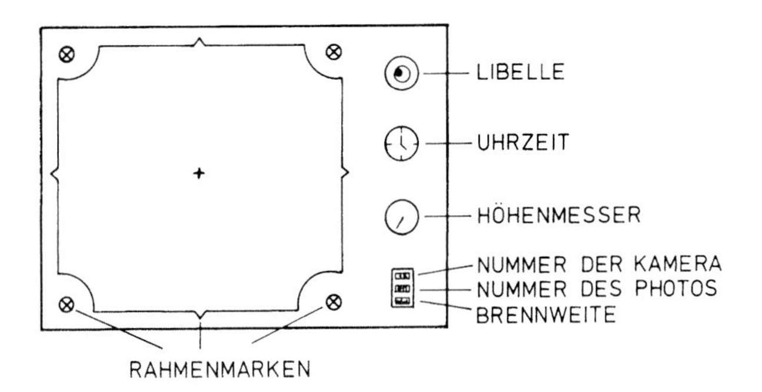

Abb. 6.6 Hilfsabbildungen eines typischen Luftbildes (aus Rengers, 1976; mit freundlicher Genehmigung von © Niek Rengers, 2018, alle Rechte vorbehalten)

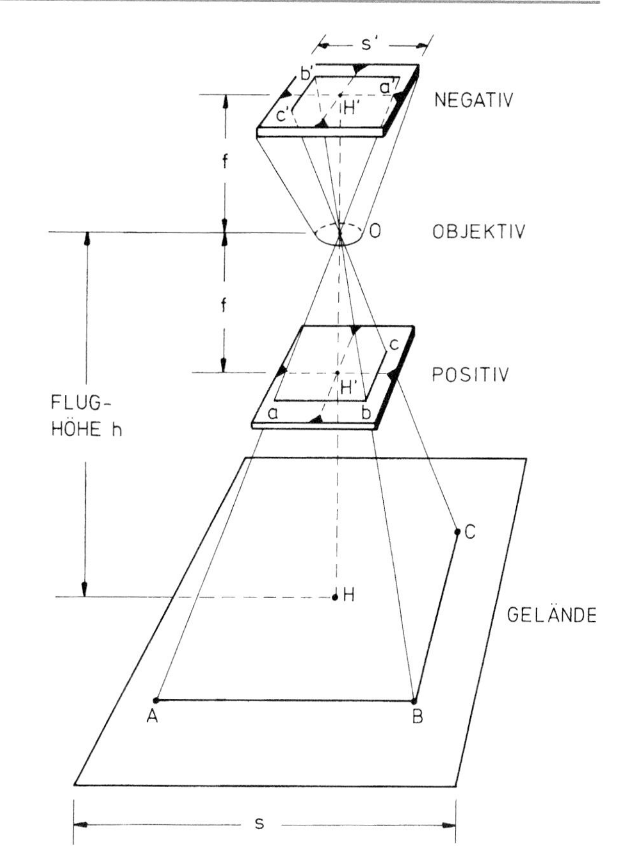

Abb. 6.7 Geometrische Beziehungen zwischen Gelände und Luftbild (aus Rengers, 1976; mit freundlicher Genehmigung von © Niek Rengers, 2018, alle Rechte vorbehalten)

Die Verbindungslinien gegenüberliegender Rahmenmarken schneiden sich im sogenannten **Bildhauptpunkt** H′ oder Bildmittelpunkt. Seine Ermittlung ist der erste Schritt zur gegenseitigen Orientierung aufeinanderfolgender Luftaufnahmen.

Der Bildmaßstab M_b eines Luftbildes hängt von der Flughöhe h über Gelände und der Brennweite f der Aufnahmekamera ab. Gemäß Abb. 6.7 ergibt sich der Bildmaßstab zu

$$M_b = \frac{1}{m_b} = \frac{s'}{s}$$

mit:

M_b = Maßstab des Bildes
m_b = Maßstabzahl
s' = Bildformatseite oder beliebige Bildstrecke a′ b′
s = Geländeseitenlänge oder beliebige Geländestrecke $\overline{AB}$

oder

$$M_b = \frac{1}{m_b} = \frac{f}{h}$$

wobei die Brennweite f aus den Hilfsabbildungen entnommen werden kann und die Höhe h sich aus der Differenz der am Höhenmesser gemessenen Flughöhe über NN und der mittleren Geländehöhe über NN ergibt.

In Abb. 6.7 ist das Gelände als horizontale Ebene gezeichnet, ein natürliches Gelände ist jedoch normalerweise uneben; das Bild weist deshalb keinen einheitlichen Bildmaßstab auf. Aus diesem Grund ist die Höhe h veränderlich, weshalb für die Festlegung des mittleren Bildmaßstabes ein Mittelwert von h zu bestimmen ist. Ähnliche Überlegungen gelten für die Bestimmung des Bildmaßstabes aus Bildstrecke und Geländestrecke. Auch bei diesem Verfahren sind mehrere, möglichst lange Strecken (mindestens drei) zu messen und die Ergebnisse zu mitteln.

Neben den Maßstabsunterschieden zeigen Luftbilder infolge von Geländeunebenheiten auch eine sog. Radialverzerrung, die bei der Benutzung des Luftbildes als Karte stören. Die Radialverzerrung ist eine Folge der Zentralprojektion durch das Aufnahmegerät.

Mithilfe der in den Hilfsabbildungen angegebenen Uhrzeit und der Einfallrichtung des Schattens, z. B. von Bäumen oder Türmen, kann die Nordrichtung qualitativ bestimmt werden.

Um einen dreidimensionalen Eindruck von zweidimensionalen Bildern zu erhalten, müssen folgende Bedingungen erfüllt sein:

- Aus einer Luftbildserie können zwei aufeinanderfolgende Bilder dadurch stereoskopisch betrachtet werden, dass das rechte Luftbild mit dem rechten Auge und das linke Luftbild mit dem linken Auge betrachtet wird.

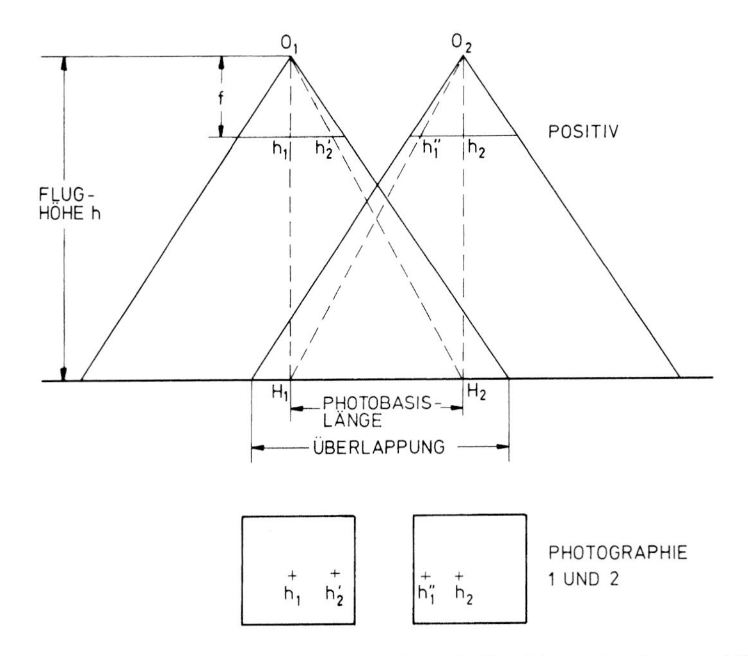

Abb. 6.8 Vertikalschnitt von zwei Senkrechtaufnahmen in Flugrichtung (aus Rengers, 1976; mit freundlicher Genehmigung von © Niek Rengers, 2018, alle Rechte vorbehalten)

- Die Photographien müssen das gleiche Gebiet, zumindest aber 60 % Überlappung wiedergeben.
- Die Richtungen der Kameraachsen müssen an den verschiedenen Aufnahmepunkten ungefähr parallel sein.
- Das Verhältnis der Photobasislänge B zur Flughöhe h, das sogenannte Basis-Höhen-Verhältnis, sollte zwischen 1/2 und 1/10 liegen (s. Abb. 6.8).
- Der Maßstab der beiden Photographien sollte ungefähr gleich sein.

Da der stereoskopische Effekt mit unbewaffnetem Auge nur schwer zu erzielen ist, werden im Allgemeinen entweder ein Linsen- oder Taschenstereoskop (Abb. 6.9) bzw. besser noch ein Spiegelstereoskop (Abb. 6.10) zur Betrachtung der Bilder herangezogen. Hierzu müssen die Luftbilder zueinander und zum Betrachtungsgerät in einer bestimmten Weise orientiert werden.

Abb. 6.9 Taschenstereoskop der Firma Carl-Zeiss-Jena GmbH (mit freundlicher Genehmigung von © ZEISS Archiv, 2018, alle Rechte vorbehalten)

Abb. 6.10 Spiegelstereoskop mit Stereomikrometer der Firma Carl-Zeiss-Jena GmbH (mit freundlicher Genehmigung von © ZEISS Archiv, 2018, alle Rechte vorbehalten)

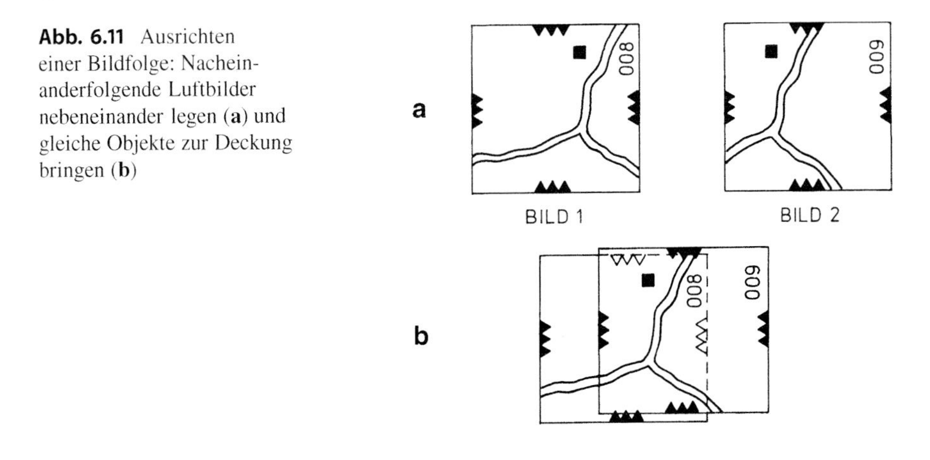

Abb. 6.11 Ausrichten einer Bildfolge: Nacheinanderfolgende Luftbilder nebeneinander legen (**a**) und gleiche Objekte zur Deckung bringen (**b**)

Diese Orientierung lässt sich am einfachsten folgendermaßen durchführen:

1. Bildpaare nebeneinander so auf die Betrachtungsebene legen, dass sich gleiche Objekte beider Bilder decken (s. Abb. 6.11). Hiermit ist gewährleistet, dass ein rechtes Bild mit dem rechten Auge und ein linkes Bild mit dem linken Auge betrachtet wird. Die Bilder liegen so etwa parallel zur Fluglinie. Aus der Nummer des Photos auf der Hilfsabbildung kann zugleich auch die Flugrichtung bestimmt werden.
2. Mithilfe der Rahmenmarken werden die Bildmittelpunkte H_1 und H_2 eingezeichnet (s. Abb. 6.12a). Am besten verwendet man Staedler-Omnichrom-Farben, die mit Benzin wieder entfernt werden können, oder Tusche, die mit Watte und Spiritus auswischbar ist.
3. Wechselseitige Übertragung der Bildmittelpunkte H_1 und H_2 auf die nebeneinander liegenden Bilder (s. Abb. 6.12b).
4. Die Verbindungslinien der Punkte H_1 und H'_2 sowie H_2 und H'_1 werden am Bildrand markiert (= Fluglinie oder Kernstrahl) und ein Bild so verschoben, dass die vier Markierungen auf einer gemeinsamen Linie zu liegen kommen. Dieses Ausrichten kann auch mithilfe eines Lineals erfolgen wie in Abb. 6.12c dargestellt.
5. Verschieben der Bilder auf der gemeinsamen Fluglinie bis zu einem Abstand zweier markanter Punkte von 21–26 cm, je nach Fabrikat des Spiegelstereoskops[2] (s. Abb. 6.12c) bzw. Bilder so weit überlappen lassen, dass der Abstand zweier identischer Punkte ca. 6,5 cm beträgt, wenn eine Betrachtung mit dem Taschenstereoskop vorgesehen ist (s. Abb. 6.12d).
6. Stereoskop so über das Bildpaar stellen, dass die Fluglinie bzw. die Kernstrahlen und die Augenbasis parallel sind, durch Auskanten des Stereoskops können noch vorhandene Parallaxen beseitigt werden.

[2] Zeiss: 21 und 26 cm, Wild: 25 cm.

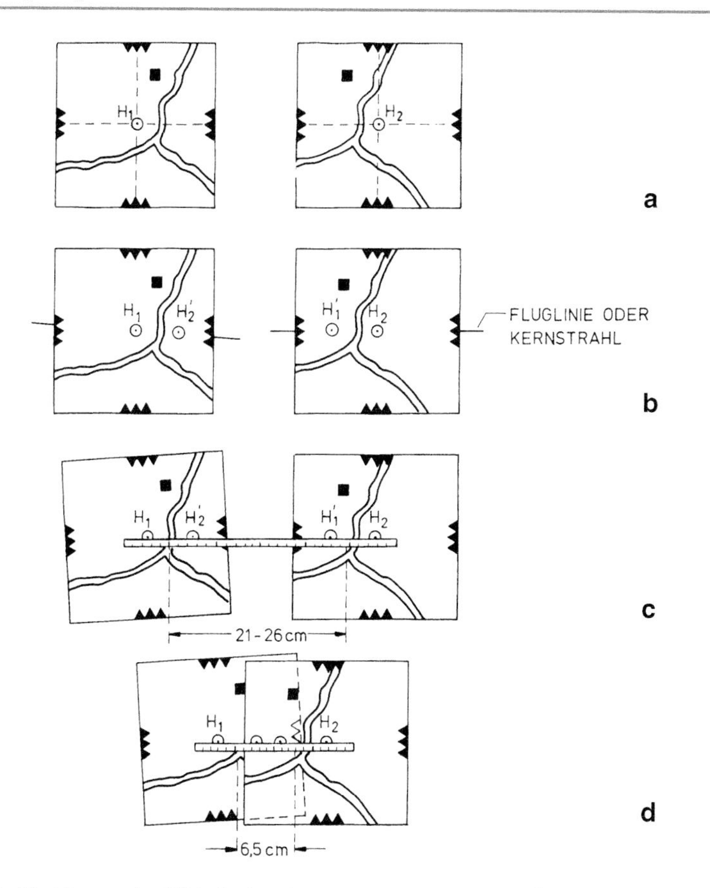

Abb. 6.12 Markierung der Bildmittelpunkte (**a**) und wechselseitige Übertragung (**b**), Fluglinie randlich markieren (**b**). Ausrichten der Bilder mit einem Lineal (**c**). Verschieben der Bilder auf der Fluglinie je nach Stereoskoptyp (**c**) und (**d**)

Um einen qualitativen Überblick über den Bildinhalt zu gewinnen, sind folgenden Elementen genaue Beachtung zu schenken: Schichtköpfen, Geländeformen, Entwässerungsnetz, Vegetation und Besiedlung, im Luftbild sind diese Elemente durch den photographischen Grauton, Struktur und Geländemorphologie unterscheidbar. In Tab. 6.4 sind alle möglichen Merkmale aufgelistet und mit erläuternden Adjektiven ergänzt.

Um eine halbquantitative Auswertung der Luftbilder vornehmen zu können, ist es notwendig, dass wir uns mit den einfachen Regeln der stereoskopischen Messungen vertraut machen. Diese Messungen sind infolge der stereoskopischen Parallaxe möglich. Die stereoskopische Parallaxe resultiert aus der Änderung der Aufnahmeposition zu einem Punkt auf zwei nachfolgenden Luftbildern. Abb. 6.13 zeigt, dass der Geländepunkt A im linken Photo als Bildpunkt a′ und im rechten Punkt als a″

Tab. 6.4 Photogeologisches Interpretationsschema (aus Rengers, 1976; mit freundlicher Genehmigung von © Niek Rengers, 2018, alle Rechte vorbehalten)

	Photocharakteristika						Morphologischer Ausdruck									Überdeckung			Schlußfolgerung	
	Grauton			Struktur			Entwässerungsnetz				Felseigenschaften									
Einheit	Fels	Vegetation	Landnutzung	Fels	Vegetation	Landnutzung	extern oder intern	Muster	Dichte	Querschnitt	Widerstand	Schichtung	Schichtfallen	Klüftung	Grenzen	Deckschicht	Vegetation	Landnutzung	Lithologie und Gefüge	Feldkontrolle
A																				
B																				
C etc.																				

Grauton

- dunkel
- dunkelgrau
- mittelgrau
- hellgrau
- hell

Struktur

- grob, fein
- glatt, rauh
- eben, uneben
- gebändert
- gefleckt
- körnig
- linear
- blockig
- gekörnt
- filzig

Entwässerungsnetz

extern oder intern

- perennierend
- unterbrochen, Karstphänomene
- keine Oberflächenentwässerung

Muster

- dendritisch
- parallel
- gitterförmig
- radial

Felseigenschaften

Widerstandsfähigkeit

- sehr niedrig
- niedrig
- mäßig
- hoch
- sehr hoch

Schichtung

- keine
- sehr massiv
- massiv

Überdeckung

Deckschicht

- keine
- sehr dünn feinkörnig
- dünn grobkörnig
- mäßig
- dick

Vegetation

- keine verstreut

Schlußfolgerung

Beim Anstehenden handelt es sich wahrscheinlich um:

Sedimente

- feinkörnige Klastite
- grobkörnige Klastite
- Karbonate

Intrusiva

- Batholith

- ringförmig
- mäandrierend
- verzweigt
- anomal

Dichte

- sehr gering
- gering
- mittel
- hoch
- sehr hoch

Tal- oder Gully-querschnitt

- seicht U-Form
- tief schwache V-Form
  starke V-Form

- gut geschichtet
- sehr gut geschichtet

Schichtfalten

- horizontal
- schwach 5–29°
- mittel 30–59°
- steil 60–85°
- vertikal

Klüftung

- keine durchgehend — niedere Dichte
- eine Richtung nicht durchgehend — mittlere Dichte
- mehrere Richtungen — hohe Dichte

Grenzen

- scharf — mittlere Dichte
- unscharf — hohe Dichte

- kärglich fleckenweise
- mäßig ausgerichtet
- dicht
- sehr dicht

Landnutzung

- keine
- selten
- gewöhnlich
- häufig
- intensiv

- Lakkolith
- Lagerung
- Dyke

Extrusiva

- Lavafluß
- Tuffablagerung

Metamorphite

Gefüge

- schwach gefaltet oder gestört
- mittelmäßig gefaltet oder gestört
- stark gefaltet oder gestört

Bemerkung: Widerstand und Schichtfallen bestimmen in Kombination mit dem Klima und der Zeitdauer solche Konfigurationen, die als eben, wellig, hügelig, gebirgig oder als Flachland, Tafelberg, Schichtrippen, Grabenschultern zu beschreiben sind.

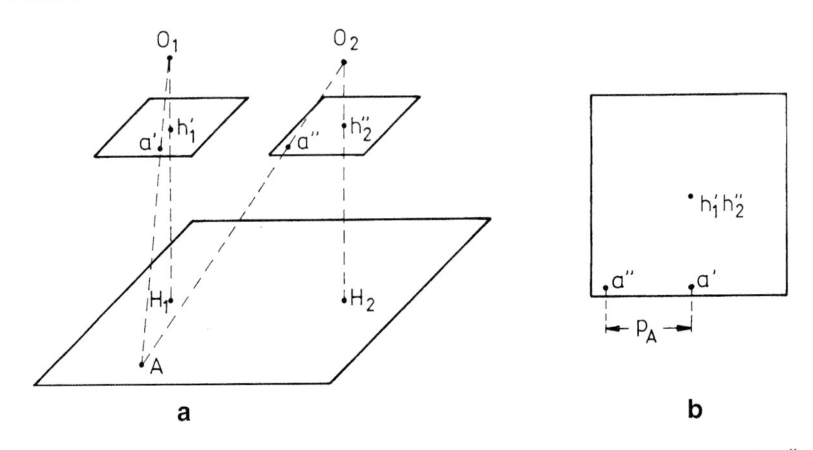

Abb. 6.13 Stereoskopische Parallaxe P_A für einen Geländepunkt A, resultierend aus der Änderung der Aufnahmeposition O_1 und O_2 (aus Rengers, 1976; mit freundlicher Genehmigung von © Niek Rengers, 2018, alle Rechte vorbehalten)

wiedergegeben wird. In Abb. 6.13b, in dem die beiden Photographien übereinander gezeichnet sind, fallen die Bildmittelpunkte h'_1 und h'_2 zusammen, der Geländepunkt A wird dabei aber durch zwei Punkte a′ und a″ wiedergegeben. Die Parallaxe P_A ergibt sich zu:

$$P_A = \overline{h'_1 h''_2} - \overline{a'a''}$$

Die Stereoluftbildmessung basiert nun auf der Tatsache, dass es eine direkte Beziehung zwischen den Parallaxendifferenzen verschiedener Bildpunkte und deren Abstand h zur Aufnahmebasis gibt. Abb. 6.14 zeigt diese Beziehung, mit der Höhenunterschiede zwischen einzelnen Objektpunkten bestimmt werden können. Der Höhenunterschied Δh ergibt sich zu

$$\Delta h = \frac{h_R}{P_R + \Delta P_A} \cdot \Delta P_A$$

dabei ist Δh die Höhendifferenz zwischen den Punkten A und R im Gelände, h_R ist die Flughöhe über dem Punkt R (~ Flughöhe über Grund), P_R ist die stereoskopische Parallaxe des Punktes R und P_A die stereoskopische Parallaxe des Punktes A:

$$P_R = \overline{h'_1 h''_2} - \overline{r'r''}$$

und

$$\Delta P_A = P_A - P_R$$

Unter dem Spiegelstereoskop erfolgt die Messung der Parallaxe am einfachsten mit einem Stereomikrometer. Das Stereomikrometer besteht aus zwei Markenplättchen

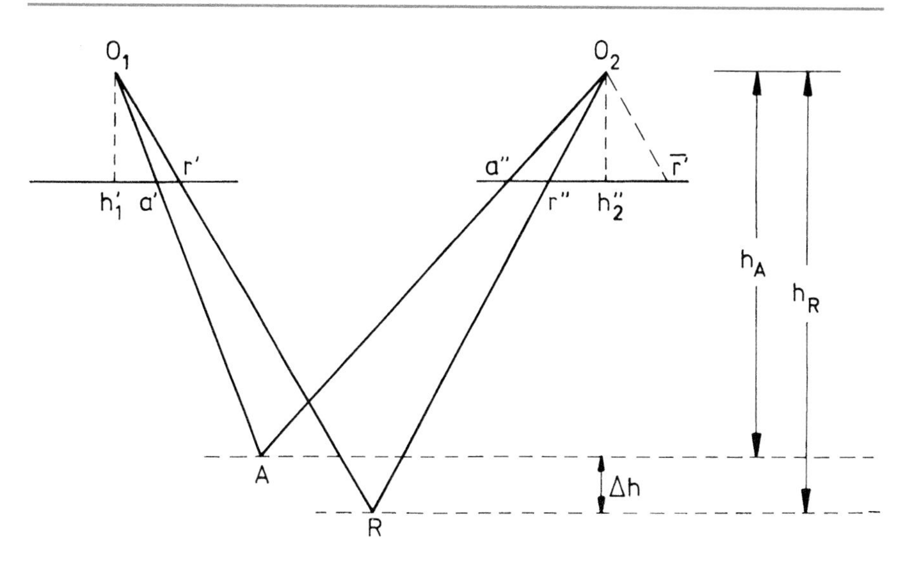

Abb. 6.14 Prinzip der Bestimmung von Parallaxendifferenzen verschiedener Bildpunkte (aus Rengers, 1976; mit freundlicher Genehmigung von © Niek Rengers, 2018, alle Rechte vorbehalten)

mit Messmarke, die durch eine Mikrometerschraube gegeneinander verschiebbar sind. Bei stereoskopischer Messung verschmelzen die beiden Messmarken zu einer Raummarke. Diese wird zunächst dem tieferen Punkt R und dann dem höheren Punkt A aufgesetzt. Die Differenz wird an der Messtrommel abgelesen, die Messung ist dreimal zu wiederholen, um ein Mittel zu errechnen. Zu beachten ist, dass absolute Messungen nur in der Nähe des Ausgangspunktes R möglich sind. Bei weiter entfernten Punkten muss eine Korrektur eingeführt werden.

Nach dem gleichen Prinzip der Parallaxenmessung können mit dem Stereomikrometer auch Linien gleicher Höhe (= Formlinien) gezeichnet werden. Hierfür ist am Stereomikrometer ein Zeichenstifthalter angebracht. Um die Formlinien zu zeichnen, wird eine bestimmte Höhenparallaxe am Mikrometer eingestellt und mit den Raummarken am Gelände entlanggefahren. Neben den Formlinien werden in eine solche Zeichnung auch die Wege und Straßen, die Siedlungen und die Vegetation (mit Signaturen) sowie markante Geländeformen vom linken Bild stereoskopisch abgezeichnet.

Werden die photogrammetrischen Aufgaben umfangreicher, lohnt es, von der manuellen Auswertung mit dem Stereomikrometer auf ein analytisches Verfahren umzusteigen. Das derzeit weltweit am häufigsten eingesetzte analytische Auswertegerät ist das Planicomp P3 der Carl-Zeiss-Jena GmbH (Abb. 6.15). Als zentrales Bedienelement des Planicomp P3 dient ein multifunktionaler Cursor mit Tablett, der eine Freihandführung der Messmarke gestattet. Zudem erlaubt eine Schnittstelle am Planicomp die Weiterverarbeitung der Daten in Grafikprogrammen wie AUTOCAD bzw. die Datenübernahme in Geoinformationssysteme (GIS).

Abb. 6.15 Photogrammetrischer Arbeitsplatz an dem analytischen Auswertegerät Zeiss Planicomp P3 der Carl-Zeiss-Jena GmbH (mit freundlicher Genehmigung von © ZEISS Archiv, 2018, alle Rechte vorbehalten)

6.2.5 Grundzüge der Luftbildauswertung

Die halbquantitative Luftbildauswertung basiert, neben den einfachen Messungen, die im Bild durchgeführt werden, auf einer gründlichen geologischen Ausbildung, bei der insbesondere den Zusammenhängen zwischen Morphologie und Geologie sowie zwischen Vegetation und Geologie Bedeutung geschenkt wird, außerdem ist die Luftbildauswertung durch mehrfache Begehungen im Gelände zu ergänzen. Der Bauingenieur sollte die wichtigsten Grundzüge dieser Auswertung ebenfalls kennen.

Eines der typischen Merkmale, aus welchem auf den Gesteinsuntergrund geschlossen werden kann, ist die Entwässerungsdichte. Sie ist definiert als das Verhältnis aus der Länge L aller Entwässerungsrinnen eines Flusseinzugsgebietes zu dessen Gesamtfläche A.

Die Entwässerungsdichte D ergibt sich zu:

$$D = \frac{\sum L}{A}.$$

Melton (1957) hat hierüber ausführlich berichtet. Sinnfällig werden Gesteinsunterschiede schon dann, wenn man nur das Flussnetz und das Trockentalnetz zweier Gebiete betrachtet, wie sie in Abb. 6.16 dargestellt sind.

Gebiet Nr.	I	II	III	IV	V	VI	VII	VIII
A Gewässernetz	Sehr wenig Wasserläufe, Verästelungen sind sehr selten. Kerbtäler	Gewässernetz mit einiger Verzweigung. Kerbtäler („Stumpen-täler").	Sehr wenig Wasserläufe. Verästelungen des Gewässernetze s sind sehr selten	dto,	Verzweigtes Gewässernetz. Die Zuflüsse sind kurz und münden ohne Verzweigung im Hauptbach	Sehr wenige Wasserläufe, die im Karst versickern,	Sehr reich verzweigtes Gewässernetz	Verzweigtes Gewässernetz. „Stumpentäler".
B Trockentalnetz	Sehr viele Trockentäler von überdurchschni ttlicher Länge und reicher Verästelung	Sehr viele und kurze Trockentäler, die sich zuweilen verzweigen, im großen u. ganzen aber unmittelbar auf das Entwässerungs netz stoßen.	Sehr viele Trockentäler von reicher Verästelung und manchmal großer Länge. Kerbtäler	dto.	Viele kurze Trockentäler, die meist direkt auf das Bachtal treffen. Die Gewässernetzv erzweigungen laufen in Trockentälern aus.	Riesiges Trockentalsyst em von überdurchschni ttlicher Lange	Fast keine Trockentäler (undurchlässig er Untergrund). Muldentäler u. Kerbtäler	Trockentäler relativ selten. Trockentäler sind kurz u. münden ohne Verzweigung in das Gewässernetz.
Aus A u. B abgeleitete Gesteine	Kalkstein Karstgebiet	Sandstein	Karstland-schaft Kalkstein	Kalkstein	Sandstein	Kalk Karstgebiet	Mergel	Sandstein

Abb. 6.16 Gewässernetz im Bereich einer Hauptentwässerung, die als Kastental ausgebildet ist (Fluss schottert auf). Die unterschiedliche Talbreite deutet Gesteinsunterschiede an. Die Schlüsse, die aus dem Gewässer- und Trockentalnetz zu ziehen sind, ergeben sich aus der Tabelle. Trockentäler sind von punktierten Linien durchzogen

Auch aus dem Relief des Geländes lassen sich Schlüsse über die Gesteinsbeschaffenheit ableiten. Wie in Abb. 6.17 dargestellt, wird z. B. für ein begrenztes Gebiet der maximale Reliefunterschied H_{max} gemessen und ins Verhältnis zum Ab-

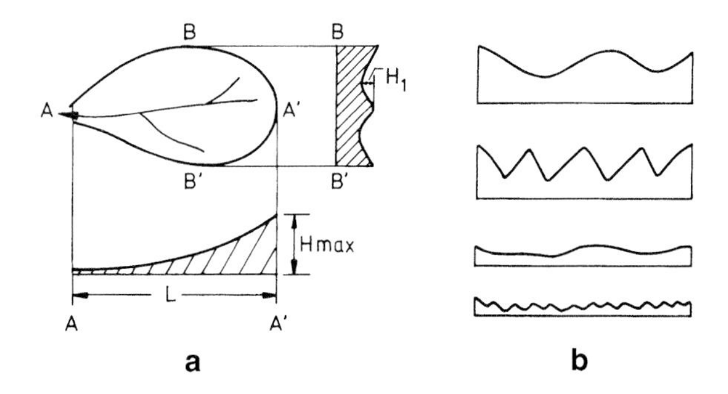

Abb. 6.17 **a** Ermittlung des Reliefverhältnisses $R = H_{max}/L$ und **b** der Unebenheitszahl $U = H_{max} D$ aus der Entwässerungsdichte D mit $D = L/A$; L = Gesamtlänge des Flussnetzes ($L_1 + L_2 + L_3$); A = Fläche des Stromgebietes (aus Rengers, 1976; mit freundlicher Genehmigung von © Niek Rengers, 2018, alle Rechte vorbehalten)

stand des tiefsten Punktes gesetzt. Das **Reliefverhältnis *R*** ist dann:

$$R = \frac{H_{max}}{L}$$

Dieses Verhältnis ist ein Indikator der Intensität der Erosionsvorgänge in dem begrenzten Bereich, und Schumm (1956) hat gezeigt, dass der Sedimentabtransport pro Einheitsfläche gut mit dem Reliefverhältnis R korrelierbar ist.

Bildet man das Produkt aus Reliefunterschied H_{max} und Entwässerungsdichte D, so ergibt sich die dimensionslose **Unebenheitszahl** $U = H_{max} \cdot D$.

Für die in Abb. 6.17 dargestellten Geländeformen bietet deren Unebenheitszahl U die Möglichkeit, Geländeformen z. B. für die Eignung zur Anlage neuer Straßen zu klassifizieren oder Beziehungen zwischen der Morphologie und dem Untergrund herzustellen.

Tektonische Elemente geben sich häufig schon im Verlauf von Flüssen und Tälern zu erkennen, da die Erosion die Schwächelinien des Gebirges herausmodelliert. In wenig mit Hangschutt und Vegetation überdeckten Gebieten ist es sogar möglich, neben dem Streichen auch das Fallen der Klüfte und Störungen zu messen. Dazu markiert man entweder auf der zu messenden Fläche oder deren Ausbisskante drei Punkte unterschiedlicher Höhenlage (A, B und C). Dabei sollten die Punkte etwa gleichen Abstand voneinander haben und der Punkt C sollte etwa in mittlerer Höhenlage zwischen den Punkten A und B liegen. Nach Kronberg (1984) misst man mit einem Stereomikrometer die Höhenunterschiede zwischen den einzelnen Punkten und verbindet die Punkte A und B durch eine Gerade (s. Abb. 6.18c). Anschließend sucht man den Schnittpunkt der Formlinie, die durch den Höhenpunkt C verläuft mit der Geraden $\overline{AB}$ und verbindet den Schnittpunkt D mit C. Diese Linie entspricht der Streichrichtung. Das Lot von A auf $\overline{CD}$ ergibt die Fallrichtung, den Schnittpunkt nennen wir E. Der Einfallwinkel β wird dadurch ermittelt, dass z. B. die horizontale Entfernung a zwischen den Punkten A und E gemessen wird. Aus der bereits bekannten Höhendifferenz Δh zwischen Punkt E und A ergibt sich

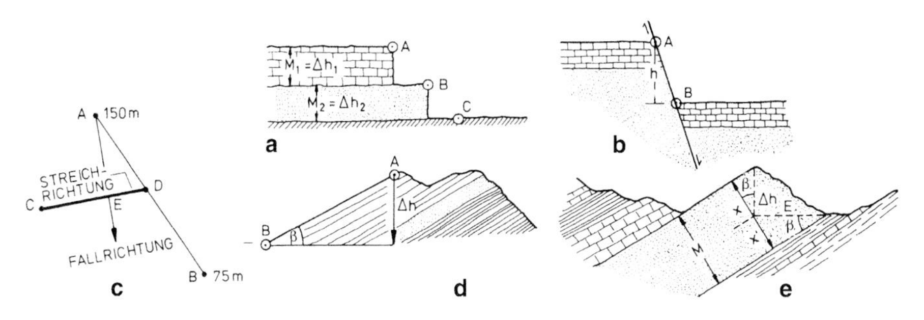

Abb. 6.18 Bestimmung der Schichtdicken (**a**) und (**e**), der Sprunghöhe einer Verwerfung (**b**), der Raumstellung von Schichtflächen, Klüften und Böschungsflächen (**c**) und (**d**) nach Kronberg (1984; mit freundlicher Genehmigung von © Springer-Verlag GmbH Deutschland, 2018, alle Rechte vorbehalten)

gemäß Abb. 6.18d der Einfallwinkel β zu

$$\tan \beta = \frac{\Delta h}{a}$$

Ähnlich wie bei der Bestimmung der Kluftstellung verfährt man bei der Bestimmung der Neigung von Böschungsflächen (Abb. 6.18d) oder bei der Bestimmung von Schichtdicken und vertikalen Versetzungsbeträgen von Störungen (s. dieselbe Abb.).

6.2.6 Planung und Kosten der Fernerkundung

Um eine einwandfreie Luftbildinterpretation eines bestimmten Gebietes durchführen zu können, ist es häufig notwendig, einige Bildstreifen mit einer Längsüberlappung der Bilder von 60 % und einer Querüberlappung von normalerweise 30 % photographieren zu lassen. Nur so ist gewährleistet, dass das gewonnene Bildmaterial in einem Stereomodell ausgewertet werden kann. Abb. 6.19 illustriert einen Bildflug. Flughöhe, Flugzeit, Art der Aufnahmekammer, Brennweite, Aufnahmeba-

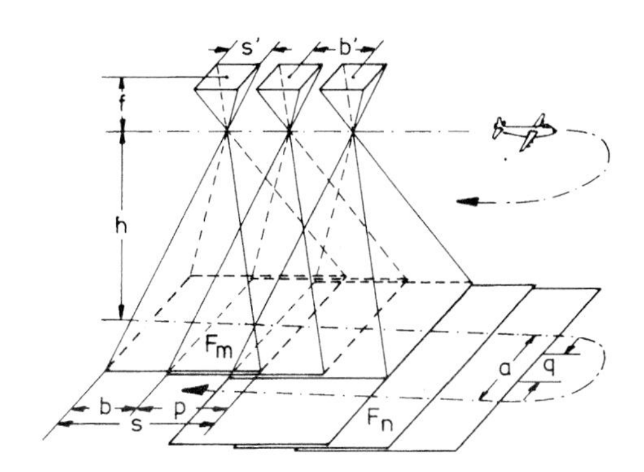

Abb. 6.19 Beispiel eines Bildfluges und dessen geometrische Beziehungen zur Längs- und Querüberlappung (aus Rengers, 1976; mit freundlicher Genehmigung von © Niek Rengers, 2018, alle Rechte vorbehalten)

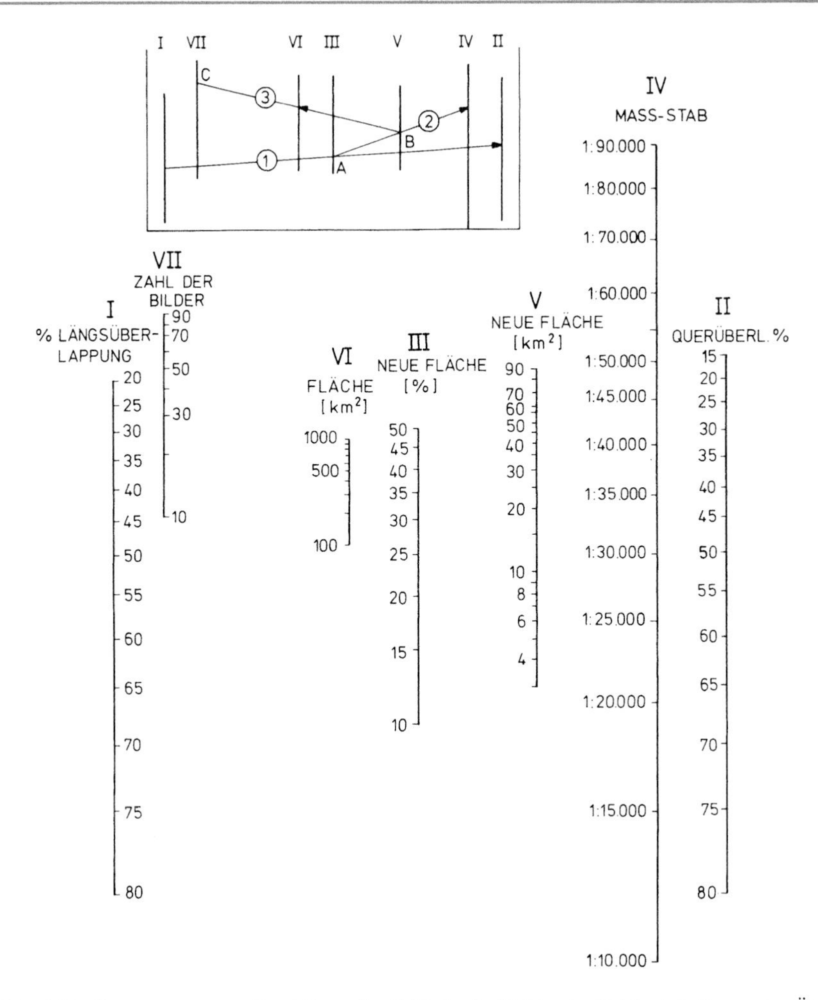

Abb. 6.20 Nomogramm zur Ermittlung der Zahl der Luftbilder in Abhängigkeit von der Überlappung, dem Maßstab und der Größe des aufzunehmenden Gebietes für das Bildformat 23 × 23 cm (aus Rengers, 1976; mit freundlicher Genehmigung von © Niek Rengers, 2018, alle Rechte vorbehalten)

sis b', Fluglinienabstand usw. entscheiden über die Aussagekraft und die Kosten der Luftbildauswertemöglichkeiten. In Abb. 6.20 ist ein Nomogramm wiedergegeben, aus welchem man die Zahl der Luftbilder in Abhängigkeit von der Überlappung, dem Bildmaßstab und der Größe des aufzunehmenden Gebietes abschätzen kann.

Die Kosten eines Bildfluges waren früher hauptsächlich von den Anflugkosten und den eigentlichen Flugkosten für das Flugzeug mit der Kamera abhängig. Durch den Einsatz von kamera- und laserbestückten Drohnen konnten in jüngerer Zeit die stark wetterabhängigen schwer kalkulierbaren Flugkosten vermieden werden. Die Kosten sind nur noch abhängig von den Vorhaltekosten für die geeignete Drohne und die zugehörige Auswertesoftware.

Auch die Passpunkte im Gelände, welche für die exakte räumliche Positionierung und Orientierung der Luftbilder erforderlich sind, werden heute nicht mehr mit großem personellen Aufwand geodätisch eingemessen, sondern sind mithilfe von Empfängern für globale Navigationssatelliten sehr kostengünstig und mit Genauigkeiten im Zentimeterbereich überall verfügbar.

6.3 Direkte Aufschlussmethoden

Unter direkten Aufschlussmethoden fassen wir alle Geländebeobachtungen zusammen, die durch künstliche Aufschlüsse gewonnen werden, es sind dies:

- Felsfreilegungen,
- Schürfgruben,
- Sondierstollen und
- Bohrungen.

Zu den indirekten Aufschlussmethoden zählen wir die:

- mechanischen Sondierungen (Abschn. 6.4),
- geophysikalischen Methoden (Abschn. 6.5) und
- Bohrlochsondierungen (Abschn. 6.6.4 u. a.).

Seit große Geräte zum Abschieben von Lockermassen zur Verfügung stehen, erweist sich eine der großzügigsten Aufschlussmaßnahmen, nämlich die totale **Freilegung** des anstehenden Felsens, z. B. im Bereich von Talsperrenwiderlagern, als billigste und als eine der besten Erkundungsmethoden. Eine flächenhafte Abräumung der Felsüberlagerung gestattet nicht nur die detaillierte Kartierung aller Gesteinsunterschiede, Störungen und Gefügedaten, sondern ermöglicht in unmittelbarer Anschauung auch die Abgrenzung von Homogenbereichen (s. Abschn. 6.6.2) sowie einen ersten Ansatz einer Felsklassifizierung.

Nicht nur wird die Felsgrenze (Anstehendes) auf diese Art lückenlos festgestellt, sondern auch die Entnahme von Gesteinsproben kann mit großer Sicherheit an repräsentativen Stellen erfolgen. In-situ-Versuche sind möglich. Die dritte Dimension kann aufgrund dieses großräumigen Einblickes weit zielsicherer durch Bohrungen und Stollen ergänzt werden als ohne diese Kenntnis. Der Informationsgehalt dieser Aufschlussmethode ist ein nahezu totaler, wenn sie mit Bohrungen und Stollen kombiniert wird. Felsfreilegungen können bestens empfohlen werden, ganz besonders dann, wenn die Überdeckung des Anstehenden durch Hangschutt nur wenige Meter beträgt.

Im Gegensatz zu den Felsfreilegungen werden beim Anlegen von **Schürfgruben** bzw. Probeschächten nur örtlich begrenzt die Geologie des Untergrundes erkundet und die Möglichkeit zur Durchführung von In-situ-Versuchen und zur Entnahme von ungestörten Proben geschaffen. Nach der DIN EN ISO 22475-1 muss die Sohle eine Mindestbreite von 0,7 m und eine Mindestlänge von 1,5 m aufweisen. Bei

Tiefen von mehr als 1,25 m ist der Schurf abzuböschen oder zu verbauen, wobei die Aussteifung so auszubilden ist, dass an den Wänden das gesamte Gesteinsprofil – notfalls durch Umsteifen – untersucht werden kann. Hinweise zur Sicherung begehbarer Schürfe sind in der DIN 4124 und in den Unfallverhütungsvorschriften „Leitungsgrabenarbeiten und Leitungsbauarbeiten" sowie „Erd- und Felsarbeiten" der Bau-Berufsgenossenschaften enthalten.

Von allen direkten Erkundungsmethoden liefern Sondierstollen und Sondierschächte besonders gute und vollständige Informationen über den Zustand und die Eigenschaften des Gebirges. Während die Ergebnisse nahezu aller übrigen Erkundungsmethoden – insbesondere Bohrungen und indirekte Erkundungsmethoden – einer Interpretation bedürfen, gewähren Stollen und Schächte einen großflächigen, bis zu einem gewissen Grad sogar dreidimensionalen Einblick, der durch nichts anderes gleichwertig zu ersetzen ist.

Stollen und Schächte können über lange Zeiträume hinweg zugänglich gehalten werden. Kontrollierende oder zur Unterstützung zugezogene Experten können sich in ihnen vergleichsweise rasch ein Bild von den vorliegenden geotechnischen Verhältnissen machen, was aufgrund z. B. von Bohrkernen nicht annähernd in gleicher Weise möglich ist.

Schon der unmittelbare Anblick des Gesteins und des ausgebrochenen Stollenprofils lässt erkennen, wie die Festigkeitseigenschaften des Gebirges sind und wie sehr sie durch Klüftung und Verwitterung variiert werden; auch, wie tief die Entspannungslockerungen in den Berg hineinreichen. Gefügemessungen sind in großem Umfang möglich, wobei man leicht repräsentative Stellen auswählen kann. Die Erscheinungsform von Störungsflächen und -zonen kann exakt beschrieben werden und schon während des Vortriebes kann ihnen in Querschlägen oder Ablenkungen des Sondierstollens selbst ebenso nachgegangen werden wie Gesteinsgängen, Wasseradern und dergleichen.

Während z. B. Bohrkernuntersuchungen dazu verleiten, am Kleinstbereich haften zu bleiben und dem Gesteinscharakter mehr Interesse zu schenken als dem des Gebirges im großen Verband, liefert die großräumige Betrachtung im Stollen erst den Schlüssel zum Verständnis des geologischen Details.

Äußerst wertvoll ist die Möglichkeit, in Stollen Großversuche aller Art – Scherversuche, Kluftreibungsversuche großen Maßstabes, dreiachsige Materialprüfungen, E-Modul-Messungen – und in allen Richtungen und Primärspannungsmessungen auszuführen und für diese die jeweils charakteristischen, d. h. repräsentativen Stellen auszuwählen. Schon der Entschluss zur Vornahme solcher Großversuche wird durch das Vorhandensein von Stollen und Schächten sehr erleichtert, ein Entschluss, welcher nicht so leicht fällt, wenn zum Zweck solcher Großversuche Stollen erst angelegt werden sollen.

Auch seismische Messungen können bei Vorhandensein von Stollen und Schächten viel effizienter gestaltet werden.

Ein Stollen kann vor allem über die Gebirgsbeschaffenheit mehr aussagen als Dutzende von Sondierbohrungen gleicher Länge. Vor allem gelingt die für die Projektierung so wichtige Gesteinsklassifizierung im Stollen unvergleichlich besser als nach noch so ausgeklügelten Bohrkernindizes.

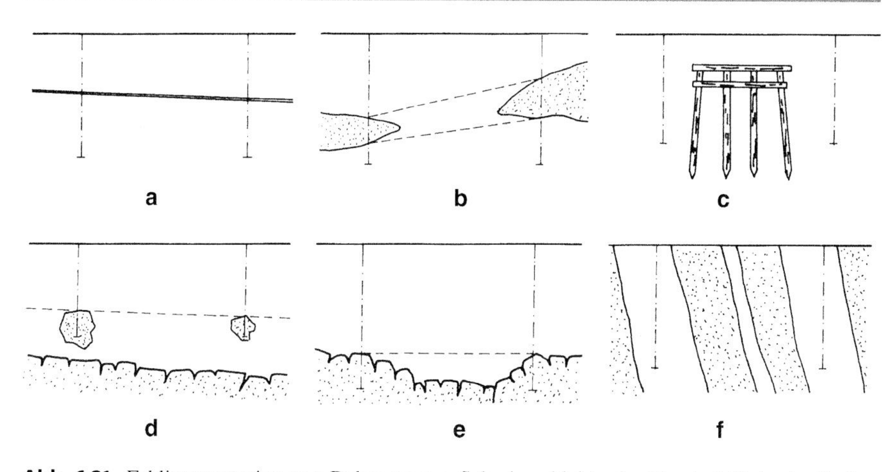

Abb. 6.21 Fehlinterpretation von Bohrungen: **a** Schmierschicht oder Harnischfläche im Boden, welche durch Bohrungen nicht erkannt wird. **b** Irrtümliche Schichtgrenzen im Bodenprofil. **c** Nicht erkannte Hindernisse im Boden, wie Holzbauwerke oder altes Mauerwerk. **d** Irrtümliche Annahme der Felsoberfläche infolge Antreffens von Felsbrocken. **e** Irrtümliche Annahme der Felsoberfläche infolge Vorhandenseins einer Tiefenrinne oder eines Kolkes zwischen den Bohrungen. **f** Nichterkennen der Schichtfolgen bei steil stehender Schichtung. (Aus Borowicka, 1966, mit freundlicher Genehmigung von © Institut für Geotechnik, Univ. Prof. D. Adam, Technische Universität Wien, 2018, alle Rechte vorbehalten)

Manche Talsperren-Ingenieure haben eine Abneigung gegen die Anlage einer größeren Zahl von Sondierstollen, weil sie fürchten, mit diesen das Gebirge allzu sehr zu durchlöchern. Wir halten dies für eine übertriebene Ängstlichkeit. Die durch Stollen gestörten Bereiche sind klein im Vergleich zum Bauwerksbereich. Außerdem reicht die Störung des Gebirges nicht sehr weit, wenn die Stollen auf schonende Weise angelegt werden. Aber selbst wenn man die Störung des Gebirges ernst nimmt, so ist der mit ihr verbundene Nachteil verschwindend klein gegenüber dem großen Vorteil einer genauen Situationskenntnis und -erkenntnis. Außerdem wird sich ein geschickter Ingenieur meist darauf verstehen, Sondierstollen z. B. für eine Talsperre so anzulegen, dass sie später als Kontrollgänge, als Injektions- und Drainagestollen weiterverwendet werden können.

Sondier- oder Aufschlussbohrungen sind die am häufigsten angewandte, wenn auch keinesfalls aufschlussreichste Erkundungsmethode. Dass sie so häufig, ja fast ausschließlich angewendet wird, ist wohl nur damit zu erklären, dass die Problematik dieser Erkundungsart (Abb. 6.21) den meisten Ingenieuren wenig bekannt ist.

Üblich sind vertikale Bohrungen von Längen bis zu 200 m, gelegentlich werden aber auch Bohrungen bis zu 1000 m Tiefe abgeteuft, wie z. B. beim Wasserkraftwerk Mornos in Griechenland.

Seltener sind Schrägbohrungen, und nur in Ausnahmefällen werden Horizontalbohrungen durchgeführt, wenngleich solche Bohrungen gerade für Tunnelprojekte von weitaus größerem Informationsgehalt wären.

Das Abteufen der Bohrungen erfolgt aus doppeltem Grund:

- Zur Erkundung der geologischen Situation einschließlich der Hydrogeologie und zur Ergänzung der Kenntnisse der Oberflächenkartierung. Aus diesem Grunde werden die Bohrungen in der Regel als Kernbohrungen durchgeführt.
- Zur Bestimmung der geotechnischen Eigenschaften des Gebirges. Hierzu können einerseits Proben aus dem Bereich des späteren Bauwerkes entnommen werden, an denen Laborversuche durchgeführt werden und andererseits können in den Bohrlöchern In-situ-Versuche sowie optische und akustische Sondierungen durchgeführt werden, die eine Beobachtung des Gebirges während und nach der Bauzeit erlauben.

Die Ansprache der Gesteine aus den gewonnenen Bohrkernen ist allerdings gelegentlich schwierig. Die mechanisch schwächsten Schichtglieder entgehen häufig der Beobachtung, da sie leicht ausgespült werden. Die Unterscheidung von Gestein, welches beim Bohrvorgang zermahlen wurde und solchem, das durch tektonische Kräfte oder in der Basis einer Gleitscholle zermahlen wurde, ist höchst schwierig und gelingt, wenn überhaupt, nur unter dem Mikroskop und im Labor, durch optische Sonden und Scanner, nicht aber im Anblick der Bohrkisten.

Auch die Beurteilung der Gesteinsfestigkeit und des Zerlegungsgrades nach Klüften täuscht. Viele potentielle Trennflächen, Flächen schwächeren Gesteinsverbandes, wie z. B. Schichtungs- und Schieferungsflächen, die aber in der Natur noch nicht zu Fugen aufgerissen sind, werden durch die mechanische Beanspruchung der Bohrkrone zu Fugen und täuschen einen Zerklüftungs- und Zerlegungsgrad vor, der mit demjenigen des Felsens in situ oft nichts mehr zu tun hat. Über diese Erscheinung, die sich besonders empfindlich in Schiefergesteinen bemerkbar macht, helfen auch keine Indizes (z. B. RQD-Index) hinweg.

Bohrungen sind nur Nadelstiche. Viele geologische Daten fallen durch die Maschen eines noch so engen Netzes von Bohrlöchern. In einem Baggerfeld auf dem Moserboden (Österreich) wurde, um die Kiesausbeute dieses Feldes und die Qualität des Kieses festzustellen, ein engmaschiges Netz von Bohrungen niedergebracht. Kein einziges der 38 Bohrlöcher hatte Spuren von Torf- oder Schlufflinsen zutage gefördert. Die Kiesbaggerung jedoch stieß bereits in den ersten Tagen auf großräumige Fladen von Torf und Schluff, welche zufällig zwischen den Maschen des quadratisch angeordneten Netzes von Bohrlöchern lagen. Ähnliche Erfahrungen werden aus verkarsteten Gebieten berichtet. Die Wahrscheinlichkeit, bei einem noch so dichten Netz von Bohrlöchern Karstschläuche und kleine Höhlen anzutreffen, ist gering, man ist dem Zufall ausgeliefert. Taschenförmige Gebilde, wie z. B. Bereiche der Tiefenverwitterung, entgehen dem Bohrergebnis besonders häufig (s. Abb. 6.21e).

Die Disposition eines Aufschluss-Bohrprogrammes erfordert deshalb nicht nur tiefe geologische Kenntnisse, sondern auch einen, wenn man das so ausdrücken darf, geologischen Spürsinn. Sonst kann vieles leicht übersehen werden, z. B. muss angetroffener Fels keineswegs anstehender sein. Es kann ein Findling, ein aus dem Verband gelöster Felsblock sein, wovon man sich überzeugt, indem man grundsätzlich mindestens 4 oder 5 m tief in den Fels hineinbohrt (Abb. 6.21d).

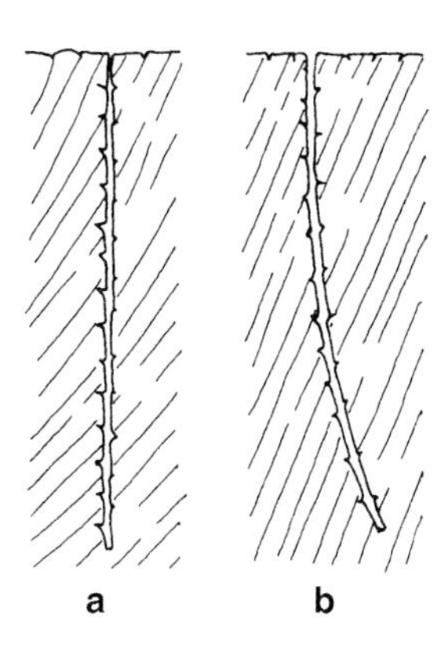

Abb. 6.22 Fehlinterpretation des Einfallens der Gefügeflächen aus einer als vertikal angenommenen Bohrung (**a**). Die tatsächliche Situation ist auf der rechten Bildseite dargestellt (**b**) (nach Müller, 1963; mit freundlicher Genehmigung von © Springer-Verlag GmbH Deutschland, 2018, alle Rechte vorbehalten)

Ein häufiger Fehler wird begangen, indem meist nur lotrechte Bohrungen angeordnet werden. Bei geneigter Stellung von Schichtgrenzen und Störungen ist dies schon deshalb nachteilig, weil bei gleicher Bohrlochlänge eine geringere Zahl dieser Strukturelemente erfasst wird, wie wenn man etwa orthogonal zur Schichtung oder Störung bohrt.

Wenn steilstehende oder seigere Schichtgrenzen oder Störungen zu erwarten sind, versagen lotrecht abgestoßene Sondierbohrungen völlig; sie treffen dann nur das zwischen den Grenzflächen oder Störungen liegende Gestein, nicht aber die gesuchten Elemente (Abb. 6.21f).

Gelegentlich kann eine Fehlinterpretation von Gefügedaten aus Bohrergebnissen auch dadurch entstehen, dass bei geneigter Wechsellagerung von festen und weichen Gesteinen die Bohrung verläuft, wobei die Bohrung das Bestreben hat, in die Normale zur Schichtung abzuweichen (s. Abb. 6.22). Bei Vollkronen ist diese Beobachtung häufiger zu machen als bei Kernbohrungen. Bei söhliger Lagerung ist ein Verlaufen in alle Richtungen möglich. Bei Vertikalbohrungen sind Abweichungen bis zu 2,5 % und bei Schrägbohrungen bis zu 4 %, bezogen auf die Gesamtbohrlänge, nicht auszuschließen.

Bei der Disposition von Bohrprogrammen ist auch zu bedenken, dass nicht unmittelbar ein Längs- oder Querprofil des Untergrundes unter dem Bauwerk abgebohrt, sondern eine räumliche Vorstellung vom geologischen Bau des Untergrundes angezielt werden sollte. Dieses dreidimensionale Gebilde kann nur erkundet werden, indem man geologisch charakteristische Stellen aufsucht, die mit der zufälligen Lage der Bauwerksachsen nichts gemein haben.

Die Art der zu wählenden Bohrung hängt von verschiedenen Aspekten ab. Einerseits ob mit Kerngewinn oder ohne gearbeitet wird, andererseits ob die Bohrung in Lockergestein oder Festgestein abgeteuft wird. Bohrungen ohne Kern sind in der Aufschlussbohrtechnik allerdings nur von untergeordnetem Interesse. In Fällen, wo nur abschnittsweise gekernt werden soll, kann das übrige Bohrloch als Vollbohrung abgeteuft werden, was billiger und schneller durchzuführen ist.

Die einfachste Art der Bohrung in Lockergesteinen mit Kerngewinn ist die Handbohrung mit einem Rohr mit Längsschlitz. Diese Rohre besitzen einen Durchmesser von 20–40 mm und werden in Längen von 1 m zusammengefügt. Der Bohrer wird mit einem Hammer bis in Tiefen von 2 m, in Sonderfällen bis zu 5 m, in den Boden getrieben und nach einer Drehung des Gestänges zur Bohrgutgewinnung von Hand oder mit einer Seilwinde gezogen.

Von Hand drehend eingebohrt werden Bohrer mit Schnecke oder Spirale, welche die Entnahme von 10–15 cm^3 Lockergestein erlauben. Die erreichbare Bohrtiefe beträgt 2 bis 5 m, jedoch sind Bohrungen unter den Grundwasserspiegel kaum durchführbar. Durch Motoren, die entweder tragbar oder auf geländegängige Fahrzeuge montiert sind, können mit dieser Art von Bohrungen schlagend oder drehend aus Tiefen bis zu 30 m Proben gewonnen werden. Allen diesen Bohrungen haftet der Mangel an, dass die Proben durch die Entnahme gestört sind, was zu verschiedenen Sonderausführungen der Entnahmetechnik in Lockergesteinen Anlass gegeben hat (s. u. a. DIN EN ISO 22475-1).

Für die Durchführung von Schürfbohrungen in Tiefen über 30 m werden heute folgende Verfahren angewandt:

- Konventionelle Kernbohrverfahren mit Drehantrieben und Andruckerzeugung außerhalb des Bohrloches (Spindel- und Lafettenbohrmaschinen); diese Verfahren sind am weitesten verbreitet,
- Seilkernbohrverfahren,
- Kernbohren im Rotarybohrverfahren,
- Kontinuierliches Kernen nach dem Counter-Flash-Verfahren (in der Baugrunderkundung nur selten angewandt),
- Kernbohrverfahren mit Drehantrieb im Bohrloch.

Spindelbohrmaschinen sind robust und relativ unkompliziert in der Technik, besitzen jedoch nur eine geringe Hublänge von meist nicht mehr als 60 cm, was ein häufiges Gestängenachsetzen notwendig macht (s. Abb. 6.23a).

Um schnellere Einbauzeiten zu erreichen, ist grundsätzlich ein Mast erforderlich. Durch die Schwenkbarkeit der Spindel um die waagrecht liegende Antriebswelle können Bohrungen in allen Richtungen normal zur Antriebswelle ausgeführt werden (Drehung 360° um die Längsachse).

Die meisten Lafettenbohrmaschinen sind mit einem lafettengeführten Kraftdrehkopf ausgerüstet. Eine Hubhöhe von mehreren Metern ist keine Seltenheit, was die Verwendung von langen Gestängeschüssen gestattet. Diese Bohranlagen lassen sich sehr gut mit automatischen Gestängemagazinen kombinieren, wodurch schnelles Gestängenachsetzen ermöglicht wird. Die Hauptkomponenten einer Lafettenbohrmaschine sind in Abb. 6.23b dargestellt. Der Nachteil dieses Maschinentyps liegt in seiner begrenzten Schwenkbarkeit der Lafette um die Längsachse des Bohrgerätes (max. 40°–50° von der Vertikalen). Durch Kippen des Vorschubrahmens mittels eines Hubzylinders sind allerdings Bohrwinkel von 0–90° in Richtung der Geräteachse möglich.

Bei Kernbohrungen mit Spindel- oder Lafettenbohrmaschinen wird je nach Gestein mit oberflächenbesetzten Diamantbohrkronen, mit imprägnierten Diamantbohrkronen oder mit Hartmetallbohrkronen gebohrt (s. Tab. 6.5), wobei auch der Kronenform in Abhängigkeit vom Gestein (s. Abb. 6.24), der Drehzahl und dem Andruck Beachtung zu schenken ist.

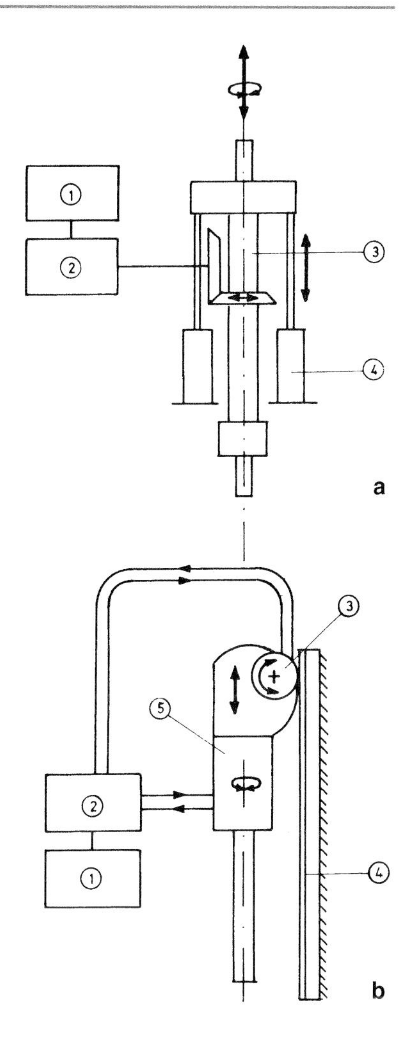

Abb. 6.23 Schürfbohrmaschinen mit Drehantrieb außerhalb. **a** Spindelbohrmaschine mit gesteuertem Vorschub durch Hydraulikzylinder: 1 Antrieb, 2 Getriebe, 3 Hohlspindel, 4 Vorschubzylinder. **b** Lafettenbohrmaschine mit hydrostatischem Antrieb und Hydraulikmotor-Zahnstangenvorschub: 1 Antrieb, 2 Hydraulikpumpe, 3 Vorschubmotor, 4 Zahnstange, 5 Hydraulikmotor (HKDK) (aus Behrens et al., 1981; mit freundlicher Genehmigung von © Prof. Claus Marx, 2018, alle Rechte vorbehalten)

Der Kern schiebt sich während des Bohrvorganges kontinuierlich durch die Bohrkrone in ein Kernrohr im Inneren des Bohrgestänges hinein. Nachdem die Kernrohrlänge abgebohrt ist, muss das gesamte Gestänge gezogen werden, um das Kernrohr zu entleeren.

Um das Ziehen des Gestänges zu vermeiden, wurde das Seilkernbohrverfahren entwickelt, bei dem ein mit dem Kern gefülltes Innenrohr durch das eingebaute Gestänge mittels Seil gezogen wird, was den Gewinnungsvorgang sehr beschleunigt. Das Innenrohr wird nach der Kernentnahme wieder durch den Bohrstrang eingelassen.

Dieses Verfahren eignet sich auch zur Gewinnung von Bohrkernen aus Bohrungen nach dem Rotary-Verfahren. Da bei dieser Bohrungsart der Meißelandruck über eine Schwerstange erzeugt wird, welche über dem Meißel angebracht ist, und der innere Durchmesser dieser Schwerstangen meist wesentlich kleiner als der Bohr-

Tab. 6.5 Empfehlungstabelle für Kernbohrkronen und Räumer der Fa. Craelius (mit freundlicher Genehmigung der Fa. Craelius GmbH), spc = Steine pro Carat, 1 Carat = 0,2 g, EH = extrem hart, HH = sehr hart, H = hart, HM = mittelhart, HS = mäßig hart

Härtegruppe	Gesteins-Beschreibung	ungefähre Härte des Gesteins	Hartmetall		Diamantkronen-Spezifikationen: Diamy® diamantoberflächenbesetzte Kronen							Diaborit® diamantimprägnierte Kronen			Räumer	
			TC-Kronen	Corborit® Kronen	Bettungsmatrix		spc					Bettungsmatrix				
					EH	H	12	20	30	50	90	HH	HM	HS	TC	Diamy®
1	Lehm, Ton weicher Schiefer Kreide weicher Kalkstein Gips Tuff	weiches Gestein	█	█											█	
2	Sand loser Sandstein Schiefer harter Schiefer Mergel mittelharter Kalkstein Salz gefrorene Erde Eis	weiches oder mittelhartes (gemischtes) Gestein	█	█											█	
3	weicher Sandstein Sandschiefer Schiefer Tonstein sandiger Kalkstein weicher Schiefer	mittelhartes nicht abrasives Gestein		█		█	█	█	█						█	█
4	Sandstein feinkörniger Sandstein alluviale Ablagerungen Kalkspat mittelharter Kalkstein harter Schiefer	mittelhartes abrasives Gestein		█	█	█	█	█	█	█		█	█			█
5	harter Kalkstein Kalkstein mit Dolomit Schiefer Serpentin	hartes, kaum abrasives Gestein			█	█		█	█	█		█	█			█
6	harter Schiefer Glimmerschiefer harter quarzhaltiger Kalkstein Dolomit Marmor Syenit Serpentin-Peridotit Andesit Diabas Pegmatit Hermatit Magnetit	hartes, nicht abrasives Gestein			in brüchigen Formationen	█		█	█	█	█	in brüchigen Formationen	█	█		█
7	metamorpher Schiefer Gneis Amphibolit Granit Leptit Basalt Diorit Gabbro Porphyr Rhyolit Trachyt	sehr hartes Gestein			in brüchigen Formationen	█				█	█	in brüchigen Formationen	█	█		█
8	Konglomerat Takonit abrasiver Sandstein abrasiver Quarzit Gesteinsarten mit Schwefelkies marmorierte (geäderte) Blutsteinerze	sehr abrasives Gestein			█					█	█	█				█

kronendurchmesser ist, wird das Seilkernen bei diesem Verfahren erst ab einem Bohrlochdurchmesser von 4½″ (114,3 mm) möglich. In der Schürfbohrtechnik wird dieses Verfahren in Kombination mit dem Rotary-Bohren daher selten angewandt.

Die Kernbohrverfahren mit Drehantrieb im Bohrloch befinden sich noch in einem Entwicklungsstadium. Als Antrieb dienen entweder Bohrturbinen oder Moineau-Motoren.

Beim konventionellen Kernen kommen als Kernrohre sowohl Einfach- als auch Doppelkernrohre zum Einsatz. Bei den Doppelkernrohren unterscheidet man solche

Nr.	Bauform	Typ	Bemerkungen
1		W flach	Standard-Kronenform für DCDMA und metrische Kronen Typ A, B, T. Geringes Karatgewicht. Für mittelhartes bis hartes Gebirge, geringer Abrasivität.
2	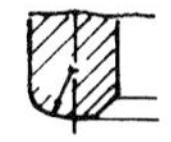	W	Gerundete Lippenform bedingt stärkere Besetzung am ID und AD der Krone. Etwas höheres Karatgewicht als bei der flachen W-Form (1).
3		BY	Vollrunde Lippenform, dadurch starke Besetzung der Außenkanten. Standardausführung für Large-Serie-Kronen und K, Y und Z Typ der metrischen Norm. Geeignet für hartes, abrasives Gebirge.
4	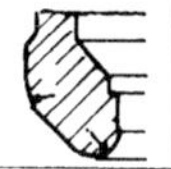	E	Krone mit ausgeprägtem Außenkonus. Geeignet als kompakte Bauform für Seilkernkronen, z. B. Serie Q.
5		Pilot	Pilotkrone hat gute Führung bei Senkrechtbohrungen, Bohrfortschritt höher als bei der W-Form. Für NX, K3, WL in mittelharten Formationen geeignet.
6		Spez. Pilot	Spezial-Pilotkrone. Diese Ausführung wird in USA viel verwendet. Für mittelharte bis harte Formationen.
7		2-Stufenkrone	2-Stufenkrone für dicklippige Kronentypen. Guter Bohrfortschritt. Lippe ist schwächer als Bauformen 1–6. Für weiche bis mittelharte Formationen.
8	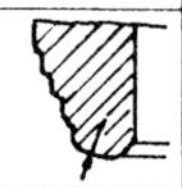	4-Stufenkrone	Standardkrone für Seilkernkronen in weichen bis mittelharten Formationen. Guter Bohrfortschritt, gute Führung. Für hartes Gebirge zu schwach.
9		Doppelkonus	Kompakte Krone. Bessere Führung als BY-Form. Nur für dicklippige Kronen geeignet. Guter Bohrfortschritt. Für hartes Gebirge geeignet.
10	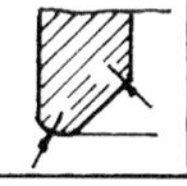	Großer Innenkonus	Ausgeprägter Innenkonus. Nur für dicklippige Kronen geeignet. Krone wird mit gutem Erfolg auch in konglomeratischem Gebirge eingesetzt.

Abb. 6.24 Bauformen von Kernbohrkronen (aus Marx, 1972; mit freundlicher Genehmigung von © Prof. Claus Marx, 2018, alle Rechte vorbehalten)

mit rotierendem Innenrohr und solche mit feststehendem Innenrohr. Die Einfachkernrohre bestehen aus einem Mantelrohr, das am oberen Ende mit dem Gestänge verbunden ist. Ihr unteres Ende trägt die Bohrkrone. Über der Bohrkrone befindet sich ein sog. Kernfänger. Beim Einfachkernrohr wird der Kern während der gesamten Bohrzeit von der Kühl- und Spülflüssigkeit umströmt und vom rotierenden Mantelrohr stark in Mitleidenschaft gezogen. Beides führt zur Auswaschung und Zerstörung des Kernes, weshalb Einfachkernrohre heute kaum mehr verwendet werden.

Mit Doppelkernrohren wird eine größere Schonung des Kernes erreicht, da der Kern nur im Bereich der Bohrkrone mit der Spülung in Berührung kommt. Bei Doppelkernrohren mit rotierendem Innenrohr ist der Kern, wie beim Einfachkernrohr, mechanischen Beanspruchungen ausgesetzt. Bei Doppelkernrohren mit fest-

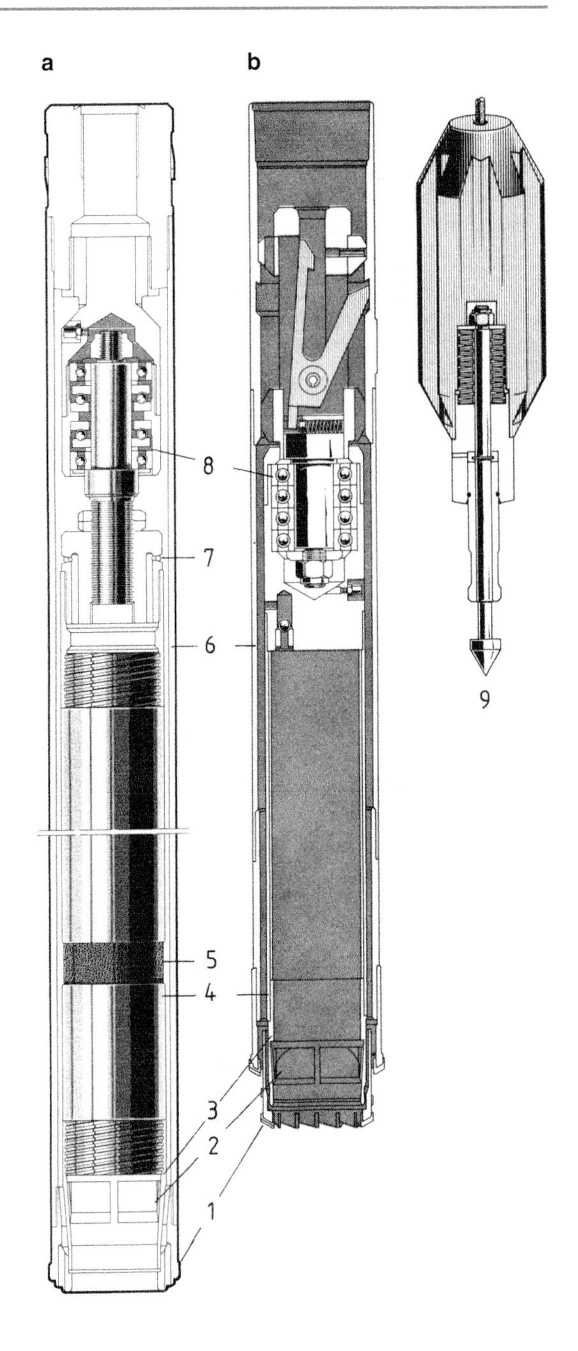

Abb. 6.25 Kernrohre: **a** Konventionelles Doppelkernrohr mit feststehendem und geteiltem Innenrohr, **b** Seilkernrohr; 1 Diamantbohrkrone, 2 Kernfangring, 3 Kernfanghülse, 4 geteiltes Innenrohr, 5 Ausdrehung für wasserfestes Klebeband, 6 Außenrohr, 7 Prüfventil, 8 Lagereinheit mit radialer und axialer Führung, 9 Fangvorrichtung (mit freundlicher Genehmigung der Fa. Craelius GmbH)

stehendem Innenrohr wird das Innenrohr über ein Kugellager mit dem Mantelrohr verbunden (Abb. 6.25a). Die Reibung zwischen dem noch mit der Bohrlochsohle verbundenen Kern und dem Innenrohr verhindert, dass das Innenrohr die Rotation des Mantelrohres mitmacht.

Beim Seilkernen wird ein Doppelkernrohr verwendet, dessen Innenkernrohr einen Kopf mit Sperrklinken hat, die eine selbständige Verriegelung mit dem Außenkernrohr bewirken. Im verriegelten Zustand funktioniert das Seilkernrohr wie ein Doppelkernrohr mit feststehendem Innenkernrohr. Speziell für Baugrunduntersuchungen wurde von Craelius ein Dreifachseilkernrohr SK 6 L, 146 mm, entwickelt, welches ein PVC-Rohr als Führung im Innenkernrohr besitzt. Dieses PVC-Rohr kann mit dem Kern ausgebaut werden und ohne Kernstörung erst im Labor geöffnet werden (s. Abb. 6.25b).

Die gewonnenen Bohrkerne sind unmittelbar nach dem Ziehen von einem Geologen zu bemustern, mit Farbphotographien zu dokumentieren und anschließend in Kernkisten von 105 cm Innenlänge sorgfältig zu lagern sowie deutlich lesbar außen zu beschriften. Ist eine Probeentnahme für geomechanische Versuche vorgesehen, sollte diese ebenfalls noch in bergfeuchtem Zustand erfolgen. Die Entnahmestelle ist auf der Bohrkiste zu vermerken.

Die Maschinenhersteller liefern heute im Allgemeinen Bohrzubehör sowohl in metrischen Abmessungen als auch in Abmessungen nach dem DCDMA-Standard (Diamond Core Drill Manufactures Association).

Die Auswahl eines bestimmten Kernrohrtyps richtet sich nach dem erforderlichen Bohrloch- und Kerndurchmesser, dem Gebirge, der gewünschten Teufe, dem eingesetzten Bohrmaschinentyp und dem Normsystem der Bohrausrüstung. Unterschiede der Herstellerangebote bestehen aus dick- und dünnwandigen und für Doppelkernrohre extrem dünnwandigen Ausführungen der konventionellen Kernrohre, unterschiedlichen Abmessungen der Seilkernrohrsysteme und der Produktpalette entsprechend der in den jeweiligen Normen angegebenen Dimensionen.

Für die erforderlichen Bohrloch- und Kerndurchmesser sind in Tab. 6.6 die Abmessungen der Futterrohre zur Sicherung der Bohrlöcher gegen Nachfall und die entsprechenden Kernbohrwerkzeuge in metrischer Angabe und nach DCDMA-Norm wiedergegeben.

Die Wahl der Bohrkrone ist einem erfahrenen Bohrmeister zu übertragen. Generell kann jedoch gesagt werden, dass sich Hartmetallkronen für alle stark geklüfteten kieselsäurearmen Gesteine eignen, während sich Diamantkronen in kluftarmen Gesteinen großer Härte bewähren (s. Tab. 6.6).

In Lockergesteinen, in denen nicht mit Nassspülung gearbeitet werden kann, weil das Material selbst oder seine Feinstoffgehalte ausgespült werden und damit die geologischen Informationen verloren gehen, ist man bemüht, trocken zu bohren. Bei sandigen Kiesen lassen sich mit größeren Bohrdurchmessern ganz beachtliche Erfolge erzielen, bei Lockergesteinen mit hohem Tonanteil wird die Krone beim Trockenbohren zu heiß, man behilft sich in solchen Böden mit Schlagbohrungen meist größeren Durchmessers. Demmer & Grollitsch (1968) haben über ein Trockenbohrverfahren mit Rotationskernbohrmaschine berichtet, mit der aus jedem Lockerboden Proben genommen werden können.

Bohrungen bedeuten einen so großen Kostenaufwand, dass sich ihre Ausführung nur rechtfertigen lässt, wenn man aus ihnen maximal erreichbaren Erkenntnisgewinn zieht. Dieser wird erreicht, indem man, neben dem Bohrprotokoll und der Beschreibung der Bohrkerne, die Bohrlöcher optisch oder akustisch scannt, geophy-

Tab. 6.6 Futterrohre und Kernbohrwerkzeuge in metrischen Angaben und nach DCDMA-Norm (mit freundlicher Genehmigung der Firma Craelius GmbH)

Futterrohre außen und innen glatt				Bohrloch-Durchmesser	Kernbohrwerkzeuge								
DCDMA-Standard	Metrischer Standard				Doppel-Kernrohre		Einfach-Kernrohre		Seil-Kernrohre		Gestänge		
Außen-Ø Innen-Ø	Außen-Ø	Innen-Ø	Gewicht		Type	Kern-Ø	Type	Kern-Ø	Type	Kern-Ø	Außen-Ø	Kuppl. Innen-Ø	Gewicht
mm	mm	mm	kg/m	mm		mm		mm		mm	mm	mm	kg/m
	143	134	16,3	146	T 6 T 6 S K-3	123 116 116	B Z	132 120			50 NW (66,7) HW (88,9)	22 34 60	6,9 8,5 12,6
									SK 6 L	102	140	125	24,3
	128	119	14,4	131	T 6 T 6 S K-3	108 101 101	B Z	117 105			50 NW (66,7) HW (88,9)	22 34 60	6,9 8,5 12,6
HW 114,5 101,5	113	104	12,7	116	T 6 T 6 S K-3	93 86 86	B Z	102 90			50 NW (66,7) HW (88,9)	22 34 60	6,9 8,5 12,6
NW 88,9 76,2	98	89	10,4	101	T 2 T 6 T 6 S K-3	84 79 72 72	B Z	87 75			50 NW (66,7) HW (88,9)	22 34 60	6,9 8,5 12,6
	84	77	7,0	96					HSK	65	88,9	77,8	11,4
	84	77	7,0	86	T 2 T 6 T 6 S K-3	72 67 58 58	B Z	72 62			50 NW (66,7)	22 34	6,9 8,5
BW 73,0 60,3	74	67	6,1	76	T 2 T 6 T 6 S K-3	62 57 48 48	B Z	62 54			50 NW (66,7)	22 34	6,9 8,5
	74	67	6,1	75,8	TNW	60,8					50 NW (66,7)	22 34	6,9 8,5
									NSK	47,7	69,9	60,3	7,7
	64	57	5,2	66	T 2 T 6 T 6 S K-3	52 47 38 38	B Z	52 44			53 50	22 22	4,1 6,9
AW 57,1 48,4	54	47	4,4	60	TBW	45,2					BW (53,9) 50	19 22	5,9 6,9
									BST	35,6	55,6	46	6,0
	54	47	4,4	56	TT T 2	45,5 42	B Z	42 34			53 50 42	22 22 22	4,1 6,9 4,4
EW 46,0 38,1	44	37	3,5	48	TAW	33,5					AW (43,6) 43 42	15,9 22 22	6,3 2,5 4,4
									AST	25,6	44,5	34,9	4,7
	44	37	3,5	46	TT T 2	35,6 32	B Z	32 24			43 42 33 33,5	22 22 15 15	2,5 4,4 1,7 3,3
				37,7	TEW	23,1					EW (34,9) 33 33,5	11,1 15 15	4,5 1,7 3,3
				36	T	22	B	22			33 33,5	15 15	1,7 3,3

sikalische Bohrlochmessungen durchführt, in ihnen Wasserabpressungen vornimmt und sie womöglich so ausrüstet, dass sie (mittels eingebauter Messinstrumente) zu langdauernden Wasserstands- und Bewegungsbeobachtungen des Geländes herangezogen werden können. Außerdem bieten Bohrungen die Möglichkeit, Versuche zur Bestimmung des mechanischen Gesteinsverhaltens durchzuführen.

Bohrlochversuche können in neun Gruppen eingeteilt werden:

- **Optische und akustische Bohrlochsondierungen**, Photo- und Fernsehkamera, Bohrlochscanner: Die Betrachtung der Bohrlochwand am Bildschirm und Aufzeichnung auf Datenspeicher dienen zur Bestimmung der Gesteinsart und zur

Tab. 6.7 Spezifikation optischer und akustischer Bohrlochsonden nach Angaben verschiedener Hersteller

Hersteller	Typ	Bohrloch-durchmesser	Max. Tiefe	Unter Wasser möglich	Fokusierung	Blickfeld im NW Bohrloch	Orientierung durch
CSIR	Petroskop	BW	3 m	Nein	–	50 mm	Stangen
Soiltest	Boreskope	EW	8 m	Nein	–	20 mm	Rohre
GIF	Bohrlochendoskop	EW	15 m	Ja	–	–	Rohre
Eastman	Periskop BP 34	NW	34 m	Ja	0–∞	35 mm	Rohre
CSIR	Kamera	BW	150 m	Nein	0,2–2 m	–	Stangen
Laval	3 D Kamera	NW	200 m	Ja	–	0,5/360°	Kompass
Eastman	Fernsehsonde	NW	400 m	Ja	30 mm–2 m	46 mm	Kompass
Rees	Fernsehsonde	NW	400 m	Ja	10 mm–∞	47 mm	Kompass
GIF	Fernsehsonde	NW	400 m	Ja	10 mm–1 m	360°	Kompass
GIF	Bohrlochscanner ETIBS	NW	800 m	Ja	–	360°	Kompass
DMT	Akust. Televiewer (SABIS)	AW	500 m 125 °C	Nur unter Wasser	–	360°	Fluxgate
Schlumberger	Dip-Meter (HDT)	NW	ca. 7000 m 204 °C	Nur unter Wasser	–	360°	Magnetometer

Tab. 6.8 Spezifikation von Abdruckpackern nach Angaben verschiedener Hersteller

Hersteller	Typ	Minimaler Bohrlochdurchmesser	Abdrucklänge	Orientierung
Comdrill	TBP 3/80	116 mm	1000 mm	Kompass oder Gestänge
Imperial College	Impression packer	76 mm	2000 mm	Kompass

Tab. 6.9 Spezifikation von Kalibersonden nach Angaben verschiedener Hersteller

Hersteller	Typ	Bohrloch-durchmesser	Tiefe	Messbereich	Mess-genauigkeit
Rock Inst. Ltd.	Leaf spring	75–200 mm	500 m	±20 bis ±40 mm	0,1 mm
Widco	3-Arm	35–300 mm	1000 m	50 mm	0,1 mm
Oyo	2-Arm	45–100 mm	300 m	55 mm	±2 mm

Untersuchung der Trennflächen (Raumstellung, Öffnungsweite, Füllung etc.). Die Spezifikation von Bohrloch und Gerät ist in Tab. 6.7 wiedergegeben.

- **Bohrlochwandabdrücke** mit Abdruckpackern: Bei diesem Verfahren wird die Bohrlochwand auf orientiert eingebauten kunststoffbeschichteten Schalen abgebildet, die mit einem Schlauchpacker an die Bohrlochwand gedrückt werden (Spezifikation s. Tab. 6.8).
- **Kalibermessung:** Die Kaliberhaltigkeit des Bohrloches lässt Rückschlüsse auf die Maßhaltigkeit des Gebirges und auf Schwächezonen zu (s. Tab. 6.9).
- **Bohrlochaufweitungssonden:** Diese Geräte bringen Drücke in radialer Richtung auf die Bohrlochwand auf und messen die Verformung in Abhängigkeit von der aufgebrachten Spannung (s. Tab. 6.10).
- **Geophysikalische Verfahren,** wie Dichtelog, Gammastrahlungsintensität, Widerstandsmessungen, Eigenpotentialmessungen, Temperatursonden usw., dienen zur Bestimmung der dynamischen Moduln, der Dichte, Gesteinsporosität, Durchlässigkeit und des Auflockerungsgrades (s. Abschn. 6.5.4).
- **Wasserabpressversuche** und Piezometer: Sie geben Auskünfte über die Gebirgsdurchlässigkeit und den Grundwasserstand. Neben Standrohrmessungen kann der Wasserstand auch hydraulisch, pneumatisch oder elektrisch erfasst werden (s. Tab. 6.11).
- **Spannungsmessungen:** Sie sind teilweise während des Abteufens der Bohrung durchzuführen und dienen dazu, den Spannungstensor zu bestimmen (s. a. Abschn. 5.2).
- **Inklinometer und Deflektometer** sind geeignet zur Bestimmung der Bohrlochneigung und Verschiebungsmessungen normal zur Bohrlochachse im Bereich von Böschungen und untertägigen Hohlräumen (s, Tab. 6.12).
- **Extensometer** dienen der Durchführung von Verschiebungsmessungen längs der Bohrlochachse (s. Tab. 6.13).

Möchte man das Ergebnis einer Sondierungsbohrung durch Bohrlochmessungen voll ausschöpfen, so erfordert dies eine sorgfältige Planung der zu wählenden

Tab. 6.10 Spezifikation von Bohrlochaufweitungssonden nach Herstellerangaben. Die Bohrlochdurchmesser sollten 5 bis 10 mm größer als die Sondendurchmesser gewählt werden

Hersteller	Typ	Aufweitung durch	Aufweitungsmessung durch	Sondendurchmesser mm	Maximale Durchmesseränderung mm	Maximaler Anpressdruck bar
Menard	Pressiometer	Packer	Volumenänderung	32, 44, 58, 74	-	20-100 (mit Gas bzw. Wasser)
GIF	Dilatometer 95	Packer	3 diametrale Wegaufnehmer (unter 120°)	95	25	100 (mit Gas)
Sol-Expert int. (Socosor)	Dilatometer 70	Packer	3 diametrale Wegaufnehmer (unter 120°)	70	25	200 (mit Öl)
LNEC	Dilatometer	Packer	4 diametrale Wegaufnehmer (unter 45°)	74	10	200 (mit Wasser)
GIF	Ettlinger Seitendrucksonde	2 diametrale Lastplatten und Zylinder	1 bzw. 2 diametrale Wegaufnehmer	144 96	50 40	40 50 (mit Öl)
SINCO	Goodman-Sonde	2 diametrale Lastplatten und Zylinder	2 diametrale, parallele Wegaufnehmer	70	12	640 (mit Öl)
Universität Cambridge, England	Camcometer	2 Erddruckgeber und 1 Packer	2 diametrale Messfühler (Kaliber)	50	15	-
BGR	Bohrlochverformungssonde	Packer	3 bzw. 4 diametrale Wegaufnehmer (120°)	85	25	450 (mit Öl)

Tab. 6.11 Spezifikation von Piezometern mit Fernablesung nach Angaben verschiedener Hersteller

Hersteller	Typ	Max. zulässiger Wasserdruck bar	Messgenauigkeit bar	Gerätedurchmesser mm
Glötzl	Pneumatisch	50	±0,01	40
Glötzl/Maihak	Elektrisch	25	±0,02	36/40
Telemac	Elektrisch	70	±0,01	38
Telemac	Pneumatisch	10	±0,25 % F.S.	32
Terra-Tec	Elektrisch	140	±0,2	50
Geotechnical Instruments	Hydraulisch	2	±0,02	55

Tab. 6.12 Spezifikation von Inklinometern und Deflektometern sowie einigen weiteren Messgeräten zur Bestimmung von Abweichungen normal zur Bohrlochachse (nach Herstellerangaben)

Hersteller	Typ	Min. Bohrlochlochdurchmesser mm	Maximale Einsatztiefe m	Messbereich	Messgenauigkeit
Glötzl	Neigungsmessgerät NMG 90	101	200	±90° von der Vertikalen	±0,2 mm/m
SINCO	Digitilt Modell M	101	100	±30° v.d.V.	±6 mm/25 m
Interfels-Eastman	Deflektometer	116	60	±10 mm/m alle Richtungen	±0,2 mm/m
Eastman	Multishot	57	6000	0–10° 0–17° v.d.V. 10–90°	±0,2–0,5 cm/m
SINCO	Shear Strip Terrametrics	76	60	–	±2,5 mm

Bohrlochdurchmesser, da die verschiedenen Sonden die unterschiedlichsten Durchmesser besitzen (s. a. Fecker, 2018).

Nach den Erfahrungen der jüngsten Zeit können wir sagen, dass der Bohrlochdurchmesser von 146 mm wohl der am besten für Erkundungsbohrungen geeignete Durchmesser ist. Bei diesem Durchmesser ist ein zufriedenstellender Kerngewinn zu erzielen, mit Kernen, an denen Laborversuche gut ausführbar sind. Zudem ist auf diesen Kerndurchmesser der rasche Gewinn von Bohrkernen mit dem Seilkernverfahren abgestimmt.

Durch die Verrohrung und den Bohrkopf hindurch kann bei diesem Durchmesser mit einem zweiten Bohrgestänge von 101 mm Durchmesser vorgebohrt und in der Vorbohrung (auch Pilotbohrung genannt) ein Dilatometerversuch ausgeführt werden. Ist der Sondendurchmesser des Dilatometers größer – z. B. 116 mm –, so muss die Verrohrung der Seilkerngarnitur gezogen werden und der Schutz des Bohrloches gegen Nachfall besteht nicht mehr. Dieser ist aber, gerade in nachbrüchigem

Tab. 6.13 Spezifikation von Extensometern mit drei Messpunkten. Die Zahl der möglichen weiteren Messpunkte ist in Klammern angegeben, hierdurch verändern sich die Angaben beim minimalen Bohrlochdurchmesser (nach Herstellerangaben)

Hersteller	Messprinzip	Min. Bohrlochdurchmesser mm	Maximale Länge m	Messbereich mm	Ablesegenauigkeit mm	Zahl der Messpunkte
Glötzl	Flexibles Stangenextensometer	60	200	50	±0,01	3 (unbegrenzt)
Solexperts	Stangenextensometer	76	100	50	±0,01	3 (max. 6)
SISGEO	Stangenextensometer	85	75	30	±0,01	3 (max. 6)
Interfels	Stangenextensometer	76	100	100	±0,01	3 (max. 5)
Kyowa	Drahtextensometer	56	50	100	±0,01	3 (max. 4)
Stitz	Stangenextensometer	76	50	20	±0,01	3 (max. 5)
Rock Engineering Instrumentation	Stangenextensometer	38	100	150	±0,01	3 (max. 7)
SINCO (Terrametrics)	Drahtextensometer	56	60	15	±0,03	3 (max. 8)
Solexperts	Gleitmikrometer ISETH	101	100	10	±0,001	Beliebig
Solexperts	Gleitdeformeter	101	100	30	±0,01	Beliebig
Télémac	Zentralgestänge mit induktiven Sensoren	57	100	125	±0,01	Beliebig
Interfels	INKREX-Extensometer	101	100	40	±0,02	Beliebig

Gebirge, wo mechanische Bohrlochversuche besonders wichtig sind, unerlässlich, weil die Gefahr eines Sondenverlustes zu groß wäre.

Bohrungen vom Durchmesser 146 mm eignen sich auch besonders gut für hydrogeologische Versuche und für den Ausbau zu einem Grundwasserpegel, indem man 2-Zoll-Filterrohre einbaut und den verbleibenden Ringspalt mit Filterkies ausfüllt.

Optische und akustische Sondierungen sowie geophysikalische Bohrlochmessungen sind beim Bohrdurchmesser von 146 mm besonders einfach auszuführen.

Nach Abschluss jeder Schürfbohrung ist über jede Bohrstelle ein Protokoll anzufertigen, in welchem Angaben über die Bohrarbeit, Geologie, Gesteinsart, Grundwasser, Bohrlochversuche usw. einzutragen sind. Die genauen geographischen Koordinaten sind von einem Vermesser festzustellen und ebenfalls im Bohrprotokoll zu vermerken.

6.4 Mechanische Sondierungen

Die heute gebräuchlichen, mechanischen Sondierungsverfahren lassen sich in drei Gruppen einteilen:

- Rammsondierungen,
- Drucksondierungen,
- Drehsondierungen.

Rammsondierungen eignen sich hauptsächlich für grobkörnige Lockergesteine mit stark wechselnder Schichtfolge. Druck- und Drehsondierungen hingegen haben sich in feinkörnigen Böden als vorteilhaft erwiesen.

Bei den Rammsondierungen werden Stahlstäbe durch ein Schlaggewicht mit konstanter Fallhöhe in das Lockergestein getrieben. Die größte Verbreitung hat eine von Künzel (1936) entwickelte Sonde gefunden, die 1935 patentiert wurde. Nach EN ISO 22476-2 besteht der Prüfstab der leichten Rammsonde (DPL) aus einem Hohlgestänge von 20 mm Durchmesser und kann je nach Lagerungsdichte für Tiefen bis 10 m eingesetzt werden. Er besitzt eine genormte Spitze und wird durch ein Schlaggewicht von 10 kg bei einer Fallhöhe von 50 cm in den Boden gerammt. Heute sind verdickte kegelförmige Spitzen in Gebrauch, um die Mantelreibung längs des Stabes zu vermindern.

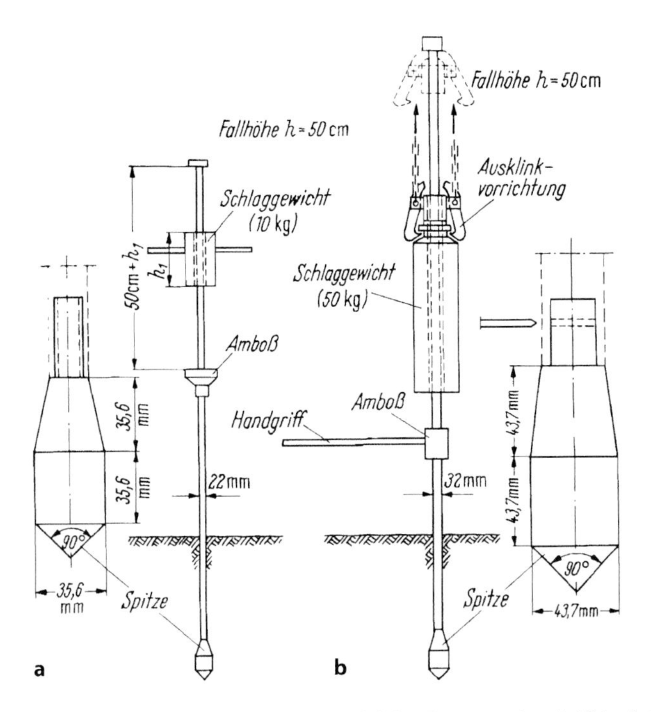

Abb. 6.26 Schema der Rammsonde nach Künzel. **a** leichte Rammsonde mit 10 kg Schlaggewicht (DPL); **b** schwere Rammsonde mit 50 kg Schlaggewicht (DPH). Der originale „Künzel-Stab" besitzt keine gegenüber dem Gestänge verdickte Spitze (aus Schultze & Muhs, 1967; mit freundlicher Genehmigung von © Springer, Berlin, 2018, alle Rechte vorbehalten)

Die Rammsonden sind mit 15 bis 30 Schlägen pro Minute möglichst ohne Pause einzurammen. Die Zahl der Schläge für je 10 cm Eindringung wird protokolliert. In manchen Bodenarten sind mit der Rammsonde auch gestörte Bodenproben gewinnbar, wenn statt der Kegelspitze ein mit einer langen Rille versehener Stab benutzt wird. Die leichte und die schwere Ausführung der Sonde ist in Abb. 6.26 wiedergegeben.

Beim Rammsondieren wird das Lockergestein dynamisch beansprucht, was eine Interpretation der Ergebnisse erschwert. Daher wird in weichen, wenig wasserdurchlässigen Böden vorzugsweise die Drucksondierung angewendet, bei der das Gestänge mit geringer gleichbleibender Geschwindigkeit in den Boden eingedrückt wird, was der statischen Belastung durch ein Bauwerk wesentlich vergleichbarer ist (siehe EN ISO 22476-1). Zur Ausschaltung der Mantelreibung besitzt die Sonde eine Verrohrung, in deren Schutz die Drucksonde über ein Gestänge in den Boden eingepresst wird. Die Eindringgeschwindigkeit soll ungefähr 1 m pro Minute betragen. Aus der hierzu erforderlichen Kraft wird auf die Lagerungsdichte des anstehenden Bodens geschlossen. Anschließend wird das Mantelrohr nachgetrieben und der Vorgang wiederholt. In Abb. 6.27 ist die Spitze einer Drucksonde dargestellt.

Überall dort, wo die Scherfestigkeit bindiger Lockergesteine bei schneller Belastung bestimmt werden soll, haben sich Flügelsonden bewährt (siehe EN ISO 22476-9). Bei ihnen wird ein Gestänge, meist durch ein Mantelrohr geschützt, in den

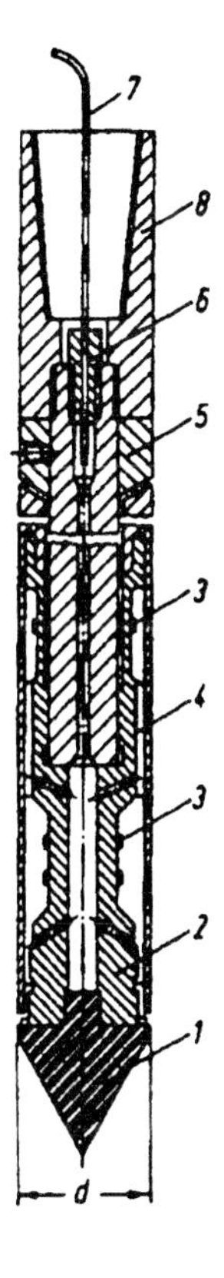

Abb. 6.27 Spitze einer Drucksonde, 1 Kegel, A_c = 10 cm², 60°, 2 Messkörper, 3 Dehnungsmessstreifen, 4 Reibungshülse, A_S = 150 cm², 5 Justierring, 6 wasserdichte Stopfbuchse, 7 Signalkabel, 8 Gestängeverbindung (aus Melzer et al., 2017; mit freundlicher Genehmigung von © Wilhelm Ernst & Sohn Verlag für Architektur und technische Wissenschaften GmbH & Co. KG, 2019, alle Rechte vorbehalten)

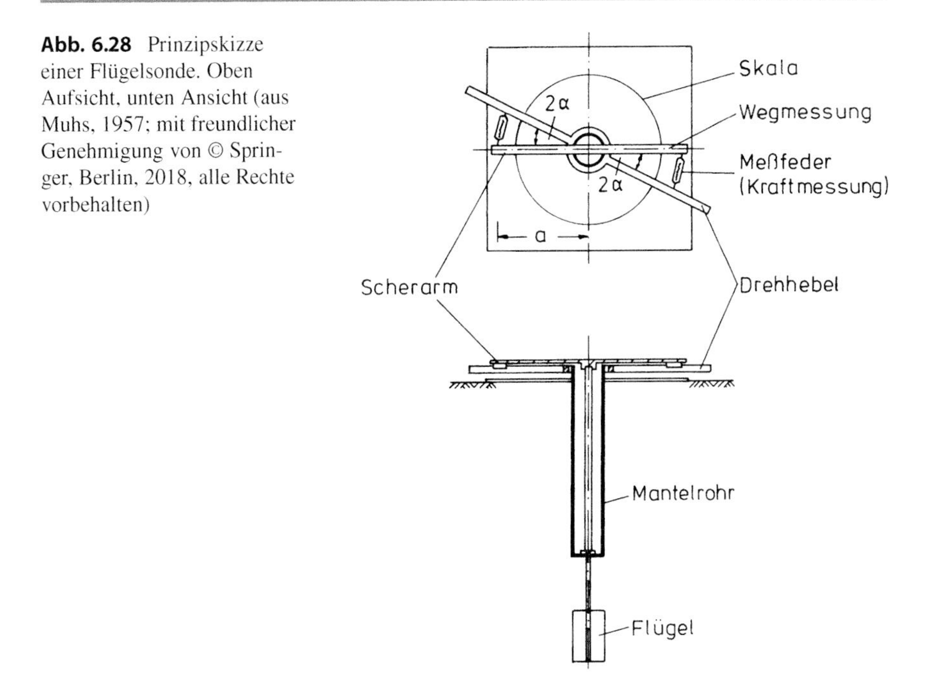

Abb. 6.28 Prinzipskizze einer Flügelsonde. Oben Aufsicht, unten Ansicht (aus Muhs, 1957; mit freundlicher Genehmigung von © Springer, Berlin, 2018, alle Rechte vorbehalten)

Untergrund gedrückt, an dessen Spitze vier um 90° versetzte „Flügel" angebracht sind. Gemessen wird das zum Drehen der Flügelspitze erforderliche Drehmoment bei einer konstanten Drehgeschwindigkeit von 0,5°/s. Um vergleichbare Werte zu erhalten, hat sich das Verhältnis von Höhe der Flügel zum Durchmesser der Flügelspitze von $h/d = 2$ durchgesetzt. Um sicher zu sein, dass das Abscheren im ungestörten Untergrund erfolgt, muss der Abstand zwischen Sondenspitze und der Unterkante des Mantelrohres mindestens fünf Mantelrohrdurchmesser betragen. In Abb. 6.28 ist das Prinzip der Drehsondierung nach Muhs (1957) wiedergegeben.

Die Auswertung der Sondierergebnisse von Rammsondierungen erfolgt in zweierlei Art:

1. Es wird die Eindringung der Sondenspitze nach 10 Schlägen gemessen und dieser Wert auf die Schlagzahl umgerechnet, die zum Durchfahren einer bestimmten Bezugsstrecke (20 cm) erforderlich ist. Für eine Eindringung e (cm) bei 10 Schlägen und einer Bezugsstrecke b (cm) ergibt sich der Sondierwert n zu

$$n = \frac{b \cdot 10}{e}$$

Diese Art der Messung und Auswertung ist insbesondere bei sehr weichen Böden üblich.

2. Die häufiger geübte Auswertung ist die Auftragung der Zahl der Schläge, die zur Eindringung des Stabes von 10 cm notwendig ist. Auf der Abszisse werden die Anzahl der Schläge je 10 cm Eindringung (n_{10}) und auf der Ordinate die Rammtiefe aufgetragen (s. Abb. 6.29).

Bei der Auswertung von Drucksondierungen wird der Spitzendruck in MN/m^2 in Abhängigkeit von der Eindringtiefe aufgetragen. Außerdem kann gegebenenfalls

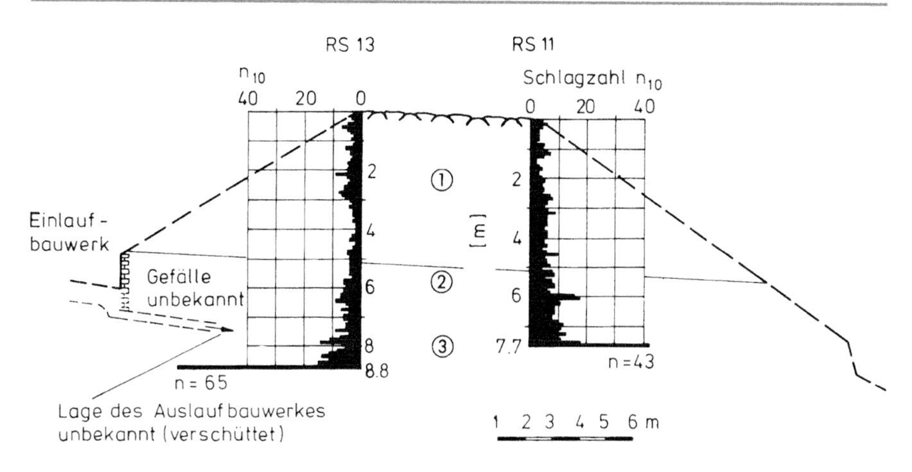

Abb. 6.29 Rammsondierung in einem rutschgefährdeten alten Straßendamm an der L 1050 zwischen Rauhenzainbach und Wildgarten (Nordwürttemberg). Sanierungsmaßnahmen: 1 Bodenaustausch im oberen Bereich, 2 Verdichtung des Planums, 3 Querdole überprüfen (Veröffentlichung mit freundlicher Genehmigung des Regierungspräsidiums Nordwürttemberg)

der Gesamtwiderstand in MN und der Reibungswiderstand des Mantels in MN/m^2 dargestellt werden.

Bei der Auswertung der Drehsondierungen mit der Flügelsonde wird der Scherwiderstand τ_{FS} in kN/m^2 errechnet aus:

$$\tau_{FS} = \frac{6 \cdot M}{7 \cdot \pi \cdot d^3}$$

wobei M das Drehmoment in kN · m und d der Durchmesser der Flügelsonde in m darstellen. Bei wassergesättigten, bindigen Lockergesteinen entspricht τ_{FSmax} der Kohäsion c_u des undrainierten Bodens. Darüber hinaus sei bei der Interpretation der Messergebnisse auf die Ausführungen von Melzer, Fecker & Westhaus (2017) verwiesen.

6.5 Geophysikalische Methoden

6.5.1 Anwendung geophysikalischer Untersuchungen in Ingenieurgeologie und Geotechnik

Während die Anwendung geophysikalischer Untersuchungsmethoden auf den Gebieten der Prospektion (Erze, Erdöl etc.) eine Selbstverständlichkeit darstellt, werden in Ingenieurbau und Geotechnik die aus geophysikalischer Sicht bestehenden Möglichkeiten längst nicht voll ausgeschöpft. Dies mag nicht zuletzt darauf beruhen, dass die Ergebnisse geophysikalischer Untersuchungen, soweit sie der Erkundung des Untergrundaufbaues dienen, häufig verschiedene Interpretationsmöglichkeiten erlauben. Geophysikalische Untersuchungen müssen deshalb zur optimalen Nutzung der Ergebnisse eingebunden sein in ein ausgewogenes Gesamtprogramm geologisch-geotechnischer Untersuchungen.

Tab. 6.14 Geophysikalische Verfahren und die zugrundeliegenden Parameter (nach Militzer et al., 1986; mit freundlicher Genehmigung von © Springer-Verlag GmbH Deutschland, 2018, alle Rechte vorbehalten)

Geophysikalisches Verfahren	Wirksame petrophysikalische Parameter
Gravimetrie	Dichte (ρ)
Magnetik	Magnetische Suszeptibilität (κ)
Geoelektrik	Spezifischer elektrischer Widerstand (ρ^*), Dielektrizitätskonstante (ε^*)
Seismik	Ausbreitungsgeschwindigkeit (v), Schallhärte (ρv), Absorptionskoeffizient (α), Dämpfungszahl (β), Phase (φ), seismische Wellen bzw. Signale
Geothermie	Spezifische Wärmeleitfähigkeit (λ)
Radiometrie und kerngeophysikalische Verfahren	Intensität der natürlichen Strahlung; Parameter, die bei Wechselwirkungen Strahlung-Materie maßgebend sind (u. a. Dichte, Wassergehalt)

Geophysikalische Untersuchungen im Bauwesen dienen der

- Baugrunderkundung im Hinblick auf die Abgrenzung unterschiedlicher Boden- und Gesteinsschichten gegeneinander, der
- Ermittlung bzw. Abschätzung geotechnisch bedeutsamer Kennwerte und der
- Bauwerksüberwachung.

Die Messungen werden fast ausschließlich von der Erdoberfläche aus, seltener in Bohrlöchern (Bohrlochlogs) oder von Stollen und Schächten aus durchgeführt.

Die Anwendbarkeit geophysikalischer Meßmethoden beruht auf der Tatsache, dass unterschiedliche Boden- und Gesteinsschichten auch Unterschiede in den petrophysikalischen Kenngrößen aufweisen. Die den verschiedenen Verfahren zugrundeliegenden petrophysikalischen Parameter sind in Tab. 6.14 zusammengestellt.

Obwohl zur Lösung von speziellen Fragestellungen alle aufgeführten Verfahren Verwendung finden – wie dies aus Tab. 6.15 hervorgeht – haben Geoelektrik und Seismik im Bauwesen die größte Bedeutung erlangt. Bei den Bohrlochmessungen werden zudem auch radiometrische Verfahren häufig eingesetzt. Eine eingehende Darstellung der Anwendung geophysikalischer Untersuchungen im Ingenieurbau geben Militzer et al. (1986).

6.5.2 Baugrundseismik

In der Baugrundseismik werden aus der Ausbreitung elastischer Wellen Rückschlüsse über den strukturellen Aufbau des Untergrundes und spezieller Eigenschaften der Boden- und Gesteinsschichten gezogen.

Zur Erkundung des Untergrundaufbaues von der Erdoberfläche aus werden zumeist impulsseismische Verfahren angewandt. Bei der Baugrunderkundung erfolgt die Anregung entweder durch Sprengladung, Fallgewicht oder Hammerschlag – je nach erforderlicher Eindringtiefe der seismischen Impulse (Hammerschlag ca. 10–20 m, Fallgewicht ca. 100 m, Sprengungen bis mehrere 1000 m).

Tab. 6.15 Anwendung der Geophysik im Bauingenieurwesen (nach Militzer et al., 1986; mit freundlicher Genehmigung von © Springer-Verlag GmbH Deutschland, 2018, alle Rechte vorbehalten)

Baugrunderkundung	Baugrundprüfung	Bauwerksüberwachung
Vor der Bauausführung	Während der Bauausführung	Nach der Bauausführung
Zielstellung: – Vertikale und horizontale Abgrenzung unterschiedlicher Gebirgsarten und -ausbildungen (Schichtgrenzen und Gesteinswechsel, Auflockerungs- und Verwitterungszonen) – Regionale und lokale Strukturerkundung (tektonische Störungszonen) – Baustofferkundung – Hohlraumortung	*Zielstellung*: – Direkte Ermittlung technisch verwertbarer physikalischer Kennwerte in-situ (Dichte, Wassergehalt, spezifischer elektrischer Widerstand, statischer und dynamischer Verformungs- und Elastizitätsmodul, Poissonzahl, Wärmeleitfähigkeit) – Ermittlung geomechanischer Kenngrößen mittels empirischer Beziehungen (Porosität und Klüftigkeit, Permeabilität, Verformungskennziffern) – Gebirgsklassifizierung auf der Grundlage der Korrelation von geophysikalischen und geomechanischen Messungen	*Zielstellung*: – Ermittlung von Setzungen, Neigungen, Horizontalverschiebungen – Ermittlung und Kontrolle petrophysikalischer Veränderungen im Baugrund – Ermittlung und Einschätzung von Erschütterungsauswirkungen auf Bauwerk und Baugrund
Methode: – Mikrogravimetrie – erdmagnetische Spezialmessung – Geoelektrik (elektromagnetische und Widerstandsmessungen) – Refraktions- und Reflexionsseismik – Geothermie – Radiometrie – Bohrlochmessungen	*Methode*: – Impuls- und Vibrationsseismik – geoelektrische Widerstandsmessungen – Radiometrie (γ–γ, η–γ) – Geothermie	*Methode*: – Verschiebungsmessungen in Verbindung mit geophysikalischer Strukturerkennung – Impulsseismik – Seismoakustik – Geoelektrische Widerstands- und Filtrationspotentialmessungen – Radiometrie – Geothermie – Erschütterungs- und Schalldruckmessungen

Vom Punkt der Anregung breiten sich Longitudinalwellen (P-Wellen), Scherwellen (S-Wellen) und Oberflächenwellen (R-Wellen) aus. Im isotropen Medium (das bei der Auswertung meist vorausgesetzt wird) bestehen dabei folgende Zusammenhänge zwischen der Ausbreitungsgeschwindigkeit und den elastischen Konstanten des Ausbreitungsmediums:

$$v_\mathrm{P} = \sqrt{\frac{E(1-\nu)}{\rho(1+\nu)(1-2\nu)}}$$

$$v_\mathrm{S} = \sqrt{\frac{E}{2\rho(1+\nu)}}$$

$$v_\mathrm{R} = 0{,}9 v_\mathrm{S}$$

Mit:

v_P = P-Wellengeschwindigkeit
v_R = R-Wellengeschwindigkeit
v_S = S-Wellengeschwindigkeit
E = dynamischer Elastizitätsmodul
ρ = Dichte
ν = Poissonzahl

Beim Übergang seismischer Wellen von einer Bodenschicht in eine zweite mit anderen elastischen Eigenschaften wird ein Teil der Energie reflektiert, ein anderer Teil refraktiert. Wird die Laufzeit der Wellen vom Ort ihrer Erzeugung (Schusspunkt) bis zu den in verschiedenen Abständen aufgestellten Geophonen gemessen, so lassen sich die Lage von Schichtgrenzen sowie die in den einzelnen Bodenschichten auftretenden Wellengeschwindigkeiten ermitteln.

In der Reflexionsseismik werden die gleichphasigen Einsätze von in verschiedenen Tiefen reflektierten Wellen ausgewertet. Abb. 6.30 zeigt die Anordnung der Geophone und das Seismogramm mit Reflexionen in verschiedenen Tiefen. Zur Umrechnung von der Zeitdarstellung des Seismogrammes in eine Tiefendarstellung ist die Kenntnis der Wellenausbreitungsgeschwindigkeiten in den einzelnen Bodenschichten erforderlich. Diese können aus den Reflexionsseismogrammen selbst oder aus direkten Geschwindigkeitsmessungen in Bohrlöchern gewonnen werden. Da die Durchführung und Auswertung reflektionsseismischer Messungen mit erheblichem Aufwand verbunden ist, werden reflektionsseismische Messungen i. A. nur angewandt, wenn die Refraktionsseismik keine auswertbaren Ergebnisse liefert (geringe Geschwindigkeitskontraste, steil einfallende Grenzflächen).

Die Refraktionsseismik stellt ein in der Baugrunderkundung, z. B. zur Ermittlung der Mächtigkeit der Lockergesteinsüberdeckung, der Tiefenlage des Grundwasserspiegels etc., relativ häufig angewandtes Verfahren dar.

Das Prinzip der Refraktionsseismik ist in Abb. 6.31 dargestellt. Bei kritischer Refraktion der Wellen läuft der Schichtgrenze eine geführte Welle mit einer der unteren Schicht entsprechenden Wellenausbreitungsgeschwindigkeit entlang. Nach dem Huygenschen Prinzip erreicht diese Welle bei horizontaler Schichtung die Oberfläche unter dem Winkel der Totalreflexion. Je nach Abstand der Geophone vom Schusspunkt, der Wellengeschwindigkeiten und der Tiefenlage der Schichtgrenze entspricht der Ersteinsatz der direkten Welle oder der refraktierten Welle.

Die Wellenlaufzeiten werden in Form eines Laufzeitdiagrammes aufgetragen (Abb. 6.31) und die Tiefenlage der Schichtgrenze berechnet aus:

$$h_1 = \frac{x'_{1,2}}{2}\sqrt{\frac{v_2 - v_1}{v_2 + v_1}}$$

Die Schichtgeschwindigkeiten v_1 und v_2 lassen sich aus der Laufzeitkurve ableiten. Bei geneigten, nicht parallel verlaufenden Schichtgrenzen muss die Messung zusätzlich auch in Gegenrichtung durchgeführt werden. Die Messung erlaubt, mehrere

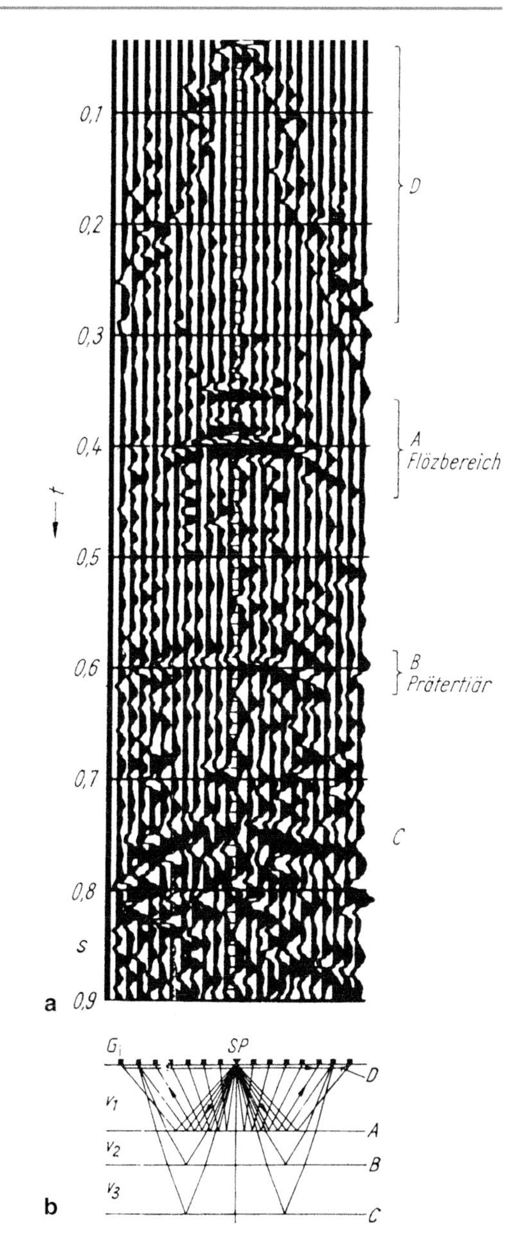

Abb. 6.30 Prinzip der Reflexionsseismik, **a** Seismogramm, **b** Schema der Messanordnung: *SP* Schusspunkt; G_i Geophone ($i = 1$ bis 24), *A*, *B*, *D* Reflexionen (a) bzw. Reflexionshorizonte (b); *D* Einsätze (a) bzw. Weg (b) der direkten Welle, 0 Moment der Impulsgabe und Beginn der Laufzeitmessung (Abriss) (aus Militzer et al., 1986; mit freundlicher Genehmigung von © Springer-Verlag GmbH Deutschland, 2018, alle Rechte vorbehalten)

Schichtgrenzen zu ermitteln, wenn die Wellengeschwindigkeit der jeweilig tiefer liegenden Schicht größer ist.

Die Laufzeitkurve besitzt in diesem Falle mehrere Knickstellen. Die Wellengeschwindigkeiten in den Schichten ergeben sich wie in Abb. 6.31 aus der Steigung der Laufzeitkurvenabschnitte. Für den Dreischichtenfall ergibt sich z. B. die Tiefen-

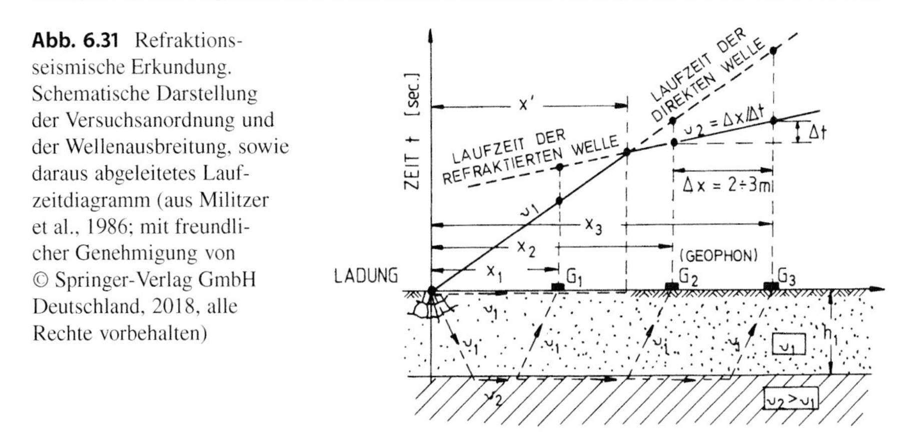

Abb. 6.31 Refraktionsseismische Erkundung. Schematische Darstellung der Versuchsanordnung und der Wellenausbreitung, sowie daraus abgeleitetes Laufzeitdiagramm (aus Militzer et al., 1986; mit freundlicher Genehmigung von © Springer-Verlag GmbH Deutschland, 2018, alle Rechte vorbehalten)

lage der zweiten Schichtflächengrenze zu:

$$h_2 = \frac{x'_{2,3}}{2}\sqrt{\left(\frac{v_3 - v_2}{v_3 + v_2}\right) + h_1\left[\frac{v_3\left(v_2^2 - v_1^2\right)^{1/2} - v_2\left(v_3^2 - v_1^2\right)^{1/2}}{v_1\left(v_3^2 - v_2^2\right)^{1/2}}\right]}$$

Mit:

h_1 = Tiefe der ersten Schichtgrenze
h_2 = Tiefe der zweiten Schichtgrenze
x' = Abstand vom Schusspunkt, an dem die direkte Welle und die refraktierte Welle gleichzeitig ankommen
v_1 = P-Wellengeschwindigkeit in der obersten Schicht
v_2 = P-Wellengeschwindigkeit in der zweiten Schicht
v_3 = P-Wellengeschwindigkeit in der dritten Schicht

Um Fehlinterpretationen zu vermeiden, sollten die refraktionsseismischen Messungen an den Ergebnissen von Aufschlussbohrungen angeschlossen werden. In den Bohrungen festgestellte Schichtgrenzen können dann räumlich verfolgt werden.

Zur Erkundung des Schichtverlaufes zwischen Bohrungen und zur Ortung von Hohlräumen findet die seismische Zwischenfelderkundung Anwendung (Cross-Hole-Verfahren). Hierbei erfolgt die Anregung in einem Bohrloch. Die Wellenlaufzeiten zu einem oder mehreren Nachbarbohrlöchern werden durch darin installierte Geophone gemessen. Durch Anordnung der Schuss- und Aufnahmepunkte in verschiedenen Tiefen kann die Geschwindigkeitsverteilung für P- oder S-Wellen im Bereich zwischen den Bohrungen gut erfasst werden (Abb. 6.32).

In Abb. 6.33 ist die Anwendung des Durchschallungsverfahrens zur Kontrolle des Erfolges von Dichtungs- und Verfestigungsinjektionen unter einer Talsperre dargestellt. Die Verfestigung des Injektionsmittels in Porenraum und Klüften im oberflächennahen aufgelockerten Fels bewirkt eine Erhöhung der Wellengeschwindigkeit. Ab welchem Relativwert der Wellengeschwindigkeitsänderung $v_{\mathrm{Pi}}/v_{\mathrm{Po}}$

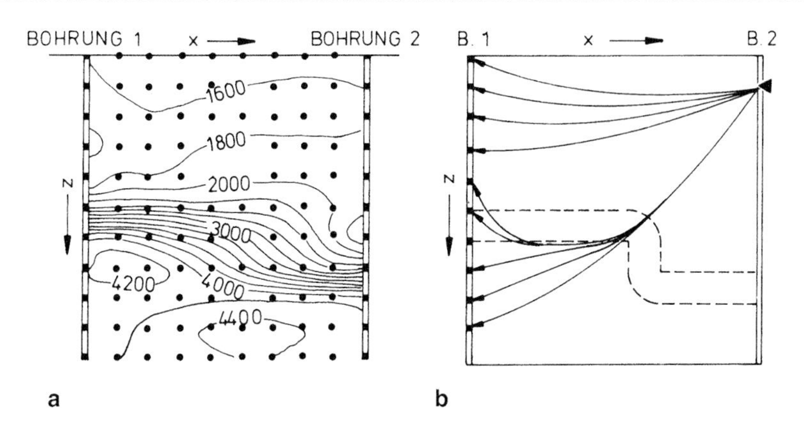

Abb. 6.32 Seismische Zwischenfelderkundung, **a** Geschwindigkeitsverteilung $v_P = f(x, z)$, **b** Strahlenverlauf. ■ Geofon ▼ Schusspunkt • Gitternetz zur Berechnung. (Nach Militzer et al., 1986; mit freundlicher Genehmigung von © Springer-Verlag GmbH Deutschland, 2018, alle Rechte vorbehalten)

oder v_{Si}/v_{So} in dem jeweiligen Gebirgstyp eine ausreichende Verfestigung oder Dichtung erreicht ist, muss stichprobenartig durch Festigkeitsuntersuchungen oder Durchlässigkeitstests ermittelt oder aufgrund vorliegender Erfahrungen festgelegt werden. Ein Beispiel für die Anwendung des Cross-Hole-Verfahrens zur Ortung von Hohlräumen ist in Abb. 6.34 gegeben.

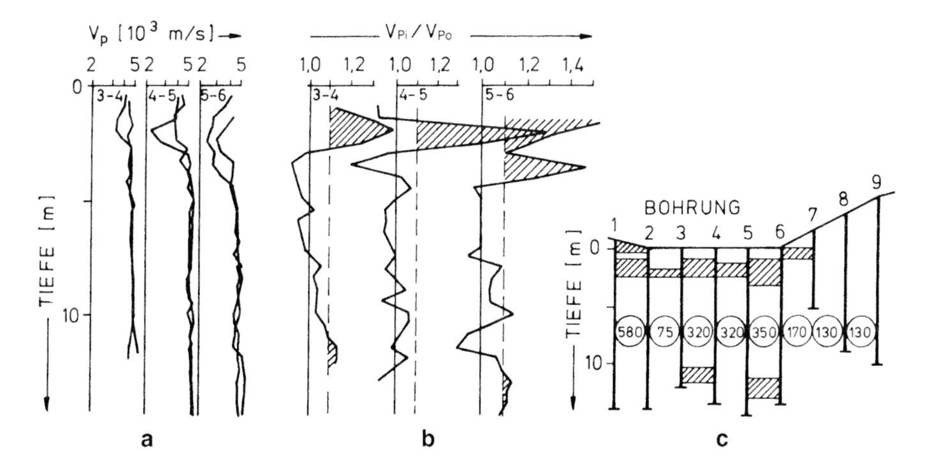

Abb. 6.33 Seismische Durchschallung zur Injektionskontrolle im Gründungsbereich einer Talsperre: **a** Ergebnis der horizontalen Bohrlochdurchschallung, 3–4: Durchschallung zwischen Bohrung 3 und 4, jeweils Geschwindigkeit vor der Injektion v_{Po} (*linke Kurve*) und Geschwindigkeit nach der Injektion v_{Pi} (*rechte Kurve*); **b** relative Geschwindigkeitsänderung v_{Pi}/v_{Po} infolge Injektion. **c** Zusammenfassende Darstellung der Ergebnisse seismischer Durchschallungen und der Zementaufnahme; ○ Zementaufnahme in kg je Bohrloch, ▨ $v_{Pi}/v_{Po} > 1{,}1$ (nach Militzer et al., 1986; mit freundlicher Genehmigung von © Springer-Verlag GmbH Deutschland, 2018, alle Rechte vorbehalten)

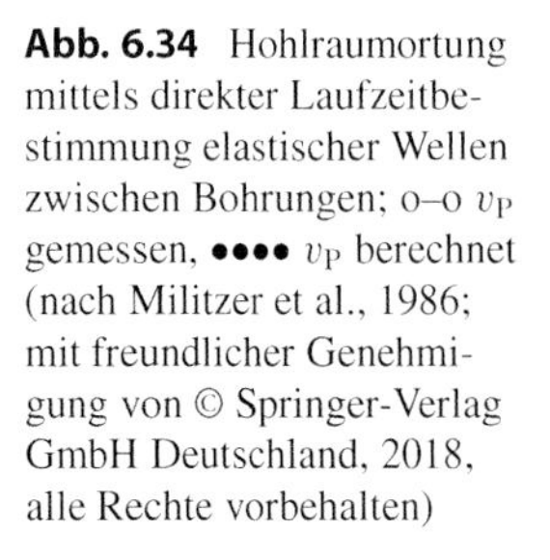

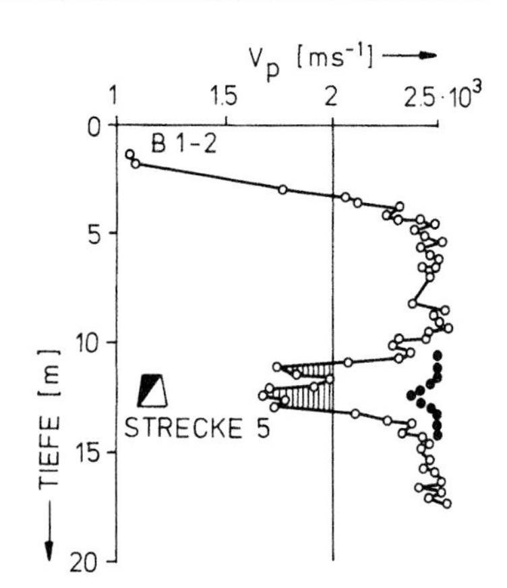

Abb. 6.34 Hohlraumortung mittels direkter Laufzeitbestimmung elastischer Wellen zwischen Bohrungen; o–o v_P gemessen, •••• v_P berechnet (nach Militzer et al., 1986; mit freundlicher Genehmigung von © Springer-Verlag GmbH Deutschland, 2018, alle Rechte vorbehalten)

Infolge der Abhängigkeit der Wellengeschwindigkeiten von Gesteins- bzw. Bodenart und dem Grad der Zerlegung der Festgesteine bzw. Lagerungsdichte und Wassergehalt der Lockergesteine lassen sich Gewinnungsklassen, Reißbarkeit und Bohrbarkeit aufgrund der P- oder S-Wellengeschwindigkeiten abschätzen (s. Abb. 6.35 und 6.36).

Zur Lösung baugrunddynamischer Fragestellungen (Erdbebeneinfluss auf Gebäude, Erschütterungsausbreitung im Untergrund u. a.) sind vielfach die dynamischen Bodenkennwerte zu bestimmen. Die elastischen Parameter E_{dyn}, G_{dyn} und v_{dyn} lassen sich dabei bei isotropem Materialverhalten aus den Ausbreitungsgeschwindigkeiten der P- und S-Wellen und der Dichte des Materials ermitteln.

Wellengeschwindigkeiten und insbesondere die Dämpfungskennwerte sind frequenzabhängig. Zu ihrer Bestimmung eignen sich daher besondere Verfahren, die

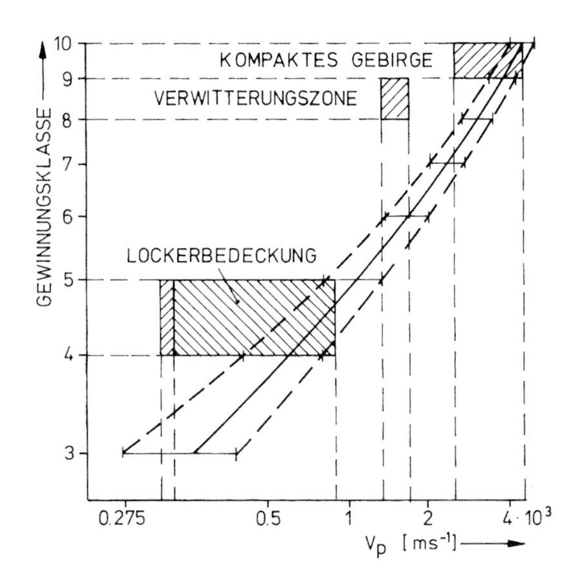

Abb. 6.35 Zusammenhang zwischen Gewinnungsklasse (nach dem Standard der ehem. DDR TGL 11482 für Erdarbeiten) und Wellengeschwindigkeit (nach Militzer et al., 1986; mit freundlicher Genehmigung von © Springer-Verlag GmbH Deutschland, 2018, alle Rechte vorbehalten)

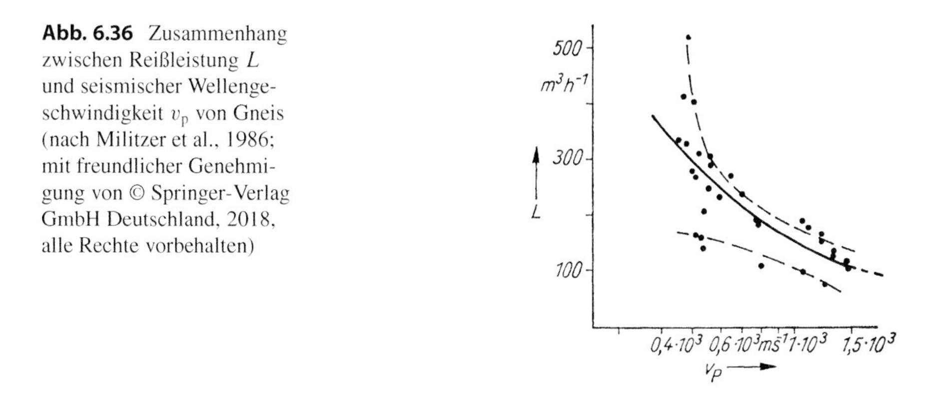

Abb. 6.36 Zusammenhang zwischen Reißleistung L und seismischer Wellengeschwindigkeit v_p von Gneis (nach Militzer et al., 1986; mit freundlicher Genehmigung von © Springer-Verlag GmbH Deutschland, 2018, alle Rechte vorbehalten)

eine stationäre Anregung durch einen Schwinger mit wählbarer Frequenz vorsehen (Militzer et al., 1986).

6.5.3 Geoelektrische Messungen

Geoelektrische Widerstandsmessungen sind im Ingenieurbau infolge der häufig sehr großen Unterschiede des spezifischen Widerstandes ρ^* verschiedener Bodenschichten (Abb. 6.37) gerade im oberflächennahen Bereich mit Aussicht auf Erfolg anwendbar.

Bei den geoelektrischen Widerstandsverfahren, deren prinzipielle Wirkungsweise in Abb. 6.38 dargestellt ist, werden im Untergrund elektrische Felder durch Einspeisung elektrischer Gleich- oder Wechselströme in den Punkten A und B erzeugt. Aus dem Spannungsabfall ΔU zwischen den Elektroden (M und N in Abb. 6.38) kann für den homogen-isotropen Halbraum der spezifische elektrische

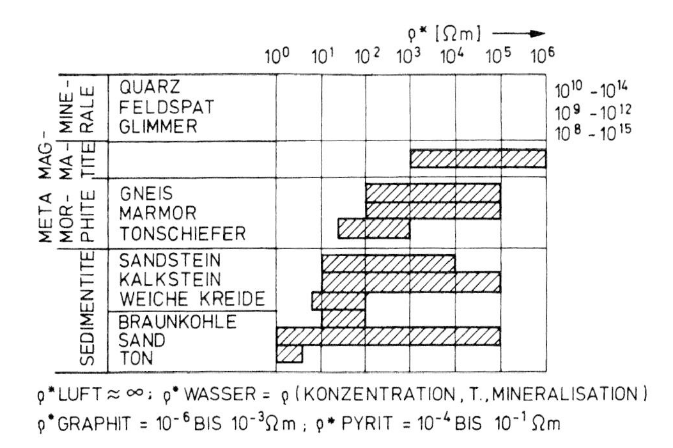

Abb. 6.37 Größenordnungs- und Streubereich des spezifischen elektrischen Widerstandes ausgewählter gesteinsbildender Minerale und Gesteine (nach Militzer et al., 1986; mit freundlicher Genehmigung von © Springer-Verlag GmbH Deutschland, 2018, alle Rechte vorbehalten)

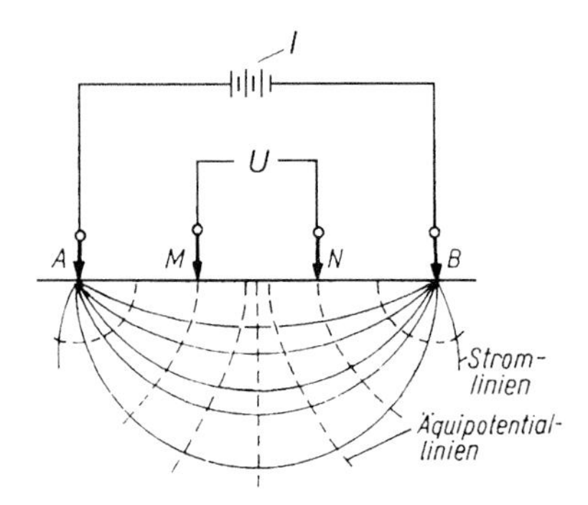

Abb. 6.38 Vierpunktanordnung für geoelektrische Widerstandsmessungen. Ausbildung des elektrischen Feldes im homogenen Untergrund. A, B = Stromeinspeisungselektroden, mit der Stromstärke I; M, N = Elektroden zur Messung der Spannungsdifferenz ΔU (nach Militzer et al., 1986; mit freundlicher Genehmigung von © Springer-Verlag GmbH Deutschland, 2018, alle Rechte vorbehalten)

Widerstand

$$\rho^* = G^* \frac{\Delta U}{I}$$

ermittelt werden. Dabei ist:

$$G^* = \frac{2\pi}{\frac{1}{\overline{AM}} - \frac{1}{\overline{BM}} - \frac{1}{\overline{AN}} + \frac{1}{\overline{BN}}}$$

Da der Untergrund meist geschichtet ist oder die geoelektrischen Eigenschaften auch lateral einem Wechsel unterworfen sind, ist der homogen-isotrope Halbraum ein seltener Sonderfall. Die über einem inhomogenen Untergrund ermittelten scheinbaren spezifischen Widerstände stellen einen Integralwert von dem jeweils erfassten Raum dar, der sich dann je nach Elektrodenanordnung ändert.

Bei der Durchführung geoelektrischer Widerstandsmessungen sind verschiedenartige Elektrodenanordnungen gebräuchlich. In der ingenieurgeologischen Baugrunderkundung finden insbesondere die in Abb. 6.39 dargestellten Elektrodenkonfigurationen häufige Anwendung.

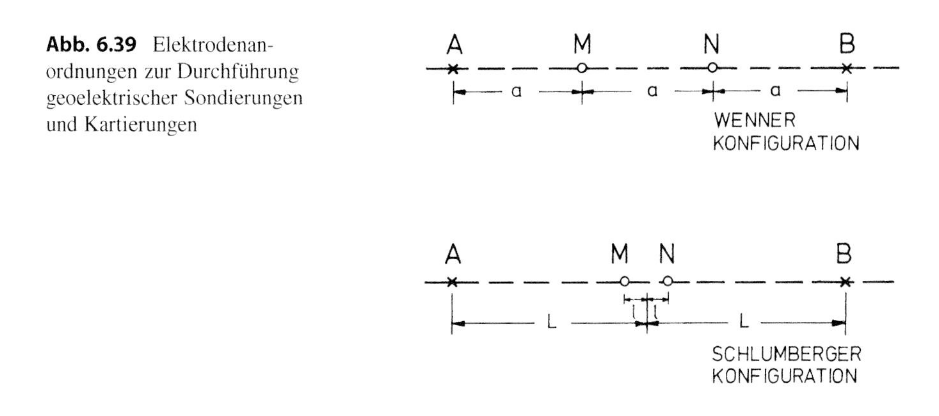

Abb. 6.39 Elektrodenanordnungen zur Durchführung geoelektrischer Sondierungen und Kartierungen

Abb. 6.40 Äquivalenzprinzip bei der Auswertung einer geoelektrischen Widestandsanordnung, Geologisches Profil: ρ^*_1 = Feinsand; ρ^*_2 = Kies; ρ^*_3 = Geschiebemergel; Werte ρ^*_s in Ωm (nach Militzer et al., 1986; mit freundlicher Genehmigung von © Springer-Verlag GmbH Deutschland, 2018, alle Rechte vorbehalten)

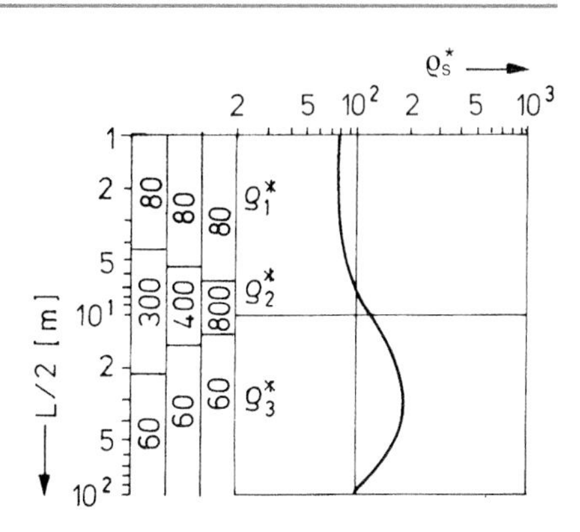

Die Messungen können als Tiefensondierungen oder geoelektrische Kartierung durchgeführt werden. Bei der Sondierung werden die Elektrodenabstände schrittweise vergrößert und damit die Wirkungstiefe vergrößert. Die Zunahme des scheinbaren Widerstandes, als Funktion des Elektrodenabstandes bzw. als Sondierungskurve dargestellt, kann anhand von katalogisierten Musterkurven oder rechnerisch ausgewertet werden. Wie aus Abb. 6.40 hervorgeht, sind jedoch die Ergebnisse nicht eindeutig. Durch Eichsondierungen in Bohrungen lässt sich die Aussagekraft vielfach wesentlich verbessern.

Durch geoelektrische Kartierungen lassen sich Änderungen der elektrischen Leitfähigkeitsverhältnisse in lateraler Richtung ermitteln. Je nach dem Zweck der Untersuchung und den geologischen Verhältnissen werden dabei die Elektrodenabstände – und damit die wirksame Eindringtiefe – gewählt. Die gesamte Messanordnung wird dabei entlang von Profilen von Messpunkt zu Messpunkt versetzt. Die Ergebnisse der Kartierung werden i. A. in Form von Äquipotentiallinienkarten gleichen scheinbaren elektrischen Widerstandes ausgewertet.

Als Anwendungsbeispiel ist in Abb. 6.41 das Ergebnis einer Tiefensondierung zur Ermittlung der strukturellen Verhältnisse im zentralen Bereich eines Salzsattels dargestellt. Die Tiefe des an seiner Oberfläche stark verkarsteten Gipshutes ist im vorliegenden Fall wichtig, da bei zu geringem Abstand zur Oberfläche befürchtet werden muss, dass Hohlräume durch eine zusätzliche Belastung aus einem hohen Damm zum Einsturz kommen könnten. Die geoelektrischen und die ebenfalls durchgeführten refraktionsseismischen Messungen erwiesen sich als gut geeignet, unterschiedliche Gebirgsbereiche gegeneinander abzugrenzen.

In dem in Abb. 6.42 dargestellten Beispiel wurde die geoelektrische Kartierung dazu verwandt, mit Tonen verfüllte Einbruchstrukturen in Gesteinen des Buntsandsteins zu lokalisieren. Die tiefreichenden Strukturen mit ihren im Vergleich zum umgebenden Buntsandsteingebirge ungünstigen geotechnischen Eigenschaften waren für die Planung der in dem Bereich zu erstellenden Tunnel und Einschnitte von erheblicher Bedeutung. Ein gewisser Nachteil des Verfahrens im vorliegenden Anwendungsfall ergab sich daraus, dass nur mit tonigem Material verfüllte Einbruchstrukturen erkennbar waren. Füllungen mit ebenfalls bautechnisch ungünstigem, völlig zerbrochenem Sandstein zeichneten sich gegenüber dem intakten Buntsandstein und dem überlagernden Hangschutt nicht als ausgeprägte Anomalien ab

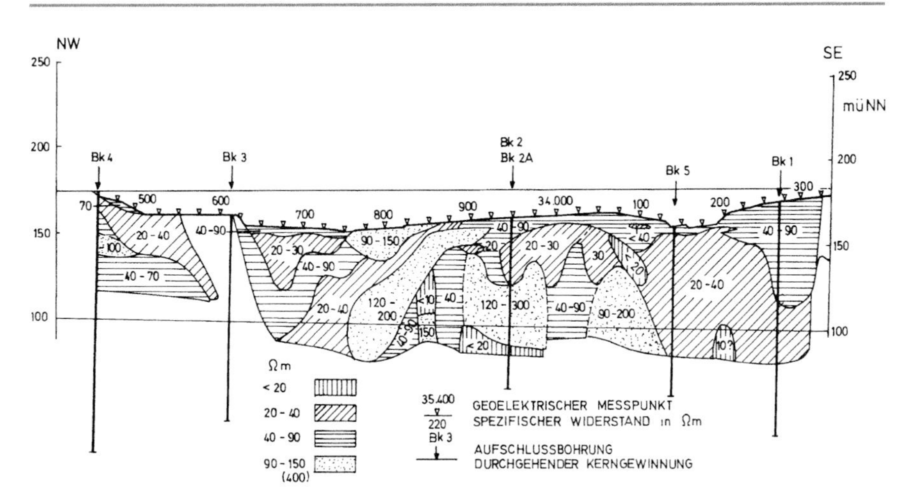

Abb. 6.41 Geoelektrische Tiefensondierung entlang eines Profiles parallel der Neubaustrecke der Deutschen Bahn AG – südlich von Hannover. Im mittleren Teil deutlich erkennbar die komplizierten geologischen Strukturen des Gipshutes (mit freundlicher Genehmigung von © Niedersächsisches Landesamt für Bodenforschung, 1977, alle Rechte vorbehalten)

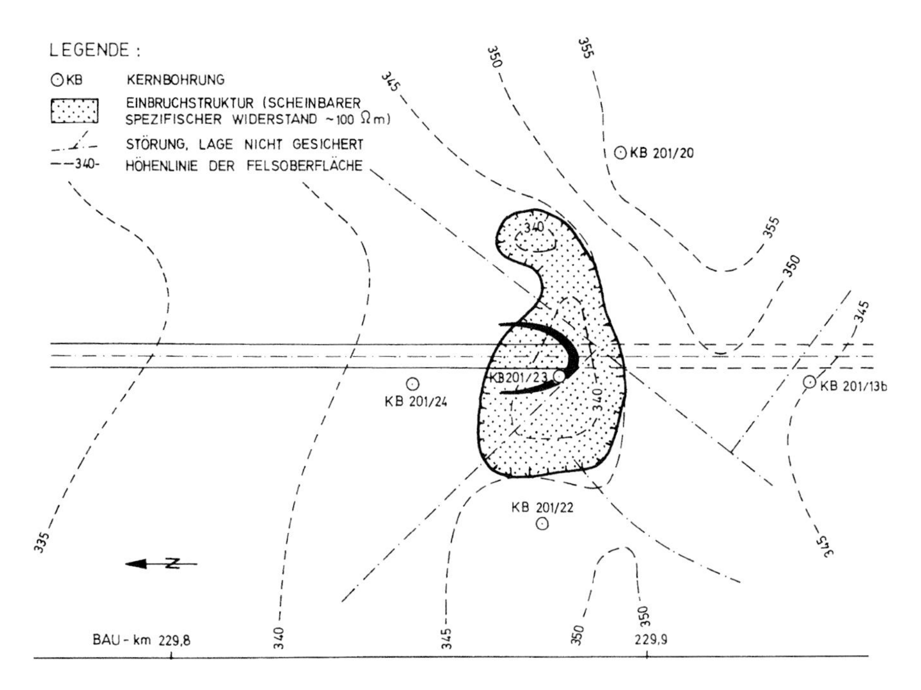

Abb. 6.42 Geoelektrische Kartierung zur Ermittlung von Solutionseinbruchschloten im Buntsandstein südlich Fulda (aus Rahn et al., 1983; mit freundlicher Genehmigung von © DGGT e. V., 2018, alle Rechte vorbehalten)

6.5.4 Geophysikalische Bohrlochmessungen

6.5.4.1 Anwendungsbereiche geophysikalischer Bohrlochmessungen

Geophysikalische Bohrlochmessungen können eine wertvolle Hilfe zur Identifikation einzelner Bodenschichten und deren Korrelation von Bohrloch zu Bohrloch darstellen und Informationen über Gesteins- bzw. Gebirgseigenschaften liefern. Von Bedeutung sind die Ergebnisse geophysikalischer Bohrlochmessungen auch bei der Interpretation von flächen- oder linienhaften geophysikalischen Messungen von der Erdoberfläche aus. Bei den mit speziellen Bohrlochsonden durchzuführenden Messungen werden elektrische, radioaktive und akustische Verfahren angewandt. In Tab. 6.16 sind die gebräuchlicheren geophysikalischen Bohrlochmessmethoden und ihre Hauptanwendungsbereiche aufgeführt.

Die am häufigsten zur Abgrenzung verschiedener Schichten verwendeten Verfahren werden im Folgenden kurz beschrieben.

Tab. 6.16 Bohrlochmessungen: Aussagemöglichkeiten und Einsatzbedingungen (aus Bender, 1984; mit freundlicher Genehmigung von © Springer-Verlag GmbH Deutschland, 2018, alle Rechte vorbehalten)

Anwendung bei, bzw. Aussage über

. geringer Kostenaufwand
.. mittlerer Kostenaufwand
... hoher Kostenaufwand

Log	Symbol	Kosten	Einheit	verrohrtem Bohrloch	offenem Bohrloch	luftgefülltem Bohrloch	wasser- oder spülungsgefülltem Bohrloch	Durchmesser des Bohrlochs	Auskesselungen	Spalten und Klüfte	Ausbau (Verrohrung)	Verrohrungsschäden	Fremdkörper	„cement bond" (Zementabbindung)	Schichtgrenzen	Streichen/Fallen	Gesteinsbeschaffenheit	Dichte	Porosität	permeable Schichten	Spülungsstand	Spülungssalinität	Porenwassersalinität	Wasserspiegel (Grundwasser)	Wasserströmung im Bohrloch
Eigenpotential	SP	.	mV		+		+				+	(+)			+						(+)		(+)	(+)	
spez. Widerstand, Mehrpunktverfahren	ES, EL	.	Ωm	(+)	+		+				+		+		+		+				(+)		(+)	+	
spez. Widerstand, fokuss. Verfahren (Laterolog)	LL, FEL	.	Ωm		+		+			+	+	+	+		+		+				(+)		(+)	+	
spez. Widerstand, Induktionsverfahren	IES, IEL	..	mS/m, Ωm	(+)	+	+	+				+	(+)	+		+		+						(+)	(+)	
Gamma Ray	GR	.	cps, API	+	+	+	+								+		+								
Neutron*	N	..	API, Porosität	+	+	+	+								+		+		+	(+)	+			+	
Gamma-Gamma*		..	cps		+	(+)	+			+					+		+				+				
Dichte*	D, FD	..	g/cm³		+	(+)	+			+					+		+	+	+	(+)	+				
Sonic (Akustiklog)	SV	..	µs/m	+	+		+			+	(+)			+	+		+		(+)		+			+	
casing collar locator (Rohrverbindungsanzeiger)	CCL	.		+		+	+				+	+	+												
Kaliber	CAL	.	mm, Zoll	+	+	+	+	+	+	(+)	+														
Bohrlochkamera / Bohrlochfernsehkamera (nur bei klarem Wasser!)		... / ...		+	+	+	+		+	+	+	+	+		+		+				+				(+)
Temperatur	TEMP	.	°C	+	+		+				(+)	+	(+)							+	+				+
Salinometer	SAL	.	Ωm; µS/cm	+	+		+			+		+								(+)	+	+			+
Flowmeter	FLOW	.	U/s	+	+		+					(+)								+	+				+
Dipmeter	DM	...	mm, Grad		+		+	+		+					+	+									
„borehole televiewer"	TV	...		+	+		+	+	+	+	+	+	+		+	+	+				+				
Wasserprobennehmer		..		+	(+)		(+)															+	(+)		

* Sonde mit radioaktiver Quelle

6.5.4.2 Kaliber-Log

Beim Kaliber-Log wird der Durchmesser des Bohrloches gemessen. Dabei werden an einer im Bohrloch bewegten Sonde Gelenkarme (bewegliche Federn) gegen die Bohrlochwand gedrückt und die dem jeweiligen Bohrdurchmesser entsprechenden Auslenkungen der Arme registriert.

Die Kenntnis des tatsächlichen Bohrlochdurchmessers, der bei wenig standfestem Gebirge aufgrund von Nachfall etc. erheblich von dem durch das Bohrwerkzeug bestimmten Solldurchmesser abweichen kann, ist zur Auswertung der übrigen Logs wichtig, da dieser in deren Messwerte mehr oder weniger stark eingeht.

Ferner kann mittels Kaliber-Log festgestellt werden, ob das Bohrloch durch den Gebirgsdruck zusammengedrückt wurde und ob auffällige Auswaschungen der Bohrlochwand oder Hohlräume vorhanden sind.

Die Messung kann nicht durchgeführt werden, wenn das Bohrloch so wenig standfest ist, dass die Gefahr eines Sondenverlustes besteht.

6.5.4.3 Gamma-Ray-Log

Beim Gamma-Ray-Log wird die natürliche Gammastrahlung der von der Sonde im Bohrloch durchfahrenen Gesteinsschichten gemessen. Die Messung erfolgt i. d. R. mittels eines Szintillationszählers. Die Gammastrahlung hat ihre Ursache im Zerfall radioaktiver Elemente und Isotope, wie z. B. der instabilen Zerfallsprodukte der Uran- und Thoriumreihe sowie der Kalium-Argon-Reihe (${}^{40}_{19}K \rightarrow {}^{40}_{18}Ar$). In sedimentären Gesteinen sind es vor allem Tone bzw. Tonsteine und alle anderen tonhaltigen Gesteine, die sich durch eine stärkere γ-Strahlung auszeichnen (vor allem aufgrund ihres Gehaltes an ${}^{40}_{19}K$). Tonfreie Sande, Sandsteine, Kalksteine u. ä. weisen demgegenüber eine erheblich geringere γ-Strahlung auf. Dieser Unterschied in der γ-Strahlung wird z. B. zur Abgrenzung von Tonsteinen gegenüber Sandsteinen ausgenutzt.

Ein großer Vorteil des Gamma-Ray-Logs ist es, dass die Messung auch im verrohrten Bohrloch oder u. U. sogar innerhalb des Bohrgestänges durchgeführt werden kann.

6.5.4.4 Resistivity-Log

Durch Elektroden wird dem Bohrloch Strom zugeführt. Während das Messgerät von der Bohrlochsohle langsam hochfährt, wird zwischen zwei Sonden die jeweilige Spannung gemessen. Aus dem Verhältnis Stromstärke zu Spannung ergibt sich ein Widerstandswert, der kontinuierlich aufgezeichnet wird. Das Auflösungsvermögen bzw. die Eindringtiefe der Widerstandsmessung hängt von der Anordnung und den Abständen der Elektroden und Sonden ab. Der registrierte Widerstandswert ist der scheinbare spezifische Widerstand der durchfahrenen Gesteinsschichten. In ihn gehen der wahre spezifische Gesteinswiderstand, der Bohrlochdurchmesser, der Widerstand der Messkabel, der Spülung u. a. ein.

Zusätzlich zum Resistivity-Log wird das sog. große Latero-Log gemessen, bei dem durch Hilfselektroden der Strom so fokussiert wird, dass die Stromlinien bevorzugt horizontal verlaufen. Die Messwerte des Latero-Logs kommen durch die

Fokussierung dem wahren Gesteinswiderstand sehr viel näher, als dies bei den übrigen Widerstandsverfahren der Fall ist.

Allen Widerstandsmessverfahren ist gemeinsam, dass sie nur in unverrohrten Bohrlöchern, soweit diese mit Wasser gefüllt sind, durchgeführt werden können.

6.5.4.5 Self-Potential-Log (Eigenpotential)

Beim SP-Log wird die natürliche Potentialdifferenz zwischen einer an der Erdoberfläche feststehenden und einer im Bohrloch bewegten Elektrode registriert. In den Schwankungen des Eigenpotentials spiegelt sich die Lithologie der durchteuften Schichten wieder.

Vor allem sind es poröse Schichten, die in einem Potentialdiagramm besonders hervortreten. Beim Durchfahren von undurchlässigen Schichten (z. B. Tonen oder wenig geklüfteten Tonsteinen) weist die Potentialkurve normalerweise einen konstanten Messwert auf, der als Basislinie gewählt wird. Die Werte durchlässiger Schichten sind gegenüber dieser Basislinie i. d. R. negativ. Positive Abweichungen treten z. B. bei hochgradiger Versalzung der Spülung auf. Die SP-Kurve ist umso ausgeprägter, je größer der Mineralisationsunterschied zwischen dem Spülwasser beim Bohren und dem Grundwasser ist.

Eigenpotentialmessungen sind nur unter Wasser in unverrohrten Bohrlöchern möglich.

6.5.4.6 Kombination der Verfahren

Die besten Ergebnisse werden gewonnen, wenn mehrere Logs kombiniert ausgewertet werden können.

So lässt sich z. B. eine Schicht mit niedriger Gamma-Strahlungsintensität, hohem scheinbaren spezifischen Widerstand und stark negativem Eigenpotential recht sicher als ziemlich tonfreier Sandstein identifizieren. Eine niedrige Gammastrahlungsintensität alleine reicht hierfür nicht aus; hierfür könnten auch Kalksteine oder Basalte die Ursache sein. Umgekehrt weisen hohe Gammastrahlungsintensitäten in Verbindung mit geringem scheinbaren spezifischen Gesteinswiderstand und positivem Eigenpotential auf Tone oder Tonsteine hin. Eine hohe Gammastrahlungsintensität alleine ist i. d. R. für die Identifizierung von Tonen oder Tonsteinen nicht ausreichend, da z. B. auch Sandsteine mit reichlicher Beimengung von Glimmer wegen dessen Gehaltes an $^{40}_{19}K$ vergleichsweise stark strahlen können.

6.6 Gefügeaufnahmen

Die Aufnahme des Gesteinsgefüges zählt zu den zentralen Aufgaben der Ingenieurgeologie. Das richtige Erfassen von Schichtung und Klüftung ist z. B. entscheidend für die Wahl einer Tunneltrasse oder die Neigung einer Böschung.

Leider erfolgt die Erhebung der Gefügedaten, deren Beschreibung und zeichnerische Darstellung sehr uneinheitlich und manchmal sogar in einer Art, die eine projektbezogene Auswertung nicht zulässt. Darüber hinaus ist der Sprachgebrauch für einzelne Gefügeelemente widersprüchlich, was bei manchem Bauherrn die Geologie bereits in Misskredit gebracht hat. So ist eine leider immer noch anzutreffende Einteilung der Klüfte in Trennflächen, an denen keine Bewegungen stattgefunden haben – man spricht dann von „gemeinen Klüften" – und in solche, an denen eine Parallelverschiebung durch die Versetzung oder aufgrund von Harnischen nachweisbar ist – man bezeichnet diese Trennflächen, auch wenn eine noch so geringe Parallelverschiebung stattgefunden hat, häufig als „Störung" – strikt abzulehnen. Denn schon die Tatsache, dass eine Kluft mit bloßem Auge zu beobachten ist, setzt eine Relativbewegung der Kluftwände voraus, und ob eine Parallelverschiebung erkennbar ist oder nicht, hängt letztlich von der Beobachtungsgenauigkeit ab. Ein und dieselbe Kluft könnte bei Beobachtung mit dem Mikroskop als „Störung" und bei Beobachtung mit dem unbewaffneten Auge als „gemeine Kluft" anzusprechen sein.

Da nun einer Störung – häufig unberechtigterweise – das Odium des Negativen für ein Bauwerk anhaftet, wird ein Bauherr, der in einem Gutachten innerhalb einer geplanten Trasse von zahlreichen „Störungen" liest, um die Durchführbarkeit seines Projektes fürchten. Handelt es sich bei diesen sog. Störungen jedoch nur um Gleitungsklüfte, wie wir sie bezeichnen, an denen Parallelverschiebungen von nur wenigen Zentimetern stattgefunden haben, so kann seine Furcht durchaus unbegründet sein.

Sowohl wegen der großen technischen Bedeutung der Gefügeaufnahmen als auch wegen der herrschenden Widersprüchlichkeiten wird dieses Thema ausführlich behandelt.

6.6.1 Beschreibung der einzelnen Kluftindividuen

Um ein einzelnes Gefügeelement, etwa eine Kluft, näher zu beschreiben, sind folgende Daten zu erheben:

- Ort (Bereich),
- Raumstellung,
- räumliche Erstreckung,
- Öffnungsweite,
- Beläge (Bestege) und Zwischenmittel,
- Habitus der Kluftwandungen.

Die Genauigkeit der **Ortsangabe** eines Kluftindividuums ergibt sich aus seinem Einfluss auf das Bauobjekt. Für Kleinklüfte reicht es aus, den Bereich des Baugrundes anzugeben, in dem sie angetroffen werden. Groß- und Riesenklüfte dagegen sind in Bauplänen möglichst exakt als Verschnittlinie der Fläche mit dem Baugelände darzustellen und einzeln zu nummerieren (s. Tab. 6.17 und Abb. 6.60).

Die **Raumstellung** einer Kluft wurde früher durch ihr Streichen und Fallen beschrieben. Streichen ist die Himmelsrichtung ihrer horizontalen Hauptlinie (h), Fallen der Winkel zwischen der Kluftfalllinie (f) und der Waagerechten. In neuerer Zeit werden häufig nur die Einfallrichtung und der Einfallwinkel (α und β) gemessen.

Tab. 6.17 Beispielhafte Beschreibung von Kluftindividuen nach Ort, Raumstellung, Erstreckung, Öffnungsweite, Belägen, Kluftflächenbeschaffenheit usw.

Tabelle 6.17 Beispielhafte Beschreibung von Kluftindividuen nach Ort, Raumstellung, Erstreckung, Öffnungsweite, Belegen, Kluftflächenbeschaffenheit usw.

Homogenbereich	Laufende Nummer	Kleinklüfte Großklüfte Schar S	Fallrichtung α°	Fallwinkel β°	Beschaffenheit: Gesamt: eben	Gesamt: uneben	Gesamt: wellig, versetzt	Detail: glatt	Detail: rauh	Detail: wellig, buckelig	Harnisch, Lineare u. s. w.: Bezeichnung	Fallrichtung α°	Fallwinkel β°	Öffnungsweite (mm)	Füllung	Ausbißlänge (m)	Zahl der Ausbisse/m²	$\varkappa_r = m^2/m^3$	mittl. Normalabstand d_m (cm) der Klüfte	d_{min} (cm)	d_{max} (cm)	Gesteinsklasse	Andere Beobachtungen / Kluftkörpergrößen
1	2	3	4	5	6	7	8		10	11	12	13	14	15	16	17	18	19	20	21		22	23
H1	1	KK	104	24		/			/	B					Fe	2+2	7	7	14	3	20	I	SW 10 · 25 · 40
H1	2	KK	144	13	/			/						1–2	Fe Kaol.	2+2	6	6	15	1	30	I	SW
H1	3	K	003	65		/				W	H	095	12		Cr. M Chl	1+1						I	SW 0,5 · 10 · 40
H2	4	kk	216	50		/			/						Fe	0,1+0,15	20	0,3	5	1	10	I	

Bauvorhaben: beobachtet von

Meßort: Datum   Blatt Nr.

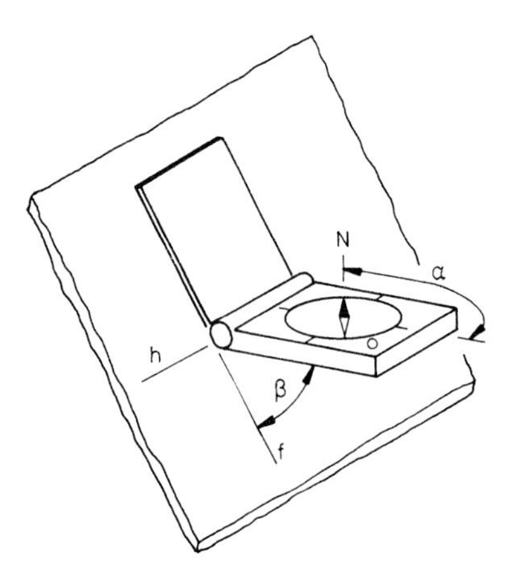

Abb. 6.43 Einmessen einer Gefügefläche mit einem Geologenkompass

Hierzu wird die Anlegefläche (der Deckel) eines zweikreisigen Geologenkompasses auf die Kluftfläche aufgelegt und der Kompass mithilfe der eingebauten Libelle horizontiert (Abb. 6.43). Dann kann die Kompassnadel entarretiert werden, und wenn sie nach Norden ausgerichtet ist, können der Richtungswinkel α (von 0 bis 360°) am Kompass und der Einfallwinkel β von 0 bis 90° am Scharnier von Kompass und Anlegefläche abgelesen werden. Um Irrtümer zu vermeiden, ist es ratsam, den Richtungswinkel grundsätzlich dreistellig zu notieren.

Ist die Kluftfläche sehr uneben, so können in unmittelbarer Nachbarschaft stark streuende Raumstellungen von ein und demselben Gefügeelement gemessen werden. Die Streuung ist bei solchen Messungen von der Größe der Anlegefläche abhängig. Abb. 6.44 zeigt vier verschieden große Anlegeflächen, mit denen an einer Kluftfläche zahlreiche Kompassmessungen durchgeführt wurden. Die Ergebnisse solcher Kompassmessungen, dargestellt in einer sog. Lagenkugel (s. Abschn. 6.6.2) zeigen, dass die Streuung bei großen Anlegeflächen bedeutend geringer ist als bei sehr kleinen (Abb. 6.45), weshalb wir empfehlen, grundsätzlich mit möglichst großen und zudem runden Anlegeflächen zu messen (s. a. Fecker, 1977 und 1978).

Die **räumliche Erstreckung** einer Kluft wird an ihrer Verschneidung mit der Oberfläche (= Ausbiss) gemessen und ihre Erstreckung ins Gebirge geschätzt. Aufgrund der Klufterstreckung teilen wir die Klüfte in Klein-, Groß- und Riesenklüfte ein (s. a. Abschn. 4.3.1).

Die **Öffnungsweite** einer Kluft wird als Mittelwert oder durch Grenzwerte angegeben. Öffnungsweiten zwischen 0,1 und 1,0 mm sind die Regel bei Kleinklüften, Großklüfte können bis zu 10 mm geöffnet sein und bei Riesenklüften sind mehrere Zentimeter möglich. Bei Störungen werden nicht selten Öffnungsweiten im Meterbereich beobachtet, allerdings sind diese Öffnungen dann meist mit Zwischenmitteln ausgefüllt. Es ist angebracht, die Öffnungsweiten in vier Klassen einzuteilen, und zwar von:

- < 1 mm: gering geöffnet (1. Klasse)
- 1–10 mm: klaffend (2. Klasse)

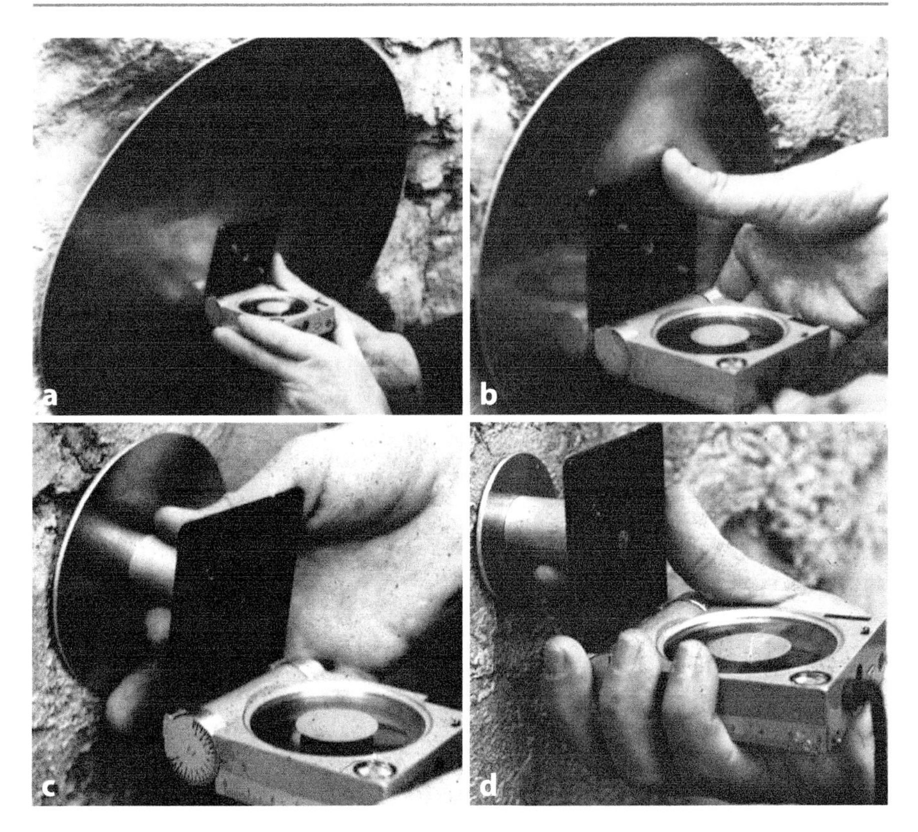

Abb. 6.44 Zweikreisiger Geologenkompass nach Clar mit verschieden großen Anlegeflächen (Ø 42; 21; 11; 5,5 cm) Photos: E. Fecker

- 1–10 cm: weit geöffnet (3. Klasse)
- > 10 cm: sehr weit geöffnet (4. Klasse)

Die **Beläge und Zwischenmittel** lassen sich zum Teil wie Lockergesteine klassifizieren (s. Abschn. 7.1).

Folgende Kenngrößen des Belages oder der Kluftfüllung sind zu erheben:

- Mächtigkeit (Dicke).
- Kornverteilung,
- mineralogische Zusammensetzung,
- Wassergehalt,
- Durchlässigkeit,
- mechanische Eigenschaften.

Handelt es sich bei den Bestegen oder Füllungen nicht um Zerreibsel oder tonige Zwischenmittel, sondern um mineralische Ausfällungen zirkulierender Lösungen

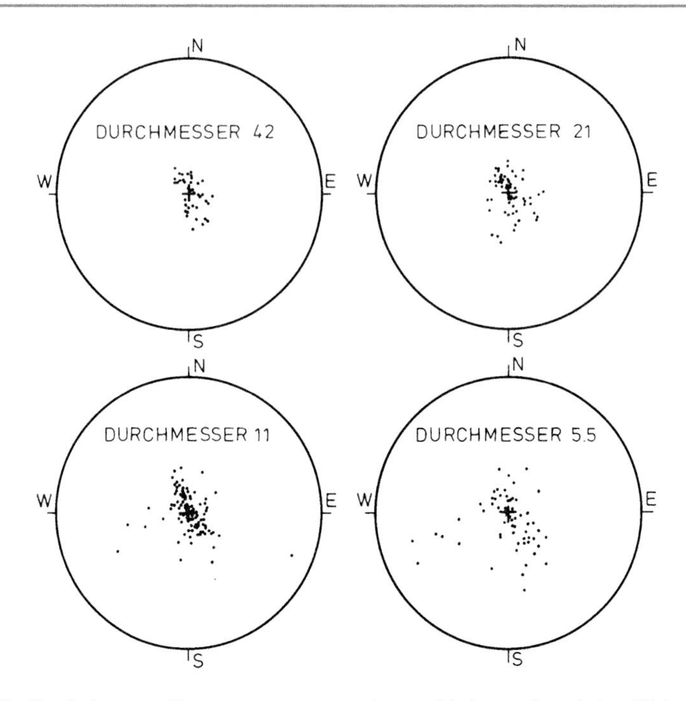

Abb. 6.45 Ergebnisse von Kompassmessungen mit verschieden großen Anlegeflächen an einer Großkluft. Ø in cm (aus Fecker & Rengers, 1971)

wie Calcit, Quarz, Eisenoxide u. ä., so ist dies ebenfalls zu untersuchen. Solche Mineralfüllungen haben in der Regel einen „heilenden“ Effekt, sie können sogar dazu führen, dass die entfestigenden Wirkungen einer Diskontinuität gänzlich ausgelöscht werden.

Der **Habitus der Kluftwandungen** ist neben der Kluftfüllung die bestimmende Einflussgröße für den Reibungswiderstand. Wir unterscheiden zwischen Unebenheit und Rauigkeit bzw. Rauheit. Die Grenze zwischen Unebenheit und Rauigkeit liegt nach Schmaltz (1929, S. 1465) bei Gipfelabständen von 3 bis 4 mm, weil bei solchen Entfernungen der menschliche Tastsinn gerade noch fähig ist, zwei Spitzen als solche zu fühlen.

Die einfachste Methode ist die visuelle Klassifizierung von Unebenheiten, wie sie z. B. Barton (1971) vorgeschlagen und auch Kramrisch (1935) mit Worten zu beschreiben versucht hat. Kramrisch unterscheidet zwei Hauptbegriffsgruppen und unterteilt diese folgendermaßen:

- eben:
  - flach,
  - gewölbt;
- uneben:
  - muschelig,
  - hügelig, holperig (ein ausgeprägtes „hügelig“),

- grubig (in allg. unebener Fläche einzelne Vertiefungen),
- knotig (in allg. unebener Fläche einzelne Erhebungen),
- wellig, faltig,
- gekerbt, buchtig,
- eckig.

Durch Kombinationen der Begriffe ist eine gute Charakterisierung der Oberfläche möglich, die jedoch subjektive Aussagen enthält; für eine grobe Klassifizierung der Kluftoberflächen indes ist sie hinlänglich genau.

Einen anderen Weg, Unebenheiten zu beschreiben, gehen Piteau (1970) und Mogilevskaya (1974), indem sie die Entfernungen von Spitze zu Spitze der Unebenheiten messen und lotrecht zu deren Verbindungslinien die größte Einbuchtungstiefe auf kürzeste Entfernung bestimmen. Das Längenverhältnis dieser beiden Strecken – Piteau (1970) spricht vom Verhältnis „Wellenlänge" zu „Amplitude" – ergibt eine für den Reibungswiderstand „charakterlose" Zahl, die bei ebenen Flächen sehr groß ist und mit zunehmender Unebenheit abnimmt. Mogilevskaya (1974) ergänzt diese Messungen durch die Bestimmung der Einfallwinkel der verschiedenen „Talflanken", wodurch gerichtete Unebenheiten kenntlich werden.

Wir empfehlen, die Verhältniszahlen außerdem in verschiedene Klassen zu unterteilen. Dabei entsprechen:

- 1. Klasse: >10 m Einbuchtungstiefe,
- 2. Klasse: 1–10 m,
- 3. Klasse: 0,1–1 m,
- 4. Klasse: <0,1 m Einbuchtungstiefe,

wobei die 4. und auch die 3. Ordnung in den uns interessierenden Betrachtungsbereichen am häufigsten anzutreffen sind.

Die exakteste Methode ist die Beschreibung der Unebenheit mit einem Profilaufzeichnungsgerät (= Profilograph), wie er von Fecker & Rengers (1971) für Geländezwecke entwickelt wurde (s. Abb. 6.46). Schlesinger (1976) hat die Möglichkeit aufgezeigt, schwer zugängliche Klüfte mit Profilen oder Isolinien näher zu beschreiben, indem er Stereophotoaufnahmen von den Klüften anfertigt und diese mit einem Stereokomparator entsprechend auswertet.

Rauigkeiten von Gesteinsbruchflächen sind deutlich von Struktur und Textur der jeweiligen Gesteine abhängig; maßgeblich sind Kornverband, Korngröße, Kornoberflächenrauigkeit und Kornspaltflächenrauigkeit. Rauigkeit kann demzufolge stetig sein, was der Fall ist, wenn Körnung bzw. Gefüge gleichmäßig sind, oder unstetig, wenn größere Einschlüsse mit kleineren wechseln. Rauigkeit sitzt als Kleinform der Unebenheit auf, hierüber hat Fecker (1977) eingehend berichtet.

Unebenheiten und Rauigkeiten können auch Hinweise auf die Genese von Klüften geben.

Harnische z. B. sind das auffälligste Merkmal der Gleitungskluft (Abb. 6.47). Die Striemung verrät die Bewegungsrichtung, mitgeschleppte grobe Einzelkörner und „synthetische" Abrisskanten lassen den Bewegungssinn der Relativbewegung

Abb. 6.46 Profilograph. Gerät zur Aufzeichnung von Kluftunebenheiten längs Profilen. Messung einer Schichtfläche im Buntsandstein mit Rippelmarken (Photo: F. Müller)

Abb. 6.47 Kluftwandung einer Gleitungskluft mit Bewegungsspuren, sog. Harnisch, am westlichen Rand des Oberrheingrabens nahe der Ortschaft Wasselonne im Elsass. Vermutlich Reaktivierung einer ursprünglichen Abschiebung durch eine Blattverschiebung (Photo: E. Fecker)

erkennen. Gelegentlich sind aber auch „antithetisch" orientierte Flächen zu beobachten, die nach ihrem Entdecker Riedelsche Flächen genannt werden (Riedel, 1929). Der Winkel zwischen Gleitfläche und Riedel-Fläche schwankt je nach Gestein und Größe der Scher- und Normalkräfte zwischen 10 und 30°.

In Tab. 4.2 sind weitere Kluftflächenmerkmale für verschiedene Kluftarten zusammengestellt. In Tab. 6.17 sind alle Merkmale, die zur Kennzeichnung der Kluftindividuen erhoben werden sollten, beispielhaft aufgelistet.

6.6.2 Beschreibung des Flächengefüges

Haben wir im vorangegangenen Abschnitt unser Augenmerk mehr auf Einzelheiten der Erscheinungsformen des Gebirges gewandt, wollen wir uns jetzt dem Gebirge als Gesamtheit widmen. Hierin gruppieren sich die einzelnen Kluftindividuen zu einer oder mehreren Kluftscharen, die jeweils eine gemeinsame mittlere Raumstellung aufweisen, deren Kluftabstand von Schar zu Schar in der Regel unterschiedlich ist und die wir in ihrer Summe als Flächengefüge bezeichnen (s. Abb. 6.48). Das Flächengefüge ist nicht anders als statistisch zu beschreiben, am geeignetsten haben sich die graphischen Methoden erwiesen (s. a. Müller 1963; John & Deutsch 1974; Hoek & Bray, 1974).

Die gebräuchlichste aller graphischen Gefügedarstellungen von Kluftscharen ist die Darstellung in der Lagenkugel. Gemäß Abb. 6.49 verschneiden wir eine Halbkugel mit einer im Raum orientierten Kluftfläche so, dass die Gefügefläche den Mittelpunkt der Kugel schneidet. Die Schnittlinie von Kugel und Fläche bezeichnen wir als Großkreis. Die Äquatorebene der Kugel ist mit den geographischen Koordinaten Nord (N), Ost (O bzw. E), Süd (S) und West (W) versehen, weil die Einmessung der Kluftfläche mit dem Kompass gemäß Abb. 6.43 ebenfalls nach diesem Koordinatensystem orientiert ist.

Wir verwenden stets eine nach oben geöffnete Halbkugel (die untere Halbkugel); sie hat sich in der ingenieurgeologischen Praxis weitgehend durchgesetzt.

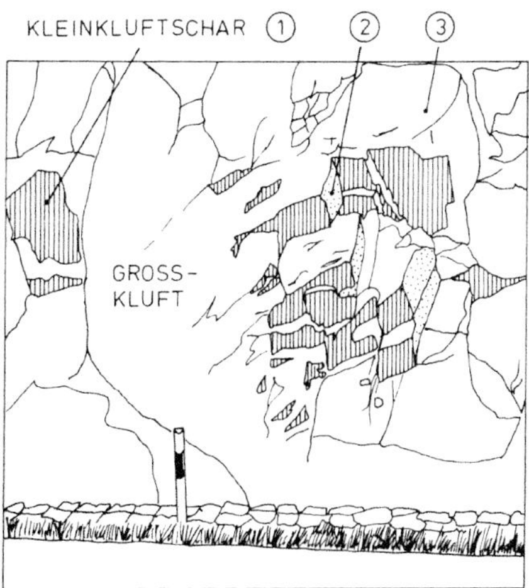

Abb. 6.48 Flächengefüge mit drei Kleinkluftscharen 1, 2, 3 und einer Großkluft im Granit (Photo: E. Fecker)

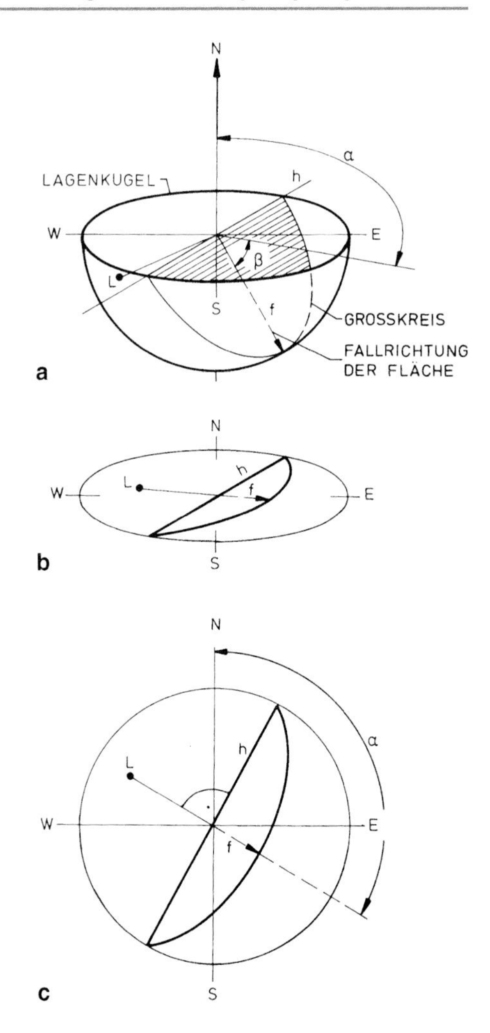

Abb. 6.49 **a** Lagenkugeldarstellung. **a** Axonometrische Darstellung einer Lagenkugel und ihrer Verschneidung mit einer Kluftfläche. $\alpha =$ Fallrichtungswinkel, $\beta =$ Einfallwinkel, h = horizontale Hauptlinie oder Streichlinie, f = Falllinie, L = Normalendurchstoßpunkt. **b** Parallelprojektion von Äquatorebene und Großkreis der Kluft in axonometrischer Darstellung. **c** Parallelprojektion von Äquatorebene und Großkreis im Grundriss

Wollte man alle Flächen einer Kluftschar oder sogar mehrerer Kluftscharen gemeinsam in einer Lagenkugel in der beschriebenen Weise darstellen, so ergäbe sich ein recht unübersichtliches Bild. Deshalb zeichnen wir in der Regel nur den Durchstoßpunkt L der Kluftflächennormalen durch die Halbkugel ein; durch ihn wird die Raumstellung einer Kluft ebenfalls eindeutig festgelegt (s. Abb. 6.49).

Zu demselben Punkt L gelangt man auch, wenn man der Halbkugel die Kluftfläche nur bis zur Berührung nähert. Dann entspricht der Berührungspunkt schon dem besprochenen Normalendurchstoßpunkt. Die Eintragung der Normalendurchstoßpunkte erfolgt ausschließlich in eine flächentreue Projektion der Lagenkugel in Pollage (s. Abb. 6.50). Diese zweidimensionale Darstellung, sie sog. Lambertsche Kugelprojektion, verwendet die Äquatorebene als Zeichenebene. In Analogie zur Geographie der Erde sprechen wir bei den Radiallinien von Längenkreisen und bei den konzentrischen Kreisen von Breitenkreisen. Der Mittelpunkt entspräche bild-

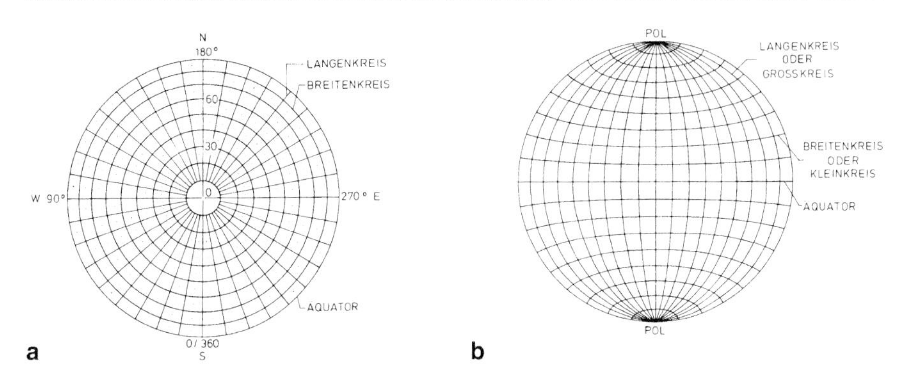

Abb. 6.50 Lagenkugel in Pollage, **a** zur Auftragung der Durchstoßpunkte von Flächennormalen (flächentreue Projektion), **b** Lagenkugel in Querlage, Hilfsnetz zur Messung von Raumwinkeln und Eintragung von Großkreisen. Der Winkel zwischen den einzelnen Breitenkreisen bzw. den Längenkreisen beträgt immer 10°

lich gesprochen dem Südpol, daher auch die Bezeichnung „Lagekugel in Pollage". Die Bezifferung dieses Lagenkugelnetzes mit S = 360°, W = 90°, N = 180°, E = 270° ist gegenüber der Bezifferung des Kompasses mit N = 0° um 180° verdreht, was sich daraus erklärt, dass wir in der Natur die Fallrichtung messen, in der Abbildung aber die Flächennormalen auftragen, welche der Falllinie um 180° entgegengerichtet ist. Um dem Messwert der Fallrichtung also nicht jedes Mal 180° hinzuzählen oder abziehen zu müssen, ist die Bezifferung des Lagenkugelnetzes bereits um 180° gedreht. Die Bezifferung der Breitenkreise beginnt beim Pol mit 0° und endet am Äquator mit 90°. Eine Fläche, deren Fallwinkel β 0° beträgt, die also horizontal bzw. söhlig gelagert ist, wird durch einen Normalendurchstoßpunkt im Pol repräsentiert, und eine Kluftfläche, die senkrecht oder seiger einfällt, wird einen Normalendurchstoßpunkt auf dem Äquator aufweisen.

Zu beachten ist jedoch, dass lineare Gefügeelemente, wie z. B. eine tektonische Achse, die Richtung eines Harnisches oder die Verschnittlinie zweier Flächen durch ihren eigenen Durchstoßpunkt durch die untere Halbkugel dargestellt werden, in einem solchen Falle sind Lagenkugelnetze mit der Bezeichnung der Längenkreise N = 0° und Breitenkreise beginnend am Pol bei 90° und Äquator 0° zu verwenden.

Als Hilfsnetz benötigt man ferner eine Lagenkugel in Querlage, dies ist die flächentreue Projektion eines Polschnittes. Sie dient zur Messung von Raumwinkeln oder der Eintragung von Großkreisen im Lagenkugelnetz in Pollage. Um solche Eintragungen vornehmen zu können, ist es ratsam, dass entweder das Lagenkugelnetz auf Transparentpapier gedruckt bzw. gezeichnet ist, oder dass alle Eintragungen auf einem unbedruckten Transparentblatt vorgenommen werden.

In Abb. 6.51 wurde beispielsweise der Normalendurchstoßpunkt L der Fläche 120/60 (Fallrichtung/Fallwinkel) in die Lagenkugel in Pollage eingetragen. Der Großkreis wurde konstruiert, indem zunächst zusätzlich die Streichlinie h eingezeichnet und mit der Verbindungsgeraden Pol–Pol des Hilfsnetzes in Querlage zur Deckung gebracht wurde. Anschließend wurde der Großkreis von Pol zu Pol auf der

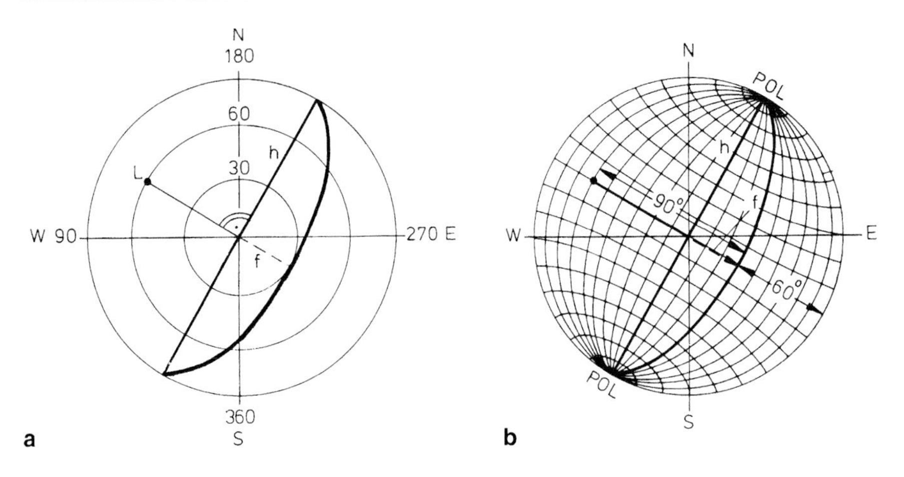

Abb. 6.51 Konstruktion des Großkreises der Kluftfläche 120/60, **a** in der Lagenkugel in Pollage, **b** mithilfe der Lagenkugel in Querlage

transparenten Lagenkugel in Pollage durchgepaust, der mit dem Normalendurchstoßpunkt L einen Winkel von 90° einschließt.

Mithilfe des Lagenkugelnetzes in Querlage erfolgt die Messung von Raumwinkeln, z. B. der Winkel ε zwischen zwei Kluftflächen, indem gemäß Abb. 6.52 die Normalendurchstoßpunkte L_1 und L_2 der beiden Flächen in das transparente Lagenkugelnetz in Pollage eingetragen und über einer Lagenkugel in Querlage so lange gedreht werden, bis L_1 und L_2 auf einem gemeinsamen Großkreis zu liegen kommen. Der Winkel ε, der im Beispiel 65° beträgt, wird mithilfe der Kleinkreise gemessen, die in der Abbildung jeweils 10° repräsentieren.

Neben der Darstellung von Gefügeelementen in der Lagenkugel ist, insbesondere bei der Darstellung in Bauplänen, die Verwendung von Einheitsquadraten nach Müller weit verbreitet (Abb. 6.53). Unter einem Einheitsquadrat verstehen wir ein gedachtes Quadrat mit den Seitenlängen „1“, welches auf einer Kluftfläche liegt, die gemäß Abb. 6.53a durch den Mittelpunkt einer Lagenkugel gehen soll. Bei der Parallelprojektion des Einheitsquadrates in die Äquatorebene verkürzt sich die Seitenlänge in Fallrichtung mit dem Kosinus des Einfallwinkels β. Da der Kosinus von $\beta = 0°$ eins ist, ergibt sich für horizontal oder söhlig gelagerte Flächen in der Äquator- oder Zeichenebene ein Quadrat, für Flächen, die senkrecht bzw. seiger einfallen, kommt in der Projektion nur die Seite in Streichrichtung h zur Abbildung. In solchen Fällen verwendet man die in Abb. 6.54 dargestellte Sondersignatur (für $\beta = 90°$). Man beachte, dass entgegen der Projektion von Flächen durch einen Großkreis in der „unteren“ Halbkugel bei der Projektion des Einheitsquadrates eine „obere“ Halbkugel Verwendung findet, das Einheitsquadrat dem Großkreis derselben Fläche also entgegensteht.

Trägt man die Normalendurchstoßpunkte aller Klüfte einer Messstelle in eine Lagenkugel in Pollage ein, so erhält man ein sogenanntes Normalenbild dieser Messstelle (s. Abb. 6.55). Dieses Bild, das mindestens 100 Messpunkte enthalten

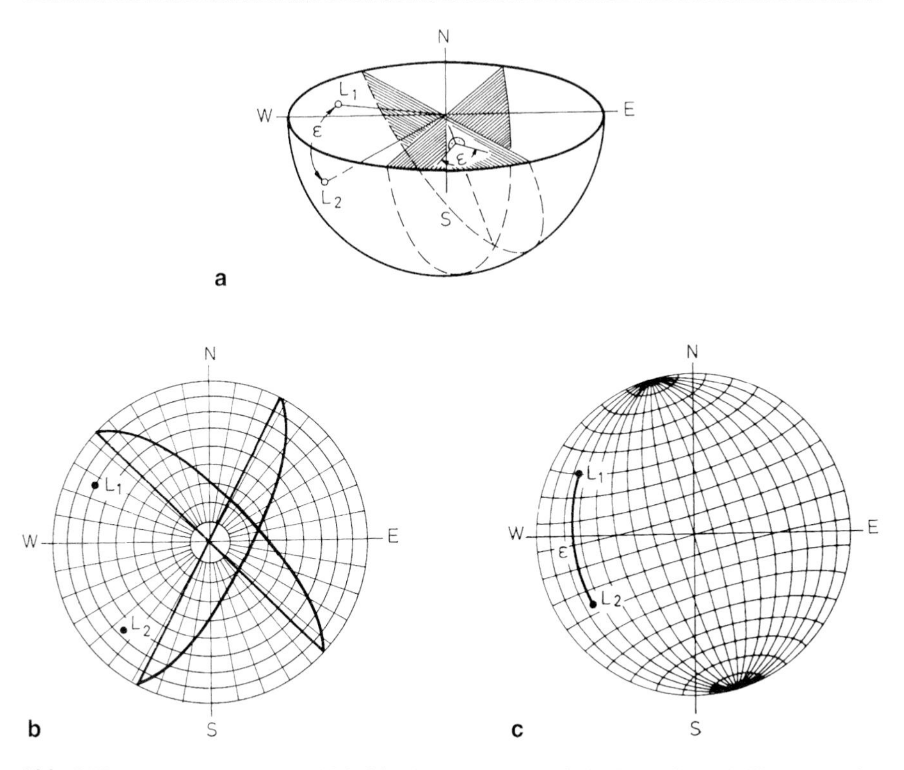

Abb. 6.52 Winkel zwischen zwei Kluftflächen, **a** axonometrische Darstellung; **b** Eintragung der Normalendurchstoßpunkte L_1 und L_2 der beiden Flächen in die Lagenkugel in Pollage; **c** Messung des Raumwinkels ε auf einem gemeinsamen Großkreis der Lagenkugel in Querlage

sollte, lässt bereits erkennen, dass sich die Klüfte eines Aufschlusses zu Scharen ordnen, wenngleich auch eine mehr oder weniger starke Streuung der Raumdaten zu beobachten ist. Um die Anschauung weiter zu erleichtern und alles Gefühlsmäßige bei der Betrachtung auszuschalten, ist es üblich, die Belegdichte der Kugel mit Normalendurchstoßpunkten zu ermitteln.

Nach Müller (1933) wird entweder ein Dichteplan erstellt, der die Anzahl von Punkten, die in den Bereich einer Kreisfläche von 1 % des Flächeninhaltes der Halbkugel fallen, wiedergibt oder der bezogen auf die Gesamtzahl der Messungen x % der Gesamtpunktzahl im gleichen Flächeninhalt repräsentiert. Zur Technik der Auszählung sei auf Müller (1963, S. 219 ff.) und Adler, Fenchel & Pilger (1965, S. 18 ff.) verwiesen. Heute gibt es zur Berechnung der Belegdichte der Normalenbilder zahlreiche Rechenprogramme, die als Freeware aus dem Internet heruntergeladen oder käuflich erworben werden können (z. B.: www.harbourdom.de/gsa.htm). Abb. 6.55b gibt einen solchen Dichteplan wieder.

Die Streuung von Häufigkeitsgipfeln dieses Dichteplanes, welche die Straffheit oder Weitläufigkeit einer statistischen Regelung kennzeichnet, ist für die geomechanische Bewertung einzelner Kluftscharen von Bedeutung.

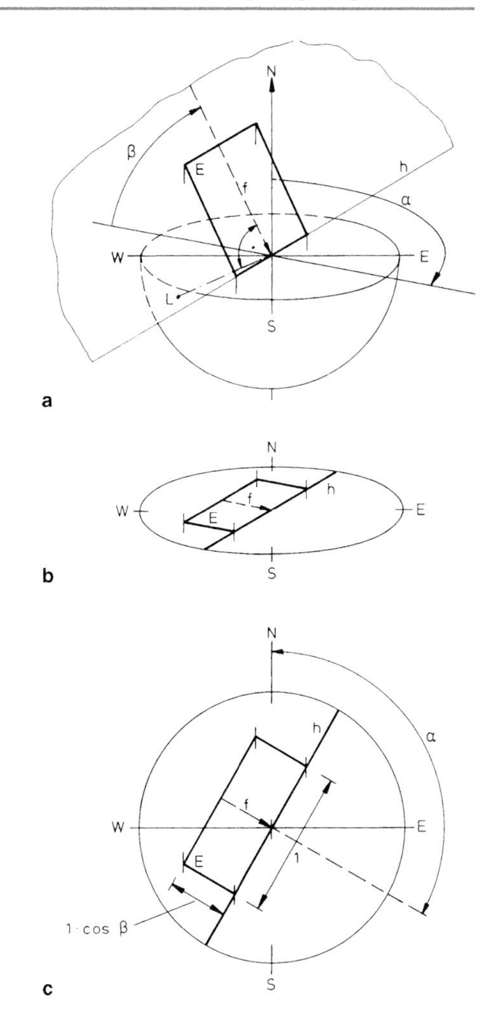

Abb. 6.53 Einheitsquadrat nach Müller, **a** axonometrische Darstellung des Einheitsquadrates E, **b** Parallelprojektion des Einheitsquadrates in axonometrischer Darstellung, **c** Parallelprojektion des Einheitsquadrates im Grundriss; h = Streichlinie oder horizontale Hauptlinie, f = Falllinie, L = Durchstoßpunkt der Flächennormale, E = Einheitsquadrat mit der Seitenlänge „1" in Streichrichtung und der Seitenlänge $1 \cdot \cos \beta$ in Fallrichtung (1963; mit freundlicher Genehmigung von © Springer-Verlag GmbH Deutschland, 2018, alle Rechte vorbehalten)

Neben der Ermittlung der Raumstellung der Kluftscharen eines betrachteten Bereiches ist die **Kluftdichte** k eine Kenngröße des Flächengefüges. Stini bezeichnet als Kluftdichte oder Klüftigkeitsziffer die Zahl der Kluftschnitte s pro Meter einer

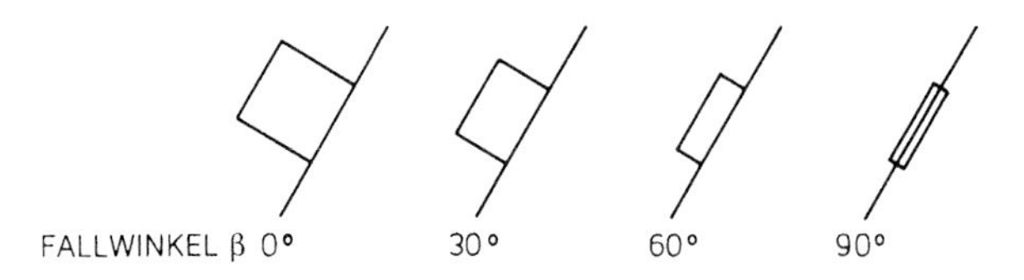

Abb. 6.54 Geotechnische Darstellung von Gefügeflächen mittels Einheitsquadrat nach Müller (1963; mit freundlicher Genehmigung von © Springer-Verlag GmbH Deutschland, 2018, alle Rechte vorbehalten)

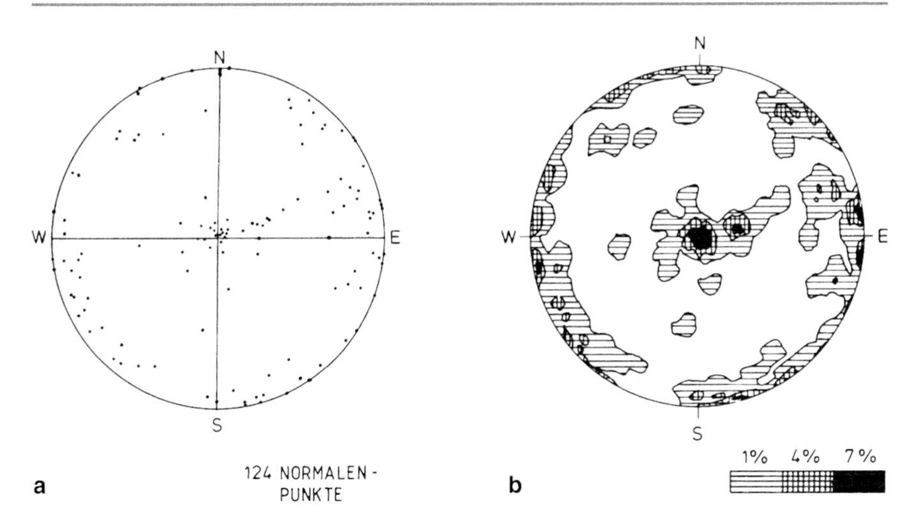

Abb. 6.55 **a** Normalenbild der Klüfte im Bereich des rechten Widerlagers einer Talsperre; **b** Dichteplan des Normalenbildes (aus Fecker, 1980)

gedachten Messstrecke l

$$k = \frac{s}{l} \quad \text{in} \quad \text{m}^{-1}$$

Als Schar-Kluftziffer $k_1, k_2 \ldots$ bezeichnen wir nach Müller (1950) demgemäß die Zahl der Schnitte, die zu einer bestimmten Kluftschar gehören, gemessen normal zur mittleren Raumstellung dieser Schar. Da dies aber meist nur theoretisch möglich ist, weil sie im Inneren des Gebirges liegen müsste, messen wir den scheinbaren mittleren Kluftabstand $m_1, m_2 \ldots$ der einzelnen Kluftscharen $\text{KK}_1, \text{KK}_2 \ldots$ im Aufschluss und bestimmen den wahren mittleren Kluftabstand d mithilfe der Lagenkugel. Hierzu tragen wir den Normalendurchstoßpunkt L der entsprechenden Kluftschar und den Durchstoßpunkt der Messrichtung N' in die Lagenkugel in Pollage ein und bestimmen mithilfe der Lagenkugel in Querlage den Winkel ε. Der wahre Kluftabstand $d = \overline{\text{LM}}$ lässt sich dann aus dem scheinbaren Kluftabstand $m = \overline{\text{MN}}$ und dem Winkel ε gemäß Abb. 6.56 berechnen zu:

$$d = \overline{\text{LM}} = m \cdot \cos \varepsilon$$

Die Streuung der Kluftabstände $d_1, d_2 \ldots$ einzelner Kluftscharen kann sehr beträchtlich sein. H. Bock (1972) hat festgestellt, dass mit zunehmender Streuung der Häufigkeitsgipfel von Kluftscharen auch der mittlere Kluftabstand zunimmt.

Aus der statistischen Darstellung der Klufthäufigkeiten in der Lagenkugel und der Messung der mittleren Kluftabstände aller vorhandenen Kluftscharen ist man in der Lage, einen „*Regelkluftkörper*“ zu konstruieren, dessen Form und Größe z. B. entscheidend für die Anlage eines Steinbruches sein wird, der wichtige Anhaltspunkte für die Reiß- und Schießbarkeit des Gebirges liefert, dessen Größe

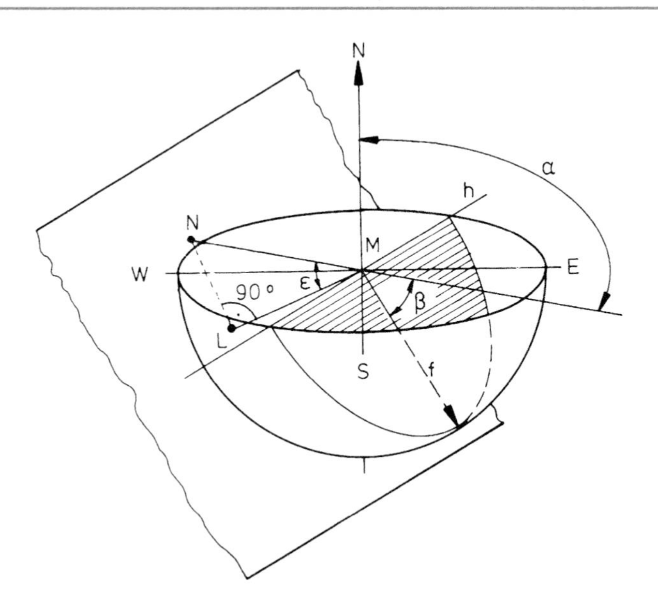

Abb. 6.56 Berechnung des wahren Kluftabstandes d aus dem scheinbaren Kluftabstand $m = \overline{MN}$. Schema der Berechnung in axonometrischer Darstellung

Auskunft über den Grad der tektonischen Beanspruchung des Gebirges gibt und dessen Raumstellung zum geplanten Bauwerk seine Durchführbarkeit maßgeblich bestimmt (Pacher, 1954).

Je nach Form und Größe des Regelkluftkörpers klassifiziert Müller (1963) das zerklüftete Gebirge. Er hat dafür den Begriff Gebirgsfazies oder Kluftkörperfazies geprägt (s. Abb. 6.57).

Im vorangegangenen Abschnitt haben wir bei der Beschreibung einzelner Kluftindividuen bereits von der räumlichen Erstreckung der Trennfläche gesprochen.

Form der Kluftkörper Kluftabstand d (cm)	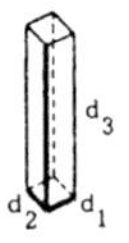 d_3 d_2 d_1	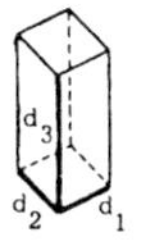 d_3 d_2 d_1	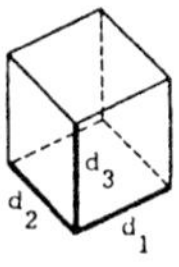 d_3 d_2 d_1	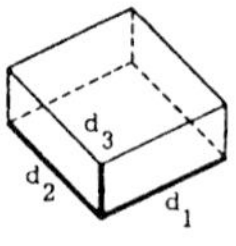 d_3 d_2 d_1	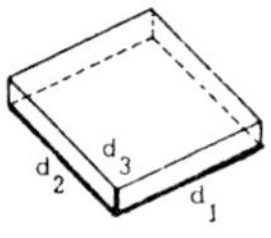 d_3 d_2 d_1
Verhältnis $\frac{d_1}{d_3}$; $\frac{d_2}{d_3}$	< 1 : 5	1 : 2 bis 1 : 5	~ 1 : 1	2 : 1 bis 5 : 1	> 5 : 1
$d_{max} > 100$	großsäulig	großblockig	großwürfelig	quaderig-bankig	großplattig
$100 > d_{max} > 10$	kleinsäulig	kleinblockig	kleinwürfelig	kleintäfelig	schieferig
$d_{max} < 10$	stängelig-faserig	kubisch-ruschelig	kubisch-ruschelig	splitterig	blätterig-kleinschuppig

Abb. 6.57 Klassifizierung der Kluftkörperfazies nach Form und Größe des Kluftkörpers (aus Müller, 1963; mit freundlicher Genehmigung von © Springer-Verlag GmbH Deutschland, 2018, alle Rechte vorbehalten)

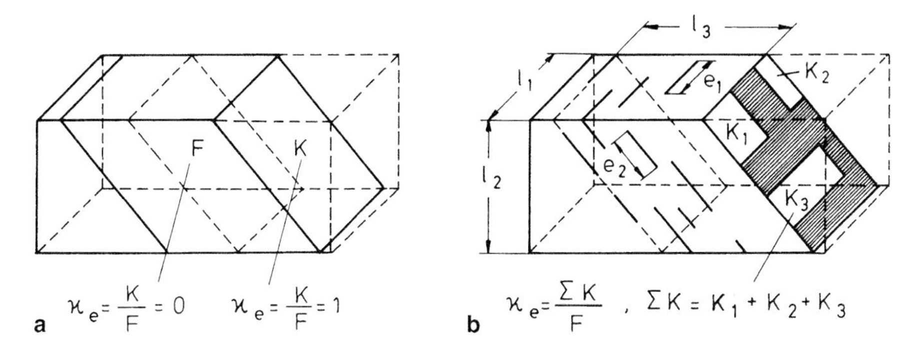

Abb. 6.58 Kluftflächenanteil oder Durchtrennungsgrad. **a** Ebener Durchtrennungsgrad $\kappa_e = 0$ bzw. 1; **b** Ebener Durchtrennungsgrad $\kappa_e < 1$. (Nach Pacher, 1959; mit freundlicher Genehmigung von © Springer 2018, alle Rechte vorbehalten)

Betrachtet man diese Einzelkluft als Teil einer Schar, so ist der Kluftflächenanteil K einer gedachten Ebene F nach Pacher (1959) durch das Verhältnis:

$$\kappa_e = \frac{\sum K}{F}$$

als ebener *Kluftflächenanteil* oder *Durchtrennungsgrad* definiert. Pacher (1959) schreibt:

„Betrachten wir eine solche Schnittfläche F, so ist diese, wie im Fall b [der Abb. 6.58] dargestellt, von einer Reihe von Kleinkluftflächen, welche ein und derselben Kluftschar angehören, erfüllt. In der Restfläche ist das Gestein intakt geblieben. Fall a: $\kappa_e = 1$ heißt, dass die ganze Fläche von der Kluft eingenommen wird, also vollständig durchgerissen ist, $\kappa_e = 0$ oder ein wenig von 0 verschieden, dass sich in diesem Schnitt keine Kluft befindet."

„Mit dem ebenen Kluftflächenanteil allein findet man aber nicht das Auslangen, sondern es müssen noch die Kluftdichte k und der räumliche Kluftflächenanteil κ_r, bezogen auf das Volumen, festgestellt werden. Für jede Schar stehen diese drei Größen in folgender Beziehung:"

$$\kappa_e \cdot k = \kappa_r$$

„In Worten ausgedrückt: Der Zerlegungsgrad eines Gesteinskörpers hängt von der Dichte und von der Erstreckung der Klüfte ab.

Um die ebenen und räumlichen Flächenanteile aus der Einmessung der Gesteinsklüfte zu ermitteln, darf man statistisch vorgehen und von Mittelwerten Gebrauch machen."

„Will man den ebenen Kluftflächenanteil

$$\kappa_e = \frac{\sum K}{F} < 1$$

für einen Schnitt bestimmen, misst man an zwei zueinander normal stehenden Gesteinswänden (etwa im Steinbruch oder an Ulmen und Firste eines Stollens) sowohl die Zahl der Kluftausbisse a_1 bzw. a_2 als auch die Gesamtlänge der Kluftanschnitte" $\sum e_1$ bzw. $\sum e_2$. Aus

$$\frac{\sum e_1 \cdot \sum e_2}{a_1 \cdot a_2} = e_{\mathrm{m1}} \cdot e_{\mathrm{m2}} = K_{\mathrm{m}}$$

folgt die mittlere Kluftflächengröße K_{m}. Die Anzahl der Kluftflächen ist angenähert

$$\frac{a_1 \cdot a_2}{g} = a$$

wenn g die Anzahl der gemeinsamen Kluftausbisse an der Schnittkante ist.

Die Kluftflächensumme im betrachteten Bereich von den Abmessungen $l_1 \cdot l_2 \cdot l_3$ (l_3 senkrecht auf die Kluft angenommen) ergibt sich damit zu

$$\sum\sum K = a \cdot K_{\mathrm{m}}$$

„Dividiert man die so erhaltene Zahl durch das Volumen, so erhält man den räumlichen Kluftflächenanteil einer Kluft.

$$\kappa_{\mathrm{r}} = \frac{\sum\sum K}{V} m^{-1}$$

Um den ebenen Kluftflächenanteil κ_{e} zu bestimmen, bedarf es jedoch noch der Festlegung des mittleren Kluftabstandes d bzw. seines Reziprokwertes, der Kluftdichte k. Diese enthält man durch Division der Anzahl der Kluftschnitte s durch die Messlänge" l_3:

$$k = \frac{s}{l_3}$$

„Für die Festlegung dieser Schnitte ist entscheidend, welche und wie viele Klüfte noch in gemeinsame Trennflächen fallen können. Die Ermittlung dieser Zahl macht die meisten Schwierigkeiten" (Pacher, 1959, S. 225).

In Tab. 6.18 ist die Gesteinszerlegung in Abhängigkeit vom ebenen Kluftflächenanteil κ_{e} und der Klüftigkeitsziffer k dargestellt. In diesem Diagramm sind einzelne Zustandsformen des Gebirgsverbandes durch Begriffe wie Quasimonolith, klüftiges Gebirge usw. näher gekennzeichnet. Solche Bereiche, die nebeneinander in einem Aufschluss oder einer Baugrube vorkommen können, bezeichnet Müller als **Homogenbereiche**, weil dort, bedingt durch das jeweils gleichartige Gefüge, an jedem Ort mit etwa gleichen physikalischen Gebirgseigenschaften gerechnet werden kann. Es ist daher ratsam, bei Inaugenscheinnahme eines Aufschlusses zunächst visuell Homogenbereiche abzugrenzen und diese dann mit Kennziffern näher zu belegen, wie dies in Tab. 6.17 zur Charakterisierung der Gesteinszerlegung durch einzelne Kluftscharen geschehen ist.

Tab. 6.18 Gesteinszerlegung in Abhängigkeit von Durchtrennungsgrad und Klüftigkeit, St = Schichtung, KK_1, KK_2, KK_3 = einzelne Kluftscharen des Gebirgsverbandes (aus Müller, 1963; mit freundlicher Genehmigung von © Springer-Verlag GmbH Deutschland, 2018, alle Rechte vorbehalten)

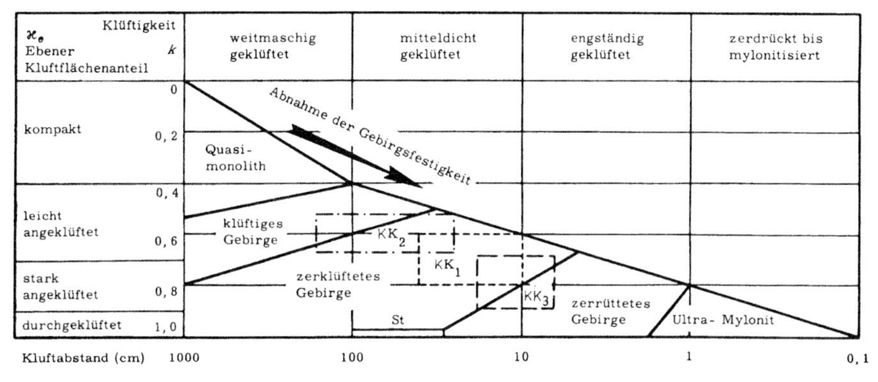

6.6.3 Darstellung der Gefügedaten in Bauplänen

Die Darstellung der baugeologischen Verhältnisse, insbesondere des Gefüges, ist neben der allgemeinen ingenieurgeologischen Beurteilung und Interpretation eine der verantwortungsvollsten und eine noch immer mit Problematik beladene Tätigkeit des Ingenieurgeologen und des planenden Ingenieurs. Beim Schritt von der Erkundung zur Darstellung wird der Übergang von der Bewertung eigener Urteilskraft zur Abgabe quantitativer Angaben über das Gebirge als Grundlage von Berechnungen vollzogen. Aber auch die geologische Gesamtsituation erfährt dabei unvermeidlich Schematisierungen und wird in einer Weise festgelegt, die zwar eigentlich über die wahren Kenntnisse hinausgeht, auf die aber der Projektant nicht verzichten kann.

Die Darstellung, welche der Ingenieurgeologe dem Ingenieur in die Hand gibt, besteht z. T. aus (qualitativen) Beschreibungen mit Worten, aus (quantitativen) Beschreibungen durch Ziffern sowie aus meist halbquantitativen (vom Ingenieur aber in der Regel exakt angenommenen) Skizzen, Schnitten usw. Es ist daher von größter Wichtigkeit, in Wort und Zeichnung deutlich zu unterscheiden zwischen gesicherten, weniger sicheren, nur vermuteten oder gar nur mit geringer Wahrscheinlichkeit zu erwartenden Ergebnissen.

Alle Beschreibung – im weitesten Sinn auch Pläne und Ziffern – muss aufgabenspezifisch sein. Ein Autobahneinschnitt bedingt andere Erfordernisse als die Planung eines Tunnels.

Die zeichnerische Darstellung sollte sich insbesondere beim Bau von Talsperren nicht auf Pläne und Schnitte beschränken, sondern in großem Umfange auch dreidimensionale Modelle heranziehen. Diese erhöhen ganz wesentlich die Anschauung. Selbst der geübteste Ingenieur sieht aus ihnen mehr als aus noch so vielen ebenen Schnitten.

Neben der Darstellung der Gesteinsart sollen geotechnische Pläne vor allem die Daten des Flächengefüges enthalten. In Abb. 6.59 ist ein Schichtenplan im rechten

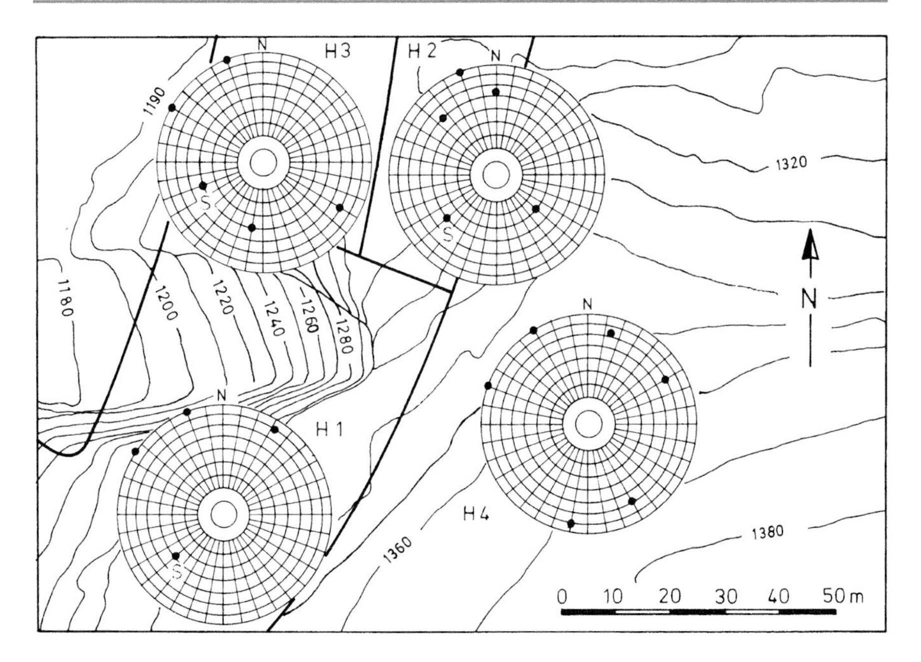

Abb. 6.59 Schichtenplan mit Lagenkugel-Diagrammen verschiedener Homogenbereiche H1–H4 an der Geländeoberfläche des rechten Flügels einer Bogenstaumauer. S = Schieferung

Flügel einer Bogenstaumauer wiedergegeben, der getrennt für die verschiedenen Homogenbereiche die Maxima der auftretenden Kluftscharen enthält.

Da in den einzelnen Lagenkugeln nurmehr die Maxima der Kluftscharen enthalten sind und nicht mehr die verwirrende Fülle aller einzelnen Klüfte, können die Lagenkugeln stark verkleinert in den jeweiligen Homogenbereich eingezeichnet werden. Oft ist es ratsam, auf einem transparenten Deckblatt die Homogenbereiche zu kennzeichnen und vorherrschende Kluftscharen, deren Kluftabstände und Durchtrennungsgrad durch eng oder weitstehende Schraffuren zu kennzeichnen. Groß-, Riesenklüfte und Störungen sind außerdem als Schnittspur im Gelände darzustellen. Im Talsperrenbau ist es üblich, Horizontalschnitte in verschiedenen Höhenlagen oder geneigte Schnitte in Richtung und Einfallen der resultierenden Kräfte anzufertigen. In Abb. 6.60 ist ein solcher Horizontalschnitt dargestellt, der neben den Kluftspuren auch die Angabe des Einfallens der Klüfte durch Einheitsquadrate enthält. Diese können zur besseren Unterscheidung, nach Scharen geordnet, farbig angelegt werden. Bei geneigten Schnitten oder, was häufiger vorkommt, bei Lotschnitten ist zu beachten, dass die Gefügeelemente eine scheinbare Fallrichtung φ und einen scheinbaren Fallwinkel ψ zur Zeichenebene aufweisen, die aus der auf Nord orientierten Fallrichtung α und dem tatsächlichen Fallwinkel β zu konstruieren sind. Die Vorgehensweise möchten wir am Beispiel einer Straßenböschungin Abb. 6.61 und 6.62 verdeutlichen. Hierzu sind in Tab. 6.19 Auszüge aus einer Gefügeaufnahme an der Geländeoberfläche und aus der optischen Sondierung einer geneigten Erkundungsbohrung wiedergegeben, die an der maßgeblichen Stelle der

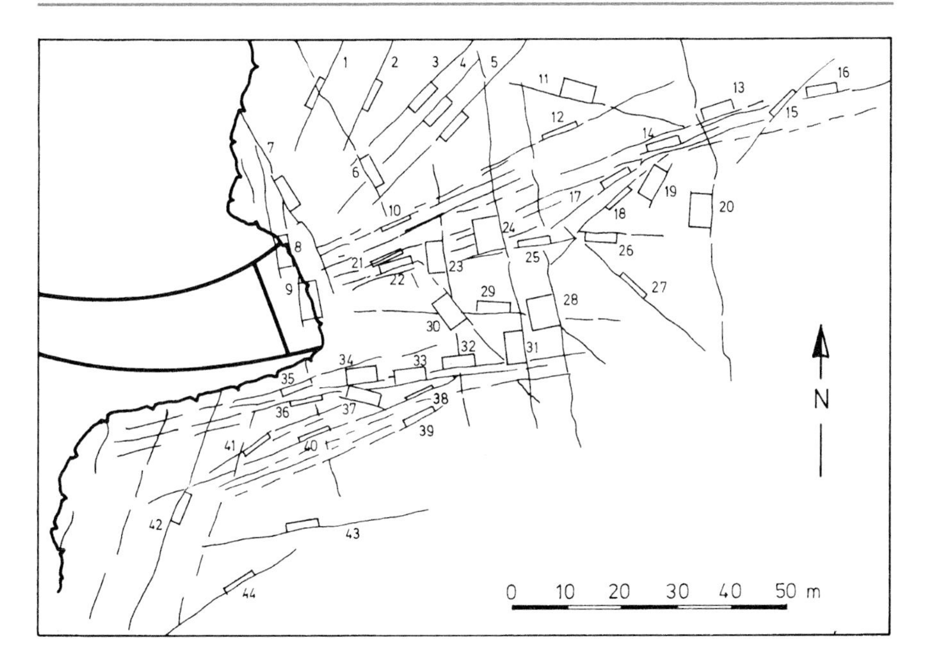

Abb. 6.60 Horizontalschnitt im rechten Widerlager einer Bogenstaumauer. Gefügeaufnahmen an der Geländeoberfläche und in Erkundungsstollen

Straßenböschung aufgenommen wurden und die ebenfalls in den Lotschnitt A–A (Abb. 6.62b) eingezeichnet werden sollen.

Um aus den wahren Winkeln α und β die scheinbaren Winkel φ und ψ zu konstruieren, trägt man den Normalendurchstoßpunkt der „wahren Fläche" zusammen mit dem Normalendurchstoßpunkt der gewünschten Schnittebene in eine Lagenkugel in Pollage ein. Der Lotschnitt L habe ein α/β von 110/90, wobei in der Notierung der Kluft das Gradzeichen weggelassen wird, und die Fläche F die „wahren" Winkel 050/70 (s. Abb. 6.61). Möchten wir den Lotschnitt aus Osten betrachten, so kippen wir die Lotschnittebene um 90° in die Äquator- oder Zeichenebene. Dabei wandert der Normalendurchstoßpunkt L auf der gestrichelten Linie zum Polpunkt P.

Tab. 6.19 Auszug aus der Gefügeaufnahme an der Geländeoberfläche einer Straßenböschung

Nr.			Bemerkungen	Lotschnitt	
	α [°]	β [°]		φ [°]	ψ [°]
1	060	80	Kluft in der Wandfläche	077	51
2	070	22	Schichtung	015	73
3	225	45	Einzelkluft	138	73
4	070	90	K ǁ Wand (?) offen	090	40
5	190	70	Seltenere Kluftstellung	290	81
6	040	25	ǁ Schichtfuge	024	82
7	030	20	St, Mürbband 60 cm stark	020	87

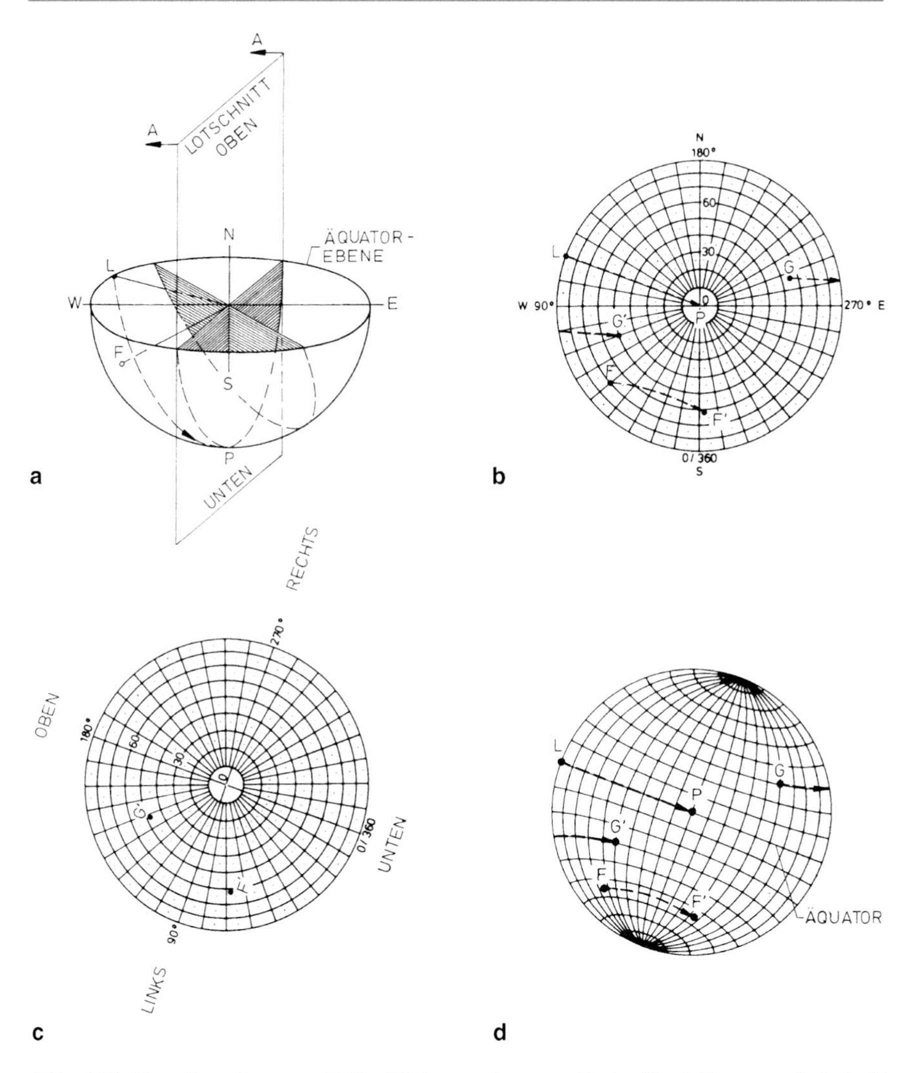

Abb. 6.61 Transformation von Gefügeflächen. **a** Axonometrische Darstellung von Lotschnitt 110/90 und Fläche *F* 050/70. **b** Darstellung von Lotschnitt und Gefügeflächen in der Lagenkugel in Pollage. **c** Neues Koordinatennetz für die Punkte F′ und G′ im transformierten Lotschnitt. **d** Rotation von L nach P auf dem Äquator der Lagenkugel in Querlage und entsprechendes Mitrotieren der Punkte F und G auf den zum Äquator parallelen Breitenkreisen

Bei dieser Transformation wandern alle anderen Gefügeflächen (F und G) parallel zum Punkt L um den gleichen Winkelbetrag. Als Hilfsnetz zu dieser Transformation verwenden wir die Lagenkugel in Querlage (Abb. 6.61d), wobei L auf dem Äquator um den gewünschten Winkel rotiert wird und die Punkte F und G auf den zum Äquator parallelen Breitenkreisen um denselben Winkel mitwandern. Zu beachten ist die Rotation des Normalendurchstoßpunktes G, der aus der unteren Halbkugel herauswandert und im **diametral liegenden** Quadranten wieder in das

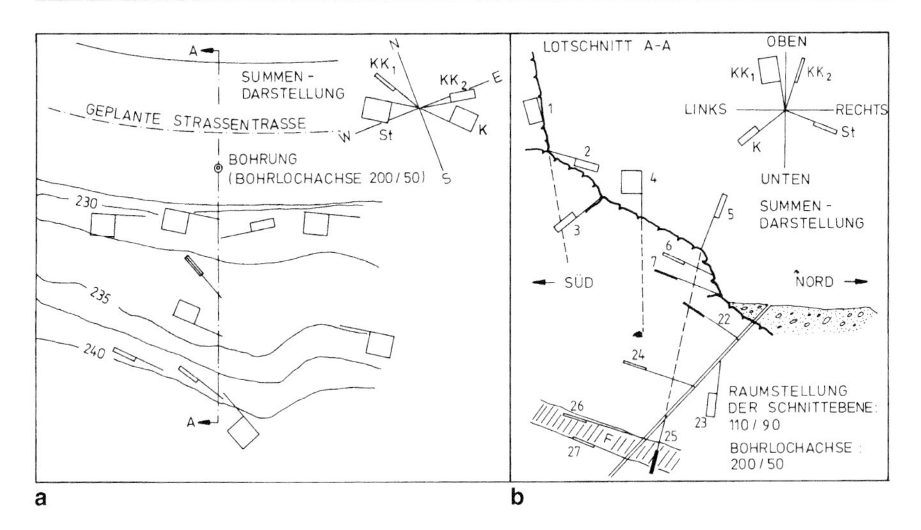

Abb. 6.62 Darstellung der Gefügeflächen an einer Straßenböschung. **a** Grundriss der Böschung mit den eingemessenen Gefügeelementen dargestellt durch Einheitsquadrate. **b** Lotschnitt mit Blickrichtung aus Osten. Die Raumstellung der Gefügeelemente ist in Tab. 6.19 zusammengestellt

Tab. 6.20 Gefügedaten aus einer Bohrung, die mithilfe einer optischen Sondierung gewonnen wurden; siehe hierzu Abb. 6.62

Nr.	Bezogen auf geodät. Nord		Bezogen auf BL.-Achse		Bemerkungen	Lotschnitt	
	α [°]	β [°]	α [°]	β [°]		φ [°]	ψ [°]
21	–	–	–	–	Felsgrenze	–	–
22	030	32	330	10	Schichtung (?)	032	85
23	220	88	205	55	Kluft schräg	092	70
24	004	16	010	25	St (?) mit K ‖ in 3 cm Abstand	195	86
25	200	80	180	60	K in sehr spitzem Winkel	280	90
26	035	16	350	25	Obere Grenze Mürbstreifen	015	86
27	034	21	345	20	Untere Grenze Mürbstreifen	020	85

Lagenkugelnetz eintaucht. Bezogen auf „oben" in der Zeichenebene haben die Gefügeflächen F und G nun die scheinbaren Winkel φ und ψ von 067/62 und 138/48 (s. Abb. 6.61c).

Bei Gefügeaufnahmen in einem Bohrloch mit einer optischen Sonde ist noch ein weiterer Schritt notwendig, wenn die Bohrung nicht vertikal, sondern wie in unserem Beispiel 50° zur Horizontalen geneigt ist. In diesem Fall, in dem alle Gefügeelemente bezogen auf die Bohrlochachse aufgenommen werden, ist zunächst eine Transformation der Winkel auf geodätisch Nord vorzunehmen, und erst anschließend kann die Rotation in den Lotschnitt erfolgen. Voraussetzung ist allerdings, dass von der Bohrung nicht nur der Fallwinkel, sondern auch die Fallrichtung bekannt ist.

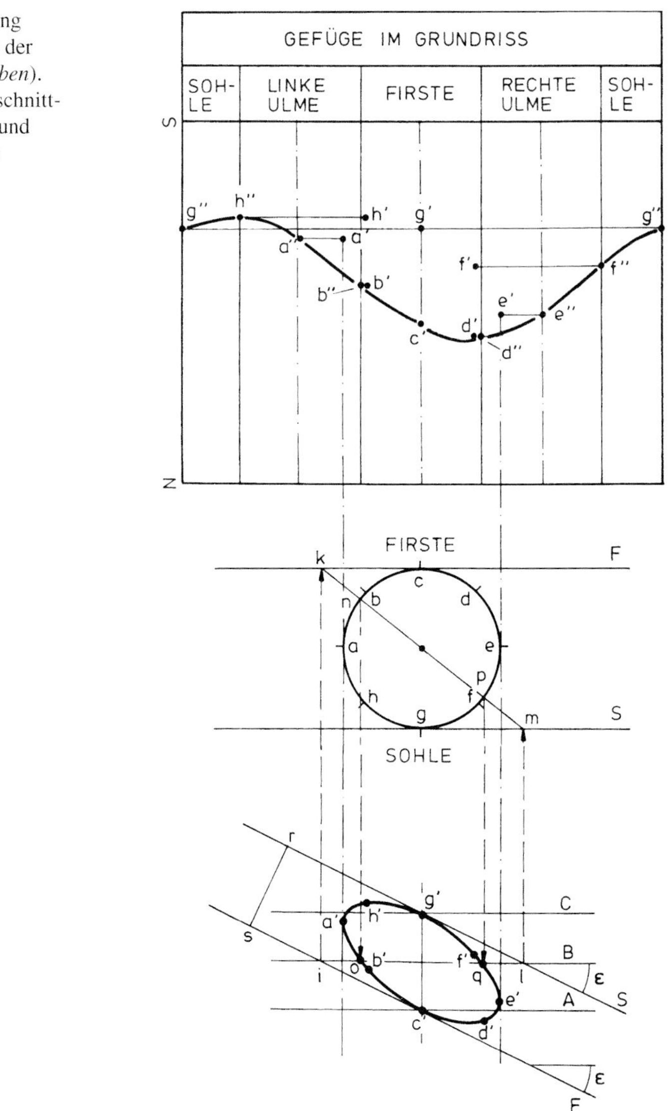

Abb. 6.63 Darstellung einer Gefügefläche in der Tunnelabwicklung (*oben*). Konstruktion der Verschnittlinie von Kluftfläche und Tunnelmantel (*unten*)

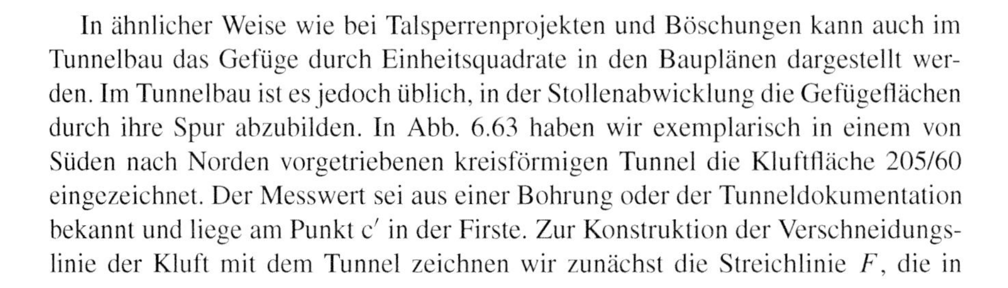
In ähnlicher Weise wie bei Talsperrenprojekten und Böschungen kann auch im Tunnelbau das Gefüge durch Einheitsquadrate in den Bauplänen dargestellt werden. Im Tunnelbau ist es jedoch üblich, in der Stollenabwicklung die Gefügeflächen durch ihre Spur abzubilden. In Abb. 6.63 haben wir exemplarisch in einem von Süden nach Norden vorgetriebenen kreisförmigen Tunnel die Kluftfläche 205/60 eingezeichnet. Der Messwert sei aus einer Bohrung oder der Tunneldokumentation bekannt und liege am Punkt c′ in der Firste. Zur Konstruktion der Verschneidungslinie der Kluft mit dem Tunnel zeichnen wir zunächst die Streichlinie F, die in

unserem Falle mit der Streichlinie des Lotschnittes des Tunnels einen Winkel ε von $25°$ einschließt. Hierzu zeichnen wir die parallele Höhenlinie S im Abstand sr, wobei sich der Abstand sr aus der Gleichung:

$$sr = \frac{2r}{\sqrt{\sin^2 \varepsilon + tg^2\beta}}$$

ergibt. In dieser Gleichung ist r der Tunnelradius, ε der Winkel zwischen Streichlinie F und dem Lotschnitt sowie β der Fallwinkel der Kluft. Desgleichen tragen wir die beiden Höhenlinien F und S in den Lotschnitt ein. Zur Konstruktion der Schnittkurve der Kluft mit dem Tunnel werden nun Tunnel und Kluftebene für je zwei Kurvenpunkte mit einer senkrechten Hilfsebene geschnitten, dargestellt z. B. als Schnittlinie B.

Die Hilfsebene B schneidet die Linien F und S in den Punkten i und l bzw. k und m im Lotschnitt. Die Verbindungslinie km stellt dann die Schnittlinie zwischen der Hilfsebene und der Kluftebene dar. Sie schneidet den Tunnellotschnitt in den Punkten n und p. Der Projektionsstrahl der Punkte n und p auf die senkrechte Hilfsebene B ergibt die Schnittpunkte o und q, die Punkte auf der Schnittlinie zwischen Tunnel und Kluftfläche darstellen. Durch weitere Hilfsebenen wurden auf diese Weise die Punkte a', b', d', e', f', g' und h' gefunden, aus denen die Schnittlinie zwischen Tunnel und Kluftfläche durch Verbinden gezeichnet werden konnte.

Für die Tunnelabwicklung genügt eine Näherungskonstruktion, bei der die Punkte a', b' ... h' um die entsprechenden Tunnelumfangsteile nach außen geklappt werden. Aus den sich dadurch ergebenden Punkten a'', b'' ... h'' kann durch Verbinden die abgewickelte Kurve gezeichnet werden.

Möchte man aus der Darstellung einer Tunnelabwicklung die Streichrichtung und den Streichwinkel einer Kluft ermitteln, so geht man den umgekehrten Weg.

Neben der Raumstellung des Gefüges sollte eine Tunnelabwicklung auch eine Beschreibung der Schicht-, Schieferungs- und Kluftflächen enthalten, die auf die Oberflächenbeschaffenheit, die Öffnungsweite, die Kluftabstände, den Durchtrennungsgrad usw. näher eingeht (s. a. Abb. 10.2).

6.6.4 Gefügeaufnahmen in natürlichen und künstlichen Aufschlüssen

Es muss als selbstverständlich angesehen werden, dass im Bereich eines projektierten Bauwerkes, sei es ein Tunnel, eine Böschung oder eine Sperrenstelle, alle natürlichen Geländeaufschlüsse kartiert werden und deren Gefüge aufs Genaueste aufgenommen wird. Hierbei ist nicht nur der eigentliche Baubereich, sondern auch ein weites Umland mit zu erfassen. Es hat sich als vorteilhaft erwiesen, alle Aufnahmebezugspunkte mit wetterfester Farbe zu vermarken und von allen Aufschlüssen charakteristische Photos, auch Stereophotos und Handskizzen, anzufertigen, in denen die wichtigsten Details zeichnerisch herausgehoben werden (s. Abb. 6.48). Aus dieser Geländeaufnahme gewinnt der Geologe bereits eine ziemlich genaue Vorstellung von der Geologie und Struktur des Baugrundes, was eine gezielte Anlage von künstlichen Aufschlüssen wie:

- Schürfgruben und Felsabdeckungen,
- Sondierstollen und Schächten sowie
- Bohrungen

möglich macht.

Durch große Geräte zum Abschieben von Lockermassen erweisen sich Felsfreilegungen und Schürfgräben oder Röschen als billigste und als eine der besten Erkundungsmethoden. Eine flächenhafte Abräumung der Felsüberlagerung gestattet nicht nur eine detaillierte Kartierung aller Gesteinsunterschiede, Störungen und Gefügedaten, sondern ermöglicht in unmittelbarer Anschauung auch die Abgrenzung von Homogenbereichen sowie einen ersten Ansatz einer Felsklassifizierung.

Bei der Aufnahme von Gefügedaten ist zu beachten, dass nicht immer die geologisch wichtigsten auch die technisch bedeutendsten sind. Wo man im Zweifel ist, nehme man lieber zuviel als zuwenig Details auf, ansonsten aber erhöht Beschränkung auf das aufschlussreichste Detail Anschaulichkeit und Überblick. Grundsätzlich sollen alle Aufnahmedaten nachprüfbar verzeichnet und dargestellt werden, sodass sie durch (eigene oder fremde) Vergleichsaufnahmen kontrolliert und nötigenfalls ergänzt werden können (Müller, 1963).

Sondierstollen und -schächte ergänzen diese Erkenntnisse, weil sie einen großflächigen, bis zu einem gewissen Grad sogar dreidimensionalen Einblick bieten, welcher durch nichts anderes gleichwertig zu ersetzen ist. Gefügemessungen sind in großem Umfang möglich, wobei es leicht ist, für dieselben repräsentative Stellen auszuwählen. Die Erscheinungsform von Störungsflächen und -zonen kann exakt beschrieben und in Querschlägen notfalls näher erkundet werden.

Die künstlichen Aufschlüsse, welche sich beim Vortrieb eines Tunnels ergeben, sind so zu beschreiben, dass ein Zusammenhang zwischen Ausbruchs- und Sicherungsmaßnahmen erkennbar wird. Die Raumstellung des Flächengefüges ist mit Fallrichtung und Fallwinkel im Querschnitt (s. Abb. 6.64) und im Längsschnitt (s. Abb. 10.2) darzustellen. Bei dieser Vorgehensweise können vom Geologen die nächsten Abschläge bezüglich Ausbruchsklasse und Verformungsverhalten des Gebirges prognostiziert und vom Ingenieur rechtzeitig die notwendigen Sicherungsmittel vorgehalten werden. Daneben bietet die Gefügeaufnahme die einzige Möglichkeit, die verschiedenen Arten des Mehrausbruches zu beurteilen und eine Abrechnungsgrundlage für die Bezahlung von geologisch bedingtem und nicht vorherzusehendem Mehrausbruch zu schaffen (s. a. Abschn. 9.4.1). Selbstverständlich müssen diese Darstellungen auch weitere wichtige geologische Details, wie Bergwasser, Verwitterungsgrad usw. enthalten, weil auch diese, neben den Gefügeelementen, Ausbruchsklasse und Verformungsverhalten des Gebirges beeinflussen.

Sondier- oder Aufschlussbohrungen zählen zu den häufigsten Erkundungsmethoden der Baugeologie und des Felsbaus. Die größte Ausbeute an geotechnischen Kenntnissen erhält man aus diesen Sondierbohrungen, wenn man neben den Bohrkernen außerdem die Bohrlochwandungen untersucht. Eine solche Untersuchung

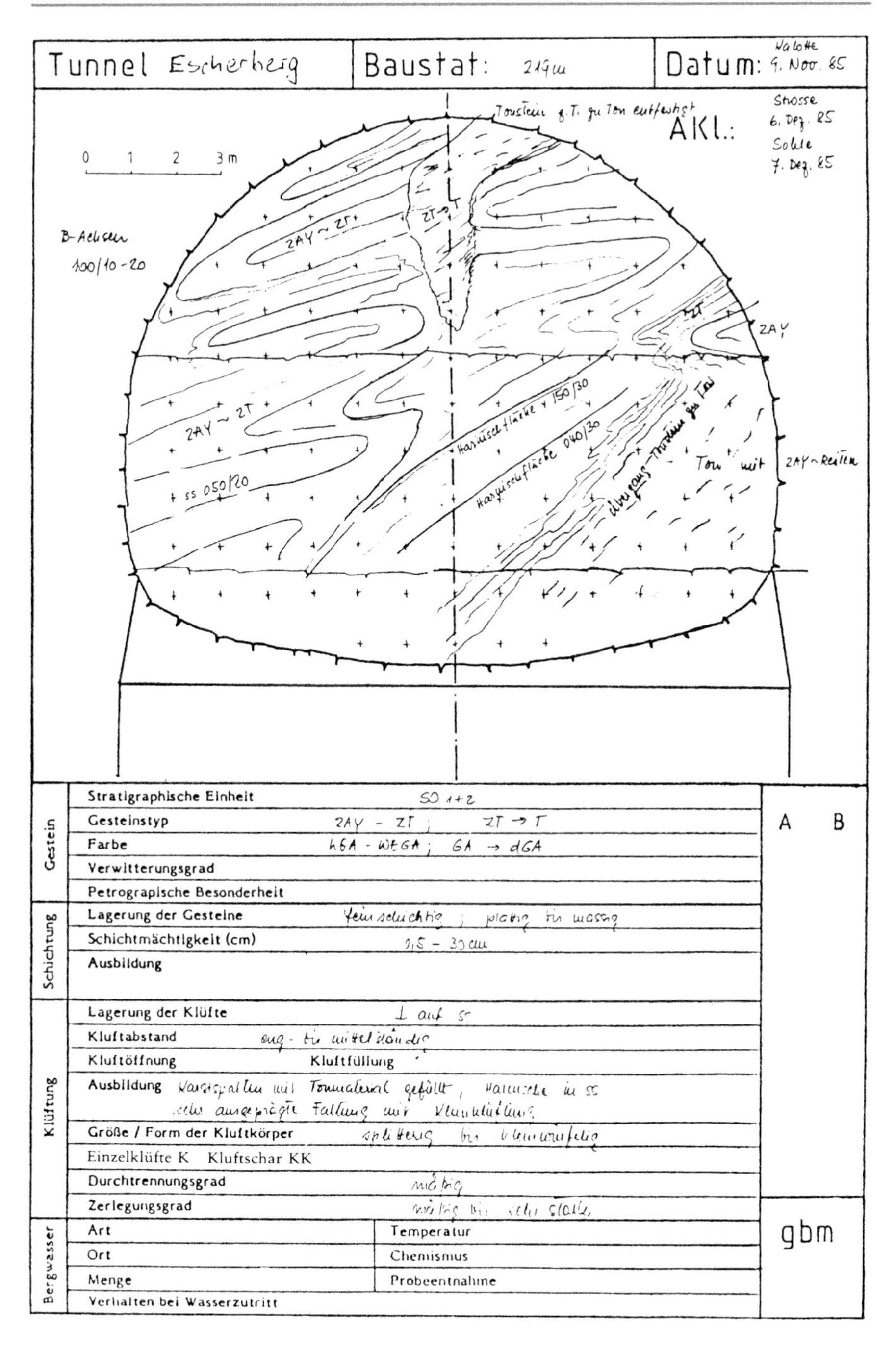

Tunnel Escherberg	Baustat: 219 m	Datum: Kalotte 9. Nov. 85

Gestein	Stratigraphische Einheit	SO 1+2	A B
	Gesteinstyp	2AY – ZT ; ZT → T	
	Farbe	hGA - WEGA ; GA → dGA	
	Verwitterungsgrad		
	Petrograpische Besonderheit		
Schichtung	Lagerung der Gesteine	feinschichtig ; plattig bis massig	
	Schichtmächtigkeit (cm)	0,5 – 30 cm	
	Ausbildung		
Klüftung	Lagerung der Klüfte	⊥ auf ss	
	Kluftabstand	eng- bis mittelständig	
	Kluftöffnung	Kluftfüllung	
	Ausbildung	Karstspalten mit Tonmaterial gefüllt, Harnische in ss sehr ausgeprägte Faltung mit Kleinklüftung	
	Größe / Form der Kluftkörper	splittrig bis kleinwürfelig	
	Einzelklüfte K Kluftschar KK		
	Durchtrennungsgrad	mäßig	
	Zerlegungsgrad	mäßig bis sehr stark	gbm
Bergwasser	Art	Temperatur	
	Ort	Chemismus	
	Menge	Probeentnahme	
	Verhalten bei Wasserzutritt		

Abb. 6.64 Beispiel einer Dokumentation der Ortsbrust eines Tunnels an der Neubaustrecke der Deutschen Bahn AG von Hannover nach Würzburg (Aufnahme F. Kunz, mit freundlicher Genehmigung von © Ferenc Kunz, 2018, alle Rechte vorbehalten)

ist einerseits auf geophysikalischem, andererseits aber insbesondere auf optischem Wege möglich.

Die Entwicklung der Sondierung entsprang der Notwendigkeit, Kernbohrungen besonders dort zu ergänzen, wo diese häufig keine Ergebnisse liefern, weil die Gesteine – entfestigt und zersetzt – von der Bohrkrone völlig zerbohrt und in Bohrgrus zerlegt nach über Tage gefördert werden. Gerade aber solche Gebirgsbereiche können von außerordentlicher geomechanischer Bedeutung und ihre detaillierte Erkundung daher von besonderer Wichtigkeit sein.

Optische Bohrlochsondierungen sind auf mehreren Wegen möglich:

- Die einfachste Methode besteht in einem optischen System, welches sich aus einem Okular, mehreren Verlängerungsrohren sowie einem Objektivrohr mit Beleuchtung und Prisma für die Bildablenkung zusammensetzt.
- Die zweite Methode arbeitet mit einer Miniatur-Fernsehkamera, welche das Bild der Bohrlochwandung über einen Schrägspiegel am Fernsehmonitor sichtbar macht. Zur Bestimmung der Blickrichtung wird das Bild eines Kompasses, welcher in der Fernsehkamera montiert ist, im Monitor eingeblendet. Das Verfahren wurde 1954 von Burwell und Nesbit erfunden und von Müller (1959) in Deutschland weiterentwickelt.
- Die am häufigsten eingesetzte Methode verwendet einen Bohrlochscanner, bei dem die Bohrlochwand über einen Kegelstumpfspiegel abtastet und elektronisch erfasst, digital gewandelt und gespeichert wird. Die anfallenden Daten werden in Echtzeit als abgewickelter Scan der Bohrlochwand dargestellt.

Die optische Sondierung ermöglicht nicht nur eine Betrachtung und petrographische Beurteilung der Bohrlochwände, sondern auch eine Einmessung der Schicht- und Kluftflächen nach ihrer Raumstellung, die Feststellung der Kluftöffnungsweite und des ebenen Durchtrennungsgrades.

Die geophysikalische Methode der Sichtbarmachung von Gefügedetails der Bohrlochwandung macht sich den Umstand zunutze, dass Festigkeitsunterschiede im Gestein, aber auch Klüfte zu unterschiedlichen akustischen Reflexionen führen.

Während die optischen Verfahren sowohl in wassergefüllten als auch in leeren Bohrlöchern eingesetzt werden können, arbeitet das akustische Verfahren nur unter Wasser. Diesem geringen Nachteil steht aber beim akustischen Verfahren der große Vorteil gegenüber, dass das Bohrloch nicht klargespült werden muss. Bei den optischen Verfahren ist ein längeres Klarspülen unbedingte Voraussetzung, weil auch nur geringe Wassertrübe die Sicht erheblich beeinträchtigt.

Die Einsatztiefe der unterschiedlichen Bohrlochsonden reicht bei den optischen Verfahren derzeit etwa bis 800 m, wobei diese Tiefe nur vom Bohrlochscanner erreicht wird, während die Fernsehsonden meist nur bis auf eine Tiefe von 400 m ausgelegt sind. Mit dem reinen optischen System mit Okular (Endoskop) sind Bohrlochtiefen bis 34 m zu untersuchen. Bei den akustischen Bohrlochscannern sind dagegen Einsatztiefen bis 5000 m und mehr bei gleichzeitig hohen Temperaturen möglich.

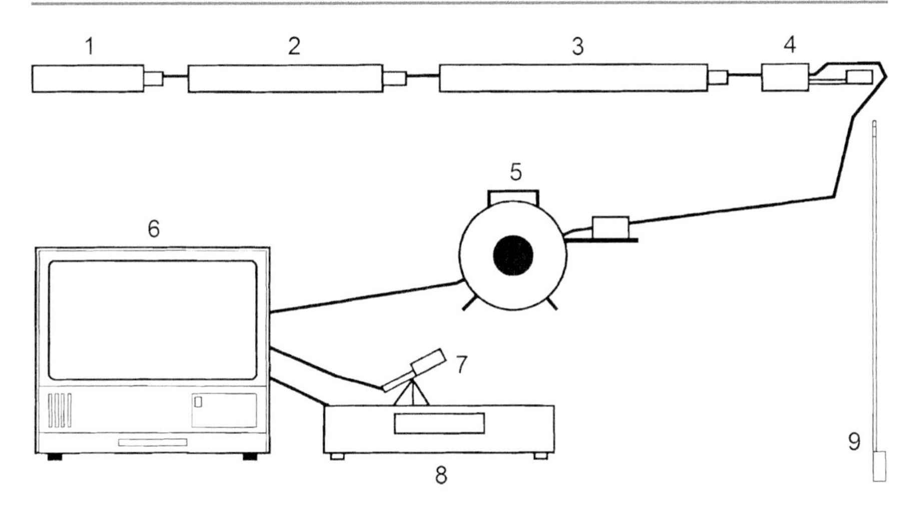

Abb. 6.65 Schematischer Aufbau des Fernseh-Bohrlochendoskops. 1 Kamera; 2 Gehäuseverlängerung (1); 3 Gehäuseverlängerung (2); 4 Gestängeadapter; 5 Kabeltrommel mit Tiefenmesser; 6 Monitor; 7 Mikrophon; 8 PC mit Datenrecorder und Video-Digitalisierungskarte; 9 Schubgestänge (mit freundlicher Genehmigung von © GIF GmbH, 2018, alle Rechte vorbehalten)

Für den Einsatz der tieferreichenden Systeme sind minimale Bohrlochdurchmesser von 101 mm erforderlich, während mit den Endoskopen Bohrungen von 48 mm Durchmesser ohne Schwierigkeit noch sondiert werden können.

Eine Zusammenstellung der Spezifikationen optischer und akustischer Bohrlochsonden gibt Tab. 6.7 wieder.

Die einfachste Art elektrooptischer Bohrlochsondierung ist das sog. Fernseh-Bohrlochendoskop. Mit diesem Endoskop können vertikale bis subvertikale Bohrungen kleinen Durchmessers (ab Ø 48 mm) auf Längen bis 100 m untersucht werden. Ein Schubgestänge erlaubt die Sondierung auch in horizontalen Bohrungen. Durch Gehäuseverlängerungen kann das Endoskop auch in Fällen, in denen die Standsicherheit der Bohrlochwand nicht gewährleistet ist, wie z. B. in Hinterpackungen von Eisenbahntunneln, eingesetzt werden.

Das Fernseh-Bohrlochendoskop eignet sich besonders zur Inspektion von Ankerbohrungen, um die Eignung der Haftstrecke festzustellen, oder zur Untersuchung von Injektionsbohrlöchern, bei denen die Qualität des Injektionserfolges sicherzustellen ist. In Bohrungen, in denen die Einfallrichtung und der Einfallwinkel von Klüften festgestellt werden sollen, ist eine Sondierung mit dem Bohrlochscanner zu empfehlen.

Die komplette Ausrüstung des Bohrlochendoskops besteht, wie in Abb. 6.65 dargestellt, aus folgenden Komponenten: Kamera, Kabeltrommel mit 100 m Kabel und elektrischem Tiefenmesser, Verlängerung 1 (0,5 m), Verlängerung 2 (2 m), Gestängeadapter, 100 m Gestänge, Mikrophon, Monitor, Videorekorder, elektrischem Tiefenmessgerät, PC mit Video-Digitalisierungskarte.

Die Kamera besitzt einen $\frac{1}{2}''$-CCD-Bildaufnahmesensor. Die Vorteile des CCD-Sensors sind: Hohe Lichtempfindlichkeit, Unempfindlichkeit gegen Erschütterun-

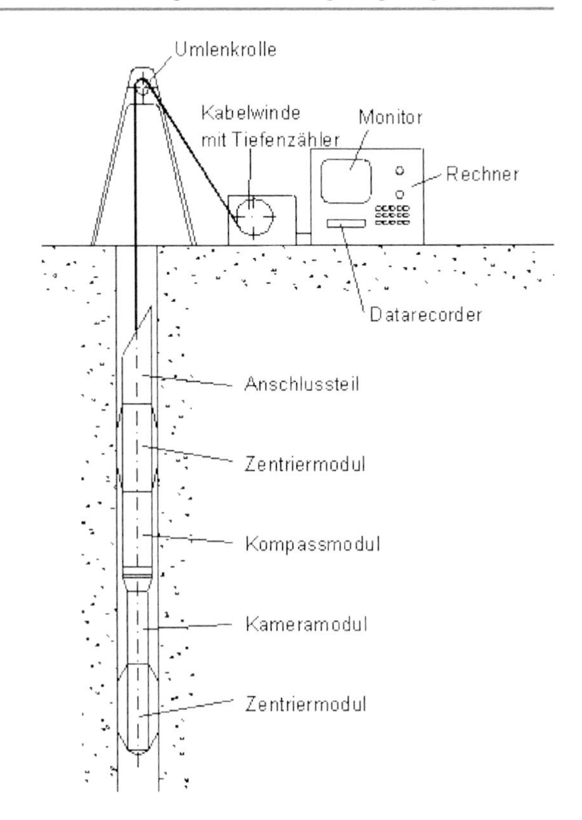

Abb. 6.66 Prinzipieller Aufbau der Sondiereinrichtung mit dem Bohrlochscanner ETIBS (aus Fecker & Lux, 2001; mit freundlicher Genehmigung von © DGGT e. V., 2019, alle Rechte vorbehalten)

gen, absolute Linearität bei magnetischer Beeinflussung und hohe Überstrahlungssicherheit, d. h. Blitz oder intensive Sonneneinstrahlung schaden dem Sensor nicht.

Ein im Kameragehäuse integrierter Halogen-Beleuchtungsring sorgt für optimale Ausleuchtung der Bohrlochwand. Mit einem Videorekorder wird der gesamte Sondiervorgang aufgezeichnet. Das Mikrophon erlaubt, zusätzliche Kommentare zu dem Sondiervorgang zu speichern.

Die im PC integrierte Video-Overlaykarte ermöglicht es, Projekt- und Geologiedaten der Sondierung zu speichern und in das aktuelle Videobild einzublenden. Die mit einem elektrischen Tiefenmesser ermittelte Tiefe wird gleichfalls in das aktuelle Bild eingeblendet. Die Video-Overlaykarte bietet zudem die Möglichkeit, einzelne Bildausschnitte zu digitalisieren, um diese Bilder in einem entsprechenden Textverarbeitungsprogramm einzubinden.

Der Bohrlochscanner ETIBS wird zur optischen Untersuchung von geologischen Erkundungs- oder verrohrten Brunnenbohrungen eingesetzt. Dabei wird die Bohrlochwand über einen Kegelstumpfspiegel mit einer CCD-Kamera aufgenommen. Die Kegelstumpfbilder, welche beim Befahren der Bohrung aufgenommen werden, ergeben eine verzerrte, in Querstreifen aneinandergereihte Abbildung, weshalb die Sonde als Bohrlochscanner bezeichnet wird. Ihre Tiefenlage wird mit einem elektrischen Tiefenzähler, über den das Kabel in die Bohrung läuft, bestimmt (Fecker, 1998). Der prinzipielle Aufbau der Sondiereinrichtung ist in Abb. 6.66 dargestellt.

Trennflächen :	schwarz	- Schichtung / Schieferung
	blau	- Schrägschichtung
	magenta	- Klüfte
	grün	- Klüfte nur z. T. erkennbar

Pseudokern		**Bohrlochabwicklung**	**Trennflächenabwicklung**	**Nr.**	**Bemerkung**
N	[m]	N O S W N	N O S W N		

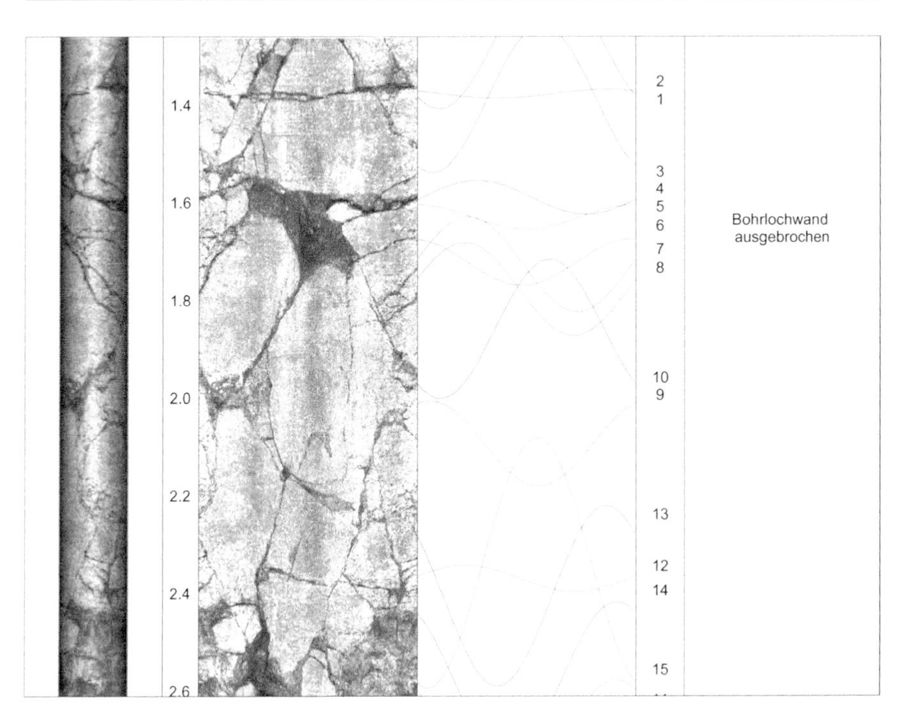

Abb. 6.67 Tiefen- und richtungsabhängige Aufzeichnung der Bilddaten einer Bohrlochbefahrung mit dem Bohrlochscanner ETIBS (mit freundlicher Genehmigung von © GIF GmbH, 2018, alle Rechte vorbehalten)

Durch eine rechnerische Entzerrung der Bilder mithilfe geometrischer Beziehungen entsteht am Monitor eine abgewickelte Abbildung der Bohrlochwand. Durch die gleichzeitige Messung des Azimuts, bezogen auf die Sonde, und der Neigung der Bohrung ist die Raumstellung der Abbildung bekannt und die Abwicklung kann mit geographischen Koordinaten versehen werden.

Neben einem Pseudokern, der Abwicklung der Bohrlochwand, werden die Gefügeelemente wie Klüftung, Schichtung, Schrägschichtung, Schieferung etc. als Verschnittlinien mit der zylindrischen Bohrung ebenfalls abgewickelt dargestellt (Abb. 6.67). Aus ihrem Verlauf bzw. aus der Lage der Wendepunkte dieser Kurven kann die Einfallrichtung und der Einfallwinkel der Gefügeelemente mit einer speziellen Software berechnet sowie die Öffnungsweite der Klüfte gemessen werden. Die anhand der Bohrkerne ermittelten RQD-Werte können mit den Scanneraufnahmen

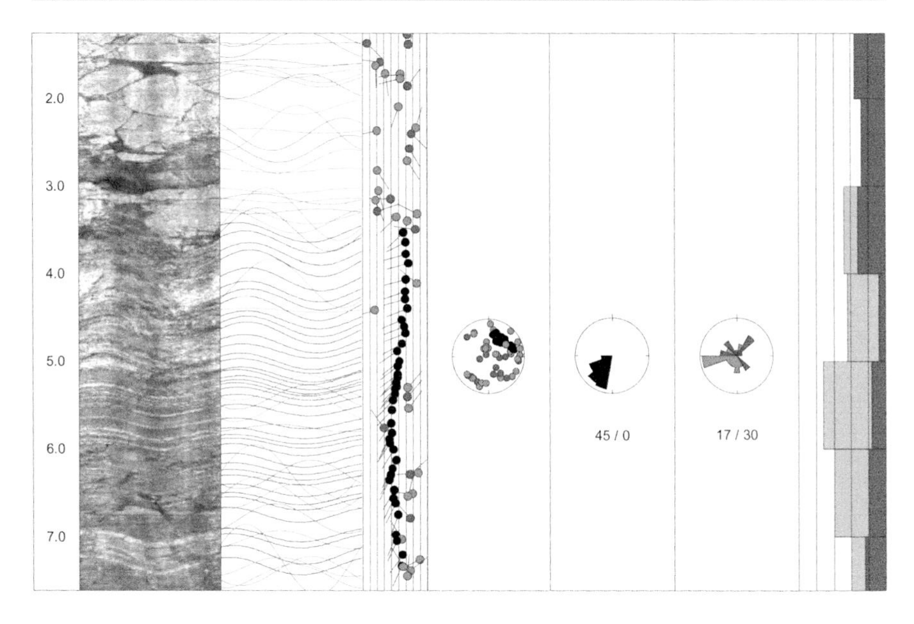

Abb. 6.68 Auswertung einer optischen Bohrlochbefahrung mit Gefügeanalyse, Polpunkt- und Kluftrosendarstellung sowie Farbausdruck der Bohrlochwand. Von links nach rechts: Abgewickelte Bohrlochwand, Trennflächenabwicklung, Fallrichtung und Einfallwinkel der Trennflächen, Polpunktdiagramm aller Trennflächen, Richtungsrosen getrennt nach Schichtung und Klüftung sowie Zahl der Trennflächen pro laufendem Meter (mit freundlicher Genehmigung von © GIF GmbH, 2018, alle Rechte vorbehalten)

überprüft werden, da bohrtechnisch bedingte Kernbrüche erkannt werden können (Abb. 6.68).

Die Auflösung entlang der Bohrlochachse beträgt 0,2 mm und der Bohrlochumfang wird mit 1200 Punkten pro Zeile aufgelöst. Die Bilder werden digital aufgezeichnet. Durch die digitale Aufzeichnung sind vielfältige anwenderspezifische Darstellungen möglich, außerdem kann der Anwender selbst die Bilder im PDF-Format mittels Standardsoftwarepaketen zusammenstellen und weiterverarbeiten. Die Bilddaten werden dem Anwender auf Compact Disc zur Verfügung gestellt, sodass ein Duplizieren ohne Qualitätsverlust möglich ist.

Durch einen Vergleich der Aufzeichnung mit einem Farbstandard kann überprüft werden, ob die Aufzeichnung die Gesteinsfarbe farbecht wiedergibt. Durch Nachbearbeitung der Bitmaps kann die Farbe nachträglich auch noch entsprechend einer Standardfarbskala angepasst werden.

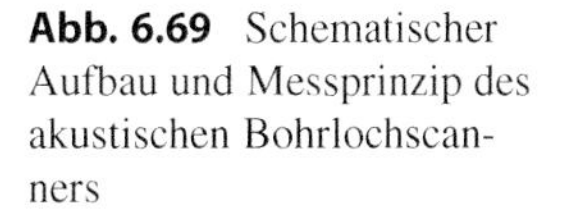

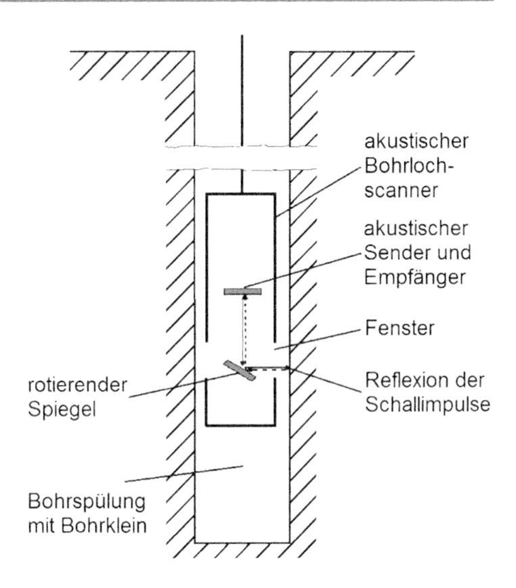

Abb. 6.69 Schematischer Aufbau und Messprinzip des akustischen Bohrlochscanners

Zahlreiche Erfahrungen mit dem Bohrlochscanner ETIBS haben gezeigt, dass die zum Einsatz kommende Sonde dem Durchmesser der zu erkundenden Bohrung angepasst sein muss. Der Ringspalt zwischen Sonde und Bohrlochwand sollte möglichst gering sein, um ein optimales Bild der Bohrlochwand zu gewinnen. Besonders gilt dies, wenn unterhalb des Grundwasserspiegels sondiert wird. Nur dann ist sichergestellt, dass der wassergefüllte Ringspalt vom Licht der Sonde durchdrungen werden kann, auch wenn das Wasser durch Schwebepartikel getrübt ist.

Es stehen mehrere optische Bohrlochscanner zur Verfügung, die für Bohrungen mit einem Bohrdurchmesser von 75 bis 300 mm ausgelegt sind. Je nach Abmessung kann der Bohrlochscanner ETIBS in vertikalen Erkundungsbohrungen eingesetzt werden. Für schräge Bohrungen oder für Bohrungen über Kopf sind Scanner mit leichter Bauweise geeignet, weil sie mit einem Schubgestänge in geneigte Bohrungen eingeschoben werden können.

Der akustische Bohrlochscanner macht sich den Umstand zunutze, dass Unterschiede der dynamischen Eigenschaften im Gestein, aber auch Klüfte zu unterschiedlichen akustischen Reflexionen führen (Fecker & Lux, 2001).

Als Messprinzip wird dabei das Impulsechoverfahren angewandt, bei dem ein in der Sonde angebrachter piezoelektrischer Wandler 6 Umdrehungen pro Sekunde ausführt und dabei mit einer Folgefrequenz von ca. 685 Hz Ultraschallimpulse aussendet und die Echos von der Bohrlochwand wieder empfängt (Abb. 6.69).

Für jede Tiefenstufe wird so ein „Zeilenbild" der Bohrlochwand aufgenommen und als Abwicklung dargestellt. Durch Bewegen der Sonde im Bohrloch erhält man viele einzelne „Zeilenbilder", die zu einem Gesamtbild der Bohrlochwand zusammengesetzt werden, welches als Abwicklung oder als virtueller Bohrkern in 3D dargestellt werden kann.

Das richtige Zusammensetzen der „Zeilenbilder" setzt voraus, dass die Abwicklung der Bohrlochwand zeilenweise von Nord nach Nord mithilfe eines magnetischen und auf Schwerkraft basierenden Orientierungssystems in der Sonde regis-

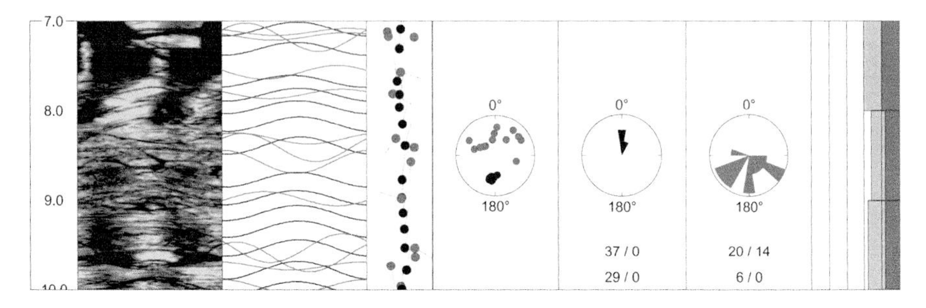

Abb. 6.70 Auswertung einer akustischen Bohrlochbefahrung mit Gefügeanalyse, Polpunkt- und Kluftrosendarstellung sowie Farbausdruck der Bohrlochwand. Von links nach rechts: Abgewickelte Bohrlochwand, Trennflächenabwicklung, Fallrichtung und Einfallwinkel der Trennflächen, Polpunktdiagramm aller Trennflächen, Richtungsrosen getrennt nach Schichtung und Klüftung sowie Zahl der Trennflächen pro laufendem Meter (mit freundlicher Genehmigung von © GIF GmbH, 2018, alle Rechte vorbehalten)

triert werden kann. Kombiniert mit einer Tiefenmesseinrichtung entsteht ein falschfarbiges, ein dem optischen Bild ähnliches, abgewickeltes Profil der Bohrlochwand.

Mithilfe einer Tiefenmesseinrichtung sowie eines magnetischen und auf Schwerkraft basierenden Orientierungssystems in der Sonde wird zusätzlich der Bohrlochverlauf (Einfallen und Azimut) bestimmt.

Das Verfahren ist nur in wasser- oder spülungsgefüllten Bohrungen ohne Verrohrung anwendbar. Bohrklein oder Stützmedien behindern das Verfahren nicht.

Die radiale Bildauflösung des akustischen Scanners hängt von der Abtastung der Bohrlochwand und dem Bohrlochdurchmesser ab. Die Bildauflösung in Richtung der Bohrlochachse hängt von der Geschwindigkeit ab, mit der die Sonde im Bohrloch bewegt wird.

Es werden Stärke (Amplitude) und Laufzeit der Reflexion aufgezeichnet oder die gesamte Wellenform der Reflexion. Die Amplitude reagiert stark auf Änderungen der elastischen Gesteinseigenschaften; das Amplitudenbild enthält daher Strukturinformationen wie Kluft-, Schicht- und Schieferungsflächen, Kluftabstände, Durchtrennungsgrad, Kluftöffnung und -füllung. Durch rechnerische Berücksichtigung des Bohrlochverlaufs können diese Strukturinformationen in einem globalen Koordinatensystem orientiert dargestellt und statistisch ausgewertet werden (Abb. 6.70).

Die Laufzeiten der Reflexionen ändern sich entsprechend der Form des Bohrlochs; das Laufzeitbild ist somit ein hochauflösendes Kaliber-Log; damit kann bei-

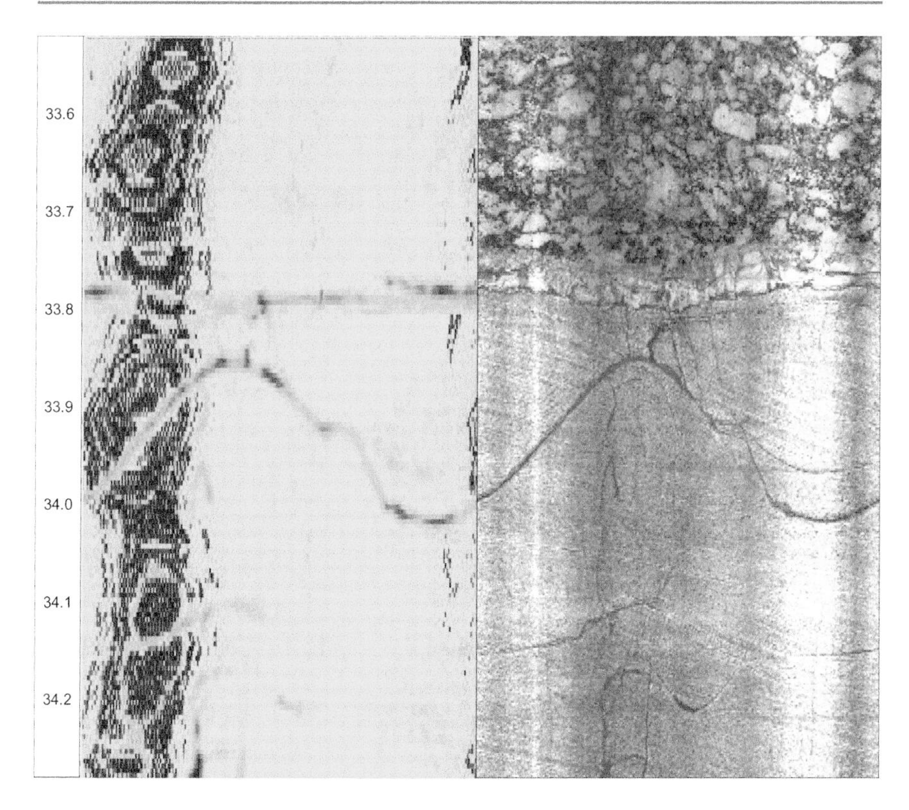

Abb. 6.71 Vergleich der Befahrung einer Bohrlochwand mit einem akustischen Scanner (links) und einem optischen Scanner (rechts). Das Gefüge ist bei beiden Verfahren gut zu erkennen, die Gesteinsmerkmale werden nur beim optischen Scanner deutlich (mit freundlicher Genehmigung von © GIF GmbH, 2018, alle Rechte vorbehalten)

spielsweise zwischen offenen und geschlossenen Klüften unterschieden und die genaue Bohrlochgeometrie erfasst werden.

Die Grenze der Einsatztiefe liegt etwa bei 5000 m. Der Mindestdurchmesser der Bohrung muss 76 mm betragen. Der Maximaldurchmesser der Bohrung sollte 250 mm nicht überschreiten.

Die Bildauflösung des akustischen Scanners beträgt entlang der Bohrlochachse je nach Hersteller zwischen 2 und 5 mm, und der Bohrlochumfang wird mit mindestens 254 Bildpunkten pro Zeile aufgelöst.

Die Methode eignet sich zur Bestimmung der Fallrichtung und des Fallwinkels von markanten Klüften und Schicht- bzw. Schieferungsflächen. Sie dient der Ermittlung von Kluftabständen und der Feststellung von Kluftfüllungen und Wandausbrüchen oder Hohlräumen.

Die Qualität des erzeugten Bildes der Bohrlochwand ist mit dem optischen Bild nicht vergleichbar. Zum einen, weil die Bildauflösung beim akustischen Scanner sehr grob ist, und zum anderen, weil das Falschfarbenbild dem geschulten Blick des Geologen keine Möglichkeit zur Gesteinserkennung bietet (siehe Abb. 6.71).

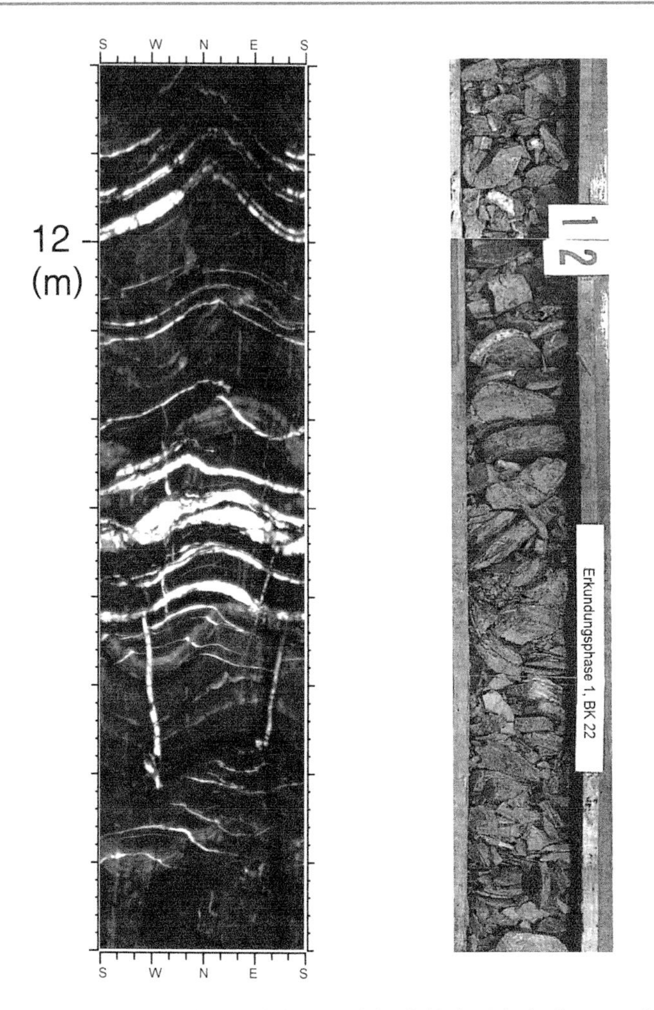

Abb. 6.72 Abgewickeltes Bild einer Bohrlochwand im Schiefer (**a**) als Scanneraufnahme und zum Vergleich (**b**) der zugehörige, ein Meter lange Kernmarsch (mit freundlicher Genehmigung von © GIF GmbH, 2018, alle Rechte vorbehalten)

Die optische und akustische Bohrlochsondierung lehrt, dass der an Bohrkernen infolge von Klüften, Schichten und Schieferungsflächen ermittelte Zerlegungsgrad vielfach falsch eingeschätzt wird. Viele potentielle Trennflächen, die in der Natur noch nicht zu Fugen aufgerissen sind, werden durch die mechanische Beanspruchung der Bohrkrone beim Bohrvorgang zu Fugen und täuschen einen Zerklüftungs- und Zerlegungsgrad vor, der mit demjenigen des Gebirges oft nichts mehr zu tun hat.

Diese Erscheinung ist besonders deutlich in Schiefergesteinen festzustellen, wo trotz sorgfältigster Handhabung des Bohrgerätes ein Zerlegungsgrad vorgetäuscht wird, der nichts mit der Realität gemein hat. Abb. 6.72 zeigt eine Aufnahme der

Bohrlochwand mit dem Bohrlochscanner und daneben die Kernkiste mit dem erbohrten Kern. Während der Bohrlochscanner eine vollständig intakte Bohrlochwand aufzeichnet, ist der Bohrkern an den Schieferungsflächen im Zentimeterabstand zerlegt.

Würde man in diesem Fall eine Bohrkernklassifizierung nach der RQD-Methode von Deere (1963) vornehmen, bei der die Summe der Länge aller Kernstücke mit mindestens einem vollen Durchmesser ermittelt wird, die zwischen den natürlichen Trennflächen 100 mm lang oder länger sind – gemessen entlang der Mittellinie des Kerns und ausgedrückt in Prozent der Länge des Kernmarsches –, ergäbe sich im vorliegenden Fall ein RQD-Wert von Null, während die Scannerbefahrung einen RQD-Wert von 100 ergäbe. Welche fatalen Konsequenzen sich aus dieser Diskrepanz z. B. für die Klassifizierung eines Tunnelvortriebes ergäben, muss hier nicht näher erläutert werden.

6.7 Ingenieurbiologische Hinweise

Unsere Vegetation hat sich im Laufe ihrer paläontologischen Entwicklung den unterschiedlichsten äußeren Bedingungen angepasst, zahlreiche Pflanzenarten haben sich auf bestimmte Böden, besondere Klimate oder ein bestimmtes Relief spezialisiert und können dem Kundigen zahlreiche Hinweise, auch ingenieurgeologischer Art geben.

Da z. B. die Bodenbildung bestimmten Gesetzen gehorcht, die vom anstehenden Gestein und von den übrigen Umwelteinflüssen abhängig ist, können wir über die bodenspezifischen Pflanzen auf die Körnung des Bodens und auf den Chemismus des anstehenden Gesteines schließen.

Andere Pflanzen wiederum bevorzugen äußerst feuchte oder äußerst trockene Standorte, manche lieben fließendes, manche stehendes Grundwasser, sodass wir auf den Grundwasserspiegel, Grundwasserfluss und damit auch auf die Durchlässigkeit schließen können.

Abhängig vom Gestein, von den endogenen und exogenen Kräften entsteht das Relief unserer Landschaften. Diesem Relief hat sich die Vegetation ebenfalls angepasst, bzw. die ständigen Reliefänderungen (z. B. Kriechhänge und Rutschungen) beeinflussen den Wuchs der Pflanzen. So geben bestimmte Pflanzen, welche rutschgefährdete Böden und Gesteine bevorzugen, dem Ingenieurgeologen Hinweise auf die latente Rutschgefahr, oder aus dem Wuchs der Pflanzen lassen sich Hinweise auf bereits stattgefundene Hangbewegungen ableiten.

Allerdings müssen wir uns darüber im Klaren sein, dass die Aussagefähigkeit standortkennzeichnender Pflanzen bestimmten Grenzen unterliegt. Zum einen können aus dem Bewuchs nur Aussagen über die Bodenschwarte bis etwa 2 m Tiefe abgeleitet werden. Zum anderen wird in unseren menschlichen Kulturlandschaften die natürliche Standortwahl der Pflanzen behindert oder zumindest gestört, sodass von der ursprünglichen Pflanzenvergesellschaftung meist nur ein Rumpfbestand übrig bleibt, dessen Aussagekraft natürlich auch verringert ist.

Es muss auch darauf hingewiesen werden, dass mit dem Auffinden einzelner Pflanzen noch keine sicheren Schlüsse möglich sind. Die standortkennzeichnenden Pflanzen müssen in größeren Mengen und meist auch in einer bestimmten Vergesellschaftung auftreten, wenn sie als sicheres Kennzeichen gewertet werden sollen. Von der Bundesforschungsanstalt für Naturschutz und Landschaftsökologie (Bonn-Bad Godesberg) wurden Vegetationskarten hergestellt, aus denen sichere Schlüsse über den Untergrund abgeleitet werden können. Sind solche Vegetationskarten für alle Gebiete einmal erstellt, so können wir das Prinzip der Bestimmung einzelner Zeigerpflanzen ganz fallen lassen (zum Stand der Kartierung siehe: www.bfn.de/themen/artenschutz/erfassung-und-kartierung/vegetationskartierung/deutschland.html).

Die Pflanzensoziologie sollte jedoch nicht nur bei der Erhebung ingenieurgeologischer Daten herangezogen werden, sie muss auch der Auswahl bestimmter Pflanzen zum Grünverbau künstlich geschaffener Böschungen dienen. Nur dann lassen sich wirtschaftliche, sichere und auch ästhetische Bauwerke errichten, wenn diese Kunstbauten dem Gesteinsaufbau, dem Boden und der Vegetation Rechnung tragen.

6.7.1 Bodenkennzeichnende Pflanzen

Bei der Bestimmung der Gesteinsart (Chemismus) durch bodenkennzeichnende Pflanzen müssen wir uns auf heimische Gebiete unter natürlicher Vegetation beschränken, da der Boden, auf dem die spezifische Pflanzenvergesellschaftung wächst, nicht ausschließlich vom Gestein, sondern auch von vielen anderen (z. B. klimatischen) Faktoren abhängt. Unter diesen einschränkenden Bedingungen entstehen in Abhängigkeit vom Gestein die in Tab. 6.21 angegebenen Böden.

Diesen Böden und damit den entsprechenden Gesteinen können wir nach Ellenberg (1950), Fabry (1950), v. Kruedener (1951) u. a. folgende bodenanzeigende Pflanzen zuordnen:

Rendzinen- oder kalkanzeigende Pflanzen: Waldzwenke (*Brachypodium sylvaticum*), sehr zuverlässiger Kalkanzeiger (Abb. 6.73), Federzwenke (*Brachypodium pinnatum*), Echte Erika (*Erica carnea*), blüht im Frühling, Seidelbast (*Daphne mezercum*), Gewimperte Alpenrose (*Rhododendron hirsutum*), Blauer Speik (*Primula glutinosa*), Aurikel (*Primula auricula*), Bergaster (*Aster amellus*), Blaue Binse (*Juncus glaucus*), Großer Ehrenpreis (*Veronica teucrium*), Alpen-Zwergbuchs (*Polygala chamaebuxus*), Blaugras (*Sesleria caerulea*), Berberitze (*Berberis vulgaris*), Silberwurz (*Dryas octopetala*), Frauenschuh (*Cypripediurn calceolus*), Schwarze Tollkirsche (*Atropa belladonna*), Klebkraut (*Gallum aparine*), Großes Windröschen (*Anemone sylvestris*), Ackersenf (*Sinapis arvensis*), Silberdistel (*Carlina acaulis*), Gemeiner Wacholder (*Juniperus communis*), Blauer Enzian (*Gentiana acaulis*), Reiherschnabel (*Erodium cicutarium*), Polster-Segge (*Carex firma*), Gipskraut (*Gypsophila repens*), Rotbuche (*Fagus sylvatica*) und andere. Besonders kalkliebende Kulturpflanzen sind: Gelbklee, Luzerne, Erbse, Bohne, Rübe, die meisten Obstbäume.

Tab. 6.21 Gestein als bodenbildender Faktor in Mitteleuropa unter natürlicher Vegetation (nach Ganssen, 1965)

Gestein	Sehr karbonatreich; Kalke, Dolomite	Geringer bis mäßig hoher Karbonatgehalt. Sehr $CaCO_3$-reiche Lösse, Mergel, Kalkschotter	Silikatische Gesteine		Sandsteine mit sehr geringem Erdalkalisilikatgehalt, Quarzite
			Basalte, viele Lösse, Lösslehme, Geschiebelehm	Granite, Grauwacken, Gneise, Schotter	
Meist vorkommender Bodentyp	Rendzinen in verschiedenen Subtypen	Rendzinaartige Böden (Pararendzinen nach Kubiena, 1953), Verlehmung und Lessivierung nach $CaCO_3$-Auswaschung	Mitteleuropäische Braunerden und Sols lessivés		Mitteleurop. Braunerden mit sehr geringem Gehalt an Erdalkalikationen u. Tonmineralen, Neigung zur Podsolierung
			Meist stärkerer	Meist schwächerer	
			Gehalt an Erdalkalikationen und Tonmineralen		
Haupteigenarten	Meist flachgründig, trocken, pH 6–7	Tiefgründiger als Rendzinen	Oft lehmig, nährstoffreicher, pH 5–6	Mehr sandig, mäßig nährstoffreich, pH 4,8–5,5	Sandig, nährstoffarm, trocken, sauer, pH 4,5–5

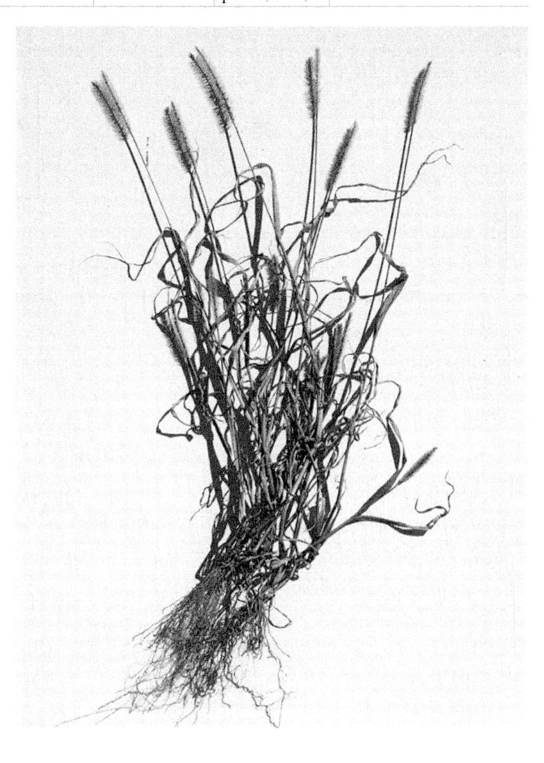

Abb. 6.73 Waldzwenke, *Brachypodium sylvaticum*. Typische kalkanzeigende Pflanze (Photo: E. Fecker)

Abb. 6.74 Wald-Gamander, *Teucrium scorodonia*. Standorttypische Pflanze auf silikatischen Gesteinen, auf denen sich in Mitteleuropa saure Böden entwickelt haben (Photo: E. Fecker)

Der wichtigste und zuverlässigste Kalkanzeiger unter den wildlebenden Pflanzen ist die Waldzwenke.

Man sollte sich davor hüten, von den gesteinsanzeigenden Pflanzen noch weitergehende Aussagen über den Gesteinsuntergrund zu machen. Schlussfolgerungen auf dolomitisches Gestein (Mauerpfeffer), Mergel (Trespe) oder Tonsteine des Lias (gefleckte Orchideen und Knabenkräuter) können zwar im Einzelfall richtig sein, Allgemeingültigkeit besitzen sie jedoch nicht.

Die einzigen chemischen Sedimente, auf denen sich spezifische Pflanzen entwickelt haben, sind die Salzgesteine: Gipskraut (*Gypsophila repens*), Strandsoda (*Suaeda maritima*), Kali-Salzkraut (*Salsola kali*), Glasschmalz (*Salicornia europaea*), Milchkraut (*Glaux maritima*), Strandaster (*Aster tripolium*).

Die silikatischen Gesteine, auf denen sich im mitteleuropäischen Raum die Braunerden und Sols lessivés gebildet haben (s. Tab. 6.21), zeichnen sich durch pH-Werte zwischen 4,8 und 6 aus. Dieser sauren Bodenreaktion haben sich ebenfalls zahlreiche Pflanzen angepasst. Es sind dies: auf stark sauren Böden (um pH 4,5–5) Preiselbeere (*Vaccinium vitis-idaea*), Heidelbeere (*Vaccinium myrtillus*), Siebenstern (*Trientalis europaea*), Pfeifengras (*Molinia caerulea*), Draht-Schmiele (*Deschampsia flexuosa*). Saure bis schwach saure Reaktion (etwa pH 5–6,5) Himbeere (*Rubus idaeus*), Heidekraut (*Calluna vulgaris*), Rasen-Schmiele (*Deschampsia cespitosa*), Flattergras (*Milium effusum*), Wald-Gamander (*Teucrium scorodonia*, Abb. 6.74) u. a.

Abb. 6.75 Huflattich, *Tussilago farfara*. Typische Pflanze, die schluffige und tonige Böden anzeigt und daher häufig auf Rutschungen vorkommt (Photo: E. Fecker)

Neben dem Chemismus des Ausgangsgesteins ist für viele standortkennzeichnende Pflanzen auch die **Kornverteilung** des Bodens von Bedeutung. Manche Pflanzen lieben schwere (tonige), manche leichtere (schluffige) und wieder andere sehr leichte (sandige) Böden. Diese Besonderheit können wir uns ebenfalls zunutze machen.

Pflanzen, die leichte, sandreiche Böden anzeigen, sind: Katzenpfötchen (*Antennaria dioica*), Preiselbeere (*Vaccinium vitis-idaea*), Rentierflechte (*Cladonia rangiferina*), Islandmoos (*Cetraria islandica*), Kiefer (*Pinus sylvestris*), Besenginster (*Cythisus scoparius*), Heidekraut (*Calluna vulgaris*), Schafschwingel (*Festuca ovina*, s. Abb. 6.78), Sandreitgras (*Calamagrostis epigejos*), Sand-Segge (*Carex arenaria*), Sand-Nelke (*Dianthus arenarius*), Hungerblümchen (*Draba verna*), Acker-Klee (*Trifolium campestre*), Gemeine Grasnelke (*Armeria vulgaris*), Große Königskerze (*Verbascum thapsiforme*), Sand-Wegerich (*Plantago arenaria*), Sand-Strohblume (*Helichrysum arenarium*) u. a.

Pflanzen, die mittelschwere (schluffige) bis schwere (tonige) Böden anzeigen, sind: Maiglöckchen (*Convallaria majalis*, auf lehmigen Böden üppiger Wuchs), Haselwurz (*Asarum europaeum*), Leberblume (*Hepatica triloba*), Einbeere (*Paris quadrifolia*), Ackerschachtelhalm (*Equisetum arvense*), Wurmfarn (*Dryopteris filix-mas*), Huflattich (*Tussilago farfara*, Abb. 6.75), Fichte (*Picea abies*) u. a.

Abb. 6.76 Flatterbinse, *Juncus effusus*. Typische Pflanze, die nahezu stehendes (saures) Grundwasser anzeigt (Photo: E. Fecker)

6.7.2 Grundwasserkennzeichnende Pflanzen

Heimische Pflanzen, die einen trockenen oder feuchten Standort anzeigen, geben auch in Perioden ausgesprochener Trockenheit oder bei lang anhaltendem Bodenfrost gute Hinweise über die Grundwasserverhältnisse im oberflächennahen Bereich. Manche Pflanzenarten bevorzugen hohe, mittlere oder tiefe Grundwasserstände und deren Ganglinien. In diesem Zusammenhang zwischen Wasserganglinie und Pflanze spiegelt sich natürlich auch die Bodenart wider. Auf sandigem Untergrund zeigen die Pflanzengesellschaften die Grundwasserganglinien schärfer an als auf tonig-lehmigem Untergrund, weil hier die Extreme in engeren Grenzen schwanken. Je nachdem, ob die Grundwässer stehend, der Boden dementsprechend sauer, oder fließend, also nicht sauer, sind, können wir folgende standortspezifische Pflanzen unterscheiden:

1. Pflanzen, die nahezu stehendes (saures) Grundwasser anzeigen: Kolbenschilf (*Typha latifolia*), Wollgras (*Eriophorum vaginatum*), Sumpfmoos (*Sphagnum acutifolium*), Sumpfporst (*Rhododendrum palustre*), Flatterbinse (*Juncus effusus*, Abb. 6.76), Bürstenmoos (*Polytrichum commune*), Breitblättriges Wollgras (*Eriophorum latifolium*) u. a.
2. Pflanzen, die fließendes (wenig saures) Grundwasser anzeigen: Rohrschilf (*Phragmites communis*), Rohrglanzgras (*Phalaris arundinacea*), Blutweiderich (*Lythrum salicaria*), Gilbweiderich (*Lysimachia vulgaris*), Mädesüß (*Filipen-*

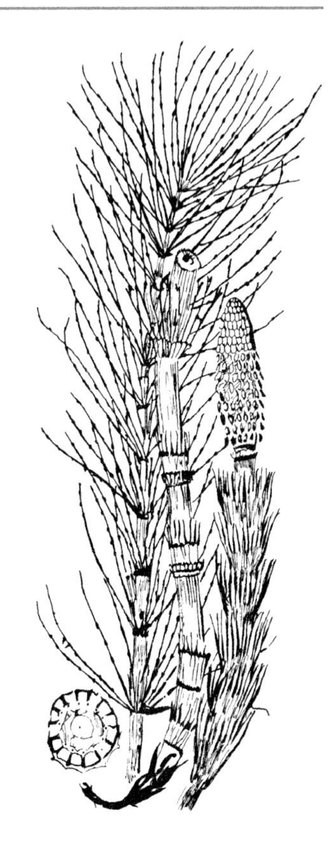

Abb. 6.77 Riesenschachtelhalm (*Equisetum maximum*), fertiler und steriler Spross. *q* = Querschnitt durch den unfruchtbaren Spross. Typische Pflanze, die als rascher Besiedler von Moränen, Rutschungen und Schutthalden gilt

dula ulmaria), Kohldistel (*Cirsium oleraceum*), Dotterblume (*Caltha palustris*), Pfeifengras (*Molina caerulea*), Kälberkropf (*Chaerophyilum hirsutum*), Waldschilf (*Scirpus sylvaticus*), Wasserdost (*Eupatorium cannabinum*), Kreuzkraut (*Senecio fuchsii*), Wald-Geißbart (*Aruncus dioicus*), Echtes Springkraut (*Impatieus noli-tangere*), Riesenschachtelhalm (*Equisetum maximum*, s. Abb. 6.77), Waldschachtelhalm (*Equisetum sylvaticum*), Schwarzerle (*Alnus glutinosa*), Grauerle (*Alnus incana*), Wiesenenzian (*Gentiana pneumonanthe*) u. a.
Ähnlich wie besonders feuchtigkeitsliebende Pflanzen gibt es auch solche, die an ausgesprochen trockenen Standorten gedeihen.

3. Pflanzen, die trockene Standorte anzeigen, sind: Isländisches Moos (*Cetraria islandica*), Rentierflechte (*Cladonia rangiferina*), Graue Zackenmütze (*Racomitrium canescens*), Wacholderblättriges Bürstenmoos (*Polytrichum juniperum*), Purpurstieliges Hornzahnmoos (*Ceratodon purpureus*), Nickendes Birnmoos (*Pohlia nutans*), Flacher Bärlapp (*Lycopodium complanatum*), Silbergras (*Corynephorus canescens*), Land-Reitgras (*Calamagrostis epigejos*), Schafschwingel (*Festuca ovina*, s. Abb. 6.78), Wundklee (*Anthyllis vulneraria*), Dornige Hauhechel (*Ononis spinosa*), Golddistel (*Carlina vulgaris*), Feld-Beifuß (*Artemisia campestris*) u. a.

Abb. 6.78 Schafschwingel (*Festuca ovina*). Typische Pflanze für trockene Standorte. *a* = Ährchen

6.7.3 Reliefkennzeichnende Pflanzen

In Landschaften mit ausgeprägtem Relief kann der Wuchs der Pflanzen oder die Pflanze selbst auf Hangkriechen oder Rutschgefahr hindeuten. Insbesondere auf solche Rutschungen, die weniger durch das Gefüge, sondern vielmehr durch die Art des Gesteins und die herrschenden Bergwasserverhältnisse bedingt sind. Es sind dies insbesondere Pflanzen, die feuchte tonig-schluffige Böden lieben.

Da der Baumbewuchs bestrebt ist, möglichst günstige Lichtverhältnisse zu erreichen, zeigen Bäume auf Kriechhängen immer Säbelwuchs (Abb. 6.79). Auf jungen Rutschkörpern ist neben der unruhigen Morphologie auch der Wuchs der Pflanzen richtungslos („betrunkener Wald“, Abb. 6.80). Anhand der Vegetation lässt sich das Alter solcher Rutschungen sehr genau eingrenzen, weil der junge Baumbestand entweder noch nicht vorhanden ist oder ausnahmslos wieder gerade steht.

Pflanzen, die entweder rasche Besiedler von Moränen, Rutschungen und Schutthalden sind oder die solche Böden lieben, welche häufig bei genügender Feuchtigkeit zu Rutschungen neigen, sind: Alpenwucherblume (*Tanacetum alpinum*), Huflattich (*Tussilago farfara* s. Abb. 6.75), Riesenschachtelhalm (*Equisetum maximum*, s. Abb. 6.77), Grauerle (*Alnus incana*), Frauenmantel (*Alchemilla alpina*), Weidenröschen (*Epilobium montanum*), Windhalm (*Agrostis rupestris*) u. a.

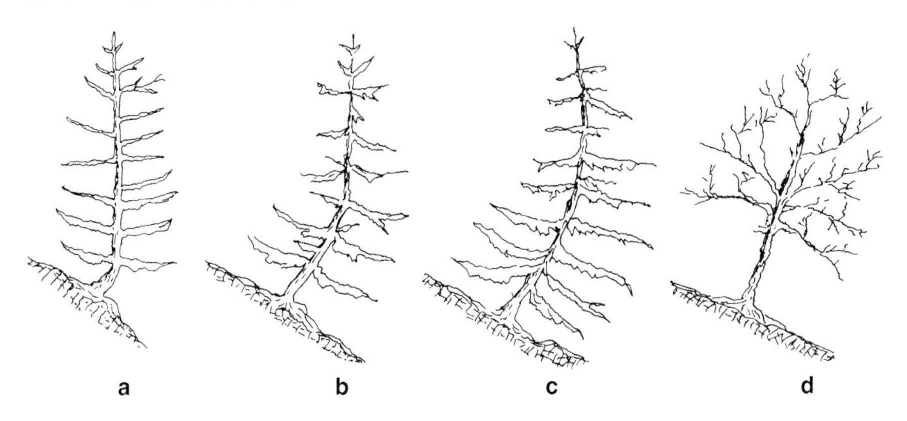

Abb. 6.79 Stammverkrümmungen bei Hangkriechen. Von **a** bis **d** jünger werdende Hangbewegungen, **d** zeigt noch keine Wuchsreaktion der Pflanze an, da die Schiefstellung noch nicht sehr alt ist (nach Heim, 1932; mit freundlicher Genehmigung von © Naturforschende Gesellschaft Zürich, 2018, alle Rechte vorbehalten)

6.7.4 Grünverbau

Die Kenntnisse, die wir bei der Bestimmung des Untergrundes und des Bergwassers aus dem natürlichen Bewuchs gewonnen haben, können wir umgekehrt anwenden, wenn es gilt, eine künstlich geschaffene Böschung durch Bepflanzung dauerhaft gegen Erosionsschäden zu sichern.

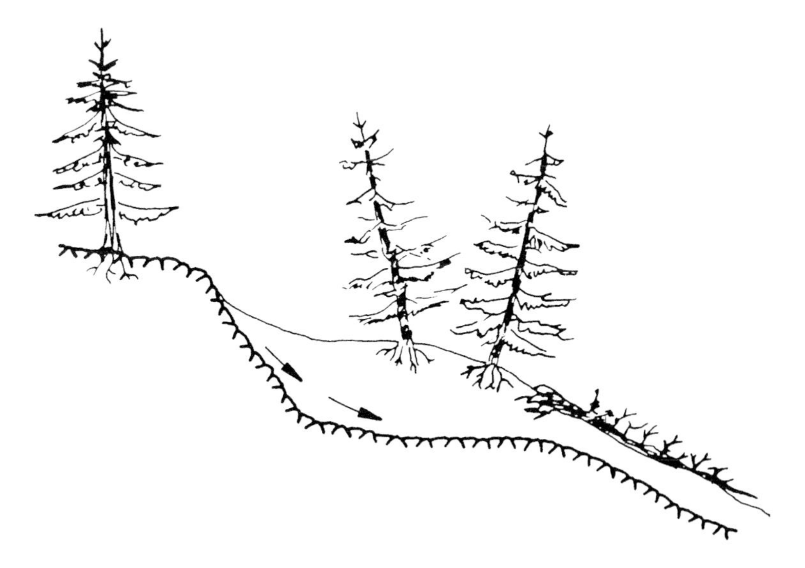

Abb. 6.80 Durch rezente Rutschung richtungsloser Bewuchs, sog. betrunkener Wald (nach Záruba & Mencl, 1982)

Eine naturgemäße und wirksame Schutzbepflanzung ist nur dann möglich, wenn die örtlichen Böden, das Grundwasser und Klima ausreichend untersucht sind und hiernach eine optimale Pflanzenauswahl getroffen wird. Dabei sollte auch berücksichtigt werden, dass die Pflanzen ihre beste Wirkung nur dann erreichen, wenn sie nach den strengen Gesetzen der zusammengehörigen Pfl anzenvergesellschaftung und des Standortes angepflanzt werden.

Eine solche Auswahl kann man entweder nach Vegetationskarten treffen oder die Auskunft eines Pflanzensoziologen einholen.

Besonderer Maßnahmen bedürfen trockene Südhänge. Wegen der ständigen Sonneneinstrahlung muss dort einer eigentlichen Vegetation zunächst eine Pionierpflanzengeneration vorangehen.

Nach Luchterhandt (1966) müsste sich eine solche Pionierbepflanzung auf einem Rohboden aus folgenden Arten zusammensetzen:

- Feldbeifuß (*Artemisia campestris*), ausdauernd, zäh am Boden haftend, tiefgreifendes Wurzelwerk, er gehört zu einer Trockenrasengesellschaft;
- Golddistel (*Carlina vulgaris*), rosettenförmig dem Boden aufliegend, mit 30–40 cm tiefer Pfahlwurzel das Erdreich gleichsam festnagelnd, im Acker nicht vorkommend, weil ebenfalls zu einer Trockengesellschaft gehörend;
- Wald-Gamander (*Teuricum scorodonia*, s. Abb. 6.74), flach wurzelnd, weit ausgreifend, in sonnenexponierten kalkarmen Felshalden, ausdauernd, zur Eichen-Birkenwaldgesellschaft gehörig;
- Drahtschmiele (*Deschampsia flexuosa*), verzweigtes Wurzelnetz, in erosionsgefährdeten, kalkarmen Sandböden, ausdauernd in langen Trockenperioden, sogenannte Begleiterpflanze;
- Gelbe Steinweide (*Salix balsamifera*), wächst am Boden kriechend, immer wieder anwurzelnd, für feuchte und trockene Böden geeignet.

Auf den Böschungsflächen der Voreinschnitte und ggf. auf den Flächen der verfüllten Baugruben der offenen Tunnelbauweise an der Neubaustrecke der Deutschen Bahn AG ist für die Kräuterwiese eine Saatgutmenge von 25 g/m^2 vorgeschrieben mit einer Saatgutmischung aus: 8,0 % *Agrostis tenuis*, 0,3 % *Achillea millefolium*, 30,0 % *Festuca ovina*, 1,5 % *Carum carvi*, 16,0 % *Festuca rubra commutata*, 0,1 % *Chrysanthemum leucanthemum*, 20,0 % *Festuca rubra rubra*, 0,5 % *Cichorium intybus*, 5,0 % *Poa nemoralis*, 0,2 % *Daneus carota*, 5,0 % *Poa pratensis*, 1,0 % *Foeniculum vulgare*, 1,5 % *Lotus corniculatus*, 1,5 % *Nigella sativa*, 2,0 % *Onobrychis viciifolia*, 0,9 % *Pastinaca sativa*, 1,0 % *Trifolium dubium*, 1,0 % *Petroselinum sativum*, 0,5 % *Trifolium repens*, 1,0 % *Plantago lanceolata*, 1,0 % *Trigonella foenum graecum*, 2,0 % *Sanguisorba minor*.

Auch Felsböschungen sollten in der Regel begrünt werden. Der Bewuchs schützt das Gebirge vor allzu starken Wärmeschwankungen und Frosteinwirkung, weil die Gräser und Kräuter einen natürlichen Wärmeschutz darstellen und das in die Klüfte eindringende Wasser aufsaugen und verdunsten. Allerdings muss darauf geachtet werden, dass die Vegetation nicht ins Holz wächst, weil sich hierdurch die Schutzwirkung stark verringert und weil durch Wurzeldruck einzelne Kluftkörper aus der

Felswand herausgesprengt werden können – der Wurzeldruck von Bäumen kann bis auf 300 kN/m^2 anwachsen. Ist der Bewuchs von Felsböschungen aber einmal ins Holz gewachsen, so nützt es nichts, die Bäume einfach zu fällen, im Gegenteil, der Wurzeldruck wächst dadurch noch an. Die Bäume müssen zunächst entrindet werden (geringelt) und dürfen erst im darauffolgenden Jahr gefällt werden.

Am besten schützt die Vegetation einer Felsböschung, wenn immer rechtzeitig die Buschform erhalten bleibt – der Bewuchs ist „auf den Stock zu setzen", wie der Fachmann sagt.

Bei Felsböschungen bedarf der Schattenhang sorgfältigerer Bepflanzung, weil er durch Frost und Eisbildung von der Erosion mehr bedroht ist; der Sonnenhang ist im Sommer wie im Winter einer starken Austrocknung ausgesetzt. Selbstverständlich muss auch hier eine kompromisslose Auswahl pflanzensoziologisch standortgerechter Pflanzen getroffen werden.

7 Materialeigenschaften von Böden, Gesteinen und Gebirge

Dieses Kapitel behandelt die bautechnisch wichtigsten Eigenschaften der den Untergrund aufbauenden Erdstoffe. Dabei wird in der geotechnischen Nomenklatur unterschieden zwischen Festgesteinen (Gestein, Fels) und Lockergesteinen (Böden), wobei der Übergang zwischen beiden gleitend ist. Die Benennung der Böden und die Verfahren zur Ermittlung der zur Beschreibung der Bodeneigenschaften notwendigen Bodenkennwerte im Feld und Labor sind weitgehend durch europäische, deutsche bzw. entsprechende Normen anderer Länder festgelegt. Da die Verfahren zur Bodenuntersuchung zudem in einer Reihe von deutschsprachigen Lehrbüchern (Schulze & Simmer, 1974; Fuchs & Klengel, 1977, Gudehus, 1981) eingehend beschrieben sind, soll an dieser Stelle nur kurz auf die Materialeigenschaften der Böden und die Verfahren ihrer Untersuchung eingegangen werden.

Die Eigenschaften von Gestein – und insbesondere von Fels – sind weniger genau erforscht. Verfahren zur Bestimmung der Materialkennwerte sind noch in der Entwicklung begriffen und noch nicht ganz durch Normen festgelegt. Anhaltspunkt zur Durchführung von Standardversuchen geben Empfehlungen der International Society for Rock Mechanics and Rock Engineering (ISRM), auf die an entsprechender Stelle hingewiesen wird.

7.1 Erscheinungsformen und Materialeigenschaften der Böden

7.1.1 Entstehung, Aufbau und Zusammensetzung

Lockergesteine verdanken ihre Entstehung den Verwitterungs-, Erosions-, Transport- und Ablagerungsprozessen des exogenen Kreislaufs der Gesteine (s. Abschn. 2.4). „Böden in primärer Lage" sind Verwitterungsprodukte, die an Ort und Stelle liegen geblieben sind. Fand eine Verfrachtung des Materials – und damit verbunden meist eine erhebliche Veränderung seiner Zusammensetzung – statt, spricht man von „Böden in sekundärer Lage". Nach dem Verfrachtungsmedium unterscheidet man äolische (windverfrachtete) Böden, glaziale (eisverfrachtete) Böden und durch Wasser verfrachtete Böden.

E. Fecker, *Baugeologie*, https://doi.org/10.1007/978-3-662-58998-4_7

Zur Gruppe der äolischen Böden zählen Löss, Flugsande, Dünen etc. Typische glaziale Böden sind Geschiebemergel, die aus relativ unsortiertem Material mit Komponenten von Ton bis zum Kiesbereich bestehen. Bei den wasserverfrachteten Böden lassen sich die aus der Geröllfrachtung abgelagerten Bildungen – insbesondere Kiese und Sande – und die aus der Schwebfrachtung hervorgegangenen Tonböden als Hauptgruppen unterscheiden.

Vielfach sind Böden neben den mineralischen Komponenten auch organische Materialien beigemengt. Solche Böden werden als organogen oder, falls sie, wie z. B. Torf, nahezu ausschließlich aus organischen Stoffen bestehen, als organische Böden bezeichnet. Grundsätzlich werden nichtbindige (rollige) und bindige Böden unterschieden. Rollige Böden stellen ein Haufwerk von Einzelkörnern dar. Zwischen den Einzelkörnern wirken lediglich Reibungskräfte. Bei bindigen Böden wirken auch Adhäsionskräfte zwischen den einzelnen Bodenteilchen. Die Eigenschaften bindiger Böden werden stark vom Wassergehalt beeinflusst. Die genetische Kennzeichnung von Böden, die auf die Prozesse bei der Entstehung hinweist, ist vielfach für die Interpretation von Aufschlussergebnissen und die Beurteilung der Untergrundverhältnisse aus ingenieurgeologischer Sicht von Bedeutung. Dem erfahrenen Baugeologen und Bodenmechaniker gibt sie z. B. Anhaltspunkte über die wahrscheinliche, laterale Kontinuität der Bodenschichten, zu erwartende Schwankungen in der Mächtigkeit, Zusammensetzung des Bodens etc.

In der Bodenklassifikation nach DIN 18196 sind die wichtigsten Merkmale der verschiedenen Bodengruppen angegeben. Zur Erkennung und Ansprache der Böden wurden verschiedene in DIN 4022 festgelegte visuelle und manuelle Verfahren angewandt. Diese Norm wurde vom DIN-Normenausschuss NABau zurückgezogen und durch die europäische Normen DIN EN ISO 14688-1:2013-12 und DIN EN ISO 22475-1:2007-01 ersetzt.

7.1.2 Lockergesteine als Dreiphasensystem

Im Kleinbereich sind Böden nicht als homogenes Material zu betrachten. Sie besitzen eine bestimmte Struktur und enthalten Hohlräume (Poren), die mit Gas (i. A. Luft) und Wasser gefüllt sind.

In Böden unterhalb des Grundwasserspiegels sind die Porenräume meist nahezu vollständig mit Wasser gefüllt. Oberhalb des Grundwasserspiegels wird ein Teil des Sickerwassers (von der Oberfläche zum Grundwasser sickernd) und des Kapillarwassers, das vom Grundwasser her aufsteigt, als hygroskopisches Wasser und als Haftwasser festgehalten.

Hygroskopisches Wasser und Kapillarwasser werden durch Oberflächenkräfte (vor allem in feinkörnigen Böden) adsorbiert. Die verdichteten Wasserhüllen bewirken, dass die einzelnen Bodenteilchen durch freie Oberflächenkräfte zusammengehalten werden (Adhäsion). Die verschiedenen Erscheinungsformen des Wassers im Boden sind in Kap. 8 näher beschrieben. Zustandsform und Materialeigenschaften bindiger Böden sind wesentlich vom Wassergehalt abhängig.

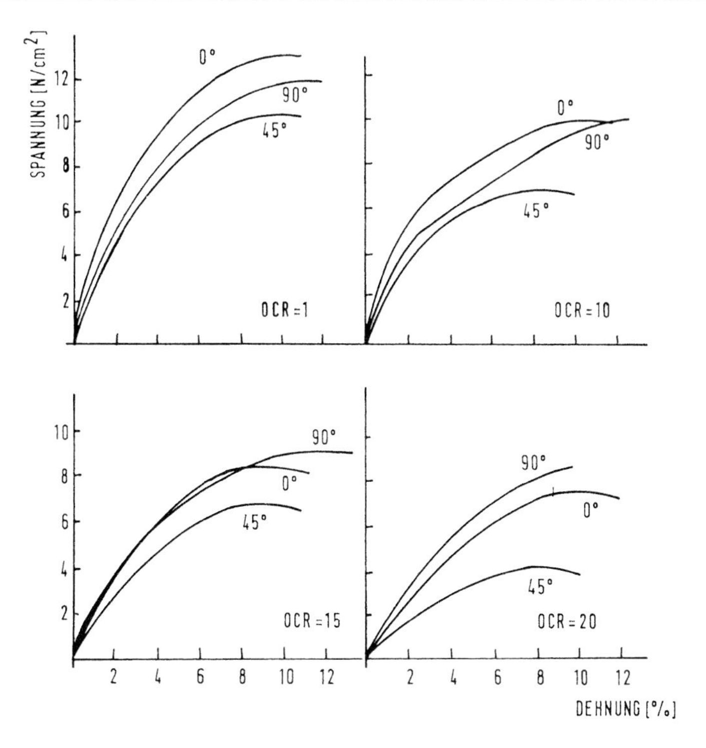

Abb. 7.1 Anisotropes Materialverhalten von kaolinitischen Tonen bei unterschiedlicher Konsolidation (OCR), 0° = schichtnormale Belastung, 90° = schichtparallele Belastung (aus Bhaskaran, 1975)

7.1.3 Struktur, Anisotropie und Inhomogenität

In rolligen Böden bilden die Körner i. A. ein Haufwerk mit Einzelkorngefüge, die Körner stützen sich gegenseitig ab. In bindigen Böden bildet sich zunächst beim Sedimentationsvorgang eine Waben- oder Flockenstruktur aus. Bei zunehmender Überlagerung erfolgt eine Einregelung vor allem der plättchenförmigen Tonminerale und damit verbunden die Entwicklung einer Anisotropie physikalischer Eigenschaften. Diese Richtungsabhängigkeit ist in stark vorbelasteten Tonen (z. B. durch eine frühere Eisüberdeckung) und in noch stärkerem Maße in diagenetisch verfestigten Tonsteinen besonders ausgeprägt (s. Abb. 7.1). Die geometrische Form der in sich makroskopisch als homogen anzusehenden Bereiche (Bodenschichten) ist insbesondere beim Auftreten sehr unterschiedlicher Bodenarten von großer Bedeutung. Je nach den Bildungsbedingungen können die einzelnen Bodenschichten eine große laterale Kontinuität besitzen (Parallelschichtung) oder rasch auskeilende, ineinander verzahnte Schichten sein (Abb. 7.2). Durch die Auffüllung von Mulden und Rinnen sind häufig im Schnitt linsenförmige Einlagerungen entstanden (Abb. 7.3). Bei solch inhomogenem Aufbau des Untergrundes muss vielfach mit unterschiedlichen Setzungen bei der Gründung von Bauwerken gerechnet werden.

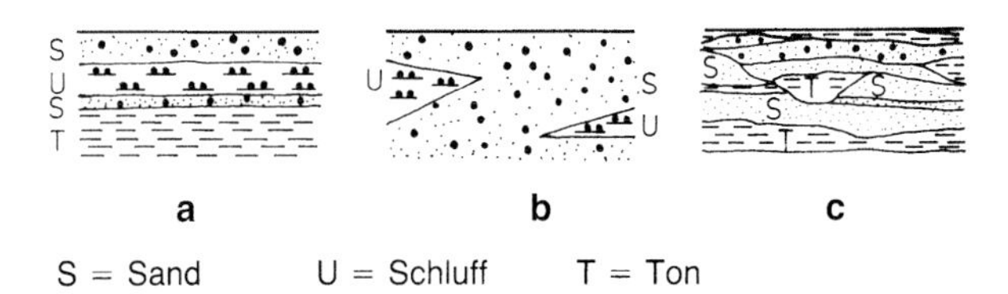

Abb. 7.2 Schichtung des Baugrundes: **a** Parallelschichtung, **b** auskeilende Schichten, **c** linsenartige Einlagerungen

Abb. 7.3 Wechselnder Baugrund unter einem Bauwerk. fs = Feinsand, mG = Mittelkies, T = Ton, Bk = Braunkohle

Sind die Bildungsbedingungen der auftretenden Böden bekannt, so lassen sich hieraus Schlüsse über die zu erwartende Homogenität bzw. Inhomogenität des Untergrundes ziehen.

Eine vollständige räumliche Erfassung der verschiedenen Bodenschichten ist durch direkte Aufschlüsse (Schürfe, Bohrungen) nicht möglich. Sondierungen (s. Abschn. 6.4) und geophysikalische Untersuchungen (s. Abschn. 6.5) können zur Interpolation zwischen den Aufschlusspunkten dienen.

7.1.4 Bautechnisch wichtige Eigenschaften der Böden

Die Eigenschaften von Lockergesteinen werden durch Kennzahlen charakterisiert, die zumeist aus den Ergebnissen von Labor- oder Feldversuchen gewonnen werden. Gestörte Proben – Bodenproben – reichen aus, um Werte strukturunabhängiger Eigenschaften wie:

- Korngröße,
- Kornverteilung,
- Kornform,
- Stoffgewicht,
- Wassergehalt,
- Fließgrenze,
- Ausrollgrenze,
- Wasseraufnahmevermögen,
- stoffliche Zusammensetzung

zu ermitteln.

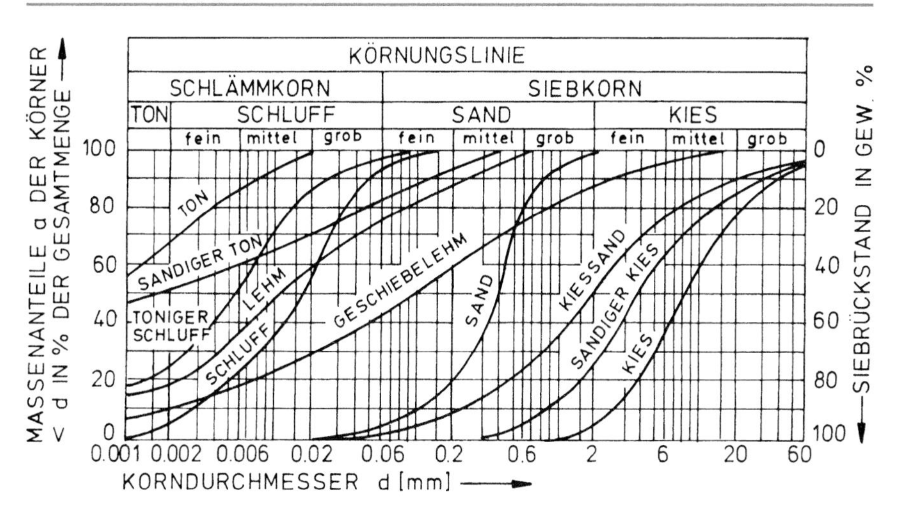

Abb. 7.4 Kornverteilungslinien verschiedener Lockerböden

Strukturabhängige Größen wie:

- Rohdichte,
- Porenanteil,
- Durchlässigkeit,
- Scherfestigkeit,
- Kohäsion,
- Zusammendrückbarkeit etc.

lassen sich nur an ungestörten Proben, die mit einem Entnahmezylinder für Sonderproben nach DIN EN ISO 22475-1 entnommen werden, ermitteln.

7.1.4.1 Korngröße, Korngrößenverteilung und Kornform

Die Benennung der Böden für bautechnische Zwecke stützt sich weitgehend auf die Korngröße bzw. die Korngrößenverteilung (s. Abb. 7.4). Die Anteile der einzelnen Korngrößenfraktionen werden durch Sieben ($d > 0{,}063$ mm) und durch Schlämmen ($d < 0{,}063$ mm) ermittelt. Für den Siebversuch nach DIN 18123 werden Siebe nach DIN 3310-1 verwendet. Beim Schlämmversuch ebenfalls gemäß DIN 18123 wird die Dichte der Suspension des Bodens in verschiedenen Zeitabständen mittels eines Aräometers nach Casagrande (1934a) gemessen. Hieraus lässt sich die Korngröße der zum Zeitpunkt der Ablesung sich absetzenden Bodenteilchen bestimmen.

Die Ergebnisse werden in Form einer Summenkurve halblogarithmisch aufgetragen (s. Abb. 7.4). Lage und Form der Körnungslinie (Kornverteilungslinie) geben Hinweis auf die Frostgefährdung, die Durchlässigkeit und kapillare Steighöhe, den Reibungswinkel sowie weitere bautechnisch wichtige Kennwerte. Neben der Korngröße ist der Grad der Ungleichförmigkeit von Bedeutung (z. B. für die Verdichtbarkeit des Erdstoffes oder die Verwendung als Betonzuschlagstoff oder

Filter- bzw. Dichtmaterial). Zur zahlenmäßigen Kurzkennzeichnung des Verlaufes der Körnungslinie dienen die

Ungleichförmigkeitszahl $U = \dfrac{d_{60}}{d_{10}}$ und die

Krümmungszahl $C_c = \dfrac{(d_{30})^2}{d_{10} \cdot d_{60}}$

(d_{10}, d_{30}, d_{60} sind die Korngrößen, bei denen die Kornsummenkurve die 10-%-, 30-%- bzw. 60-%-Linie schneidet).

Man nennt Böden mit:

- $U < 5$ gleichkörnig,
- $U = 5$–15 ungleichkörnig,
- $U > 15$ sehr ungleichkörnig.

Die Kornform der Bodenteilchen ist von gewissem Einfluss auf die Scherfestigkeit und Zusammendrückbarkeit etc. Für nichtbindige Böden lässt sie sich mit der Lupe feststellen. Ton kann nur mit dem Elektronenmikroskop untersucht werden.

Da Böden i. A. ein Dreiphasensystem aus Festmasse, Wasser und Luft darstellen, ist zwischen verschiedenen Werten der Dichte bzw. des spezifischen Gewichtes zu unterscheiden. Die Rohdichte ρ (nach DIN EN ISO 17892-2) ist die Dichte des feuchten ungestörten Bodens einschließlich der mit Gas und Flüssigkeit gefüllten Poren. Zur Bestimmung der Trockendichte ρ_d ist die Probe im Trockenofen bei 105 °C zu trocknen und die Trockenmasse auf das Ausgangsvolumen des ungestörten Bodenkörpers zu beziehen. Als Kornrohdichte ρ_s wird die Dichte der festen Bodenteilchen bezeichnet, das Volumen der festen Einzelbestandteile wird hierzu nach dem Zerkleinern i. A. mit dem Pyknometer bestimmt.

Aus Trockendichte und Kornrohdichte lässt sich der Porenanteil n bzw. die Porenzahl e bestimmen:

$$n = 1 - \frac{\rho_d}{\rho_s};$$

$$e = \frac{\rho_s}{\rho_d} - 1;$$

Porenanteil bzw. Porenzahl (s. Abb. 7.5) sind von erheblichem Einfluss auf die bei Belastung eines Bodens zu erwartenden Setzungen.

Der Wassergehalt eines bindigen Bodens ist von bedeutendem Einfluss auf dessen Tragfähigkeit. Der Wassergehalt w ergibt sich aus dem Verhältnis der Masse des im Boden enthaltenen Porenwassers zur Trockenmasse des Bodens (DIN 18121). Das im Boden enthaltene Wasser wird aus der Differenz der Masse der feuchten und der unter 105 °C bis zur Gewichtskonstanz getrockneten Probe bestimmt.

Als weitere Kenngröße wird die Sättigungszahl S_r als Verhältnis des mit Wasser gefüllten Porenraums n_w zum Gesamtporenraum n

$$S_r = \frac{n_w}{n}$$

verwendet.

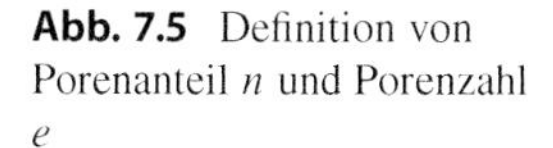

Abb. 7.5 Definition von Porenanteil n und Porenzahl e

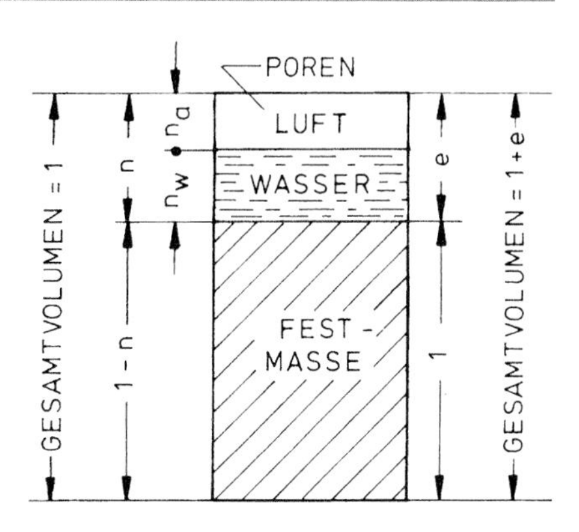

Dabei werden zur groben Einteilung folgende Gruppen gewählt:

- $S_r = 0$: trocken,
- $S_r = 0–0{,}25$: feucht,
- $S_r = 0{,}25–0{,}5$: sehr feucht,
- $S_r = 0{,}5–0{,}75$: nass,
- $S_r = 0{,}75–1{,}00$: sehr nass,
- $S_r = 1{,}00$: wassergesättigt.

Je nach dem Mineralgehalt eines Bodens besitzt dieser ein unterschiedlich großes Wasserbinde- bzw. Wasseraufnahmevermögen. Diese Fähigkeit eines trockenen Bodens, Wasser kapillar anzusaugen und zu binden (bestimmt im sog. Enslingerät), steht im Zusammenhang mit wichtigen Bodeneigenschaften wie Plastizität, Durchlässigkeit etc. Die Tab. 7.1 zeigt die starken Unterschiede im Wasserbindevermögen von verschiedenen Tonmineralen und Böden.

Tab. 7.1 Wasseraufnahmevermögen verschiedener Tonminerale und Böden in %, w_L = Fließgrenze, w_P = Ausrollgrenze, w_A = Wasseraufnahmefähigkeit, w_S = Schrumpfgrenze (aus Gudehus, 1981; mit freundlicher Genehmigung von © Springer-Verlag GmbH Deutschland, 2018, alle Rechte vorbehalten)

Erdstoff	Mineral	w_L	w_P	w_A	w_S
Schluff	Quarz	*	*	30	*
Schluffiger Ton	Kaolinit und Quarz	30–60	10–20	60	10
Rohton	Kaolinit	60–80	20	80	20
Rohton	Ca-Montmorillonit	200	40	300	30
Rohton	Na-Montmorillonit	500	60	700	40
Torf	Humussäure	*	*	500	*

* nicht sinnvoll bestimmbar

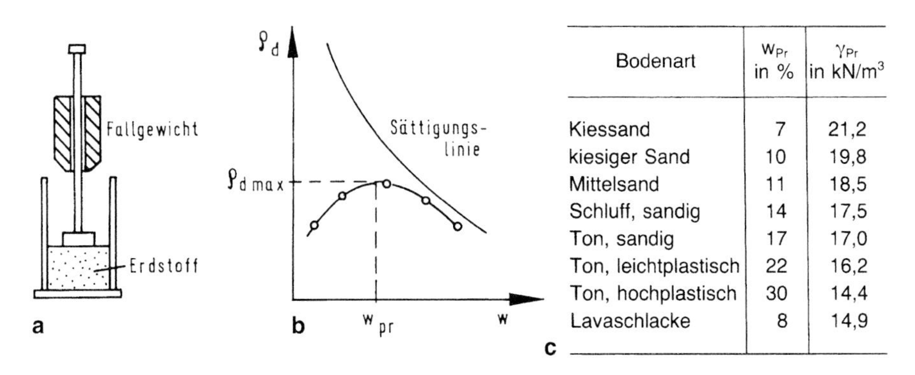

Bodenart	w_{Pr} in %	γ_{Pr} in kN/m³
Kiessand	7	21,2
kiesiger Sand	10	19,8
Mittelsand	11	18,5
Schluff, sandig	14	17,5
Ton, sandig	17	17,0
Ton, leichtplastisch	22	16,2
Ton, hochplastisch	30	14,4
Lavaschlacke	8	14,9

Abb. 7.6 Abhängigkeit der bei vorgegebener Verdichtungsarbeit erzielbaren Trockendichte bindiger Böden vom Wassergehalt, **a** Proctorgerät; **b** Trockendichte bei verschiedenen Wassergehalten; **c** Anhaltswerte für Proctorwichten (Wichte γ = Dichte $\rho \times$ Fallbeschleunigung g) (nach Gudehus, 1981; mit freundlicher Genehmigung von © Springer-Verlag GmbH Deutschland, 2018, alle Rechte vorbehalten)

7.1.4.2 Lagerungsdichte

Die Lagerungsdichte von nichtbindigen und bindigen Böden ist von wesentlichem Einfluss auf die mechanischen Eigenschaften. Die Erzielung einer für den gegebenen Boden optimalen Lagerungsdichte ist deshalb eine im Erdbau häufig vorkommende Aufgabe. Nichtbindige Böden werden dabei meist dynamisch durch Vibration oder Stampfen verdichtet. Bindige Böden lassen sich sowohl statisch (Walzen) als auch dynamisch z. B. durch Stampfen verdichten, wobei die bei gleicher Verdichtungsarbeit erzielbare Trockendichte bei bindigem Material wesentlich vom Wassergehalt abhängt (Abb. 7.6). Zu trockene oder aber wassergesättigte bindige Böden lassen sich auch unter größter Verdichtungsarbeit nur unvollkommen verdichten.

Bei rolligen Böden wird die lockerste Lagerung durch Schütten ohne freie Fallhöhe, die dichteste Lagerung durch dynamisches Verdichten mit 30 Doppelschlägen einer Schlaggabel ermittelt (Abb. 7.7). Aus den Porenanteilen max n für die lockerste, min n für die dichteste und n für die natürliche Lagerung wird die Lagerungsdichte

$$D = \frac{\max n - n}{\max n - \min n}$$

bestimmt.

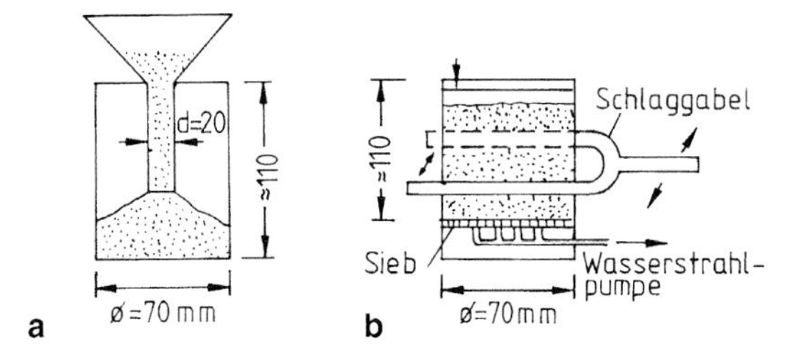

Abb. 7.7 Bestimmung der lockersten (**a**) und dichtesten (**b**) Lagerung rolliger Böden

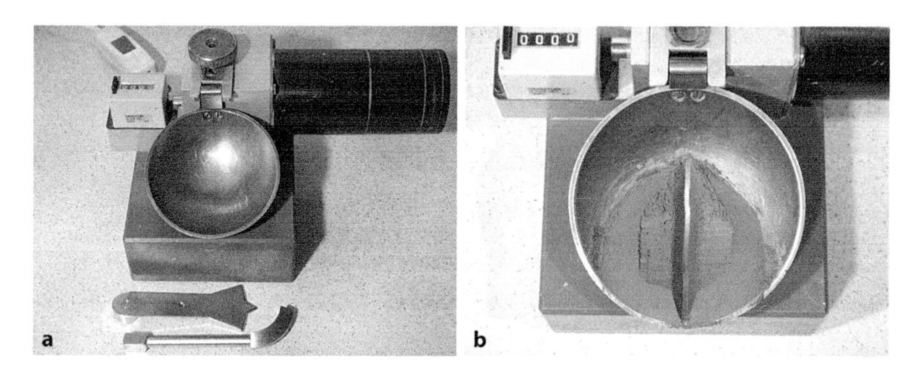

Abb. 7.8 Bestimmung der Fließgrenze mit dem Fließgrenzengerät nach Casagrande (Photos: H. Reith) **a** Fließgrenzengerät mit Furchenzieher, **b** Erdstoffschale mit normierter Furche, Schlaghöhe 10 mm

Bei bindigen Böden wird der für die Verdichtung optimale Wassergehalt w_{Pr} durch den Proctorversuch ermittelt. Dabei erfolgt die Verdichtung durch Schläge mit einem 2,5 kg wiegenden Fallgewicht und 30 cm Fallhöhe (Abb. 7.6a). Die Versuchsergebnisse ergeben Hinweise auf die bei bestimmten Wassergehalten erzielbaren Trockendichten.

7.1.4.3 Zustandsformen bindiger Böden

Bei bindigen Böden ist die Zustandsform stark vom Wassergehalt abhängig – die Kohäsion (Haftfestigkeit) nimmt mit zunehmendem Wassergehalt ab.

Nach Atterberg (1911) werden die Übergänge von einer Zustandsform in die andere (sog. Atterberggrenzen) durch Versuche bestimmt.

Dabei werden unterschieden die:

- Fließgrenze mit einem Wassergehalt w_L (Übergang vom flüssigen zum plastischen Zustand),
- Ausrollgrenze mit dem Wassergehalt w_P (Übergang vom plastischen zum halbfesten Zustand),
- Schrumpfgrenze mit dem Wassergehalt w_S (Übergang von der halbfesten zur festen Zustandsform).

Zur Bestimmung der Fließgrenze w_L wird (nach DIN 18122-1) das Fließgrenzengerät eingesetzt (Abb. 7.8a), das auf Casagrande (1958) zurückgeht. w_L ist definiert als der Wassergehalt, bei dem sich eine Furche in dem in eine Schale gestrichenen gesättigten Erdstoff nach 25 Schlägen auf 1 cm Länge geschlossen hat (Abb. 7.8b). Im Versuch werden die Wassergehalte der Bodenprobe schrittweise erhöht und die Fließgrenze w_L ergibt sich bei der Schlagzahl 25 gemäß Abb. 7.9.

Zur Ermittlung der Ausrollgrenze werden entsprechend aufbereitete Bodenproben auf wasseraufsaugender Unterlage zu 3 mm dicken Walzen gerollt, wieder zusammengeknetet, wieder gerollt, bis sie bei 3 mm Dicke zu zerbröckeln beginnen. Der dann vorliegende Wassergehalt ist die Ausrollgrenze w_P.

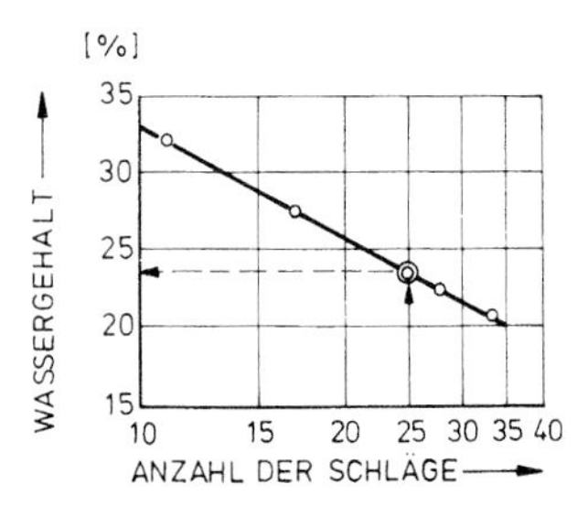

Abb. 7.9 Diagramm zur Bestimmung der Fließgrenze w_L aus den Schlagzahlen, die am Fließgrenzengerät bei zunehmenden Wassergehalten ermittelt werden (aus Gudehus, 1981; mit freundlicher Genehmigung von © Springer-Verlag GmbH Deutschland, 2018, alle Rechte vorbehalten)

Die Schrumpfgrenze w_S ergibt sich bei weiterem Wasserentzug durch einen Farbwechsel von dunkel nach hell.

Die Differenz zwischen Fließgrenze und Ausrollgrenze wird als Plastizitätszahl

$$I_P = w_L - w_P$$

bezeichnet. Sie ist ein wertvolles Hilfsmittel, um bindige Böden zu klassifizieren.

Als weitere Kenngröße wird die Konsistenzzahl

$$I_c = \frac{w_L - w}{w_L - w_P}$$

verwendet. Wobei im plastischen Bereich eine weitere Unterteilung in breiig ($I_c =$ 0–0,5), weich ($I_c = 0{,}5$–$0{,}75$) und steif ($I_c = 0{,}75$–$1{,}0$) gemacht wird.

Eine erste Eingruppierung eines Bodens im Gelände kann nach DIN 14688 aufgrund nachfolgender Kriterien vorgenommen werden:

- Breiig ist ein Boden, der beim Pressen in der Faust zwischen den Fingern hindurchquillt.
- Weich ist ein Boden, der sich leicht kneten lässt.
- Steif ist ein Boden, der sich schwer kneten, aber in der Hand zu bis zu 3 mm dicken Röllchen ausrollen lässt, ohne zu reißen oder zu bröckeln.
- Halbfest ist ein Boden, der beim Versuch, ihn zu 3 mm dicken Röllchen auszurollen, zwar bröckelt und reißt, aber doch noch feucht genug ist, um ihn erneut zu einem Klumpen formen zu können.
- Fest (hart) ist ein Boden, der ausgetrocknet ist und dabei meist hell aussieht. Er lässt sich nicht mehr kneten, sondern nur zerbrechen; ein nochmaliges Zusammenballen der Einzelteile ist nicht mehr möglich.

7.1.4.4 Scherfestigkeit

Die für erdstatische Betrachtungen wichtige Scherfestigkeit wird entweder im Rahmenscherversuch (DIN 18137-3) oder im Triaxialversuch (DIN 18137-2) ermittelt.

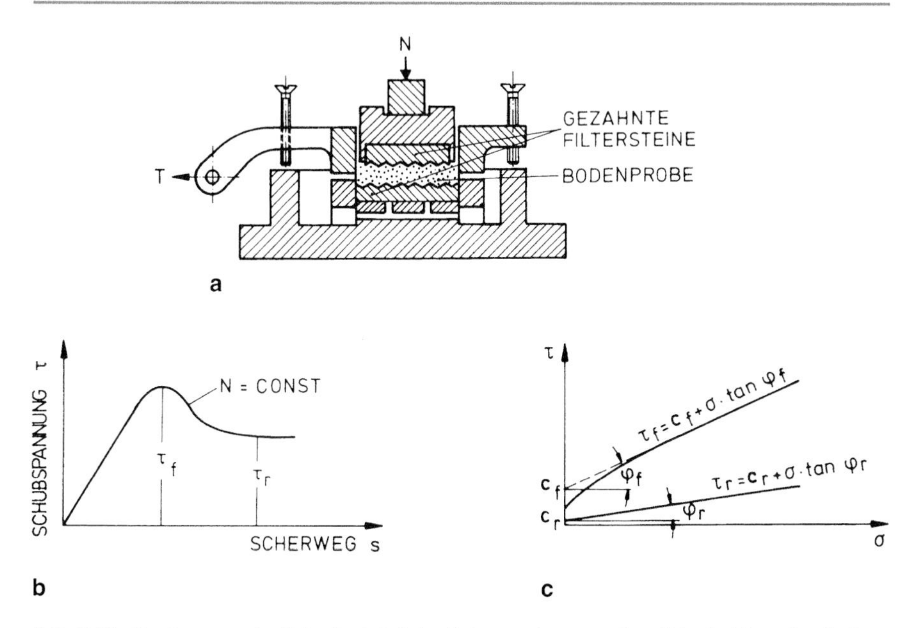

Abb. 7.10 Bestimmung der Scherfestigkeit im Rahmenscherversuch: **a** Prinzipskizze des direkten Schergerätes, **b** Last-Verschiebungslinien aus Rahmenscherversuchen, Scherfestigkeit und Gleitfestigkeit, **c** Grenzkurven für den Maximalwert der Scherfestigkeit und die Restscherfestigkeit (nach Muhs, 1957; mit freundlicher Genehmigung von © Springer-Verlag GmbH Deutschland, 2018, alle Rechte vorbehalten)

Im Rahmenschergerät wird die Bodenprobe in eine zweiteilige Scherbüchse eingebaut, durch eine Normalkraft N belastet und durch die Schubkraft T entlang einer durch die Scherbüchse vorgegebenen Fläche abgeschert (Abb. 7.10a). In diesem ursprünglich von Arthur Casagrande entwickeltem Schergerät, werden während der Versuchsdurchführung die Kräfte N und T sowie die vertikalen und horizontalen Verschiebungen gemessen. Bei festen Böden wird dabei bei zunehmender Verschiebung vielfach ein Abfall der Schubspannungen τ nach Überschreiten des Maximalwertes festgestellt (Abb. 7.10b). Bei bindigen Böden sind der Wassergehalt und der Zustand des Bodens für das Versuchsergebnis von Bedeutung. Zudem kann sich bei rascher Belastung oder wenn keine Drainagemöglichkeit besteht, ein Porenwasserüberdruck aufbauen, der das Versuchsergebnis wesentlich beeinflussen kann.

Aus diesem Grunde werden verschiedene Versuchsdurchführungen vorgesehen:

- **Drainierter Versuch (D-Versuch):**
  Die Probe wird durch die aufgebrachte Normalkraft vorkonsolidiert, das Porenwasserdrucksystem bleibt geöffnet. Das Abscheren erfolgt langsam (Schluffe ∼ 0,1 mm/min, Tone ∼ 0,01 mm/min Vorschub). Ein Porenwasserüberdruck kann sich nicht aufbauen.

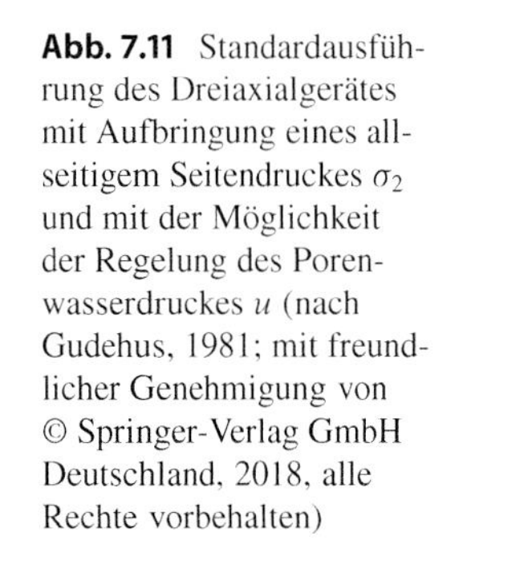

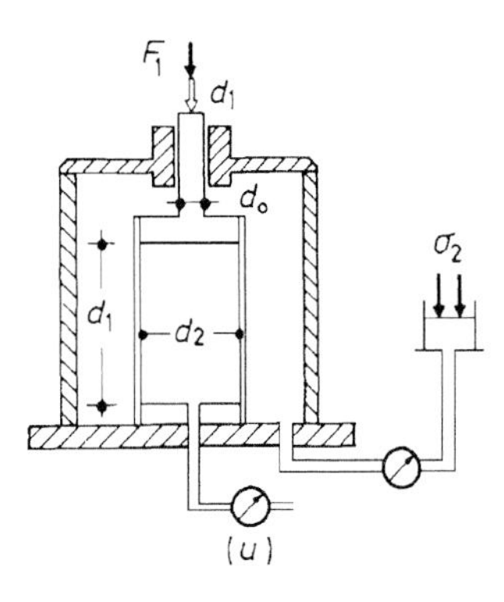

Abb. 7.11 Standardausführung des Dreiaxialgerätes mit Aufbringung eines allseitigem Seitendruckes σ_2 und mit der Möglichkeit der Regelung des Porenwasserdruckes u (nach Gudehus, 1981; mit freundlicher Genehmigung von © Springer-Verlag GmbH Deutschland, 2018, alle Rechte vorbehalten)

- **Konsolidierter, undrainierter Versuch (CU-Versuch):**
  Hier wird nach der Konsolidation das Porenwasserdrucksystem geschlossen; der beim Abschervorgang sich ausbildende Porenwasserüberdruck wird ermittelt und bei der Auswertung berücksichtigt.
- **Unkonsolidierter und undrainierter Versuch (UU-Versuch):**
  Das Porenwasserdrucksystem bleibt während des Versuches geschlossen, der Versuch wird rasch, ohne Abwarten der Konsolidationsvorgänge durchgeführt. Der Porenwasserüberdruck u wird gemessen.

Unter Annahme eines linearen Verhältnisses von Schubspannung τ und Normalspannung σ erhält man aus den Versuchen die wirksamen Scherparameter:

$$\text{aus dem D-Versuch:} \qquad \tau = c' + \sigma \cdot \tan \varphi'$$

oder

$$\text{aus dem UU-Versuch:} \quad \tau = c' + (\sigma - u) \tan \varphi'$$

(der CU-Versuch ist mit dem Schergerät schwierig zu verwirklichen).

Da die genaue Ermittlung des Porenwasserüberdruckes schwierig ist, werden beim UU-Versuch häufig die Scherparameter, für den unentwässerten Zustand, c_u und φ_u, angegeben.

Die Scherfestigkeitsparameter lassen sich auch im dreiachsigen Druckversuch ermitteln. Dabei wird die in eine Gummihülle eingeschlossene zylindrische Bodenprobe über zwei steife Endplatten, nach Aufbringen eines allseitig wirkenden Flüssigkeits- oder Gasdruckes σ_2, belastet (Abb. 7.11).

Der Porenwasserdruck u lässt sich über ein eigenes Porenwasserdrucksystem regeln.

Wie die direkten Scherversuche können auch die dreiachsigen Druckversuche als D-Versuche, CU- oder UU-Versuche durchgeführt werden.

Die Scherfestigkeitsparameter c' und φ' bzw. c_u und φ_u werden aus der Mohrschen Darstellung (Abb. 7.12) ermittelt. Die für bindige Böden häufig gekrümmten Einhüllenden der Spannungskreise werden dabei durch eine Gerade ersetzt.

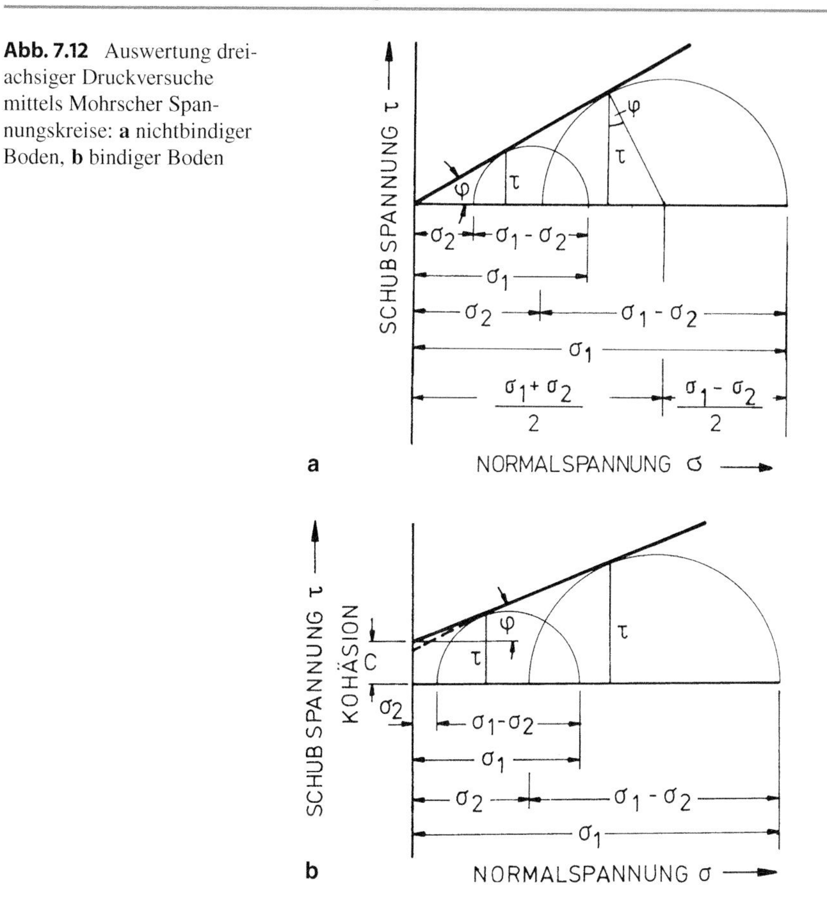

Abb. 7.12 Auswertung dreiachsiger Druckversuche mittels Mohrscher Spannungskreise: **a** nichtbindiger Boden, **b** bindiger Boden

7.1.4.5 Zusammendrückbarkeit

Die Zusammendrückbarkeit von Böden wird im Labor im Kompressionsapparat (Ödometer, siehe DIN EN ISO 17892-5 und Abb. 7.13) bei Verhinderung der Seitendehnung und unbehindertem Austritt des Porenwassers bei Belastung bzw. Wasseraufnahme bei Entlastung ermittelt. Während des Versuches wird die Axiallast stufenweise jeweils nach Abklingen der Setzungen erhöht.

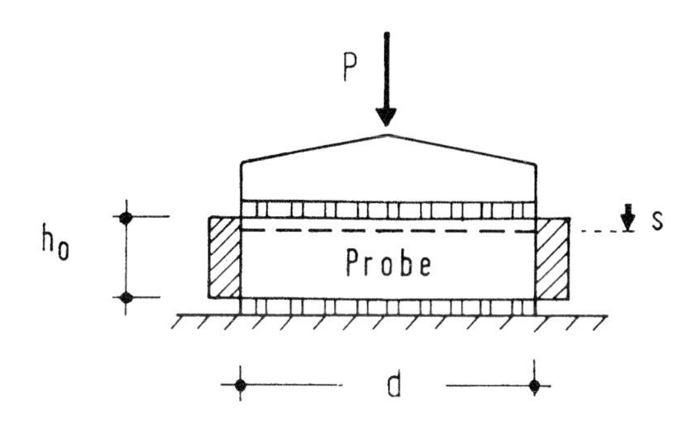

Abb. 7.13 Prinzip des Kompressionsversuches (nach Gudehus, 1981; mit freundlicher Genehmigung von © Springer-Verlag GmbH Deutschland, 2018, alle Rechte vorbehalten)

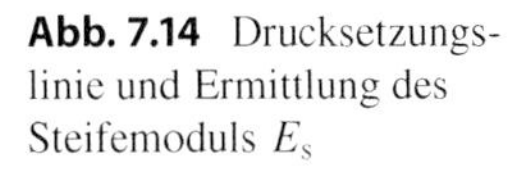

Abb. 7.14 Drucksetzungslinie und Ermittlung des Steifemoduls E_s

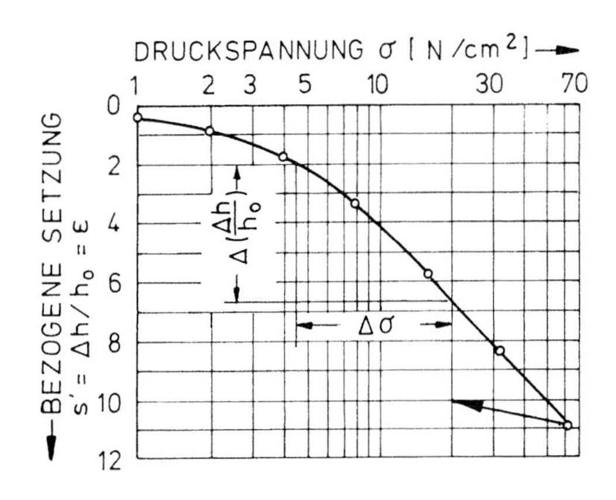

Die Ergebnisse werden als Drucksetzungslinie (Abb. 7.14) – meist in halblogarithmischem Maßstab – aufgetragen.

Die Steifemoduln E_s sind lastabhängig und gelten jeweils für den anzugebenden Lastbereich:

$$E_s = \frac{\Delta\sigma}{\Delta\left(\Delta h/h_0\right)}$$

mit:

σ = Axialspannung,
Δh = Setzung s bei Laststeigerung,
h_0 = Anfangshöhe der Probe.

Von Bedeutung ist auch der zeitliche Verlauf der Zusammendrückung. Bei rolligen, stark durchlässigen Böden geht der Setzungsvorgang rasch, bei bindigen, wenig durchlässigen Bodenarten wesentlich langsamer vor sich (Abb. 7.15). Aus dem im Laborversuch ermittelten zeitlichen Verlauf der Zusammendrückung lassen sich Aussagen über den Ablauf der Setzungen bei Belastung durch Bauwerke ableiten.

7.1.5 Spezielle bautechnische Eigenschaften von Lockergesteinen

Die Gewinnbarkeit von Erdstoffen, ihre Frostbeständigkeit, ihre Verwendungsfähigkeit als Baustoff etc. hängen zumeist von einer Vielzahl bodenbezogener Parameter ab. Um Vergleichsmöglichkeiten zu schaffen, wurden vielfach spezielle Untersuchungsverfahren ausgearbeitet, die Indexwerte zur objektiven Beurteilung liefern.

7.1.5.1 Gewinnbarkeit

Die Planung und Aufstellung von Kostenvoranschlägen für Aushub- und Einschnittarbeiten wird maßgeblich von der Gewinnbarkeit des anstehenden Locker- oder Festgesteins bestimmt. Die richtige Wahl der Abbaumethode und der zum Einsatz

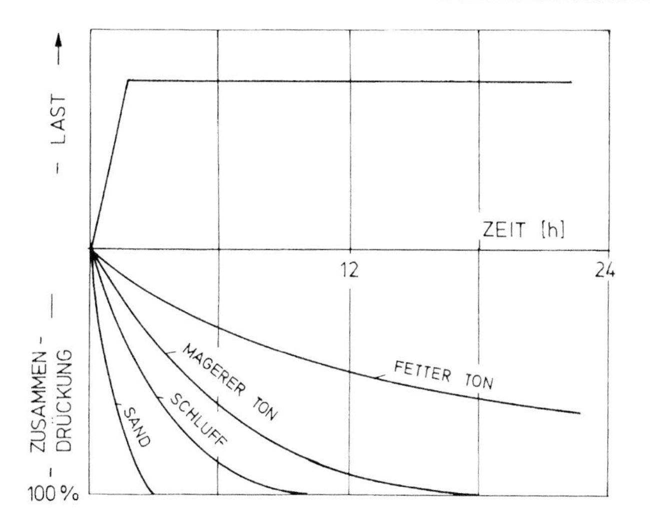

Abb. 7.15 Qualitative Zeitsetzungslinien – bindiges und rolliges Material

kommenden Geräte ist oft entscheidend für den technischen und wirtschaftlichen Erfolg einer Baumaßnahme.

Die Locker- und Festgesteine werden nach dem Widerstand, den sie der Gewinnung entgegensetzen (Lösen), in sieben Klassen eingeteilt (DIN 18300):

Mit dem **Löffelbagger** lassen sich gewinnen:

- Klasse 1: **Oberboden**, der neben anorganischen Stoffen, z. B. Kies-, Sand-, Schluff- und Tongemischen, auch Humus und Bodenlebewesen enthält.
- Klasse 2: **Fließende Bodenarten**, von flüssiger bis breiiger Beschaffenheit.
- Klasse 3: **Leicht lösbare Bodenarten**, nichtbindige bis schwachbindige Sande, Kiese und Sand-Kies-Gemische mit bis zu 15 % Beimengungen an Schluff und Ton (Korngröße kleiner als 0,06 mm) und mit höchstens 30 % Steinen von über 63 mm Korngröße bis zu 0,01 m^3 Rauminhalt. Organische Bodenarten mit geringem Wassergehalt (z. B. feste Torfe).

Mit dem **Reißgerät** lassen sich gewinnen:

- Klasse 4: **Mittelschwer lösbare Bodenarten**, Gemische von Sand, Kies, Schluff und Ton mit mehr als 15 % der Korngröße kleiner als 0,06 mm. Bindige Bodenarten von leichter bis mittlerer Plastizität, die je nach Wassergehalt weich bis halbfest sind und die höchstens 30 % Steine von über 63 mm Korngröße bis zu 0,01 m^3 Rauminhalt enthalten.
- Klasse 5: **Schwer lösbare Bodenarten**, nach den Klassen 3 und 4, jedoch mit mehr als 30 % Steinen von über 63 mm Korngröße bis zu 0,01 m^3 Rauminhalt. Nichtbindige und bindige Bodenarten mit höchstens 30 % Steinen von über 0,01 m^3 bis 0,1 m^3 Rauminhalt. Ausgeprägt plastische Tone, die je nach Wassergehalt weich bis halbfest sind.

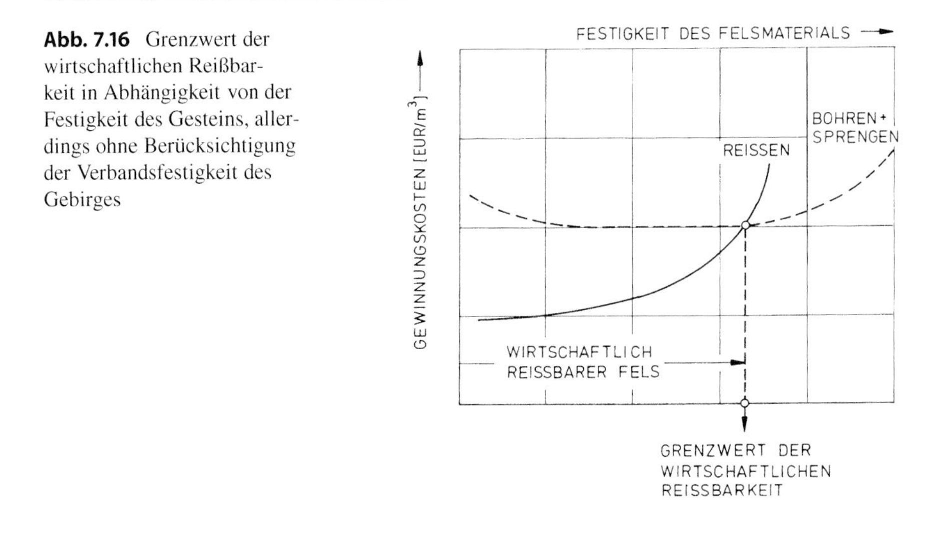

Abb. 7.16 Grenzwert der wirtschaftlichen Reißbarkeit in Abhängigkeit von der Festigkeit des Gesteins, allerdings ohne Berücksichtigung der Verbandsfestigkeit des Gebirges

Mittels **Sprengungen** oder sehr schwerem Reißgerät lassen sich gewinnen:

- Klasse 6: **Leicht lösbarer Fels und vergleichbare Bodenarten**, die einen inneren, mineralisch gebundenen Zusammenhalt haben, jedoch stark klüftig, brüchig, bröckelig, schiefrig, weich oder verwittert sind. Nichtbindige und bindige Bodenarten mit mehr als 30 % Steinen von über 0,01 m^3 bis 0,1 m^3 Rauminhalt.
- Klasse 7: **Schwer lösbarer Fels**, der einen inneren, mineralisch gebundenen Zusammenhalt und hohe Gefügefestigkeit hat und der nur wenig klüftig oder verwittert ist.

Bei den Böden ist neben der Lösbarkeit auch das Laden für die Wahl des Gerätes wichtig. Hochplastische Tone z. B. bleiben in der Baggerschaufel hängen oder das Gerät selbst versinkt in solchen Böden.

Die Grenzen der Klasseneinteilung sind fließend und nur schwer durch Indexwerte zu kennzeichnen. Bisher sind grobe Prüfverfahren nur für Lockergesteine bekannt (z. B. Indexbestimmung durch Rammsondierung), bei den Festgesteinen spielen, neben der Druck- und Zugfestigkeit des Gesteins, insbesondere die Verbandsfestigkeit eine bedeutende Rolle. Abb. 7.16 zeigt eine Abhängigkeit der Gewinnungskosten von der Festigkeit des Materials, die auf Überlegungen von Maleton (1973) zurückgeht, ohne allerdings die Verbandseigenschaften des Gebirges zu berücksichtigen.

Die bisher sicherste Methode der Bestimmung der Gewinnbarkeit besteht in der Anlegung eines Schürfgrabens, in dem das vorgesehene Gerät erprobt werden kann und die Grenzen der Gewinnbarkeit zweifelsfrei festgelegt werden können.

7.1.5.2 Frostwirkungen

Durch das Gefrieren des im Boden enthaltenen Wassers können erhebliche Baugrundveränderungen eintreten. Die Frostwirkungen spielen insbesondere im Verkehrswegebau eine wichtige Rolle.

Neben dem Bodenaufbau sind:

- Morphologie,
- Vegetation,
- Bebauung

und andere Faktoren von Einfluss auf die örtlichen Temperatur- und Feuchtigkeitsverhältnisse.

Neben den Primärwirkungen – Eisbildung in den Porenräumen bzw. Eislinsenbildung bei ständigem Wassernachschub – sind die Sekundärwirkungen wie Wasseranreicherung während der Tauperiode und damit verbundenen Änderungen der Konsistenz des Bodenmaterials häufig noch wesentlich kritischer.

Die Frosteindringtiefe lässt sich bei Kenntnis der Kältesummen (meteorologische Ämter) und den Bodentypen aufgrund empirischer Berechnungsverfahren abschätzen oder anhand von vorliegenden Messwerten extrapolieren (Fuchs & Klengel, 1977). Darüber hinaus gibt es spezielle Versuche, um die Frostempfindlichkeit von Böden und veränderlich festen Gesteinen zu testen, auf die wir hier aber nicht näher eingehen (Blume, 2016).

In Kies- und Sandböden tritt sogenannter homogener Bodenfrost auf. Das vorhandene Wasser füllt als Eis Porenräume aus und bildet Eiskrusten um die Einzelkörner.

Geschichteter Bodenfrost tritt bei feinkörnigen Böden mit Kapillarwirkung auf (Abb. 7.17). Hier bilden sich Eislinsen durch das kapillare Ansaugen weiteren Was-

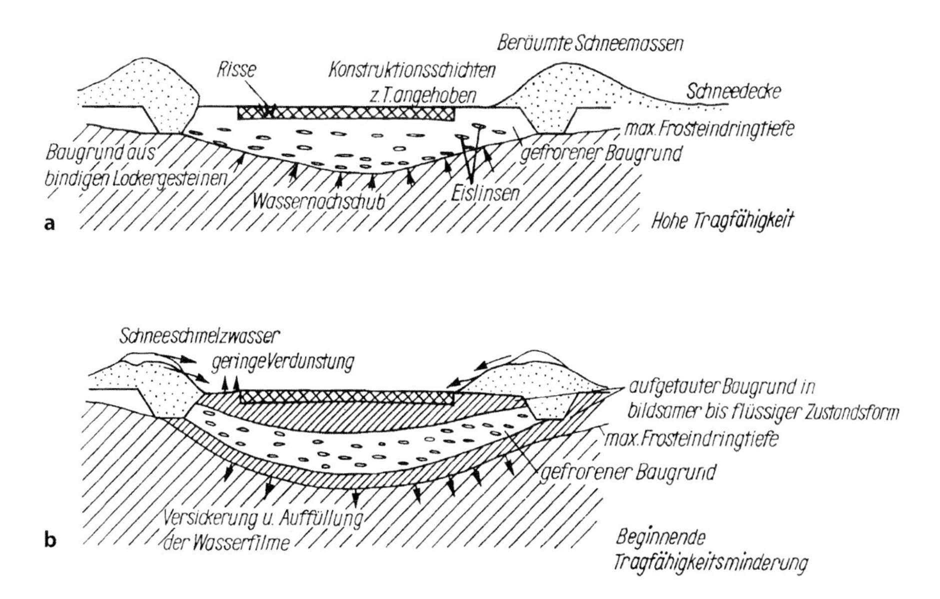

Abb. 7.17 Entstehung von Frostschäden **a** Bildung von Eislinsen unter dem Straßenplanum in der Gefrierperiode, **b** Veränderter Zustand unter dem Straßenplanum in der Tauperiode (aus Klengel, 1968)

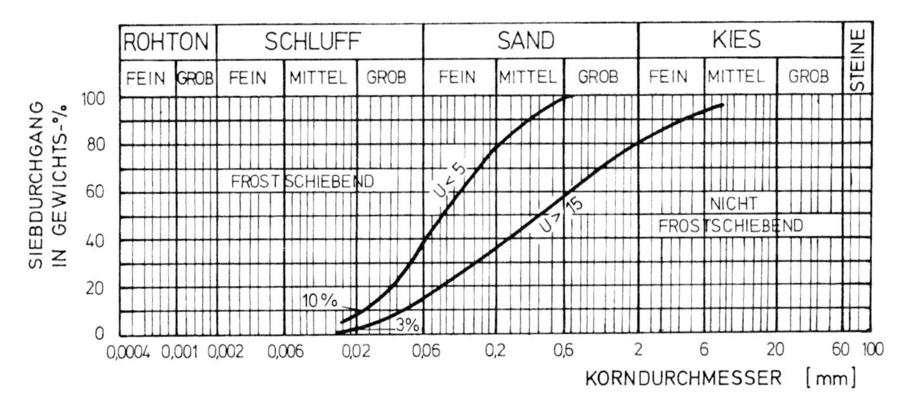

Abb. 7.18 Darstellung des von Casagrande aufgestellten Frostkriteriums am Beispiel zweier Bodensieblinien

sers. Die Dicke der Eislinsen beträgt je nach Frostdauer und Wassernachschub von wenigen Millimetern bis zu Dezimeterstärke. Die Eislinsenbildung erfolgt in Richtung des Frosteinfalls und kann zu Straßenhebungen, dem Kippen von Fundamenten und der Verschiebung von Wänden etc. führen.

Wesentliches Kriterium für die Beurteilung der Frostempfindlichkeit von Böden stellt die Korngrößenverteilung dar. Je nach Kornanteil und Korndurchmesser ist ein Boden nach Schaible (1958) als frostgefährlich oder frostempfindlich einzustufen.

Als Kriterien gelten:

- frostgefährlich: Lockergesteine mit mehr als 40 %, 20 %, bzw. 6 % Kornanteil < 0,1 mm, 0,02 mm bzw. 0,002 mm ⌀
- frostempfindlich: Lockergesteine mit einem Kornanteil 20–40 %, 10–20 % bzw. 1–6 % < 0,1 mm, 0,02 mm bzw. 0,002 mm ⌀

Nach Casagrande (1934b) sind für die Frostgefährlichkeit eines Bodens die Korngrößen um 0,02 mm Durchmesser maßgebend. Je nach dem Ungleichkörnigkeitsgrad ist der Anteil der Körner kleiner als 0,02 mm, bei dem der Boden noch nicht als frostsicher anzusehen ist, verschieden: Bei $U > 15$ ist der Boden frostgefährdet, wenn der Anteil der Komponenten kleiner als 0,02 mm mehr als 3 % beträgt; bei $U < 5$, wenn der Anteil der Durchmesser kleiner als 0,02 mm mehr als 10 % beträgt. Für Zwischenwerte, also für U zwischen 5 und 15, ist bezüglich der kritischen Prozentzahlen geradlinig zu interpolieren (Abb. 7.18).

7.1.5.3 Böden als Baustoff

Für die Verwendung als Zuschlagstoff bei der Herstellung von Beton sind natürliche nichtbindige Böden ein geschätzter Rohstoff. Die Gewinnung in Sand- und Schottergruben erfolgt häufig aus dem Nassen, z. B. durch Nassbaggerung oder Schrapperbetrieb. Anschließend wird das Material gesiebt, gewaschen und in unterschiedlichen Körnungen auf Halde gelegt.

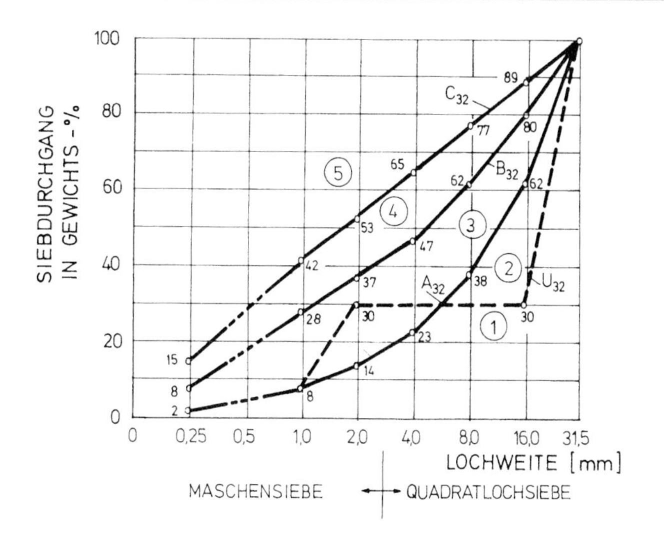

Abb. 7.19 Anforderungen an die Sieblinie eines Betonkiessandes mit einem Größtkorn von 31,5 mm. Bereich (1): ungünstig, zu schwer verarbeitbar; Bereich (2): günstig für Ausfallkörnungen; Bereich (3): günstig; Bereich (4): brauchbar, erhöhter Zementleimbedarf; Bereich (5): ungünstig, zu hoher Zementleimbedarf (Verein Deutscher Zementwerke e. V., 1968, wiedergegeben mit freundlicher Genehmigung von © Verein Deutscher Zementwerke e. V., 2018, alle Rechte vorbehalten)

Je nach Bedarf wird vom Betonwerk ein Betonkiessand gemischt, der einerseits den Anforderungen des Betontyps, andererseits der Betontechnik entsprechen muss (Abb. 7.19).

Entsprechend der DIN 12620 beeinflusst die spezifische Oberfläche bzw. die Kornrundung des Zuschlags die Eigenschaften des Betons und den Bedarf an Zementleim wesentlich.

Der Mineralbestand der Zugschlagstoffe muss ebenfalls gewissen Anforderungen entsprechen. Die nichtbindigen Lockergesteine bestehen zwar in erster Linie aus schwer zerstörbaren Mineralen mit geringer oder fehlender Wasseraffinität (wie z. B. Quarz). Doch kann gelegentlich ein hoher Gehalt an Tonschiefer oder Kalkstein aus benachbartem Sedimentabtrag eingestreut sein, der für den Rohstoff Betonzuschlag unvorteilhaft ist.

Wegen ihrer weitgehenden Unempfindlichkeit gegenüber Einflüssen der Witterung sind alle nichtbindigen Lockergesteine gut geeignet als Filtermaterial.

Nach der Filterregel von Terzaghi (siehe Terzaghi & Peck, 1961) bestimmt sich die Kornverteilungskurve für das Filtermaterial gemäß Abb. 7.20.

Ein Filtererdstoff ist gegenüber einem Boden (z. B. einem Stützkörper) mechanisch wirksam, wenn aus diesem bei Vorhandensein einer Sickerströmung keine Kornfraktionen in den Filtererdstoff gespült werden (rückschreitende Erosion). Die mechanische Wirksamkeit wird in der Filterregel von Terzaghi durch die Forderung $B \rightarrow B'$ gewährleistet. Die Korngröße d_{15} des Filtererdstoffes muss geringer als das 4- bis 5fache der Korngröße d_{85} des anstehenden Erdstoffes sein.

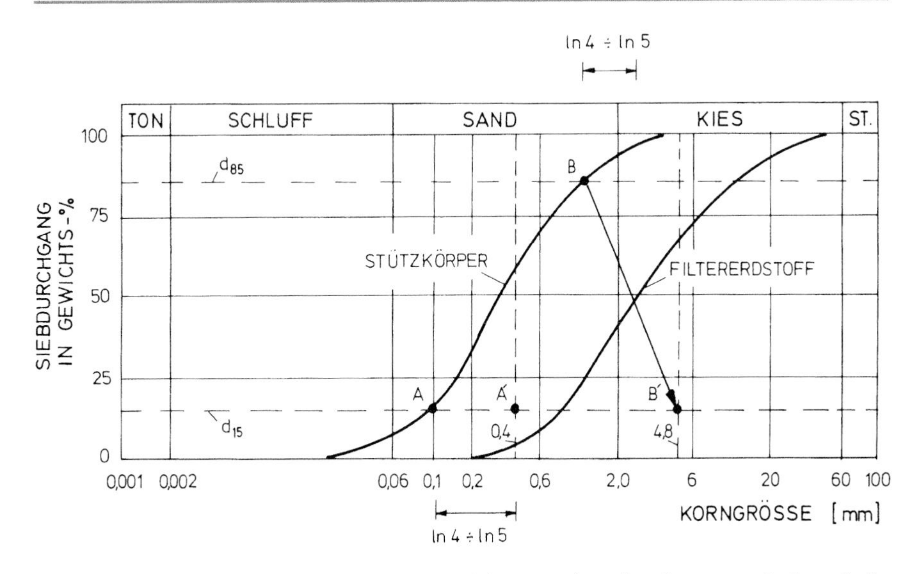

Abb. 7.20 Kornverteilungskurve für Filtermaterial gegen einen Stützkörper ermittelt nach der Filterregel von Terzaghi. Die Kornverteilungskurve muss die Strecke A′ B′ schneiden. Die Endpunkte der Strecke bestimmen sich aus der Forderung: $A' = 4$ bis $5 \cdot d_{15} \rightarrow \ln 4$ bis $\ln 5 + \ln d_{15}$ und $B' = 4$ bis $5 \cdot d_{85} \rightarrow \ln 4$ bis $\ln 5 + \ln d_{85}$

Das in den Filter einsickernde Wasser muss drucklos abgeführt werden. In Abb. 7.20 wird diese Forderung durch die Beziehung A→A′ befriedigt. In dieser Hinsicht stimmt die Filterregel von Terzaghi in etwa mit dem Vorschlag von Hazen (1892) überein, wonach die Durchlässigkeit k allein abhängig ist vom Korngrößenanteil d_{10} eines Erdstoffes.

Als Dammbaustoff (Schüttmaterial) sind nichtbindige Böden uneingeschränkt verwendbar. Sie lassen sich gut verdichten und besitzen ein Höchstmaß an Scherfestigkeit. Nach den Ausführungen der *Zusätzlichen Technischen Vertragsbedingungen und Richtlinien für Erdarbeiten im Straßenbau* (Floss, 2011) ist für die Hinterfüllung und Überschüttung von Bauwerken nichtbindiger Boden vorgeschrieben. Felsige und grobkörnige Böden dürfen bei Straßendämmen nur bis 2 m unter Fahrbahnoberkante eingebaut werden, da sie sich aus Mangel an Feinanteilen nur hohlraumreich verdichten lassen. Deshalb ist derartigen Böden das zum Schließen ihrer Grobporen erforderliche Feinkorn beizugeben. Der Übergangsbereich ist so aufzubauen, dass das Feinkorn nicht nach unten abwandern kann. Sind grobkörnige Böden witterungsunbeständig, so dürfen sie lediglich hohlraumarm eingebaut werden und sind dabei zu verdichten. Feinsandige Böden sind i. A. nur beschränkt geeignet.

Die üblichen Schütthöhen liegen zwischen 20 und 60 cm bei 8 bis 10 Übergängen mit den Verdichtungsgeräten. Für nichtbindige Böden eignen sich zur Bodenverdichtung am besten Vibrationsgeräte, während für bindige Böden besser Geräte mit Schlag-, Druck- und Knetwirkung zum Einsatz kommen.

Tab. 7.2 Anhaltswerte für Böschungsneigungen in nichtbindigen Böden (aus Bender, 1984; mit freundlicher Genehmigung von © Springer-Verlag GmbH Deutschland, 2018, alle Rechte vorbehalten)

	Bodengruppe nach DIN 18196	Lagerungsdichte	Böschungsneigung	
			Über Wasser	Unter Wasser
1	SE SU mit $U \leq 6\,\%$	Locker Mitteldicht Dicht	1 : 2,3 1 : 2,0 1 : 1,9 (1 : 1,7)*	1 : 3 bis 1 : 5
2	GE	Locker Mitteldicht Dicht	1 : 2,0 1 : 1,9 1 : 1,7 (1 : 1,5)*	1 : 3 bis 1 : 4
3	SW, SI GW, GI	Locker Mitteldicht Dicht	1 : 2,3 1 : 2,0 1 : 1,9 (1 : 1,7)*	1 : 3 bis 1 : 4
4	SU $6 < U \leq 15\,\%$		Wie 1	1 : 4 bis 1 : 5
5	SU, GU $U > 15\,\%$	Weich Steif Halbfest	1 : 2,5 1 : 2,3 1 : 2,0	1 : 4 bis 1 : 8

* bei scharfkantigem Material kann bei 1 bis 3 die nächs steilere Böschungsneigung gewählt werden, höchstens jedoch der angegebene Klammerwert

Die Verdichtungsgüte nichtbindiger Böden hängt im Wesentlichen von der Ungleichkörnigkeit, weniger vom Wassergehalt ab. Gleichkörniges Material lässt sich nur sehr schlecht oder gar nicht verdichten (Floss, 2011).

Für die Neigung der Dammböschungen in nichtbindigen Böden möge die Tab. 7.2 einen Anhalt geben.

Bindige Böden sind für Dammschüttungen bedingt geeignet. Ihre Verdichtungsfähigkeit hängt hauptsächlich vom Wassergehalt ab. Böden, die ganz oder fast wassergesättigt sind, kann man nicht verdichten. Bindige Böden lassen sich am besten mit einem Wassergehalt im Bereich der Ausrollgrenze verdichten. Bindiger Boden ist daher bei Gewinnung, Lagerung und Einbau vor Wasserzutritt zu schützen.

Eingebaute Massen sind sofort zu verdichten. Bei Unterbrechung der Arbeit oder wenn Niederschläge zu erwarten sind, ist die Schüttung glattzuwalzen, damit das Wasser abfließen kann. Aus diesem Grund erhält jede Schüttlage ein Quergefälle von mindestens 4 %. Allgemein kann gesagt werden, dass die Verwendbarkeit bindiger Böden mit einer Konsistenzzahl $I_c < 0{,}75$ ohne Verbesserung nur gering ist. Eine Verbesserung kann durch folgende Maßnahmen erzielt werden:

- Verringerung des Wassergehalts durch eine Zwischenlagerung bei günstiger Witterung.
- Stabilisieren mit Kalk (hierbei wird die Struktur des Bodens verbessert und der Wassergehalt verringert).
- Einrütteln von Grobkorn (Steinen) bei leichtplastischen Böden.

Tab. 7.3 Anhaltswerte für Böschungsneigungen in bindigen Böden (aus Bender, 1984; mit freundlicher Genehmigung von © Springer-Verlag GmbH Deutschland, 2018, alle Rechte vorbehalten)

	Bodengruppe nach DIN 18196	Konsistenz DIN 18122	Böschungshöhe		
			≤ 5 m	≤ 10 m	≤ 15 m
1	TA	Weich*	(1 : 4)	(1 : 4)	(1 : 4)
		Steif	1 : 1,3	1 : 2,4	1 : 2,8
		Halbfest	1 : 1	1 : 1,1	1 : 1,6
2	TM, UM	Weich*	(1 : 3)	(1 : 3)	(1 : 3)
		Steif	1 : 1,5	1 : 2,1	1 : 2,4
		Halbfest	1 : 1	1 : 1,6	1 : 1,9
3	TL, UL SŪ, ST ST̄ GŪ, GT GT̄	Weich*	(1 : 2,5)	(1 : 2,5)	(1 : 3,0)
		Steif	1 : 1,2	1 : 2,4	1 : 2,5
		Halbfest	1 : 1,4	1 : 1,9	1 : 2,1

* nicht für Dämme, Zwischenwerte können geradlinig interpoliert werden

Die Verdichtung bindiger Böden erfolgt am besten durch Kneten und gleichzeitiges Drücken oder durch kräftiges Schlagen.

Bindige Böden mit Konsistenzzahlen $I_c < 0{,}25$ sind ungeeignete Dammbaustoffe. Bei den schluffigen Böden – insbesondere beim Löss – sind die Böschungen durch Erosion gefährdet.

Für die Neigung der Dammböschungen in bindigen Böden gibt die Tab. 7.3 einen Anhalt.

Bindige Böden finden im Talsperrenbau als Dichtungsteppich und undurchlässiges Kernmaterial verbreitete Verwendung. Ihre Eignung wird projektbezogen jeweils eingehend untersucht. Es sei auf die umfangreiche insbesondere amerikanische Literatur zu diesem Fragenkomplex verwiesen.

7.2 Festigkeit und Verformungseigenschaften von Gesteinen

Über das Festigkeits- und Verformungsverhalten von Gesteinen liegen – im Gegensatz zum Gebirge – eine Vielzahl von Untersuchungen vor. Dies ergab sich wohl daraus, dass sich intakte Gesteinsproben wesentlich einfacher prüfen lassen als geklüfteter Fels. Häufig wurde früher auch der Einfluss der Trennflächen auf das Materialverhalten des Gebirgsverbandes in seiner Bedeutung nicht erkannt – zwischen Gesteins- und Gebirgseigenschaften wurde nicht unterschieden.

7.2.1 Untersuchungsmethoden

Zur Ermittlung der mechanischen Gesteinseigenschaften haben sich eine Reihe von Standardversuchstechniken allgemein durchgesetzt. Empfehlungen zur Durchführung und Auswertung dieser Versuche werden z. Z. von Arbeitsausschüssen der Deutschen Gesellschaft für Geotechnik (DGGT e. V.) erarbeitet bzw. überarbeitet. Auf internationaler Ebene liegen Empfehlungen der International Society for Rock Mechanics and Rock Engineering (www.isrm.net) zur Durchführung einachsiger Druckversuche sowie von Punktlastversuchen vor.

7.2.1.1 Einachsiger Druckversuch

Der einachsige Druckversuch stellt den in der Felsmechanik wohl am häufigsten durchgeführten gesteinsmechanischen Versuch dar. Bei diesem Versuch werden die zumeist zylindrischen Prüfkörper in ihrer Achsrichtung zusammengedrückt. Wird die axiale Belastung bis zum Versagen des Prüfkörpers gesteigert und wird neben der Belastungsgröße auch die axiale sowie laterale Verformung gemessen, so lassen sich aus diesem Versuch wichtige Gesteinsparameter wie Verformungsmodul, Querdehnungsverhältnis und die einachsige Druckfestigkeit ermitteln (Abb. 7.21). Von verschiedenen vorgeschlagenen indirekten Methoden zur Abschätzung der einachsigen Druckfestigkeit hat sich der Punktlastversuch (s. Abb. 7.22), der sich auch an unbearbeiteten Bohrkernabschnitten oder unregelmäßig geformten Gesteinsstücken durchführen lässt, durchgesetzt. Aus den in Punktlastversuchen bestimmten Indexwerten lassen sich einachsige Druckfestigkeiten ermitteln (siehe Thuro, 1996, Thuro, 2010). Die Ergebnisse von Druckversuchen werden durch die Geometrie des Prüfkörpers, die Eigenschaften der Endplatten und die Steifigkeit der Prüfpresse und eine Reihe anderer Faktoren beeinflusst (Vutukuri, Lama & Saluja, 1974). So ergibt sich z. B. bei der Verwendung von Stahlendplatten für die meisten Gesteinsarten eine erhebliche Zunahme der Festigkeit mit abnehmendem Höhen/Durchmesser-Verhältnis. Durch die Verwendung von bürstenartigen Druckkörpern kann der Endplatteneinfluss nahezu ausgeschaltet werden (Hilsdorf, 1965;

Abb. 7.21 Einachsiger Druckversuch – Gesteinsprobe mit Dehnungsmessstreifen zur Messung der axialen und lateralen Verformung in Abhängigkeit von der Axialspannung (Photo: G. Reik)

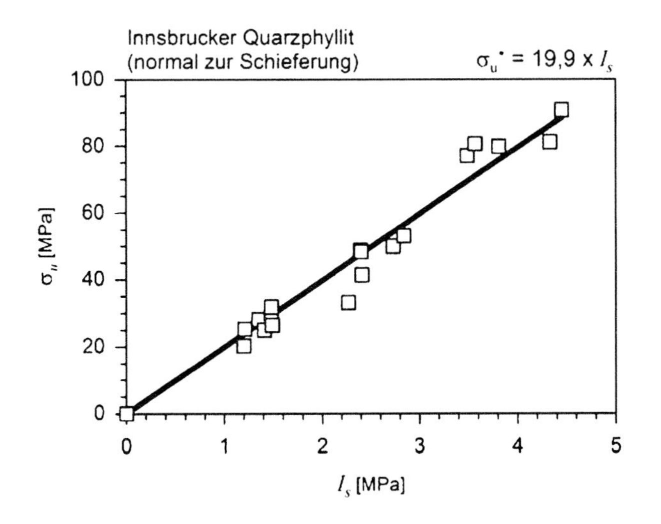

Abb. 7.22 Beziehung zwischen der einachsigen Druckfestigkeit σ_u und dem Punktlastindex I_s ermittelt am Beispiel eines Quarzphyllits. Der Umrechnungsfaktor c wurde dabei mit 19,9 errechnet (aus Thuro, 1996; mit freundlicher Genehmigung von © Kurosch Thuro, 2018, alle Rechte vorbehalten)

Abb. 7.23). In den Empfehlungen der International Society for Rock Mechanics and Rock Engineering (ISRM) wird deshalb ein h/d-Verhältnis von 2,5 : 1 bis 3 : 1 vorgeschlagen. Dagegen werden in der Empfehlung Nr. 1 des Arbeitskreises AK 3.3 Versuchstechnik Fels der DGGT e. V. (Mutschler, 2004) die Grenzen bei $1{,}5\,d < h < 2{,}5\,d$ festgelegt.

Auf die Bedeutung des Prüfpressentyps soll hier noch etwas näher eingegangen werden, da das Verhalten des Prüfkörpers nach Beginn des Bruchprozesses wesentlich hiervon beeinflusst wird. Die Verwendung sehr steifer Prüfpressen in der Gesteinsmechanik (Wawersik, 1968) hat gezeigt, dass die zum Teil explosionsartig verlaufenden Bruchprozesse bei der Prüfung von festen Gesteinsarten vielfach nicht eine Eigenschaft des Gesteins an sich darstellen. Durch die Belastung des Prüfkörpers erfährt das Prüfgerät ebenfalls eine Verformung, deren Betrag von Belastungsgröße und Steifigkeit des Prüfgerätes abhängig ist (Abb. 7.24). Ein Vergleich von Last-Verschiebungs-Diagrammen des Versuchsgerätes und der Gesteinsproben ergab, dass es zumeist dann zu schlagartigem Versagen des Gesteins kommt, wenn die in dem Versuchsgerät gespeicherte Energie die zur Verformung des Prüfkörpers im sogenannten Post-failure-Bereich notwendige Energie übertrifft.

Will man das Gesteinsverhalten auch im Post-failure-Bereich untersuchen, so muss man entweder sehr steife (Cook, 1965; Wawersik, 1968) oder servogesteuerte Prüfmaschinen (Rummel & Fairhurst, 1970) verwenden. Da die servogesteuerte Prüfpresse vielfältige Möglichkeiten der Steuerung bietet, hat sich dieser Versuchstyp gegenüber dem von der Presse her steifen Prüfsystem durchgesetzt (H. Bock, 1978). Bei genügend schneller Reaktionszeit des Servosystems lässt sich für Gesteinstypen mit einer positiven Steigung der Spannungs-Dehnungs-Linie im Post-failure-Bereich (Klasse 1, Abb. 7.25a) ein „stabiler“ Bruchprozess erreichen. Für

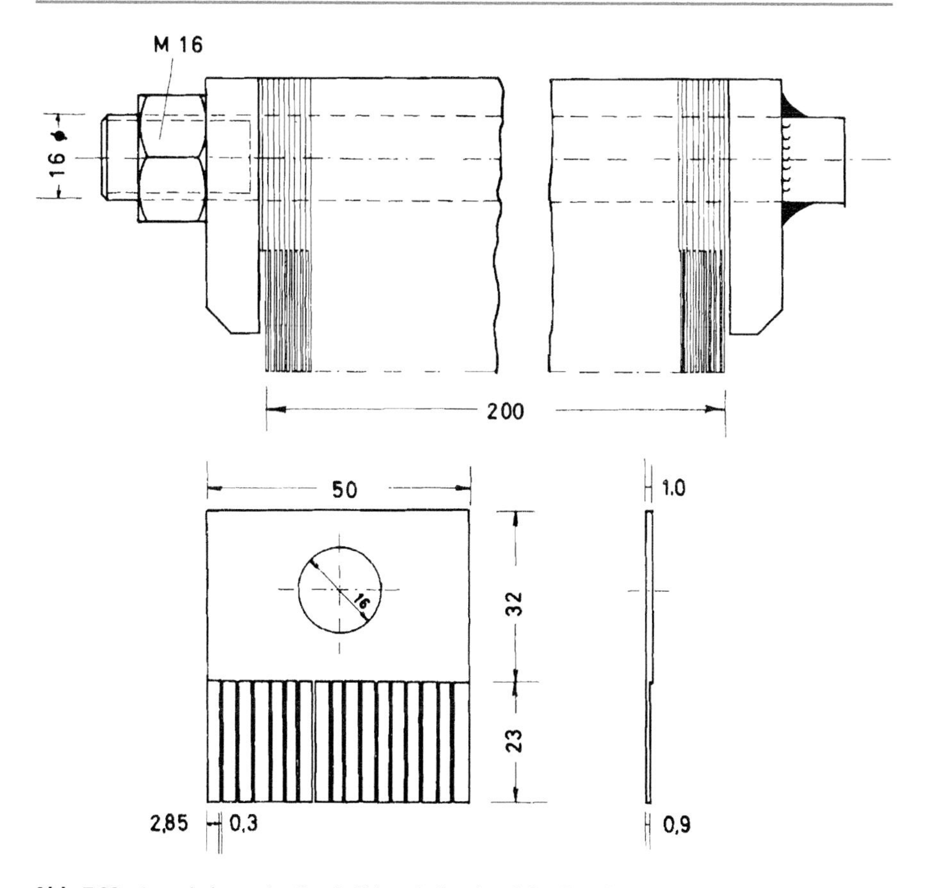

Abb. 7.23 Ausschaltung des Randeffektes beim einaxialen Druckversuch durch die Verwendung von bürstenartigen Druckkörpern zur zwängungsfreien Lasteintragung. Längs- und Querschnitt sowie Einzelelement der Belastungsbürste (aus Hilsdorf, 1965; freundlicher Genehmigung von © Deutscher Ausschuss für Stahlbeton e. V., 2018, alle Rechte vorbehalten)

Gesteinstypen der Klasse 2 nach Abb. 7.25b ist eine Stabilisierung nicht möglich. Für diese Gesteine stellt der schlagartig ohne weitere Energiezufuhr von außen ablaufende Versagensprozess eine echte Materialeigenschaft dar. Extrem spröde Gesteine dieses Typs sind allerdings sehr selten.

Vogler & Stacy (2016) haben für die Gesteinsklassen 1 und 2 dargelegt, welche Energie aufzubringen ist, um die unterschiedlichen Gesteine in einer servogesteuerten Prüfpresse zu testen (Abb. 7.25). Bei der Gesteinsklasse 1 (Abb. 7.25a) wird im Feld 1 + 2 + 3 die gesamte im Versuchsgerät gespeicherte Energie aufgewandt, um den Probekörper von 0 nach B zu verformen. Davon wird im Feld 1 + 2 die Energie aufgebracht, um den Probekörper bis zur Bruchfestigkeit im Punkt A zu verformen. Im Feld 1 wird während der Lastaufbringung nicht zurückgewinnbare Energie vom Probekörper absorbiert (diese Energie ist erforderlich für die plastische Verformung, für die Bruchbildung und Bruchöffnung sowie die entstehende Erwärmung). Feld 2 entspricht der elastischen Energie im Probekörper an Punkt A.

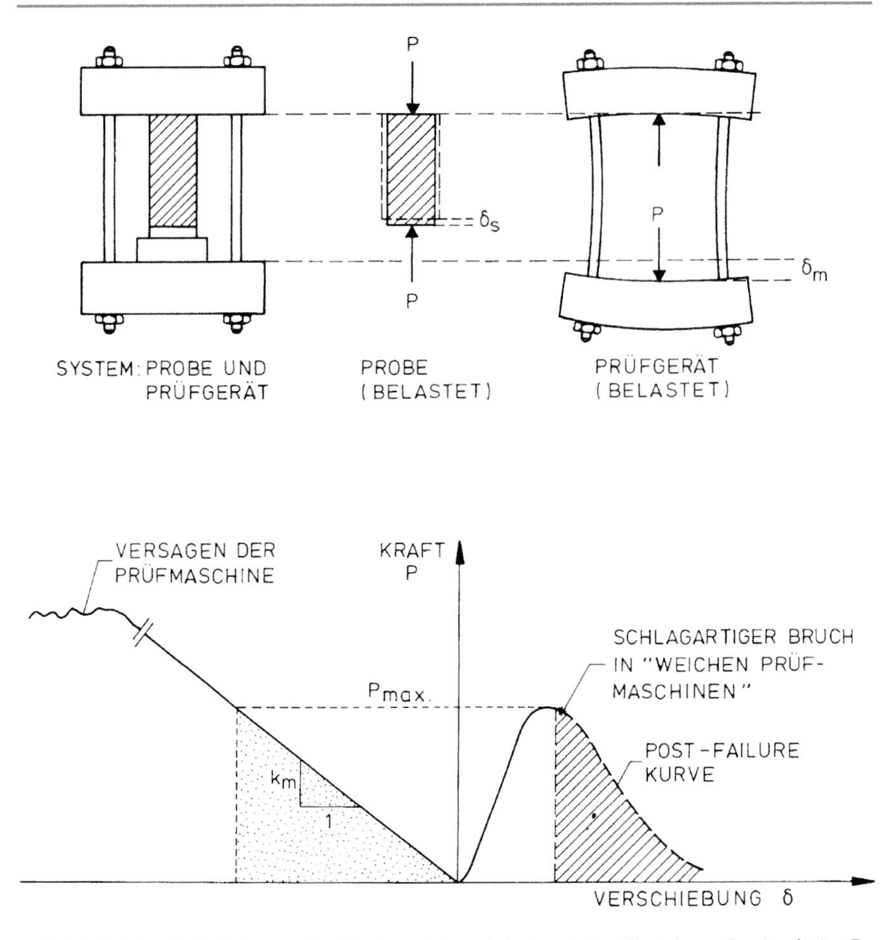

Abb. 7.24 Kraft-Weg-Kurven der Prüfmaschine (*links*) und der Gesteinsprobe (*rechts*). *Gepunktet*: In dem Prüfgerät gespeicherte Energie zum Zeitpunkt des Versagens des Prüfkörpers. *Schraffiert*: Notwendige Energie zur Verformung des Prüfkörpers im Post-failure-Bereich. (Aus H. Bock, 1978; mit freundlicher Genehmigung von © Helmut Bock, 2018, alle Rechte vorbehalten)

Das Feld 3 repräsentiert die zusätzliche Energie, die von der Prüfpresse abgegeben werden muss, um den Versuch von A nach B fortzuführen.

Bei der Gesteinsklasse 2 (Abb. 7.25b) ist im Feld 1 + 2 + 4 die Energie enthalten, welche von der Prüfpresse aufgebracht werden muss, um den Probekörper von 0 nach C zu verformen. Im Feld 1 + 2 + 3 steckt die Energie, welche erforderlich ist, um die Bruchfestigkeit im Punkt A zu erreichen. Im Feld 1 wird während der Lastaufbringung nicht zurückgewinnbare Energie vom Probekörper absorbiert (diese Energie ist erforderlich für die plastische Verformung, für die Bruchbildung und Bruchöffnung sowie die entstehende Erwärmung). Im Feld 2 + 3 steckt die elastische Energie im Probekörper beim Punkt A. Im Feld 2 + 4 steckt die Energie, um den Versuch von A nach C fortzuführen. Das Feld 3 repräsentiert die zusätzlich im Probekörper gespeicherte elastische Energie, welche für die weitere Verformung

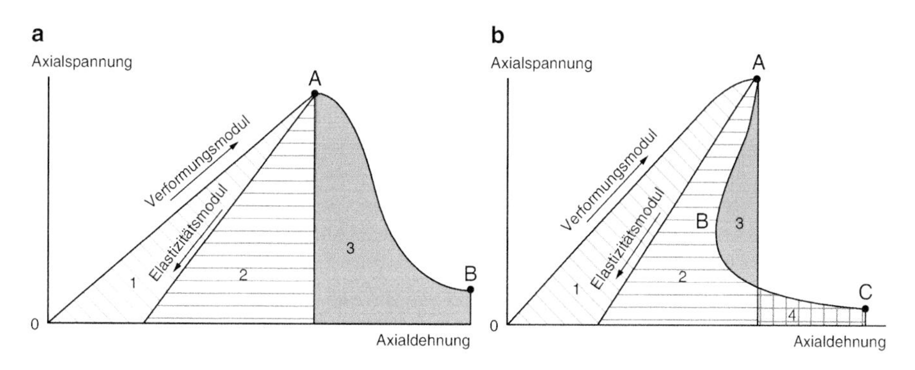

Abb. 7.25 Einteilung der Gesteine in die Klasse 1 (**a**) und Klasse 2 (**b**) entsprechend ihrem Post-failure-Verhalten in einer sehr steifen Gesteinsprüfpresse. **a** Bei Gesteinen der Klasse 1 steigt die Spannungs-Dehnungs-Linie monoton von 0 nach A und fällt auf B ab. **b** Bei Gesteinen der Klasse 2 steigt die Spannungs-Dehnungs-Linie von 0 nach A, fällt von A nach B und geht weiter nach C (nach Vogler & Stacy, 2016; mit freundlicher Genehmigung von © Southern African Institute of Mining and Metallurgy, 2018, alle Rechte vorbehalten)

des Probekörpers nicht erforderlich ist. Um den Versuch von A nach C kontrolliert fortzuführen und um einen unkontrollierten plötzlichen Bruch zu vermeiden, muss dieser Überschuss an elastischer Energie rasch aus der Prüfmaschine entfernt werden. Wenn dies gelingt, findet ein „stabiler" Bruch des Prüfkörpers statt; gelingt dies nicht, tritt ein schlagartiger Bruch ein.

7.2.1.2 Direkter und indirekter Zugversuch

Infolge des relativ großen Aufwandes bei der Versuchsvorbereitung werden direkte Zugversuche nur relativ selten durchgeführt. Verschiedene Möglichkeiten der Versuchsdurchführung werden von Vutukuri et al. (1974 ff.) diskutiert.

Von den indirekten Methoden zur Ermittlung der Gesteinszugfestigkeit ist heute der „Brazilian Test" am weitesten verbreitet (Empfehlung Nr. 11 des Arbeitskreises 3.3 – Versuchstechnik Fels – der DGGT e. V.; Lapique, 2008). Bei diesem Versuchstyp wird eine zylindrische Scheibe an ihrem Umfang durch zwei diametral gegenüberliegende Linienlasten bis zum Bruch belastet (Abb. 7.26). Im zentralen Bereich des Prüfkörpers werden – elastisches Verhalten vorausgesetzt – Zugspannungen induziert. Notwendige Bedingung für die Anwendung ist ein von der Scheibenmitte ausgehender Trennbruch

$$\sigma_{\mathrm{y}} = \frac{P}{\pi \cdot r_0 \cdot t}$$

mit:

P = Belastung,
r_0 = Radius der Gesteinsscheibe,
t = Dicke der Gesteinsscheibe.

Aus der Last P zum Zeitpunkt des Bruches ergibt sich aus dieser Gleichung die Zugfestigkeit $\beta_{\mathrm{z}} = \sigma_{\mathrm{ymax}}$ des Gesteins.

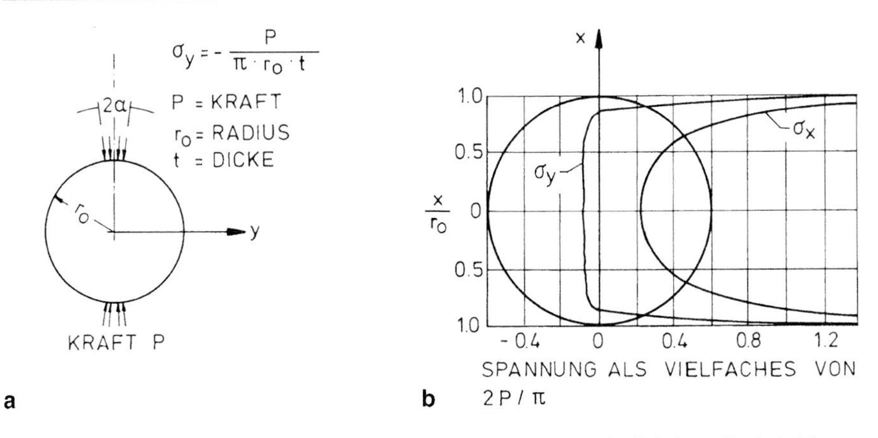

Abb. 7.26 **a, b** Brazilian Test zur indirekten Ermittlung der Zugfestigkeit. **a** Krafteinleitung, **b** Spannungsverteilung (im elastisch isotropen und homogenen Material)

7.2.1.3 Dreiachsiger Druckversuch

Beim konventionellen dreiachsigen Druckversuch mit $\sigma_2 = \sigma_3$ (Kármán, 1912) wird der zylindrische Prüfkörper über seinen Umfang mittels einer Druckflüssigkeit in axialer Richtung durch eine Prüfpresse belastet (Abb. 7.27). Um ein Eindringen der Druckflüssigkeit in den Porenraum des Probekörpers zu verhindern, wird dieser durch eine undurchlässige Membran (Metall, Gummi, PVC, Teflon etc.) abgedichtet. Manche Versuchsgeräte erlauben es zusätzlich, getrennt einen Porenflüssigkeitsdruck zu erzeugen.

Echt dreiachsige Druckversuche $\sigma_1 > \sigma_2 > \sigma_3$ z. B. an würfelförmigen Probekörpern (Abb. 7.28) werden an Gesteinen nur relativ selten durchgeführt (Dreyer, 1967, Karl & Kern, 1968), da bei isotropem Materialverhalten die mittlere Hauptdruckspannung nur einen relativ geringen Einfluss auf die Festigkeit ausübt.

7.2.1.4 Weitere Prüfmethoden

Neben den Standardversuchen (einachsige Druck- und Zugversuche, dreiachsige Druckversuche) wurde eine Vielzahl von speziellen Prüfmethoden entwickelt, die jedoch nicht universell bei Routineuntersuchungen eingesetzt werden. Die meisten dieser Versuchsmethoden wie z. B.:

- der Protodjakonov-Test (Druckfestigkeit),
- der Biege- und Biegezugversuch (Zugfestigkeit),
- verschiedene Torsionsversuche (Scherfestigkeit),
- der Doppelschertest (Scherfestigkeit),
- der Einfachschertest (Scherfestigkeit),
- der dreiachsige Druckversuch an hohlen Zylindern mit Innendruck (dreiaxiale Druckfestigkeit),
- der Biaxialversuch (Druckfestigkeit)

und andere werden von Vutukuri et al. (1974) eingehend behandelt.

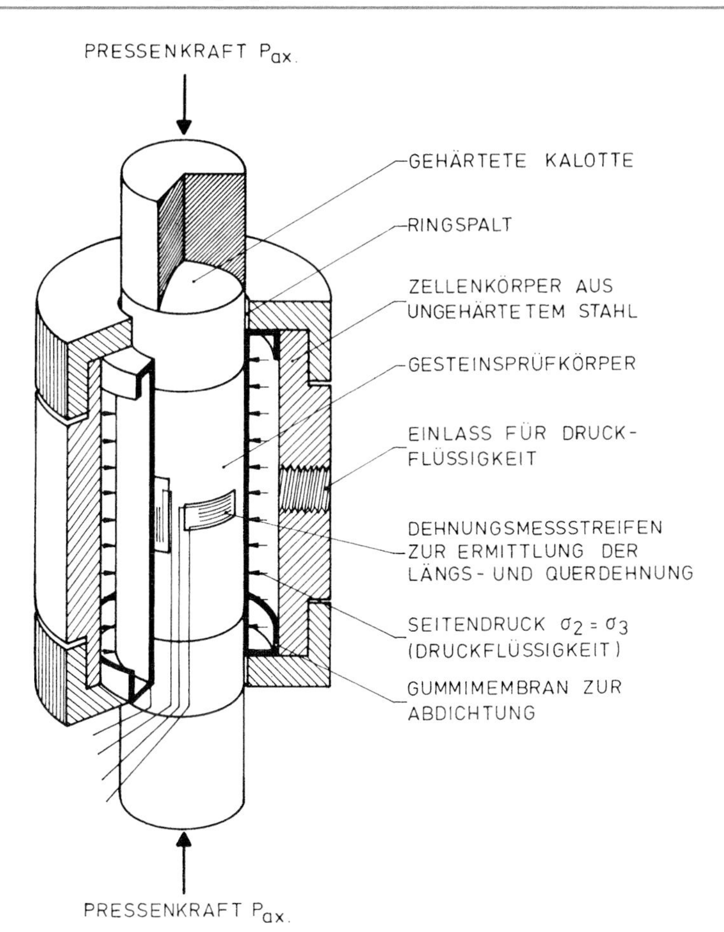

Abb. 7.27 Dreiaxialversuch – schematische Darstellung. Die dargestellte Dreiaxialzelle nach Franklin und Hoek (1970) erlaubt raschen Wechsel der Prüfkörper bei Routineuntersuchungen (mit freundlicher Genehmigung von © Springer 2018, alle Rechte vorbehalten)

7.2.2 Verformungseigenschaften

Die Spannungs-Dehnungs-Linien vieler Gesteine lassen erkennen, dass Gestein i. A. streng genommen nicht als ein linear elastisches Material angesehen werden darf. Verformungsmodul und Querdehnungszahl sind spannungs- bzw. verformungsabhängig (Abb. 7.29). (Vielfach besteht zudem noch eine gewisse Abhängigkeit von der Verformungsgeschichte des Gesteins.) Nach Jaeger & Cook (1976) kann die Spannungs-Dehnungs-Linie von Gesteinen in sechs charakteristische Abschnitte eingeteilt werden. Für jeden dieser Abschnitte sind bestimmte strukturelle Änderungen der Gesteinsprobe – wie sie in Abb. 7.30 vereinfacht dargestellt sind – charakteristisch. Bei den in der Literatur angegebenen Werten für Elastizitätsmoduln E und Querdehnungskoeffizienten ν handelt es sich zumeist um den für den

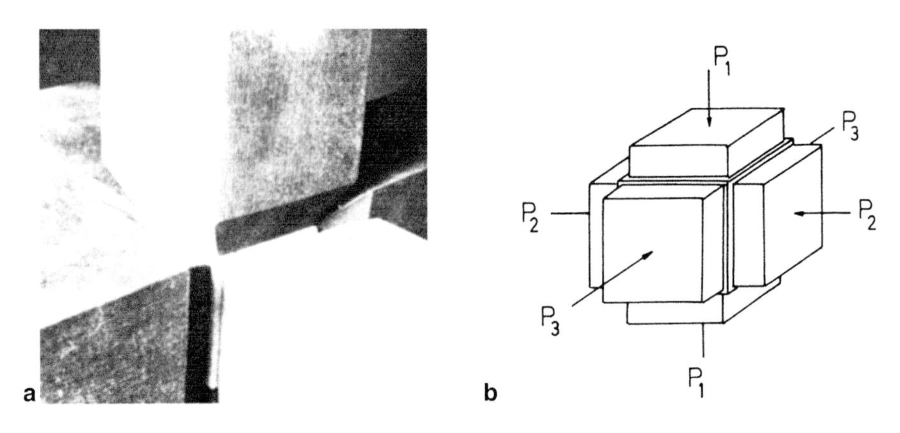

Abb. 7.28 Gerät zur Durchführung echt dreiachsiger Druckversuche an Gesteinsproben, **a** Dreiaxiale Kraftaufbringung, **b** Prinzipskizze (nach Karl & Kern, 1968; mit freundlicher Genehmigung von © Springer Berlin, 2018, alle Rechte vorbehalten)

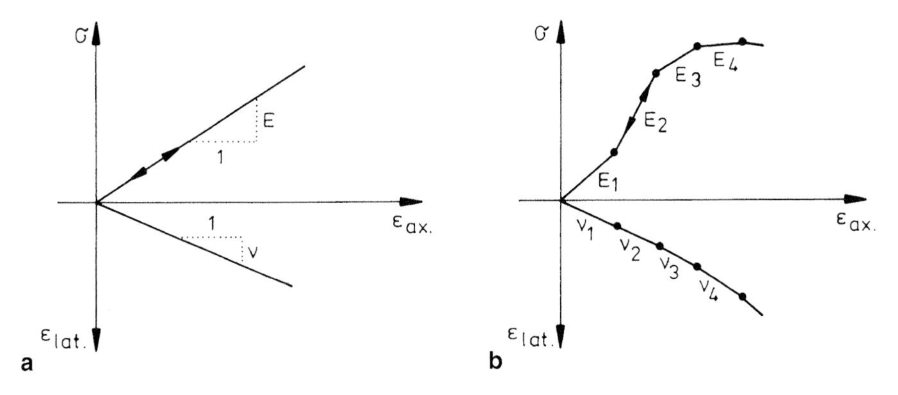

Abb. 7.29 Idealisierung des Spannungs-Dehnungsverhaltens von Gesteinen, **a** linear elastisch, **b** nichtlinear elastisch. Nichtlinearität durch stufenweise Linearität approximiert (aus Bock, 1978; mit freundlicher Genehmigung von © Helmut Bock, 2018, alle Rechte vorbehalten)

im Bereich der Region II (gemäß Abb. 7.30) ermittelten

$$\text{Verformungsmodul} \quad \left(\frac{\Delta\sigma_{\text{ax}}}{\Delta\varepsilon_{\text{ax}}}\right) \quad \text{bzw. Querdehnungskoeffizienten} \quad \left(\frac{\Delta\varepsilon_{\text{lateral}}}{\Delta\varepsilon_{\text{axial}}}\right)$$

Eine exaktere Definition der Elastizitäts- bzw. Verformungsmoduln und Querdehnungskoeffizienten ist in Abb. 7.31 nach Heitfeld & Düllmann (1978) wiedergegeben. In Tab. 7.4 sind Verformungs- bzw. Elastizitätsmoduln und Querdehnungskoeffizienten, für einige häufig vorkommende Gesteinsarten ihrer Größenordnung nach angegeben.

Da auf analytischem Wege eine Ermittlung der Spannungsverteilung meist nur für linear elastisches Materialverhalten möglich ist, wird diese Idealisierung häufig vorgenommen. Die stufenweise Approximation des tatsächlichen Materialverhal-

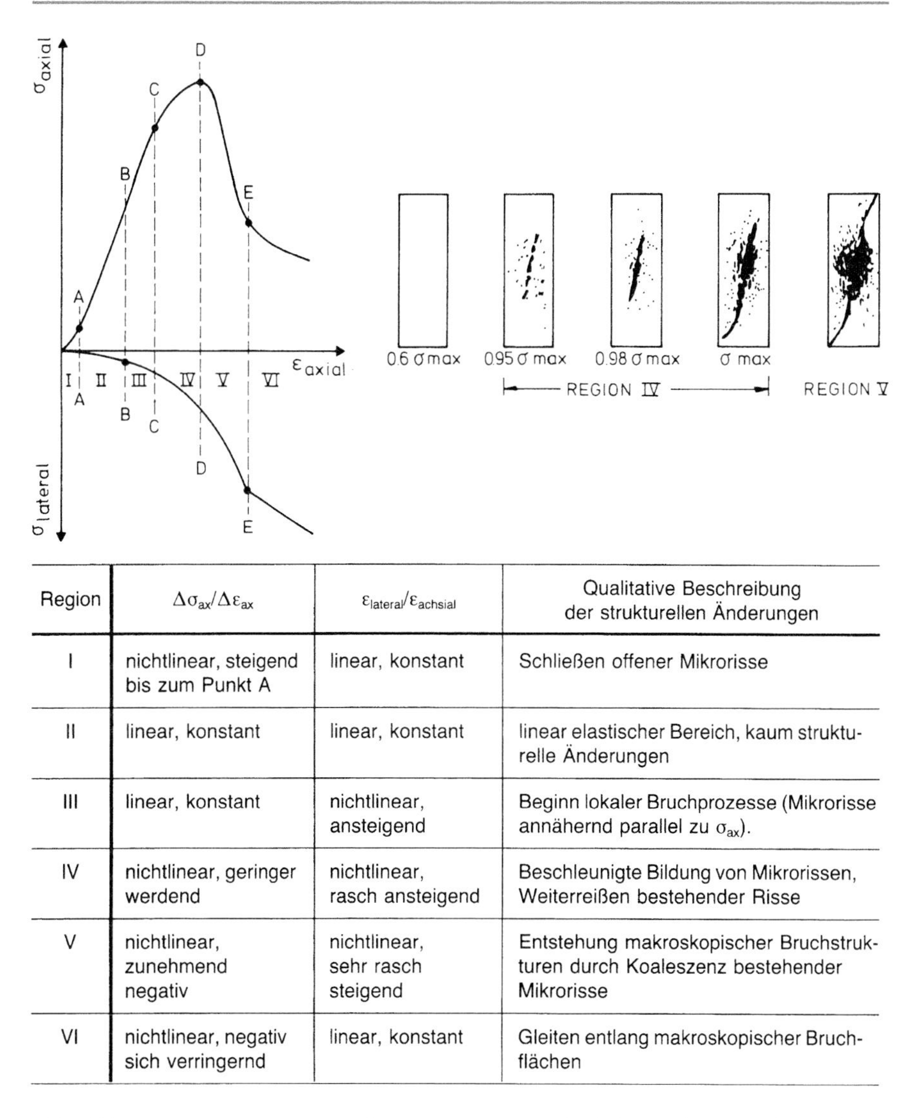

Region	$\Delta\sigma_{ax}/\Delta\varepsilon_{ax}$	$\varepsilon_{lateral}/\varepsilon_{achsial}$	Qualitative Beschreibung der strukturellen Änderungen
I	nichtlinear, steigend bis zum Punkt A	linear, konstant	Schließen offener Mikrorisse
II	linear, konstant	linear, konstant	linear elastischer Bereich, kaum strukturelle Änderungen
III	linear, konstant	nichtlinear, ansteigend	Beginn lokaler Bruchprozesse (Mikrorisse annähernd parallel zu σ_{ax}).
IV	nichtlinear, geringer werdend	nichtlinear, rasch ansteigend	Beschleunigte Bildung von Mikrorissen, Weiterreißen bestehender Risse
V	nichtlinear, zunehmend negativ	nichtlinear, sehr rasch steigend	Entstehung makroskopischer Bruchstrukturen durch Koaleszenz bestehender Mikrorisse
VI	nichtlinear, negativ sich verringernd	linear, konstant	Gleiten entlang makroskopischer Bruchflächen

Abb. 7.30 Zusammenhang zwischen Spannungs-Dehnungs-Verhalten und strukturellen Veränderungen der Gesteinsprobe mit zunehmender Verformung (nach Hallbauer et al., 1973)

tens (Abb. 7.29) mit spannungs- bzw. dehnungsabhängigen Elastizitätskonstanten erschwert die Spannungsanalyse, die sich dann praktisch nur noch auf numerischem Wege durchführen lässt.

Neben der Nichtlinearität weisen viele Gesteinsarten – insbesondere metamorphe Schiefer und feingeschichtete Sedimentgesteine – eine ausgeprägte Richtungsabhängigkeit im Verformungsverhalten auf. Allerdings liegen nur relativ wenige systematische Untersuchungen vor. Je nach dem Symmetriegrad sind zur Beschrei-

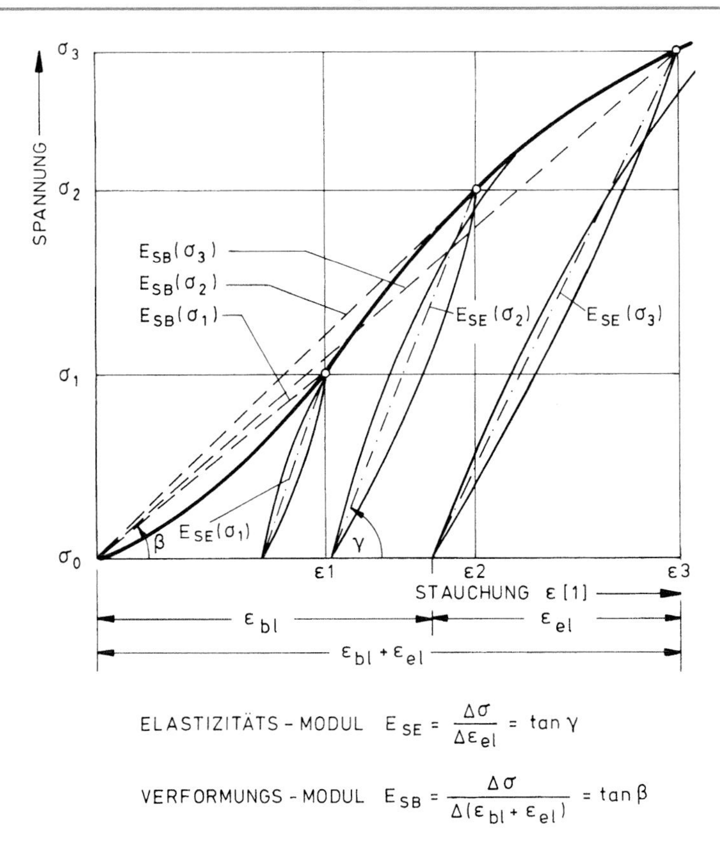

Abb. 7.31 Definition des Elastizitätsmoduls E_{SE} (Entlastungsmodul) und des Verformungsmoduls oder Belastungsmoduls E_{SB} (nach Heitfeld & Düllmann, 1978; mit freundlicher Genehmigung von © Prof. Horst Düllmann, 2018, alle Rechte vorbehalten)

Tab. 7.4 Charakteristische Festigkeits- und Verformbarkeitswerte bei einachsiger Belastung (nach D'Andrea et al., 1965; s. a. die Angaben in Kap. 3)

Material	Verformungsmodul 10^5 MN/m^2	Querdehnungskoeffizient	Einachsige Druckfestigkeit MN/m^2	Einachsige Zugfestigkeit MN/m^2
Basalt	1,00	0,28	290	16
Granit	0,55–0,9	0,21–0,28	210	9–13
Gabbro	1,05	0,34	180	22
Marmor	1,1	0,20–0,30	180	15
Kalkstein	0,2–0,9	0,28	20–180	2,1–10
Sandstein	0,02–0,7	0,3–0,4	10–50	0,3–1,1
Beton	0,17	0,3	30	2,5

Tab. 7.5 Kennwerte (ν, E und G) zur Beschreibung der elastischen Eigenschaften eines linear elastischen, orthotropen bzw. transversal isotropen Materials (nach Heitfeld & Düllmann, 1978; mit freundlicher Genehmigung von © Prof. Horst Düllmann, 2018, alle Rechte vorbehalten)

	Orthotroper Körper			Transversalisotroper Körper		
	Querdehnungszahl	Modul E	Schubmodul G	Querdehnungszahl	Modul E	Schubmodul G
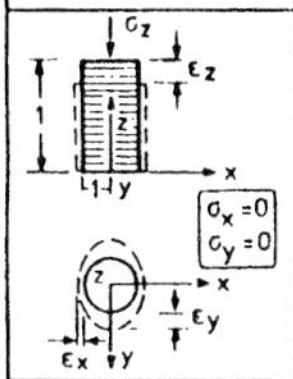 σ_z, ε_z, ε_x, ε_y $\sigma_x = 0$ $\sigma_y = 0$	$\nu_{xz} = \frac{\Delta\varepsilon_x}{\Delta\varepsilon_z} = \frac{E_z}{E_x}\cdot\nu_{zx}$ $\nu_{yz} = \frac{\Delta\varepsilon_y}{\Delta\varepsilon_z} = \frac{E_z}{E_y}\cdot\nu_{zy}$	$\boxed{E_z} = \frac{\Delta\sigma_z}{\Delta\varepsilon_z}$	$\boxed{G_{xz}} = \frac{E_x}{1+E_x/E_z+2\nu_{zx}}$ $\boxed{G_{yz}} = \frac{E_x}{1+E_y/E_z+2\nu_{zy}}$	$\nu_{xz} = \frac{\Delta\varepsilon_x}{\Delta\varepsilon_z} = \frac{E_z}{E_y}\cdot\nu_{zx}$ $\nu_{yz} = \frac{\Delta\varepsilon_y}{\Delta\varepsilon_z} = \nu_{xz}$	$\boxed{E_z} = \frac{\Delta\sigma_z}{\Delta\varepsilon_z}$	$\boxed{G_{xz}} = \frac{E_x}{1+E_x/E_z+2\nu_{zx}}$ $G_{xz} \overset{!}{=} G_{yz}$
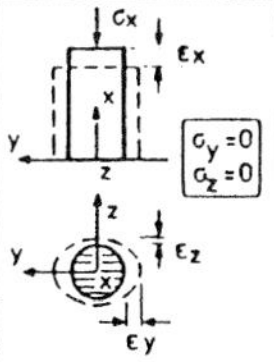 σ_x, ε_x, ε_z, ε_y $\sigma_y = 0$ $\sigma_z = 0$	$\boxed{\nu_{yx}} = \frac{\Delta\varepsilon_y}{\Delta\varepsilon_x}$ $\boxed{\nu_{zx}} = \frac{\Delta\varepsilon_z}{\Delta\varepsilon_x}$	$\boxed{E_x} = \frac{\Delta\sigma_x}{\Delta\varepsilon_x}$	$\boxed{G_{xy}} = \frac{E_x}{1+E_x/E_y+2\nu_{yx}}$	$\boxed{\nu_{yx}} = \frac{\Delta\varepsilon_y}{\Delta\varepsilon_x}$ $\boxed{\nu_{zx}} = \frac{\Delta\varepsilon_z}{\Delta\varepsilon_x}$	$\boxed{E_x} = \frac{\Delta\sigma_x}{\Delta\varepsilon_x}$	$G_{xy} = \frac{E_x}{2(1+\nu_{xy})}$
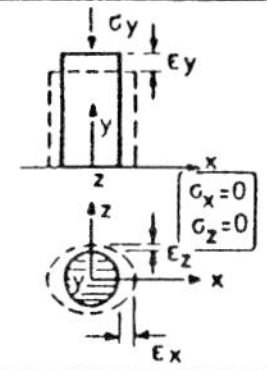 σ_y, ε_y, ε_z, ε_x $\sigma_x = 0$ $\sigma_z = 0$	$\nu_{xy} = \frac{\Delta\varepsilon_x}{\Delta\varepsilon_y} = \frac{E_y}{E_x}\cdot\nu_{yx}$ $\boxed{\nu_{zy}} = \frac{\Delta\varepsilon_z}{\Delta\varepsilon_y}$	$\boxed{E_y} = \frac{\Delta\sigma_y}{\Delta\varepsilon_y}$		$\nu_{xy} = \frac{\Delta\varepsilon_x}{\Delta\varepsilon_y} = \nu_{yx}$ $\nu_{zy} = \frac{\Delta\varepsilon_z}{\Delta\varepsilon_y} = \nu_{zx}$	$E_y = \frac{\Delta\sigma_y}{\Delta\varepsilon_y}$ $E_y \overset{!}{=} E_x$	

bung des elastischen Verhaltens anisotroper Materialien bis zu 21 elastische Konstanten erforderlich.

Infolge der Gefügeregelung sind Gesteine vielfach als annähernd orthotrop (drei zueinander senkrechte Symmetrieebenen) oder transversal isotrop (in einer Symmetrieebene des orthotropen Systems sind die Eigenschaften nicht richtungsabhängig) anzusehen. Orthotrope Stoffe erfordern 9, transversal isotrope 5 voneinander unabhängige Konstanten zur Bestimmung des linear elastischen Verhaltens (Tab. 7.5). Nähere theoretische Erläuterungen geben Heitfeld & Düllmann (1978), Lekhnitskii (1963) sowie Barden (1963). Die Untersuchungen von Heitfeld & Düllmann (1978) zeigen deutlich, dass die beiden von ihnen untersuchten Gesteine (Tonstein, Paragneis) neben der Anisotropie auch ein ausgeprägt nichtlineares Verhalten aufweisen (Abb. 7.32).

Loureiro-Pinto (1970) ermittelte für Schiefer, Dreyer (1974) für Steinsalz die fünf elastischen Kennwerte für diese als transversal isotrop angesehenen Gesteine. Für orthotrope Gneise und Schiefer wurden die erforderlichen neun unabhängigen Kennwerte von Chenevert (1964) und Masure (1970) bestimmt.

Wie die meisten Materialien zeigen alle Gesteine auch eine mehr oder weniger ausgeprägte Zeitabhängigkeit in ihrem Materialverhalten. Dies wird z. B. dadurch deutlich, dass bei konstant gehaltener Belastung eine weitere Verformung eintritt.

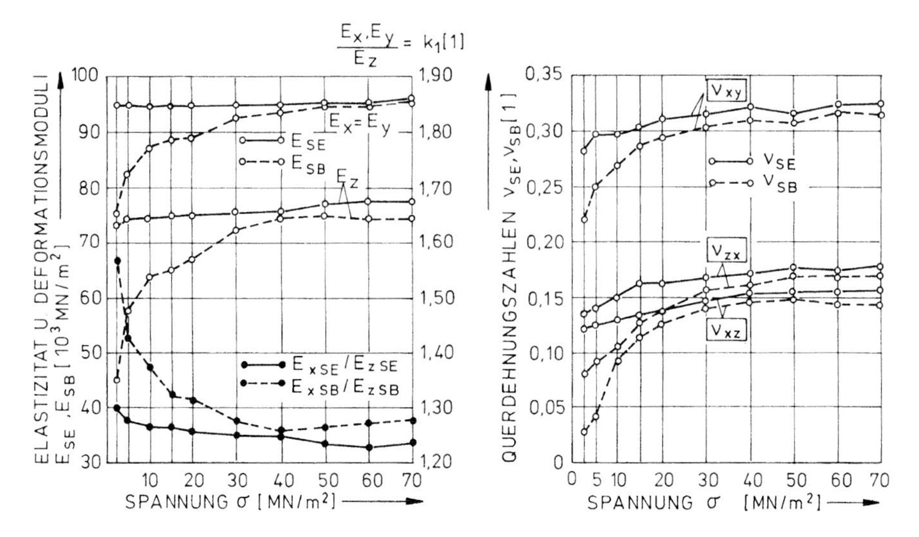

Abb. 7.32 Anisotropie und Nichtlinearität beim Verformungsverhalten eines Paragneises. Abhängigkeit von Verformungs- und Elastizitätsmodul sowie der Querdehnungskoeffizienten (bei Be- und Entlastung) von der Belastungsrichtung und der Belastungsgröße im einachsigen Druckversuch (nach Heitfeld & Düllmann, 1978; mit freundlicher Genehmigung von © Prof. Horst Düllmann, 2018, alle Rechte vorbehalten)

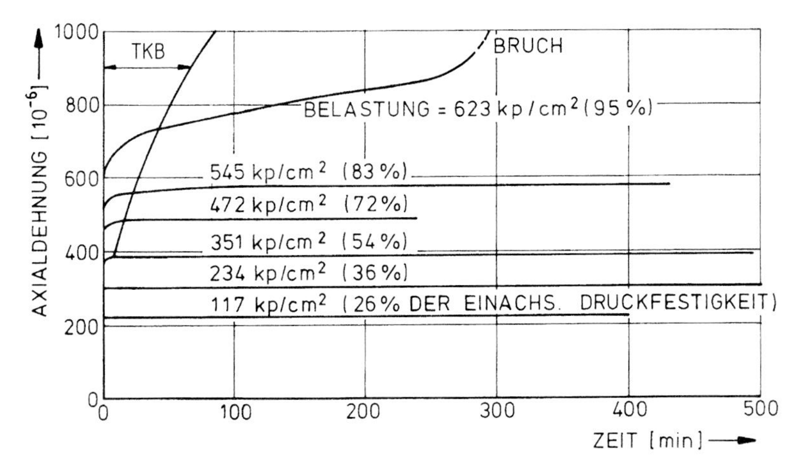

Abb. 7.33 Zeitabhängiges Verformungsverhalten, ermittelt an Zeit-Verformungs-Diagrammen für Marmor, TKB = transienter Kriechbereich. Belastung angegeben in % der einachsigen Druckfestigkeit im Kurzzeitversuch (nach Lama, 1975)

Die Verformungsgeschwindigkeit hängt dabei stark von der Belastungsgröße ab (Abb. 7.33). Von besonderer Bedeutung ist die Tatsache, dass es unterhalb einer gewissen Grenzbelastung zu einer Stabilisierung des Kriechvorganges kommt, höhere Belastung jedoch nach einer gewissen Zeit eine Phase beschleunigten Kriechens einleitet, die dann zum Versagen der Prüfkörper führt (Abb. 7.34). Zur mathe-

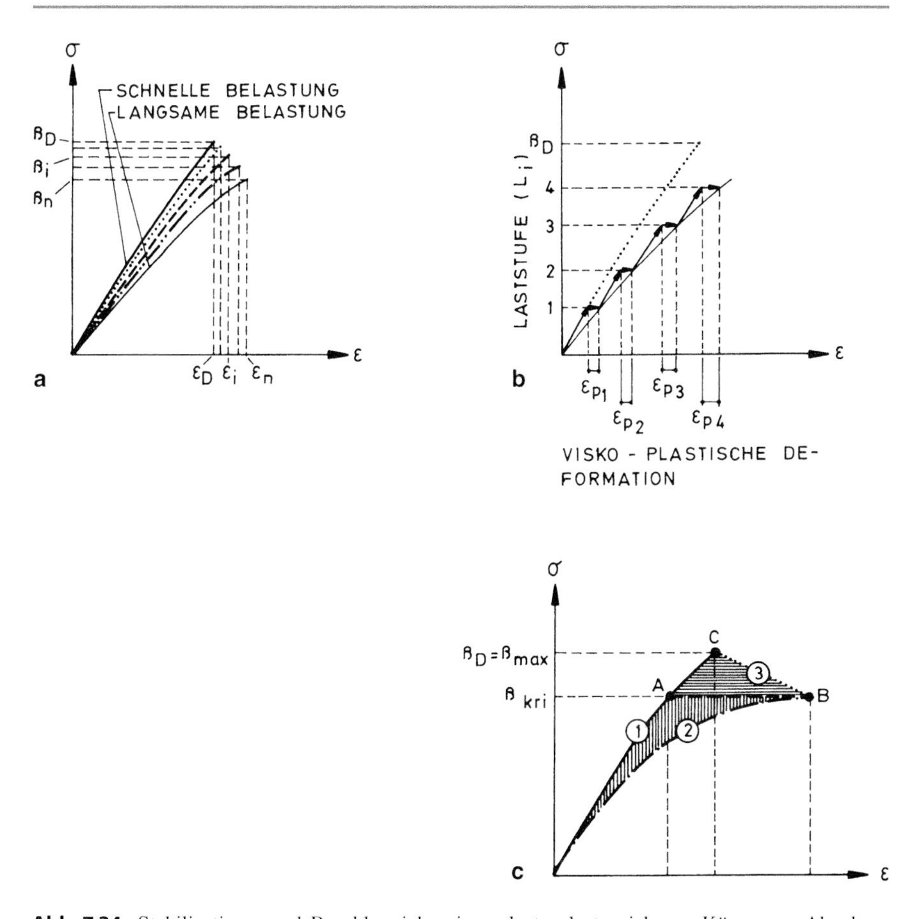

Abb. 7.34 Stabilisations- und Bruchbereiche eines elasto-plasto-viskosen Körpers: **a** Abnahme der Druckfestigkeit β mit der Belastungsgeschwindigkeit, **b** Belastungskriechversuch (in Stufen), **c** charakteristische Kurven, 1 Kurve rascher Belastung, 2 Stabilisationskurve, 3 Bruchkennlinie (aus Vardar, 1977; mit freundlicher Genehmigung von © Mahir Vardar, 2018, alle Rechte vorbehalten)

matischen Beschreibung der zeitabhängigen (rheologischen) Verformungsvorgänge wurde eine Vielzahl rheologischer Modelle entwickelt (Langer, 1979; Farmer, 1968), deren Anwendung in der Praxis des Felsbaues jedoch sehr begrenzt ist.

Der Einfluss des nichtdeviatorischen Spannungsanteiles (σ_m) auf das Verformungsverhalten wird ebenso wie der Temperatureinfluss bei den meisten Ingenieuraufgaben vernachlässigt (Ausnahmen bilden tiefliegende Tunnel sowie Stollen und vor allem Kavernen und Lagerräume in Salzgesteinen). Aus den in Abb. 7.35 gezeigten Spannungs-Dehnungs-Linien geht hervor, dass bei Festgesteinen mit einem ausgeprägten linearen Abschnitt der Spannungs-Dehnungs-Linie in diesem Bereich die Verformungsmoduln nur eine geringe Abhängigkeit vom mittleren Druck (σ_m)

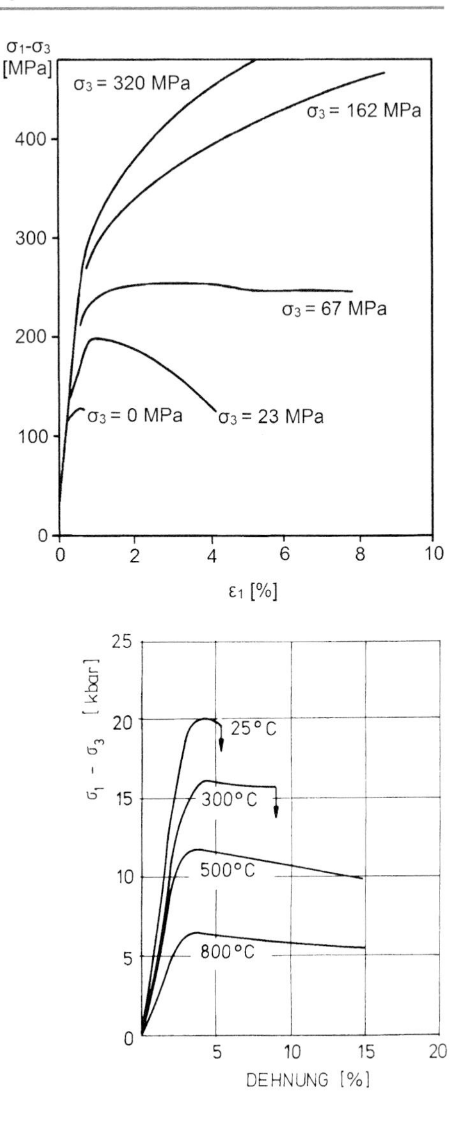

Abb. 7.35 Einfluss des Seitendruckes ($\sigma_3 = \sigma_2$) auf die Festigkeit und das Verformungsverhalten von Marmor (nach Kármán, 1912; mit freundlicher Genehmigung von © Springer-VDI-Verlag, 2018, alle Rechte vorbehalten)

Abb. 7.36 Einfluss der Temperatur auf das Verformungsverhalten von Granit bei einem Seitendruck $\sigma_3 = \sigma_2$ von 5 kbar (nach Griggs et al., 1960; mit freundlicher Genehmigung von © Geological Society of America, 2018, alle Rechte vorbehalten)

aufweisen (im Allgemeinen bewirkt eine Erhöhung des Seitendruckes im Dreiaxialversuch eine Erhöhung des Verformungsmoduls).

Bedeutende Änderungen ergeben sich jedoch im Post-failure-Bereich – der Tragfähigkeitsverlust nach Erreichen der Materialfestigkeit verringert sich mit zunehmendem Seitendruck bzw. nichtdeviatorischem Spannungsanteil (s. auch Abschn. 7.2.1). Erhöhung der Temperatur bewirkt eine Erweichung (Verringerung des Verformungsmoduls) und eine Verringerung des Spannungsabfalls nach dem Überschreiten der Materialfestigkeit (Abb. 7.36).

Da es in der Praxis des Felsbaus i. A. nicht möglich ist, ein allgemeingültiges mathematisches Modell zu verwenden, das Anisotropie, Nichtlinearität sowie

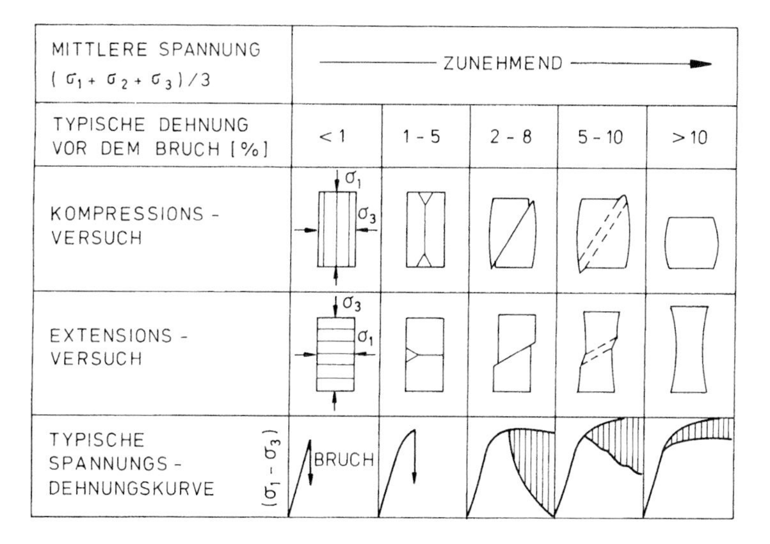

Abb. 7.37 Materialverhalten in Abhängigkeit von der Belastungsart – Übergang von sprödem zu duktilem Verhalten (schematisiert nach Griggs und Handin 1960; mit freundlicher Genehmigung von © Geological Society of America, 2018, alle Rechte vorbehalten)

Zeit-, Druck- und Temperaturabhängigkeit des Verformungsverhaltens gleichzeitig berücksichtigt und die zur vollkommenen Beschreibung des Materialverhaltens notwendigen Materialkennwerte experimentell nur mit hohem Aufwand zu ermitteln sind, muss meist ein der jeweiligen Situation angepasster Kompromiss zwischen Effektivität und Genauigkeit gefunden werden. Es muss als eine wichtige Aufgabe des Geotechnik-Ingenieurs oder Felsmechanikers angesehen werden, abzuwägen, welche Vereinfachungen bezüglich des Materialverhaltens bei einem bestimmten Materialtyp und dem jeweils anstehenden Problem vertretbar erscheinen.

7.2.3 Gesteinsfestigkeit

Die Festigkeit von Gesteinen hängt wesentlich von der Beanspruchungsart und den Umgebungsbedingungen (nichtdeviatorischer Spannungsanteil, Temperatur, Porenflüssigkeitsdruck) ab. Bemerkenswert ist das vielfach extrem hohe Verhältnis von einachsiger Druck- zur einachsigen Zugfestigkeit (Tab. 7.4). Der festigkeitssteigernde Einfluss eines Umschlingungsdruckes (Erhöhung des nichtdeviatorischen Spannungsteiles) ist seit der Durchführung der ersten Dreiaxialversuche (Kármán, 1912) bekannt. Neben einer erheblichen Zunahme der Festigkeit bewirkt eine Erhöhung des Seitendruckes (Umschlingungsdruckes) im Dreiaxialversuch auch eine Änderung des Verformungsverhaltens – vor allem im sogenannten Post-failure-Bereich (Abb. 7.37). Es erfolgt ein allmählicher Übergang von sprödem Materialverhalten – das bei geringem oder fehlendem Seitendruck für die meisten Gesteine charakteristisch ist – zu duktilem Verhalten.

Bei hohen Seitendrücken kommt es nicht mehr zu Bruchvorgängen mit makroskopisch erkennbaren Brüchen, sondern zu Materialfließen mit verschiedenen im mikroskopischen Bereich wirksamen Fließvorgängen. Für viele Festgesteine erfolgt der Übergang spröde – duktil erst bei relativ hohen, bei Ingenieurprojekten nicht vorkommenden Drücken. Von erheblicher Bedeutung ist er jedoch bei der Gesteinsdeformation während der Gebirgsbildung in der Erdkruste.

In vielen Gesteinen führt auch eine konstant gehaltene Spannung, die ganz wesentlich unter der Kurzzeitdruckfestigkeit des Materials – unter sonst gleichen Bedingungen – liegt, zum Bruch (Dreyer, 1967). Ähnlich kann sich auch eine Verringerung der Verformungsgeschwindigkeit festigkeitsmindernd auswirken. Nach Vardar (1977) lässt sich die Zeitabhängigkeit diagrammatisch im Spannungsverformungsfeld durch drei charakteristische Kennlinien darstellen. Vardars Untersuchungen zufolge lässt sich der für ein bestimmtes Material charakteristische Kennlinienverlauf (Abb. 7.34) aus:

- Belastungsversuchen mit verschiedenen Belastungsgeschwindigkeiten und
- fraktionierten Kriechversuchen (stufenweise Erhöhung der Belastung und Verformung jeweils bis zum Abklingen des Verformungsvorganges – oder nach Überschreiten der „kritischen Festigkeit“, dem Bruch)

ermitteln.

Auch der Einfluss der Umgebungstemperatur auf die Festigkeit und das Verformungsverhalten (Abb. 7.36) ist meist nur für geologische Vorgänge von Interesse. Ausnahmen bilden z. B. Salzgesteine, wo bei felsmechanischen Fragestellungen im Zusammenhang mit der Lagerung von radioaktivem Material in Steinsalzkavernen sowohl dem Temperatur-, wie auch dem Druck- und Zeiteinfluss erhebliche Bedeutung zukommen (Eisenburger et al., 1983).

Für Gesteine mit zusammenhängenden Porenräumen kann für praktische Zwecke davon ausgegangen werden, dass für die Festigkeit hier die „effektiven Spannungen“ σ' maßgebend sind (s. Abschn. 8.3.3).

Dieser Effekt ist z. B. bei der Auslösung von künstlichen Erdbeben – sog. *man made earthquakes* – durch das Einpressen von Abwasser in den Untergrund oder die Erhöhung des Wasserdruckes im Untergrund beim Füllen von Stauseen von erheblicher Bedeutung (Merkler et al., 1979).

Die Darstellung des Festigkeitsverhaltens erfolgt meist in einer auf Mohr (1914) zurückgehenden Form (Abb. 7.38). Die Mohrschen Spannungskreise geben die Spannungszustände an, die unter verschiedenen Versuchsbedingungen (einachsigem Zug, einachsigem Druck, dreiachsigem Druck) zum Versagen des Materials führen. Auf dieselbe Weise lässt sich auch die jeweilige Restfestigkeit darstellen.

Als Einhüllende aller Spannungskreise ergibt sich die sogenannte Mohrsche Hüllkurve – im Falle der Abb. 7.38 für das intakte Material und das zerbrochene bzw. strukturell veränderte Gestein.

Unter Vernachlässigung des Einflusses der mittleren Hauptspannung lässt sich die das Festigkeitsverhalten charakterisierende Bruchhüllkurve (wie auch die Hüll-

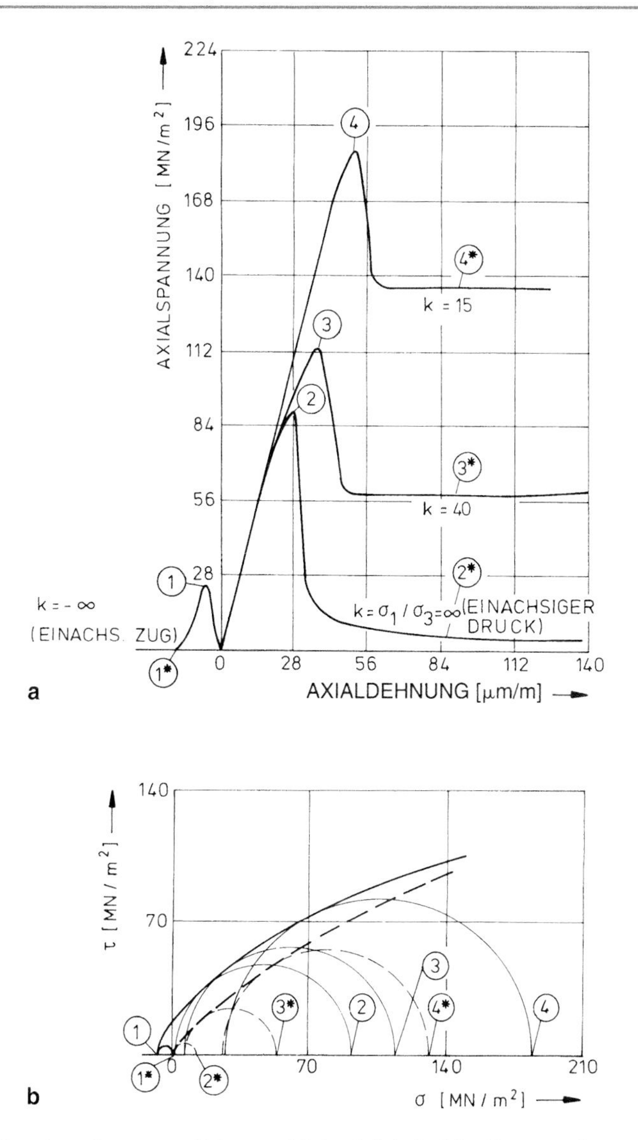

Abb. 7.38 Komplette Spannungs-Dehnungs-Linien bei dreiaxialer Beanspruchung. **a** Peak- und Restfestigkeiten (nach Bieniawski, 1967). **b** Mohrsche Darstellung des Festigkeitsverhaltens

kurve der Restfestigkeit) empirisch durch:

$$\tau = \tau(\sigma)$$

darstellen. In der Praxis wird aber in weitgehender Vereinfachung die Grenzbedingung nach Mohr-Coulomb mit gerader Umhüllender

$$\tau = \frac{1}{2}(\sigma_1 - \sigma_3) = \frac{1}{2}(\sigma_1 + \sigma_3) \cdot \tan\varphi + c$$

angewandt, wobei φ dem Reibungswinkel und c der Kohäsion des Materials entsprechen.

Die Anwendbarkeit weiterer Bruchkriterien, die unter anderem auch die mittlere Hauptspannung und die Anisotropie des Festigkeitsverhaltens mit in die Überlegungen einbeziehen, wird in Lehrbüchern der Felsmechanik (z. B. Jaeger & Cook, 1976) eingehend diskutiert.

7.2.4 Reibungseigenschaften von Gesteinstrennflächen

Für viele Felsbauaufgaben kommt den Reibungseigenschaften entlang von Trennflächen erhebliche Bedeutung zu. Das mechanische Verhalten von vollständig durchtrennten Gesteinstrennflächen ist nach eingehenden Untersuchungen der vergangenen Jahre relativ gut bekannt. Als am besten geeignet zur Ermittlung der Reibungs- und Scherfestigkeitseigenschaften von Felstrennflächen hat sich der direkte Scherversuch erwiesen (Abb. 7.39), da hierbei die Versuchsdurchführung entsprechend den Gegebenheiten in-situ gewählt werden kann. (Prinzipiell lassen sich die Reibungseigenschaften von Trennflächen auch im dreiachsigen Druckversuch ermitteln.)

Reibungsvorgänge unter konstanter Normallast treten bei übertägigen Felsbauproblemen auf, z. B. beim Gleiten eines monolithischen Felsblockes oder Felskeiles (Abb. 7.39b). Vielfach wird jedoch, wie in Abb. 7.39c dargestellt, die bei unebenen Flächen zur Initiierung des Gleitvorganges erforderliche Dilatation durch das umgebende Gebirge behindert, wodurch zusätzliche Normalkräfte geweckt werden.

Üblicherweise wurde bislang nahezu ausschließlich die Versuchsdurchführung mit konstanter Normalkraft und Gelenklagerung (Abb. 7.39a) angewandt (Leichnitz, 1981).

Eine Vielzahl von Versuchen hat gezeigt, dass für ebene Trennflächen Amontons Gesetz zur Ermittlung des Reibungswiderstandes τ_s in Abhängigkeit von der Normalspannung σ_n Anwendung finden kann. Sind jedoch Unebenheiten, wie sie bei den meisten Gesteinstrennflächen vorkommen, vorhanden, so treten Aufgleitvorgänge und bei höheren Normalspannungen auch Abschervorgänge auf, die die Reibungseigenschaften wesentlich beeinflussen (s. Abb. 7.40).

Infolge der unregelmäßigen Verteilung der Rauigkeiten und Unebenheiten auf den Trennflächen erfolgt der Übergang vom Aufgleiten zum Abscheren kontinuierlich.

Jaeger (1971) und Schneider (1975) schlugen deshalb anstelle der bilinearen Betrachtung von Patton (Abb. 7.41) exponentielle Reibungsgesetze vor.

Den Versuch, verschiedene gleichzeitig ablaufende Schervorgänge in Betracht zu ziehen, haben Ladanyi & Archambault (1969) unternommen, indem sie den rein statischen Ansatz des bilinearen Modells verließen und eine Energiebetrachtung von Rowe et al. (1964) als Ansatz verwendeten: Sollen sich zwei verzahnte Körper (wie in Abb. 7.41b) relativ verschieben, ohne dass dabei Unebenheiten abgeschert werden, so setzt sich die Tangentialkraft T aus folgenden drei Komponenten zu-

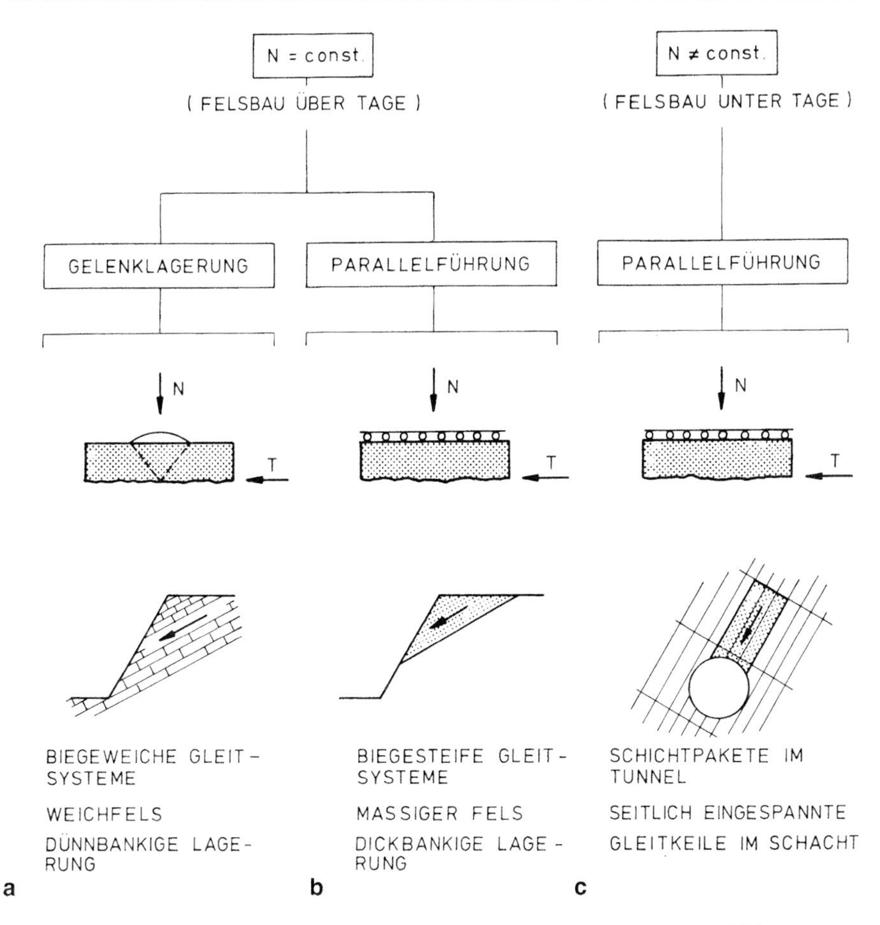

Abb. 7.39 Simulation des Gleitvorganges in der Natur durch verschiedene Durchführungsarten des „direkten Scherversuches" (nach Leichnitz, 1981 mit freundlicher Genehmigung von © Wolfhard Leichnitz, 2018, alle Rechte vorbehalten)

sammen:

$$T_{\text{max}} = T_1 + T_2 + T_3$$

wobei T_1 die Komponente ist, die äußere Arbeit gegen die Normalkraft N leistet, die Komponente T_2 ist der inneren Arbeit beim Reibvorgang mit Aufgleitung zuzuschreiben und T_3 die Komponente infolge innerer Reibungsarbeit bei volumentreuer Gestaltsänderung.

Die drei Komponenten können wie folgt näher bestimmt werden:

$$T_1 \, \mathrm{d}s = N \, \mathrm{d}n$$
$$T_1 = N \, \mathrm{d}y/\mathrm{d}x = N \dot{v}$$

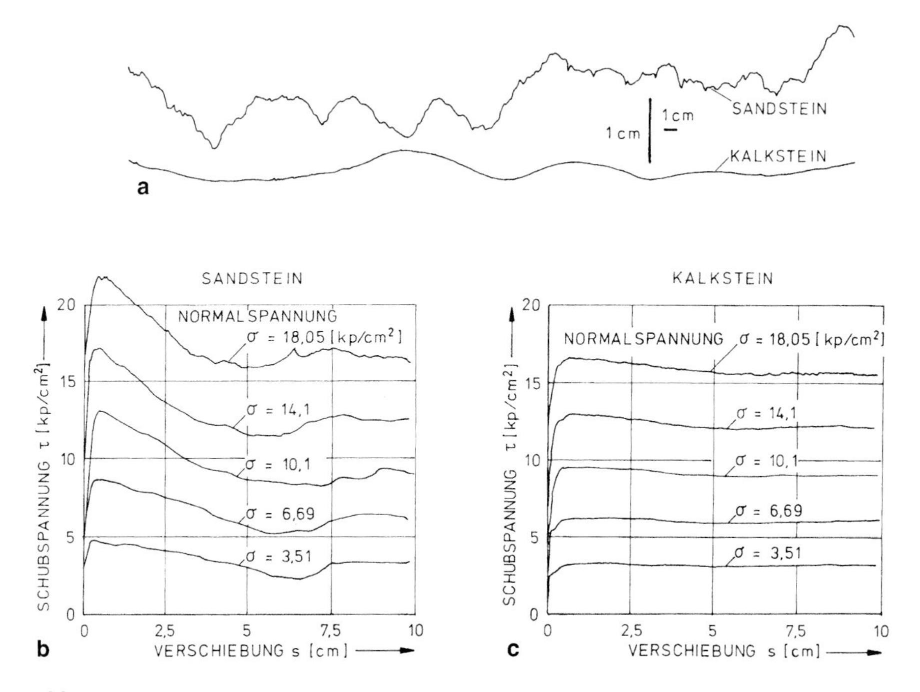

Abb. 7.40 Abhängigkeit des Spitzenreibungswiderstandes von der Oberflächengeometrie: **a** Oberflächenprofile von Sandstein und Kalksteinproben. **b** τ/s-Diagramm für Gipsprobe mit Sandstein-Oberflächengeometrie. **c** τ/s-Diagramm für Gipsprobe mit Kalkstein-Oberflächengeometrie (aus Schneider, 1975, mit freundlicher Genehmigung von © Hans-Joachim Schneider, 2018, alle Rechte vorbehalten)

wobei $\dot{v}$ die Aufgleitrate bei der größten auftretenden Tangentialkraft ist, definiert als Verhältnis der Inkremente von Normal- und Scherverschiebung bei $T_{\max}$. Die Komponente T_1 ist für regelmäßig gezahnte Modellklüfte gleich $N \cdot \tan i$ und wird Null für eine ebene Gleitfläche.

Aus statischen Betrachtungen kann abgeleitet werden, dass beim Vorhandensein von Zähnen, deren Flanken unter dem Winkel i zur Gleitrichtung geneigt sind, eine zusätzliche Tangentialkraft

$$T_2 = T \tan i \tan \varphi_{\mathrm{f}}$$

aufgebracht werden muss. Allgemeiner gefasst lautet diese Gleichung für eine natürliche Kluftfläche:

$$T_2 = T \dot{v} \tan \varphi_{\mathrm{f}}$$

wobei φ_{f} einem statistischen mittleren Reibungswinkel gleichkommt, der dann angetroffen wird, wenn der Gleitvorgang entlang Unebenheiten unterschiedlicher Orientierungen stattfindet. Für vollkommen verzahnte Scherflächen kann erwartet werden, dass $\varphi_{\mathrm{f}} \approx \varphi_{\mathrm{b}}$ ist.

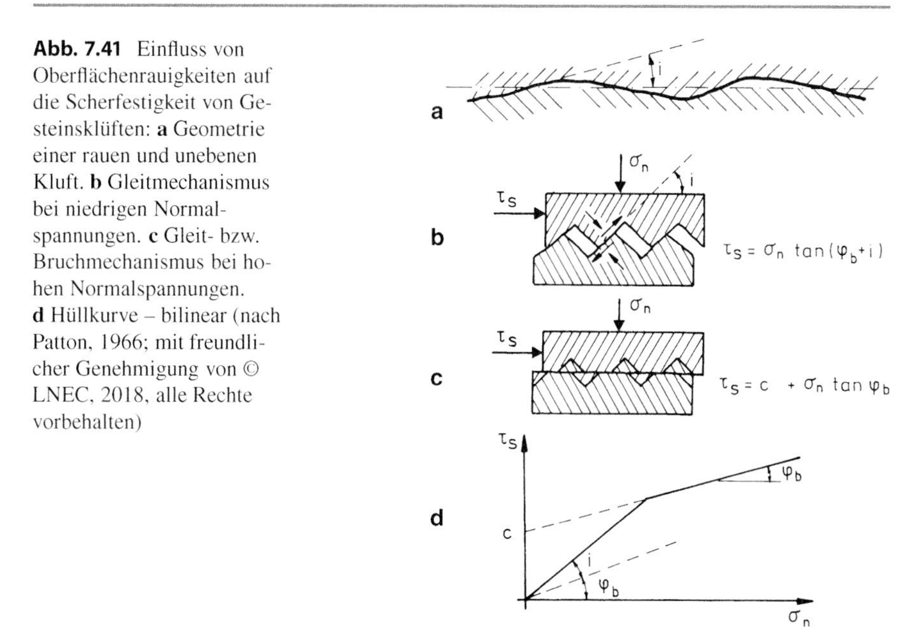

Abb. 7.41 Einfluss von Oberflächenrauigkeiten auf die Scherfestigkeit von Gesteinsklüften: **a** Geometrie einer rauen und unebenen Kluft. **b** Gleitmechanismus bei niedrigen Normalspannungen. **c** Gleit- bzw. Bruchmechanismus bei hohen Normalspannungen. **d** Hüllkurve – bilinear (nach Patton, 1966; mit freundlicher Genehmigung von © LNEC, 2018, alle Rechte vorbehalten)

Ist die Scherfläche (kinematisch) eben und zugleich rau, so ergibt sich:

$$T_3 = N \tan \varphi_b.$$

Um auch das Abscheren von Unebenheiten in die Betrachtung einzubeziehen, ist es notwendig, eine vierte Tangentialkraft zu berücksichtigen. Werden nämlich alle Unebenheiten an ihrer Basis durchgeschert, so ergibt sich:

$$T_4 = A \cdot c + N \tan \varphi_0$$

mit

$A =$ Gesamtfläche [m^2]
$c =$ Kohäsion [MN/m^2]

wobei φ_0 aufgrund von zahlreichen Versuchsergebnissen zahlenmäßig gleich dem Restscherwinkel φ_b zu sein scheint.

Da sich der Schervorgang an einer Kluft jedoch aus gleichzeitigem Aufgleiten und Durchscheren zusammensetzt, können nur Teilflächen A_s der Gesamtfläche A durchgeschert werden, während Gleiten auf dem Flächenanteil (A–A_s) stattfindet. Daraus folgt:

$$T = (T_1 + T_2 + T_3)(1 - a_s) + T_4 a_s$$

wobei

$$a_s = \frac{A_s}{A}$$

das Scherflächenverhältnis genannt wird. In Spannungen ausgedrückt ergibt sich:

$$\tau = \frac{T}{A} = \frac{\sigma_n(1 - a_s)(\dot{v} \tan\varphi_b) + a_s(\sigma \tan\varphi_b + c)}{1 - (1 - a_s)\dot{v} \tan\varphi_f}$$

Nach dem Überwinden der Unebenheiten durch Aufgleiten oder Bruch, sinkt der Scherwiderstand auf den sogenannten Restreibungswiderstand τ_r ab. Dieser Restreibungswiderstand entspricht dem an ebenen Trennflächen desselben Materials auftretenden Reibungswiderstand (Abb. 7.41).

Unter Annahme der in Abb. 7.42a dargestellten Kluftgeometrie, ist die Kurvenform des Arbeitsdiagramms (Abb. 7.42c) ein wichtiges Indiz für das Scherverhalten verschiedener Gesteine. Der dargestellte Kurvenverlauf ist typisch für raue Klüfte ohne Kluftfüllung. Solche Klüfte bewirken ein relativ rasches Ansteigen der Tangentialkraft. Diesen Kurventeil charakterisieren Goodman et al. (1968) durch die Steigung K_s und bezeichnen den Parameter als Einheitssteifigkeit gegen die Verschiebung entlang einer Kluft.

Wichtig für den anschließenden Schervorgang ist auch die Normalverformung der Probe beim Aufbringen der Normalkraft (Abb. 7.42b). Die Steigung der Kurve wird von Goodman (1974) als Einheitssteifigkeit gegen die Zusammendrückung quer zur Kluft K_n bezeichnet. Die Kurve erreicht ihren Grenzwert, wenn Ober- und Unterprobe vollkommen ineinandergefügt sind. Große K_n-Werte z. B. signalisieren gutes Verzahnen der beiden Probenteile. Die Normalverformungskurve ermöglicht es bereits vor Beginn des Scherversuches, das zu erwartende Dilatations- oder Aufgleitverhalten ungefähr vorherzusagen.

Die Aufgleithöhe n ist abhängig von der Höhe der Kluftunebenheiten und von der aufgebrachten Normalkraft. Ist die Normalkraft annähernd gleich Null, so kann man erwarten, dass beim Schervorgang keine Unebenheiten durchgeschert werden, sondern dass diese überglitten werden.

Diese größtmögliche Dilatanz, welche durch das Aufgleiten von einander gegenüberliegenden Unebenheiten beim Scheren zustande kommt, kann nach Rengers (1970) auf folgende Weise gemessen werden: Man zeichnet in Scherrichtung mit einem Profilographen (Fecker & Rengers, 1971; Abb. 6.46) Kluftprofile. Diese ersetzt man durch einen Polygonzug mit einem auf die Basis projizierten Punktabstand von einem Millimeter. Rengers bezeichnet diese Länge als Basislänge L und deren Vielfaches als S. Für verschiedene Basislängen S wird der zugehörige steilste Sekantenwinkel i des Gesamtprofils bestimmt und daraus die dazugehörige Aufgleithöhe berechnet. Fecker & Rengers (1971) haben gezeigt, dass dieses Verfahren auch durch Kompassmessungen mit verschieden großen Anlegeflächen ersetzt werden kann (Abb. 6.44).

Vielfach wird das mechanische Verhalten von Trennflächen durch das Vorhandensein eines Kluftzwischenmittels kompliziert. Bei geringer Dicke (t) der Kluftfüllung im Verhältnis zur Amplitude der Unebenheit (U) wird die Scherfestigkeit

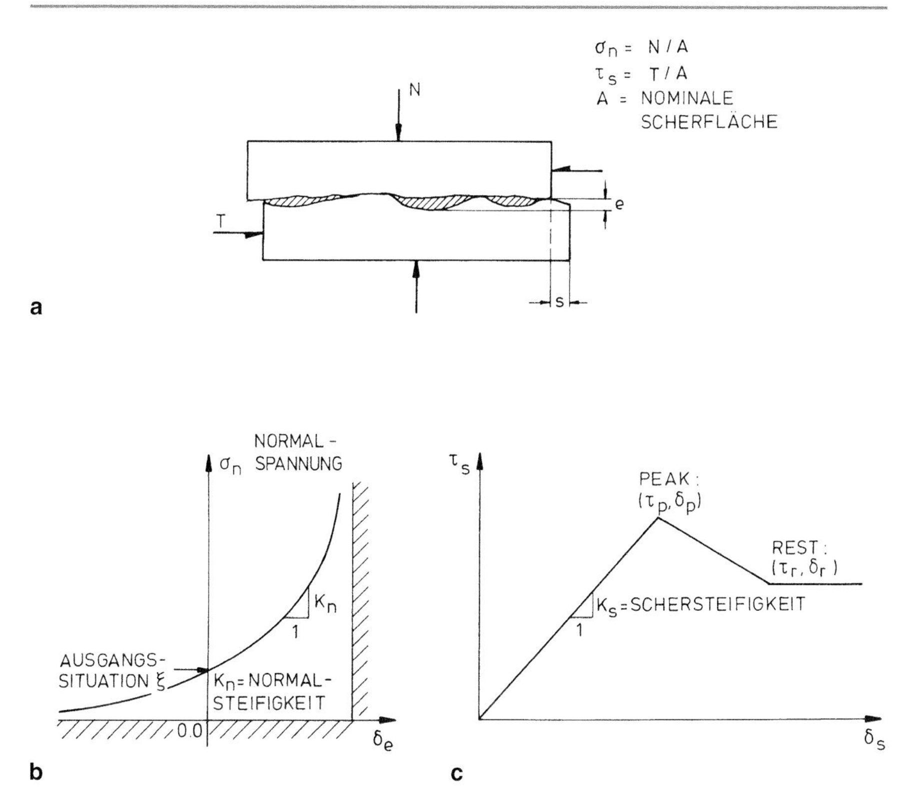

Abb. 7.42 Idealisierte Darstellung – Normal- und Schersteifigkeit einer Kluft: **a** Kluft, **b** Normalsteifigkeit mit zunehmender Normalspannung rasch ansteigend, **c** Schersteifigkeit – idealisiert, linear (from Goodman, 1974, reprinted with permission by the National Academy of Sciences, Courtesy of the National Academies Press, Washington, D.C.)

noch von den Trennflächeneigenschaften beeinflusst. Versuche von Lama (1978) ergaben, dass z. B. für kaolingefüllte Klüfte die Scherfestigkeit bereits bei einem t/U-Verhältnis zwischen 0,07 und 0,25 auf 50 % des Wertes für Trennflächen ohne Füllmaterial absank. Bei t/U-Verhältnissen zwischen 0,35 und 0,72 wurde die Scherfestigkeit nahezu ausschließlich vom Zwischenmittel bestimmt. Dies zeigt, dass bereits Kluftfüllungen relativ geringer Dicke den Scherwiderstand entlang von Trennflächen wesentlich herabsetzen können. Als erster Anhaltspunkt für die Scherfestigkeitsparameter von Kluftzwischenmitteln mögen die in Tab. 7.6 gegebenen Werte dienen – die genaue Ermittlung der Materialeigenschaften für die Kluftzwischenmittel erfolgt nach den Regeln der Bodenmechanik.

Ein sehr schwieriges Problem stellt der Einfluss von Materialbrücken im Verlauf einer Kluftfläche dar. Die Scherfestigkeit wird dabei insbesondere bei geringen Normalspannungen sehr stark von dem Flächenanteil des intakten Materials abhängen, der i. A. nur mit großen Vorbehalten anzugeben ist. Es kann nicht davon ausgegangen werden, dass zum Zeitpunkt des Durchscherens der Materialbrücken

Tab. 7.6 Beispiele einiger Scherfestigkeitsparameter von Gesteinsklüften mit und ohne Kluftzwischenmitteln (zusammengestellt nach Angaben verschiedener Autoren)

Materialtyp	Reibungswinkel φ	Kohäsion c MN/m^2	Autor
Granit, frischer Trennbruch	36°–65°		Schneider (1975)
Gneis, verwittert, ohne Kluftfüllung	38°		Lombardi & Dal Vesco (1966)
Granit mit Graphitzwischenmittel	18°–27°	0,7–1,13	Jaeger & Rosengren (1969)
Kalkstein, frischer Trennbruch	27°–29°		Schneider (1975)
Sandstein, frischer Trennbruch	36°–51°		Schneider (1975)
Tonstein, ohne Kluftfüllung	11°–25°	0,04–0,16	Calabresi & Manfredini (1973)
Steifer Ton als Kluftfüllung	10°–20°	0,100	Hoek & Bray (1974)
Weicher Ton als Kluftfüllung	5°–7°	0,025	Hoek & Bray (1974)
Toniger Mylonit	10°–20°	0,025–0,100	Hoek & Bray (1974)
Tonsteinzerreibsel als Kluftfüllung	14°–22°		Hoek & Bray (1974)

der Reibungswiderstand auf den bereits durchtrennten Flächenanteilen voll aktiviert wird. Zudem muss damit gerechnet werden, dass infolge der ungleichen Verteilung der Spannungen entlang von Trennflächen (Mühlhaus & Reik, 1978; Schneider & Mühlhaus, 1977) progressive Bruchvorgänge auftreten. Diese Schwierigkeiten in der Beurteilung des festigkeitssteigernden Einflusses von Materialbrücken führen vielfach dazu, dass in Unkenntnis der tatsächlichen Verhältnisse Stabilitätsnachweise unter der Annahme vollkommener Durchtrennung der Kluftflächen geführt werden müssen. Welche erheblichen finanziellen Konsequenzen diese Vernachlässigung der Festigkeitserhöhung infolge von Materialbrücken nach sich zieht, zeigt John (1976).

In den meisten Fällen wird in den Stabilitätsberechnungen auch nur der Restreibungswiderstand angesetzt, da er auf alle Fälle aktiviert wird. Die Spitzenreibung liegt jedoch – insbesondere im Bereich kleiner Normalspannungen – nicht selten um mehr als 100 % über der Restreibung, woraus sich eine erhebliche Sicherheitsreserve ergibt.

Noch größer werden die Reserven bei vorhandener Dilatationsbehinderung, wenn die dadurch verursachte Erhöhung der Normalkraft nicht mit in die Stabilitätsüberlegungen einbezogen wird. (Dies ist nur selten möglich, da meist nicht sicher nachgewiesen werden kann, mit welchen Dilatationsbeträgen zu rechnen ist.)

7.2.5 Quell- und Schwellverhalten von Gesteinen

Quell- und Schwellerscheinungen haben an einer größeren Zahl von Verkehrstunneln zu erheblichen Schäden geführt (Abb. 5.36) und vielfach umfangreiche Sanierungsarbeiten erforderlich gemacht (z. B. Hauensteintunnel, Schweiz; Weinsberger Tunnel, Baden-Württemberg; Wagenburgtunnel, Stuttgart; Pfändertunnel, Ös-

Tab. 7.7 Beispiele für Geländehebungen über quell- und schwellfähigem Gebirge als Folge technischer Eingriffe an verschiedenen Lokalitäten in Baden-Württemberg und der Schweiz

Lokalität	Maximale Hebung	Beobachtungszeitraum	Überdeckung	Autor
Tunnel Heslach II	46 mm	1990–2002	60–80 m	Wittke, M. (2006)
Tunnel Wagenburg	46 mm	1978–1990	Max. 50 m	Paul, A. & Wichter, L. (1995)
Staufen im Breisgau	350 mm	2008–2012	60–90 m	LGRB (2012)
Tunnel Chienberg	30 mm	2002–2003	70–80 m	Steiner, W. et al. (2011)

terreich). Vielfach wurde nachträglich der Einbau eines Sohlgewölbes oder dessen Verstärkung notwendig (Götz, 1978). In den vergangenen Jahrzehnten wurden Hebungen des Planums auch von Straßeneinschnitten im Gipskeuper Südwestdeutschlands bekannt (Kleinert & Einsele, 1978). Dort werden bis heute in Abständen von mehreren Jahren immer wieder Korrekturen am Planum ausgeführt. Besonders gravierend sind die Hebungen des Stadtzentrums von Staufen im Breisgau, welche 2007 durch unsachgemäß ausgeführte Bohrungen zur Installation von Erdwärmesonden ausgelöst wurden. In Tab. 7.7 sind die Hebungen an der Geländeoberfläche, die über die Jahre zu beobachten waren, wiedergegeben.

Die Quell- und Schwellerscheinungen im Gipskeuper Baden-Württembergs und der Schweiz sowie den Mergeln der nordalpinen Molasse werden vor allem auf das Schwellen des Minerals Anhydrit und das Quellen der Tonminerale Corrensit, Montmorillonit sowie bestimmter Illite zurückgeführt. Die Umwandlung von Anhydrit in Gips erfolgt unter Aufnahme von zwei Wassermolekülen je $CaSO_4$-Molekül gemäß:

$$\text{Anhydrit} + \text{Wasser} \leftrightarrow \text{Gips}$$

$$CaSO_4 + 2\,H_2O \leftrightarrow CaSO_4 \cdot 2\,H_2O$$

Damit ist eine Volumenzunahme von ca. 61 % verbunden, wenn man davon ausgeht, dass das Wasser dem System von außen zugeführt wird.

Zur Volumenzunahme infolge der Aufnahme von Wassermolekülen in das Kristallgitter neigen die obengenannten Tonminerale – so liegt z. B. Corrensit im Gipskeuper Baden-Württembergs meist mit einem Basisabstand der einzelnen Aluminiumsilikatschichten von 29 Å vor. Bei Einlagerung von Wasser erhöht sich dieser Abstand auf 33 Å. Die dadurch bedingte Volumenzunahme beträgt ca. 14 %.

Die Volumenzunahme infolge Wasserzutritts ist sowohl bei Anhydrit wie auch bei den quellfähigen Tonmineralen vom Spannungszustand und vom prozentualen Anteil an quellfähigen Mineralen abhängig (Czurda & Ginther, 1983).

Huder & Amberg (1970) haben dies in Kompressionsversuchen mit behinderter Seitendehnung (Ödometerversuch) für Tonminerale nachgewiesen (Abb. 7.43). Sie haben folgenden Versuchsablauf zur Ermittlung der charakteristischen Kenngrößen „Quellmaß" und „Quelldruck" von Ton und Tonstein vorgeschlagen:

1. Belastung der Probe auf eine Spannung $\sigma_Z = \sigma_A$ (Kurvenast 1) zur Ausschaltung der durch Entlastung bei der Probennahme erfolgten Verformungen.

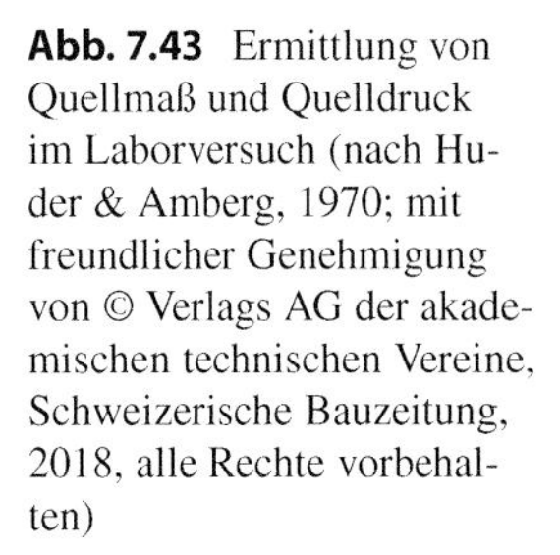
Abb. 7.43 Ermittlung von Quellmaß und Quelldruck im Laborversuch (nach Huder & Amberg, 1970; mit freundlicher Genehmigung von © Verlags AG der akademischen technischen Vereine, Schweizerische Bauzeitung, 2018, alle Rechte vorbehalten)

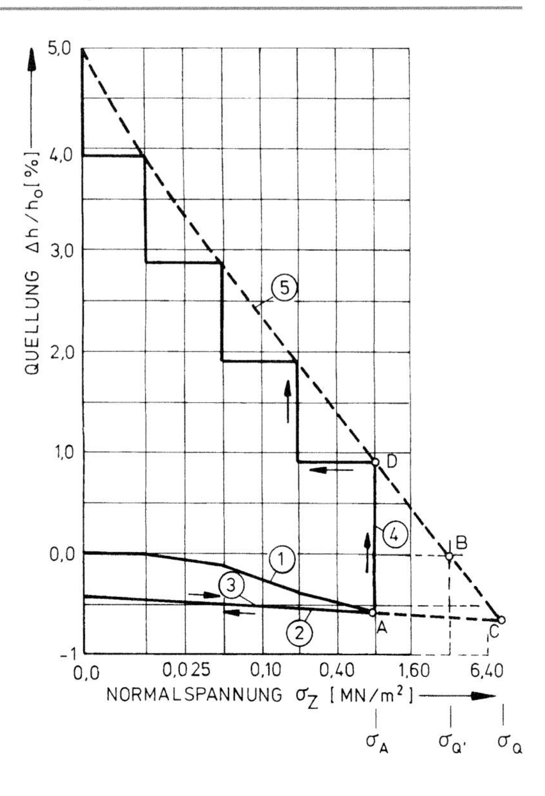

2. Vollständige Entlastung.
3. Erneute Wiederbelastung auf $\sigma_Z = \sigma_A$.
4. Bewässerung der Probe, damit verbunden setzt Quellung ein (falls $\sigma_Z = \sigma_A$ unterhalb des maximalen „Quelldruckes" liegt). Der Quellvorgang nimmt i. A. erhebliche Zeit – Wochen oder Monate – in Anspruch.
5. Nach Abschluss des Quellens unter der Spannung σ_A erfolgt – ausgehend von Punkt D – eine schrittweise Entlastung der Probe, wobei jeweils der Ablauf der quellbedingten Dehnungen abgewartet werden muss, bevor der nächste Entlastungsschritt vorgenommen wird.

Nach vollständiger Entlastung ergibt sich die maximal mögliche Quellung ($\sigma_Z = 0$) sowie durch Verlängerung der Kurvenäste 3 und 5 der sog. Quelldruck σ_Q, oberhalb dessen im Ödometer kein Quellen mehr auftritt.

Aus Abb. 7.43 wird deutlich, wie wichtig es ist, den Grad der Entlastung und die bereits erfolgten Deformationen zu kennen, wenn man das Quellverhalten bei Zutritt von Wasser abschätzen will. (Ohne Berücksichtigung der Vorbelastung von 0,8 MN/m^2 hätte sich im vorliegenden Fall ein Quelldruck σ_Q von nur 3,2 MN/m^2 ergeben.)

Mathematisch erfasst wurden die Zusammenhänge zwischen Quelldehnung und Spannung durch Grob (1972). Die von Grob formulierte Gleichung für quellfähige

Tone lautet:

$$\varepsilon_{ZQ} = k\left(1 - \frac{1}{\log \sigma_0} \cdot \log \sigma_Z\right)$$

Darin ist k die Quelldehnung für die Einheitsspannung $\sigma_Z = 1$ und σ_0 der Ausgangsspannungszustand, für den die Quellung bereits vor Beginn des Versuches eingetreten bzw. gleich Null ist. Die Gleichung wurde unter bestimmten Annahmen von Wittke & Rissler (1976) verallgemeinert.

Zur Bestimmung des Quelldruckes ist auch eine zweite Versuchsanordnung von Vorteil, bei der die Probe durch einen eingespannten Stempel am Quellen gehindert und der sich entwickelnde Quelldruck mit einer Kraftmessdose gemessen wird. Dennoch auftretende geringe Quellung ε_Z wird schrittweise durch Steigerung der Axialspannung σ_Z kompensiert. Die inkrementellen Quellspannungen $\Delta\sigma_Z$ und die beobachteten Quelldehnungen $\Delta\varepsilon_Z$ werden in einer Summenkurve dargestellt. Der Versuch wird so lange fortgesetzt, bis der Quelldruck und die Quelldehnung nicht mehr zunehmen. Diesen Quelldruck bezeichnet man als Quelldruck σ_Q (Madsen, 1979).

Einen auf der Zweischichtentheorie beruhenden Materialansatz zur Beschreibung der Quellvorgänge geben Fecker & Mühlhaus (1979). Aufbauend auf diesem Materialansatz hat Fröhlich (1986) ein Gesetz für anisotropes Quellverhalten von Tonsteinen aufgestellt.

Die aus Laborversuchen ermittelten Ergebnisse lassen sich vielfach nicht ohne Weiteres auf die Verhältnisse in situ übertragen. So muss z. B. zunächst geklärt sein, ob in situ genügend Wasser zur Umwandlung bzw. Anlagerung vorhanden ist. Bei der Anhydrit-Gips-Umwandlung muss zudem geklärt sein, ob das Sulfat nicht in wässriger Lösung abgeführt wird.

Für den Tunnelbau in quellfähigem Gebirge ergibt sich die Forderung, Wasser soweit irgend möglich vom quellfähigen Gebirge fernzuhalten und die Entlastung des Gebirges – bzw. die davon erfassten Bereiche – so gering wie möglich zu halten (Vardar & Fecker, 1984). Im vielfach beim Ausbruch völlig trockenen, wasserundurchlässigen unausgelaugten Gipskeuper Baden-Württembergs wurde eine Wasserwegsamkeit erst durch den Ausbruch von Hohlräumen und der dadurch hervorgerufenen Auflockerung geschaffen.

Nach Unterlagen der Deutschen Bahn AG mussten die Gleise im Kappelesberg (Abb. 7.44) seit 1880 insgesamt 19-mal (anfänglich jährlich) um jeweils 20 bis 25 cm abgesenkt werden. Die Gesamthebungen der Sohle betrugen in der mittleren Tunnelstrecke ca. 4,70 m. Die ursprünglich horizontal gelagerten Schichten sind unter der Tunnelsohle z. T. bis zu 80° steil aufgerichtet und stark entfestigt (Abb. 7.45). Die Volumenvergrößerung kann 30 % und mehr erreichen (Krause, 1977).

Die Vorgänge, die sich beim Schwellen und Quellen im Gestein und im Gebirge abspielen, sind bis heute nicht ganz eindeutig geklärt (Butscher et al., 2016). Für große Tunnelprojekte werden deshalb Probestrecken gebaut, die im Maßstab 1 : 1 über das Verhalten der Gesteine Auskunft geben (Kuhnhenn et al., 1979; Spaun, 1979). Aus einer dennoch bleibenden Unsicherheit heraus sollte aus ingenieurgeo-

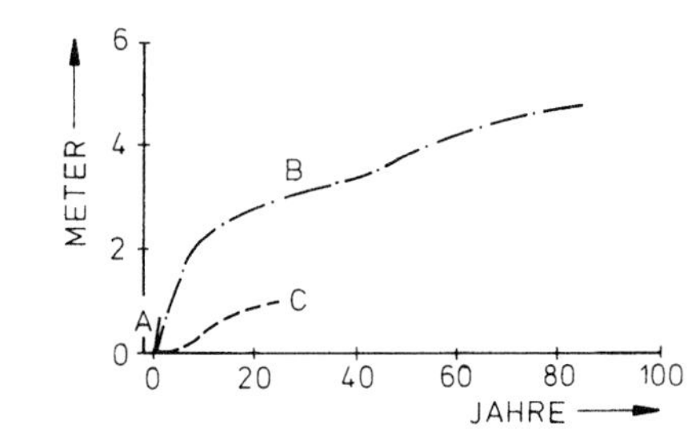

Abb. 7.44 Sohlhebungen in Tunnel und Stollen des Gipskeupers in Baden-Württemberg; Ausbruchsprofil: A Wagenburgtunnel Stuttgart 156 m²; B Kappelesbergtunnel Gaildorf 81 m²; C Sohlstollen Wagenburgtunnel Stuttgart 8 m² (nach Krause, 1977; mit freundlicher Genehmigung von © Landesamt für Geologie, Rohstoffe und Bergbau im Regierungspräsidium Freiburg, 2018, alle Rechte vorbehalten)

logischer Sicht angestrebt werden, in quell- und schwellfähigen Gesteinen nur dann zu bauen, wenn dies unumgänglich ist.

Beim Bau des Freudensteintunnels an der Neubaustrecke Mannheim–Stuttgart wurde in der Vorbereitungsphase des Projektes parallel zum späteren Tunnel eine 120 m lange Untersuchungs- und Probestrecke im Maßstab 1:2 verkleinert gebaut, welche es ermöglichte, die verschiedenen Methoden des Tunnelbaus in quell- und schwellfähigem Gebirge zu testen. Abb. 7.46 zeigt die Probestrecke, die folgende Fragen beantworten sollte:

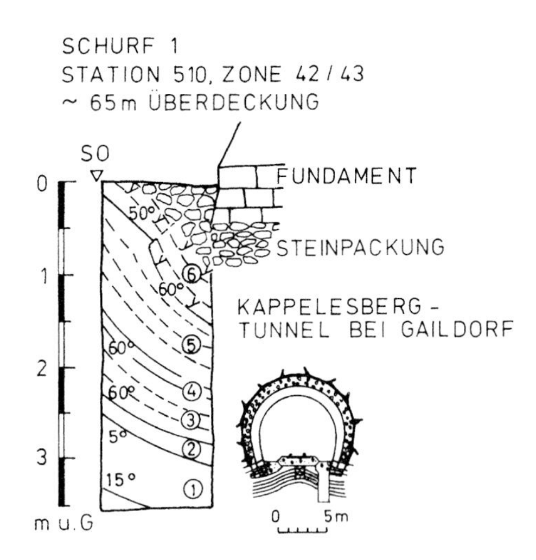

Abb. 7.45 Schichtaufwölbungen im Sohlbereich des Kappelesbergtunnel. (1) und (2) Tonstein, grüngrau und rotbraun; Probe: 16 % Anhydrit (A), 56 % Gips (G); (3) und (4) Tonstein, grüngrau, etwas Gips; (5) Tonstein, grüngrau, an Schichtfugen aufblätternd; (6) Sulfat- und Tonstein im Wechsel, 3 Proben mit 0–28 % A und 32–52 % G. (Nach Krause, 1977; mit freundlicher Genehmigung von © Landesamt für Geologie, Rohstoffe und Bergbau im Regierungspräsidium Freiburg, 2018, alle Rechte vorbehalten)

Abb. 7.46 Untersuchungs- und Probestrecke für den Bau des Freudensteintunnels mit verschieden dimensionierten Tunnelschalen von jeweils 5,5 m Länge an der Neubaustrecke der Deutschen Bahn AG von Mannheim nach Stuttgart (Photo: E. Fecker)

Welche Schalendicke und Bewehrung muss eine kreisförmige Tunnelschale besitzen, um dem Quell- und Schwelldruck schadlos widerstehen zu können?

- Wie verhält sich eine Tunnelschale, die eine nachgiebige Sohlkonstruktion besitzt?
- Wie weit setzt sich der Quell- und Schwellvorgang ins Gebirge hinein fort?
- Welche Stoffgesetze gelten für die anhydritführenden Tonsteine?

Fecker & Wullschläger (1991) haben über die Einrichtung und Fecker (1995) über die Versuchsergebnisse der Probestrecke ausführlich berichtet.

7.2.6 Dichte, Wassergehalt, Löslichkeit

Die Dichte bzw. das spezifische Gewicht von Gesteinen ist sowohl hinsichtlich des in verschiedenen Tiefen herrschenden Spannungszustandes als auch in allen Fällen, in denen beim Bauen in Fels größere Mengen an Gestein zu transportieren sind, von Bedeutung. Die Ermittlung der Dichte bzw. des spezifischen Gewichtes des Gesteins erfolgt i. A. nach dem Tauchwägeverfahren durch Bestimmung der Masse und des Probenvolumens (s. DIN 18125). Die Dichte der wichtigsten Gesteine ist in Kap. 3 wiedergegeben.

Tab. 7.8 Wassergehalte einiger häufig vorkommender Gesteine (aus Klengel & Wagenbreth, 1981)

Gesteine und Fundorte	Wasseraufnahme nach 72 h Wasserlagerung Gew.-%
Granit/Granodiorit (Oberlausitz)	0,5–0,8
Gneise (Erzgebirge)	0,4–1,3
Grauwacken (Harz, Thüringen, Lausitz)	0,2–1,0
Quarzporphyre (NW-Sachsen)	0,2–1,0
Porphyrit (Haldensleben)	0,4–0,9
Diabas (Vogtland)	0,1–1,4
Basalt (Rhön)	0,1–1,1
Knotenkalk (Devon, Ostthüringen)	0,15–0,80
Wellenkalk (Unterer Muschelkalk, Thüringen)	0,4–2,0
Schaumkalk (Unterer Muschelkalk, Thüringen)	3,0
Elbsandstein (Pirna)	5,41–7,36
Travertin (Thüringen)	2,56
Porphyrtuff (Rochlitz)	10,83

Tab. 7.9 Löslichkeiten einiger häufig vorkommender Gesteine (aus Klengel & Wagenbreth, 1981)

Gestein	Wasserlöslichkeit g/l	Hauptvorkommen (geologische Formation)	Mächtigkeit
Stein- und Kalisalze	≥ 300	Mittl. Muschelkalk, Oberer Buntsandstein, Zechstein	Mehrere Dekameter bis einige 100 m
Gips	2–3	Mittlerer Keuper, Mittl. Muschelkalk, Ob. Buntsandstein, Zechstein	Mehrere Dekameter
Kalkstein, Dolomit	≤ 1	Kreide, Muschelkalk, Zechstein, Karbon, Silur, Devon, Kambrium	Meter bis Dekameter
Verwitterungslockergesteine; Löss(-lehm)	Suffosionsgefahr	Quartär, Tertiär	Meter

Die Bestimmung des natürlichen Wassergehaltes (Bergfeuchte) erfolgt durch Wägung der bergfeuchten und der ofengetrockneten Masse der Gesteinsprobe, aus deren Differenz sich die Masse des Porenwassers errechnet. Der Wassergehalt ergibt sich als Quotient aus Porenwassergehalt und Trockenmasse der Probe.

In vielen geologischen Prozessen (Abtrag und Transport, Ausfüllung und damit Bildung chemischer Sedimentgesteine) ist die Löslichkeit ein wichtiger Faktor. Erhöhte Löslichkeit führt vor allem in karbonatischen Sedimentgesteinen zu Karsterscheinungen, deren Auswirkungen und Bedeutung in Abschn. 8.2 näher beschrieben werden. In Tab. 7.8 und 7.9 werden für eine Reihe wichtiger Gesteine Wassergehalte und Löslichkeiten angegeben. Bei den Angaben zur Löslichkeit ist zu beachten, dass diese stark vom pH-Wert, der Temperatur und der chemischen Zusammensetzung des Lösungsmittels abhängt (s. auch Abschn. 8.2).

Von erheblicher Bedeutung im Ingenieurbau können Fragen der Löslichkeit auch bezüglich der Wirksamkeit von Drainage- und Entwässerungsmaßnahmen sein, da Drainagen nicht selten im Laufe der Zeit unwirksam werden, weil sich Minerale, wie z. B. Calcit, aus der wässrigen Lösung ausscheiden.

7.2.7 Weitere bautechnische Eigenschaften

Bohrbarkeit, Reißbarkeit, Sprengbarkeit, Gewinnbarkeit etc. werden außer von den Eigenschaften des Gesteins (bzw. Gebirges) sehr stark von bautechnischen Faktoren beeinflusst. Im Allgemeinen werden deshalb Testverfahren vorgeschlagen, mit deren Hilfe Indexwerte bezüglich der obengenannten Eigenschaften ermittelt werden können. Aufgrund dieser Indexwerte wird dann eine Klasseneinteilung vorgenommen.

Der Bohrbarkeit von Festgesteinen kommt beim Bauen im Fels erhebliche Bedeutung zu. So mussten z. B. beim Ausbruch des Mont-Blanc-Tunnels für jeden Abschlag 120 bis 150 Löcher je ca. 4,5 m Tiefe zur Aufnahme des Sprengstoffes gebohrt werden. Auch im Felsbau über Tage sind für Sprengarbeiten, Injektionsmaßnahmen etc. viele Meter von Bohrlöchern herzustellen. Der Bohrfortschritt hängt dabei außer von technologischen Faktoren (Bohrverfahren, Anpressdruck, Drehzahl, Bohrwerkzeug etc.) auch von dem zu bohrenden Gestein ab. Aus Tab. 7.10 ist zu entnehmen, dass sich der Bohrfortschritt kaum aus anderen Kenngrößen wie Härte, Festigkeit, Verformungsmodul usw. zuverlässig ableiten lässt. Die Bohrbarkeit ist vielmehr als Resultat der Wechselwirkung verschiedener mechanischer Eigenschaften und textureller Eigenheiten der Gesteine zu sehen.

Großbohrlöcher, Stollen, Schächte und Tunnel werden mehr und mehr mittels Vollschnitt-Vortriebsmaschinen hergestellt. Auch hier ist eine gewisse Abhängigkeit des Bohrfortschrittes von mechanischen Gesteinsparametern wie z. B. der einachsigen Druckfestigkeit zu beobachten (Abb. 7.47). Es zeigt sich jedoch deutlich, dass dem Bohrsystem vielfach eine noch größere Bedeutung zukommt.

Neben der Vortriebsgeschwindigkeit und dem jeweils erforderlichen Anpressdruck ist bei allen Bohr- und Vortriebsarbeiten der Verschleiß der Schneidwerkzeuge (und indirekt auch anderer Maschinenteile) ein bedeutsamer Faktor bezüglich der Wirtschaftlichkeit. Der Verschleiß ist stark abhängig von den mineralogisch-petrographischen Eigenheiten der zu bearbeitenden Gesteinstypen. Ausschlaggebend sind der Anteil von harten Gesteinsgemengteilen, deren Korngröße und die Textur des Gesteins (siehe auch Kap. 4). Abb. 7.48 gibt ein Beispiel der Darstellung der Resultate petrographischer Untersuchungen zur Bohrbarkeit.

Das abrasive Verhalten eines Gesteines gegenüber Bohrschneide und Meißelkörper wird maßgebend vom Gehalt von schleißscharfen Mineralen – insbesondere Quarz – bestimmt.

Nach Schimazek & Knatz (1970) ist die Abrasivität außerdem von der Korngröße der schleißscharfen Minerale sowie die Zugfestigkeit des Gesteins abhängig. Aus den Untersuchungen von Schimazek an Sandsteinen des Ruhrkarbons ergab

Tab. 7.10 Bohrbarkeit einiger Gesteine im Vergleich mit verschiedenen Gesteinskennwerten (nach Maidl, 1970)

Nr.	Gesteinsart und Fundort	Bohrfortschritt cm/min	Shorehärte	SIEVERS Bohrbarkeit J	SIEVERS Verschleißwert c	FRANSSEN Elastizität	FRANSSEN Bearbeitbarkeit	GERTH Zähigkeitsgrad
1	Sandstein Lutter am Barenberg	130	15	173	k.A.	k.A.	k.A.	k.A.
2	Tonschiefer	130		keine Angaben vorhanden				
3	Tonschiefer mit Kalkeinlage	115		keine Angaben vorhanden				
4	Oberbayerische Pechkohle	102		keine Angaben vorhanden				
5	Tonschiefer Eisenh. Tiefbau	87	41	119	18	k.A.	k.A.	k.A.
6	Leichter Sandschiefer	78		keine Angaben vorhanden				
7	Tonschiefer mit Quarzschn. Eupel	67	48	136	k.A.	42	71	0,47
8	Kalksandstein Sudmerberg Goslar	66	30	179	k.A.	k.A.	k.A.	k.A.
9	Sandschiefer Rheinbaben	66	29	287	4	k.A.	k.A.	0,35
10	Rauhfaserschiefer Neue Haardt	66	61	108	k.A.	40	57	0,42
11	Kalkhaltiger Toneisenstein	62		keine Angaben vorhanden				
12	Sandstein Hugo 3 Stein V	61	59	k.A.	–	k.A.	k.A.	0,13
13	Schalstein Fortuna b. Werdorf	57	40	203	6	k.A.	k.A.	0,08
14	Kalk. Klußeisenstein Fortuna	56	45	136	8	k.A.	k.A.	0,41
15	Tonschiefer Wissenbach	53		keine Angaben vorhanden				
16	Kalk. Roteisenstein Nammen	53	45	k.A.	k.A.	k.A.	k.A.	k.A.
17	Grauwacke	52		keine Angaben vorhanden				
18	Grauwacke Neue Haardt	51	66	128	8	k.A.	k.A.	0,43
19	Ruhrsandstein Finefrau	51		keine Angaben vorhanden				
20	Wellingtonsandstein Rheinbaben	49	43	114	7	42	89	0,50
21	Harter Tonschiefer Ebw. Grund	48	57	158	45	42	93	0,40
22	Grauwacke Grund	48	73	106	6	40	83	0,55
23	Grauwacke Piesberg	46	79	49	12	47	40	0,61
24	Rauhfaserschiefer Eis. Tiefbau	44		keine Angaben vorhanden				0,30
25	Blauer Kalkstein Nammen	43	73	100	7	–	–	0,56
26	Graugneis Ehrenfriedersdorf	43		keine Angaben vorhanden				
27	Mausegatt Sandstein Mevissen	41	73	88	4	47	69	0,64
28	Schwed. Granit Stornorofors	40		keine Angaben vorhanden				
29	Kalkstein Winterberg	40	58	103	–	46	51	0,47
30	Roteisenstein Königszug.	38	65	37	21	50	72	0,46
31	Diabas Christiane b. Adorf	37	74	112	29	k.A.	k.A.	0,64
32	Grauwacke Eis. Tiefbau	37	93	5	11	k.A.	k.A.	0,58
33	Brockengranit Wurmberg	36	95	15	7	61	36	0,75
34	Freiberger Granit	36		keine Angaben vorhanden				
35	Granit (85% Quarz)	36		keine Angaben vorhanden				
36	Kahleberg Sandstein	33		keine Angaben vorhanden				
37	Schärdinger Granit	30		keine Angaben vorhanden				
38	Deckdiabas Königszug	30	73	59	31	55	65	0,65
39	Kies. Poteisenstein Fortuna	28	73	50	20	k.A.	k.A.	0,47
40	Quarz (quarzit. Grauwacke)	27		keine Angaben vorhanden				

k.A. = keine Angaben vorhanden

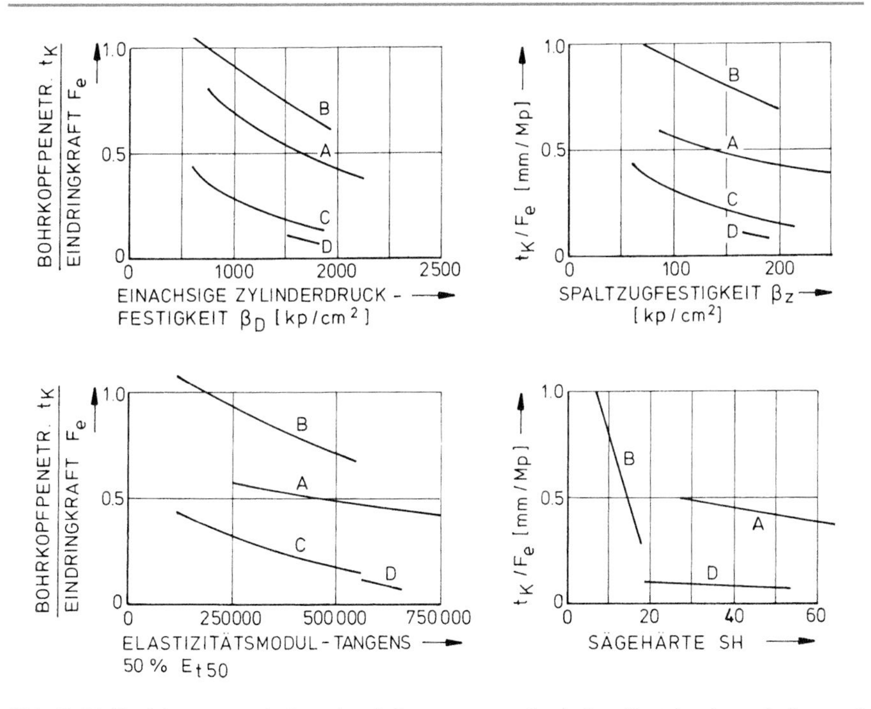

Abb. 7.47 Beziehungen zwischen den Indexwerten mechanischer Gesteinseigenschaften und der spezifischen Bohrkopfpenetration verschiedener Bohrsysteme (nach Rutschmann, 1974; mit freundlicher Genehmigung von © Springer-VDI-Verlag, 2018, alle Rechte vorbehalten)

sich ein linearer Zusammenhang zwischen einem Verschleißkoeffizient

$$F = V \cdot d_{\mathrm{m}} \cdot \beta_{\mathrm{Z}}$$

mit:

V = Volumen-% von Quarz (bzw. einem äquivalenten Volumenanteil an anderen verschleißfesten Mineralen),
d_{m} = mittlere Korngröße der verschleißfesten Minerale,
β_{Z} = Zugfestigkeit des Gesteins

und dem Werkzeugschneidenverschleiß (Abb. 7.49). Der Arbeitskreis AK 3.3 „Versuchstechnik Fels“ der DGGT e. V. hat 2016 eine Empfehlung zur Bestimmung der Abrasivität von Gesteinen mit dem Cerchar-Versuch veröffentlicht (Käsling & Plinninger, 2016). Dieser Versuch erlaubt, die zu bohrenden Gesteine in Klassen einzuteilen, die von extrem niedriger bis zu extrem hoher Abrasivität reichen. Auf den erheblichen Einfluss des Makrogefüges auf Verschleiß und Löseleistung wird in Abschn. 7.3.4 näher eingegangen.

Die Sprengbarkeit von Fels hängt von einer Reihe von Faktoren ab, wobei insbesondere die Gesteinsfestigkeit, Spannungszustand und Klüftigkeit ausschlagge-

Gesteinsbezeichnung	1 feinkörniger Muskowitgneis	12 feinkörniger Sandstein	18 heterogenkörniger Granit	37 kompakter, mergliger Kalkstein (Drusbergkalk)
Herkunft der Probe	Gotthardpaß,CH	Rorschach,CH	Göschenen,CH	Vierwaldstättersee,CH
Dünnschliff				
Mineralien bzw. Komponenten	M/K	M/K	M/K	M/K
1 hart nicht spaltbar	1 Quarz 40 %	1	1	1
1	1	1 Quarz 25 %	1 Quarz 25 %	1
1	1	1	1	1
2 hart spaltbar	2 Plagioklas 5 - 10 %	2 Mikroklin } 20 %	2 Mikroklin 35 %	2
2	2	2 Plagioklas }	2 Plagioklas 35 %	2
2	2	2	2	2
3 mittelhart	3	3	3	3
3	3	3	3 Epidot 3 %	3
3	3	3	3	3
4 weich	4 Muskowit 50 - 58 %	4 Kalzit 50 %	4	4 Kalzit } 100 %
4	4	4 Glimmer <5 %	4 Biotit 2 %	4 Ton }
4	4	4	4	4
Korngröße, mm	K	K	K	K
5 alle Mineralien	5 0,2 - 0.7	5 0,1 - 0,2	5 0,5 - 3	5 0,02
6 Quarz, im Mittel	6 0,5	6 0,15	6 Aggregate 1,5 - 3	6 —
Struktur	S grano - lepidoblastisch	S psammitisch in unterbrochener Kalzitmatrix	S körnig, abnehmend, eigengestaltig (leicht verzahnt)	S Heterogen sehr feinkörnig Kalzitkörnchen liegen mittelbar (d.h. reduzierte Matrix) Korn an Korn.
Textur	T lagig 0,5 - 0,7 mm, allgemein schwach, in einzelnen Lagen aber stark schiefrig	T massig	T massig	T massig
Diaklase	D	D —	D rekristallisierte Quarzaggregate	D —

Abb. 7.48 Beispiel für die Darstellung der Ergebnisse einer mineralogisch-petrographischen Untersuchung (aus Rutschmann, 1974; mit freundlicher Genehmigung von © Springer-VDI-Verlag, 2018, alle Rechte vorbehalten)

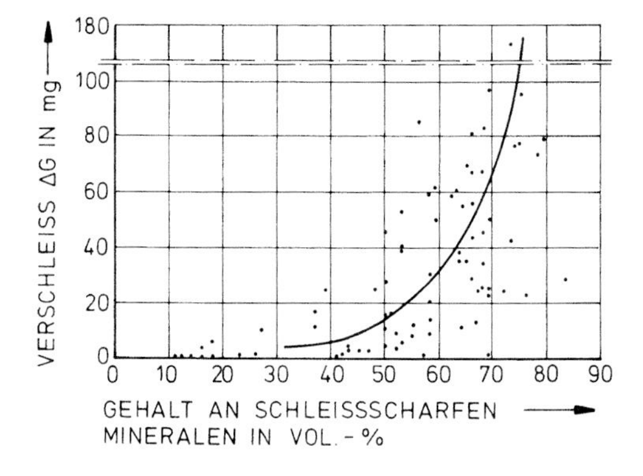

Abb. 7.49 Verschleiß (Gewichtsverlust von Stahlkegeln nach 16 m Gleitweg) von Schneidewerkzeugen in Abhängigkeit von dem Gehalt an schleißscharfen Mineralen (Laborversuche von Schimazek & Knatz, 1970; mit freundlicher Genehmigung von © Gesamtverband Steinkohle e. V., 2019, alle Rechte vorbehalten)

bende Faktoren darstellen dürften. Aus Erfahrungswerten wurden von verschiedenen Autoren Klassifikationen des Gebirges bezüglich seiner Sprengbarkeit vorgeschlagen – ein Beispiel hierfür stellt die Einteilung nach Leins & Thum (1970) dar (Tab. 7.11), die drei Sprengbarkeitsgrade unterscheiden. Zur Abschätzung des für verschiedene Gebirgsarten erforderlichen Sprengstoffaufwandes beim Ausbruch von Stollen werden von Leins & Thum Materialkoeffizienten angegeben, mit deren

Tab. 7.11 Einteilung der Gebirgsarten nach ihrer Sprengbarkeit im Stollen- und Tunnelbau (nach Leins & Thum, 1970; mit freundlicher Genehmigung von © Springer VS, Wiesbaden, 2018, alle Rechte vorbehalten)

Sprengbarkeitsgrad	Gesteinsbeschaffenheit	Gesteinsarten	Spezifischer Sprengstoffaufwand			
			Richtstollen	Kalotte	Vollausbruch	Mittel
			kg/m^3	kg/m^3	kg/m^3	kg/m^3
Schwer schießbar	Dichte ungeschichtete Lagerung ohne Bänke, große Mächtigkeit und Härte	Granit, je nach Quarzgehalt, Körnung und tektonischer Vorgeschichte, Verrucano mit viel Quarz und vielen Rissen, Jurakalke, die stark rissig sind, Moräne, die trocken, lehmhaltig und zäh ist	3,5–5,0	1,3–2,1	0,8–1,3	1,3–2,1
Mittelschwer schießbar	Geschichtete Lagerung, kompakt mit schwacher Bankung	Gesteinsschichten, die senkrecht zur Stollenachse stehen, Kalksteine, die dicht und ohne Risse sind, Sandsteine, Mergellagen mit kalktonigem Bindemittel	2,0–3,5	0,7–1,3	0,4–0,8	0,7–1,0
Leicht schießbar	Zerrissenes, zerklüftetes, elastisches, weiches Gestein	Diorite, Amphibolite, faserige Hornblende, Jurakalke mit starken Verschürfungen, Zerklüftung und Wechsellagerung zwischen Kalkbänken und tonig-mergeligen Zwischenlagen, tertiäre Nagelfluh infolge verschieden harten Gesteins, wie Granit, Quarzit, Kalk, Hornblende, Sandsteine usw., Moräne, die ungleichmäßig zusammengesetzt ist	1,0–2,0	0,2–0,7	0,1–0,4	0,3–0,7

Hilfe der Sprengstoffverbrauch aufgrund verschiedener empirischer Formeln bestimmt werden kann (Tab. 7.12).

Die Eignung eines bestimmten Gebirges für die Anwendung verschiedener erschütterungsarmer Gesteinslöseverfahren im Tunnel- und Stollenbau wird nach einer Darstellung von Müller (1978) in erster Linie durch Gesteinsfestigkeit und Klüftigkeit bestimmt (Abb. 7.50).

Im Obertagebau hat sich für den Abbau von weniger festem, verwittertem Fels das Aufreißen mit schweren Reißraupen als wirtschaftliches Gebirgslöseverfahren erwiesen. Church (1965) teilt Fels nach seiner Reißbarkeit in fünf Gruppen ein und gibt Aufreißmenge und spezifische Kosten als Funktion der seismischen Wellengeschwindigkeit an. Eingehendere Untersuchungen von Maleton (1973) konnten

Tab. 7.12 Erfahrungswerte von Materialkoeffizienten für Sprengladungen im untertägigen Hohlraumbau (nach Leins & Thum, 1970; mit freundlicher Genehmigung von © Springer VS, Wiesbaden, 2018, alle Rechte vorbehalten)

Art und Beschaffenheit des Gesteins	Materialkoeffizienten	Verwendete Ladeformel
Sehr feste Gesteine (Quarzit, fester Granit)	1,0	Ladeformel von Höfer-Chalon: $M = ceW^2$ M ... Ladungsmasse [kg] c ... Materialkoeffizient [–] e ... Brisanzfaktor [–] W ... Vorgabe [m]
Feste Gesteine (Granit, Porphyr, Gneis)	0,8	
Fester Schiefer, körniger Kalk	0,5	
Mittelfeste Gesteine (Kalk, Schiefer)	0,3	
Lose Gesteine	0,05	
Massiver Granit	0,6	Ladeformel von Hauser: $M = cdW^3$ M, c, W ... siehe oben d ... Verdämmungsziffer [–]
Gneis, Porphyr	0,5	
Fester Kalk	0,4	
Mittelfester Kalk	0,2	
Weicher Kalk	0,1	
Fels	0,6–1,0	Ladeformel von Hauser: $M = cdW^3$ M, c, d, W ... siehe oben
Schweres Erdreich	0,4	
Mittleres Erdreich	0,3	
Leichtes Erdreich	0,2	

diese Zusammenhänge nicht bestätigen. Maleton stellte eine ausgeprägte Abhängigkeit der für den Reißvorgang charakteristischen Parameter von der Reißrichtung fest (siehe Abschn. 7.3.4).

Die Ausführungen zur Bohrbarkeit, Sprengbarkeit, Fräsbarkeit und Reißbarkeit von Fels lassen erkennen, dass die Einteilung in Bodenklassen nach DIN 18300 (siehe Abschn. 7.1.5) mit nur zwei Bodenklassen für Fels nur eine sehr allge-

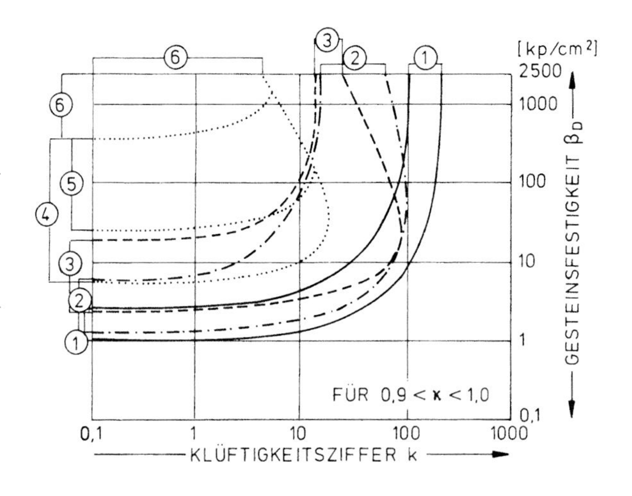

Abb. 7.50 Durchschnittliche Anwendungsbereiche verschiedener Gebirgslösemethoden in Abhängigkeit von Gesteinsfestigkeit und Klüftigkeit bei hohem Durchtrennungsgrad κ. 1 Schaufel und Haue; 2 Abbauhammer und Pressluftspaten; 3 Ladeschaufel und Bagger; 4 trocken fräsen; 5 feucht fräsen; 6 Meißelmaschinen (aus Müller, 1978; mit freundlicher Genehmigung von © Springer-Verlag GmbH Deutschland, 2018, alle Rechte vorbehalten)

meine Unterteilung bezüglich der Schwierigkeiten beim Lösen, Laden und Einbau darstellt. Als Basis zur Kostenermittlung bzw. der Abrechnung von Leistungen erscheint die Einteilung in leichten und schweren Fels zu wenig differenziert.

7.3 Materialeigenschaften des Gebirgsverbandes

Fels ist ein Material sehr komplexer Natur, das im Allgemeinen aus Gesteinen unterschiedlicher petrographischer Beschaffenheit und verschiedener mechanischer Eigenschaften besteht. In den Bereichen, in denen das Gebirge meistens vom Ingenieurbau aufgeschlossen wird, ist der Fels überwiegend klüftig (Abb. 6.48) – ungeklüfteter Fels ist äußerst selten. Diese Klüftigkeit des Gebirges erfordert problemspezifische Diskontinuumsbetrachtungen, da das Festigkeits- und Verformungsverhalten sowie die Wasseraufnahmefähigkeit und Wasserwegigkeit sowohl vom Gefüge bzw. den Trennflächen als auch vom Gestein selbst bestimmt werden.

Je nach dem Gebirgsaufbau und der Relation des Trennflächenabstandes zur Bauwerksgröße sind dabei entweder Einzeltrennflächen maßgebend oder es ist der Fels als angenähertes Kontinuum zu betrachten, dessen Eigenschaften jedoch wesentlich von den Trennflächen bestimmt werden.

Sind einzelne Großdiskontinuitäten für das Verhalten maßgebend, so können die in Scher- bzw. Reibungsversuchen ermittelten Trennflächenparameter direkt in analytischen Stabilitätsberechnungen oder numerischen Berechnungen verwendet werden.

Ist bei kleinem Trennflächenabstand in Relation zum Bauwerk das Gebirge als komplex zusammengesetztes, geklüftetes Material zu betrachten, ist eine genaue Ermittlung der mechanischen Eigenschaften häufig schwierig, da das Materialverhalten sowohl von den Gesteins- als auch den Trennflächeneigenschaften bestimmt wird. Festigkeits- und Verformungsmoduln von geklüftetem Fels sind vielfach wesentlich geringer als beim unzerklüfteten Gestein. Sie sind abhängig von der Kluftdichte, dem Durchtrennungsgrad sowie der Zahl der im Probenvolumen vorhandenen Kluftkörper. Hinzu kommt eine vielfach ausgeprägte Abhängigkeit des Verformungs- und Bruchverhaltens von der Belastungsrichtung.

Die an kleinen Probekörpern ermittelten Festigkeits-, Verformungs- und Durchströmungseigenschaften, wie sie in Abschn. 7.2 und 8.2 beschrieben werden, können infolge des Einflusses des Trennflächengefüges in Stabilitäts- und Verformungsberechnungen sowie Berechnungen zur Ermittlung der Durchströmung von Gasen bzw. Flüssigkeiten nicht direkt verwendet werden.

Die moderne Felsbaumechanik, z. B. im Tunnel- und Kavernenbau, betrachtet das Gebirge als mittragendes Element des Bauwerkes, und auch im Staudammbau wird der Fels im Widerlagerbereich als Teil des zu erstellenden Bauwerks angesehen. Um die sich aus dieser grundsätzlich neuen, sich in den letzten Jahrzehnten allmählich weltweit durchsetzenden Betrachtungsweise ergebenden bautechnischen und wirtschaftlichen Vorteile voll ausschöpfen zu können, ist eine möglichst zutreffende Prognose des Verhaltens des Gesamtsystems Bauwerk-Fels erforderlich. Einer solchen Prognose des mechanischen Verhaltens stehen allerdings immer noch gravierende Schwierigkeiten entgegen. Dies liegt weniger an den im Felsbau zur Verwendung kommenden Berechnungsverfahren, als vielmehr an den Materialkennwerten von i. A. inhomogenem und anisotropem Fels und den übrigen in den Berechnungen zu berücksichtigenden geologischen Daten.

Da bei den meisten Gebirgsarten die Trennflächendichte so groß ist, dass Trennflächen in der Analyse des Verhaltens großer Felsbauwerke nicht mehr einzeln betrachtet werden können, muss deren Einfluss vielfach global in den Materialkennwerten mit berücksichtigt werden. Ebenso ist z. B. in Schichtgesteinen mit einer Wechselfolge fester und wenig fester Gesteine das mechanische Verhalten des aus unterschiedlichen Materialien zusammengesetzten Gebirgskörpers einschließlich der Trennflächen maßgebend.

Die Erkenntnis der Notwendigkeit, neben dem Einfluss der Textur des Gesteins auch denjenigen des Trennflächengefüges in alle das Materialverhalten von Fels betreffenden Überlegungen miteinzubeziehen, hat ausschlaggebend zur Etablierung der Felsmechanik als einer eigenständigen wissenschaftlichen Disziplin beigetragen. Gestützt auf Naturbeobachtungen und theoretische Überlegungen – vor allem von Stini (1922) und Sander (1930, 1948) – wurde die Bedeutung der Trennflächen insbesondere von Müller (1951) immer wieder betont und deren immense Bedeutung bei nahezu allen Aufgaben der Felsbaupraxis in den Vordergrund gestellt.

7.3.1 Einteilung des Gebirges in Homogenbereiche und Methoden zur Ermittlung des Verformungs- und Bruchverhaltens

Aufgrund eingehender geologischer Erkundung des durch ein Bauwerk beeinflussten Gebirgsbereiches wird dieser bezüglich seiner bautechnisch wichtigen Eigenschaften in Homogenbereiche eingeteilt – wobei vorausgesetzt wird, dass innerhalb eines Homogenbereiches die Eigenschaften wesentlich geringeren Schwankungen unterworfen sind als von einem Homogenbereich zum anderen.

Die Aufgabe der Abgrenzung von Homogenbereichen wird vielfach durch den unzureichenden Aufschluss des Untergrundes erschwert – insbesondere, wenn die Einteilung nur allein aufgrund von Bohraufschlüssen vorzunehmen ist. Selbst bei guten Aufschlussbedingungen – wie sie sich z. B. durch Felsfreilegungen im Staudammbau oder auch im Untersuchungsstollen ergeben – beinhaltet die Abgrenzung von Homogenbereichen in der Regel eine grobe Idealisierung der tatsächlichen Verhältnisse.

Bei der Einteilung in Homogenbereiche müssen die petrographische Ausbildung, der Verwitterungszustand, die Festigkeit, Verformbarkeit und andere relevante Gesteinseigenschaften berücksichtigt werden.

Von besonderer Bedeutung sind jedoch die Gefügemerkmale wie Schichtung, Klüftung, Schieferung.

Diese Trenn- oder Diskontinuitätsflächen können relativ ungeregelt vorkommen. Wesentlich häufiger lassen sich die Gefügeflächen jedoch mehreren Trennflächensystemen – mit meist unterschiedlichen Eigenschaften – zuordnen (Abb. 7.51). So treten z. B. in tektonisch wenig gestörten Sedimentgesteinsfolgen häufig drei ausge-

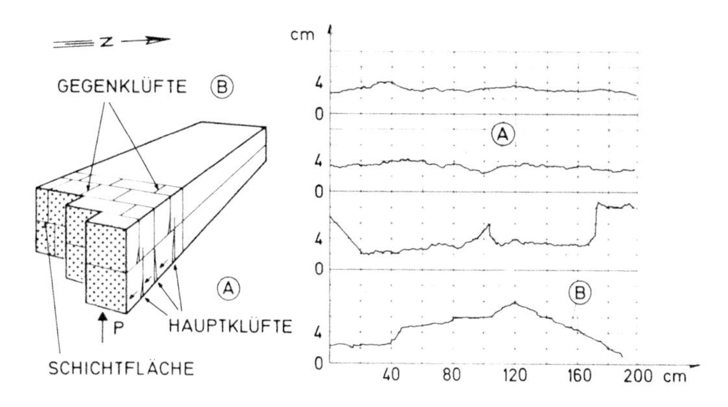

Abb. 7.51 Regelmäßig geklüftetes Sandsteingebirge am Rande des Oberrheingrabens bei Neustadt a. d. W. Hauptklüfte (A) und Schichtung mit ebener Oberfläche. Gegen- bzw. Nebenklüfte (B) sehr uneben (aus Fecker, 1970)

prägte Systeme von Trennflächen auf (Schichtklüfte, Hauptklüfte und Neben- bzw. Gegenklüfte). Diese Trennflächensysteme sind dabei nicht gleichwertig. Die Unterschiede beziehen sich auf alle wesentlichen Eigenschaften wie z. B.:

- die Streuung in der Raumlage der Flächen einer Schar;
- den Grad der Kontinuität der Einzelflächen (Durchtrennungsgrad);
- Trennflächenabstand;
- Unebenheit und Rauigkeit;
- Kluftöffnung und Kluftzwischenmittel;
- Spitzen- und Restscherfestigkeit;
- Geotechnische Kohäsion.

Zum Teil bestehen gegenseitige Abhängigkeiten zwischen diesen, die Trennflächeneigenschaften beschreibenden Parametern. Ein Beispiel, welches jedoch nur für eine spezielle geologische Situation gilt, ist in Abb. 7.52 gegeben, wo eine Korrelation dargestellt ist.

Die Vielzahl der Einflussparameter und die häufig unzureichenden Aufschlussverhältnisse erschweren eine tatsächlich objektive Einteilung des Gebirges in Homogenbereiche.

Zur Ermittlung des Verformungs- und Bruchverhaltens des komplexen Materials Fels stehen zwei prinzipiell unterschiedliche Möglichkeiten zur Verfügung. Die erste beinhaltet Verfahren zur direkten Prüfung repräsentativer Felsvolumina, die zweite Gruppe indirekter Methoden geht davon aus, dass sich die Eigenschaften von Fels von denjenigen der Einzelkomponenten (Gesteine, Diskontinuitäten) ableiten lassen.

Bei der direkten Prüfung im Großversuch ist zu beachten, dass der Prüfkörper eine ausreichende Größe im Verhältnis zum Trennflächenabstand besitzt, da die Verbandsfestigkeit von der Anzahl der Kluftkörper im Prüfkörper abhängt (Abb. 7.53).

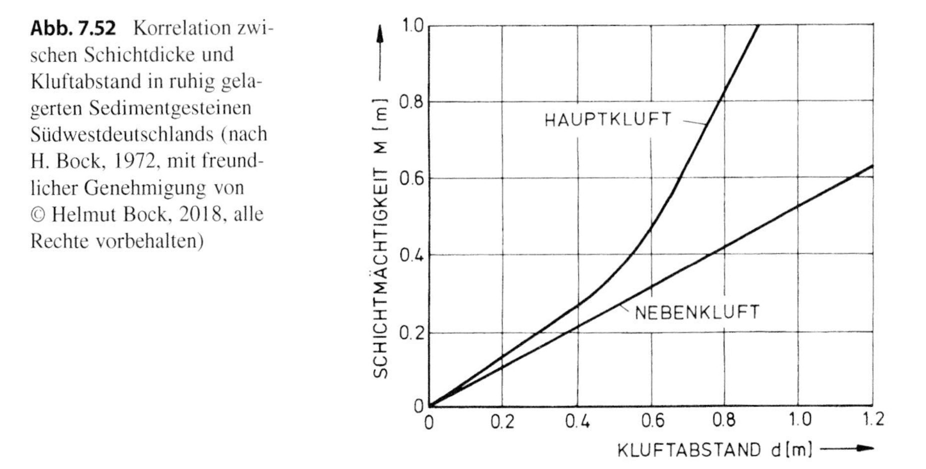

Abb. 7.52 Korrelation zwischen Schichtdicke und Kluftabstand in ruhig gelagerten Sedimentgesteinen Südwestdeutschlands (nach H. Bock, 1972, mit freundlicher Genehmigung von © Helmut Bock, 2018, alle Rechte vorbehalten)

In Tab. 7.13 sind die wesentlichen Methoden zur Ermittlung des Deformationsverhaltens von geklüftetem Fels aufgeführt.

Wohl infolge technischer Schwierigkeiten standen zunächst theoretische Überlegungen zur Vorhersage des mechanischen Verhaltens diskontinuierlicher Systeme im Vordergrund, die später durch Modellversuche eine gewisse Bestätigung fanden.

Großversuche im Fels und Laborversuche an Großproben setzten sich nur zögernd durch. Bei Staumauerfundierungen, Großkavernenbauten, Tunneln und Stollen in schwierigem Gebirge etc. gehören sie jedoch inzwischen zum Standarduntersuchungsprogramm.

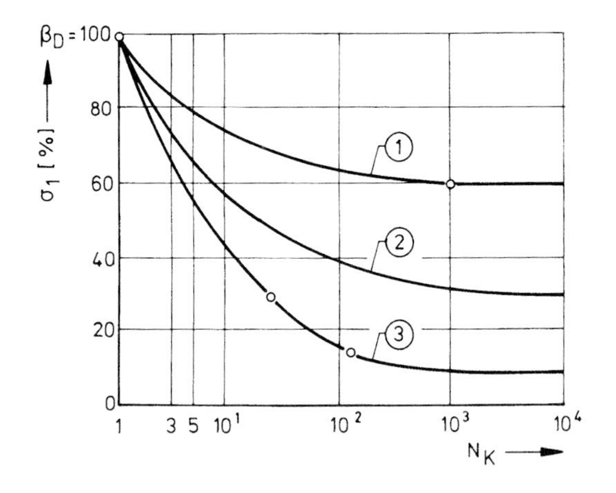

Abb. 7.53 Abhängigkeit der Verbandsfestigkeit von der Anzahl der Kluftelemente im Prüfkörper. 1) Kalkstein-Tonmergelstein Lias ε (Tübingen, Bundesrepublik Deutschland); 2) Tonstein Dogger α (Göppingen, Bundesrepublik Deutschland); 3) Kalkstein Oberer Muschelkalk (Pforzheim, Bundesrepublik Deutschland); σ_1 = Festigkeit des Verbandes; β_D = Gesteinsfestigkeit; N_K = Anzahl der Kluftkörper im Volumen des Prüfkörpers (geschätzt)

Tab. 7.13 Methoden zur Ermittlung des Deformationsverhaltens von geklüftetem Fels

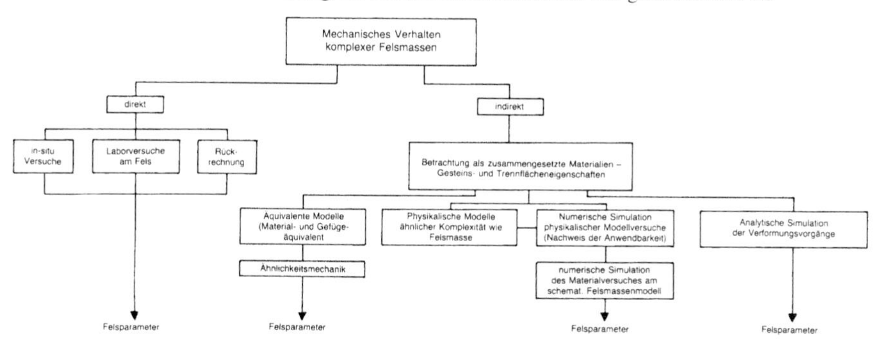

In folgendem Abschnitt wird auf In-situ-Versuche und Laborversuche an Großproben als direkte Verfahren eingegangen. Die Ableitung von Materialparametern durch Rückrechnung wird nicht weiter behandelt, da eine exakte Trennung der Auswirkungen verschiedener Einflussfaktoren (mechanisches Materialverhalten, Randbedingungen, primärer Spannungszustand etc.) meist nicht zu erreichen ist. In Einzelfällen können jedoch wertvolle Hinweise aus der Analyse des Materialverhaltens aufgrund von Eingriffen in das herrschende Gleichgewicht gewonnen werden.

So wurden im Bergbau versagende Pfeiler dazu benutzt, die Materialfestigkeit des Gebirges abzuschätzen. In ähnlicher Weise wurde die Gebirgsfestigkeit aus dem bereichsweisen Versagen der Mittelwand eines Doppelröhrentunnels abgeleitet. Rocha (1964) hat einen Vorschlag von Müller (1963) aufgegriffen und mittels Deformationsmessungen beim Aushub einer Staumauereinbindung und der nachfolgenden Wiederbelastung durch das aufgehende Bauwerk Verformungs- und Entlastungsmoduln ermittelt. Auf ähnliche Weise lassen sich auch die beim Auffahren untertägiger Hohlräume auftretenden Deformationen auswerten.

Die Ausführungen zur indirekten Ableitung von Felskennwerten aus den Gesteins- und Trennflächeneigenschaften in Abschn. 7.3.3 beschränken sich auf analytische Verfahren. Die indirekte Ermittlung von Gebirgskennwerten wird vor allem in Gebirgsarten mit größeren Trennflächenabständen – die Versuche an sehr großen Prüfkörpern erfordern würden – notwendig. Vielfach wird auch nur die Zahl der erforderlichen Versuche durch solche ergänzenden Untersuchungen klein gehalten. Dies gilt insbesondere für stark anisotropen Fels, für den die Materialeigenschaften richtungsabhängig sind.

7.3.2 Direkte Verfahren zur Ermittlung des Verformungsverhaltens von Fels

Je nach dem Trennflächenabstand des Gebirges in dem zu untersuchenden Homogenbereich kommen zur Untersuchung des Materialverhaltens Laborversuche an Großproben (z. Z. bis etwa 1 m ⌀ und 2 m Probenhöhe) oder Feldversuche infrage.

Am besten geeignet zur Ableitung von Materialkennwerten zur Verwendung in analytischen und numerischen Berechnungen erscheinen dreiachsige Druckversuche, da aus diesen sowohl Festigkeiten (Grenzbedingungen) als auch Spannungs-Dehnungs-Beziehungen – unter verschiedenen Spannungszuständen – abgeleitet werden können. Dies trifft für andere In-situ-Versuche wie den Plattendruckversuch, den Druckkammerversuch, den Doppeldruckkissenversuch etc. nur bedingt zu.

Zum Teil werden die Ergebnisse z. B. von Radialpressen- und Druckkammerversuchen direkt ohne felsmechanische Berechnung zur Bemessung von Auskleidungen im Druckstollenbau verwendet.

7.3.2.1 Feldversuche

Der **Plattendruckversuch** wird i. A. in Untersuchungsstollen oder Schächten durchgeführt, da es über Tage relativ aufwendig ist, ein Widerlager zur Aufbringung der Belastung zu schaffen. (Im Gegensatz zum Plattendruckversuch an Lockergesteinen reicht eine Belastung durch Gewichte von Fahrzeugen o. ä. meist nicht aus.)

Der Plattendruckversuch im Stollen wird üblicherweise mit gegenüberliegenden Druckplatten ausgeführt. Die beiden Lastplatten (Abb. 7.54) werden über hydraulische Pressen gegen die Stollenwandungen gepresst. Die Belastung und die Verschiebungen der Stollenwand sowie gegebenenfalls die Verschiebungen von Fixpunkten in verschiedener Entfernung von der Lastplatte (im Fels) werden registriert.

Unter Annahme einer starren Lastplatte, die einen homogenen, elastischen Halbraum belastet, lassen sich Be- bzw. Entlastungsmoduln (E_m bzw. V_m) aus den Plattendruck/Plattenverschiebungskurven (Abb. 7.55) als Mittelwerte über den beeinflussten Felsbereich ermitteln:

$$E_\mathrm{m} \quad \text{bzw.} \quad V_\mathrm{m} = \frac{\Delta\sigma(1-\nu^2)}{\Delta(\Delta l/l)} \quad [\mathrm{MPa}]$$

mit:

$\Delta\sigma$ = Spannungsänderung unter Annahme einer gleichmäßigen Lastverteilung,
ν = Poissonzahl,
Δl = Verschiebung der Lastplatte,
l = Einwirktiefe (unter der Annahme $l = 1{,}5$-mal Radius der Lastplatte).

Um den Einfluss der Auflockerung des Gebirges, die sich aus dem Auffahren des Hohlraumes ergab, berücksichtigen zu können, werden Be- und Entlastungsmoduln (E_d und V_d) auch in Abhängigkeit vom Abstand zur Lastplatte (Stollenwand) bestimmt. Hierzu werden Verschiebungen verschiedener Fixpunkte im Fels unterhalb der Lastplatte mittels Mehrfachextensometern gemessen.

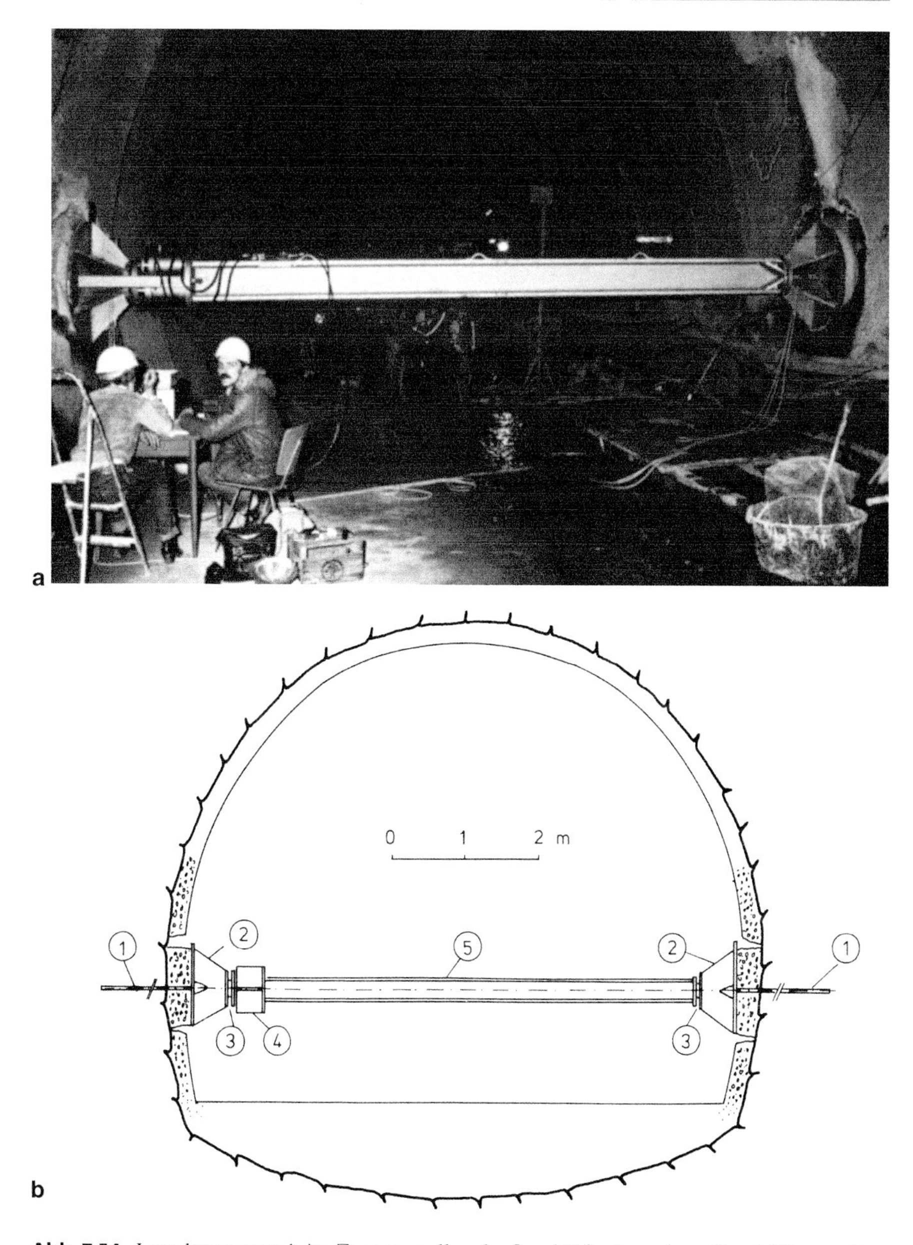

Abb. 7.54 Lastplattenversuch im Zugangsstollen des Landrückentunnels; **a** Durchführung eines Horizontalversuches (Photo: E. Fecker); **b** Versuchsanordnung schematisch, Lastplatte auf Beton der Tunnelschale aufgesetzt, Extensometerkopf für Verschiebungsmessungen am Übergang Gebirge/Beton, (1) 3-fach Extensometer; (2) Lastverteilplatte; (3) Kalotte; (4) 3 Stück 200-t-Druckzylinder; (5) Reaktionsbalken (mit freundlicher Genehmigung von © GIF GmbH, 2018, alle Rechte vorbehalten)

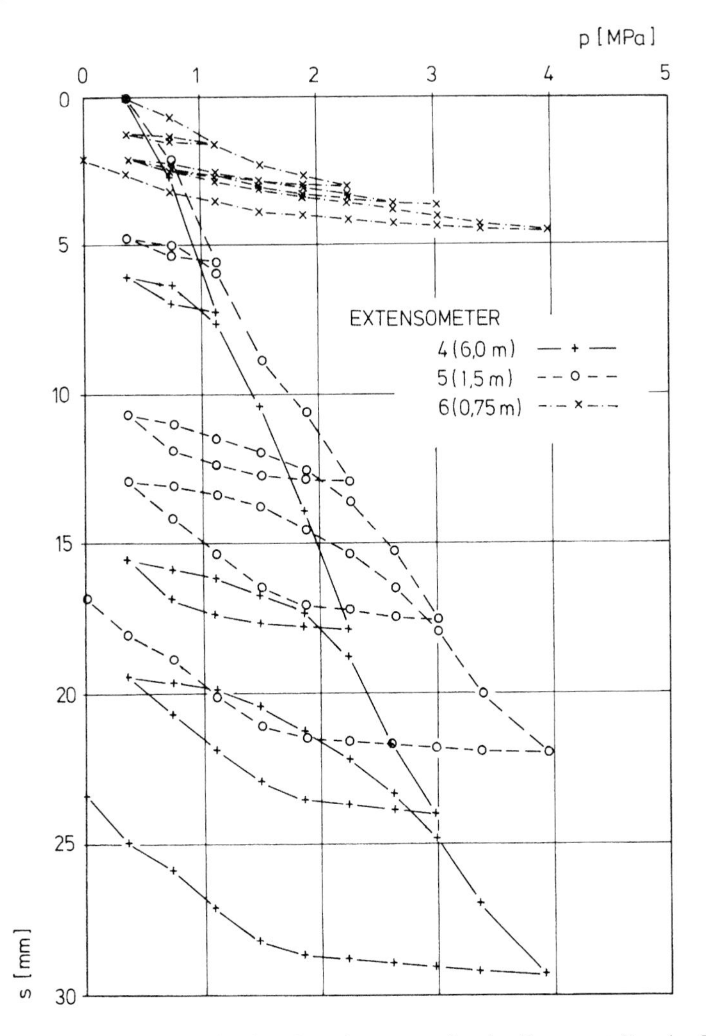

Abb. 7.55 Last-Verformungs-Linie eines Lastplattenversuches im Zugangsstollen des Landrückentunnels. Die Verformung im Gebirge wurde mit einem 3-fach Extensometer gemessen (mit freundlicher Genehmigung von © GIF GmbH, 2018, alle Rechte vorbehalten)

Hieraus lassen sich die Deformationsmoduln in Abhängigkeit vom Abstand zur Lastplatte ermitteln nach:

$$E_\mathrm{d} \quad \text{bzw.} \quad V_\mathrm{d} = \frac{\Delta\sigma}{\Delta l_z}\left[(1+\nu)\cdot z^2\left(\frac{1}{\left(a_2^2+z^2\right)^{1/2}} - \frac{1}{\left(a_1^2+z^2\right)^{1/2}}\right)\right.$$
$$\left. - 2\left(1-\nu^2\right)\left(\left(a_2^2+z^2\right)^{1/2} - \left(a_1^2+z^2\right)^{1/2}\right)\right]$$

mit:

$\Delta l_Z =$ Verschiebung eines Messpunktes in der Entfernung z von der Lastplatte (in einem zentralen Loch normal zur Lastplatte),
$\nu =$ Poissonzahl,
$z =$ Entfernung Lastplattenmitte – Messpunkt,
$a_1 =$ Radius des Messloches in der Lastplatte,
$a_2 =$ Radius der Lastplatte.

Durch Drehung der Achsrichtung der Versuchsapparatur lassen sich Angaben zur Richtungsabhängigkeit des Verformungsverhaltens machen. Erfahrungsgemäß liefert die Auswertung von Plattendruckversuchen geringere Moduln als tatsächlich vorhanden, worauf auch Müller (2018) hingewiesen hat.

Die Versuche lassen sich gegebenenfalls bis zum Versagen der Stollenwand unterhalb der Lastplatten fortführen. Infolge der inhomogenen Spannungsverteilung erhält man hieraus keine wohldefinierten Festigkeitswerte, wie z. B. im ein- oder mehrachsigen Druckversuch.

Der **Radialpressenversuch** ist ebenfalls im Versuchsstollen durchzuführen. Dabei wird die Stollenwand über segmentartig angeordnete Druckkissen und einen zentralen zylindrischen Stützkörper über den gesamten Umfang belastet. Die hierdurch hervorgerufenen Gebirgsverformungen werden mittels Extensometern gemessen (Abb. 7.56).

Aus den Arbeitslinien (Abb. 7.57) in den verschiedenen Messrichtungen lassen sich Verformungs- und Entlastungsmoduln sowie deren Richtungsabhängigkeit ermitteln.

$$E_\mathrm{r} \quad \text{bzw.} \quad V_\mathrm{r} = \frac{\Delta\sigma\,(1+\nu)}{\Delta\,(\Delta r/r)} \quad [\mathrm{MPa}]$$

mit:

$\nu =$ Poissonzahl,
$r =$ Radius der Radialpresse.

Werden die Verschiebungsmessungen in verschiedenen Abständen zur Stollenwandung durchgeführt, kann auch hier die Abhängigkeit der Verformungseigenschaften von der Entfernung zum Ausbruchsrand bestimmt werden. Daraus lässt sich das Ausmaß der durch den Vortrieb des Stollens bedingten Auflockerung des Gebirges sowie die Größe der Auflockerungszone ableiten. Hieraus ergeben sich, insbesondere für den Druckstollen- bzw. Schachtbau, Aussagen bezüglich der Auskleidungsstärke und Beurteilungskriterien bezüglich möglicher bzw. notwendiger Gebirgsverbesserungen durch Injektionen (Lauffer, 1960; Lauffer & Seeber, 1966; Seeber, 1964, Seeber & Friedrich, 1999). Bei der Auswertung solcher Versuche ist zu berücksichtigen, dass die Ergebnisse erheblich verfälscht sein können, wenn ausgewertet wird, ohne dass die im Gebirge vorhandenen Spannungen berücksichtigt werden.

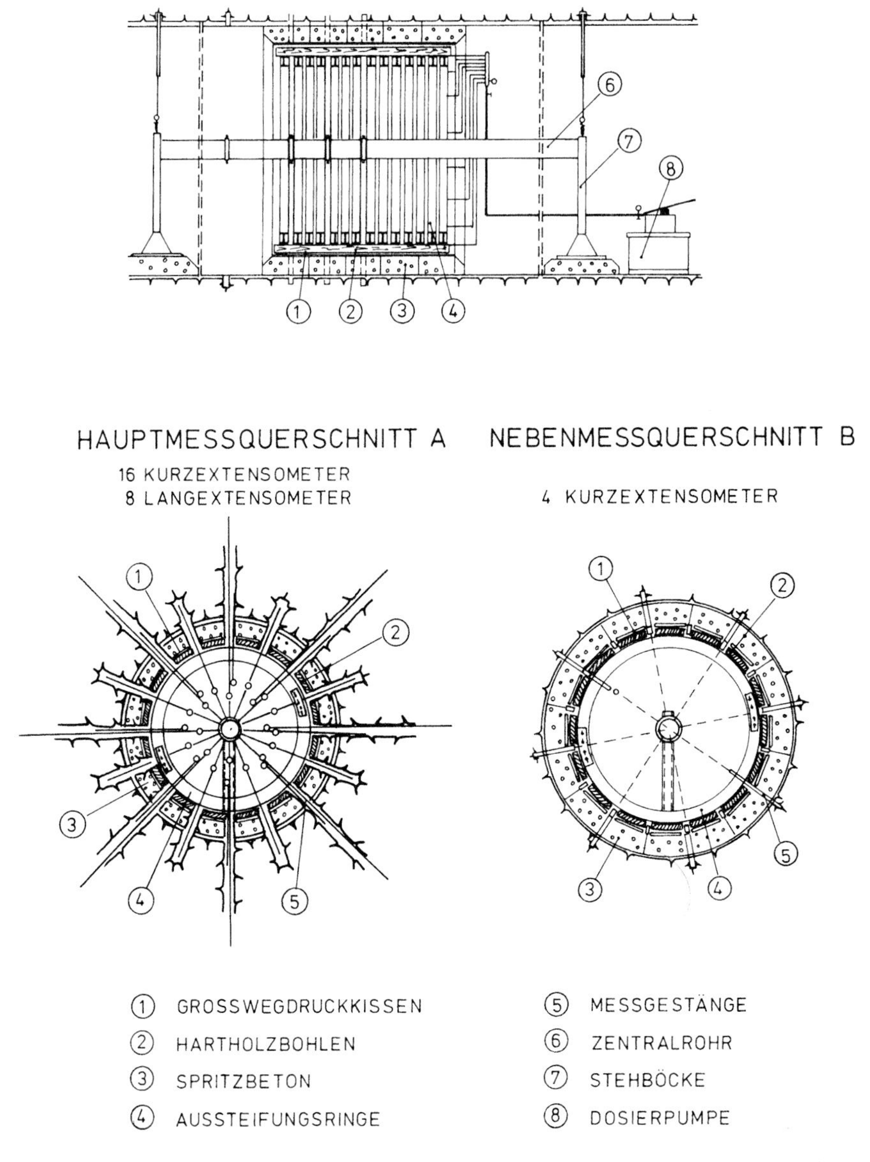

Abb. 7.56 Radialpressenversuch – Aufbau eines Versuchsgerätes, schematisch, 1) Großwegdruckkissen, 2) Hartholzbohlen, 3) Spritzbeton, 4) Aussteifungsringe, 5) Messgestänge, 6) Zentralrohr, 7) Stehböcke, 8) Dosierpumpe (nach Seeber, 1964; mit freundlicher Genehmigung von © Springer 2018, alle Rechte vorbehalten)

Beim **Doppeldruckkissenversuch,** der sich sowohl im Untersuchungsstollen als auch über Tage durchführen lässt, wird der Felsbereich zwischen zwei Schlitzen durch Druckkissen belastet, die in die Felsschlitze eingebaut werden. Als Widerlager dient der umgebende Fels (s. Abb. 7.58). Die Verschiebungen parallel und

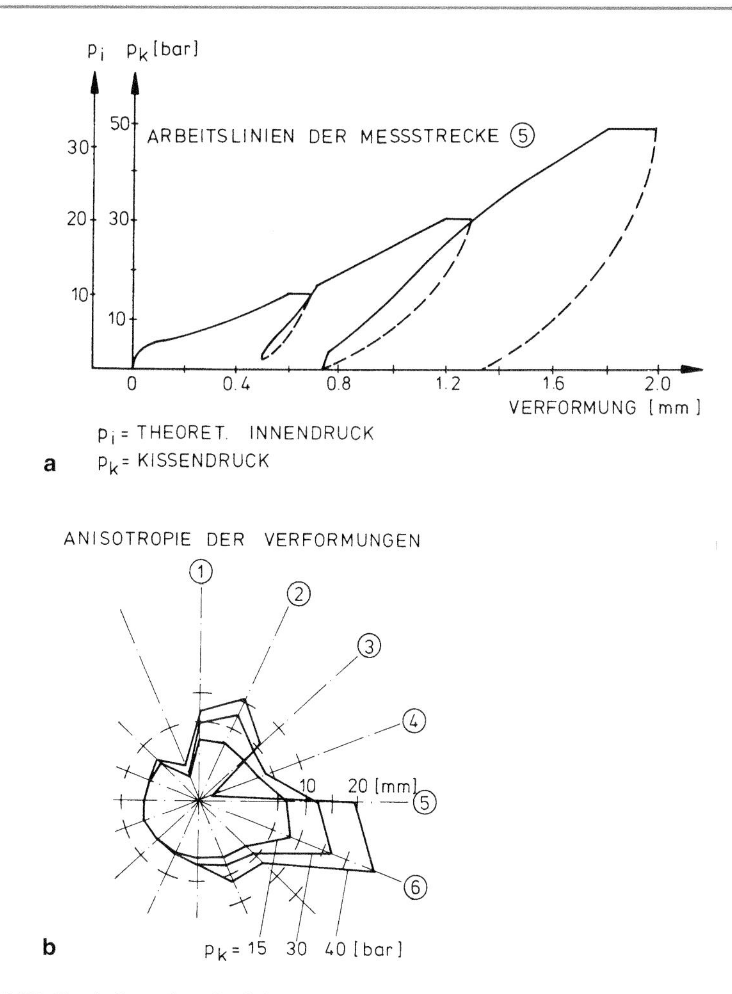

Abb. 7.57 Ergebnisse eines Radialpressenversuches, **a** Arbeitslinie in einer Messstreckenrichtung, **b** Anisotropie des Verformungsverhaltens (nach Seeber, 1964; mit freundlicher Genehmigung von © Springer 2018, alle Rechte vorbehalten)

normal zur Druckkissenbelastung werden an der Oberfläche oder in den Bohrlöchern gemessen. Die Druckkissen bestehen i. A. für höhere Drücke aus Stahlblech. Aus den Drücken in den Druckkissen und den Verschiebungsbeträgen lässt sich die Spannungs-Dehnungs-Linie des Materials (normal zur Richtung der Druckkissenschlitze) ermitteln.

Unter der Annahme, dass die Spannung parallel zur Schlitzrichtung am Rand des Prüfkörpers vernachlässigbar klein ist, lassen sich die verschiedenen Be- und Entlastungsmoduln (E_x und V_x) nach

$$E_x \quad \text{bzw.} \quad V_x = \frac{\Delta\sigma_x}{\Delta\varepsilon_x}$$

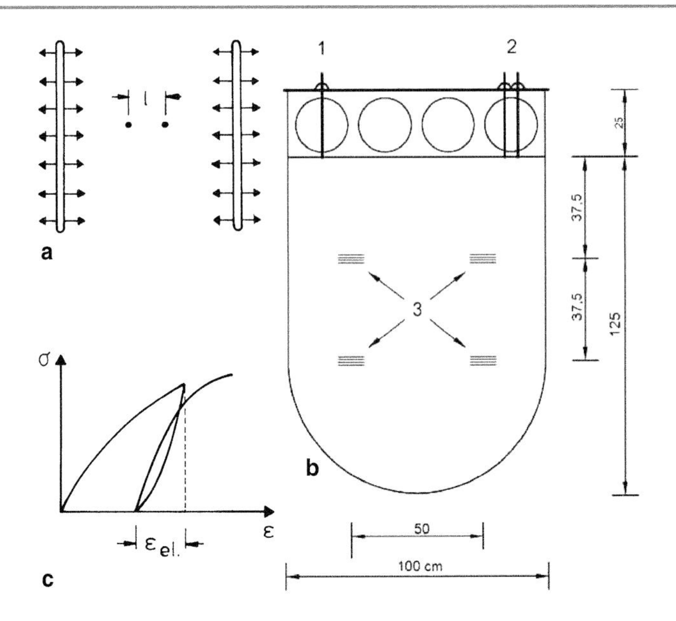

Abb. 7.58 Schematische Darstellung des Doppeldruckkissenversuches mit zwei gesägten oder gebohrten Schlitzen. **a** Schlitze, **b** Druckkissen zur Bestückung der beiden Schlitze; 1 Öl-Einlass, 2 elektrische Anschlüsse für die Deformeter, 3 Deformeter, **c** charakteristische Arbeitslinie

errechnen.

Bei bekannter Primärspannung parallel zur Schlitzrichtung kann der Einfluss der seitlichen Einspannung berücksichtigt werden:

$$E_x \quad \text{bzw.} \quad V_x = \frac{\Delta\sigma_x}{\Delta\varepsilon_x} - \nu\frac{\Delta\sigma_y}{\Delta\varepsilon_x} \quad [\text{MPa}]$$

Es ist auch möglich, durch die Herstellung von Schlitzen normal zu den Druckkissenschlitzen den Einfluss der seitlichen Einspannung auszuschalten. Der Versuch entspricht dabei (wenn man die Randeinflüsse am Probentiefsten vernachlässigt) einem einachsigen Druckversuch. Neben den Deformationsmoduln lassen sich dabei dann auch Druckfestigkeitswerte ermitteln.

Neben dem Doppeldruckkissenversuch werden auch Deformationsversuche mit nur einem Druckkissenschlitz durchgeführt. Die hieraus abgeleiteten Kennwerte sind jedoch infolge der ungünstigeren Spannungsverteilung im beanspruchten Felsvolumen weniger zuverlässig.

Die Herstellung der Schlitze zum Einbringen der Druckkissen kann entweder mit speziell hierfür entwickelten Gesteinssägen (s. Abb. 5.9) oder durch „Loch-an-Loch-Bohren“ erfolgen (s. Abb. 7.62b). Infolge der unebenen Oberfläche beim „Loch-an-Loch“-Verfahren werden hierbei die Druckkissen i. A. mittels Zementmörtel oder Spezialgipsen eingegossen.

Der **Dilatometerversuch** in Bohrlöchern dient ebenfalls der Bestimmung der Verformungseigenschaften des Gebirges. Die Versuche werden mithilfe einer zy-

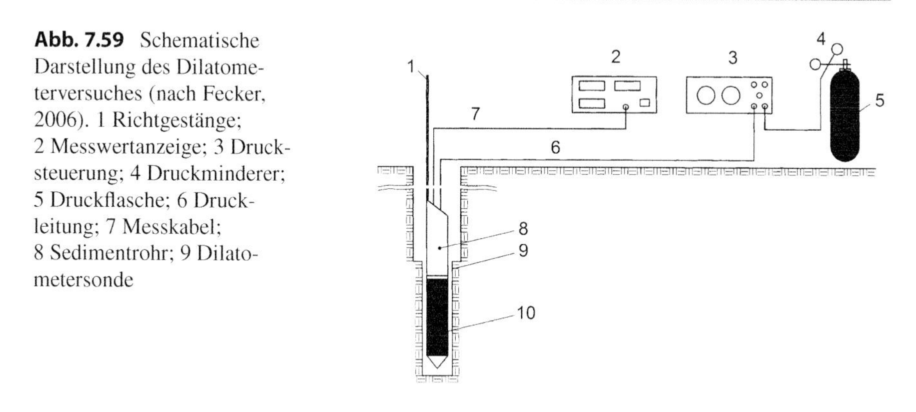

Abb. 7.59 Schematische Darstellung des Dilatometerversuches (nach Fecker, 2006). 1 Richtgestänge; 2 Messwertanzeige; 3 Drucksteuerung; 4 Druckminderer; 5 Druckflasche; 6 Druckleitung; 7 Messkabel; 8 Sedimentrohr; 9 Dilatometersonde

lindrischen, radial dehnbaren Schlauchsonde an beliebigen Stellen innerhalb einer Bohrung durchgeführt.

Die Vorteile eines solchen In-situ-Verfahrens bestehen in der Möglichkeit, die Eigenschaften des Baugrundes in nahezu ungestörtem Zustand zu erfassen. Allerdings besitzt das Verfahren den Nachteil, dass es nur einen relativ kleinen Gebirgsbereich testet.

Ein Messsystem setzt sich aus der eigentlichen Sonde (s. Abb. 7.59) mit drei jeweils um 120° zueinander versetzten Wegaufnehmern, einer Kabeltrommel zur Aufnahme der kombinierten Mess- und Druckleitung, einem Richtgestänge zur Entlastung des Kabels und zum Orientieren der Sonde, der Messelektronik sowie einer 50 l fassenden Stickstoff-Druckflasche zusammen. Damit kann auf pneumatischem Wege über die Sonde ein Druck von 100 bar auf die Bohrlochwand aufgebracht werden. Der Druckverlauf in der Sonde wird mittels eines Feinmessmanometers kontrolliert, die gemessenen Verformungswerte elektrisch auf eine Messbrücke übertragen. Durch den relativ großen Messweg von 25 mm ist die Verwendung der Sonde sowohl in Böden als auch im Fels möglich. Für spezielle Aufgabenstellungen kann die Sonde mit dem Gestänge orientiert ins Bohrloch eingebracht werden.

Aus den Messergebnissen (Abb. 7.60) lassen sich die Be- und Entlastungsmoduln des Gebirges ableiten. Da bei jedem Versuch die Verformungen mit drei Wegaufnehmern gleichzeitig in drei Richtungen gemessen werden, kann die Anisotropie des Gebirgskörpers bezüglich seiner Moduln bestimmt werden (siehe DIN EN ISO 22476-5).

Die Belastung der Bohrlochwand erfolgt in mehreren Laststufen, wobei die Verformungen des Bohrlochs bei jeder einzelnen Laststufe abgelesen und in der jeweiligen Endstufe bis zum Abklingen verfolgt werden. Danach erfolgt eine wiederum stufenweise Entlastung bis auf einen geringen Restdruck bei gleichzeitiger Messung der Rückverformung bis zum Stillstand. Für die nächst höhere und die weiteren Laststufen wird anschließend in gleicher Weise verfahren.

Zur Berechnung der Be- und Entlastungsmoduln wird die Formel für das dickwandige Rohr nach Lamé wie beim Radialpressenversuch benutzt (siehe Fecker, 2018).

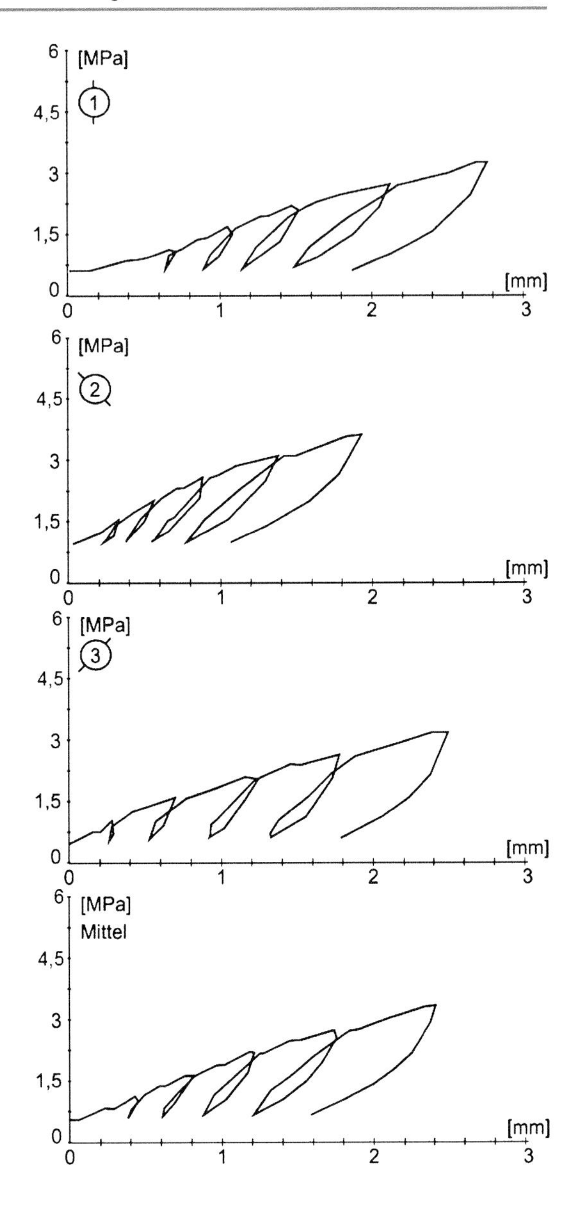

Abb. 7.60 Ergebnis eines Versuches mit der Dilatometersonde, die mit drei unter 120° angeordneten Wegaufnehmern ausgerüstet ist; Verformungsdiagramme der drei Wegaufnehmer und der aus den drei Wegaufnehmern errechnete Mittelwert (mit freundlicher Genehmigung von © GIF GmbH, 2018, alle Rechte vorbehalten)

Neben den Schlauchsonden kommen auch eine Reihe von Seitendrucksonden (z. B. die Ettlinger Seitendrucksonde) zur Anwendung (s. Tab. 6.10). Dabei handelt es sich um Bohrlochsonden, die den Untergrund mittels zweier, expandierend wirkender, Lastplatten einaxial beanspruchen.

Die Sonden bestehen aus zwei kreiszylindrischen Schalensegmenten mit jeweils unterschiedlichen Lastflächen. Die Lastschalen sind gelenkig gelagert und können durch Druckzylinder bis zu rd. 50 mm hydraulisch auseinandergedrückt wer-

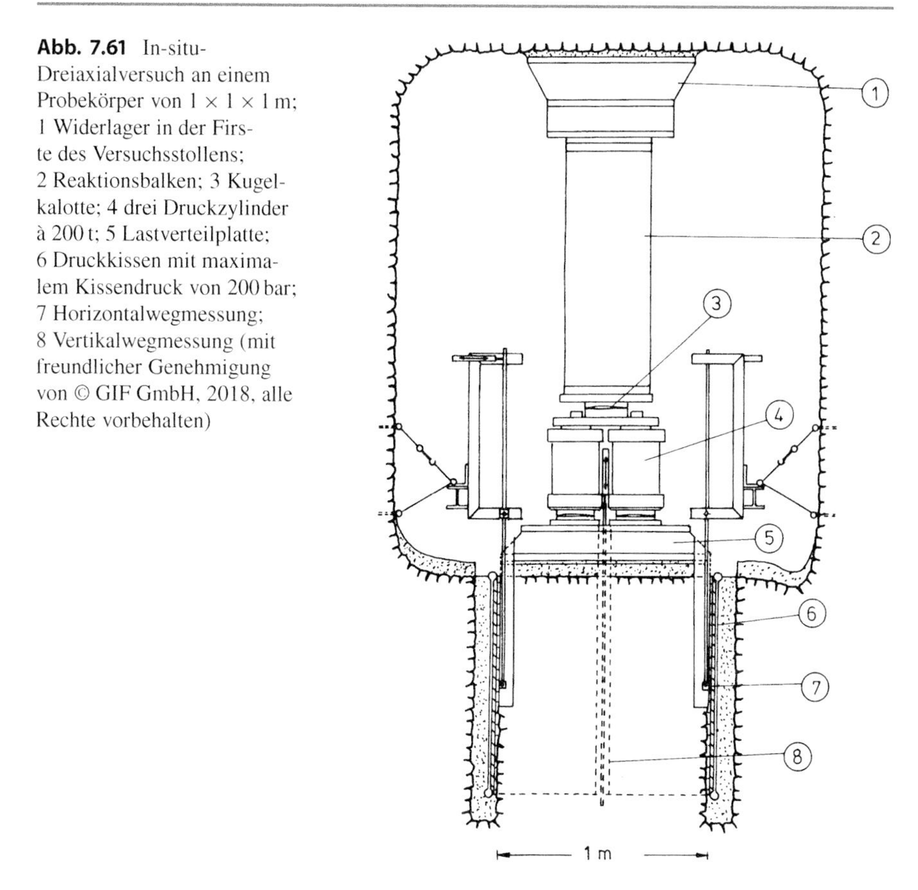

Abb. 7.61 In-situ-Dreiaxialversuch an einem Probekörper von 1 × 1 × 1 m; 1 Widerlager in der Firste des Versuchsstollens; 2 Reaktionsbalken; 3 Kugelkalotte; 4 drei Druckzylinder à 200 t; 5 Lastverteilplatte; 6 Druckkissen mit maximalem Kissendruck von 200 bar; 7 Horizontalwegmessung; 8 Vertikalwegmessung (mit freundlicher Genehmigung von © GIF GmbH, 2018, alle Rechte vorbehalten)

den. Die Schalenverschiebung wird im oberen und unteren Bereich der Lastschalen durch zwei elektrische Wegaufnehmer jeweils als gesamte Verschiebung beider Lastschalen zueinander gemessen. Die Seitendrucksonden werden an einer Seilwinde hängend in das Bohrloch eingefahren und mit einem an der Sonde befestigten Orientierungs- oder Richtgestänge nach Tiefe und Arbeitsrichtung positioniert.

Als sondenspezifischer Kennwert wird auf der Grundlage der Elastizitätstheorie der Bettungsmodul K_{ss} bestimmt, aus dem dann ein Elastizitäts- bzw. Verformungsmodul abgeleitet werden kann. Der Einsatzbereich der Sonden erstreckt sich auf Lockergesteine, wechselnd festes Gebirge und Fels geringer Festigkeit (siehe DIN EN ISO 22475-7).

Beim **dreiachsigen Druckversuch in-situ** (Abb. 7.61 und 7.62) wird ein kubischer oder prismatischer Körper durch das Herstellen von Druckkissenschlitzen freigelegt (mit Ausnahme der Probekörperunterseite). Die Belastung erfolgt seitlich über zwei Paar Druckkissen. In der dritten Raumrichtung wird die Belastung i. A. durch Pressen erzeugt. Um ein geeignetes Widerlager zur Abtragung der Pressenkräfte zu bekommen, wird der Versuch im Probestollen durchgeführt.

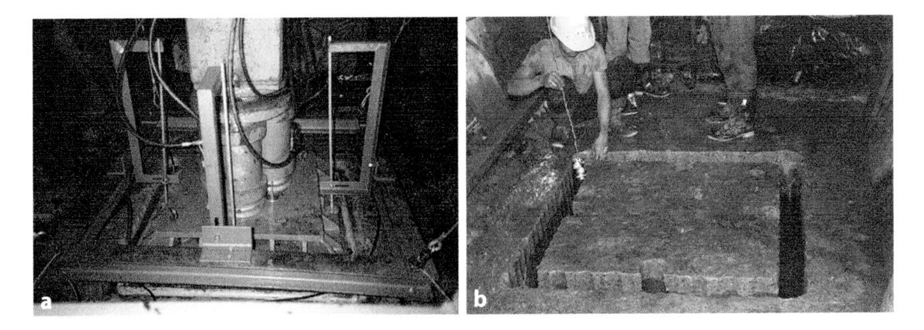

Abb. 7.62 In-situ-Dreiaxialversuch in einem Probestollen der Kraftwerkskaverne Cirata/Indonesien, **a** Versuchsaufbau, **b** Herstellung von Schlitzen für die Druckkissen durch „Loch-an-Loch-Bohren" (Photos: G. Reik)

Durch Messen der Verformungen in allen drei orthogonalen Achsrichtungen des Prüfkörpers mittels Deflektometern und Extensometern sowie der Randspannungen (Druckkissendrücke, Drücke aus Pressenkräften) lassen sich Verformungsmoduln und Querdehnungszahlen in den verschiedenen Richtungen bestimmen. Dadurch, dass sich die Belastungen in den drei Achsrichtungen getrennt steuern lassen, können eine Vielzahl von Spannungszuständen im Prüfkörper erzeugt werden.

Von den bisher besprochenen Versuchen ist der dreiachsige Druckversuch am besten zur Gewinnung von Kennwerten für Berechnungen mittels numerischer Rechenverfahren geeignet, da aus diesem Versuch sowohl Festigkeitswerte (Grenzbedingung des Materials) als auch Spannungs-Dehnungs-Beziehungen abgeleitet werden können.

Zur Ermittlung der Spitzen- und Restreibung hat sich der direkte **Scherversuch in-situ** durchgesetzt, weil sich bei dieser Versuchsanordnung unmittelbar eine Beziehung zwischen Normal- und Schubkräften sowie zwischen den entsprechenden Normal- und Tangentialverschiebungen ergibt. Direktscherversuche lassen in der Regel auch große Scherwege zu, was ebenfalls ein wichtiger Vorteil dieser Versuchsart, z. B. gegenüber Dreiaxialversuchen, ist.

Analog den Fragestellungen der Baupraxis wird dieser Versuch entweder mit konstanter Normalkraft unter Beobachtung der Dilatanz (Normalverschiebung) oder mit Verhinderung derselben unter Beobachtung der Normalkraftentwicklung durchgeführt.

Eine Vielzahl von Versuchen hat gezeigt, dass für ebene Trennflächen Coulombs Gesetz zur Ermittlung des Reibungswiderstandes τ in Abhängigkeit von der Normalspannung σ Anwendung finden kann. Sind jedoch Unebenheiten, wie sie bei den meisten Gesteinstrennflächen vorkommen, vorhanden, so treten Aufgleitvorgänge und bei höheren Normalspannungen auch Abschervorgänge auf, die die Reibungseigenschaften wesentlich beeinflussen. In solchen Fällen kommt dem In-situ-Versuch mit möglichst großer Scherfläche besondere Bedeutung zu (Abb. 7.63 und 7.64). Die Auswertung der Versuchsergebnisse erfolgt analog der Vorgehensweise bei Scherversuchen im Labor (s. Abschn. 7.2.4).

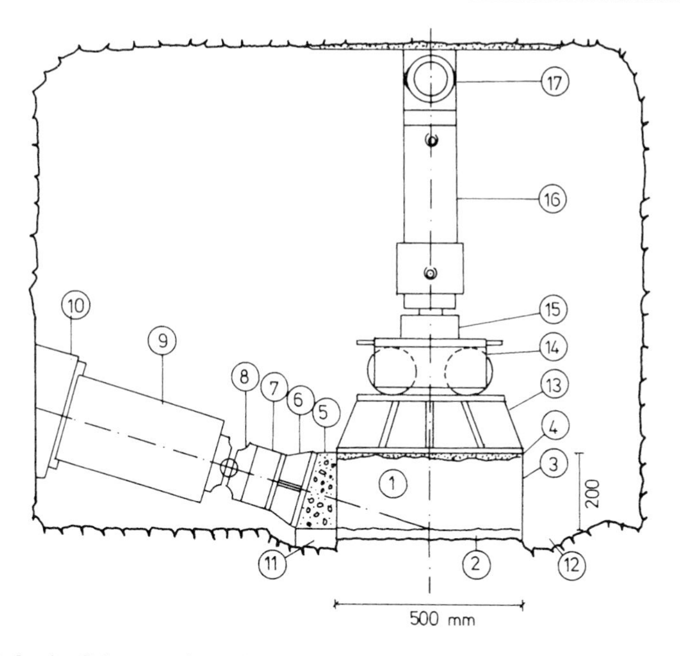

Abb. 7.63 In-situ-Scherversuch an einem Probekörper von 500 × 500 × 200 mm; 1 Versuchsblock, 2 Scherfuge, 3 Stahlblechmantel, 4 Mörtelausgleich, 5 Widerlager, 6 Lastverteilplatte, 7 Kraftmessdose, 8 Kugelgelenk, 9 Druckpresse 1 MN, 10 Widerlager, 11 Styropor, 12 Wassergraben, 13 Lastverteilplatte, 14 Wälzwagen, 15 Kraftmessdose, 16 Druckpresse 0,2 MN, 17 Schwenkauge (mit freundlicher Genehmigung von © GIF GmbH, 2018, alle Rechte vorbehalten)

Abb. 7.64 Durchführung eines In-situ-Scherversuches in einem Untersuchungsschacht für ein Trockendock in Triest/Italien (Photo: E. Fecker)

7.3.2.2 Laborversuche an Großproben

Durch besondere Entnahmemethoden sowie Prüfgeräte ausreichend großer Abmessungen und Pressenkapazität sind Laborversuche an geklüfteten Großproben möglich geworden.

Abb. 7.65 Entnahme zylindrischer Großproben weicher und mittelfester Gesteinsarten an der Neubaustrecke der Deutschen Bahn AG (Photo: G. Reik)

Zur Entnahme hat sich das an der Universität Karlsruhe (jetzt KIT) entwickelte und in Abb. 7.65 und 7.66 gezeigte Verfahren bewährt. Dabei wird eine Blechhülle über den durch Bohren mittels einer Großbohrkrone – oder bei prismatischen Prüfkörpern durch Sägen oder „Loch-an-Loch-Bohren" – freigelegten Prüfkörper gestülpt. Der Zwischenraum zwischen Blechhülle und Felsprobe wird mit Spezialgips verfüllt. Nach dem Aushärten des Gipses kann die Probe abgelöst, entnommen und ohne Gefahr von Beschädigungen transportiert werden.

Blech und Gipshülle werden vor dem Einbau der Probe in das Versuchsgerät entfernt.

An den Probekörpern können ein- und mehrachsige Druckversuche durchgeführt werden. Versuchsergebnisse für die an Großproben des Lias ε Süddeutschlands durchgeführten dreiachsigen Druckversuche zeigen den Einfluss der Belastungsrichtung (Abb. 7.67).

Bei schichtnormaler Belastung ist die Systemfestigkeit des geschichteten und geklüfteten Materials wesentlich höher als bei den übrigen Schichtanstellwinkeln. Zwischen Bruchfestigkeit und Restfestigkeit besteht hier zudem ein größerer Unterschied.

Darüber hinaus ist der Abb. 7.53 zu entnehmen, dass die Verbandsfestigkeit der Großproben auch bei schichtnormaler Belastung nur ca. 60 % der mittleren

Abb. 7.66 Entnahme einer Felsprobe mit zur Schichtung geneigter Prüfkörperachse im Lias ε Süddeutschlands (Photo: G. Reik)

Gesteinsfestigkeit (Volumenmittel) der im Prüfkörper vorkommenden Kalkstein- und Tonmergelsteinschichten beträgt. Bei der Untersuchung von spröderen Kalksteinproben war die Diskrepanz zwischen Gesteinsfestigkeit und der Festigkeit der Großprobe noch wesentlich deutlicher ausgeprägt. Abb. 7.68 zeigt die Spannungs-

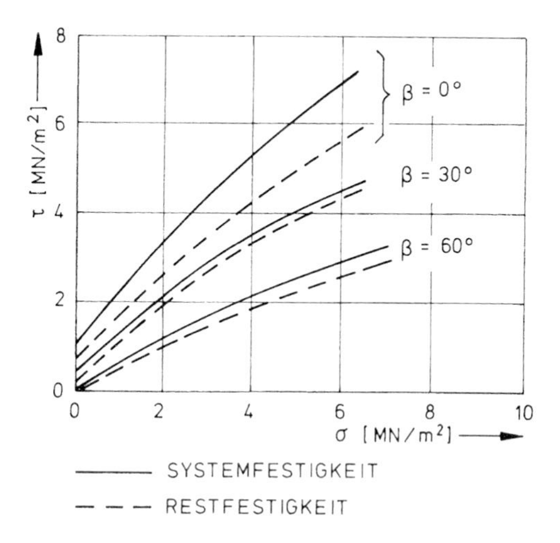

Abb. 7.67 Festigkeit von Großproben aus dem Lias ε (Tübingen, Bundesrepublik Deutschland) in Abhängigkeit von der Schichtneigung β (β gemessen zwischen Schichtfallrichtung und kleinster Hauptspannungsrichtung σ_3) (Versuche G. Reik)

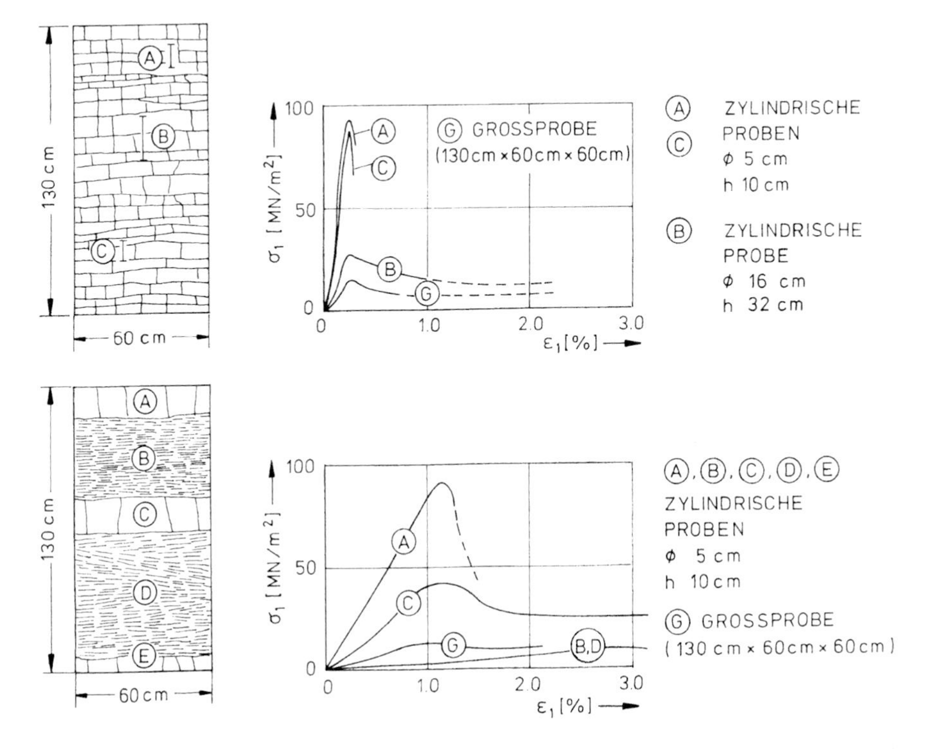

Abb. 7.68 Spannungs-Dehnungs-Linie für die verschiedenen Gesteine einer Felsgroßprobe und der Gesamtprobe (Versuche G. Reik)

Dehnungs-Linien für die in den beiden Großproben enthaltenen Gesteine und der Gesamtproben.

7.3.3 Indirekte Methoden zur Abschätzung der Festigkeitseigenschaften von Fels

Allen indirekten Methoden zur Ermittlung der Felseigenschaften ist gemeinsam, dass Fels als zusammengesetztes Material betrachtet wird. Sie gehen davon aus, dass sich die Systemeigenschaften aus den Eigenschaften der Einzelkomponenten – Gestein, Trennflächen sowie evtl. Wasser und Kluftzwischenmittel – ableiten lassen.

Erfahrungen durch den Vergleich rechnerisch ermittelter und direkt bestimmter Festigkeiten zeigen, dass z. Z. nur für sehr regelmäßig geklüfteten Fels mit sehr hohem Durchtrennungsgrad der Klüfte eine vertretbare Übereinstimmung zwischen direkt und indirekt ermittelten Werten besteht.

Für ein zweischarig geklüftetes Diskontinuum, dessen eine Kluftschar KK 1 einen Durchtrennungsgrad von 1,0 und dessen zweite Kluftschar KK 2 (normal zu

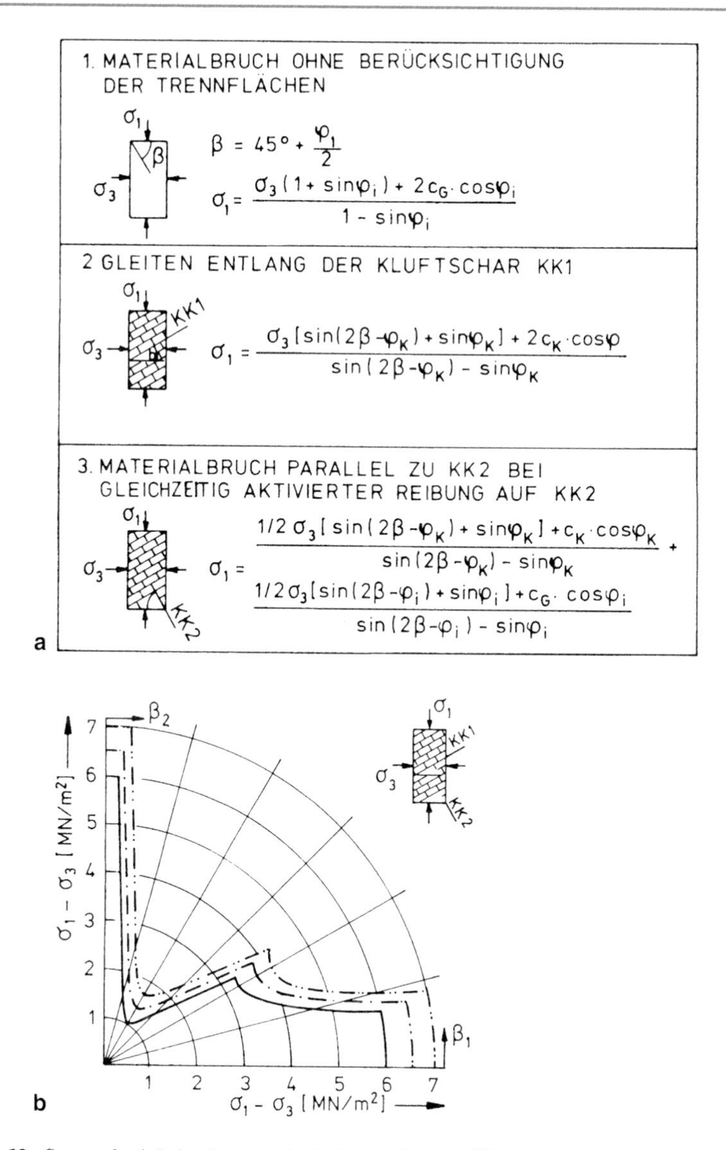

Abb. 7.69 Systemfestigkeit eines zweischarig geklüfteten Körpers (ebener Fall) analytisch ermittelt; **a** Bruchmechanismen; **b** Beispiel für Modellfels, Richtungsabhängigkeit der Festigkeit (Modellversuche G. Reik)

KK 1) eine Durchtrennung von 0,5 aufweist, wurden aufgrund unserer Versuche bei den in Abb. 7.69a dargestellten Versagensmechanismen die Materialfestigkeiten von entsprechenden Felsmodellen bei verschiedenen Seitendrücken in Abhängigkeit vom Kluftanstellwinkel β ermittelt (Abb. 7.69b).

Der Versagensmechanismus kann durch Materialbruch ohne Berücksichtigung der Trennflächen oder Gleiten entlang der Kluftschar KK 1, aber auch durch Materialbruch parallel zu KK 2 bei gleichzeitiger Aktivierung der Reibung auf KK 2 eintreten.

Ein Vergleich mit Versuchsergebnissen an felsähnlichen Modellkörpern ergab, dass insbesondere für den Bereich des Kluftanstellwinkels, bei dem Materialbruch eintritt, die im Versuch ermittelten Festigkeitswerte geringer sind.

Für diese Festigkeitsminderung des geklüfteten Verbandes, wie sie z. B. in Abb. 7.53 dargestellt ist, lassen sich bislang nur grobe Anhaltspunkte für verschiedene Felstypen angeben. Für engständig geklüftete Sedimentgesteine mit geringer bis mittlerer Festigkeit (Tonsteine, Mergelsteine, geringfeste Sandsteine) ergaben sich Systemfestigkeiten von ca. 80 % bis ca. 25 %, bei festeren, spröderen Gesteinen (Kalkstein, feste Sandsteine) solche von ca. 30 % bis ca. 10 % der jeweiligen Gesteinsfestigkeit.

Nach John (1969) lassen sich unter Voraussetzung bestimmter Verformungsmechanismen auch Deformationsmoduln und Querdehnungskoeffizienten geklüfteter Systeme ermitteln. Die Abweichungen zwischen den errechneten Werten und den in Versuchen ermittelten sind allerdings zumeist beträchtlich.

7.3.4 Einfluss der Trennflächen auf spezielle bautechnische Eigenschaften

Die mit dem Abbau bzw. dem Ausbruch von Fels verknüpften bautechnischen Eigenschaften wie Sprengbarkeit, Reißbarkeit, Bohrbarkeit mit Vollschnittmaschinen etc. sind stark vom Grad der Zerlegung durch bestehende Trennflächen (Schichtung, Klüftung, Schieferung) und latente Schwächeflächen abhängig.

So ergab sich z. B. aus Messungen der Bohrbarkeit, dass diese stark von der Art, Beschaffenheit und Raumlage der Trennflächen abhängt. Eine Prognose der Bohrbarkeit unter Berücksichtigung der erwarteten Trennflächengefüge und Gesteinseigenschaften kann derzeit nur qualitativ sein. Bei der Auffahrung des Schrägschachtes Sunnegga bei Zermatt ergab sich eine deutliche Abhängigkeit der mittleren Vortriebsgeschwindigkeit vom Trennflächenabstand (Abb. 7.70), wobei allerdings eine erhebliche Streuung der Nettobohrgeschwindigkeiten festzustellen war. Mit zunehmender Klüftigkeit nimmt die mittlere Vortriebsleistung zunächst zu, um dann bei sehr starker Zerklüftung (Kluftflächenabstand < 0,01 m) infolge auftretender Stabilitätsprobleme und Schwierigkeiten bei der Verspannung des Bohrgerätes wieder abzusinken. Wanner & Aeberli (1978) schlossen aus Untersuchungen an mehreren maschinell vorgetriebenen Tunneln und Stollen, dass Störungsflächen, welche durch reine Zugbeanspruchung entstanden sind, den mechanischen Vortrieb nicht stark beeinflussen. Durch Gleitung entstandene Störungsflächen verbessern jedoch die Vortriebsleistung um 30–100 %. Sie nehmen an, dass diese Tatsache darauf zurückzuführen ist, dass hier das Gestein auch in der weiteren Nachbarschaft der Störungsflächen beansprucht ist und Mikrorisse aufweist. Die Untersuchungen von Wanner und Aeberli ließen zudem erkennen, dass in anisotropem Gestein der Winkel zwischen Tunnelachse und Anisotropie-Ebene die Vortriebsleistung bedeutend beeinflusst. Für geschiefertes Gestein ergab sich, dass eine Orientierung der

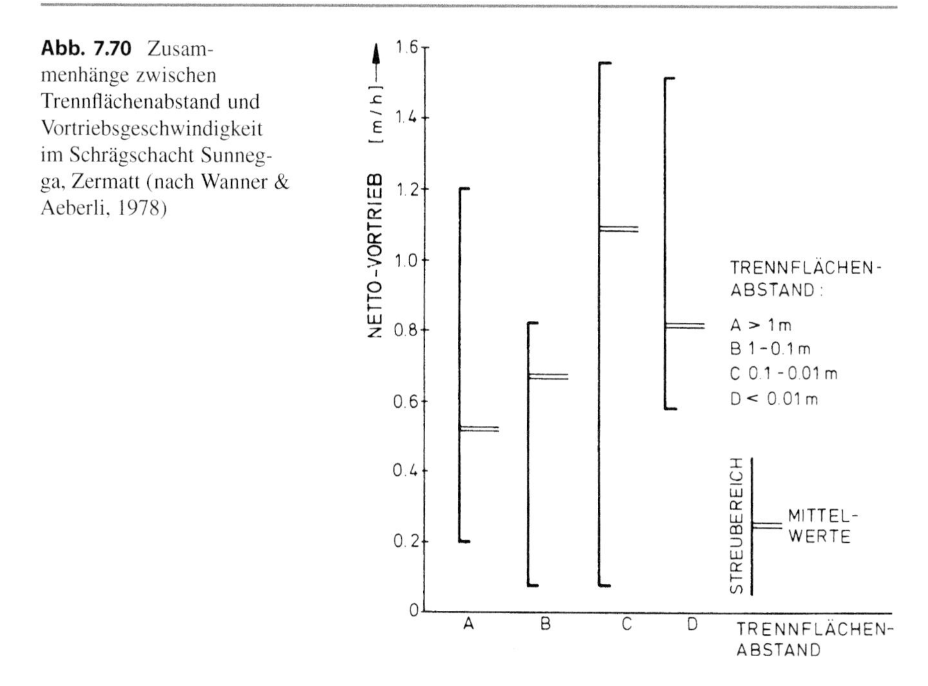

Abb. 7.70 Zusammenhänge zwischen Trennflächenabstand und Vortriebsgeschwindigkeit im Schrägschacht Sunnegga, Zermatt (nach Wanner & Aeberli, 1978)

Tunnelachse parallel zu den Schieferungsebenen am ungünstigsten ist. Die größte Vortriebsleistung ergab sich bei einem Winkel von ca. 45° zwischen Tunnelachse und Schieferungsebene. Diese Beobachtungsergebnisse werden durch Meißeleindringversuche von Wanner (1980) bestätigt (s. Abb. 7.71).

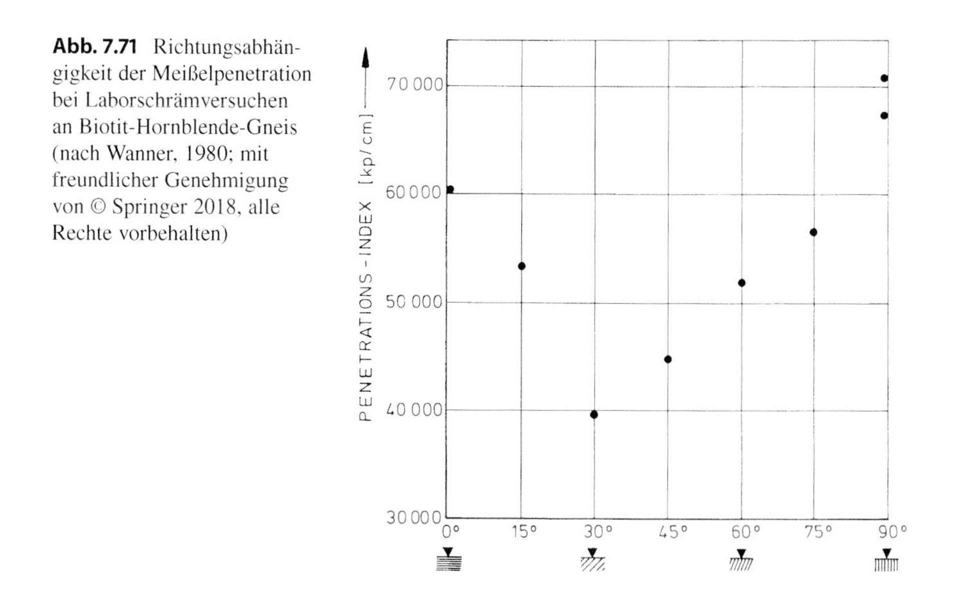

Abb. 7.71 Richtungsabhängigkeit der Meißelpenetration bei Laborschrämversuchen an Biotit-Hornblende-Gneis (nach Wanner, 1980; mit freundlicher Genehmigung von © Springer 2018, alle Rechte vorbehalten)

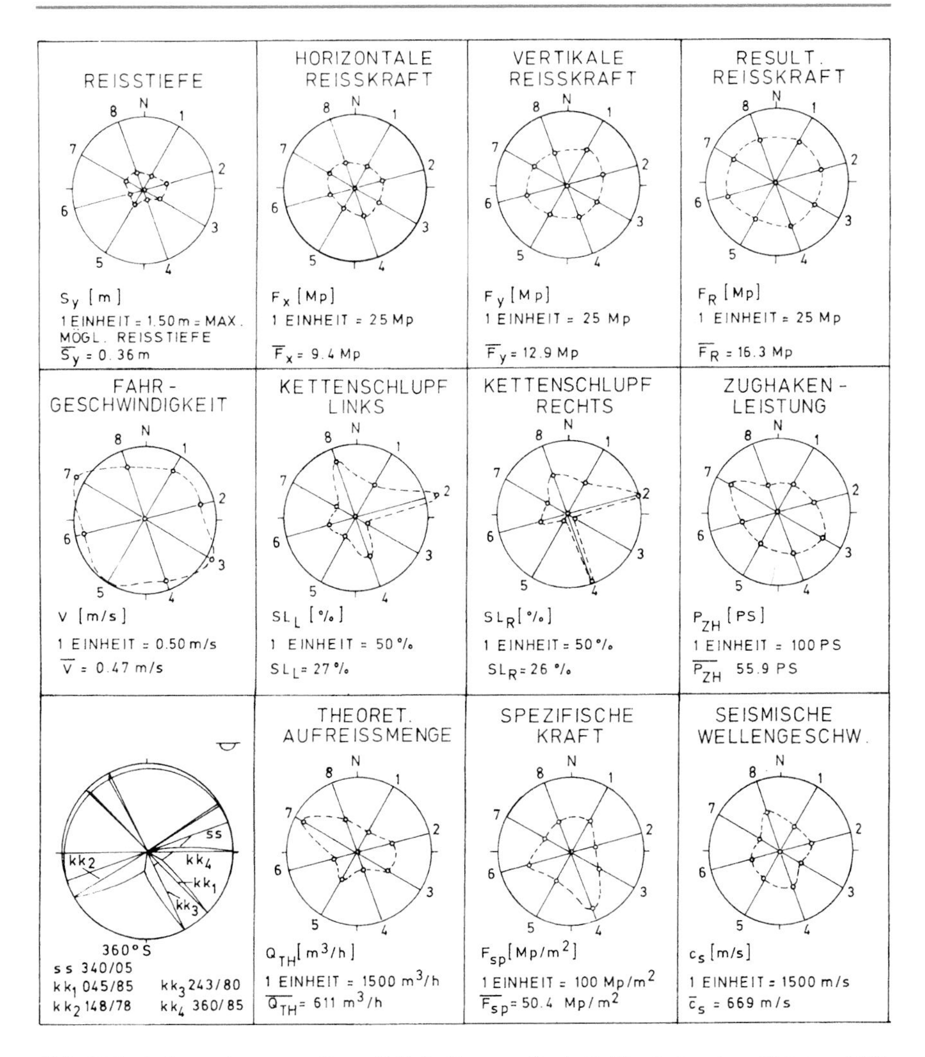

Abb. 7.72 Anisotropie von tertiärem Kalk in Bezug auf sein Reißverhalten (aus Maleton, 1973; mit freundlicher Genehmigung von © Günther Maleton, 2018, alle Rechte vorbehalten)

Wie schon in Abschn. 7.2.7 erwähnt, ist eine bereits vorhandene Durchtrennung des Gebirgsverbandes durch vorgegebene Trennflächen Voraussetzung für die wirtschaftliche Anwendung von Reißverfahren zur Lösung von Fels. Das Eindringen des Reißhakens in den Felsuntergrund ist bei festerem Gestein nur durch das Vorhandensein von Klüften und anderen Trennflächen möglich. Zudem ist das Fahrverhalten der Reißraupe – insbesondere Kraftschluss und Kettenschlupf – vom Trennflächengefüge abhängig. Die Abhängigkeit wichtiger den Reißvorgang beschreibender Parameter von der Reißrichtung beruht auf der Raumlage der Klüfte der verschiedenen Kluftscharen (Abb. 7.72).

Nach Maleton (1973) ist eine **günstige** Aufreißrichtiung gekennzeichnet durch eine gute Durchtrennung und hohe Kluftdichte des angeschnittenen Felskörpers. Die Durchtrennung bewirkt die Beweglichkeit einzelner Teil-Felskörper in Reißrichtung.

Dabei wirken sich folgende Gefügeelemente förderlich auf die Reißbarkeit aus:

- Kluftflächen
  - als seitliche Gleitebenen,
  - als hintere Abrissebenen,
  - als Eindringwege für die Reißzahnspitze.
- Verschneidungslinien zweier Kluftflächen
  - als Gleitspuren flacher Gleitkeile,
  - als Eindringwege für die Reißzahnspitze,
- Horizontale Schichtfugen.

Die Reißrichtung muss als ungünstig bezeichnet werden, wenn die Gewinnungsfestigkeit hoch oder wenn der Kraftschluss zwischen Kette und Fels zu gering ist.

Kennzeichnend dafür sind:

- Kompakte, wenig durchtrennte oder gut verspannte Felskörper, beziehungsweise
- in Reißrichtung einfallende, flach liegende Trennflächen oder flach liegende Gleitbahnen von Keilkörpern, durch die der Gleitwiderstand stark vermindert wird.

Wasser in Boden und Fels

8

Das Bergwasser hat auf die Konstruktion aller Bauwerke im Fels einen besonderen Einfluss. Eine genaue Kenntnis der Art und Menge kann für die Durchführung eines Projektes ausschlaggebend sein.

In erweichbaren Gesteinen wird die Festigkeit des Gebirges durch das Wasser in den Gesteinsporen vermindert. Die Scherfestigkeit auf Klüften mit tonigem Zwischenmittel wird durch das Porenwasser verringert, und das Wasser in offenen Klüften kann durch seine hydrostatische Wirkung oder durch Strömungsdruck die Standsicherheit von Bauwerken über und unter Tage beeinträchtigen.

In Böden – insbesondere in bindigen – wirkt sich der Gehalt an Grundwasser auf die inneren Widerstände, auf die Tragfähigkeit, auf die Zusammendrückbarkeit usw. aus. Ähnlich wie bei den Gesteinen beeinträchtigen Strömungsdruck und hydrostatischer Druck die Stabilität von Bauwerken. Da jedoch über den Zusammenhang zwischen Wasser und Boden ein umfangreiches bodenmechanisches Schrifttum existiert, wollen wir den Auswirkungen des Wassers auf Gestein und Gebirge besonderes Augenmerk schenken.

8.1 Grund- und Bergwasser

Als Bodenwasser bezeichnen wir jenes Wasser, welches wir in flüssiger, fester und gasförmiger Phase in den Lockergesteinen antreffen. Dabei unterscheiden wir nach Zunker (1930, Abb. 8.1):

- **Grundwasser**, das die Hohlräume des Bodens zusammenhängend ausfüllt;
- **Kapillarwasser**, das durch Oberflächenspannung über den Grundwasserspiegel zur Geländeoberfläche hin angehoben wird. Die kapillare Steighöhe liegt in Grobsand bei 0,3 bis 1 m, bei Grobschluff zwischen 1 und 3 m und bei Feinschluff zwischen 3 und 10 m;
- **Adsorbiertes Wasser** an der Oberfläche einzelner Mineralkörner (auch hygroskopisches Wasser genannt);

E. Fecker, *Baugeologie*, https://doi.org/10.1007/978-3-662-58998-4_8

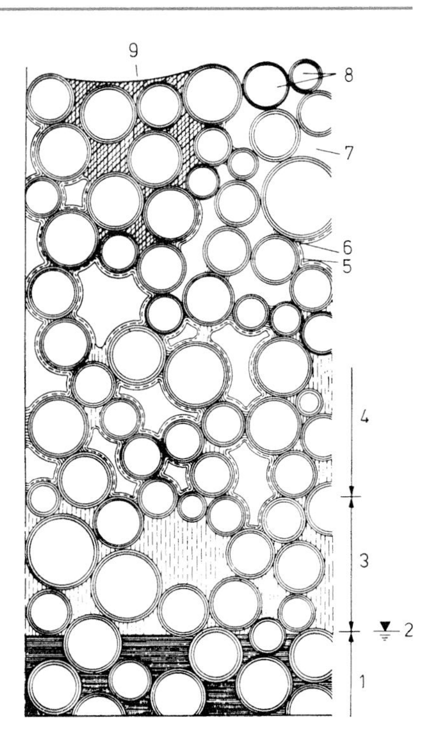

Abb. 8.1 Erscheinungsformen des Bodenwassers: 1 Grundwasser, 2 Grundwasserspiegel, 3 geschlossenes Kapillarwasser, 4 offenes Kapillarwasser, 5 Haftwasser, 6 Porenwinkelwasser, 7 Gas (Grundluft mit Wasserdampf), 8 Mineralkorn mit adsorbiertem Wasser, 9 Sickerwasser (nach Zunker, 1930; mit freundlicher Genehmigung von © Springer Berlin, 2018, alle Rechte vorbehalten)

- **Haftwasser**, das infolge von Oberflächenspannungen, z. B. in den Winkeln zwischen einzelnen Körnern, haftet (Porenwinkelwasser);
- **Sickerwasser**, welches von der Geländeoberfläche her in den Boden eindringt.

Neben dem freien Bodenwasser kann Wasser auch chemisch in verschiedensten Mineralen als Molekularwasser gebunden sein. Bei diesem sog. Strukturwasser sollte man eigentlich nicht von „Wasser" sprechen, weil die Wassermoleküle Bestandteile des Kristallgitters sind.

Vergleichbar dem Bodenwasser ist das Wasser in Festgesteinen zu gliedern. Jedoch bezeichnen wir dort das Wasser, welches die Hohlräume des Gesteins zusammenhängend ausfüllt, als **Bergwasser**. Anders als im Lockergestein kommt das Wasser im Gebirge nicht nur im Porenraum der Gesteinssubstanz vor, sondern auch in den Klüften, wo wir es Kluft- oder Spaltwasser nennen, ferner in Karsthohlräumen, wo wir es als **Karstwasser** bezeichnen und schließlich in den Füllungen der Klüfte und Karsthohlräume, wo vergleichbare Erscheinungsformen wie in den Böden angetroffen werden.

Das Grund- und Bergwasser wird fast ausnahmslos aus den versickernden Niederschlägen gespeist, solches Wasser wird als vadoses Wasser bezeichnet. Ein geringer Teil des Grund- und Bergwassers kann theoretisch auch bei der magmatischen Differentiation (s. Abschn. 2.4) entstehen. Dieses sog. juvenile Wasser wird durch Kondensation der Gase eines erstarrenden Magmas gebildet und dringt vom Magmakörper zum Grund- und Bergwasser auf. Dieser Art der Grundwasserneubil-

Tab. 8.1 Abhängigkeit der Permeabilität, des Durchlässigkeitsbeiwertes und der kapillaren Steighöhe von der Lockergesteinsart (zusammengestellt aus Angaben in der Literatur)

Bodenart	Permeabilität	Durchlässigkeitsbeiwert cm/s	Kapillare Steighöhe m
Fetter Ton Magerer Ton	Fast undurchlässig	10^{-8}–10^{-9} 10^{-7}	>100 10–100
Schluff Grobschluff	Wenig durchlässig	10^{-5}–10^{-6} 10^{-4}	3–10 1–3
Feinsand Sand Kiessand	Durchlässig	10^{-3} 10^{-2} 10^{-1}	0,3–1
Grobkies Grobes Geröll	Sehr durchlässig	10^{0} 10^{1}–10^{2}	<0,01

dung ist jedoch mehr hypothetischer Wert beizumessen; exakte Kenntnisse fehlen bis heute.

Je nach der Größe der Poren im Boden und Gestein sowie nach der Öffnungsweite und dem Durchtrennungsgrad der Klüfte kann das Grund- und Bergwasser unter der Wirkung der Gravitation mehr oder weniger frei zirkulieren. Je nach der Durchlässigkeit können wir verschiedene hydrologische Typen von Lockergesteinen klassifizieren (s. a. Tab. 8.1):

- fast undurchlässig (Wasserstauer),
- wenig durchlässig,
- durchlässig,
- sehr durchlässig (Grundwasserleiter).

Wasserstauer sind im Allgemeinen tonige Böden bzw. Tonsteine, Grundwasserleiter dagegen sandige und kiesige Lockergesteine bzw. stark geklüftete Festgesteine. Die Grenze zwischen beiden hydrologischen Typen ist quantitativ nicht festzulegen; ein mäßig durchlässiger Boden kann in einem sehr durchlässigen Boden eingeschaltet bereits wasserstauend sein.

Die Änderung des Grund- und Bergwasserspiegels beobachten wir mithilfe eines Pegels (auch Piezometer genannt). Er besteht in der Regel aus einem perforierten Plastikrohr. Um den Pegel zu installieren, wird der Ringspalt zwischen Bohrlochwand und Filterrohr mit einem filterfesten Kies oder Sand ausgefüllt (s. Abb. 8.2). Diese einfache und robuste Ausführung eignet sich besonders bei Böden und Gesteinen, welche sehr durchlässig bis durchlässig sind.

Bei wenig durchlässigen Böden und Gesteinen oder für den Fall, dass in einem Bohrloch die Wasserstände mehrerer Schichten beobachtet werden sollen, hat sich der Piezometer Bauart Casagrande bewährt. Er besteht aus einem zylindrischen Filterstein von ca. 300 mm Höhe und 38 mm Durchmesser, an dessen oberen Ende ein steifes Plastikrohr von 10 mm Durchmesser angebracht ist, in welchem der Wasserstand gemessen werden kann. Um den Filterstein beim Einführen in das Bohrloch gegen Verunreinigung zu schützen, empfiehlt es sich, ihn vorher mit einem Juteband zu umwickeln. Der Ringspalt zwischen Bohrloch und Filter wird

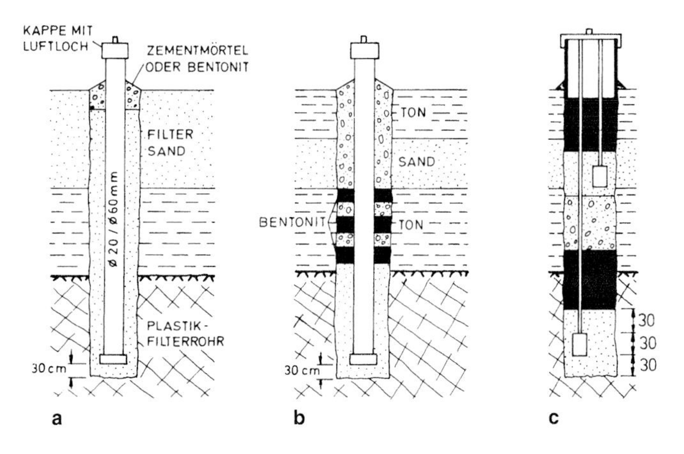

Abb. 8.2 Pegel oder Piezometer. **a** Einfache Ausführung mit durchgehendem Plastik-Filterrohr, Filterrohr durchgehend oder nur im Bohrlochtiefsten (ca. 1 m) perforiert. **b** Versuchsanordnung zur Beobachtung einer bestimmten Schicht. **c** Piezometer Bauart Casagrande (Standrohre mit Filtersteinen am unteren Rohrende)

mit Sand gefüllt. Beim Einbringen mehrerer Piezometer in verschiedenen Grundwasserstockwerken erfolgt die Abdichtung zwischen den einzelnen Schichten am besten mit Bentonit (s. Abb. 8.2c). Neben den einfachen und bewährten Wasserstandsmessgeräten, den sog. Brunnenpfeifen, kann der Wasserstand auch elektrisch oder pneumatisch gemessen und die Messwerte kontinuierlich fernübertragen werden. Das Messprinzip dieser Aufnehmer ist in Abb. 8.3 dargestellt. In Abb. 8.3a ist das Messprinzip mit einer Schwingsaite wiedergegeben. Änderungen der Messgröße verursachen Änderungen der Dehnung und damit der Eigenfrequenz einer schwingfähig im Messwertaufnehmer eingespannten Messsaite. Die im Magnetfeld eines Elektromagnetsystems schwingende Saite induziert in der Magnetspule eine elektrische Schwingung gleicher Frequenz, die über Kabel auf das Empfangsgerät übertragen und dort zur Messwertbildung weiterverarbeitet wird. Das Messprinzip des in Abb. 8.3b dargestellten Gebers ist bereits in Abschn. 5.2.3 erläutert.

Aufgrund der Beobachtung mehrerer Pegel lässt sich ein Grundwasserschichtplan (= Linien gleicher Höhe des Grundwasserspiegels) zeichnen. Aus dem Vergleich dieser sogenannten Grundwassergleichen können wir die Fließrichtung des Grundwassers bestimmen, auf deren technische Auswirkung wir in Abschn. 8.3.2 näher eingehen. Darüber hinaus verweisen wir auf die hydrogeologische Literatur, z. B. Zötl (1974), der weitere Methoden zur Bestimmung der Fließrichtung und Fließgeschwindigkeit von Grundwässern mit Farbstoff, Isotopen, Salzung, Sporendriftung usw. beschreibt. Der Bergwasserspiegel im Fels verläuft nicht so stetig wie in Böden. Er kann sich infolge der Klüftung von Ort zu Ort ändern und in zwei nebeneinanderliegenden Beobachtungspegeln auf sehr unterschiedlichem Niveau liegen.

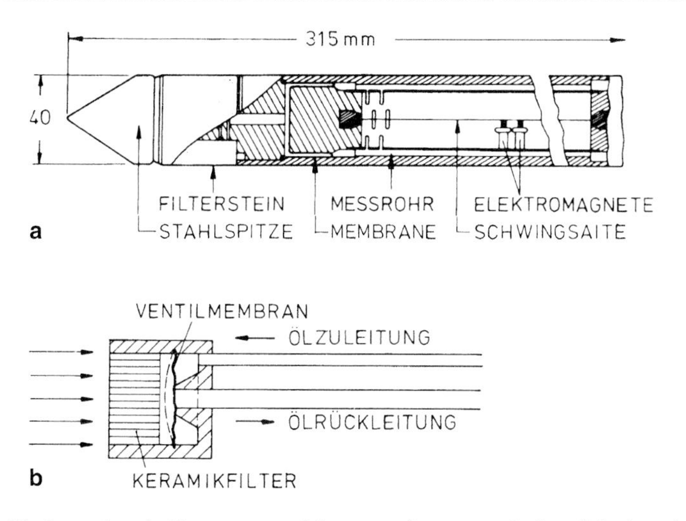

Abb. 8.3 Direktanzeigende Piezometer. **a** Messwerterfassung nach dem Schwingsaitenprinzip (nach Maihak/Glötzl, mit freundlicher Genehmigung von © Glötzl GmbH, 2018, alle Rechte vorbehalten), **b** Messwerterfassung mit dem pneumatischen Ventil nach Glötzl (mit freundlicher Genehmigung von © Glötzl GmbH, 2018, alle Rechte vorbehalten)

8.2 Wasserbezogene Eigenschaften von Boden, Gestein und Gebirge

Den besten Anhaltspunkt über hydrologische Eigenschaften von Gestein und Gebirge erhalten wir aus der Durchlässigkeit, der kapillaren Steighöhe und der Speicherfähigkeit.

Die Durchlässigkeit von Böden wird im Labor im Durchströmungsversuch (Abb. 8.4) bestimmt. Aus der bei einer bestimmten Wasserdruckhöhe Δh pro Zeiteinheit Δt einen Bodenkörper des Querschnittes F und der Länge l durchströmenden Wassermenge $\sum Q$ ergibt sich der Durchlässigkeitsbeiwert zu:

$$k = \frac{\sum Q \cdot l}{F \cdot \Delta t \cdot \Delta h}$$

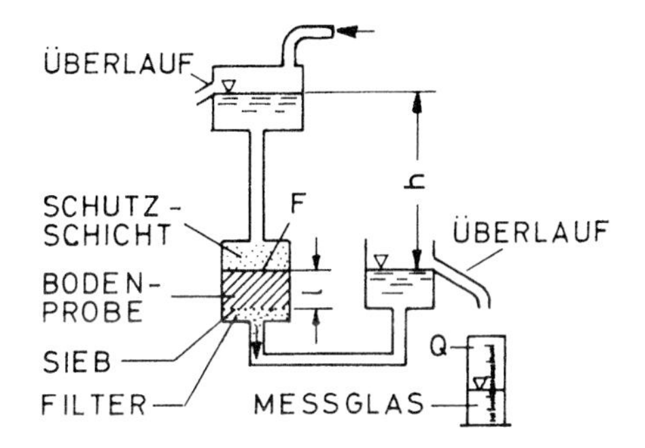

Abb. 8.4 Prinzip des Durchströmungsversuches für Bodenproben (nach Darcy, 1856)

Tab. 8.2 Durchlässigkeitsbeiwerte verschiedener Gesteine (aus Louis, 1967, mit freundlicher Genehmigung von © Claude Louis, 2018, alle Rechte vorbehalten)

Gesteinsart	Durchlässigkeitsbeiwerte cm/s
Kalksteine	$0{,}36–23 \times 10^{-13}$
Sandsteine:	
– Karbon	$0{,}29–6 \times 10^{-11}$
– Devon	$0{,}21–2 \times 10^{-11}$
Mischgesteine:	
– Sandig-kalkig	$0{,}33–33 \times 10^{-12}$
– Tonig-sandig	$0{,}85–130 \times 10^{-13}$
– Kalkig-tonig	$0{,}27–80 \times 10^{-12}$
Granit	$0{,}50–2{,}0 \times 10^{-10}$
Schiefer	$0{,}70–1{,}6 \times 10^{-10}$
Kalkstein	$0{,}70–120 \times 10^{-10}$
Dolomit	$0{,}50–1{,}2 \times 10^{-8}$

Häufig verwendete Synonyme zum Durchlässigkeitsbeiwert sind der Durchlässigkeitskoeffizient, die hydraulische Durchlässigkeit und der k_f-Wert.

Die Höhe des in Abb. 8.1 dargestellten Kapillarsaumes ist abhängig von der Porengröße des Bodens. Die kapillare Steighöhe kann bei grobporigen Böden durch Einhängen ungestörter Bodenproben in Wasser und Beobachtung der durch den kapillaren Aufstieg des Wassers verursachten Verfärbung des Bodens bestimmt werden.

Tab. 8.1 gibt aus Angaben in der Literatur Anhaltswerte für Durchlässigkeiten und kapillare Steighöhen von Böden.

Bezüglich der Durchlässigkeit von Gesteinen ist zu beachten, dass hier wie bei den Verformungseigenschaften zwischen Gesteins- und Gebirgskennwerten zu unterscheiden ist. Insbesondere in den oberflächennahen Gebirgsbereichen erfolgt die Durchströmung in erster Linie in den Klüften, die Fließvorgänge durch das Gestein selbst sind dann häufig (mit Ausnahme von z. B. sehr grobkörnigen Sandsteinen, Konglomeraten u. ä.) von sekundärer Bedeutung (der Porenraum des Gesteins ist jedoch als Speicher auch hier wichtig – siehe Tab. 8.2).

Zur Bestimmung der Gesteinspermeabilität werden meist Durchströmungsversuche an zylindrischen Gesteinskernen durchgeführt (Abb. 8.5).

Unter der Annahme laminaren Fließens lässt sich der Durchlässigkeitsbeiwert (Abb. 8.5a) wie bei Böden aus der Durchflussmengenrate, dem Differenzdruck und der Probengeometrie ermitteln.

B. Schneider (1967) hat eine weitere Methode vorgestellt, bei der er die Gesteinsproben einige Zeit in farbiger Alkohollösung tränkt und davon Gesteinsdünnschliffe von 5×5 cm herstellt. Je nach der Zahl der Mikrorisse, die durch die Farblösung gut erkennbar werden, kann er dem Gestein durch Korrelation mit Laborversuchen eine bestimmte Durchlässigkeit zuordnen (s. Tab. 8.3).

Das Produkt aus Durchlässigkeitsbeiwert k und Mächtigkeit m eines Grundwasserleiters bezeichnen wir als Transmissivität

$$T = k \cdot m \quad \text{in} \quad \mathrm{m^2/s}.$$

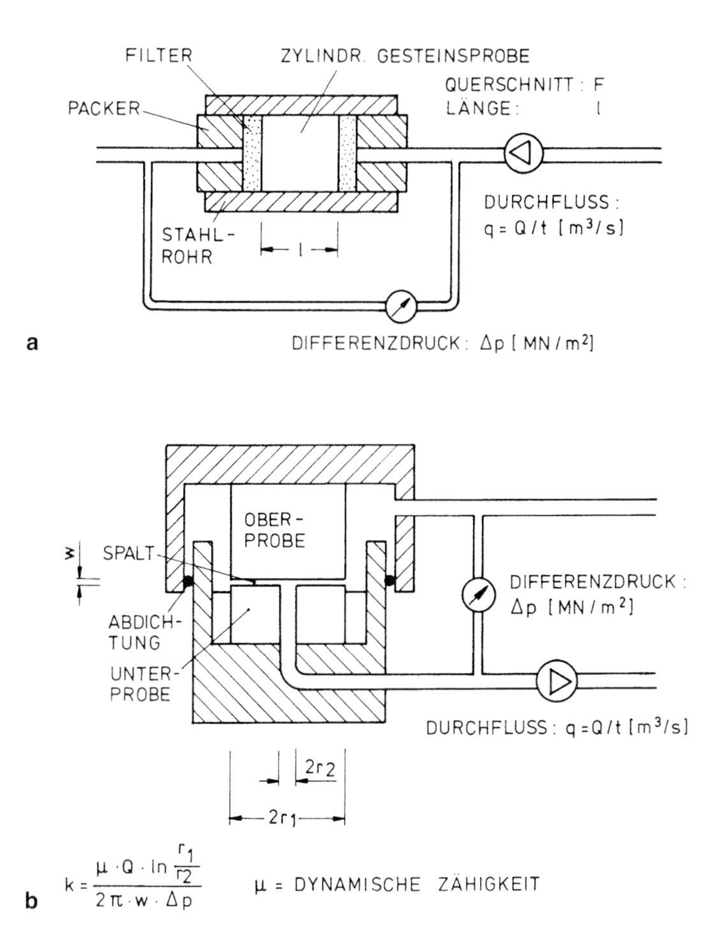

Abb. 8.5 Schematische Darstellung der Versuche zur Ermittlung des **a** Durchlässigkeitsbeiwertes im Gestein bzw. **b** der Transmissivität von Klüften

Mit ihrer Hilfe lassen sich Schichtfolgen einzelner Grundwasserleiter unterschiedlicher Durchlässigkeit besser beschreiben, indem wir die Transmissivität der einzelnen Leiter

$$T_{\text{gesamt}} = \sum_{i=l}^{n} T_{\text{i}} = \sum_{i=l}^{n} k_{\text{i}} \cdot m_{\text{i}}$$

summieren, was beim Durchlässigkeitswert k zu falschen Ergebnissen führen würde.

Die Durchlässigkeit des Gebirges ist, z. B. infolge der Klüftung, eine richtungsabhängige Größe, deren quantitative Bestimmung äußerst schwierig ist. Die Durchlässigkeit ist häufig besonders groß in stark zerrüttetem Gebirge, z. B. in Störungszonen. Allerdings muss dabei vorausgesetzt werden, dass die Klüfte dort nicht mit tonigen Zwischenmitteln gefüllt sind. Ist dies der Fall, so kann eine Störungszo-

Tab. 8.3 Durchlässigkeitsbeiwert k und Porosität in Abhängigkeit von der Zahl der Mikrorisse (nach B. Schneider, 1967)

Verfärbung auf Dünnschliffen von 5 × 5 cm	Durchlässigkeits-beiwert k cm/s	Veränderung der Durchlässigkeit mit Belastung	Porosität %
Keine Verfärbung	$<10^{-8}$	Vernachlässigbar	<0,5
Starke, gleichmäßige, richtungslose Imprägnierung	10^{-4}	Vernachlässigbar	15
Mittelstarke, gleichmäßige, richtungslose Imprägnierung	10^{-6}	Vernachlässigbar	10
Schwache, richtungslose Imprägnierung	10^{-8}	Vernachlässigbar	Einige %
Einzelne verfärbte Flecken entlang verheilter Mikrorisse oder an Umwandlungsprodukten von Glimmern in gefalteten Gesteinen	10^{-6}	Bemerkbar	<1
Zahlreiche Imprägnationen von ausgerichteten verwitterten Mineralen oder von Mikrorissen, die mit Oxiden unvollständig bzw. mit verwitterten Mineralen gut verheilt sind	10^{-5}	Stark bemerkbar	<1
1 bis 3 durchgehende Farblinien entlang unverfüllter Mikrorisse (Öffnungsweite einige Mikrometer)	10^{-7} bis 10^{-8} (parallel der Mikrorisse)	Bemerkbar	<1
1 bis 3 durchgehende Farblinien entlang unverfüllter Mikrorisse (Öffnungsweite 5–10 Mikrometer)	10^{-6} (parallel der Mikrorisse)	Stark bemerkbar	<1
5–10 Linien, einige Mikrometer breit, mit einzelnen Berührungspunkten	10^{-4} bis 10^{-5}	Außergewöhnlich	Einige %
Mehr als 10 Farblinien, einige Mikrometer breit, die sich gegenseitig schneiden	10^{-3} bis 10^{-4}	Außergewöhnlich	>6

ne auch ein Wasserstauer sein, was bei baugeologischen Gutachten gelegentlich zu kontroversen Beurteilungen führt. Lehmann (1971) teilt eine im Bergbau häufig gemachte Beobachtung mit, wonach der „Sprung“ (= Abschiebung) immer Wasser führt und der Ausbau stets unter starkem Druck steht, wogegen der „Wechsel“ meist fest geschlossen ist, kein Wasser führt und keine besondere Druckhaftigkeit bewirkt. Unser Wissen ist auf diesem Gebiet über erste Gehversuche noch nicht hinausgelangt. Die Anwendung des Darcyschen Gesetzes zur Bestimmung der Gebirgsdurchlässigkeit ist wegen der häufig turbulenten Strömungsverhältnisse und der Anisotropie der Klüftung ungenau. Für eine Einzelkluft kann der Durchlässigkeitsbeiwert gemäß Abb. 8.5b bestimmt werden. Für diesen einfachen Fall gibt Tab. 8.4 Durchlässigkeitsbeiwerte in Abhängigkeit von der Spaltweite der angetroffenen Klüfte.

Unter der Annahme, dass der Untergrund trotz der diskreten Klüfte im Großen als homogen und isotrop bezüglich der Durchlässigkeit anzusehen ist, lassen

Tab. 8.4 Durchlässigkeitsbeiwerte für Fels mit einer Kluft pro laufenden Meter und unterschiedlicher Kluftöffnungsweite a (aus Louis, 1967, mit freundlicher Genehmigung von © Claude Louis, 2019, alle Rechte vorbehalten)

Spaltweite $2a_i$ mm	Durchlässigkeitsbeiwerte in der Kluftrichtung k cm/s
0,1	$0{,}7 \times 10^{-4}$
0,2	$0{,}6 \times 10^{-3}$
0,4	$0{,}5 \times 10^{-2}$
0,7	$2{,}5 \times 10^{-2}$
1,0	$0{,}7 \times 10^{-1}$
2,0	$0{,}6 \times 10^{0}$
4,0	$0{,}5 \times 10^{1}$
6,0	$1{,}6 \times 10^{1}$

sich in derselben Weise wie für Porengrundwasserleiter Durchlässigkeitsbeiwerte aus der Grundwasserabsenkung in Versuchsbrunnen ableiten. Anhaltspunkte über die Durchlässigkeit ergeben sich auch aus Wasserabpressversuchen. Bei der Bestimmung der Durchlässigkeit durch Grundwasserabsenkung wird die bei einer bestimmten Fördermenge um einen Brunnen sich einstellende Absenkung des Grundwasserspiegels – nach Einstellung eines stationären Zustandes – in verschiedenen Abständen gemessen.

Auf der Basis von auf Dupuit zurückgehenden Gesetzmäßigkeiten lässt sich der Durchlässigkeitsbeiwert dann für homogene Grundwasserleiter sowohl für freies, wie für gespanntes Grundwasser ermitteln (Abb. 8.6).

Stehen keine Pegelbohrungen zur Beobachtung der Absenkung des Grundwasserspiegels in verschiedenen Abständen vom Entnahmebrunnen zur Verfügung, so lässt sich der Durchlässigkeitsbeiwert nach Sichart auch aus der Absenkung am Förderbrunnen und der Entnahmerate Q ermitteln, wobei gilt:

$$Q = \pi \cdot k \frac{\left(H^2 - h_0{}^2\right)}{\ln R/a}; \quad k = \frac{Q}{\pi \left(H^2 - h_0{}^2\right)} \cdot \ln \frac{R}{a}$$

R ist hierbei der Radius des Absenktrichters, a der Radius des Förderbrunnens. R lässt sich nach Sichart abschätzen aus:

$$R = 3000\,(H - h) \cdot \sqrt{k}$$

Da die meisten Gebirgsarten ausgesprochene Kluftgrundwasserleiter sind, ist zu erwarten, dass infolge der bevorzugten Orientierung der Klüfte verschiedener Kluftscharen die Durchlässigkeit eine richtungsabhängige Größe darstellt. Infolge der technischen Schwierigkeiten, die mit der Ermittlung und der Anwendung von Durchlässigkeitsparametern, die die Anisotropie berücksichtigen, verbunden sind, wird diese i. A. nicht quantitativ erfasst. Einen Anhaltspunkt gibt beim Pumpversuch die unterschiedliche Absenkung in verschiedenen Richtungen – bei gleichem Abstand der Beobachtungsbohrungen vom Absenkbrunnen.

Der Wasserabpressversuch (WD-Test) dient der abschnittsweisen Ermittlung von Kennwerten, die ein Maß für die Durchströmungseigenschaften des Gebirges

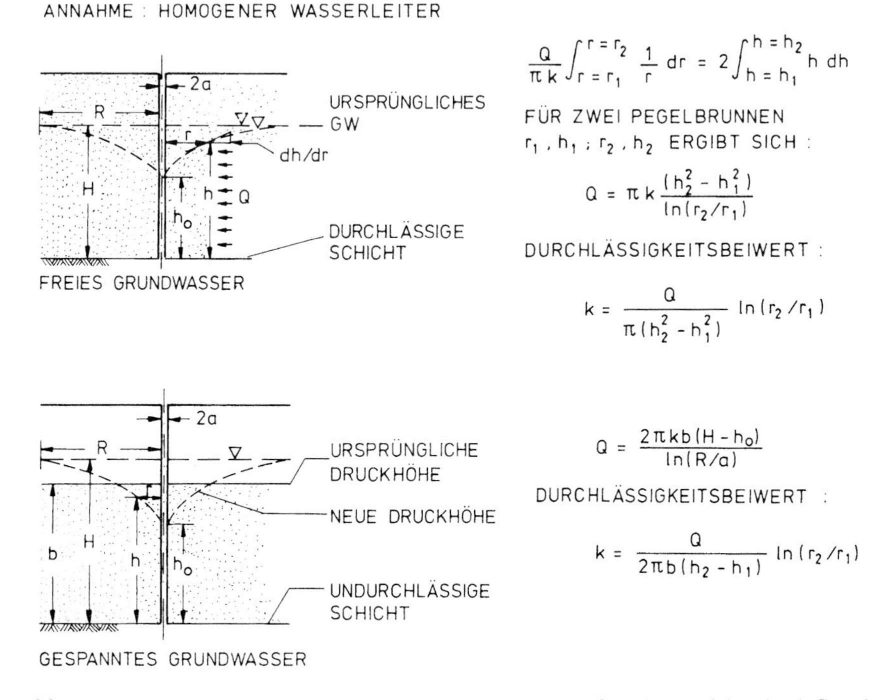

$$\frac{Q}{\pi k}\int_{r=r_1}^{r=r_2}\frac{1}{r}\,dr = 2\int_{h=h_1}^{h=h_2} h\,dh$$

$$Q = \pi k \frac{(h_2^2 - h_1^2)}{\ln(r_2/r_1)}$$

$$k = \frac{Q}{\pi(h_2^2 - h_1^2)}\ln(r_2/r_1)$$

$$Q = \frac{2\pi k b(H - h_0)}{\ln(R/a)}$$

$$k = \frac{Q}{2\pi b(h_2 - h_1)}\ln(r_2/r_1)$$

Abb. 8.6 Bestimmung der Durchlässigkeit homogener, isotroper Grundwasserleiter durch Grundwasserabsenkung

darstellen. Beim WD-Test wird die Wassermenge Q (oder evtl. andere Flüssigkeiten) unter definiertem Druck p über einen bestimmten Längenabschnitt h eines Bohrloches in das Gebirge eingepresst. Der Verpressabschnitt ist dabei durch Packer vom übrigen Bohrloch abgeschlossen (Abb. 8.7).

Die Angabe der Versuchsergebnisse erfolgt üblicherweise in Lugeon-Einheiten

$$1\ \text{Lugeon} = 1\frac{\text{Liter}}{\text{m}\cdot\text{min}}$$

bei 10 bar Abpressdruck, oder als

$$\text{WD-Wert} = n\frac{Q}{h\cdot p}\left[\frac{\text{l/ min}}{\text{m}\cdot\text{bar}}\right]$$

Bei kontinuierlicher Aufzeichnung des Druckes und der eingepressten Wassermengen lassen sich – wenn bei verschiedenen Drücken verpresst wird – auch gewisse Aussagen über die Kluftöffnung, das Aufweiten von bestehenden Klüften oder die Entstehung neuer Risse machen (hieraus ergeben sich wiederum Aussagen über die herrschenden Gebirgsspannungen – s. Abschn. 5.2.4). Damit wird der WD-Test zu einem Versuch, der wertvolle Hinweise über die Durchströmungseigenschaften, den Grad der Zerklüftung und den Spannungszustand im Gebirge liefern kann.

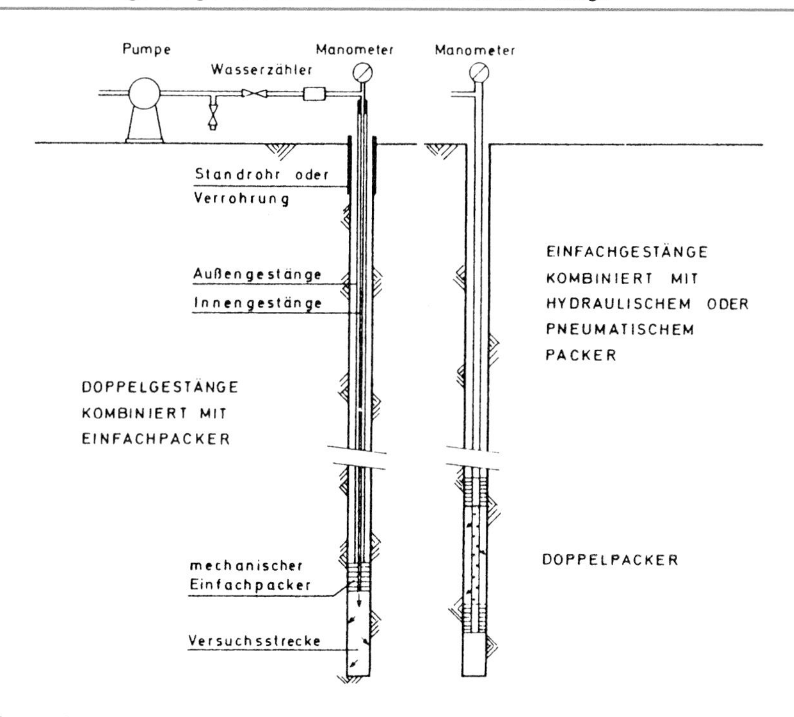

Abb. 8.7 Schematische Darstellung des Wasserabpressversuches (aus Heitfeld, 1979; mit freundlicher Genehmigung von © Lehrstuhl für Ingenieurgeologie und Hydrogeologie, RWTH Aachen, 2018, alle Rechte vorbehalten)

Houlsby (1976) hat versucht, die Unterschiede im Verhalten des Gebirges beim Wasserabpressvorgang zu deuten (s. Abb. 8.8).

Spezielle Versuche zur Bestimmung der Anisotropie des Durchströmungsverhaltens werden von Schneider (1979) beschrieben.

Die Speicherfähigkeit ist, wie die Durchlässigkeit, ebenfalls ein deutlicher Hinweis auf die hydrologischen Eigenschaften von Gestein und Gebirge. Die Speicherfähigkeit von Gesteinen kann entsprechend der DIN 18121, Teil 1 oder der älteren DIN 52103, durch Trocknung bei 105 °C bestimmt werden (s. a. Tab. 7.8). Bestimmt wird entweder das Gesamtporenvolumen n

$$n = \frac{V_h}{V_{ges}} \quad (\%) ,$$

wobei V_h das Volumen aller Hohlräume und V_{ges} das Volumen der Gesamtmasse bedeuten, oder die Porenzahl e

$$e = \frac{V_h}{V_f} \quad (\%) .$$

wobei V_f das Volumen der Festmasse darstellt. Durch Klüfte und Karsthohlräume ist die Speicherfähigkeit des Gebirges von der des Gesteins jedoch verschieden.

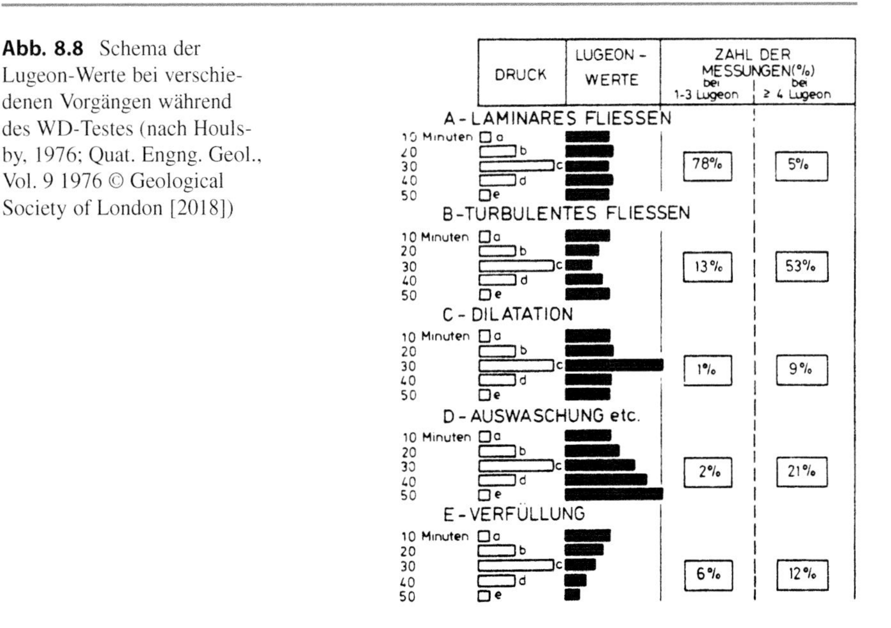

Abb. 8.8 Schema der Lugeon-Werte bei verschiedenen Vorgängen während des WD-Testes (nach Houlsby, 1976; Quat. Engng. Geol., Vol. 9 1976 © Geological Society of London [2018])

Das Volumen der Klufthohlräume in % des Gesamtvolumens liegt meist unter einem Prozent; in stark verkarstetem Gebirge kann das Speichervolumen bis zu 3 % und mehr ansteigen. In Tab. 8.5 sind für verschiedene Gebirgsmassive die Klufthohlräume in Prozent des Gesamtvolumens wiedergegeben. Zur Bestimmung des gesamten Speicherraumes des Gebirges wäre diesen Zahlen noch das Porenvolumen des Gesteins hinzuzurechnen. Krapp (1979) hat eine Zusammenschau der verschiedenen hydrogeologischen Kennwerte unterschiedlicher Festgesteine wiedergegeben (s. Abb. 8.9).

Eine weitere hydrologische Eigenschaft von Gesteinen ist die Löslichkeit. Sie unterliegt von Gestein zu Gestein bedeutenden Schwankungen (s. Tab. 7.9) und reicht von den Stufen unlöslich bis hin zu leicht löslich. Unter Löslichkeit wird dabei die maximale Menge eines Stoffes verstanden, die bei einer bestimmten **Temperatur** und einem festgelegten **Druck** von einer bestimmten Menge Wasser unter Bildung einer gesättigten Lösung aufgenommen wird.

Nach Hölting & Coldewey (2012) ist folgende Abstufung nach Löslichkeitsgraden üblich:

- leicht lösliche Stoffe: Löslichkeit > 10 g/100 g Wasser
- mäßig lösliche Stoffe: Löslichkeit 2–10 g/100 g Wasser
- schwer lösliche Stoffe: Löslichkeit 0,1–2 g/100 g Wasser
- sehr schwer lösliche Stoffe: Löslichkeit 0,01–0,1 g/100 g Wasser
- praktisch unlösliche Stoffe: Löslichkeit < 0,01 g/100 g Wasser

Die am häufigsten auftretenden mäßig bis schwer löslichen Gesteine sind die Karbonatgesteine Kalk und Dolomit. Neben Druck- und Temperatur beeinflusst insbe-

Tab. 8.5 Klufthohlräume in Prozent des Gesamtvolumens verschiedener Gebirgsmassive. (Aus Tentschert, 1980; mit freundlicher Genehmigung von © Prof. Ewald Tentschert, 2018, alle Rechte vorbehalten)

Gestein	Ort	Klufthohlräume %	Ermittelt durch	Literatur
Granitgneis	Silz	0,25–0,3	Stollenwasser, Quellen, Kluftwasserzuflüsse	TIWAG* intern 1975
Hornblendegneis (Amphibolit)	Kühtai	ca. 0,05	Stollenwasser, Kluftwasser	TIWAG intern 1980
Amphibolit	Kaunertal	0,17	Stollenwasser, Kluftwasser	Detzlhofer, 1969
Granitgneis	Kaunertal	0,25	Felsinjektion	TIWAG intern
Dolomit	Imst	0,3	Stollenwasser	TIWAG intern
Kalk	Schneealpe	3–8	Stollenwasser, Kluftwasser	Gattinger, 1973
Kalk	Rhein. Schiefergeb.	6,5	Injektion	Heitfeld, 1965
Schluffstein	Rhein. Schiefergeb.	0,1	Injektion	Heitfeld, 1965
Sandstein	Spessart	0,13	Quellen	Udluft, 1972
Sandstein	Schwarzwald	ca. 0,05	Quellen	Eissele, 1966
Granit	Capivari-Cachoeira	0,25	Durchströmungsversuch	Bouvard & Pinto, 1969

* TIWAG = Tiroler Wasserkraftwerke AG

sondere der CO_2-Gehalt des Wassers die Lösungsbereitschaft. Der Lösungsvorgang des Ca-Karbonats ist etwa folgender:

$$H_2O + CO_2 \leftrightarrow H_2CO_3 \leftrightarrow H^+ + HCO_3^- \leftrightarrow 2H^{++} + CO_3^{--}$$
$$CaCO_3 + H^+ + HCO_3^- \leftrightarrow Ca(HCO_3)_2$$

Calciumhydrogenkarbonat

Der Temperatur kommt beim Lösungsvorgang folgende Rolle zu: In CO_2-freiem Wasser erhöht sich die Lösungsfähigkeit mit steigender Temperatur. In CO_2-haltigen Wässern nimmt mit zunehmender Temperatur der Gehalt an freier Kohlensäure stark ab, was zu einer bedeutenden Reduzierung der Löslichkeit führt.

Die Löslichkeit der Magnesiumcarbonate steigt in reinem Wasser ebenfalls mit steigender Temperatur. CO_2 erhöht auch in diesem Fall die Löslichkeit sehr bedeutend, somit wirkt sich auch hier aus, dass sich mit steigender Temperatur der CO_2-Gehalt des Wassers vermindert.

Sinnfällige Folge der Kalk- und Dolomitlösung ist die **Verkarstung**, auf deren Einzelheiten wir hier nicht näher eingehen wollen. Eine ausführliche Beschreibung liegt von Zötl (1974) vor. Soweit der Karst Einfluss auf die Bautätigkeit hat, wie bei

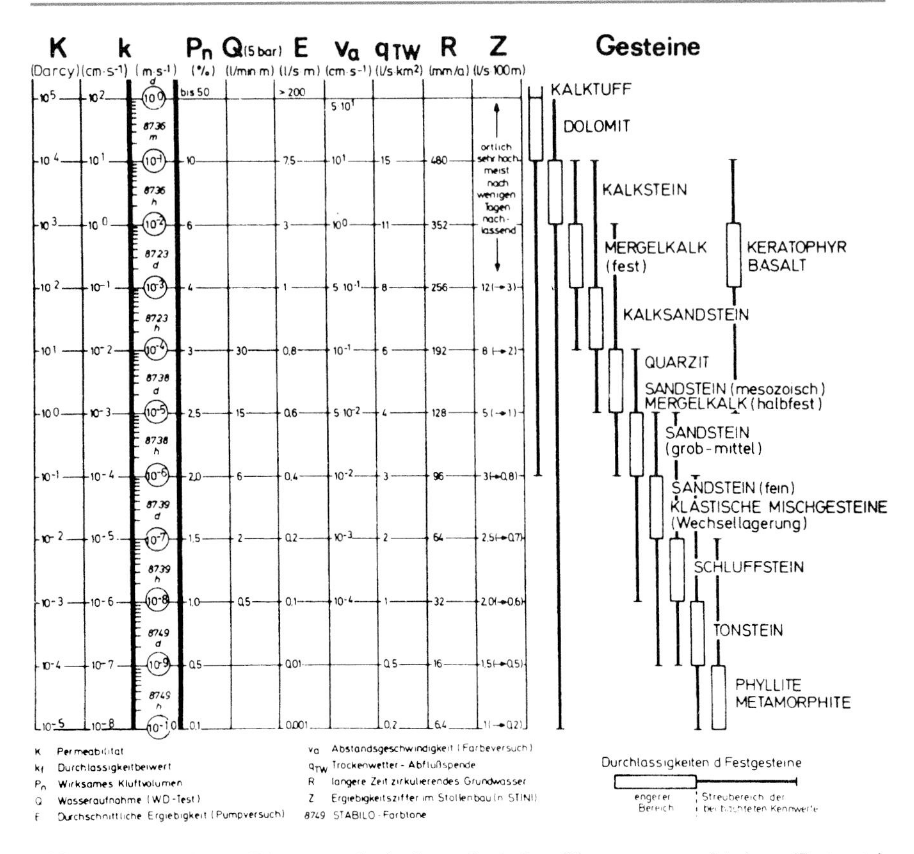

Abb. 8.9 Synoptisches Diagramm der hydrogeologischen Kennwerte verschiedener Festgesteine (aus Krapp, 1979; mit freundlicher Genehmigung von © Lehrstuhl für Ingenieurgeologie und Hydrogeologie, RWTH Aachen, 2018, alle Rechte vorbehalten)

Wasserverlusten aus Stauräumen oder bei der Abdichtung von Staubecken, werden wir nochmals auf ihn zu sprechen kommen (Abschn. 8.3.7).

Obwohl zwischen der Lösung von Carbonatgesteinen einerseits und den Sulfaten und Chloriden andererseits ein grundlegender Unterschied im Lösungsmechanismus besteht, sind die Lösungsergebnisse im Untergrund ähnlich, sodass auch sie den Verkarstungserscheinungen zugerechnet werden. Gips ist nach unserer Einteilung **mäßig** löslich. Die Chloride, die mit dem Gips häufig vergesellschaftet sind, gelten als leicht lösliche Stoffe, sie können bei gemeinsamem Auftreten mit Gips dessen Löslichkeit beträchtlich erhöhen. Die verkarsteten „Hüte" der Zechsteindiapire in Norddeutschland bereiten im Bauwesen große Schwierigkeiten. Berühmt-berüchtigt sind die Schadensfälle, z. B. in der Stadt Lüneburg, welche direkt auf einem solchen „Hut" erbaut ist.

8.3 Technische Auswirkungen des Bergwassers

8.3.1 Auftrieb und Sohlwasserdruck

Durch die Anwesenheit von Wasser in Klüften gerät das Gebirge unterhalb des Bergwasserspiegels unter Auftrieb. Bei vollständig durchtrennten Kluftscharen wirken auf alle Begrenzungsflächen der Kluftkörper Kräfte, die durch den hydrostatischen Druck bedingt sind und deren vektorielle Summe dem Auftrieb gleichkommt. Dies entspricht einer Verminderung des Gebirgsgewichtes G_f um das Gewicht des Volumens des von Kluftkörpern verdrängten Wassers. Das Gebirgsgewicht G_u unter Auftrieb ist dann

$$G_u = V(\gamma_G - \gamma_w)$$

wobei die Abhängigkeit der Wichte des Wassers γ_w von der Temperatur im Allgemeinen vernachlässigt und $\gamma_w = 10\,kN/m^3$ gesetzt wird. Nach Müller (1963) können insbesondere bei Großkluftkörpern technisch bedeutende Drehmomente durch den Auftrieb entstehen, wenn der Kluftkörper nur teilweise von Bergwasser benetzt ist, weil in solchen Fällen der Schwerpunkt des verdrängten Wasserkörpers nicht mehr mit dem Kluftkörperschwerpunkt zusammenfällt. Beim Talsperrenbau beobachten wir neben dem Auftrieb auch den Wasserdruck in der Sohlfuge. So wird die Sicherheit gegen Gleiten einer Gewichtsmauer dadurch beeinträchtigt, dass die vertikale Komponente der Resultierenden aus Mauereigengewicht und Wasserkraft aus der Beckenfüllung um den Sohlwasserdruck im Untergrund der Mauer verringert wird. Durch sorgfältige ingenieurgeologische Vorerkundungen sollte geklärt werden, ob im Gründungsbereich der Mauer Wasser ins Gebirge einsickern kann, was in der Regel durch Wasserabpressversuche geprüft wird. Kann Wasser einsickern, so wird durch eine Kombination von Injektionsschirm (= Abdichtung) und Drainage (= Wasserableitung) die negative Wirkung des Sohlwasserdruckes abgebaut (Abb. 8.10).

8.3.2 Strömungsdruck und Kluftwasserschub

Die statischen und dynamischen Wirkungen des strömenden Wassers in geklüftetem Gebirge hat erstmals Louis (1967) ausführlich untersucht. Hierbei setzt er voraus, dass die einzelnen Kluftscharen eine konstante Spaltweite $2a$ besitzen und das Gestein vollkommen durchtrennt ist. Mithilfe der theoretischen Hydraulik und durch Versuche in Modellen konnte er die in Abb. 8.11 wiedergegebenen Fließgesetze für die Strömung in offenen Klüften unter Berücksichtigung der Unebenheit und Rauigkeit k der Kluftwandungen angeben. Der Widerstandsbeiwert λ ist neben der relativen Rauigkeit k/D_h (D_h = hydraulischer Kluftdurchmesser) eine Funktion der Reynoldszahl (Re).

Bei der Ermittlung der Kräfte aus dem strömenden Bergwasser auf die Kluftwände können die Schubkräfte in praktischen Fällen vernachlässigt werden (Wittke

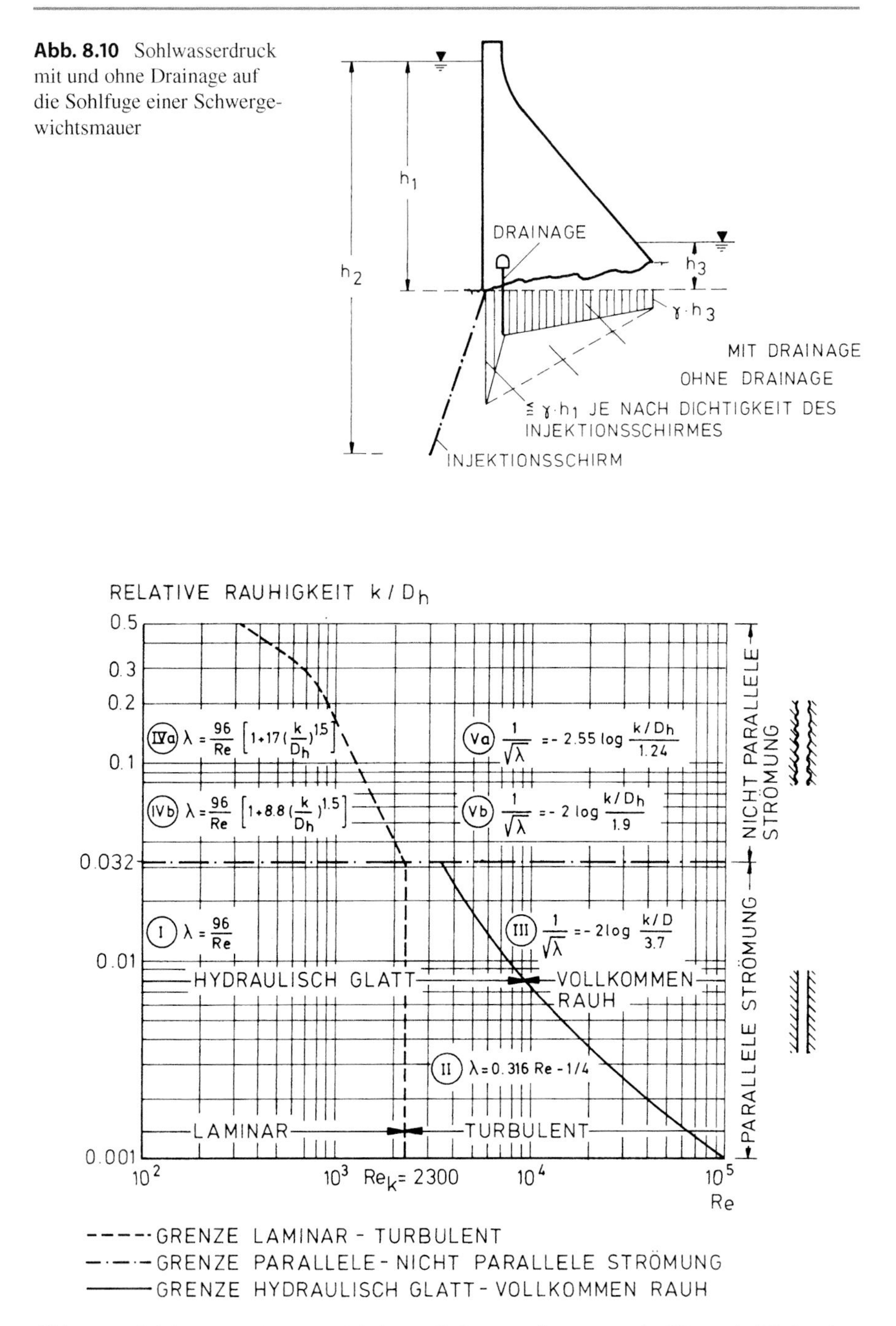

Abb. 8.10 Sohlwasserdruck mit und ohne Drainage auf die Sohlfuge einer Schwergewichtsmauer

Abb. 8.11 Gültigkeitsbereiche verschiedener Fließgesetze für strömendes Wasser in Klüften (aus Louis, 1967, mit freundlicher Genehmigung von © Claude Louis, 2019, alle Rechte vorbehalten)

& Louis, 1966). Dagegen sind die Normalspannungen auf die Kluftwände technisch bedeutsam.

Die Aufgabe des Ingenieurgeologen bei der Ermittlung des Strömungsdruckes besteht in der sinnvollen Vereinfachung der Randbedingungen, sodass der Felshydrauliker ein Potentiallinienbild für das durchströmte Gebirge konstruieren kann, welches dann mit den wiedergegebenen Fließgesetzen die Berechnung des Strömungsdruckes ermöglicht.

Diese Randbedingungen sind die sogenannte piezometrische Höhe oder die Potentialenergie, ferner die Raumstellung der Kluftsysteme, die einen maßgebenden Einfluss auf die Strömungswirkung ausübt. Weitere Randbedingungen sind der Kluftabstand, der Grad der Durchtrennung der einzelnen Kluftscharen, die Öffnungsweite der Klüfte und damit die mittlere Fließgeschwindigkeit $\overline{v}$ des Wassers, die Kluftfüllungen sowie die Unebenheit und Rauigkeit der Kluftwandungen.

Der Strömungsdruck $\vec{S}$ oder genauer gesagt die hydrodynamische Wirkung des Wassers berechnet man aus:

$$\vec{S} = \gamma_{\mathrm{w}} \cdot \vec{J}$$

mit:

$$\vec{J} = \lambda \frac{1}{D_{\mathrm{h}}} \frac{\overline{v}^2}{2g}$$

Für den Fall, dass Gesteinsklüfte durch Materialbrücken, Zwischenmittel, Injektionsgut, Spritzbeton, Frost etc. in bestimmten Bereichen abgedichtet sind, übt das Wasser, das sich in den Klüften in Ruhe befindet, eine hydrostatische Schubkraft normal zu den Kluftwandungen aus. In Abb. 8.12 ist ein Beispiel wiedergegeben, bei dem ein hangauswärts gerichteter hydrostatischer Kluftwasserschub $\vec{W}$ zustande kommt. Seine Größe ergibt sich aus der Differenz der beiden Wasserdruckdreiecke 1–2–4 und 3–4–5.

Der Wasserschub $\vec{W}_1$ hangauswärts ergibt sich zu:

$$\vec{W}_1 = \frac{1}{2} \gamma_{\mathrm{w}} \cdot h_1^2$$

und der Wasserdruck $\vec{W}_2$ hangeinwärts

$$\vec{W}_2 = \frac{1}{2} \gamma_{\mathrm{w}} \cdot h_2^2$$

Die Richtung des Kluftwasserdruckes ist normal zum Einfallen der Großkluft.

Durch das Auffüllen von Staubecken wird der hydrostatische Druck im Kluftwasser entsprechend der Höhe der überlagernden Wassersäule erhöht. Dadurch vermindern sich die Hauptspannungen im Gebirge jeweils um den gleichen Betrag w. Der Spannungszustand wird dann durch die effektiven Spannungen $\sigma_1 - w$, $\sigma_2 - w$, $\sigma_3 - w$ beschrieben, wenn w die Kluftwasserdruckerhöhung ist. Je nach Raumstellung der Klüfte kann diese Erhöhung des Wasserdruckes zur Auslösung von Erdbeben sog. *man made earthquakes* oder zur Verringerung der Erdbebengefahr führen, was Simpson (1976) mithilfe des Mohrschen Diagrammes gezeigt hat.

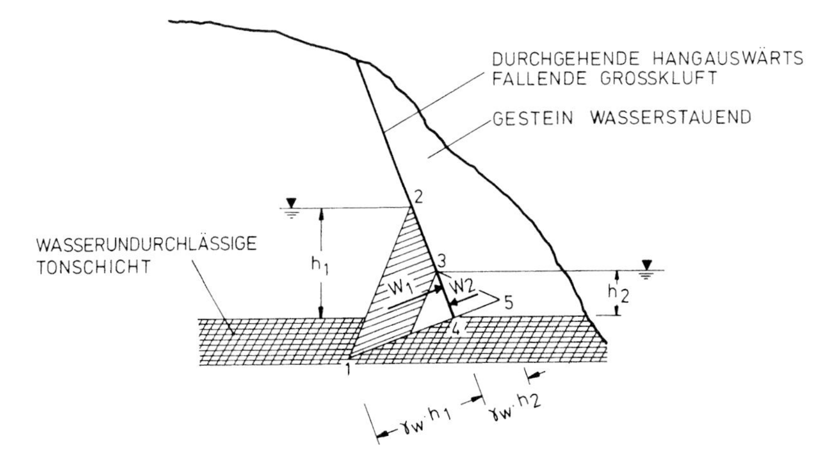

Abb. 8.12 Wirkung des hydrostatischen Kluftwasserschubes auf die Wandung einer hangauswärts fallenden Großkluft

Die Untersuchung über die Ursachen des Bruches der Talsperre Malpasset im Jahre 1959 führten Londe & Sabarly (1966) zur Überzeugung, dass durch die ins Gebirge eingeleiteten Kräfte einer Bogenstaumauer in Richtung der Resultierenden die Klüfte geschlossen werden. Normal zu diesem unerwünschten „Dichtungsschleier" baut sich trotz eines Injektionsschirmes ein hydrostatischer Druck auf, der eine äußerst ungünstige Wirkung auf die Standsicherheit des Widerlagers besitzt (s. Abb. 8.13).

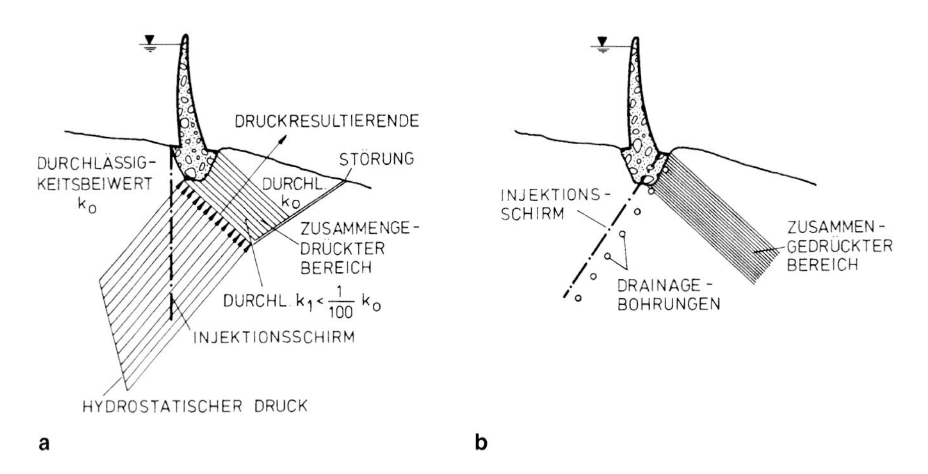

Abb. 8.13 Bildung eines zweiten „Dichtungsschleiers" durch Zusammendrückung des Gebirges und damit Schließen der Klüfte. **a** Möglicher Versagensmechanismus im Widerlagerbereich der Talsperre Malpasset (nach Londe, 1966; mit freundlicher Genehmigung von © LNEC, 2018, alle Rechte vorbehalten). **b** Vorschlag von Londe & Sabarly (1966; mit freundlicher Genehmigung von © LNEC, 2018, alle Rechte vorbehalten) zur Gestaltung des Injektionsschirms als Konsequenz aus den Erfahrungen von Malpasset

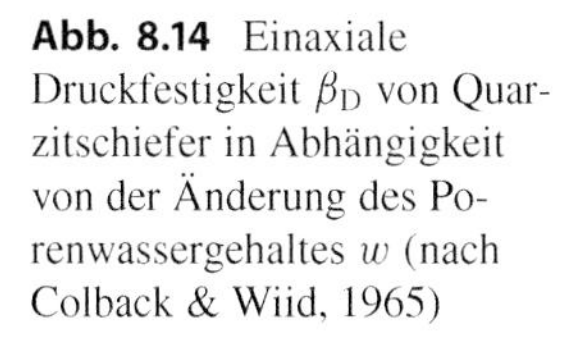

Abb. 8.14 Einaxiale Druckfestigkeit β_D von Quarzitschiefer in Abhängigkeit von der Änderung des Porenwassergehaltes w (nach Colback & Wiid, 1965)

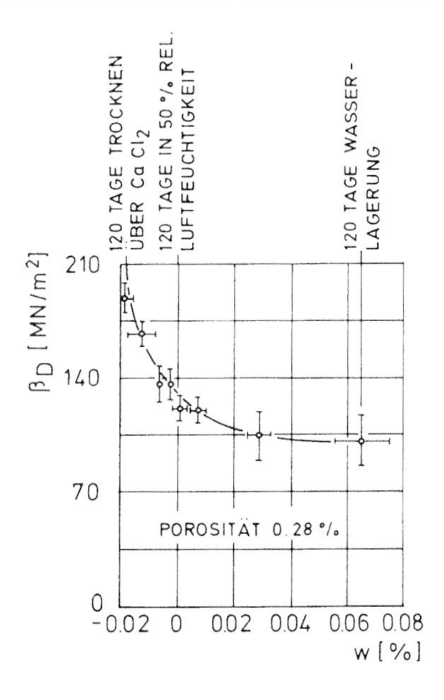

Als Konsequenz dieser Beobachtung schlagen Londe & Sabarly ein System von Injektionsschirm und Drainagebohrungen vor, wobei der Injektionsschirm gegenüber der früher üblichen Lage mehr zur Wasserseite hin geschwenkt ist. Hierdurch wird zweierlei bewirkt: Zum einen wird die Druckresultierende infolge des hydrostatischen Druckes, der sich hinter dem Injektionsschirm bildet, von der Luftseite weggeschwenkt und zum anderen wird Wasser, welches den Injektionsschirm durchsickert, abgeleitet, sodass sich hinter dem „zusammengedrückten Bereich" kein hydrostatischer Druck aufbauen kann.

Sonderfälle von Wasserdruckkräften in Klüften hat Kirschke (1974) beschrieben, wobei die Auswirkungen von Druckstößen, z. B. durch Erdbeben ausgelöst, untersucht und rechnerisch nachvollzogen werden.

8.3.3 Entfestigung des Grundkörpermaterials

Das Porenwasser im Gestein bewirkt aus bisher noch wenig geklärten Gründen eine Abminderung der Festigkeit (Abb. 8.14). Allerdings kann dieser Einfluss hauptsächlich nur bei Sedimentgesteinen beobachtet werden.

Bei Tiefen- und Ganggesteinen ist eine solche Abhängigkeit kaum, bei Ergussgesteinen praktisch überhaupt nicht zu beobachten. Kieslinger (1964) berichtet von Konglomeraten des Salzburger Raumes, deren einachsige Druckfestigkeit im ausgetrockneten Zustand 77 % höher ist als in bergfeuchtem Zustand, wobei der Wassergehalt des bergfeuchten Gesteines 2,7 % betragen hat.

Lane (1970) vertritt die Ansicht, dass die Abhängigkeit der Festigkeit vom Feuchtigkeitsgehalt auf Porenwasserüberdrücke während des relativ schnellen

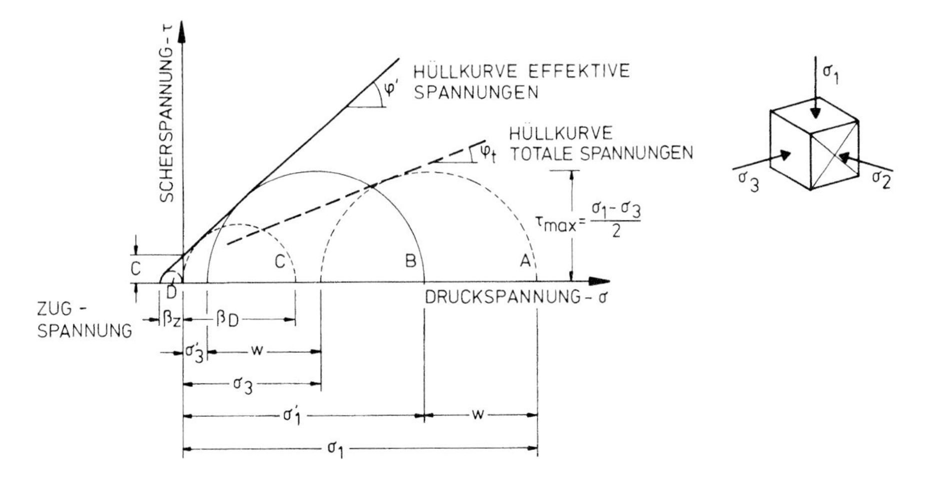

Abb. 8.15 Erläuterung des Konzepts der effektiven Spannungen mithilfe des Mohrschen Diagrammes

Prüfvorganges zurückzuführen ist, wobei er auf Analogien zu undrainierten Versuchen an bindigen Lockergesteinen hinweist. Nach diesem sog. „Konzept der effektiven Spannungen", das auf Terzaghi (1936) zurückgeht, lässt sich der Einfluss des Porenwasserdruckes am besten im Mohrschen Diagramm erläutern. In Abb. 8.15 gibt der Spannungskreis A die totalen Spannungen σ_1 und σ_3 beim Bruch wieder. Die Schubspannung τ ergibt sich in diesem Fall zu

$$\tau = c + \sigma \tan \varphi'.$$

Misst man aber in der Probe während des Versuches den Porenwasserdruck u und berücksichtigt, dass nur die effektive Spannung (totale Spannung abgemindert um den Porenwasserdruck) zum Bruch der Probe führt, so ergibt sich mit der effektiven Spannung σ' der Spannungskreis B

$$\sigma' = \sigma - w$$

und die Schubspannung

$$\tau = c' + \sigma' \tan \varphi'.$$

Mit den Spannungskreisen B, C (einaxiale Druckfestigkeit β_D) und D (Zugfestigkeit β_Z) ergibt sich ein Reibungswinkel φ' und eine innere Kohäsion c', die nach Terzaghi als echte Materialkennwerte zu bezeichnen sind.

Im Allgemeinen ist zu erwarten, dass der Porenwasserdruck im Gestein gleich dem Kluftwasserdruck im Gebirge ist. Bei raschen Schwankungen des Kluftwasserspiegels, wie dies z. B. im Stauraum eines Pumpspeicherwerkes der Fall ist, kann nicht damit gerechnet werden, dass sich der Porenwasserdruck dem Kluftwasserdruck angleicht. Als Folge können Porenwasserüberdrücke entstehen, die für die Standsicherheit von Uferböschungen kritisch werden können.

Bei dynamischen Beanspruchungen des Gesteins, z. B. infolge von Erdbeben, ist nach Lane (1970) sogar damit zu rechnen, dass der Porenwasserüberdruck ungefähr der plötzlichen dynamischen Last gleich ist. Eine häufig beobachtete Folge von Erdbeben ist das rasche Ansteigen des Bergwasserspiegels in Bohrlöchern, der als eine Folge des Druckausgleiches zwischen Porenwasser und freiem Bergwasser anzusehen ist.

Der Scherwiderstand an Kluftflächen kann durch Porenwasserüberdrücke ebenfalls verringert werden. Goodman & Ohnishi (1973) konnten an Sandsteinproben experimentell nachweisen, dass bei raschem Schervorgang oder bei vergleichsweise langsamer Entwässerung das Prinzip der effektiven Spannungen ebenfalls gültig ist. Zur Berücksichtigung des Porenwasserdruckes verwenden sie anstelle von σ die effektive Spannung $\sigma - w$. Sie konnten ferner nachweisen, dass der Anstieg des Porenwasserdruckes Δw infolge einer Spannungsänderung $\Delta\sigma_1$ und $\Delta\sigma_3$ nach Skempton (1954) zu:

$$\Delta w = B\,\Delta\sigma_3 + \overline{A}(\Delta\sigma_1 - \Delta\sigma_3)$$

berechnet werden kann, wobei B nach Bishop (1973) gegeben ist:

$$B = \frac{1}{1 + n\dfrac{c_w - c_g}{c_b - c_g}}$$

mit:

n = Porosität des Gesteins,
c_w = Zusammendrückbarkeit des Wassers,
c_g = Zusammendrückbarkeit der Mineralkörner,
c_b = Totale Zusammendrückbarkeit des Gesteins.

Für $\overline{A}$ schlagen Goodman & Ohnishi Werte zwischen 0,07 und 0,1 vor.

8.3.4 Plastifizierung und Porenwasserüberdruck in den Kluftzwischenmitteln

Die Füllungen von Klüften sind häufig zu Tonmineralen verwittert. Bei Zutritt von Wasser können diese Zwischenmittel von bergfeuchtem zu wassergesättigtem Zustand gelangen, wodurch die innere Kohäsion abgemindert wird. Durch quellfähige Tonminerale können bei Wasserzutritt Quelldrücke entstehen, die nach Beobachtungen von Bjerrum et al. (1963) bis zu 200 kN/m^2 reichten. Sie berichten u. a. von einem Wasserstollen in Norwegen von 12 m^2 Ausbruchsfläche, der zwei parallele Störungszonen durchfuhr, die 2,5 m voneinander entfernt und mit einem 5–20 cm

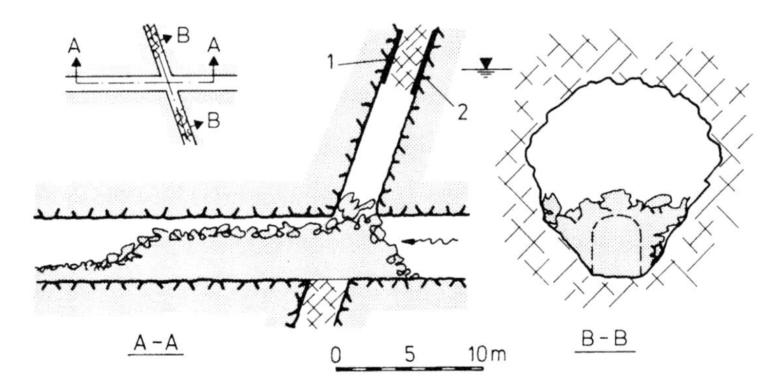

Abb. 8.16 Verbruch eines Wasserstollens in der Nähe Hemsedals (Norwegen), 1 und 2: Störungen mit Montmorillonit gefüllt (aus Bjerrum et al., 1963; mit freundlicher Genehmigung von © Springer 2018, alle Rechte vorbehalten)

dicken Montmorillonit-Zwischenmittel gefüllt waren (s. Abb. 8.16). Während des Baues waren die Zwischenmittel in den beiden Störungen trocken, bereiteten keine Schwierigkeiten beim Ausbruch und wurden deshalb von den ausführenden Ingenieuren nicht weiter beachtet. Nach etwa einem Jahr entstand durch den Quelldruck ein Verbruch von mehr als 200 m^3, der den gesamten Wasserstollen auf mehrere Meter ausfüllte und das Kraftwerk für die Zeit der Rekonstruktion stilllegte.

Schnelle Belastungen können bei bindigen Zwischenmitteln noch leichter zu Porenwasserüberdrücken führen, wie dies bei den Gesteinen in Abschn. 8.3.3 gezeigt wurde. Bei den Kluftfüllungen gilt das Konzept der effektiven Spannungen uneingeschränkt, wenn die Mächtigkeit der Kluftfüllung dreimal so groß ist, wie die mittlere Höhe der Oberflächenunebenheiten der Kluftwände (Goodman, Heuzé & Ohnishi, 1972).

8.3.5 Aggressive Bergwässer

Eine schädliche chemische Einwirkung der Bergwässer auf Felsbauwerke ist dann zu erwarten, wenn

- Wasser mit freier Kohlensäure,
- Wasser mit Luftsauerstoff,
- Wasser mit Salzen starker Säuren und Sulfiden

angereichert ist. Diese Wässer werden als aggressive Bergwässer bezeichnet, weil sie Mörtel und Beton sowie Metalle (Eisen, Blei) angreifen und zerstören.

Freie Kohlensäure ist in mineralarmen, besonders karbonatarmen Wässern zu erwarten, wie sie vielfach in künstlichen Staubecken gespeichert sind. Dieses Wasser löst das Calcium aus den Calciumhydrosilikaten des Zementes und greift Bruchsteine aus Kalkstein und Dolomit an (s. a. Stini, 1950, S. 108 ff. und DIN 4030). Die

Tab. 8.6 Schädlichkeitsgrenzen chemischer Bestandteile im Grundwasser in mg/l (nach Schultze & Muhs, 1967; mit freundlicher Genehmigung von © Springer Vieweg, 2018, alle Rechte vorbehalten)

Beimengung	Beton	Stahl
Sulfate (SO_4)	>200	>300
Nitrate (N_2O_5)	>50	>50
Freie Kohlensäure (CO_2)	Schon in geringer Menge	
Schwefelwasserstoff (H_2S)	>1	–
Chloride (Cl)	–	>100
Öle und Fette[a]	–	>5–10
Sauerstoff (O)	–	>4
Magnesiumoxid	>100	–

[a] Phenole sind ganz besonders schädlich

Grenzen der Schädlichkeit sind in Tab. 8.6 nach Schultze & Muhs (1967) wiedergegeben. Die Werte gelten für weiches Wasser (etwa 6° dH), wobei 1 Härtegrad einer Menge von 10 mg CaO in 1 l Wasser entspricht. Bei geringerer Härte ist die Betonschädlichkeit der genannten Stoffe größer. Das Gleiche ist bei sauren Wässern mit einem pH-Wert unter 7 der Fall.

Besonders schädlich ist Wasser, welches reich an Sulfaten und Magnesiumoxid ist, weil das Sulfat mit dem Calcium des Mörtels Gips oder mit dem Calciumaluminat des Zements Calciumsulfoaluminat bildet. Solche Wässer sind in großen Mengen dort anzutreffen, wo Sulfatgesteine (Mittlerer Muschelkalk und Mittlerer Keuper) ausgelaugt werden, diese Wässer sind außerdem reich an Schwefelsäure, die Beton ebenfalls auszulaugen vermag.

Stahl wird von weichem und mit Luftsauerstoff angereichertem Wasser geschädigt, weil es eine stark oxidierende Wirkung besitzt, von Sulfiden und freier Kohlensäure wird Stahl ebenfalls angegriffen. Ferner ist er gegen einen hohen Gehalt des Wassers an Chloriden, Sulfaten und Nitraten (wie z. B. Meerwasser) empfindlich. Besonders bei Spannstählen von Ankern sind (nach Müller, 1978) bereits Spuren von Chloriden schädlich (s. a. DIN EN ISO 8044).

Entscheidend für die Einwirkungen aggressiver Wässer ist nicht nur der relative Gehalt an Chemikalien, sondern auch die weiteren Mengen, die während des Bestehens des Bauwerkes zugeführt werden. So kann zum Anmachen des Betons Wasser, welches sonst betonschädliche Stoffe enthält, unbedenklich verwendet werden, mit Ausnahme von huminsäurehaltigen Wässern, die das Erhärten des Betons verhindern.

8.3.6 Wasserzudrang zu ober- und untertägigen Bauwerken

Neben den gelegentlich ungünstigen statischen und dynamischen Wirkungen des Bergwassers behindert das zudringende Wasser außerordentlich die Arbeiten in obertägigen Bauwerken, z. B. Baugruben, und den Vortrieb untertägiger Hohlräume. Ferner kann das Bergwasser den Betrieb des Bauwerkes stören und muss bei Aggressivität von allen Bauteilen aus Beton und Stahl ferngehalten werden. Nach Müller (1978) erfolgt die Disposition der Abwehrmaßnahmen gegen Bergwasserschäden und -erschwernisse durch:

- Abführung der Bergwässer,
- Drainierung des Gebirges,
- Abdichtung (Isolierung) und
- Wasserverdrängung.

Die Vorhersage des möglicherweise zu erwartenden Wasserzudranges ist eine wichtige Teilaufgabe des ingenieurgeologischen Gutachtens, wobei der Ingenieur nicht nur die Menge und Örtlichkeit der Wasserzutritte, sondern auch deren Verteilung kennen möchte, um die Abwehrmaßnahmen vorbereiten zu können (s. a. Tab. 9.6).

Wasser kann aus dem Fels „schwitzen“, d. h. aus dem Gestein des Felsausbruches flächig austreten. Es kann aus zahlreichen Klüften sickern oder als Quelle konzentriert aus einzelnen Spalten austreten, sowie vermischt mit Gesteinsbrocken und Kluftfüllungen den Charakter eines Schlammflusses annehmen. Die Literatur enthält zahlreiche Beispiele von Wasser- und Schlammeinbrüchen katastrophalen Ausmaßes. Gering dagegen sind die Informationen über Schwitz- und Sickerwasser. Über interessante Beobachtungen punktförmiger Wasseraustritte in einem gebohrten Stollen berichten Wolters, Reinhardt & Jäger (1972).

Die Abführung der Bergwässer erfolgt in einer Rigole oder im Tunnel in einem Sohlgerinne. Stets empfiehlt es sich, bei der Bemessung große Reserven einzukalkulieren, weil ein Umbau immer hohe Kosten und Zeitverluste bedingt.

Die Drainierung des Gebirges erfolgt mittels Stollen und Brunnenschächten, am einfachsten jedoch als Bohrung. Sie dient sowohl der Entwässerung als auch der Druckentlastung, weil sie den Bergwasserspiegel absenkt und damit den Kluftwasserschub und den Auftrieb abmindert. Die Drainierung ist ein wichtiges Instrument zur Stabilisierung von rutschgefährdeten Böschungen, sie ist eine gebräuchliche Methode im Talsperrenbau und wird auch zunehmend im Tunnelbau eingesetzt, weil die Gefahr von Wassereinbrüchen verringert und das Gebirge, das zu durchörtern ist, entwässert wird.

Beim Bau des 53,9 km langen Seikan-Unterseetunnels wurden bis zu 1600 m lange Horizontalbohrungen abgeteuft (Marx, 1978), um Wasserzutritte in Störungszonen zu lokalisieren und zu bekämpfen.

Um eine 400 m breite und 600 m lange Rutschung bei Panagopoula (Griechenland) zum Stehen zu bringen, haben Müller & Lögters (1974) ein System von Entwässerungsstollen vorgeschlagen (s. Abb. 8.17), durch welches der Bergwasserspiegel abgesenkt wurde.

Einem häufig geäußerten Einwand, Felsdrainagen könnten im Laufe der Zeit durch Verschlammung oder Versinterung unwirksam werden, kann man dadurch begegnen, dass man zum einen die Drainagen möglichst steil anordnet, damit das Wasser rasch abfließt, und zum anderen Putzöffnungen vorsieht, die von Zeit zu Zeit eine Reinigung der Bohrlöcher ermöglichen.

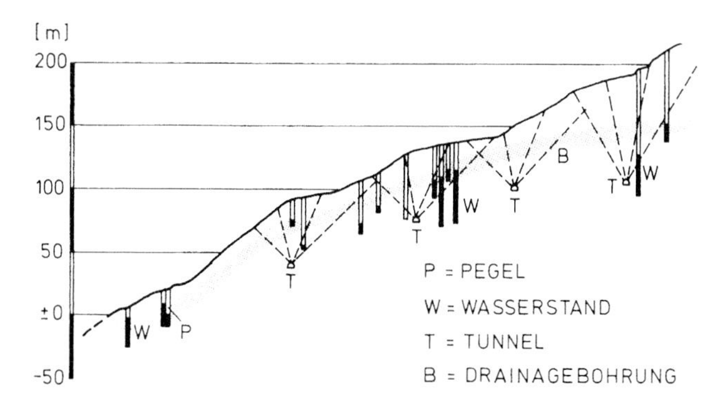

Abb. 8.17 Rutschung Panagopoula (Griechenland) in einer Schiefer-Hornstein-Plattenkalk-Serie. Drainagebohrungen von Drainagestollen aus zur Sanierung der Rutschung (nach Müller & Lögters, 1974; mit freundlicher Genehmigung von © Springer, 2018, alle Rechte vorbehalten)

Der Anlage von Drainagebohrungen im Talsperrenbau, insbesondere bei Bogenstaumauern, wird seit dem Sperrenbruch von Malpasset im Jahre 1959 besonderes Augenmerk geschenkt. Die Bemerkung Casagrandes (1961, S. 164), dass alle Betonmauern längs ihres wasserseitigen Fußes eine vertikale Kluft erzeugen und dort sich ein ungünstiger hydrostatischer Druck bilde, hat zu einem fundamentalen Umdenken in der Anlage von Dichtungs- und Drainageschirmen geführt.

Notwendig war dieses Umdenken zumindest bei den Talsperrenkonstrukteuren, die ohne Umfangsfuge („Pulvino") Bogenstaumauern bauten, da bei dieser Art der Konstruktion dem Gebirgsuntergrund Zugspannungen durch Kippbewegungen der Mauer zugemutet werden, die das Gebirge nicht aufnehmen kann.

In Abb. 8.18 sind die Querschnitte verschiedener Talsperren im Widerlagerbereich zusammengestellt und die Lage der Abdichtungs- und Drainagemaßnahmen eingezeichnet. Dabei handelt es sich teilweise um ausgeführte Projekte und teilweise um Konstruktionsvorschläge, die erkennen lassen, wie uneinheitlich Injektions- und Drainageschirme geplant und ausgeführt werden.

Die Abdichtung bzw. Isolierung von Bauwerken erfolgt im Grundbau durch Dichtungswände, Injektionsschleier oder Oberflächendichtungen (bindige Erdstoffe, Asphalt und Kunststofffolien). Im Felsbau ist die Abdichtung gegen durchsickerndes Bergwasser entweder durch Injektionsschleier oder Oberflächenabdichtungen üblich. Da die Injektionen ein sehr bedeutendes Teilgebiet der Ingenieurgeologie darstellen, ist diesem Aspekt ein gesonderter Abschnitt dieses Buches gewidmet (s. Abschn. 8.3.8).

Die Art der Oberflächenisolierung im Tunnelbau muss, falls sie als notwendig erachtet wird, bereits vor der Entscheidung über die Vortriebsweise ausgewählt werden, weil sich gewisse Verbaumittel nach dem gewählten Isolierverfahren richten müssen (s. Müller, 1978). Für eine richtige Wahl, Konstruktion und Ausführung ist die Kenntnis der Wasserführung des Gebirges, seiner Erscheinungsform, des zeitlichen Wasserzudranges und des Chemismus Grundvoraussetzung. Nur so kann

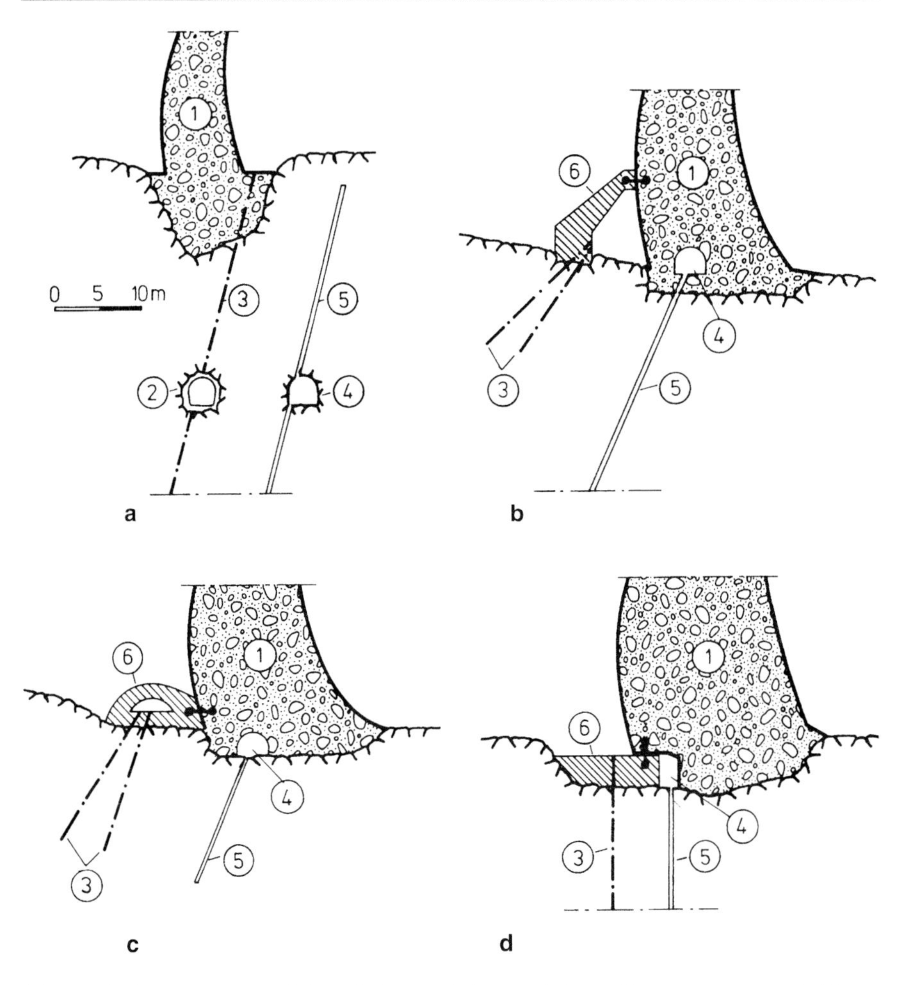

Abb. 8.18 Anordnung von Gebirgsdrainagen bei verschiedenen Bogenstaumauern. 1 Mauer, 2 Injektionsstollen, 3 Injektionsschirm, 4 Drainagestollen, 5 Drainagebohrung, 6 Dichtungsplatte (Vorboden). **a** Gewölbemauer Sainte-Croix, Frankreich (Comité Français des Grands Barrages, 1976); **b**, **c** Konstruktionsvorschläge; **d** Bogenstaumauer Krokströmen, Schweden (aus Londe, 1976)

entschieden werden, ob mit Außen-, Zwischen- oder Innenisolierung zu arbeiten ist und welches Material (Metallisolierung, Bitumenisolierung, Kunststoffisolierung oder Isolierung auf Zementbasis) zu verwenden ist.

Im Talsperrenbau sind Oberflächenabdichtungen von Erddämmen, insbesondere von relativ niedrigen Konstruktionen, bereits weit verbreitet. Selbst für kleine Stauräume, wie z. B. Wasserrückhaltebecken, sind solche Oberflächenabdichtungen noch wirtschaftlich. Bei der Verwendung von Ton und Schluff als Dichtungsmittel muss zum einen auf die große Erosionsempfindlichkeit und zum anderen auf die Witterungsempfindlichkeit des Materials hingewiesen werden, weil sowohl ein zu

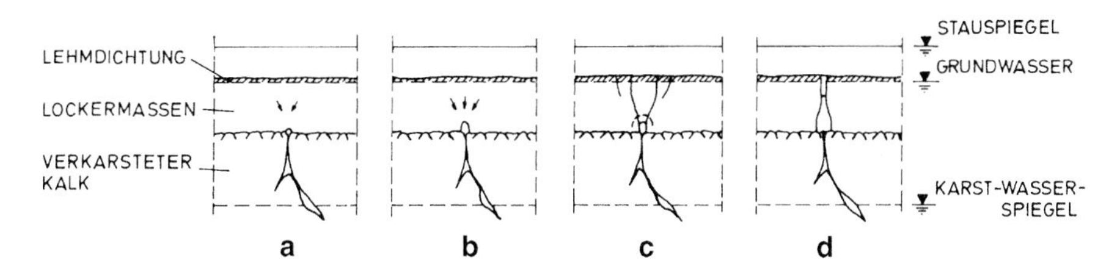

Abb. 8.19 Vorgang der Erosion: **a** Beginn der unterirdischen Erosion, **b** fortschreitende Erosion, **c** Setzung und Risse, **d** Einsturzloch (aus Kaessaris et al., 1965; mit freundlicher Genehmigung von © Springer, 2018, alle Rechte vorbehalten)

hoher wie auch ein zu geringer Wassergehalt sehr schnell an die Grenze der Verdichtungsfähigkeit führt. Den Vorgang der Erosion und dessen katastrophale Folgen haben Kaessaris et al. (1965) am Beispiel des Stauraumes von Perdikkas geschildert (s. Abb. 8.19).

Asphaltbeton zur Wannendichtung hat sich im Großen und Ganzen bewährt, Kunststofffolien zu diesem Zweck werden erst seit einiger Zeit verwendet. Für diesen Baustoff sprechen ein relativ niedriger Preis und ein verhältnismäßig einfacher Einbau.

Eine weitere Möglichkeit, Wasser vom Bauwerk fernzuhalten, ist die **Wasserverdrängung**. Sie erfolgt durch Injektionen in die Wasserwege rings um das Bauwerk. Der Erfolg solcher Injektionen hängt, wie bei allen Injektionen, von den geologischen Bedingungen ab (Abschn. 8.3.8) und sollte in enger Zusammenarbeit zwischen Injektionsfachmann, Felsmechaniker und Baugeologen geplant werden.

8.3.7 Wasserverluste aus Stauräumen

Kleine Mengen Wasser verliert in der Regel jedes Staubecken durch Undichtigkeit des Gebirges. Werden diese Wassermengen jedoch größer, so entsteht einerseits ein wirtschaftlicher Verlust, andererseits kann dieses zur Luftseite sickernde Wasser durch rückschreitende Erosion zu einer Gefahr für die Standsicherheit des Absperrbauwerkes werden. Gelegentlich wird die Durchlässigkeit des Gebirges so falsch eingeschätzt, dass ein Aufstauen des Beckens überhaupt nicht möglich ist. Die Namen einiger solcher leeren Speicher sind in Tab. 8.7 zusammengestellt. In Tab. 8.8 sind Beispiele von Talsperren aufgelistet, die außerordentlich große Sickerwasserverluste aufweisen. Wasserverluste können durch die unterschiedlichsten geologischen Randbedingungen auftreten. Bereits in einem frühen Planungsstadium ist diesem Gesichtspunkt der Vorbeurteilung des Stauraumes besondere Aufmerksamkeit zu schenken, weil davon die Wahl des Sperrenplatzes, die Festlegung des Stauzieles und die Disposition der weiteren Erkundungen und Aufschlüsse abhängt. Es ist selbstverständlich, dass nicht nur die geplante Sperrenstelle nach ihrer möglichen Umläufigkeit beurteilt wird, sondern dass auch die Dichtheit des gesamten Beckens mit in Betracht zu ziehen ist.

Tab. 8.7 Beispiele von Staubecken, die infolge großer Durchlässigkeit des Gebirges (Verkarstung) trockenliegen (nach Erguvanli, 1979; mit freundlicher Genehmigung von © Springer Nature, 2018, alle Rechte vorbehalten)

Sperrenname	Staat	Geol. Formation
May (1959)	Türkei	Mesozoische und neogene Kalksteine
Perdikkas (1962)	Griechenland	Miozäner Kalkstein
Montejaque (1924)	Spanien	Jurassischer Kalkstein
Civitella Liriana	Italien	Oberkreide, Kalkstein
Villetta Barrea (1951)	Italien	Kalkstein
Kopili (1970)	Indien	Eozäner Kalkstein
Biankeng (1977)	VR China	Kalkstein

Tab. 8.8 Außerordentliche Wasserverluste verschiedener Stauräume in verkarstetem Gebirge (nach Erguvanli, 1979; mit freundlicher Genehmigung von © Springer Nature, 2018, alle Rechte vorbehalten)

Sperrenname	Staat	Geologische Formation	Verlust
Hales Bar (1913, 1946)	USA	Mississippian Bangor Formation	$54\,m^3/s$
Camarasa (1920)	Spanien	Mittlerer Jura, dolomitischer Kalkstein	$12\,m^3/s$
Great Falls (1925, 1944)	USA	Lower Mississippian	$13\,m^3/s$
Fodda (1928–33)	Marokko	Jurassischer Kalkstein	$3–5\,m^3/s$
Dokan (1959–60)	Irak	Oberkreide, dolomitischer Kalkstein	$4–5\,m^3/s$
Keban (1974)	Türkei	Paläozoischer kristalliner Kalkstein	$7\,m^3/s$

Schon bei den ersten, hauptsächlich der Stratigraphie gewidmeten, Begehungen wird der Aufnahmegeologe auf viele Dinge aufmerksam, welche für die Dichtheit des Staubeckens und für die Umläufigkeit des Absperrquerschnittes wesentlich sein können. So weiß man (Stini, 1955), dass nichtverkarstetes Kalkgebirge dem Kristallin bezüglich Dichtungsaufwand überlegen ist, dass Flussschotter und Endmoränen mehr oder weniger wasserwegig sind, dagegen die Grundmoräne dicht ist.

Dass ferner die tektonisch entstandene Struktur des Gebirges zwei ganz besonders wichtige Belange, nämlich die statische Sicherheit der Talsperrengründung und der Hänge des Staubeckens sowie die Wasserdichtheit des Beckens und des Absperrquerschnittes beeinflussen kann, weiß jeder Anfänger. Dennoch werden in diesem Belange auch heute noch immer wieder neue Fehler gemacht. Welchen Einfluss die Tektonik auf die Dichtheit des Beckens haben kann, verdeutlicht die Abb. 8.20 in anschaulicher Weise. Abb. 8.21 veranschaulicht diesen Einfluss auf die Dichtheit des Absperrquerschnittes.

Talparallele Klüftung und Störungszonen, die häufig zur Anlage des Tales führten, sind auf zweierlei Art ungünstig. Zum einen ist es bei gekrümmten Mauern unvermeidlich, dass die Blockfugen die Schichtklüfte mit spitzen Winkeln überschneiden und zum anderen, dass durchlässige Gesteinsschichten auf der gesamten Länge des Staugebietes Sickerwasser aufnehmen können, welches luftseitig wieder austritt.

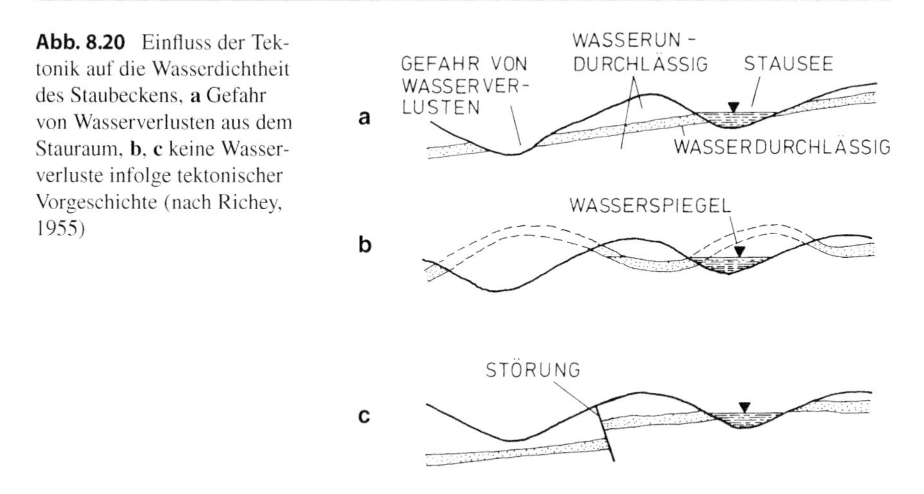

Abb. 8.20 Einfluss der Tektonik auf die Wasserdichtheit des Staubeckens, **a** Gefahr von Wasserverlusten aus dem Stauraum, **b**, **c** keine Wasserverluste infolge tektonischer Vorgeschichte (nach Richey, 1955)

Welche Bedeutung ein Zerrüttungsstreifen sogar für die Festlegung des Stauzieles spielen kann, hat Stini (1955, S. 45) am Beispiel der Hierzmannsperre (Österreich) beschrieben. Dort verlaufen talparallel Störungszonen, die bei einem allfälligen Einstau bedeutende Wasserverluste hervorgerufen hätten. Das Stauziel wurde deshalb so festgelegt, dass insbesondere breitere Zerrüttungszonen erst oberhalb des Stauzieles durchstreichen.

Störung ist nicht gleich Störung. Manche Störungen sind extrem durchlässig, andere wieder sind von Haus aus dicht oder können durch Plombieren oder Injektionen leicht gedichtet werden. Der Ingenieurgeologe sollte es deshalb nicht mit der Feststellung der Existenz von Störungen bewenden lassen, sondern deren Beschaffenheit, mechanische Eigenschaften und ihr Verhalten dem Wasser gegenüber – wobei auch an die Ausspülung durch Wasser zu denken ist – beschreiben.

Wichtig ist es allemal, im Zusammenhang mit der Tektonik die Talgeschichte zu studieren. Die Talstufen, welche zur Anlage von Staubecken einen natürlichen Anreiz bieten, können durch Härtlingszüge, die das Tal queren, aber ebenso auch durch tektonische Höhenverstellungen und schließlich auch noch durch Talzuschübe und Bergstürze verursacht worden sein. Je nachdem, ob das eine oder das andere vorliegt, muss die Eignung der morphologischen Gegebenheiten zur Anlage eines Absperrkörpers ganz verschieden beurteilt und die Wahl der Bauart desselben getroffen werden. Welcher der drei sehr unterschiedlichen Fälle vorliegt, ist durch Bohrungen und Detailuntersuchungen allein nicht zu erkennen, sondern muss nach der großräumigen Gesamtsituation beurteilt werden.

Die Umläufigkeit eines Absperrquerschnittes kann aus der Kenntnis der geologischen Talgeschichte nicht nur rascher, sondern sogar sicherer erkannt werden als durch viele Bohrungen. Auf die Existenz epigenetischer Täler wird man wohl am leichtesten durch das Studium der Talgeschichte, also durch stratigraphisch-tektonische Vergleiche aufmerksam. Der Nachweis ist dann, wenn man einmal Verdacht gefasst hat, mittels Durchlässigkeitsversuchen, Färbeversuchen usw. leicht zu führen. Seit dem ersten Beispiel dieser Art, der Strubklammsperre bei Salzburg

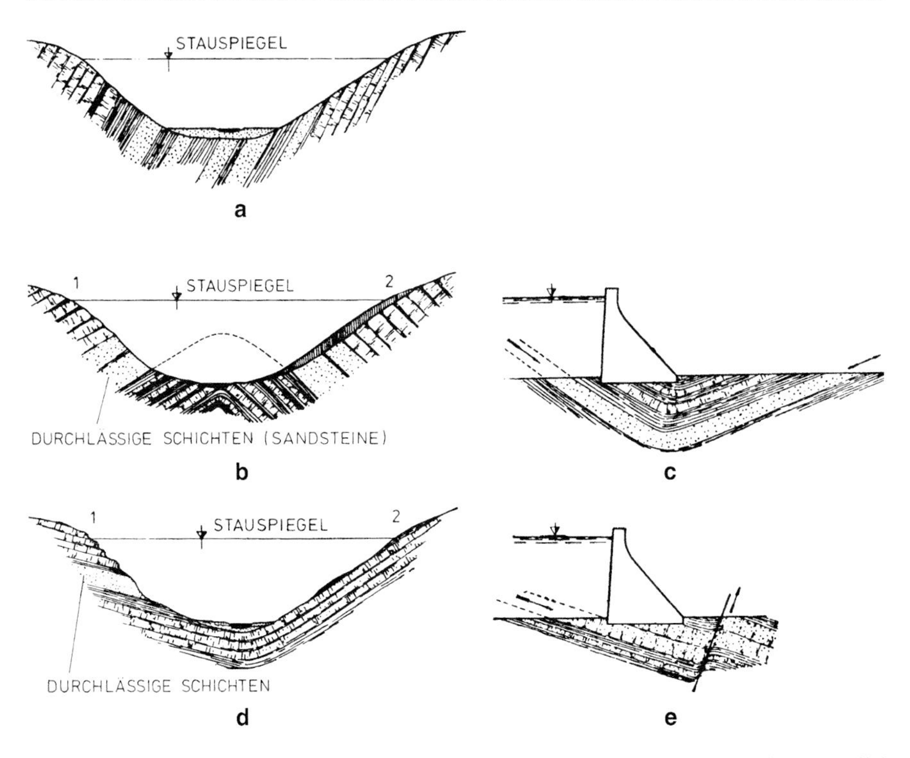

Abb. 8.21 Tektonik und Dichtheit des Absperrquerschnittes. **a** Die Schichten streichen parallel zur Talrichtung und sind stark geneigt. Das Stauwasser durchdringt das durchlässige Gestein fast in der gesamten Länge des Staugebietes. **b** Die Schichten bilden eine Antiklinale; 1 das Wasser kann im durchlässigen Gestein um den Dammkörper herumfließen; 2 die Stirnflächen der wasserdurchlässigen Schichten sind mit weniger durchlässigen Hanglehmen überdeckt. **c** Ungünstige Anordnung einer Staumauer an dem stromabwärts einfallenden Flügel der Synklinale. **d** Die Schichten bilden eine Synklinale in Talrichtung. 1 die Schichten weisen geringere Neigung als der Hang auf, das Wasser kann um den Dammkörper herumfließen; 2 die Schichten weisen die gleiche Neigung wie der Hang auf, es besteht Gleitgefahr für den Damm. **e** Bei tektonisch gestörten, stromabwärts mäßig geneigten Schichten kann das Wasser durch das durchlässige Gestein und entlang den Klüften abfließen (nach Záruba & Mencl, 1961)

zu Beginn der 1920er-Jahre, sind viele Schwierigkeiten bekannt geworden, welche durch solche verborgene alte Täler entstanden sind.

Bei Höhenverstellungen in jüngerer Zeit oder bei Verschüttung des Talbodens durch Muren schneiden sich die Flüsse in eine Akkumulationsfläche (Flussaufschüttung oder Talzuschub) ein. Der auf der Akkumulationsfläche angelegte Fluss trifft bei seiner Tiefenarbeit auf eine Scholle; einmal in einer Kerbe gefangen, sägt er sich in diese ein, obwohl sich häufig abseits von dem verschütteten Bergland ein bequemerer Durchgang in den lockeren Aufschüttungen fände. Ein eindrucksvolles Beispiel schildern Gignoux & Barbier (1955) von der Talsperre Sautet in Frankreich (Abb. 8.22 und 8.23).

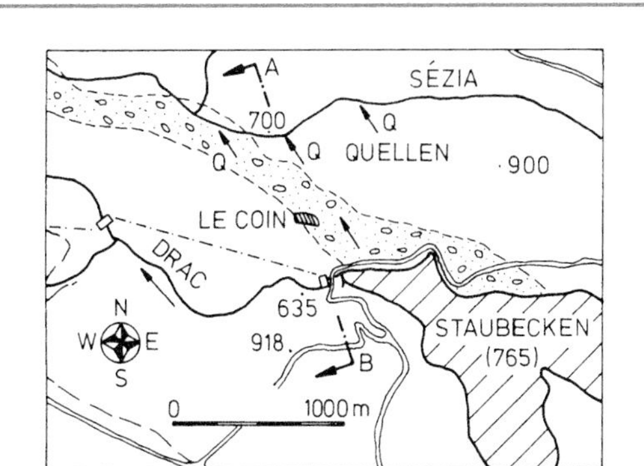

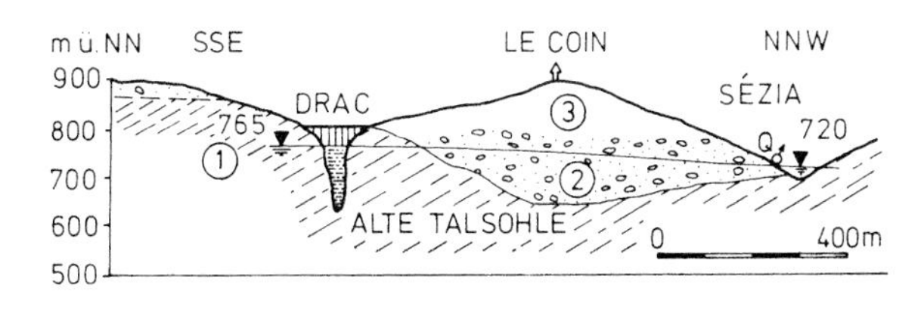

Abb. 8.22 Talsperre Sautet, Frankreich. Wasserversickerung durch die Alluvionen eines epigenetischen Tales. 1 Lias-Kalk; 2 grobe, sandige Schotter; 3 Moränen der Würmeiszeit (nach Gignoux & Barbier, 1955)

Abb. 8.23 Talsperre Sautet, Frankreich. Blick auf die Luftseite der Staumauer im tief eingeschnittenen Tal des Flusses Drac. Die gebankten Kalksteine aus der Zeit des Lias täuschen eine ideale Stelle für ein Absperrbauwerk vor (Photo: E. Fecker)

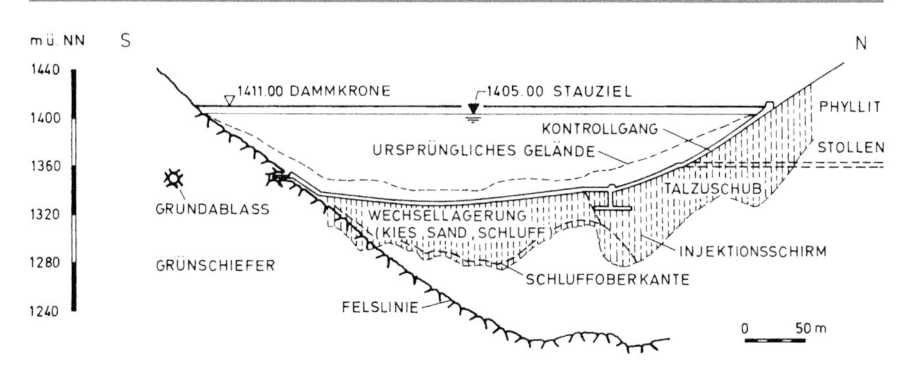

Abb. 8.24 Talsperre Durlaßboden. Längsschnitt in Dammachse (nach Grengg, 1971; mit freundlicher Genehmigung von © Springer 2018, alle Rechte vorbehalten)

Dort hat sich der Fluss Drac epigenetisch in jurassische Kalke und Schiefer eingeschnitten, die nahezu undurchlässig sind. Die nördliche Talflanke wird von Alluvionen und Moränen gebildet, die einen Durchlässigkeitskoeffizienten von $2 \cdot 10^{-2}$ m/s, ja in besonderen Fällen von 1 bis $5 \cdot 10^{-1}$ m/s aufweisen. Beim Aufstau des Beckens im Jahre 1925 entstanden im benachbarten Tal des Sézia mächtige Quellen mit einer Schüttung von ca. 200 Mio. Liter pro Tag. Alle Versuche, das Becken durch aufwendige Injektionen abzudichten, blieben letztlich erfolglos.

Ein Beispiel für die unangenehmen Folgen einer durch einen Talzuschub gebildeten Talstufe ist die Sperre Durlaßboden im Gerlostal (Österreich, Abb. 8.24). Dort wurde der Talboden bis zu 100 m mit Schottern und Schluffzwischenlagen aufgefüllt, weil ein Talzuschub auf der rechten Talseite den Flusslauf verlegte und ihn somit zur Sedimentation zwang.

Von einer dort ursprünglich geplanten, gemauerten Talsperre musste Abstand genommen werden, sie wurde durch einen Erddamm ersetzt. Der dort errichtete Erddamm mit 85 m Gesamthöhe erforderte einen 60 m tief reichenden Injektionsschirm, dessen Kosten allein 1/5 der gesamten Baukosten ausmachte (Grengg, 1971). Eine ähnliche Situation beschreibt Richey (1964) vom Farmers' Union Dam in Colorado.

In den V-förmigen Tälern sind der Tiefen- und Seitenschurf und damit die Talform durch das Gefüge vorgezeichnet und gelenkt. Im Grundriss zeichnet der Flusslauf die hervorstechendsten tektonischen Richtungen nach. Auch die Hangneigung wird im Wesentlichen vom vorhandenen Kluftgefüge bestimmt. Die Talhänge sind also oft in einem natürlichen Gleichgewicht, und wenn infolge von Härtlingszügen zusätzlich Talverengungen entstehen, so sind diese Täler hervorragend für den Talsperrenbau geeignet.

Anders die U-förmigen Täler, die ihre Entstehung dem Seitenschurf von Gletschern verdanken. Diese Täler haben immer übersteilte Hänge, in denen Talzuschübe häufig sind. Die Talzuschübe sind aufgelockerte Gebirgsteile, hinter denen meist hochgradig wasserdurchlässige Bereiche entstehen. Neben der Stratigraphie, Talgeschichte und Tektonik ist auch die Verwitterung der Gesteine für die Vorhersage der

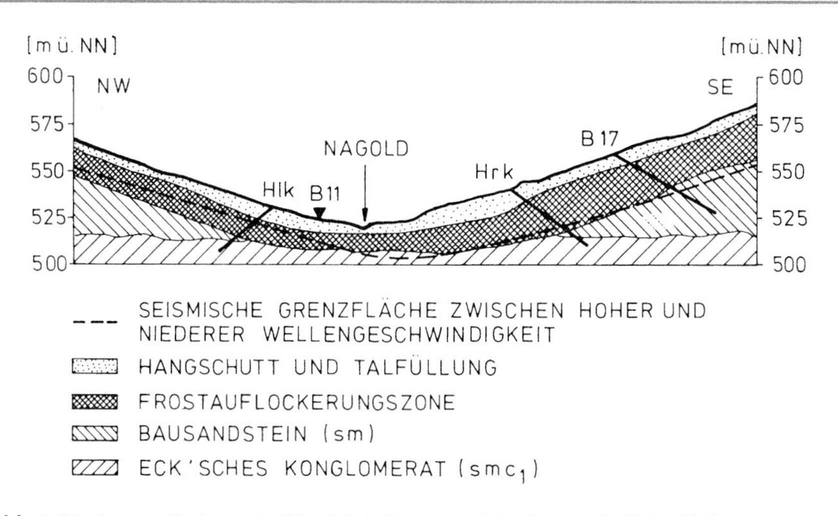

Abb. 8.25 Querprofil durch das Nagoldtal (Schwarzwald). Unterschiedliche Tiefenverwitterung an den beiden Talhängen (nach Eissele, 1962; mit freundlicher Genehmigung von © Schweizerbart, science publishers, Stuttgart 2018, alle Rechte vorbehalten)

Umläufigkeit des Absperrquerschnittes von Bedeutung. Tiefenverwitterung gehört ja allgemein zu den am schwierigsten vorauszusagenden geotechnischen Daten. Am ehesten kann sie noch aufgrund regionaler Erfahrungen im Gesamtraum beurteilt und geschätzt werden. So reicht die Tiefenverwitterung im nördlichen Schwarzwald (Nagoldtalsperre) infolge pleistozänen Bodenfrostes auf den Schattenhängen bis etwa 28 m, auf den stärker besonnten Hängen nur rund 19 m tief (Eissele, 1962, Abb. 8.25).

In manchen Regionen des westfranzösischen Präkambriums reicht die Tiefenverwitterung bis zu 50, ja bis zu 80 m tief. Beim Aushub des Sporngrabens der Nagoldsperre wurde außerdem die – gar nicht seltene – Beobachtung gemacht, dass die sonst flach gelagerten Gesteinsschichten in der Talsohle etwas aufgefaltet waren, was ebenfalls eine höhere Durchlässigkeit bedingen kann.

Zur Tiefenverwitterung zählen auch alle Erscheinungen des Karstes. Wie die Tab. 8.7 und 8.8 verdeutlichen, ist in Karstgebieten besonders mit Wasserverlusten aus Stauräumen zu rechnen. Bei einer oberitalienischen Talsperre, welche hier nur als eines von vielen Beispielen angeführt sei, wurden die mechanischen Bedingungen der Standsicherheit durch zahlreiche Bohrungen gründlich untersucht, weniger gründlich jedoch war die Untersuchung der Gesteinsdurchlässigkeit, insbesondere der Verkarstungserscheinungen. Die Richtung der Wasserwege erwies sich nach dem Einstau anders als angenommen, weshalb große Wasserverluste eintraten, deren Ursachen mühsam aufgesucht werden mussten. Dem Bau der Talsperre Grančarevo waren 20 Jahre währende hydrogeologische und karstgeologische Untersuchungen vorangegangen, mit dem beachtlichen Erfolg, dass auf diese Weise der Aufstau einer Karstwanne (Polje) möglich geworden ist, den selbst der in solchen Beurteilungen sehr mutige Stini noch 20 Jahre vorher für nahezu unmöglich gehalten hatte.

Tab. 8.9 Übersicht über die als zulässig angesehenen Wasserverluste aus Stauräumen in Lugeon nach verschiedenen Autoren. H = Höhe des Absperrbauwerkes (aus Fecker, 1980)

Zitiert nach:	Zulässiger Wasserverlust	
	WD-Test [l/min·m]	Druck [bar]
Lugeon (1933)		
$H > 30\,\text{m}$	1	10
$H < 30\,\text{m}$	3	10
Heitfeld (1965)		
$H = 100\,\text{m}$	3	10
$H = 50\,\text{m}$	4	10
$H = 20\,\text{m}$	4,8	10
Terzaghi (1929)	5	10

Auch bei der Lünersee-Sperre in Österreich handelt es sich um eine Karsthohlform, welche später von einem Gletscher eingetieft und zur heutigen Gestalt ausgeformt wurde. Solche Hohlformen sind allerdings nur dann mit wirtschaftlichen Mitteln abzudichten, wenn die Seewanne bereits von natürlichen Sedimenten gedichtet ist.

Als Maß für Dichtigkeit von Stauraum und Absperrquerschnitt wird heute allgemein das Lugeon oder die Lugeon-Einheit verwendet, wobei als Einheit die Wasserverlustmenge beim Abpressversuch (WD-Test) auf 1 m Bohrlochlänge während 1 min bei 10 bar Einpressdruck gilt. 1–2 Lugeon gelten nach Müller (1963) als eine geringe, 6 Lugeon als mittlere und 10–15 als hohe Gebirgsdurchlässigkeit. In Tab. 8.9 sind nach verschiedenen Autoren die als maximal zulässig erachteten Wasserverluste bei Wasserdurchlässigkeitsversuchen zitiert, wobei für unterschiedliche Höhen der Absperrbauwerke z. T. unterschiedliche Kriterien Anwendung finden. Das Maß von 1 Lugeon für Sperren höher 30 m ist dabei als ein sehr anspruchsvolles Kriterium anzusehen, das selten erreicht wird, das Kriterium von Terzaghi (1929) sollte als absolute Obergrenze gelten.

8.3.8 Geologische Bedingungen für Dichtungs- und Drainagemaßnahmen

Der Erfolg von Dichtungsinjektionen und Drainagemaßnahmen (Bohrungen, Stollen etc.) kann nur dann wirtschaftlich gewährleistet werden, wenn sie den jeweiligen Bedingungen des Gebirges angepasst werden. Sie werden von hochgradig anisotropen Gebirgseigenschaften wie der Durchlässigkeit und der Wasseraufnahmefähigkeit der Klüfte bestimmt. Diese beiden hydrologischen Gebirgseigenschaften wiederum hängen von der Klüftigkeit, von der Kluftöffnungsweite, von der Rauigkeit der Kluftwandungen, vom Durchtrennungsgrad sowie von den Kluftfüllungen ab und werden durch die Raumstellung des Kluftnetzes bezüglich der Durchlässigkeit äußerst anisotrop. In Tab. 8.10 wird der Versuch unternommen, die Dichtbarkeit und Drainierbarkeit sowie den Einsatz von Dichtung und Drainierung in Abhängigkeit von den Gebirgseigenschaften Durchlässigkeit und Speicherfähigkeit aufzu-

Tab. 8.10 Abhängigkeit der Dichtungs- und Drainagemaßnahmen vom Grad der Durchlässigkeit und Wasseraufnahmefähigkeit bzw. Speicherfähigkeit des Gebirges

		Aufwand bei der		Einsatz von	
		Dichtung	Drainierung	Dichtung	Drainierung
Durchlässigkeit	Groß	Groß	Klein	Notwendig	Nützlich, z. T. überflüssig
Wasseraufnahmefähigkeit	Groß				
Durchlässigkeit	Klein	Klein	Groß	Nicht notwendig	Notwendig
Wasseraufnahmefähigkeit	Groß				
Durchlässigkeit	Groß	Groß	Klein	Notwendig	Nützlich, z. T. überflüssig
Wasseraufnahmefähigkeit	Klein				
Durchlässigkeit	Klein	Klein	Groß	Nicht notwendig	Notwendig
Wasseraufnahmefähigkeit	Klein				

zeigen. Aus dieser Aufstellung folgt, dass die Wirkung von druckentspannenden Drainagen umso besser gelingt, je durchlässiger das Gebirge ist, dass sie aber umso notwendiger wird, je undurchlässiger es ist. Andererseits wird daraus klar, dass mit größerer Undurchlässigkeit des Gebirges die Reichweite druckentlastender Drainagen abnimmt und daher der Aufwand durch ein dichteres Netz von Drainagen stark zunimmt.

Wo dagegen von Natur aus eine bedeutende Durchlässigkeit vorhanden ist, wie z. B. in Kalken und verkarsteten Gesteinen, geht die Drainierbarkeit des Gebirges sehr gut vonstatten, dort ist sie aber meist überhaupt nicht notwendig, weil sich das Gebirge selbst drainiert. Was für die Drainierbarkeit des Gebirges gilt, gilt vice versa für seine Dichtungsfähigkeit. So ist in Gesteinen mit sehr engen und weit verteilten Klüften eine Abdichtung nicht nötig, davon abgesehen, dass eine Verringerung der Durchlässigkeit nicht leicht zu erreichen ist.

Eine besondere Schwierigkeit bieten Bergarten mit stark verlehmten und sandigen Kluftfüllungen. Zum einen ist dort eine Dichtung oft nur von geringer Wirkung und zum anderen besteht bei ihnen die Gefahr rückschreitender Erosion durch Sickerwasser und Drainagen. Stojič (1965) hat auf die Möglichkeit hingewiesen, dass solche mergelig-tonigen Kluftfüllungen bis in Tiefen von 20 m wirkungsvoll ausgespült werden können, indem er ein System von drei Bohrlöchern verwendet. Wasser wird unter Druck durch ein Bohrloch und gleichzeitig Pressluft durch ein zweites in den Fels eingepresst, wodurch die Tonfüllung als Spülgut aus dem dritten Bohrloch entweicht, wobei er ein Bohrloch auf eine Fläche von 7 m^2 ansetzt.

Die Ausdehnung der Dichtungs- und Drainagemaßnahmen sind aus mehreren Blickwinkeln zu betrachten: Spielen die Wasserverluste eine wirtschaftliche Rolle, so ist die Dichtung soweit auszudehnen, dass die erwünschte Abminderung der Sickerverluste entsprechend einer Gewinn-Verlust-Rechnung erreicht wird. Ist jedoch wegen der Erosionsgefahr die Sickergeschwindigkeit von ausschlaggebender Bedeutung, so genügt es, dass in den Gebirgsteilen, in denen es auf diesen Faktor ankommt, die zulässige Fließgeschwindigkeit nicht überschritten wird. Bei der Anlage von Haus- und Sondermülldeponien ist die Dichtung so vollkommen vorzunehmen, dass Verunreinigungen des Grundwassers langfristig auszuschließen sind.

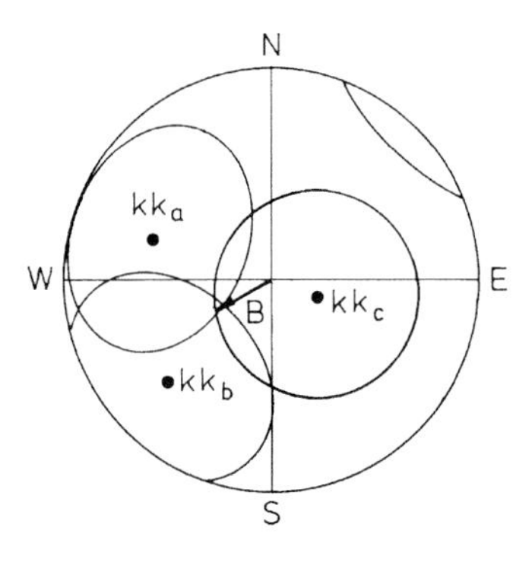

Abb. 8.26 Ermittlung der günstigsten Richtung für Injektionsbohrungen

In Fällen, in denen hochgiftige Stoffe abgelagert werden, muss zudem noch dafür gesorgt werden, dass auch in den Deponiekörper selbst kein Sickerwasser eindringt (Matthess, 1985).

Wie bereits erwähnt, sollten sich die Dichtungs- und Drainagemaßnahmen den geologischen Gegebenheiten, insbesondere der Anisotropie des Gebirges, anpassen. Hiergegen wird häufig verstoßen, was man an der gedankenlos systematischen Anlage von Bohrschemata für Injektionsschleier unschwer erkennen kann.

Bereits die Wasserdruckprüfungen (WD-Test), mit deren Hilfe die Durchlässigkeit des Gebirges vor und nach der Abdichtung untersucht wird, ganz besonders aber die Injektionsbohrungen selbst, sollten nach dem Grundsatz abgeteuft werden, dass sie bei einer Kluftschar möglichst normal zu dieser orientiert sind. Ein Winkel von 30° zwischen Bohrrichtung und Kluftsystem dürfte den oberen Grenzwert darstellen, der gerade noch zu einem wirtschaftlich und technisch vertretbaren Injektionserfolg führen kann. Bei einer größeren Zahl etwa gleichdurchlässiger Kluftscharen kann zur Bestimmung der günstigsten Bohrlochrichtung das Schema der Abb. 8.26 Verwendung finden, wobei um die Maxima der Kluftscharen mithilfe der Lagenkugel in Querlage je ein Kegel konstruiert wird, dessen Öffnungswinkel nicht größer als 120° sein soll (zur Konstruktion s. Abb. 8.28). Die günstigste Bohrrichtung durchstößt die Verschnittfläche der drei Kegel, ohne zunächst die Topographie und die Lage zum Bauwerk zu berücksichtigen.

Erfolgt die Abdichtung in mehreren Reihen, so können einzelne Reihen auch nach verschiedenen Kluftscharen orientiert werden. T. Schneider (1966) schildert das Vorgehen zur Wahl der günstigsten Bohrlochorientierung bei einer noch größeren Zahl von Kluftscharen. Er nimmt für jede Kluftschar bezüglich der Kluftdichte und des Durchtrennungsgrades eine Wertung vor und kann damit die für die Dichtigkeit eines Homogenbereiches weniger maßgeblichen Kluftscharen ausscheiden (Kluftscharen K III bis K VI in Abb. 8.27). Für die übriggebliebenen drei Trennflächensysteme findet er auf graphischem Wege die günstigste Bohrrichtung, wobei er berücksichtigt, dass diese mit dem statistischen Mittel der Kluftsysteme größere Winkel als 30° einschließen und dass die Bohrrichtung bezüglich den Erfordernissen des Bauwerkes und der örtlichen Topographie sinnvoll verläuft. In der Projektion der Lagenkugel (Abb. 8.27b) werden zur Lösung der Aufgabe ähnlich wie beim Beispiel der Abb. 8.26 nach einem von Talobre (1957) entwickelten Konzept Ke-

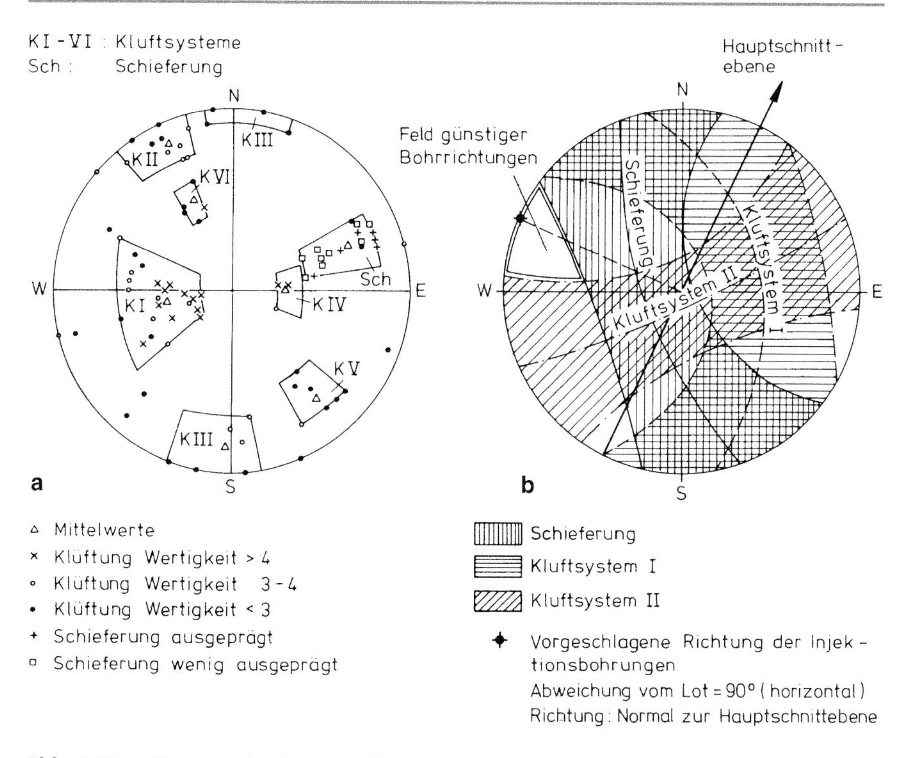

Abb. 8.27 **a** Stereographische Darstellung einer Kluftaufnahme eines Homogenbereiches im linken Widerlager einer Bogenstaumauer; **b** Bestimmung der günstigsten Bohrrichtung (nach T. Schneider, 1966; mit freundlicher Genehmigung von © Springer 2018, alle Rechte vorbehalten)

gel mit einem Öffnungswinkel von 120° um die Mittelwerte der Polpunkte der drei Trennflächenscharen gezeichnet (s. hierzu Abschn. 6.6.2 und Abb. 8.28).

Der Kegel wird folgendermaßen konstruiert: Das transparente Lagenkugelnetz in Pollage wird über dem Lagenkugelnetz in Querlage so gedreht, dass der Polpunkt der Flächennormale der Kluftschar K I nacheinander über verschiedenen Großkreisen liegt. Entlang dieser Großkreise wird jeweils nach beiden Seiten vom Polpunkt der Winkel $\alpha = 60°$ abgetragen und markiert. Die Verbindungslinie dieser Markierungen stellt die Verschnittlinie des Kegels mit der Lagenkugel in Pollage dar. Die Bedingung, dass die Bohrrichtung mit dem jeweiligen Kluftsystem einen Winkel größer als 30° einschließt, ist dann erfüllt, wenn sie sich innerhalb des Kegels befindet. Das schraffierte Feld der Abb. 8.28 ist ein Feld unzulässiger Bohrrichtungen. Bei drei Kluftscharen wird ein Feld gesucht, das einerseits innerhalb der drei Kegel liegt und das andererseits den baulichen Bedingungen entspricht, wie dies in Abb. 8.27b geschehen ist.

Die bisherige Betrachtung bezog sich ausschließlich auf die Durchlässigkeit von klüftigem Gebirge, wobei vorausgesetzt wurde, dass die Durchlässigkeit des Gesteins eine nur untergeordnete Rolle spielt. In den letzten Jahren wurden vermehrt

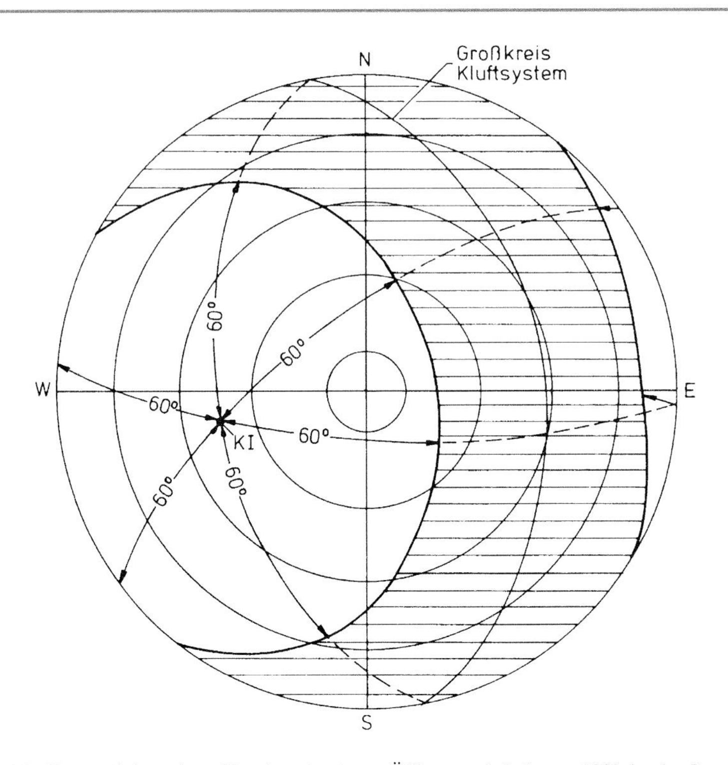

Abb. 8.28 Konstruktion eines Kegels mit einem Öffnungswinkel von 120° in der Lagenkugel in Pollage. K 1 = Pol der Kluftschar K 1. *Schraffierte Fläche* entsprechend Abb. 8.27b = Fläche unzulässiger Bohrrichtungen

Talsperren auch in solchen Gebieten gebaut, in denen dies normalerweise wegen der hohen Gesteinsdurchlässigkeit nicht ratsam erschien. Solche Gesteine sind insbesondere verkarstete Gesteine aller Art, Ergussgesteine und ähnliche, sehr durchlässige Gebirgsarten. Bei den Dichtungs- und Drainagemaßnahmen in diesen Felsarten gelten grundsätzlich die gleichen Regeln wie bei den Klüften, weil die Durchlässigkeit in diesen Gesteinen aus genetischen Gründen ebenfalls lagig angeordnet ist.

In Fällen, in denen die Klüfte und Hohlräume im Gebirge mit tonigen Zwischenmitteln gefüllt sind und diese nicht auswaschbar sind oder wenn die Gesteine selbst sehr durchlässig sind oder im Gebirge nur feinste Klüfte angetroffen werden, gelten für die Injektionsmaßnahmen die Regeln der Bodeninjektion, wobei die Wahl der Injektionsmittel von der Korngröße des Bodens abhängt (siehe Janin & Le Sciellour, 1970). Bei sehr weiten Kluftöffnungen und Karströhren sind, wenn sie von Wasser durchflossen werden, nach Müller (1978) nur Mörtelverfüllungen mit einer anschließenden Zementabdichtung sinnvoll.

Zur Kontrolle des Injektionserfolges werden die unterschiedlichsten Versuche unternommen. Am weitesten verbreitet ist der WD-Test nach der Injektionsmaßnahme. Es bieten sich jedoch auch Farbmarkierungsversuche und geoelektrische Eigenpotentialmessungen an (Hötzl et al., 1981).

Zur Kontrolle der Dichtigkeit von Dämmen, Deichen und Abdichtungen von Mülldeponien hat Ernst (1984) ein Verfahren patentiert, bei dem Kohlendioxid injiziert und jenseits der Dichtung mit Messsonden flächenhaft die Konzentration an Kohlendioxid bestimmt wird. Aus den Messwerten der einzelnen Sonden können Linien gleicher Konzentrationen konstruiert werden und aus diesem Bild undichte Stellen sehr genau nachgewiesen werden.

8.4 Quellen und Quellbeeinflussung durch Bauwerke

Quellen sind natürliche, konzentrierte Wasseraustritte des Grund- und Bergwassers. Ihre Schüttung, gemessen in l/s oder m^3/s, kann perennierend (= ganzjährig) oder intermittierend (= episodisch) sein. Nach Stini (1933) unterscheiden wir gemäß Tab. 8.11 vier Gruppen von Quellen. Bei den **freifließenden Quellen** (Abb. 8.29) sickert das Bergwasser durch das wasserdurchlässige Gebirge und tritt entweder an der Verschneidungslinie des Wasserspiegels mit der Geländeoberfläche aus (= Kerbquelle) oder es wird durch geringer durchlässiges Gestein gestaut und fließt mit dem Einfallen des Wasserstauers zur Oberfläche hin ab und bildet dort eine Quelle (= Grenzquelle). Die stauende Grenzfläche muss flacher einfallen als die Geländeoberfläche, aber eine gemeinsame Fallrichtung aufweisen. Die **Überlaufquellen** zeichnen sich dadurch aus, dass das Bergwasser durch undurchlässige Gebirgsbereiche aufgestaut wird und an der Verschneidungslinie des Wasserspiegels mit der Geländeoberfläche als Quelle ausläuft. Die wasserundurchlässige Grenzfläche fällt bei dieser Art von Quellen im Allgemeinen steiler ein als die Geländeoberfläche oder die Fallrichtung ist entgegengesetzt.

Als **aufwallende Quellen** (auch artesische Quellen genannt) bezeichnet Stini alle die Quellen, die mit mehr oder weniger starkem Überdruck im Quellkessel zutage dringen. Sie sind typisch für Talauen und Ebenen, die mit ihrem umliegenden Bergland durch abgedichtete Grund- und Bergwasserleiter in Verbindung stehen. Ihre wirtschaftliche Bedeutung ist für manche Gebiete wie Australien und weite Teile Nordafrikas außerordentlich. Bekannt sind auch die artesischen Quellen des Pariser Beckens, wo heute einige tausend Kubikmeter artesischen Wassers pro Tag genutzt werden, die über ca. 200 km aus den Ardennen in den Pariser Raum strömen. Durch Querschnittsverengungen des Grundwasserkörpers kann seicht liegendes Grund- und Bergwasser ebenfalls zu oberirdischem Aufquellen gezwungen sein. Solche Quellen treten zum Beispiel bei Talverengungen an den Spornen der Talflanken auf.

Außer den besprochenen Quellarten fasst Stini alle übrigen Quellen, die nicht in das vorgenannte Schema passen, in der Gruppe der **besonderen Quellen** zusammen (s. Abb. 8.29g). Hierzu zählen die Heberquellen, die auf die Heberwirkung der ins Freie führenden und an eine Erweiterung angeschlossene schlauchartige Ausflussöffnung zurückgehen. Sie sind typisch in Karstgebieten und fließen meist nur intermittierend. Stoßquellen (Geysire) zeichnen sich dadurch aus, dass sie in mehr oder weniger regelmäßigen Zwischenräumen Wasser stoßweise ausschleudern. Die Erklärung für das Zustandekommen ist folgende: In ein Geysirrohr von wechselndem

Tab. 8.11 Übersicht über die hauptsächlichsten Quellarten (nach Stini, 1933; mit freundlicher Genehmigung von © Springer 2018, alle Rechte vorbehalten)

Quellengruppen	Quellarten	
Freifließende Quellen (Rieselquellen, Fließwasserquellen, Auslaufquellen)	Grenzflächen-Fließquellen (Grenzquellen)	Höhlenquellen, Schlauchquellen } Röhrenquellen Spaltenquellen Störungsstreifenquellen Lavaquellen Haldenquellen Gehängeschuttquellen Bergsturzquellen Schwemmkegelquellen Gehängemoorquellen Sinterquellen
	Kerbquellen (Ritzquellen, Zapfquellen)	Verschneidungsquellen Furchenquellen Talquellen Gerinnequellen Prallstellenquellen
Überlaufquellen (Überläufe)	–	Geländemuldenquellen Kraterquellen Muldenstauquellen Grabensenkenquellen Verwerfungsbarrenquellen Sackquellen
Aufwallende Quellen (Ruhedruckfließende Quellen, wallende Quellen, Waller, Steigquellen)	Wallquellen aus weiten Wasserbahnen	Aufwallende Spaltenquellen aufsteigende Schlauchquellen
	Wallquellen aus Verteiltgrundwasser in mehr oder minder geschlossenen Behältern	Kniefaltensteigquellen Schenkelsteigquellen Muldensteigquellen Linsensteigquellen Sacksteigquellen usw.
	Wallquellen aus Verteiltgrundwasser in freien Körpern infolge Querschnittsverengung des Grundwasserkörpers	Spornquellen Inselbergquellen usw.
Besondere Quellen	–	Aussetzende Quellen Heilquellen usw. Untertagequellen Unterwasserquellen

Querschnitt dringt Bergwasser ein. Durch Wärmezufuhr gerät es ins Kochen, dabei sammelt sich Wasserdampf in Knickstellen des Rohres, bis der nötige Dampfdruck erzeugt ist, der die übrige Wassersäule aus dem Quelltopf schleudert. Untermeerische Quellen sind ebenfalls typisch für Karstküsten. Dabei handelt es sich meist um Quellaustritte aus Karströhren, die durch zwischeneiszeitlichen Anstieg des Meerwasserspiegels überflutet wurden. Da das Süßwasser leichter ist als das Salzwasser, kann das Aufdringen des Wassers bei glatter See gut beobachtet werden. Zu den besonderen Quellen zählt Stini ferner alle Heilquellen, die infolge der Wasserwärme

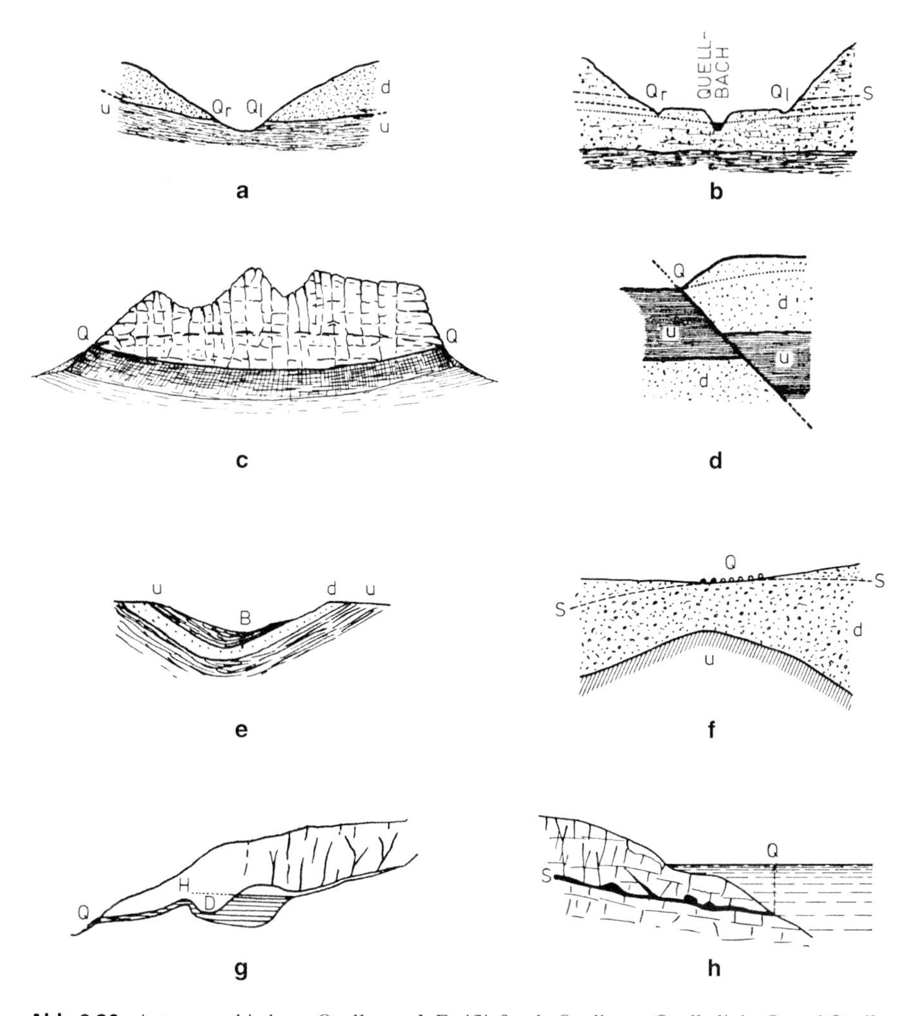

Abb. 8.29 Arten verschiedener Quellen. **a**, **b** Freifließende Quellen, **a** Quelle links Q_l und Quelle rechts Q_r sind Grenzquellen. d = durchlässiges Gestein; u = undurchlässiges oder weniger durchlässiges Gestein. **b** Kerbquelle, je nach Tiefenlage des Wasserspiegels S entstehen Wasseraustritte. **d** Überlaufquellen. **e** Artesischer Wasseraustritt an der Bohrung B. **f** Aufwallende Quellen durch Querschnittsverengung des Grundwasserkörpers. **g** Heberquelle. **h** Untermeerische Quelle. (Aus Stini, 1933; mit freundlicher Genehmigung von © Springer, 2018, alle Rechte vorbehalten)

besonders reich an gelösten Mineralen sind. Sie werden gegliedert nach der Wärme und dem Chemismus des austretenden Wassers. Für deutsche Heilquellen gelten die „Begriffsbestimmungen für Kurorte, Erholungsorte und Heilbrunnen", die auf die „Nauheimer Beschlüsse" aus dem Jahre 1911 zurückgehen.

Die Quellbeeinflussung durch Bauwerke ist häufig Gegenstand gerichtlicher Auseinandersetzung zwischen Bauherren und Quellbesitzern. Quellen sind in der Regel gegen alle Eingriffe, die ihre Ergiebigkeit oder Güte beeinträchtigen, durch

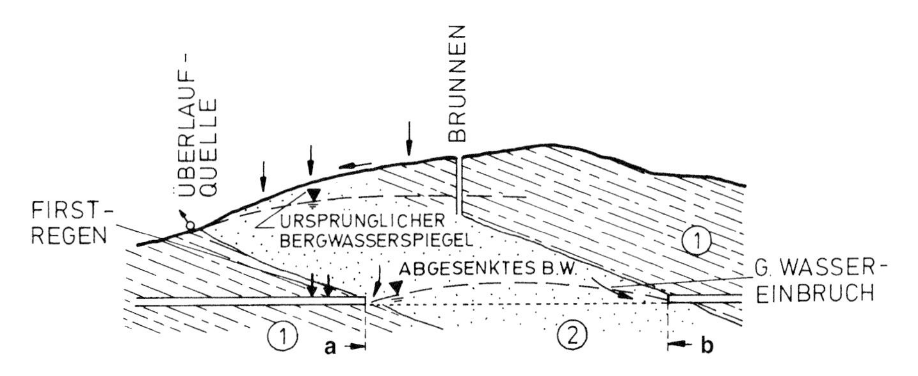

Abb. 8.30 Absinken des Grundwasserspiegels beim Tunnelvortrieb. Versiegen des Brunnens und der Quellen; 1 undurchlässiger Schiefer, 2 durchlässiger Sandstein (aus Záruba & Mencl, 1961)

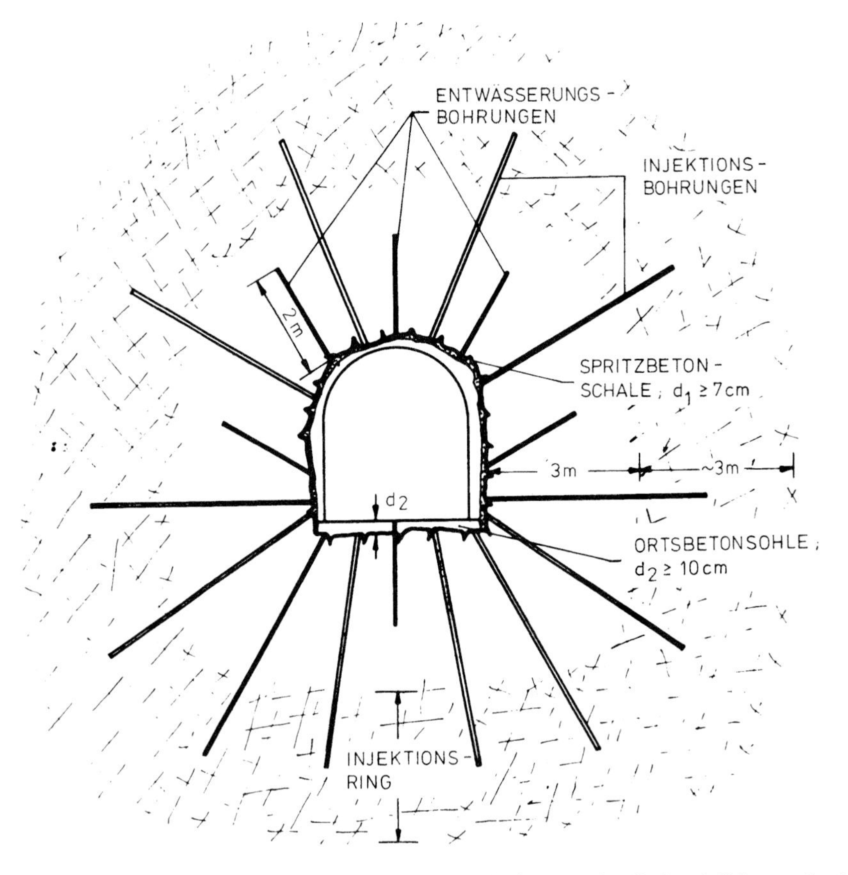

Abb. 8.31 Plöckenstollen der Pipeline Triest-Ingolstadt. Schema der Stollenabdichtung durch Verdrängungsinjektionen (aus Müller, 1978; mit freundlicher Genehmigung von © Springer-Verlag GmbH Deutschland, 2018, alle Rechte vorbehalten)

Quellschutzgesetze geschützt. Sind Bauwerke im Einzugsbereich von Quellen zu errichten, so sind der geologische Aufbau des Quelleinzugsgebietes und der Verlauf des Bergwassers genau zu untersuchen und die Ergiebigkeit und Wärme der Quelle einer längeren Beobachtung zu unterziehen. Dabei sind auch den Beziehungen zwischen Niederschlagsmenge, zeitlicher Verteilung der Niederschläge, Luftfeuchtigkeit, Luftwärme, Luftdruck, Verdunstung und der Quellschüttung besondere Aufmerksamkeit zu schenken. Erst nach dieser Kenntnis ist es möglich, z. B. Schächte, Stollen oder Tunnel so zu planen, dass sie das Quellwasser nicht anzapfen und die Quelle zum Versiegen bringen. Záruba & Mencl (1961) schildern ein Beispiel aus den Karpaten, wo beim Vortrieb eines Tunnels dieser wie eine Dränage wirkte und die Brunnen und Quellen einer über diesem Tunnel liegenden Ortschaft zum Versiegen brachte (Abb. 8.30).

Müller (1978) berichtet vom Bau des Plöckenstollens der Pipeline Triest-Ingolstadt, dass durch hydrologische Untersuchungen klargestellt werden konnte, in welchen Stollenbereichen die Wasserzutritte mit den obertage versiegten Quellen zusammenhingen. Durch intensive Verdrängungsinjektionen in den durchlässigen Kalkschichten, die zwischen dichten Schiefern eingelagert sind, konnten die Quellen schon nach kurzer Zeit wieder zum Fließen gebracht werden. Das Schema der Verdrängungsinjektionen ist in Abb. 8.31 dargestellt.

Beim Kitzlochklamm-Stollen dieser Pipeline, in welchem merkwürdigerweise die Seidenquarzschiefer mehr Wasserzudrang brachten als die zwischengelagerten Kalke, schütteten die Quellen noch zwei Jahre nach der Betonierung der Stollenröhre, auf deren Dichtungseffekt man sich verlassen hatte, versiegten jedoch danach völlig.

Beurteilungskriterien für Boden und Fels 9

Hat schon die Beschreibung und Darstellung des geologischen Sachverhaltes im Kap. 6 eine ganze Reihe von Schematisierungen unvermeidlich miteinschließen müssen, so ergibt sich die Notwendigkeit von Idealisierungen abermals, sobald Rechenmodelle entworfen und verwendet werden müssen; einerseits daraus, dass ohne eingehende Idealisierung die verwirrende Fülle der geologischen Einzelheiten jeden Überblick rauben würde; andererseits daraus, dass diese Fülle mathematisch nicht zu bewältigen wäre. Um die notwendigen Idealisierungen nach richtigen Gesichtspunkten zu treffen und weder zu weit zu treiben noch zu zaghaft anzupacken, muss man wissen, worauf es jeweils vor allem in mechanischer Hinsicht ankommt: Sind die Groß- oder Kleinklüfte wesentlicher? Ist der Kluftabstand oder der Durchtrennungsgrad das Entscheidende? Sind die Festigkeitsunterschiede oder die Gefügeunterschiede zwischen den Gesteinsschichten wesentlich oder unwesentlich? Und so weiter.

Mittel dieser Idealisierung sind: Klassifizierung bzw. Typisierung. Hilfsmittel sind: Graphiken, Statistiken und Anschauungsmodelle. Alle diese Mittel und Hilfsmittel richtig zu wählen und zu gebrauchen, läuft wieder auf Interpretation der geologischen Daten hinaus. Ähnliches gilt von den unvermeidlichen Inter- und Extrapolationen. Festigkeit, Moduln, Durchlässigkeit usw., das alles kann nur an einigen wenigen Punkten wirklich gemessen und erhoben werden. Dazwischen muss interpoliert und extrapoliert werden. Das gelingt aber nur, wenn man die Unterschiede der Festigkeit, der Zusammendrückbarkeit, der Durchlässigkeit usw. als Auswirkungen geologischer Faktoren verstanden hat.

Es muss daher die Deutung nicht nur der Feldbefunde, Bohrungen, Aufschlüsse und Stollen, sondern auch die der felsmechanischen Groß- und Kleinversuche durch den Ingenieurgeologen oder zumindest unter seiner Mitwirkung erfolgen.

Es ist eitle Selbstüberschätzung, wenn ein Ingenieurgeologe, wenn ein Boden- oder Felsmechaniker oder wenn ein Bauingenieur meint, diese logische Arbeit, welche leider durch keine Rechnung überprüft werden kann, für sich allein leisten zu können. Viele negative Ergebnisse (von denen mitunter schadenfroh berichtet wird) gehen nur darauf zurück, dass diese Zusammenarbeit nicht geübt, sondern

E. Fecker, *Baugeologie*, https://doi.org/10.1007/978-3-662-58998-4_9

die Deutung entweder den Geologen, den Geophysikern oder den Ingenieuren allein überlassen blieb.

Mancher Ingenieur mag unbefriedigt sein, wenn er sich klar macht, dass alle diese Klassifikationen, die Umsetzung der geologischen Gegebenheiten in konstruktive bauliche Konsequenzen, ganz allein durch logische Arbeit, durch Abstraktionen, Idealisierungen, Schematisierungen, Schlussfolgerungen, Entscheidungen, mit einem Wort durch Denkvorgänge und Urteilbildungen Zustandekommen, intellektuelle Tätigkeiten, in denen sich der Mensch einer Unzahl von Fehlerquellen und Denkschwächen gegenübersieht. Man möchte so gerne die Urteilsfindungen objektivieren, und alle Normierungsversuche und Richtlinien haben ihren tieferen Beweggrund in einem fast grundsätzlichen Misstrauen in die geistige Tätigkeit des Menschen. Sehr zu Unrecht! Erkennen, Abwägen, Schlussfolgern, Darstellen, Interpretieren, Konstruieren und Bauen sind nun einmal schöpferische Persönlichkeitsleistungen des Menschen. Die menschliche Individualität ist schöpferisch und hat es oft bewiesen. Ihre Schöpfungen sind freilich nicht objektiv und sollen es gar nicht sein. Sie sind das Subjektivste, das es gibt, aber eben darum Schöpfungen, dem Einzelindividuum zu danken und von ihm zu verantworten. Normen, Indizes, Richtlinien können Orientierungshilfen sein; werden sie aber für bindend erklärt, dann sind sie Krücken, welche das freie Ausschreiten eines schöpferischen Geistes bloß hemmen.

9.1 Die Klassifikation und ihre Bedeutung in der Projektplanung, Vertragsgestaltung und Abrechnung von Bauleistungen

Von einer Gebirgsklassifikation muss gefordert werden, dass sie für den Bau einer Talsperre, die Sicherung einer Böschung oder den Vortrieb eines Tunnels usw. einerseits die sichere und wirtschaftliche Projektdurchführung ermöglicht und andererseits eine Preisbildung und Verrechnung der geleisteten Arbeiten einwandfrei gestattet.

Wir können feststellen, dass heute fast allen Tiefbauplanungen eine mehr oder minder gründliche geologisch-geotechnische Voruntersuchung vorhergeht, deren Ergebnisse in den Bauentwürfen, vor allem in den Plänen und Berechnungen, ihren Niederschlag finden. Weniger allerdings trifft dies für die textlichen Ausschreibungsunterlagen, für die vertragliche Formulierung von Bauleistungen und noch weniger für die Festlegung von Abrechnungsmodalitäten zu. Diese missliche Lage geht einerseits auf den Umstand zurück, dass die zu erwartenden Gebirgsverhältnisse bei noch so guter Vorerkundung niemals vollkommen beschrieben werden können, und andererseits vielen ingenieurgeologischen Gutachten eine Idealisierung nach richtigen Gesichtspunkten fehlt, sodass der planende Ingenieur bei fehlender Rücksprache mit dem Ingenieurgeologen oder Geotechniker aus der verwirrenden Fülle der Daten die wesentlichen preisbildenden Faktoren nicht herausfiltern kann. Ein und derselbe geologische Tatbestand kann nämlich technisch eine ganz verschiedenartige und verschieden große Bedeutung haben, je nachdem, ob ein

Baugrubenaushub, der Bau bzw. die Sicherung einer Felsböschung oder ein untertägiger Hohlraum in Rede steht. Daher sei nachstehend in Kürze darauf eingegangen, wie sich die **geologische** Situation und deren Interpretation sowie Mängel in deren Darstellung in der Planung, in der Ausschreibung, in der Kalkulation, in der Bauausführung, in der Vertragsabwicklung und in der Abrechnung auswirken.

Da die Vielfalt und Variationsbreite der geologischen Faktoren so groß ist, dass es nicht nur unmöglich, sondern auch ganz unzweckmäßig wäre, sie vollständig darzustellen, dürfen sich die im Rahmen einer Ausschreibung zu gebenden Informationen nur auf das beschränken, was für die Disposition der Arbeit, die Kalkulation der Leistungspreise und für die Durchführung des Baues Bedeutung hat. Innerhalb dieser Beschränkung jedoch müssen sie so ausführlich und zutreffend sein oder zumindest mit einer gewissen Wahrscheinlichkeit die erwarteten geologisch-geotechnischen Verhältnisse beschreiben, dass sie die Bedingungen, unter denen die Arbeit auszuführen ist, erkennen lassen und dass dem Bieter kein unmoralisch hohes und einseitiges Risiko zugemutet wird. Sie müssen auch eine Unterlage für Entscheidungen zur Wahl der Baumethode und der Baugeräte abgeben, ohne freilich auf die verschiedenen diesbezüglichen Möglichkeiten eingehen zu müssen. (Dazu muss freilich die projektierende und ausschreibende Stelle ebenso viel von Ingenieurgeologie und Felsmechanik verstehen wie vom Tiefbau – eine Forderung, welche leider heute nur bei wenigen Ingenieurbüros und bei noch weniger Ämtern erfüllt ist.)

Die VOB fordert daher (Teil A, § 9,1): „Die Bauleistung ist eindeutig und so erschöpfend zu beschreiben, dass alle Bewerber die Beschreibung im gleichen Sinne verstehen müssen und ihre Preise sicher und ohne umfangreiche Vorarbeiten berechnen können. ... Dem Auftragnehmer soll kein ungewöhnliches Wagnis aufgebürdet werden für Umstände oder Ereignisse, auf die er keinen Einfluss hat und deren Einwirkung auf die Preise und Fristen er nicht im Voraus schätzen kann.“ In Ziffer 3 heißt es: „Alle die Preisermittlung beeinflussenden Umstände sind festzustellen und in den Verdingungsunterlagen anzugeben ... Die Boden- und Wasserverhältnisse sind so zu beschreiben, dass der Bewerber den Baugrund und seine Tragfähigkeit, die Grundwasserverhältnisse und die Einflüsse benachbarter Gewässer auf das Bauwerk und die Bauausführung hinreichend beurteilen kann.“

Tatsächlich ist es auch im Bauwesen der Bundesrepublik Deutschland nach wie vor ungebrochene Auffassung und Übung, an der uneingeschränkten Informationspflicht des Auftraggebers festzuhalten, schon deshalb, weil nur ihm die Mittel und der größere Zeitraum während der Projektvorbereitung zur Verfügung stehen, welche allein eine ausreichende Erkundung überhaupt ermöglichen, während sich die Bieter während der Angebotsfrist ganz unmöglich Informationen von gleicher Güte und Dichte beschaffen könnten. Nur bei beschränkter Ausschreibung darf beim Kreise der Bieter ein höheres Maß an Kenntnissen der örtlichen, auch der geologischen Besonderheiten vorausgesetzt werden. Die VOB und ebenso die allgemeine Übung halten auch daran fest, jegliches durch die geologische Beschreibung nicht ausgeschaltete Baugrundrisiko eindeutig dem Bauherrn anzulasten, und die meisten Streitfälle sowie Nachforderungen entstehen erfahrungsgemäß immer dann, wenn ausschreibende Stellen versuchen, dieses Risiko zu verschleiern oder abzuwälzen.

Es ist wesentlich darauf hinzuweisen, dass es nach heutiger Auffassung der Tunnelbaupraxis keineswegs genügt, nur über den geologischen Sachbestand zu informieren, sondern dass ausführliche Angaben auch hinsichtlich der geotechnischen Interpretation der geologischen Daten nach ingenieurgeologischen und geomechanischen (felsbaumechanischen) Gesichtspunkten gefordert werden müssen. In einer Ausschreibung ist darzustellen, wie sich die geologischen Fakten auf die technische Aufgabe (z. B. auf Standfestigkeit, Mehrausbruch im Tunnelbau, Bohrbarkeit) auswirken werden. Dazu bedarf es oft umfangreicher und zeitraubender Untersuchungen im Labor und im Gelände, welche den Bietern schon aus Zeitgründen nicht zugemutet werden können.

Die anstehenden bzw. zu erwartenden Gesteinsarten sind in der Ausschreibung so zu charakterisieren, dass der Bieter eine hinreichende Grundlage für die Wahl der Bohrgeräte, der Bagger und Fräsen besitzt und somit die Bohrzeiten, die Sprengbarkeit oder Reißbarkeit kalkulieren kann. Es ist daher irreführend, wenn stratigraphische Bezeichnungen wie Buntsandstein, Keuper oder Muschelkalk in der Gesteinsbeschreibung verwendet werden, weil es sich dabei um Zeitbegriffe und nicht um Gesteinsnamen handelt. Im Keuper z. B. kommen so verschiedenartige Gesteine wie Salinargesteine, Tone, Tonsteine, Mergelsteine, Kalksteine und Sandsteine vor.

Die Verteilung der Gesteinsarten über den gesamten Baubereich gilt als eine wesentliche Grundlage für die Einschätzung der täglichen Fortschrittsleistungen, somit auch des Terminplanes und der entstehenden Selbstkosten. Dabei sollten aber nicht nur die prozentualen Anteile der Gesteine angegeben werden, sondern insbesondere bei einer Tunnelausschreibung auch die Bereiche, in denen diese unterschiedlichen Gesteinsarten angetroffen werden.

Große Bedeutung kommt den Gesteinsklüften und Schieferungsfugen zu. Sie zerlegen das Gestein je nach ihrem dichter oder weniger dicht geschalten Auftreten zu tafeligen bis blätterigen, auch keilförmigen Teilkörpern, deren Ausbildung den Zusammenhalt des Gesteins in verschieden hohem, bei engschariger Klüftung in äußerst hohem Grade beeinträchtigen können. Dann versagen gewisse Mittel der Gebirgsstützung in Stollen, z. B. Ankerung, während andere (z. B. Spritzbetonsicherung) in verstärkten Abmessungen ausgeführt werden müssen, was wiederum Tempo und Kosten der Arbeit beeinflusst und sich natürlich in den Kalkulationen niederschlägt. Die Verschneidungswinkel der einzelnen Fugenscharen sowie ihre Häufigkeitsdichte bestimmen nämlich ganz wesentlich vor allem die Standfestigkeit des Gebirges, seine Nachbrüchigkeit sowie die Form und Größe des unvermeidbaren Mehrausbruches; überdies die Länge der jeweiligen „Abschläge", das heißt jener Stollenabschnitte, welche mit einem Sprengangriff gelöst werden können; damit natürlich auch die Vortriebsgeschwindigkeit.

Von den Ausschreibungsunterlagen wird deshalb schon seit langer Zeit eine statistische Darstellung der Klüfte, die zu Systemen geschart auftreten, verlangt, welche die mittleren Raumstellungen, die mittleren Kluftabstände, die Öffnungsweiten der Klüfte, die Beschaffenheit ihrer Oberflächen und die Füllungen (z. B. mit Schluffen) anzugeben haben. Häufig vermitteln schematische Blockbilder eine anschauliche Raumvorstellung von den Richtungs- bzw. Winkelbeziehungen der Gefügeelemente untereinander, auf die es ja ankommt.

Wesentlich sind Kenntnisse über die Anzahl und räumliche Verteilung von Störungs- oder Schwächezonen, deren Stellung im Raume (Fallrichtung und Fallwinkel) sowie deren Erstreckung quer zur Ebene ihrer größten Ausdehnung (Mächtigkeit, Dicke); ferner deren Ausprägung als Ruschelzonen, Zonen besonders engständiger Klüftung, gröber oder feiner zermahlenen Gesteines (Grob- und Feinkataklasite) sowie ihr Gehalt an lehmigen Bestandteilen. Denn wenn der Stollenvortrieb solche Zonen antrifft, bedeutet das jedes Mal nicht nur eine erhebliche Verminderung der Vortriebsleistung, sondern unter Umständen auch (falls mit größeren Bergwasserdrücken verbunden) gewisse Gefahren für die Belegschaft sowie jedes Mal eine Umstellung der Vortriebsweise (Bögen stellen, Vorpfänden zur Sicherung der sehr unstabilen Ausbruchswandungen, Erschwernisse der Bohr- und Sprengarbeit).

Wassereinwirkungen können im Stollenbau große Bedeutung erlangen; bei großem Umfang führen sie zu beträchtlichen Erschwernissen, welche die Herstellungskosten eines Tunnels vervielfachen können. Je nach der Art und Menge der zutretenden Wässer und nach ihrer eventuellen Wechselwirkung mit dem Gestein ergeben sich aber sehr große Unterschiede.

Einzelne Wasseraustritte, Quellen gleich aus Klüften oder Spalten zufließend, sind, auch wenn sie stark spenden, verhältnismäßig leicht zu fassen und abzuleiten; dies auch bei völligem Verschluss der Ausbruchsflächen mit Spritzbeton, insofern man sich dabei des sogenannten Abschlauchverfahrens, einer Wasserfassung hinter der Betonschale in Schläuchen, bedient.
Flächenhafte Vernässung der Ausbruchswandungen hingegen erschwert die Fassung, Sammlung und Ableitung der Wässer, selten gelingt sie vollständig; sie ist besonders dann schwierig, wenn sich, z. B. in der Sohle des Stollens, aufgearbeitetes und zermahlenes Gestein befindet, welches das Wasser festhält. Auch kann aus den Wandungen austretendes Flächenwasser, wenn es unter Porendruck steht, das Aufbringen des Spritzbetons erschweren, da es nicht „abgeschlaucht", sondern nur durch Dränagebohrungen einigermaßen abgezogen werden kann.

Bei all dem ist wesentlich, ob die Wässer von oben, von den Ulmen oder von der Sohle her in den Stollenraum drängen. Starker Wasserzutritt von oben (welcher sich bis zur Intensität eines Platzregens steigern kann) vermindert die Leistungsfähigkeit der Arbeitenden ganz bedeutend; Zudrang von der Sohle kann die Ableitung dermaßen erschweren und die Verschlammung der Sohle so begünstigen, dass man kaum noch seiner Herr wird.

Bedeutende Erschwernisse kann Wasser (auch das künstlich im Zuge der Bohrarbeit zugeführte Wasser) anrichten, wenn **erweichbare Gesteine** anstehen.

Dass alle diese Dinge die Baudisposition und die Baudurchführung (Wasserableitung, Pumpensümpfe, Entscheidung, ob Gleis- oder gleisfreie Förderung des Ausbruchs) und damit die Kalkulation ganz erheblich beeinflussen, liegt auf der Hand.

Nun gehören die Mengen und die Art des Bergwasserauftretens zu den am schwierigsten vorherzusagenden Daten eines baugeologischen Gutachtens. Man legt deshalb in Ausschreibungen in der Regel gewisse Mengen und Erschwernisse als Kalkulationsbasis fest und sieht Zuschlagpreise für die Abgeltung von Erschwernissen bei messbarer Überschreitung der geschätzten Wassermenge vor.

Zum Unterschied von den geologischen Bedingungen, unter denen ein Tiefbau auszuführen ist, sind deren **geotechnische** Voraussetzungen und Arbeitsbedingungen nicht durch unmittelbare Feststellungen in der Natur zu gewinnen; sie werden abgeklärt:

- durch projektorientierte Interpretation der geologischen Fakten bzw. Erwartungen, z. B. in Form einer Klassifizierung der Gebirgsfestigkeit oder Standfestigkeit,
- durch zusätzliche geomechanische Untersuchungen, im Labor und in situ, sowie
- durch Übertragung und Ausdeutung bereits vorliegender Erfahrungen unter ähnlichen oder analogiefähigen Verhältnissen.

Die Interpretation der geologischen Fakten ist Sache der ausschreibenden Stelle, weil im Allgemeinen der Ingenieur, auch der erfahrene Tiefbauingenieur, in den meisten Ländern geologisch nicht hinreichend vorgebildet ist, um aus einer rein geologischen Darstellung alle erkennbaren Konsequenzen zu ziehen. Die Interpretation gibt ihm eine wichtige Hilfe, ohne welche er seine noch so große bautechnische Erfahrung nicht auf den speziellen, durch die örtlichen geologischen Verhältnisse bedingten Fall, anwenden kann. Nur der Bauherr und dessen **Berater** haben die hierzu erforderliche Zeit und die Möglichkeit zu ihrer Durchführung. Ohne eine bauherrenseitige Interpretation wären auch, selbst wenn jeder Ingenieur in der Lage wäre, die geomechanischen Untersuchungen und geologischen Aufschlüsse selbst zu deuten, die Angebote schlecht vergleichbar und daher unbefriedigend.

9.2 Möglichkeiten der Klassifikation geologischer Materialien

Eine Klassifikation von Boden und Fels kann nach verschiedenen Gesichtspunkten aufgestellt werden. So werden z. B. in der DIN 18196: „Bodenklassifikation für bautechnische Zwecke und Methoden zum Erkennen von Bodengruppen" die Lockergesteine in Gruppen mit annähernd gleichem stofflichem Aufbau und ähnlichen bodenphysikalischen Eigenschaften zusammengefasst, eine Eignung als Baugrund kann daraus jedoch noch nicht abgeleitet werden, weil innerhalb der jeweiligen Klassifikationsgruppe z. B. das mechanische Verhalten je nach Wassergehalt oder Lagerungsdichte ganz unterschiedlich sein kann. Die Klassifikation erfolgt also ausschließlich nach der stofflichen Zusammensetzung des Bodens, wir bezeichnen diese Art der Gliederung als **genetische** Klassifikation.

Dagegen stellt die DIN 18300: „Erdarbeiten“ eine typisch **zweckgebundene** Klassifikation dar, die nur für das Lösen, Laden, Fördern, Einbauen und Verdichten hauptsächlich von Lockergesteinen gilt. Klassifikationsmerkmal ist die Gewinnungsfestigkeit oder die Eignung für den Erddammbau.

Ähnliche Klassifikationsmöglichkeiten gibt es beim Fels, wo das Gebirge z. B. nach seinem Chemismus und Korngefüge genetisch eingeteilt werden kann, oder wo die Klassifikation nach seinem mechanischen Verhalten erfolgt. Ähnlich wie beim Lockergestein kann jedoch auch zweckgebunden nach der Möglichkeit des Lösens, Ladens und Förderns klassifiziert werden.

Bei jeder Art von Klassifikation ist zu berücksichtigen, dass das Grundwasser bzw. Bergwasser starken Schwankungen unterliegt oder dass sich der Wasserspiegel durch den baulichen Eingriff verändert. Solche Veränderungen ziehen in der Regel bedeutende Änderungen in der Klassifikation nach sich, weshalb alle Boden- und Felsklassifikationen stets in engem Zusammenhang mit der hydrogeologischen Begutachtung erfolgen sollten.

9.3 Klassifikation von Böden (Lockergesteine)

Böden sind Gemenge von Mineralen, Gesteinsbruchstücken und organischer Materie, die nach DIN 18196 für bautechnische Zwecke klassifiziert werden. Die Einteilung in einzelne Klassen erfolgt nach der mineralischen und organogenen Zusammensetzung unabhängig vom Wassergehalt und der Dichte. Klassifiziert wird nach Korngrößenbereichen, Korngrößenverteilung, plastischen Eigenschaften und organischen Bestandteilen. Die Einteilung der mineralischen Lockergesteine nach der Korngröße erfolgt nach DIN 4022 in Ton ($\leq 0,002$ mm), Schluff (> 0,002 bis 0,06 mm), Sand (> 0,06 bis 2 mm), Kies (> 2 bis 63 mm) sowie Steine und Blöcke (> 63 mm Durchmesser). Abb. 7.4 zeigt Korngrößen und Kornverteilung einiger Erdstoffe mit den in der Praxis üblichen Bezeichnungen.

Eine Klassifikation nach quantitativen Kriterien erfolgt in der DIN 18196 nach der Ungleichförmigkeitszahl und der Krümmungszahl, sowie nach der Plastizitätszahl. Trägt man die Plastizitätszahl gegen die Fließgrenze in das Plastizitätsdiagramm nach Casagrande ein, so ergibt sich aus der Lage dieses Punktes zur A-Linie die Klassifizierung eines Bodens in Ton, Schluff oder organischen Boden.

Für alle Bodengruppen werden nach der DIN 18196 Kurzzeichen für Haupt- und Nebenbestandteile sowie für die kennzeichnenden bodenphysikalischen Eigenschaften gegeben, die zu einer Klassifizierung in 28 Gruppen führt. In Abschn. 7.1 sind außerdem die Labor- und Feldversuche beschrieben, die zu einer eindeutigen Einordnung in eine der 28 Gruppen notwendig sind. Liegt die Einteilung in diese Gruppen vor, so können aus der DIN 1055 Teil 2 für die Vorentwurfsbearbeitung mittlere Bodenkennwerte entnommen werden, die natürlich nur als grobe Mittelwerte anzusehen sind. In Ausführungsentwürfen sind die Bodenkennwerte gemäß Abschn. 7.1 im Labor oder im Feldversuch zu bestimmen.

Bohrergebnisse	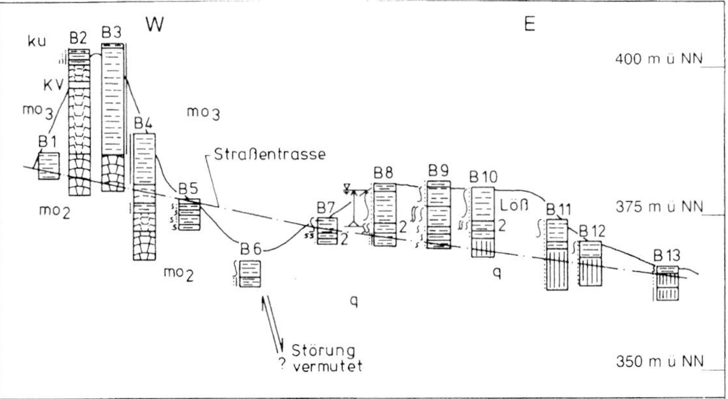 W E; ku B2 B3 KV mo3 B1 B4 mo3 Straßentrasse B5 mo2 B6 mo2 B7 B8 B9 B10 Löß B11 B12 B13 q q 2 Störung ? vermutet; 400 m ü NN; 375 m ü NN; 350 m ü NN	
Teilabschnitt	22	23
Kohäsion Reibungswinkel einachsige Druckfestigkeit	Lockergestein: c′ = 2 N/cm² φ′ = 25° Festgestein: keine Versuche	c′ = 0 (mit Wasser); c′ = 1 N/m² (ohne Wasser) φ′ = 32°
Bodenklasse nach DIN 18300	4; im tieferen Untergrund 6 u. 7	4
Gebirgsklasse nach DGEG, 1979	GV; an der Basis G II u. G III	–
Grundwasser	nicht vorhanden	gespanntes Schichtwasser im westlichen Teil bis etwa 15 + 500
Standsicherheit der Böschungen	1 : 1,5 mit 5 m breiten Bermen alle 7,5 m ab 15 m Höhe; örtlich Dolinen am östlichen Ende auf 1 : 2 abflachen	im westlichen Teil 1 : 2 in Verbindung mit Entwässerungsmaßnahmen, östlicher Teil bei 1 : 1,5 standsicher
Eignung als Schüttmaterial	bis auf Erdstoffe am östlichen Ende geeignet; bereichsweise anfeuchten	Erdstoffe außerhalb Schichtwasserhorizont z. T. in Verbindung mit Feinkalk geeignet, Erdstoffe innerhalb nicht geeignet

Station	800	15 + 000	200	400	600	800

Abb. 9.1 Beispiel einer Klassifizierung der anstehenden Locker- und Festgesteine im Bereich einer geplanten Straßentrasse; q = Lockergesteine (Quartär); ku = Tonsteine (Unterer Keuper); mo = Kalksteine (Oberer Muschelkalk); alle übrigen Zeichen gemäß DIN 4023 (mit freundlicher Genehmigung des Instituts für Geotechnik Wibel + Leinenkugel)

Für die Planung und Durchführung von Erdbauarbeiten wird das Anstehende nach DIN 18300 in 7 Gewinnungsklassen eingeteilt.

In Abb. 9.1 ist eine Klassifikation für eine geplante Straße wiedergegeben, in der abschnittsweise eine Gruppierung und bautechnische Beschreibung der anstehenden Böden und Festgesteine aufgrund von Bohrergebnissen und Laborversuchen vorgenommen wurde.

9.4 Klassifikation von Fels

Bei der Klassifikation von Fels muss neben dem Stoffbestand vor allem auch das Flächengefüge mitberücksichtigt werden. Es kann eine weitaus bedeutendere Rolle als die stofflichen Eigenschaften spielen. Eine Klassifikation wird sich auch dadurch wesentlich unterscheiden, welchem baulichen Zweck sie dienen soll, also ob das Gebirge z. B. für ein Tunnelbauwerk, eine Talsperrengründung oder eine Straßenböschung klassifiziert werden soll. Ferner wird die Art des Vortriebs bzw. des Abbaues, sei sie händisch oder maschinell, jeweils ihre besonderen Kriterien bedingen.

Als Einteilungsgrund beschreibender Gesteinsklassifikationen eignen sich:

- die chemische Zusammensetzung,
- der Mineralbestand und
- das Korngefüge.

Bei polymineralischen Gesteinen wird der Mineralbestand in Dreiecksdiagrammen dargestellt (s. Abb. 9.2), wobei die Komponenten an den Ecken nach Bedarf eingesetzt werden. Als Grenzwerte werden im allgemeinen 10, 25, 50, 75 und 90 % verwendet. Durch die Abstufung kann eine Namensgebung vorgenommen werden, bei der die häufigste Komponente den Hauptnamen liefert, der am Ende des Gesteinsnamens steht. Beträgt der Gehalt einer Komponente weniger als 10 %, so wird dem Gesteinsnamen z. B. quarzführend vorangesetzt.

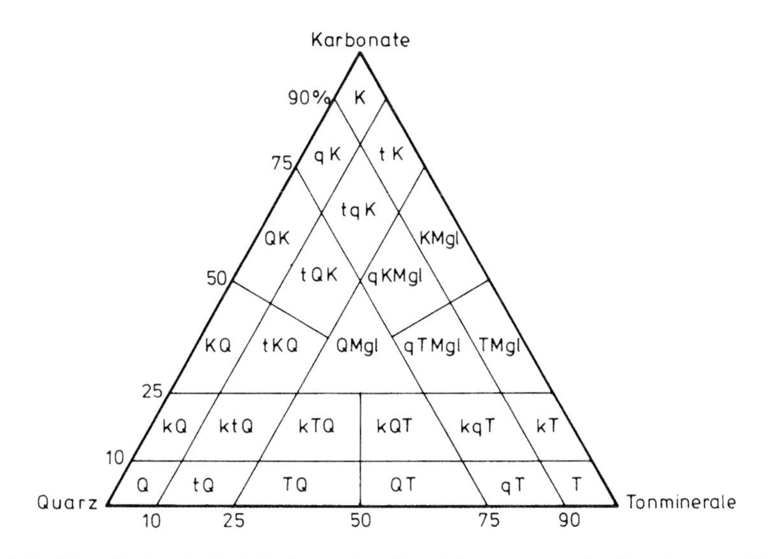

Abb. 9.2 Klassifikationsdreieck Karbonat-Tonmineral-Quarz; T = z. B. Illit oder stark illitisch, Mgl = Mergel, k = z. B. kalkig, K = z. B. Kalk oder stark kalkig, t = z. B. illitisch, q = quarzig, Q = Quarz oder stark quarzig

Das Gefüge der Gesteine liefert zahlreiche Klassifikationsmöglichkeiten (Hesse, 1978). Unterschieden nach Struktur und Textur können wir einteilen in:
Strukturelle Klassifikationen nach der

- Größe der Einzelkörner,
- der Form und Rundung und der
- Korngrößenverteilung,
- der Art der Kornbindung.

Texturelle Klassifikationen nach der

- Lage und Verteilung der Gefügebestandteile (Richtungs- und Verteilungsgefüge) und dem
- Grad der Raumerfüllung (kompakte oder poröse Textur).

Zu einer Felsklassifikation werden die Klassifikationen nach dem Mineralbestand oder dem Korngefüge nur dann herangezogen, wenn sie mit dem Flächengefüge kombiniert werden, was ja den wesentlichen Unterschied zwischen Gestein und Gebirge ausmacht. Zur Klassifizierung werden folgende Merkmale herangezogen:

- Schichtung,
- Schieferung,
- Klüftung,
- Störung.

Da Fels ein Zweiphasensystem ist, bestehend aus einer festen Phase, dem Gestein, und einer flüssigen Phase, dem Wasser, kann eine Klassifizierung nur dann vollständig sein, wenn das Verhalten des Gesteins bei Wasserzutritt und Feuchtigkeit, z. B. nach DIN 4022, mitberücksichtigt wird. Danach wird ein Wasserlagerungsversuch durchgeführt, der das Gestein nach seiner Veränderlichkeit im Wasser in 4 Klassen einteilt:

- Stark veränderlich – Probe ist über Nacht ganz zerfallen.
- Veränderlich – Probe ist über Nacht zerfallen, die Einzelbestandteile sind jedoch noch fest.
- Mäßig veränderlich – Probe ist nur an der Oberfläche aufgeweicht.
- Nicht veränderlich – an der Probe ist keine Veränderung festzustellen.

Neben dem Verhalten des Gesteins bei Wasserzutritt sind auch der Chemismus und die Menge des Bergwassers in einer Klassifikation zu berücksichtigen.

Aufgrund der aufgezählten Informationen und langjähriger praktischer Erfahrung ist es möglich, eine Gebirgsklassifizierung für Bauzwecke vorzunehmen. Diesen Einteilungen haftet jedoch häufig der Mangel an, dass einerseits die Querschnittsfläche eines unterirdischen Hohlraumes oder die Höhe einer Böschung keine Berücksichtigung finden und dass sie andererseits auf subjektiven Erfahrungen beruhen. Wenngleich es, wie gesagt, selbstverständlich ist, dass eine Gebirgsklassifizierung für Bauzwecke nur von erfahrenen Fachleuten vorgenommen werden soll, gehen die Bestrebungen z. Zt. dahin, die Gebirgsklassifizierung durch mechanische und hydraulische Kennwerte des Gebirges zu objektivieren. Diese Kennwerte sind die:

- Gesteins- und Gebirgsfestigkeit,
- Reibung und Kohäsion von Kluftzwischenmitteln und Klüften,
- Formänderungsverhalten von Gestein und Gebirge (Moduln, Querdehnungszahl),
- Primärspannungszustand und
- Bergwasser.

In Tab. 9.1 wird eine Klassifikation dieser Art nach SIA 199 (Ausgabe 1975) wiedergegeben.

9.4.1 Klassifikation für Tunnel und Kavernen

Entsprechend den Bedürfnissen des Tunnel- und Kavernenbaus wurden in der Vergangenheit spezielle Gebirgsklassifikationen entwickelt, von denen wir die wichtigsten nachfolgend behandeln. Die älteste, insbesondere in Österreich noch häufig verwendete Gebirgsklassifikation für den Tunnelbau, ist die Einteilung der Ausbruchsklassen nach der freien Standzeit (Lauffer, 1958, Abb. 9.3). Dabei werden die Standzeit und die Hohlraumgröße mit dem geomechanischen Verhalten des Gebirges verglichen. Ferner wird der Einfluss verschiedener Faktoren, wie die Richtung der Stollenachse zum Flächengefüge, die Querschnittsform oder die Art des Vortriebes und der Sicherung auf die Gebirgsstandfestigkeit deutlich herausgearbeitet (s. Abb. 9.4). Lauffer (1960) hat den von ihm definierten Gebirgsklassen Verbaustärken zugeordnet, die sich an praktischen Erfahrungen orientieren. Müller (1978) hat gezeigt, dass die Klassenfelder zwischen Grenzkennlinien gleicher Schwierigkeit keineswegs immer mit dem gebräuchlichen Fächer der Abb. 9.3 übereinstimmen müssen, sondern dass gewisse Bergarten geradezu dadurch charakterisiert sind, dass ihre Kennlinien weit flacher oder weit steiler liegen können, als in der von Lauffer eingeführten Darstellung. Die Kennzeichnung des Gebirges durch solche Kennlinien des Standzeitverhaltens erfordert viel Intuition und Erfahrung. Dieses Manko verliert in zunehmendem Maße an Bedeutung, wenn Probestollen oder Probevortriebsstrecken vor dem eigentlichen Tunnelvortrieb ausgeführt werden, in denen man sich gewissen Grenzzuständen der Standzeit nähern und mit größerer Treffsicherheit Vorhersagen geben kann. In jedem Falle ist es ratsam, Grenzen der Wahrscheinlichkeit anzugeben, nach denen eine bestimmte Gebirgsklasse angetroffen wird oder nicht.

Problematisch wird diese Gebirgsklassifizierung nach der Standzeit auch dann, wenn neben der Standzeit keine weiteren Angaben über das zu erwartende Gebirge

Tab. 9.1 Technische Eigenschaften des Gebirges (Felsbeschreibung nach Empfehlung SIA 199 des Schweizerischen Ingenieur- und Architekten-Vereins; mit freundlicher Genehmigung von © Schweizerischer Ingenieur- und Architekten-Verein, 2018, alle Rechte vorbehalten)

Gestein						Diskontinuität des Gebirges			
						Stratigraphisch			
	Ungünstige Komponenten	Druckfestigkeit	Gehalt an kristallinem Quarz		Verhalten bei Wasserzutritt und Feuchtigkeit	Schichtung, Bankung	Tonige oder glimmerhaltige Zwischenschichten	Schichtreibung (Gleitreibung)	Kohäsion (bei Gleitreibung)
	A	B	C	D	E	F	G	H	I
		MN/m^2 (kg/cm^2)	%			m	Pro m; in %	° Grad (360°)	MN/m^2 (t/m^2)
1	Keine	Hoch > 100 MN/m^2 (> 1000 kg/cm^2)	Unbedeutend < 5		Unverändert (unempfindlich)	Keine (massig) > 1	Keine	Groß > 40	Groß >2 MN/m^2 (> 200 t/m^2)
2	Tonige	Mittel 20–100 MN/m^2 (200–1000 kg/cm^2)	Klein 5–30		Kohäsionsverlust (Verwitterbarkeit)	Bankig 1–0,1	Vereinzelte von geringer Stärke <1; Total <1	Mittel 30–40	Mittel 0,2–2 MN/m^2 (20–200 t/m^2)
3	Dolomitische	Klein 5–20 MN/m^2 (50–200 kg/cm^2)	Mittel 30–60		Löslich	Plattig 0,1–0,01	Vereinzelte stärkere Schichten <1; Total >1	Klein 20–30	Klein 0,02–0,2 MN/m^2 (2–20 t/m^2)
4	Sulfat- oder salzhaltige	Sehr klein < 5 MN/m^2 (< 50 kg/cm^2)	Groß > 60		Schwellen (physikalisch) oder Quellen (chemisch)	Dünnlagig oder schieferig < 0,01	Häufige > 1; Total: nicht maßg.	Sehr klein < 20	Sehr klein <0,02 MN/m^2 (< 2 t/m^2)
		Druckversuch ⊥ und ‖ zur Schichtung mit prismatischem feuchtem Probekörper. Einstufung nach β_D min. Angabe der Versuchsdauer		Kolonne bleibt vorläufig reserviert für Definition bezüglich Bearbeitbarkeit mittels Schneidwerkzeugen von Tunnelvortriebsmaschinen	Versuche: Wassergehalt Löslichkeit Ödometer	Mittlere Schichtdicke	Maßgebend ist die mittlere Anzahl der Zwischenschichten, ferner deren Gesamtstärke in % gemessen	Abscherversuch auf Schichtflächen, z. B. mit $\sigma_N \approx$ 2 MN/m^2 (20 kg/cm^2) Probe feucht. Angabe der Versuchsdauer	Als Scherversuch für Schichtreibung ermittelt

Diskontinuität des Gebirges					Wasserzirkulation		
Tektonisch					Grundformen der Kluftkörper	Durchlässigkeit nach Lugeon	Art der Zirkulation
Schieferung (Bruchflächenabstand), Zerlegungsgrad	Art der Bruchfläche	Öffnung der Klüfte	Reibung in Trennflächen (Gleitreibung)	Kohäsion (bei Gleitreibung)			
K	L	M	N	O	P	Q	R
m		mm	° Grad (360°)	MN/m^2 (t/m^2)	%	$l/m \cdot min$	
Gering (kompakt) > 1	Nicht durchgehend	Sehr klein (geschlossen) < 0,1	Groß > 40	Groß > 2 MN/m^2 (> 200 t/m^2)	Vorwiegend kubisch > 60	Sehr klein (dicht) < 1	Poren
Mittel 1–0,1	Durchgehend ohne Füllmaterial	Fein 0,1–1	Mittel 30–40	Mittel 0,2–2 MN/m^2 (20–200 t/m^2)	Teilweise kubisch 60–45	Klein 1–5	Schichten
Hoch 0,1–0,01	Durchgehend mit gleit- oder quellfähigem Füllmaterial	Schmal 1–10	Klein 20–30	Klein 0,02–0,2 MN/m^2 (2–20 t/m^2)	Teilweise plattig oder prismatisch (kubisch < 30–45)	Mittel 5–20	Spalten
Sehr hoch (zermalmt) < 0,01	Durchgehend mit wasserlöslichem Füllmaterial	Breit > 10	Sehr klein < 20	Sehr klein < 0,02 MN/m^2 (< 2 t/m^2)	Vorwiegend plattig oder prismatisch (kubisch < 30)	Groß > 20	Karst
Mittlerer Bruchflächenabstand		Maßgebend ist die mittlere Öffnung	Abscherversuch auf natürlichen Trennflächen, z. B. mit $\sigma_N \approx$ 2 MN/m^2 (20 kg/cm^2) Probe feucht. Angabe der Versuchsdauer	Aus Scherversuch für Bruchflächenreibung ermittelt	Sind a, b, c die Hauptachsen (mit $a > b > c$), so gilt ein Körper mit $c/a > 0{,}4$ als kubisch	Eff. Druck im Versuchsbereich 1 MN/m^2 (10 kg/cm^2) Dauer 10 Minuten. Angabe des Lochdurchmessers	

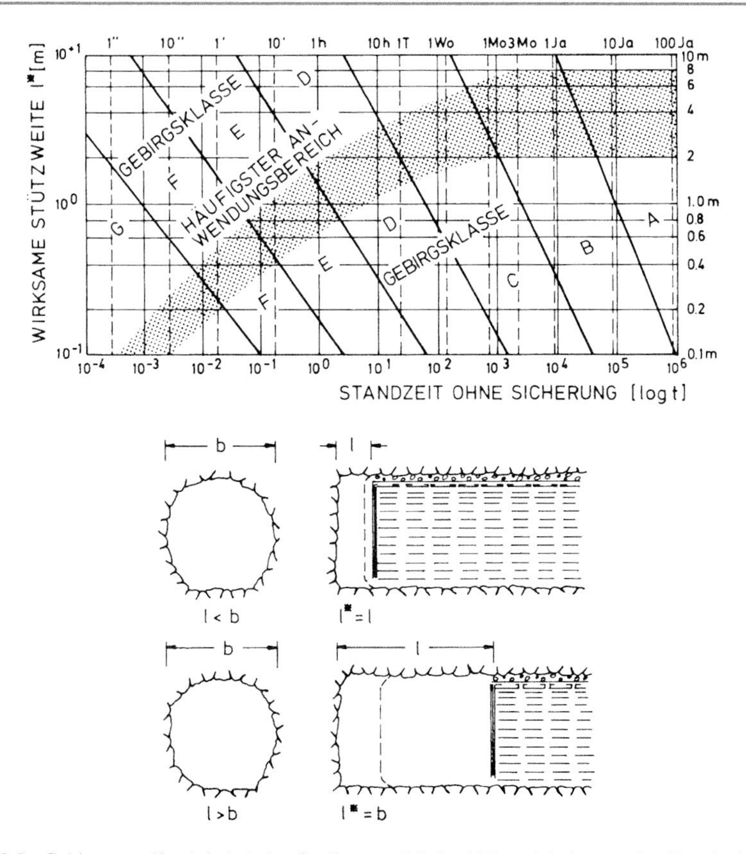

Abb. 9.3 Gebirgsstandfestigkeit beim Stollenvortrieb in Abhängigkeit von der Standzeit eines ungesicherten Stollenabschnittes mit der für die Gebirgsstandfestigkeit maßgebenden Stützweite l^* in Meter. A = standfest, B = nachbrüchig, C = sehr nachbrüchig, D = gebräch, E = sehr gebräch, F = druckhaft, G = sehr druckhaft (nach Lauffer, 1958; mit freundlicher Genehmigung von © Springer 2018, alle Rechte vorbehalten)

gemacht werden. Es ist einleuchtend, dass ein Gebirge gleicher Standzeit aus Kalkstein oder Quarzit unterschiedlicher Mittel im Vortrieb und daher auch eines unterschiedlichen zu kalkulierenden Preises bedarf. So beeinflusst z. B. die Zähigkeit des Gesteins die Menge des Sprengstoffverbrauches oder der Gehalt an Quarz den Verschleiß von Bohr- und Fräsmaschinen. Langefors & Kihlström (1963), Maidl (1972), Schimazek & Knatz (1970) sowie andere haben diese speziellen Einflüsse in Klassifikationen berücksichtigt, auf die wir hier jedoch nicht weiter eingehen wollen (s. hierzu Abschn. 7.2.7).

Der Schweizerische Ingenieur- und Architektenverein hat in seiner Empfehlung 199 (SIA 199) aus dem Jahre 1975 bzw. 1998 die Gesteins- und Gebirgseigenschaften in 4 Wertbereiche eingeteilt und die Stufen 1 bis 4 als günstig bis ungünstig für den Tunnelbau bezeichnet (s. Tab. 9.1). Aber selbst dieser umfangreiche Katalog von bautechnischen Eigenschaften mit seinen 4 Wertbereichen darf noch nicht mit

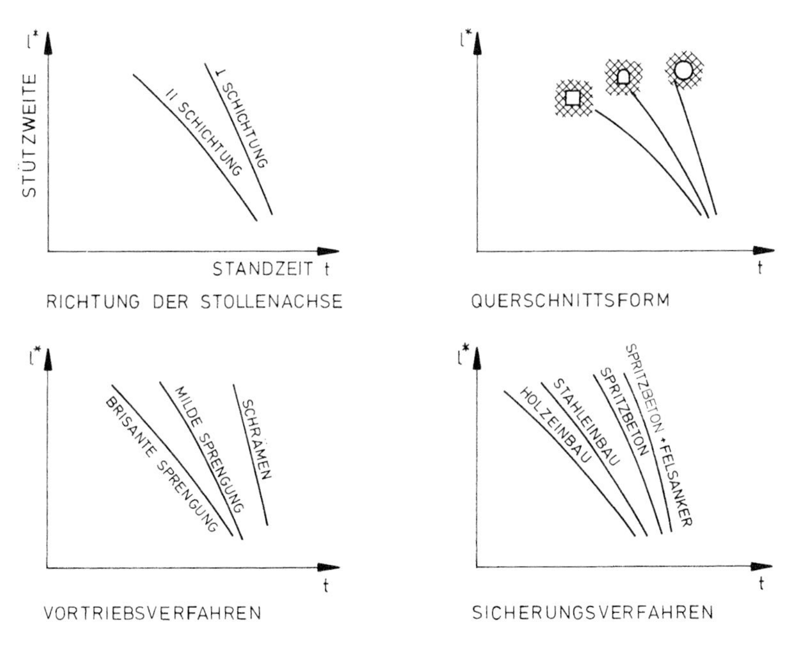

Abb. 9.4 Einflussfaktoren auf die Gebirgsstandfestigkeit beim Vortrieb (nach Lauffer, 1958; mit freundlicher Genehmigung von © Springer 2018, alle Rechte vorbehalten)

den im Tunnelbau üblichen Gebirgsklassen gleichgesetzt werden, weil in den 4 Stufen die schwer quantifizierbaren Randbedingungen

- Ausbruchsart,
- freie Standzeit des Gebirges,
- Behinderung des Vortriebs durch Sicherungsmaßnahmen,
- abnormale primäre Gebirgsspannungen,
- Menge des Gebirgswassers usw.

nicht enthalten sind und somit der zu erwartende Arbeitsaufwand entweder im Voraus nicht kalkulierbar oder die angemessene Entschädigung für die ausgeführten Arbeiten nicht möglich ist. Es werden daher zusätzlich

- Ausbruchsklassen nach Sicherungsmaßnahmen oder
- Ausbruchsklassen nach der freien Standzeit (Lauffer)

festgelegt.

Für eine Tunnelprognose müssen diese Klassen aufgrund der bautechnischen Eigenschaften und nach Erfahrungen auf die Tunneltrasse aufgeteilt werden, beim Vortrieb kann diese Prognose korrigiert werden und so die Grundlage für die Vergütung der Bauleistungen bilden. Eine einheitliche Festlegung auf bestimmte Ausbruchsklassen nach Sicherungsmaßnahmen existiert bis heute nicht.

Tab. 9.2 Übersicht über Klassifikationsschemata im Untertagebau, welche das Gebirge in verschiedene Ausbruchsklassen einteilen (aus Fauser 2000; mit freundlicher Genehmigung von © Spektrum, Akademischer Verlag, Heidelberg 2000, alle Rechte vorbehalten)

Schema nach	Ausbruchsklassen
Terzaghi, K. v. (1946)	11 Gebirgsklassen (1 bis 11 von „gesunder Fels" bis „locker gelagerte Sande")
Lauffer, H. (1958)	7 Gebirgsklassen von „standfest" bis „sehr druckhaft"
Tauerntunnel (Pacher, F., Rabcewicz, L. v. & Golser, J., 1974)	6 Gebirgsklassen (I bis Vb) von „standfest" bis „rollig"
Barton, N. et al. (1974)	Keine festen Klassen sonder Q-Werte von 1000 bis 0,001 für „außerordentlich guten Fels" bis „außerordentlich schlechten Boden"
John, K. W. & Baudendistel, M. (1981)	7 Vortriebsklassen (TPC-1 bis TPC-7) von „sehr günstig" bis „sehr ungünstig" mit Bewertung von 100 bis 0 %
SIA 198 (1993)	6 Ausbruchsklassen (I bis VI) als Beziehung von Art, Umfang und Ort der Sicherung
ÖNORM B2203	7 Gebirgsgüteklassen von „standfest" bis „fließend"
StLB 007 (2018)	10 Ausbruchsklassen (1 bis 10) von „keine Sicherung" bis „Sonderverfahren"
DIN 18312	11 Ausbruchsklassen (1 bis 7A) von „keine Sicherung" bis „voreilende Sicherung mit Sicherung der Ortsbrust und Unterteilung des Ausbruchsquerschnittes"
DIN 18312	6 Ausbruchsklassen (V1 bis V6) von „keine Sicherung" bis „Stillsetzung der Vollschnittmaschine und Ausbruch vor dem Bohrkopf durch nicht vollmechanisches Lösen" (Vortrieb mit Vollschnittmaschine)

Tab. 9.2 gibt eine Übersicht über weitere Klassifikationsvorschläge, darunter die in der Bundesrepublik Deutschland bei Ausschreibungen der Öffentlichen Hand angewandten Ausbruchsklassen nach DIN 18312, die in Österreich festgelegten Verfahrens- und Vertragsbestimmungen entsprechend der ÖNORM B2203 und die in der Schweiz geltende Norm SIA 198, welche zuletzt 2004 überarbeitet wurde.

Der Nachteil einer Klassifizierung nach Ausbruchsklassen besteht darin, dass sich je nach der Größe des Tunnelquerschnittes die Ausbruchsklasse um mehrere Klassen verschieben kann, und dass sich kein lückenloses Aufeinanderfolgen der verschiedenen Schwierigkeitsgrade erkennen lässt, die zur Abdeckung der auftretenden Gesteins- und Gebirgswechsel nötig wären.

Außerdem werden bei der Klassifizierung nach Ausbruchsklassen normalerweise keine Angaben zum Umfang der Sicherungsmaßnahmen, zur zulässigen Abschlagslänge, zum Sohlschluss und zur Ausbildung der Ortsbrust gemacht.

Neben den Klassifikationen der Ausbruchsklassen nach Sicherungsmaßnahmen und nach der freien Standzeit existieren zahlreiche Versuche, die Gebirgsgüteklassen direkt aus Gesteinsfestigkeit, Kluftdichte, Kluftstellung, Reibungswinkel, Durchtrennungsgrad, Qualität von Bohrkernen usw. zu bestimmen, ein Unterfangen, das leider immer noch mit vielen Fragezeichen zu versehen ist. Die am häufigsten angewandten Klassifizierungssysteme dieser Art sind die Systeme von

Bieniawski (1974) und Barton et al. (1974), Hoek & Brown (1997), Marinos et al. (2005), sie gehen auf Vorarbeiten von Deere & Miller (1966), Franklin et al. (1971), Wickham et al. (1972) u. a. zurück.

Das Klassifizierungsschema RMR (*rock mass rating*) von Bieniawski unterscheidet sechs Parameter, die in der Summe die Bestimmung von fünf Gebirgsklassen zulassen (s. Tab. 9.3), denen unterschiedliche Standzeiten zugeordnet werden.

Das Klassifizierungsschema von Barton et al. (Tab. 9.4) ist ähnlich aufgebaut, dort bestimmen ebenfalls sechs Parameter die Gebirgsqualität Q. Diese erhält man durch Division bzw. Multiplikation der einzelnen Parameter. In Verbindung mit einem Faktor, der sich aus Durchmesser und Zweck des Bauwerks ergibt, leiten die Autoren 38 Klassen ab, für die sie Angaben über Art und Menge der Sicherung machen.

Allen diesen Klassifizierungsversuchen des Gebirges aufgrund erhobener (oder geschätzter) geologischer Daten ist das Bestreben gemeinsam, die unendliche Vielfalt der Natur durch eine einzige Ziffer zu beschreiben.

Derartige Versuche sind jedoch ziemlich aussichtslos,

- weil nicht alle maßgebenden Einflussgrößen quantifizierbar sind;
- weil die wirklich quantifizierbaren unter ihnen nicht in linearen Funktionen dargestellt werden können und deshalb weder durch Addition noch durch Multiplikation überlagert werden dürfen;
- weil die Wechselbeziehungen und die gegenseitigen Beeinflussungen der durch Teilfaktoren ausgedrückten Einflussgrößen nicht erfasst werden können;
- vor allem aber deshalb, weil vielen Einflussgrößen nicht nur Quantität, sondern auch Qualität zugesprochen werden muss, durch eine Quantifizierung jedoch nur die Quantitäten, nicht die Qualitäten erfasst werden können.

Aus dem Gesagten wird klar, dass es ein allgemein gültiges Klassifizierungssystem für Tunnelbauten nicht geben kann. Vielmehr wird deutlich, dass für jedes Projekt eine Klassifizierung aufzustellen ist, welche die spezifischen geologischen Verhältnisse genauso berücksichtigt wie die gewählte Tunnelbauweise und deren Sicherungs- und Ausbruchsmethode.

Spaun (1984) hat die Grundprinzipien einer solchen Klassifizierung am Beispiel eines Tunnels mit 80–140 m^2 Querschnittsfläche (10–14 m Spannweite) dargestellt (Tab. 9.5), wobei Ausbruch und Sicherung nach der Neuen Österreichischen Tunnelbauweise (NÖT) vorgenommen werden. Den einzelnen Klassen werden dabei folgende Gebirgsarten zugeordnet:

- **Klasse I standfest:**
  Massige Granite, Gneise, Amphibolite, Konglomerate, Kalke, Dolomite und vulkanische Tuffe. Nur vereinzelt Klüfte. Nicht angewittert.
- **Klasse II nachbrüchig:**
  Gesteine wie Klasse I, aber stärker geklüftet oder geschichtet und mit dünnen, weichen Zwischenlagen.
  Zusätzlich: Kalkmergel, quarzitische Schiefer, Gneise.

Tab. 9.3 Einfluss der Einzelparameter auf den RMR-Gebirgskennwert (nach Bieniawski, 1974; reprinted with permission by the National Academy of Sciences, Courtesy of the National Academies Press, Washington, D.C.)

Klassifikationsparameter und ihre Bewertung									
Parameter			Wertebereich						
1	Gesteinsfestigkeit	Punkt-Last Index ISRM (1972)	> 8 MN/m²	4–8 MN/m²	2–4 MN/m²	1–2 MN/m²	Für diesen niedrigen Bereich wird der einachsige Druckversuch vorgezogen		
		Einachsige Druckfestigkeit	> 200 MN/m²	100–200 MN/m²	50–100 MN/m²	25–50 MN/m²	10–25 MN/m²	3–10 MN/m²	1–3 MN/m²
	I_1		15	12	7	4	2	1	0
2	RQD-Wert (nach Deere, 1963)		90 %–100 %	75 %–90 %	50 %–75 %	25 %–50 %	< 25 %		
	I_2		20	17	13	8	3		
3	Kluftabstand		> 3 m	1–3 m	0,3–1 m	50–300 mm	< 50 mm		
	I_3		30	25	20	10	5		
4	Zustand der Klüfte		Sehr rauhe Oberflächen, nicht durchgehend, keine Kluftöffnung, harte Kluftwandung	Leicht rauhe Oberflächen, Kluftöffnung < 1 mm, harte Kluftwandung	Leicht rauhe Oberflächen, Kluftöffnung < 1 mm, harte Kluftwandung	Glatte Oberflächen oder Kluftfüllung < 5 mm dick oder Kluftöffnungen 1–5 mm durchgehende Klüfte	Weiche Kluftfüllung > 5 mm, dick oder Kluftöffnung > 5 mm durchgehende Klüfte		
	I_4		25	20	12	6	0		
5	Gebirgswasser	Zufluß auf 10 m Tunnellänge	Kein Zufluß		< 25 l/min.	25–125 l/min	> 125 l/min.		
			oder		oder	oder	oder		
		Verhältnis Kluftwasserdruck zur größten Hauptspannung	0		0,0–0,2	0,2–0,5	> 0,5		
			oder		oder	oder	oder		
		Allg. Verhältnisse	Vollständig trocken		Feucht	Wasser unter niedrigem Druck	Schwierige Gebirgswasserprobleme		
	I_5		10		7	4	0		
6	Streich- und Fallrichtung der Klüfte		Sehr günstig	Günstig	Mäßig gut	Ungünstig	Sehr ungünstig		
	I_6	Tunnel (s. unten)	0	−2	−5	−10	−12		
		Gründungen	0	−2	−7	−15	−25		
		Böschungen	0	−5	−25	−50	−60		

Einfluß der Raumstellung (Streichen und Fallen) der Klüfte im Tunnelbau						
Streichen normal zur Tunnelachse				Streichen parallel zur Tunnelachse		
Fallen in Vortriebsrichtung		Fallen gegen Vortriebsrichtung				
β: 45°–90°	β: 20°–45°	β: 45°–90°	β: 20°–45°	β: 45°–90°	β: 20°–45°	Fallwinkel β: 0°–20° unabhängig vom Streichen
Sehr günstig	Günstig	Mäßig gut	Ungünstig	Sehr ungünstig	Mäßig gut	Ungünstig

Bedeutung der Gebirgsklasse					
Klasse	I	II	III	IV	V
Durchschnitt-liche Standzeit	10 Jahre bei 5 m Spannweite	6 Monate bei 4 m Spannweite	1 Woche bei 3 m Spannweite	5 Stunden bei 1,5 m Spannweite	10 Minuten bei 0,5 m Spannweite
Kohäsion der Felsmasse	> 0,3 MN/m²	0,2–0,3 MN/m²	0,15–0,2 MN/m²	0,1–0,15 MN/m²	< 0,1 MN/m²
Reibungswinkel der Felsmasse	> 45°	40°–45°	35°–40°	30°–35°	< 30°

Bestimmung der Gebirgsklasse					
$\sum I_i = I_1 + \ldots + I_6$	81–100	61–80	41–60	21–40	< 20
Klasse	I	II	III	IV	V
Beschreibung	Sehr guter Fels	Guter Fels	Mäßig guter Fels	Schlechter Fels	Sehr schlechter Fels

Tab. 9.4 Ermittlung des Gebirgsqualitätswertes Q (nach Barton et al., 1974; mit freundlicher Genehmigung von © Springer 2018, alle Rechte vorbehalten) – Gewichtung der Einflussfaktoren

Bestimmung der Faktoren RQD, Jr, Jw, Jn Ja und SFR			
Klassifikationskennwerte, mit Bereichen	RQD	Zahl für Kluftrauhigkeit (Jr)	Abminderung für Gebirgswasser (Jw)
	sehr schlecht < 25 mäßig gut 50–75 ausgezeichnet > 90	nicht durchstreichende Klüfte 4 glatte, ebene Klüfte < 1	trocken 1,0 mittlerer Zufluß 0,7 sehr starker Zufluß < 0,2
	Zahl der Kluftscharen (Jn)	Zahl für Beschaffenheit der Kluftflächenwandungen (Ja)	Spannungsabminderungs-faktor (SRF)
	wenig Klüfte = 1 drei Kluftscharen = 9 zerbrochenes Gebirge = 20	unzersetzte Kluftflächen-wandungen 1 etwas zersetzte Kluftbelege 3 dicke Tonzwischen-schichten > 10	günstige Verhältnisse < 2 offene Klüfte, Scherzonen 3 druckhaftes Gebirge > 10
Gebirgsqualität	Kluftkörpergröße	Scherfestigkeit zwischen Kluftkörpern	Aktive Spannungen
$Q =$	$\frac{RQD}{Jn}$ $\times$	$\frac{Jr}{Ja}$ $\times$	$\frac{Jw}{SRF}$
Tunnelbauverhältnisse Q sehr schlecht ≤ 1 mäßig gut 4–10 extrem gut > 100	$200 \geqslant \frac{RQD}{Jn} \geqslant 0{,}5$	$4 \geqslant \frac{Jr}{Ja} \geqslant 0{,}02$	$1 \geqslant \frac{Jw}{SRF} \geqslant 0{,}005$

Raumstellung und Abstand der Klüfte bedingen Ankerung in Firste und z. T. an den Ulmen.

- **Klasse III stark nachbrüchig:**
  Kalkreiche massige Mergel. Sonst Gesteine wie vorher, aber enger geklüftet oder gebankt. Durch hohe Primärspannungen bzw. ungünstige Primärspannungsver-

Tab. 9.5 Gebirgsklassifizierung für einen Tunnel von 80–140 m² Querschnittsfläche; Zusammenhang zwischen Gebirgsverhalten sowie Ausbruchs- und Sicherungsmaßnahmen (aus Spaun, 1984, mit freundlicher Genehmigung von © Prof. Georg Spaun, 2018, alle Rechte vorbehalten)

	Bezeichnung	I standfest	II nachbrüchig	III stark nachbrüchig	IV gebräch
	Verhalten	Einachsige Gebirgsfestigkeit größer als Tangentialspannungen	Nachfallgefahr: aus Firste	aus Firste und Ulmen	Grenze der Gebirgsfestigkeit an Firste und Ulmen teilweise überschritten. Große Nachfallgefahr! u. U. Bergschläge.
	Bergwassereinfluß	keiner	unbedeutend		spürbar
	Ausbruch und Sicherung	1	1	1 / 2	1 / 2
	Funktion der Sicherung	–	Verhindern von Nachfall einzelner Gesteinsbrocken	Verhindern von Nachfällen aus der Firste	Bildung eines sohloffenen Tragringes. Verhindern von Nachfällen.
Ausbruch	Vollausbruch				
Ausbruch	Kalottenvortrieb				
Ausbruch	Teilausbrüche				
Ausbruch	Stützkern				
Ausbruch	Überhöhung				
	Angriffstiefe (m)	3,0 – 4,5	3,0 – 4,0	2,5 – 3,0	1,5 – 3,0
Sicherung	Anker				
Sicherung	Spritzbeton				
Sicherung	Bewehrung				
Sicherung	Stahlbögen				
Sicherung	Spieße				
Sicherung	Dielen getr.				
Sicherung	Brustsicherung				
Sicherung	Sohle verzögert				
Sicherung	Sohle rasch				

V druckhaft	VI stark druckhaft	VII rollig	VIII fließend	IX pseudostandfest	X quellend
Gebirgsfestigkeit am Ausbruchsrand überschritten. Das sich plastisch verhaltende Material drängt allseitig gegen den Hohlraum. mäßig	stark	Kohäsionsarmes Lockergestein neigt zum sofortigen Nachbrechen oder Hereinrollen.	Kohäsionsloses Lockergestein fließt in den Hohlraum	Gebirge erscheint standfest, langsame kriechende Verformungen beginnen unmittelbar nach Ausbruch. Keine Nachfallgefahr.	Geringe Nachfallgefahr. Grenze der Gebirgsfestigkeit an Tunnellaibung häufig überschritten. In der Sohle bei Wasserzutritt Quellerscheinungen.
groß	sehr groß	sehr groß	entscheidend	groß	sehr groß
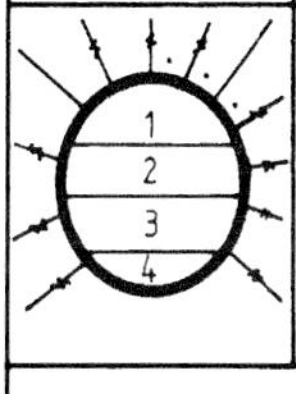	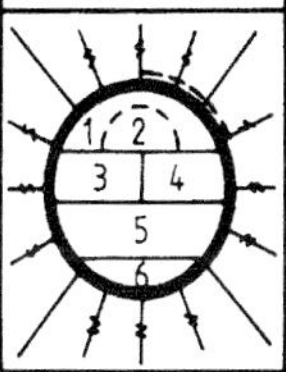	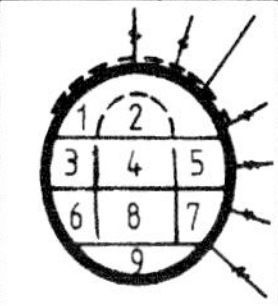	Sondermaßnahmen !	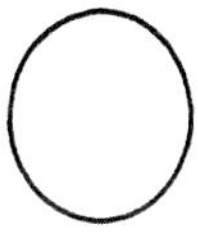	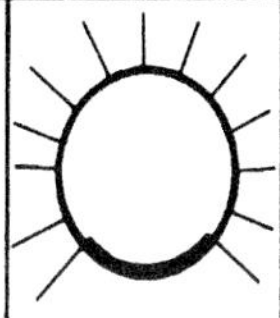
Rasches Herstellen eines geschlossenen Tragringes. Sicherung auch für Zwischenbaustadien nötig. Fallweise vorauseilende Sicherung nötig.		Vorauseilende Sicherung immer nötig. Sonst wie VI aber kleine Ausbaubelastungen.		–	Bildung eines Gebirgstragringes mit druckhaltendem Sohlgewölbe.
1,5 – 2,5	1,0 – 2,0	0,5 – 0,8		3,0 – 4,5	2,5 – 3,0

hältnisse beginnende Bergschlagerscheinungen auch in kaum geklüfteten Gesteinen.

- **Klasse IVa gebräch:**
  Gesteine wie vorher, aber enger geklüftet oder angewittert, sowie feste Schiefer und harte Sandsteine – Mergel oder Schluffstein wechsellagernd. Sandsteine mit etwas schwächerer Kornbindung. Wasser vermindert die Standfestigkeit etwas. Teilweise Anzeichen von Überbeanspruchung des Gesteins (Bergschläge).
- **Klasse IVb, sehr gebräch:**
  Mürbe Sandsteine, festere Tonmergel. Sonst Gesteine wie vorher, aber noch enger geklüftet, gebankt oder etwas stärker angewittert. Klüfte z. T. etwas klaffend mit tonigem Belag.
  Wasser vermindert Standfestigkeit stärker.
  Störungen bis zu ca. 0,5 m Mächtigkeit.
  Häufiger Anzeichen von Überbeanspruchung des Gesteins.
- **Klasse V druckhaft:**
  Feste Tonmergel und Tonsteine, feste Phyllite. Ausgelaugte und teilweise wieder konsolidierte Gipsmergel.
  Sonst Gesteine wie vorher, aber noch stärker geklüftet, z. T. mit tonigen Bestegen, gebankt oder angewittert. Deutliche Anzeichen von Überbeanspruchung bei zu großen Angriffstiefen. Wasser vermindert Standfestigkeit noch stärker. Störungen 0,5–2,0 m mächtig.
- **Klasse VI stark druckhaft:**
  Tonmergel, Tonsteine, steife Tone und Schluffe, Sande und Kiese mit etwas Kohäsion. Phyllite, Störungszonen dicker als 2,0 m.
  Sonst Gebirgsarten wie vorher, aber sehr eng geklüftet oder gebankt, z. T. völlig verwittert.
  Überbeanspruchung am Ausbruchsrand unvermeidlich. Wasser vermindert Standfestigkeit entscheidend. Klüfte z. T. klaffend und z. T. mit Lehm gefüllt.
- **Klasse VII rollig:**
  Kohäsionsarme Sande und Kiese, Hangschutt, trockene, völlig zerscherte Störungszonen und dergleichen.
- **Klasse VIII fließend:**
  Gebirgsarten wie unter VII, jedoch unter dem Einfluss von soviel Wasser, dass die Kohäsion nicht mehr wirksam ist.
- **Klasse IX pseudostandfest:**
  Trockene, salinare Gesteine wie Salz, Gips, Anhydrit ohne Tonzwischenlagen. Keine Klüfte.
  Unmittelbar nach dem Ausbruch setzt langsam kriechende Verformung ein, die langfristig fast ohne Nachfall zu einem Schließen des Hohlraumes führt.
- **Klasse X quellend:**
  Trockene Ton-/Schluffsteine mit quellenden Tonmineralen oder Anhydrit-Tonstein-Wechsellagen. Bei Wasserzutritt rasches Heben der Sohle oder Entwicklung von Quelldrücken.

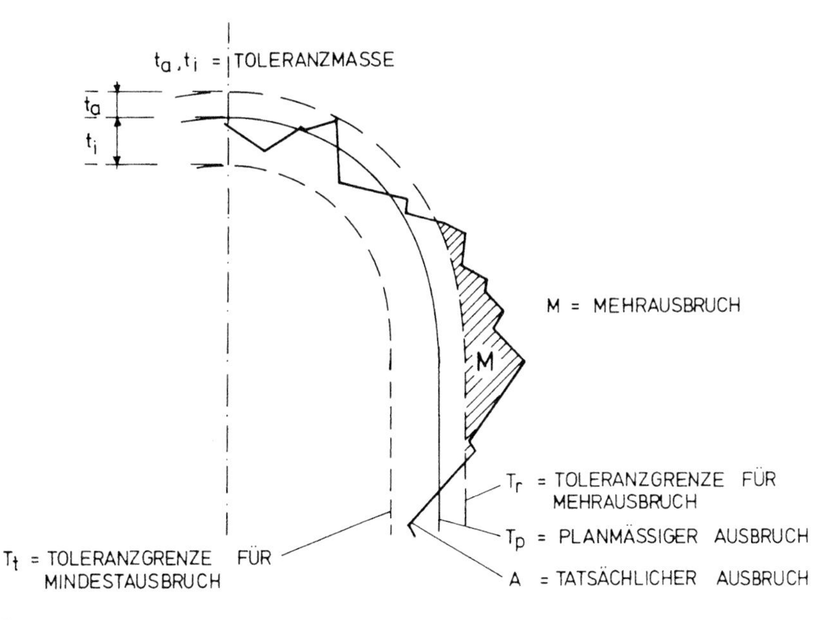

Abb. 9.5 Toleranzbedingungen für den Tunnelausbruch (nach Ingenieurbüro für Geologie und Bauwesen, Inh. Leopold Müller, Salzburg)

Neben der Gebirgsklassifizierung sind auch die Vorhersage des Mehrausbruches, der im Wesentlichen von der Kluftstellung und vom Durchtrennungsgrad abhängt, sowie Aussagen über Art und Menge des zu erwartenden Bergwassers von großer technischer und wirtschaftlicher Bedeutung (s. Müller, 1978). Mehrausbruch ist jener Ausbruch, der über den planmäßigen Ausbruch hinausgeht (Abb. 9.5). Mehrausbruch kann in unterschiedlicher Art auftreten und technisch oder geologisch bedingt sein. Nach Müller (1978) ist der Mehrausbruch wie folgt definiert.

Unvermeidbarer Mehrausbruch:
Jener Ausbruch, der auch bei schonender und sorgfältiger Arbeitsweise über die theoretische Ausbruchslinie hinausreicht und der durch stets vorhandene Unregelmäßigkeiten im Gestein, wie Bankung oder Klüftung und dergl., verursacht wird. Er entsteht hauptsächlich dadurch, dass bei der Sprengung die Lösung des Gebirges nicht von Kranzbohrloch zu Kranzbohrloch, sondern teilweise nach vorhandenen Fugen und Schwächestellen im Gestein erfolgt, er ist also geologisch bedingt. Der unvermeidbare Mehrausbruch ist in festen Gebirgsarten meist größer als in weichen. Bei gleichbleibendem Gebirge und gleichbleibender Vortriebsweise wird sein Ausmaß von Abschlag zu Abschlag ungefähr gleich bleiben.

Vermeidbarer oder verschuldeter Mehrausbruch:
Ausbruch, der über die theoretische oder planliche Ausbruchslinie hinausgeht und durch unachtsames oder forciertes Arbeiten, wie ungünstige Lage und Abstände der Bohrlöcher, zu starke Sprengladungen, ungünstige Zündfolgen, zu späte oder man-

gelhafte Absicherung verursacht wird. Hierher gehört auch fast jeder Mehrausbruch in der Sohle.

Geologisch bedingter und nicht vorherzusehender Mehrausbruch:
Darunter versteht man meist Ausbrüche, die über das theoretische Ausbruchsprofil hinausgehen und durch geologische Störungen, Verwerfungen, Sprünge, Rutschflächen und dergl. verursacht werden, deren Vorhandensein und Lage man vorher nicht erkennen konnte und die nicht durch unvorsichtige oder zu grobe Behandlung des Gebirges entstanden sind. In deutlich geschichteten Gesteinen kann die Neigung zu geologisch bedingtem Mehrausbruch größer sein als in massigen Gebirgsarten. Insbesondere bilden sich bei söhliger (horizontaler) Schichtung sogenannte „Sargdeckel", von der Firste herabfallende Platten.

Die geologisch bedingten und zugleich unvorhersehbaren Mehrausbrüche sind in der Regel unvermeidbar, können aber durch unregelmäßige Arbeit ausgelöst werden und sind dann als vermeidbar zu betrachten.

Nachträglicher Mehrausbruch:
Durch Ablösungen, Nachbrüche und Nachfall kann nach dem Lösen des Gebirges Mehrausbruch entstehen, der im allgemeinen durch rechtzeitige und ausreichende Sicherung vermieden werden kann.

Er kann jedoch auch durch nicht vorhersehbare Ursachen, wie nicht sichtbare Störungen oder Kluftflächen knapp hinter der Ausbruchsfläche ausgelöst werden und ist dann unvorhersehbar.

Betrieblich bedingter Mehrausbruch:
Darunter werden nicht planmäßige Ausbrüche verstanden, die für die Durchführung von untertägigen Arbeiten vom Auftragnehmer ausgebrochen werden, wie Nischen, Ausweichen, Pumpensümpfe, Wassergräben, Montageflächen, Belüftungseinrichtungen und dergleichen.

Die Klassifizierung des Bergwasserandranges und der Behinderungen, die durch Bergwasser auftreten, erfordert große tunnelbautechnische Erfahrung und großes geologisches „Fingerspitzengefühl". Nach Müller (1978) erfolgt die Klassifizierung und die Abrechnung von Vortriebserschwernissen nach den in Tab. 9.6 wiedergegebenen Grenzen.

Die notwendige Begrenzung und Staffelung der Stollenwassermengen macht eine Wassermessung in Messrinnen mit Messwehren erforderlich. Erfolgt diese nur am Stollenmundloch und nicht in festgelegten Abstandsintervallen von der Brust, so wird eine genaue Angabe darüber, in welchen Teilstrecken Wassererschwernisse angefallen sind und wie groß diese waren, nicht erhalten. Der immer wieder einmal angestrebte Versuch, aus Differenzen des Wasserabflusses am Stollenmundloch Änderungen des Wasserzudranges an und hinter der Brust (wo die Arbeitserschwernisse anfallen) rückzurechnen, gelingt selten, weil die zufließenden Teilwassermengen in den einzelnen Stollenabschnitten keineswegs konstant sind.

Tab. 9.6 Klassifikation und Abrechnung von Vortriebserschwernissen infolge Bergwassers (aus Müller, 1978; mit freundlicher Genehmigung von © Springer-Verlag GmbH Deutschland, 2018, alle Rechte vorbehalten)

	Oberflächenvernässung	Sickerwasser	Seihwasser	Spaltwasser
	Befeuchtet den Fels durch „Schwitzen"	Austritt aus zahlreichen Rissen und Klüften	Hervorschießen aus einzelnen Spalten	Austreten von konzentrierten Flüssen besonders in Karstgebirge
Wassermengen bei steigendem Vortrieb gemessen 15 m hinter der Brust, 3 h nach dem Auffahren	In die Preise einzurechnen	0–0,25 l/s ohne gesonderte Vergütung 0,25–2,5 l/s 2,5–12 l/s darüber nach besonderer Vereinbarung	0–0,5 l/s ohne gesonderte Vergütung 0,5–5 l/s 5–25 l/s 25–50 l/s über 50 l/s nach gesonderter Vereinbarung	0–1 l/s ohne gesonderte Vergütung 1–10 l/s 10–50 l/s 50–100 l/s über 100 l/s nach besonderer Vereinbarung
In fallendem Vortrieb	In die Preise einzurechnen	Herabsetzung obiger Grenzwerte auf ca. 50 %		
Bei erweichbaren und zum Blähen neigenden sowie rolligen Bergarten	Abminderung obiger Grenzwerte			

Die Abgrenzungen gelten für Tunneldurchmesser > 6 m, für kleinere Durchmesser sind die genannten Ziffern um etwa 20 % je m Durchmesser zu verringern.
Die abzuführenden Wassermassen werden gemessen in Abständen von 1 km, gestaffelt zwischen 0 und 20 l/s (ohne gesonderte Vergütung), 20–50 l/s, 50–200 l/s, darüber nach Vereinbarung

Eine besondere ingenieurgeologische Aufgabe stellt die Bestimmung der Achsrichtung einer Kaverne nach geologischen Aspekten dar. Klassifizierungskriterien zur Bestimmung der günstigsten Lage sind:

- Raumstellung der Trennflächenscharen,
- Ort und Lage von Störungszonen,
- Bestimmung von Homogenbereichen.

Die Standfestigkeit der Wandungen eines langgestreckten Hohlraumes ist abhängig von dem Verschnittwinkel der mechanisch wirksamen Trennflächen mit den Ulmen und der Kalotte. Anzustreben ist ein möglichst großer Verschnittwinkel, mindestens aber ein Winkel >45° der Trennflächen zur Längsachse der Kaverne.

In Abb. 9.6 ist ein sehr einfacher Fall dargestellt, der veranschaulicht, welcher Zusammenhang zwischen Raumstellung der Trennflächen und Achslage der Kaverne besteht. In Fällen, in denen die Felsmasse eine größere Zahl an Kluftflächen gleicher Charakteristik enthält, ist die Wahl der Kavernenachse weit schwieriger. Hoek & Brown (1980) haben ein Rechenprogramm entwickelt, welches eine Optimierung der Achslage in Abhängigkeit von der Raumstellung der Klüfte ermöglicht.

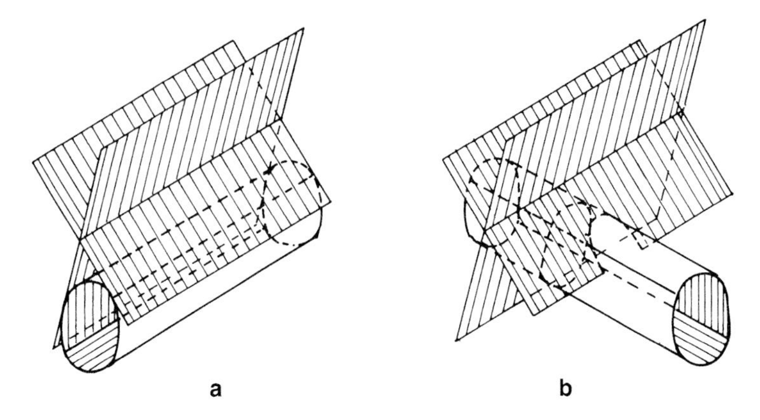

Abb. 9.6 Einfluss der Orientierung der Kavernenachse auf die Bildung von Gleitkeilen in Fels mit zwei Hauptkluftscharen, **a** ungünstige Achslage, **b** günstige Achslage (nach Hoek & Brown, 1980; mit freundlicher Genehmigung von © reproduced by permission of Taylor & Francis Books UK)

Dabei wird für jeden Homogenbereich zunächst eine getrennte Standsicherheitsuntersuchung vorgenommen und anschließend das gewichtete Mittel aus den für die einzelnen Homogenbereiche günstigsten Achsrichtungen errechnet.

9.4.2 Klassifikation für die Gründung von Talsperren

Die bisher angeführten Gebirgsklassifikationen für Bauzwecke waren ausschließlich auf den unterirdischen Hohlraumbau abgestimmt. Bieniawski & Orr (1976) haben das RMR-System auch auf die Fundierung von Talsperren erweitert, wobei die Gültigkeit von Tab. 9.3 erhalten bleibt und lediglich die Raumstellung der Klüfte anders bewertet wird. Im Gegensatz zum Tunnelbau wird bei der sich ergebenden Gebirgsklasse nicht die Standzeit ermittelt, sondern das Verhältnis von Gebirgsmodul zu Gesteinsmodul abgeleitet. Diese Klassifizierung wird von Bieniawski selbst als vorläufig bezeichnet. Es ist außerdem zu bezweifeln, ob sich diese Art der Klassifizierung durchsetzen wird, da sich bei einer Talsperre die direkten Methoden der Kennwertbestimmung relativ leicht durchführen lassen und der finanzielle Aufwand dieser direkten Methoden im Vergleich zur Bausumme verschwindend gering ist. Um einen Absperrquerschnitt nach dem Gesichtspunkt zu klassifizieren, welcher Sperrentyp aus geologischen und morphologischen Gründen am Besten geeignet ist, haben wir in Tab. 9.7 die maßgeblichen Faktoren tabellarisch aufgelistet.

9.4.3 Klassifikation für Felsböschungen

Für Felsböschungen hat der Arbeitskreis Felsböschungen der Deutschen Gesellschaft für Erd- und Grundbau 1979 aufbauend auf der Gebirgsklassifizierung von

Tab. 9.7 Maßgebliche Faktoren zur Wahl des Sperrentyps auf Felsuntergrund

Auswahlkriterien		Geschütteter Damm	Gewichtsmauer	Gewölbemauer
Topographie	Erforderliches Höhen-Breiten-Verhältnis H : B	≤1 : 2		≥1 : 5
	Asymmetrie des Talquerschnittes	Geringer Einfluss	Geringer Einfluss	Bedeutender Einfluss
	Luftseitiges Vorland	Geringer Einfluss	Fast ohne Einfluss	Ausschlaggebend
Hochwasserentlastung		Oft schwierig (topographische Schwierigkeiten)	Denkbar einfach	Einfach
Statik	Maßgebende belastete Bereiche	Talboden	Talboden und Flanken	Talflanken
	Statische Erfassung	Unkompliziert	Unkompliziert	Schwierig, stark auf Einzelfall zugeschnitten
	Belastungsgröße (Bodenpressung)	Klein	Mittel	Groß
Felsmechanik	Gefügeeinfluss	Gering	Gering	Äußerst wichtig
	Mechanische Felseigenschaften	Von untergeordneter Wichtigkeit	Von Bedeutung, im Talboden meist ausreichend, in den Flanken oft heikel	Von Bedeutung, jedoch bei günstigem Gefüge (Pulvino kann Gesteinsunterschiede ausgleichen) meist ausreichend
	Hydraulische Felseigenschaften	Von größter Wichtigkeit (Subrosion), Gefährdung des Bauwerkes	Nur in den Flanken von großer Wichtigkeit	Bauwerksstatik durch Injektionsschirm und Kluftwasser stark beeinflusst
Erdbeben	Einfluss auf die Sicherheit	Gering	Gering	Mittel
Risiko	Schadenshäufigkeit*	6,6 %	2,1 %	5,6 %
	Bei Hochwasserannahmen	Äußerst groß	Sehr gering	Gering
	Der Bauwerkssicherheit	Groß	Gering	Gering
	Im Baugrund	Groß	Mittel	Mittel
Einfluss der Hangstabilität im Stauraum auf Sicherheit des Bauwerkes		Äußerst groß	Sehr gering	Mittel
Baustoffe		Große Kubatur, daher kurze Transportwege wichtig	Große Kubatur, daher kurze Transportwege wichtig	Kleine Kubatur, daher Transportwege von untergeordneter Wichtigkeit

* Schadenshäufigkeit bezogen auf alle Staudämme der Welt nach Gruner (1978)

Tab. 9.8 Einteilung einer geplanten Böschung in Böschungsklassen (aus Arbeitskreis Felsböschungen der DGEG e. V., 1979; mit freundlicher Genehmigung von © DGGT e. V., 2019, alle Rechte vorbehalten). B-I einfache; B-III mittlere; B-V schwierige Aufgabe

Aus geologisch-geotechnischer Vorerkundung				Aus Projektplanung Böschungshöhe in m		
Voraussichtlicher Bruchmechanismus				Böschungsklassen		
				0–5	5–20	>20
Gleiten	schwer überschaubar, infolge von Störungen, Spezialfaltung usw.		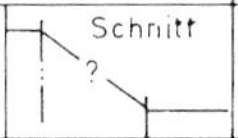 Schnitt ?	B-IV	B-V	B-V
Gleiten	auf Trennflächen bzw. Verschneidungen von Trennflächen, die durch Böschungsflächen unterschnitten werden	Winkel zwischen Fallrichtung der Böschung und Gleitrichtung	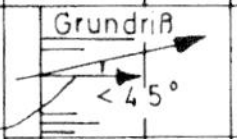 Grundriß < 45°	B-III	B-IV	B-V
			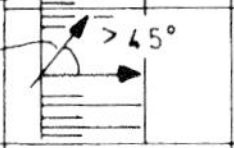 > 45°	B-II	B-III	B-IV
Gleiten	auf vom Trennflächengefüge weitgehend unabhängigen Gleitflächen, z. B. Gleitkreise oder -schalen		 Schnitt	B-I	B-II	B-III
Kippen	Kippen von Kluftkörpern und/oder Schichtpaketen, auch Beulen von Schichtpaketen		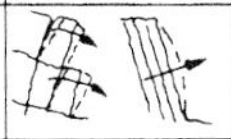	B-I	B-II	B-III
Gleiten und/oder Kippen nicht zu erwarten bzw. ausgeschlossen				B-I	B-I	B-II

Anmerkung: Die Einteilung in Böschungsklassen gilt für mittlere Böschungsneigungen, zwischen 1:2 und 1:1. Steilere oder flachere Böschungen können durch Auf- bzw. Abstufungen berücksichtigt werden.

Bieniawski (1974) eine Empfehlung ausgesprochen, die für den Entwurf und die Ausführung von Böschungen aller Art anwendbar ist. Diese Gebirgsklassifizierung stuft zunächst das angetroffene Gebirge in fünf Klassen ein, wobei noch kein Bezug auf das Böschungsproblem genommen wird, da die Streich- und Fallrichtungen der Klüfte in Bezug zur Böschung nicht berücksichtigt werden. Dieser Zusammenhang wird in einer gesonderten Böschungsklassifikation berücksichtigt, in der die Böschungshöhe aus der Projektplanung und die Raumstellung des Trennflächengefüges maßgebliche Parameter sind (s. Tab. 9.8). Die sich ergebenden fünf Böschungsklassen B-I bis B-V spiegeln den sich ergebenden Schwierigkeitsgrad des Böschungsentwurfs wider. Diese Böschungsklassen können in Entwurfspläne eingetragen werden und zeigen dann übersichtlich die zu erwartenden Schwierigkeitsgrade. Außerdem wird aus Gebirgsklasse und Böschungsklasse eine Erkundungsklasse abgeleitet, die über Art und Umfang der weitergehenden geotechnischen Erkundungsmaßnahmen Auskunft gibt.

9.4.4 Beurteilungskriterien für Standorte von Deponien

9.4.4.1 Rechtliche Grundlagen

Anlagen, in denen Abfälle behandelt und beseitigt werden, wie z. B. Verbrennungsanlagen, Abfallsortierungsanlagen, Umladestationen, Kompostierungsanlagen, Recyclingzentren oder Deponien, unterstehen in der Bundesrepublik Deutschland dem

Abfallgesetz. Für diese Anlagen ist zur Genehmigung nach § 7 des Abfallgesetzes (AbfG) in der Regel ein Planfeststellungsverfahren einzuleiten.

Handelt es sich bei der geplanten Anlage um eine sogenannte „unbedeutende Abfallbehandlungsanlage", also eine Anlage, deren Durchsatz unterhalb einer durch das AbfG festgelegten Grenze liegt, ist ein vereinfachtes Genehmigungsverfahren nach dem Baurecht ausreichend. Überschreiten solche Anlagen allerdings ein bestimmtes Ausmaß an baulichem und technischem Aufwand, so müssen sie nach dem Bundesimmissionsschutzgesetz (BImSchG) genehmigt werden. Das Genehmigungsverfahren nach BImSchG ist zwar gegenüber dem Verfahren nach Baurecht sehr viel aufwendiger, verglichen mit dem Planfeststellungsverfahren nach Abfallgesetz jedoch einfacher. Die Definition, was unter einer „unbedeutenden Abfallbehandlungsanlage" zu verstehen ist, ist jedoch innerhalb der Länder bislang noch nicht einheitlich geregelt.

Weiterhin besteht die Möglichkeit, Abfälle als Wirtschaftsgut einzustufen, sodass die für diese Abfälle vorgesehenen Behandlungsanlagen ebenfalls durch ein Verfahren nach BImSchG genehmigt werden können.

Die „Zweite allgemeine Verwaltungsvorschrift zum Abfallgesetz (TA Abfall)" in der seit April 1991 geltenden Fassung und die „Dritte Allgemeine Verwaltungsvorschrift zum Abfallgesetz (TA Siedlungsabfall)" vom Mai 1993 stellten bundeseinheitlich verbindliche technische Anleitungen zur Behandlung und Ablagerung von Abfällen dar. Sie wurden 2009 außer Kraft gesetzt und durch eine „Verordnung zur Vereinfachung des Deponierechts" vom 27. April 2009 ersetzt (Bundesgesetzblatt Jahrgang 2009 Teil I Nr. 22, ausgegeben zu Bonn am 29. April 2009, http://www.bgbl.de/xaver/bgbl/start.xav?startbk=Bundesanzeiger_BGBl&jumpTo=bgbl109s0900.pdf).

Die TA Abfall gibt dabei Anleitung zur Entsorgung besonders überwachungsbedürftiger Abfälle, z. B. durch Ablagerung in oberirdischen Deponien und Untertagedeponien in Salzgestein.

Die TA Siedlungsabfall befasst sich mit der Entsorgung von Siedlungsabfällen und produktionsspezifischen und sonstigen Abfällen, die zusammen mit Siedlungsabfällen entsorgt werden dürfen. Soweit diese nicht verwertbar sind, ist dabei eine Ablagerung auf oberirdischen Deponien der Deponieklasse I (geringer organischer Anteil, geringe Schadstofffreisetzung im Auslaugversuch) bzw. der Deponieklasse II (höherer organischer Anteil, höhere Schadstofffreisetzung) vorgesehen.

Die Beteiligung des Ingenieur- und Hydrogeologen an den im Rahmen der o. g. Verfahren durchzuführenden Arbeiten wird in Abb. 9.7 am Beispiel der Standortauswahl und des Planungsablaufes für Siedlungsabfalldeponien deutlich gemacht.

Bei der Standortauswahl liegt die Hauptaufgabe des Geologen in der Beurteilung des Deponieuntergrundes, wobei dessen Durchlässigkeit und Schadstoffrückhaltevermögen, sowie die Hydrostratigraphie im Vordergrund stehen.

Im Rahmen der Deponieplanung und des Baus wirkt der Geologe bei der Auswahl und Prüfung mineralischer Baustoffe für Deponieabdichtungssysteme und der Qualitätskontrolle mit.

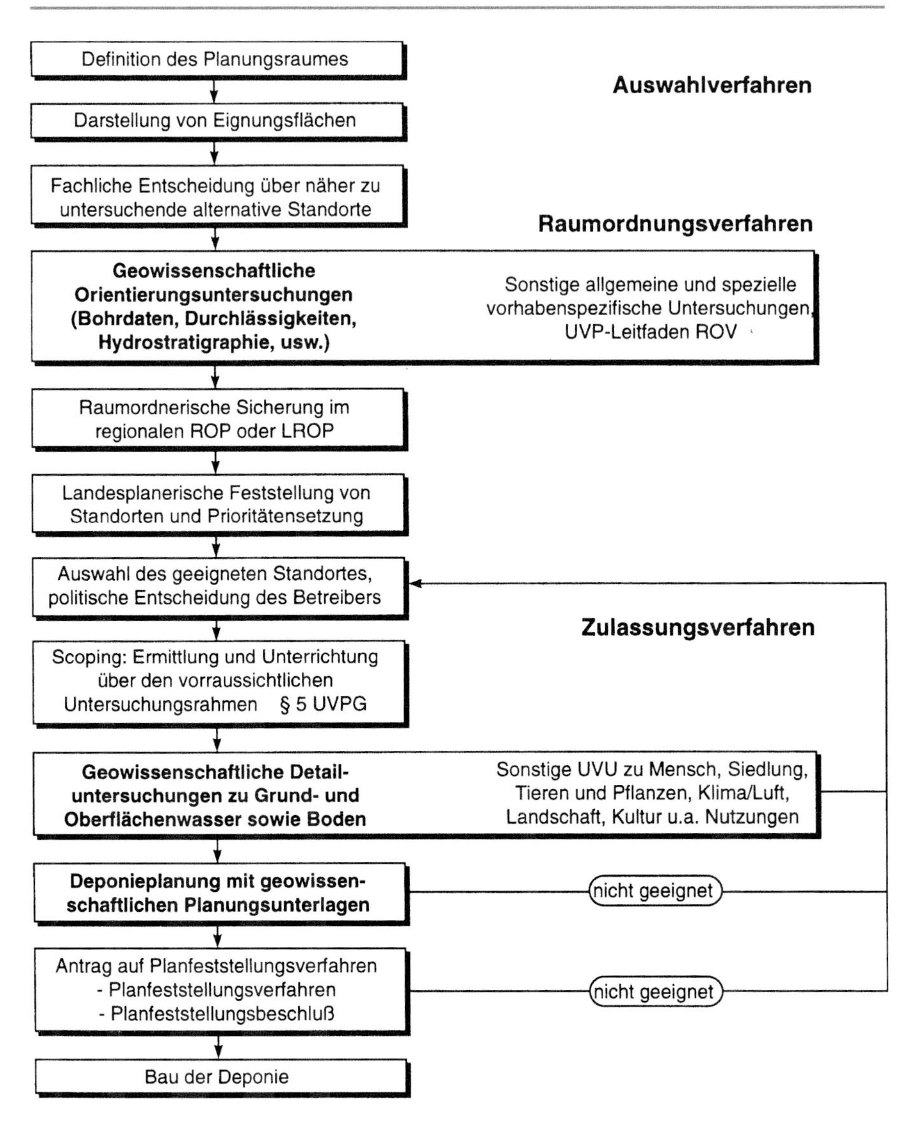

Abb. 9.7 Übersicht zur Standortauswahl und zum Planungsablauf von Siedlungsabfalldeponien mit geowissenschaftlichem Schwerpunkt; UVP = Umweltverträglichkeitsprüfung, ROV = Raumordnungsverfahren, ROP = Raumordnungsplan, LROP = Landes-Raumordnungsplan, UVPG = Umweltverträglichkeitsgesetz, UVU = Umweltverträglichkeitsuntersuchung (nach Wycisk, 1993 mit freundlicher Genehmigung von © Schweizerbart, science publishers, Stuttgart 2018, alle Rechte vorbehalten)

9.4.4.2 Standortkriterien für Übertagedeponien

Bis in die 1980er-Jahre wurden in oberirdischen Deponien nur ausnahmsweise Basisabdichtungen eingebaut. Dadurch kam es in vielen Fällen zum Austrag von Schadstoffen und Migration z. T. auch in die Einzugsbereiche von Wasserversor-

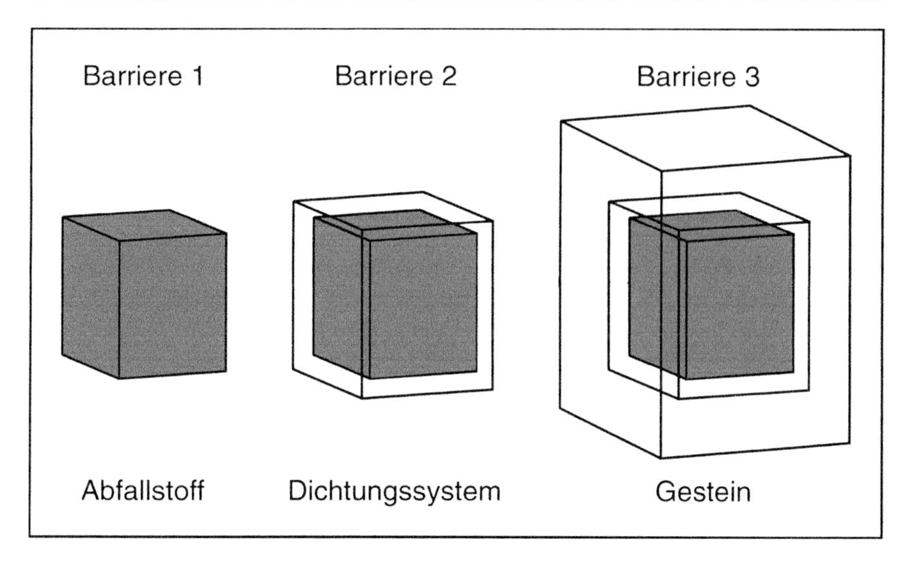

Abb. 9.8 Das sogenannte Mehrbarrierenkonzept mit drei Barrieren als geschachtelte Elemente des langzeitlichen Sicherungskonzepts von Deponien

gungsanlagen. Schadstoffaustrag in erheblichem Umfang und zum Teil unerwartet große Migrationsstrecken der Schadstoffe traten dabei nicht nur bei ungünstigem Untergrund mit generell hoher Gebirgsdurchlässigkeit, sondern z. B. auch in zunächst als günstig beurteilten Tonsteinen bzw. Mergelsteinen auf.

Da auch die heute geforderten Abdichtungsmaßnahmen nicht als auf Dauer mit Sicherheit voll wirksam erachtet werden, soll der Schadstoffaustrag langzeitig zumindest mengenmäßig durch Wahl von Standorten mit günstigen Untergrundverhältnissen gering gehalten werden.

Aus der Einsicht, dass langzeitlich die einwandfreie Funktion von Dichtungssystemen, Dränage- und sonstigen technischen Maßnahmen nicht mit Sicherheit gewährleistet werden kann, wurde das sogenannte Mehrbarrierenkonzept entwickelt (s. Abb. 9.8).

Die „Dritte Allgemeine Verwaltungsvorschrift zum Abfallgesetz (TA Siedlungsabfall)" bringt dies als Grundsatzforderung zum Ausdruck. Danach sind Deponien „so zu planen, zu errichten und zu betreiben, dass

- durch geologisch und hydrogeologisch geeignete Standorte,
- durch geeignete Deponieabdichtungssysteme,
- durch geeignete Einbautechnik für die Abfälle,
- durch Einhaltung der Zuordnungswerte

mehrere weitgehend voneinander unabhängig wirksame Barrieren geschaffen und die Freisetzung und Ausbreitung von Schadstoffen nach dem Stand der Technik verhindert werden."

Nach der TA Siedlungsabfall sollen Deponien nicht errichtet werden:

- in Karstgebieten und Gebieten mit stark klüftigem, besonders wasserwegsamem Untergrund; für Deponieklasse I sind Ausnahmen möglich, wenn sich aus der Einzelfallprüfung die Eignung des Standortes ergibt,
- innerhalb von festgesetzten, vorläufig sichergestellten oder fachbehördlich geplanten Trinkwasser- oder Heilquellenschutzgebieten sowie Wasservorranggebieten (Gebiete, die im Interesse der Sicherung der künftigen Wasserversorgung raumordnerisch ausgewiesen sind); in Wasservorranggebieten, Wasserschutzgebieten Zone III B, Heilquellenschutzgebieten Zone IV bzw. einem diesen Schutzzonen entsprechenden Gebiet ist die Errichtung von Deponien möglich, wenn sich aus der Einzelfallprüfung die Eignung des Standortes ergibt,
- innerhalb eines festgesetzten, vorläufig sichergestellten oder fachbehördlich geplanten Überschwemmungsgebietes,
- in Gruben, aus denen die Ableitung von Sickerwasser im freien Gefälle zu außerhalb des Ablagerungsbereichs liegenden Entwässerungsschächten nicht möglich ist,
- im Bereich von ausgewiesenen oder sichergestellten Naturschutzgebieten oder in entsprechenden Vorranggebieten für Wald- und Naturschutz sowie in Bereichen, die nach § 20c des Bundesnaturschutzgesetzes (BNatSchG) in der Fassung der Bekanntmachung vom 12. März 1987 (BGBl. I S. 205), als besonders geschützte Biotopflächen zu beurteilen sind.

Bei der Prüfung der Eignung eines Standortvorschlages ist folgendes zu beachten:

- geologische, hydrogeologische, bodenkundliche und geotechnische Verhältnisse am Deponiestandort und im weiteren Grundwasserabstrombereich,
- Lage zu einem vorhandenen oder ausgewiesenen Siedlungsgebiet; es ist ein Schutzabstand zum Deponiekörper von mindestens 300 m anzustreben; Einzelbebauungen sind gesondert zu betrachten,
- Lage in erdbebengefährdeten Gebieten und tektonisch aktiven Störungszonen,
- Lage in Gebieten, in denen Hangrutsche und Erdfälle noch nicht abgeklungen sind bzw. in denen Bergsenkungen und Tagesbrüche noch stattfinden können oder mit solchen als Folge ehemaligen Bergbaus noch zu rechnen ist,
- das Setzungsverhalten verfüllter Tagebaue und sonstiger verfüllter Restlöcher.

Der Umfang der geologischen, bodenkundlichen und hydrogeologischen Untersuchungen hängt von den standortspezifischen Gegebenheiten ab. Er ist im Einzelfall so festzulegen, dass eine hinreichend genaue Beschreibung des Untergrundes bis in größere Tiefen möglich ist.

Die geologische Barriere trägt die Hauptlast bei dem Ziel der Langzeitisolation (mehrere hundert Jahre) von Schadstoffen im Endlager Deponie. Dieses Ziel kann nur erreicht werden, wenn:

- der Schadstoffaustrag mengenmäßig gemindert wird (Verringerung der Löslichkeit und Toxizität des Deponats, Minimierung des Wasserhaushalts),

- die Geschwindigkeit des langfristig kaum vermeidbaren Austrags minimiert wird (geringes hydraulisches Gefälle, Ablagerung außerhalb der Zone aktiver Grundwasserbewegung),
- die Wahrscheinlichkeit eines unkontrollierten Schadstoffaustrages langfristig gering gehalten wird (Wahl homogener Wirtsgesteine und langzeitlich haltbarer und nicht reparaturbedürftiger Dichtungssysteme, Kompatibilität Sickerwasser/Dichtung/Gestein).

Als geologische Barriere wird der bis zum Deponieplanum unter und im weiteren Umfeld einer Deponie anstehende natürliche Untergrund bezeichnet, der aufgrund seiner Eigenschaften und Abmessungen die Schadstoffausbreitung maßgeblich behindert.

Die geologische Barriere besteht nach der TA Siedlungsabfall grundsätzlich aus natürlich anstehenden, schwach durchlässigen Locker- bzw. Festgesteinen (DIN 18130) von mehreren Metern Mächtigkeit und hohem Schadstoffrückhaltepotential, die eine über den Ablagerungsbereich hinausgehende flächige Verbreitung aufweisen sollen. Unter dem Ablagerungsbereich soll die geologische Barriere möglichst homogen ausgebildet sein.

Sofern die vorgenannten Anforderungen im Ablagerungs- und Nahbereich der Deponie nicht vollständig erfüllt werden, obwohl für die Standortauswahl eine möglichst wirksame geologische Barriere maßgebend war, sind die Anforderungen durch zusätzliche technische Maßnahmen sicherzustellen.

Die TA Siedlungsabfall fordert hierzu den Einbau einer homogenen Ausgleichsschicht von $k_\mathrm{f} < 10^{-7}\,\mathrm{m/s}$ bis zu einer Tiefe von drei Metern unter Deponieplanum für Deponien der Klasse II (mit k_f wird hierbei der i. A. durch Feldversuche zu ermittelnde Durchlässigkeitsbeiwert unter In-situ-Bedingungen bezeichnet). Für Deponien der Klasse I, denen nur Abfälle mit einem wesentlich geringeren Schadstoffanteil zugewiesen werden dürfen, werden keine besonderen Anforderungen an die geologische Barriere gestellt.

Bei Deponien der Klasse I und II muss ein Verdichtungsgrad an der Oberfläche des Deponieplanums gemäß Tabelle 4 der Vorschriften und Richtlinien für Erdarbeiten im Straßenbau (ZTVE) erreicht werden.

Des Weiteren ist zu gewährleisten, dass das Deponieplanum nach Abklingen von Untergrundsetzungen unter der Auflast der Deponie mindestens einen Meter über der höchsten zu erwartenden Grundwasseroberfläche bzw. Grundwasserdruckfläche bei freiem oder gespannten Grundwasser nach DIN 4049 liegt. Höhere Druckspiegel sind nur zulässig, wenn nachgewiesen wird, dass das am Grundwasserkreislauf aktiv teilnehmende Grundwasser nicht nachteilig beeinflusst wird.

Mit Ausnahme der Zulässigkeit eines Gebirgsdurchlässigkeitsbeiwertes von $k_\mathrm{f} \leq 10^{-6}\,\mathrm{m/s}$ für den Deponieuntergrund (bis mindestens 3 m unter Deponiebasis) entsprechen die in der TA Abfall genannten Anforderungen an den Untergrund oberirdischer Deponien für besonders überwachungsbedürftige Abfälle weitgehend denjenigen für Siedlungsabfall der Deponieklasse II.

Stief (1993) führt eine Reihe seiner Ansicht nach weniger positiv zu beurteilender Regelungen der TA Siedlungsabfall auf:

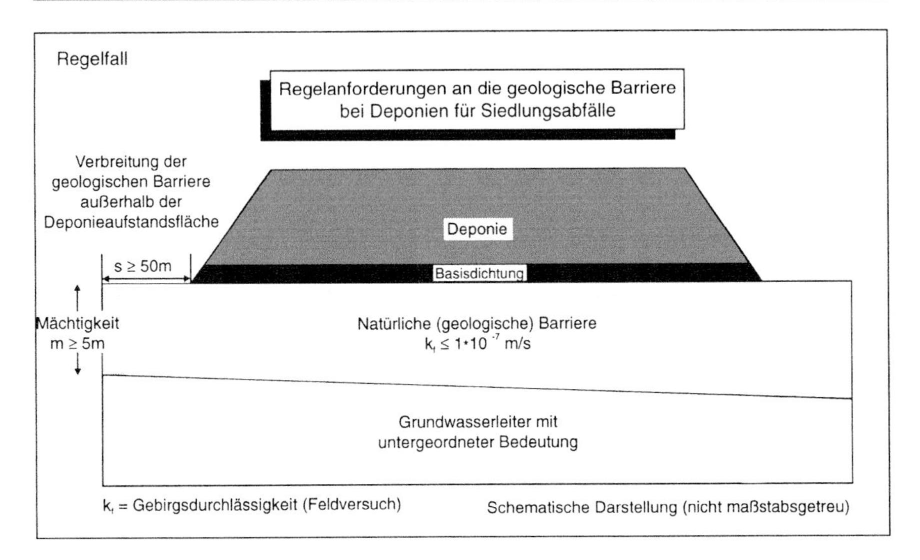

Abb. 9.9 Regelanforderung bezüglich Gebirgsdurchlässigkeit der geologischen Barrieren bei Deponien für Siedlungsabfälle (RdErl. d. MU vom 27.11.1991)

- Es wurde kein Optimierungsgebot formuliert, welches aussagt, dass ein Standort mit möglichst guter Barrierewirkung gefunden werden soll;
- der geforderte Durchlässigkeitsbeiwert ($k_f \leq 10^{-6}$ m/s) ist ungünstiger als der ursprünglich angedachte Wert von $k_f \leq 10^{-7}$m/s (entsprechend der Forderung in der TA Abfall);
- Festgesteine wurden als potentielle Barrieregesteine einbezogen, ohne dass eine Präzisierung der relevanten Beschreibungsgrößen der Schadstoffrückhaltsfähigkeit stattgefunden hat;
- zur Unterscheidung zwischen aktiv und nicht aktiv am Grundwasserkreislauf teilnehmendem Wasser werden keine definitiven Angaben gemacht.

Dies dürfte mit dazu beitragen, dass über die geologische Eignung von Deponiestandorten auch zukünftig kontrovers diskutiert wird.

Regelungen des Landes Niedersachsen (Runderlass des Ministeriums für Umwelt vom 27.11.1991) fordern größere Mächtigkeiten und geringere Durchlässigkeit der Barrieregesteine und unterscheiden im Falle einer unzureichenden geologischen Barriere zwischen Locker- und Festgesteinsuntergrund.

Danach darf die natürliche Barriere im Regelfall einen Gebirgsdurchlässigkeitsbeiwert von höchstens $k_f = 10^{-7}$ m/s, ermittelt durch Feldversuche, aufweisen (s. Abb. 9.9).

- Falls die natürliche Barriere eine Gebirgsdurchlässigkeit von $k_f \leq 10^{-7}$ m/s hat, sind technische Nachbesserungen gemäß folgender Regelungen zulässig:
  - Bei Lockergestein mit Gebirgsdurchlässigkeiten von $k_f \leq 10^{-6}$ m/s und einer Mächtigkeit von mindestens 5 m sind die oberen 3 m, bis mindestens 3 m

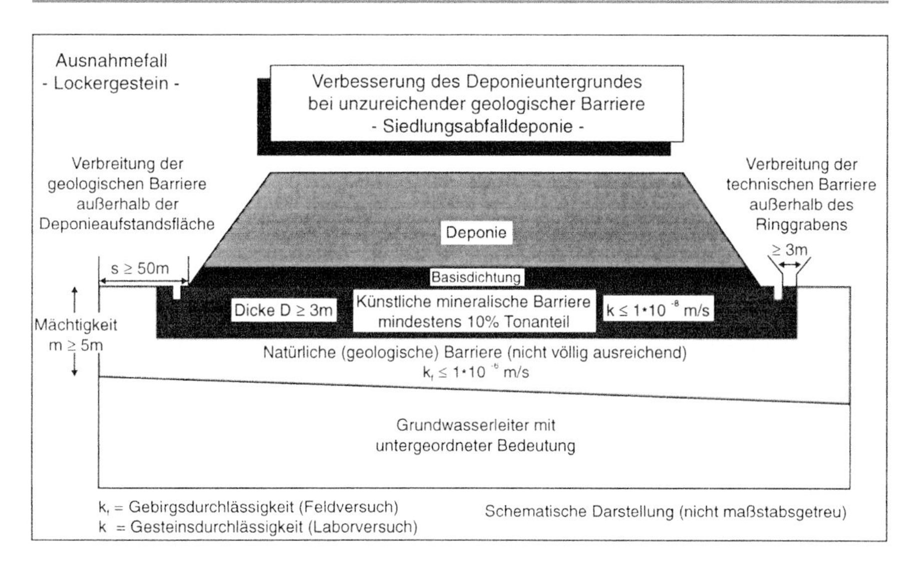

Abb. 9.10 Verbesserung des Deponieuntergrundes bei unzureichender geologischer Barriere (RdErl. d. MU vom 27.11.1991)

außerhalb des Ringgrabens, technisch so nachzubessern, dass ein Durchlässigkeitsbeiwert von $k_f < 10^{-8}$ m/s (Laborversuche), bei mindestens 10 v. H. Tonmineralanteil, erreicht wird (s. Abb. 9.10).

– Bei Festgestein mit Gebirgsdurchlässigkeiten von $k_f \leq 10^{-5}$ m/s und einer Mächtigkeit von mindestens 20 m sind die oberen 3 m, bis mindestens 3 m außerhalb des Ringgrabens, technisch so nachzubessern, dass ein Durchlässigkeitsbeiwert von $k_f \leq 10^{-8}$ m/s, bei mindestens 10 v. H. Tonmineralanteil, erreicht wird (s. Abb. 9.11).

Dabei müssen noch folgende Bedingungen erfüllt sein:

- Die natürliche Barriere muss in jede Richtung mindestens 50 m über den Ablagerungsbereich hinaus flächenhaft verbreitet sein.
- Unterhalb der natürlichen Barriere dürfen sich keine Grundwasservorkommen von übergeordneter wasserwirtschaftlicher Bedeutung befinden.

Werden die Gebirgsdurchlässigkeiten von $k_f = 10^{-7}$ m/s nur in Teilflächen, die mit ausreichender Sicherheit abgegrenzt werden können, nicht erreicht, so genügt es, die Regelungen für die technische Nachbesserung für diese Teilflächen anzuwenden.

Dörhöfer (1993) weist daraufhin, dass es sich bei den Angaben zur Durchlässigkeit und zu den Mächtigkeiten der natürlichen oder künstlichen mineralischen Barrieren um Mindestforderungen handelt. Besonders wichtig erscheint eine ausreichende Mächtigkeit. Standorte mit großer Barrieremächtigkeit wären somit zu bevorzugen.

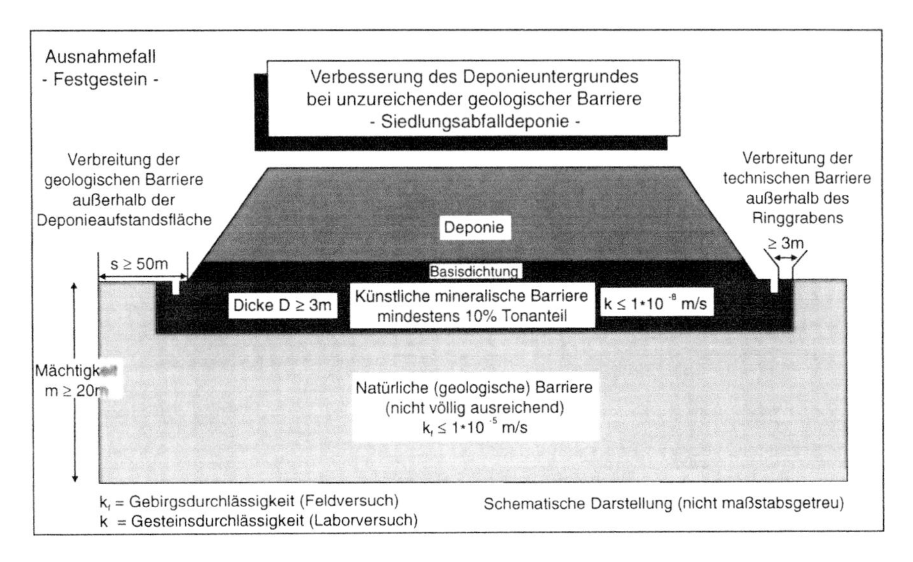

Abb. 9.11 Verbesserung des Deponieuntergrundes bei unzureichender geologischer Barriere (RdErl. d. MU vom 27.11.1991)

9.4.4.3 Anforderungen an Untertagedeponien

Für die Entsorgung besonders überwachungsbedürftiger Abfälle unter Tage ist die Deponierung im Salzgestein im Anhang 2 der „Verordnung zur Vereinfachung des Deponierechts" seit dem 27. April 2009 neu geregelt. Dort wird dazu Folgendes ausgeführt:

Bei der Standortwahl für eine Untertagedeponie im Salzgestein ist zu berücksichtigen, dass die Abfälle dauerhaft von der Biosphäre ferngehalten werden und die Ablagerung so erfolgen kann, dass keine Nachsorgemaßnahmen erforderlich sind. Das Salzgestein als maßgebliche geologische Barriere am Standort muss:

- gegenüber Flüssigkeiten und Gasen dicht sein,
- eine ausreichende räumliche Ausdehnung besitzen,
- im ausgewählten Ablagerungsbereich eine ausreichende Salzmächtigkeit besitzen.

Darüber hinaus

- müssen die mit der Deponie benutzten untertägigen Hohlräume mindestens für die Dauer der Ablagerungs- und Stilllegungsphase standsicher sein und
- Standorte, in denen die regionale Erdbebenintensität mit einer Wahrscheinlichkeit von 99 % den Wert 8 nach der MSK-Skala (MSK = Medwedjew-Sponheuer-Karnik) überschritten wird, gemieden werden.

Der Nachweis der Eignung des Gebirges für die Anlage einer Untertagedeponie muss durch eine standortbezogene Sicherheitsbeurteilung erbracht werden. Zur standortbezogenen Sicherheitsbeurteilung sind folgende Einzelnachweise zu führen:

- Geotechnischer Standsicherheitsnachweis,
- Sicherheitsnachweis für die Ablagerungs- und Stilllegungsphase und
- Langzeitsicherheitsnachweis.

Eine solche Untertagedeponie im Salzgestein wird derzeit in Deutschland nur im Kalisalzbergwerk Herfa-Neurode bei Fulda betrieben. In Baden-Württemberg sind Monodeponien zur Einlagerung von Kraftwerksreststoffen (Gipsbergwerk Obrigheim) und Rauchgasreinigungsrückständen aus der Müllverbrennung (Steinsalzbergwerk Heilbronn) in Betrieb.

Im Rahmen des geotechnischen Standsicherheitsnachweises ist durch geeignete Rechnungen – z. B. Pfeilerberechnungen – nachzuweisen, dass:

- während der Erstellung der Hohlräume und in der Ablagerungs- und Stilllegungsphase keine Verformungen zu erwarten sind, die die Funktionsfähigkeit der Untertagedeponie beeinträchtigen könnten,
- das Tragverhalten des Gebirges ausreicht, um Verbrüche von Hohlräumen zu verhindern und
- das eingelagerte Material auf längere Sicht stabilisierend wirkt.

Der Sicherheitsnachweis für die Ablagerungs- und Stilllegungsphase beinhaltet außer der Standsicherheitsbeurteilung im Wesentlichen eine systematische Analyse des Anlagenbetriebs. Die Auswirkungen von Betriebsstörungen und unplanmäßigen Schadensereignissen auf die Standsicherheit und Laugen- bzw. Süßwasserzutritt sind im Sicherheitsnachweis zu berücksichtigen.

Durch den Langzeitsicherheitsnachweis soll belegt werden, dass die Biosphäre durch die Untertagedeponie weder während der Errichtung und des Betriebs, noch nach der Stilllegung beeinträchtigt wird.

9.4.4.4 Anforderungen an Untertagedeponien für HAW-Abfälle

Zur Endlagerung von stark Wärme entwickelnden, hoch radioaktiven Abfällen – hauptsächlich aus dem Betrieb von Atomkraftwerken – haben die Abgeordneten des Deutschen Bundestages am 23. Juni 2017 ein Gesetz verabschiedet, welches die geologischen Kriterien enthält, die bei einer sicheren Endlagerung einzuhalten sind. Die Kriterien für eine sichere Endlagerung waren dem Deutschen Bundestag von einer „Kommission Lagerung hoch radioaktiver Abfallstoffe“ in ihrem Abschlussbericht vom 5. Juli 2016 vorgeschlagen worden. In wesentlichen Bereichen konnte diese Kommission auf die Ergebnisse des „Arbeitskreises Auswahlverfahren Endlagerstandorte“, des sog. AkEnd, aufbauen. Er war Anfang 1999 vom Bundesumweltministerium eingerichtet worden und hatte Ende 2002 seine Kriterien für eine sichere Endlagerung unterbreitet (AkEnd, 2002).[1]

---

[1] Wertvolle Hinweise zu diesem Abschnitt verdanke ich meinem Kollegen aus der gemeinsamen Zeit an der Universität Karlsruhe, Dr.-Ing. H.-J. Schneider, Isernhagen.

Der AkEnd stützte sich wiederum auf international gültige Kriterien, die von der International Atomic Energy Agency (IAEA) für die Endlagerung von HAW-Abfällen (High Active Waste) aufgestellt wurden. Danach sind für die Lebensdauer des Endlagers einzuhalten:

- Keine Reduzierung der geologischen Barriere,
- keine Veränderung der Grundwasserverhältnisse,
- keine Schaffung von Wegsamkeiten durch Störungen und Klüfte,
- keine Gas-/Lösungszutritte ins Endlager,
- kein Magmenzutritt ins Endlager,
- keine Überdeckung durch Oberflächengewässer.

Diese Kriterien der International Atomic Energy Agency (IAEA) erscheinen auf den ersten Blick aus ingenieurgeologischer Sicht sehr einleuchtend und zustimmungsfähig zu sein. Eine zuverlässige Planung eines Endlagers setzt aber voraus, dass für die Lebensdauer des Endlagers ein geologisch überschaubarer Zeitraum festgelegt wird, andernfalls sind Angaben zur Reduzierung der geologischen Barriere oder zur Veränderung der Grundwasserverhältnisse schwer zu garantieren.

Bezüglich der Lebensdauer eines Endlagers gehen die Meinungen international weit auseinander. So wird in Finnland für eine Lebensdauer von 100.000 Jahren geplant, in der Bundesrepublik Deutschland dagegen für die zehnfache Zeitdauer. Als Wirtsgesteine für das Endlager kommen Salzgesteine infrage, über deren Eignung in den Salzstöcken Norddeutschlands seit Jahrzehnten geforscht und eigens der Salzstock Gorleben zu Erkundung aufgeschlossen wurde (Pusch et al., 2014), als zweites Wirtsgestein bietet sich Tonstein an (Lempp et al., 2016, Hoth et al., 2007) und als dritte Gruppe das sog. Kristallin, z. B. der Granit, dessen Eignung von der Nationalen Genossenschaft für die Lagerung radioaktiver Abfälle (NAGRA) in der Schweiz sehr umfangreich im Granit des Grimselmassivs untersucht wurde.

Für die Bundesrepublik Deutschland stellte der AkEnd folgende Ausschlusskriterien auf, die ein Endlagerstandort erfüllen muss. Dies sind:

- Die Endlagerregion darf keine großräumigen Hebungen von mehr als einem Millimeter pro Jahr im prognostizierbaren Zeitraum aufweisen.[2]
- Im Endlagerbereich dürfen keine aktiven Störungszonen vorliegen.[3]
- In der Standortregion darf das Gebirge nicht durch gegenwärtige oder frühere bergbauliche Tätigkeit geschädigt sein.

[2] Der AkEnd (2002, S. 87) sieht für den Endlagerstandort die Gefahr, dass eine Hebung von einem Millimeter pro Jahr dazu führen würde, dass innerhalb von 1 Mio. Jahren – immerwährend gleichbleibende Hebung vorausgesetzt – ein in 1000 m Tiefe angelegtes Endlager freigelegt würde, wenn man postuliert, dass dort gleichzeitig durch Erosion von Eis und Wasser ein mittlerer Abtrag von 1 mm pro Jahr stattfindet.

[3] Als aktive Störungszonen zählen Trennflächen im Gebirge, an denen nachweislich seit etwa 34 Mio. Jahren (Rupel-Formation bis heute) Bewegungen stattgefunden haben.

- Im Endlagerbereich dürfen die zu erwartenden seismischen Aktivitäten nicht größer sein als in Erdbebenzone 1 nach DIN 4149:2005-04.[4]
- In der Endlagerregion darf kein quartärer oder zukünftig zu erwartender Vulkanismus vorliegen.[5]
- Im einschlusswirksamen Gebirgsbereich dürfen keine jungen Grundwässer vorliegen. Die Grundwässer dürfen von daher kein Tritium und/oder C-14 enthalten.

Vom AkEnd wurden darüber hinaus zusätzliche Mindestanforderungen aufgestellt, die zur Identifizierung von Gebieten in Deutschland führen, in denen die geologischen Strukturen die Anforderungen an das Isolationsvermögen und die Tiefenlage für einen sicheren Endlagerstandort erfüllen. Werden diese Anforderungen nicht erfüllt, scheidet das Gebiet für einen sicheren Endlagerstandort aus. Diese Mindestanforderungen sind:

- Der einschlusswirksame Gebirgsbereich muss aus Gesteintypen bestehen, denen eine Gebirgsdurchlässigkeit k_f kleiner als 10^{-10} m/s zugeordnet werden kann.
- Der einschlusswirksame Gebirgsbereich muss mindestens 100 m mächtig sein.
- Die Tiefenlage der Oberfläche des erforderlichen einschlusswirksamen Gebirgsbereiches muss mindestens 300 m betragen.
- Das Endlagerbergwerk[6] darf nicht tiefer als 1500 m liegen.
- Der einschlusswirksame Gebirgsbereich muss über eine flächenmäßige Ausdehnung verfügen, die eine Realisierung des Endlagers zulässt (z. B. im Salinar 3 km^2 und im Tongestein oder Magmatit 10 km^2)
- Der einschlusswirksame Gebirgsbereich bzw. das Wirtsgestein darf nicht gebirgsschlaggefährdet sein.
- Es dürfen keine Erkenntnisse oder Daten vorliegen, welche die Einhaltung der geowissenschaftlichen Mindestanforderungen zur Gebirgsdurchlässigkeit,

[4] Vergleiche https://www.gfz-potsdam.de/din4149-erdbebenzonenabfrage/ und https://doi.org/10.1007/s10518-018-0315-y Da von tiefer liegenden Tunnelbauwerken bei uns bisher keine Schäden, und weltweit Schäden hauptsächlich im Portalbereich der Tunnel bekannt wurden, kam der AkEnd (2002, S. 89) überein, dass eine Grenzziehung für ungünstige Gebiete erst ab Erdbebenzone 2 nach EN 1998-1/NA:2011-01 (ehemals DIN 4149:2005-04 „Bauten in deutschen Erdbebengebieten“) sinnvoll ist. Nach unseren Erfahrungen stellt selbst die Erdbebenzone 3 keine Gefahr für ein tiefes unterirdisches Endlager dar, zumal wenn man in Betracht zieht, dass der aufgefahrene Hohlraum wieder vollständig verfüllt wird und das Endlager in einer Region errichtet werden soll, welches frei von aktiven Störungszonen ist.

[5] Quartären Vulkanismus kennen wir aus der Eifel und dem Vogtland. Dort besteht laut AkEnd (2002, S. 93) eine Wahrscheinlichkeit von etwa 50 % für das Wiederaufleben des Vulkanismus.

[6] Dass der AkEnd hier von einem „Endlagerbergwerk“ spricht, ist keine glückliche Wortwahl. Ein Bergwerk dient dem Abbau von mineralischen Stoffen und wurde immer unter dem Gesichtspunkt des möglichst wirtschaftlichen Abbaues vorgetrieben und musste nur solange standsicher sein, wie der Abbau vonstatten ging. Der Gesichtpunkt das Gebirge möglichst schonend und auflockerungsarm aufzufahren, war nie im Blickpunkt des Bergbaus. Außerdem unterliegt der Bergbau dem Bundesberggesetz (BbergG), welches für eine HAW-Untertagedeponie keinesfalls vorrangig gelten sollte. Bei der HAW-Untertagedeponie ist die bessere Wortwahl von einem Ingenieurbauwerk zu sprechen. Bei den übrigen Ländern, welche derzeit ein Endlager bauen oder planen, findet das Bergrecht überhaupt keine Anwendung.

Mächtigkeit und Ausdehnung des einschlusswirksamen Gebirgsbereichs über einen Zeitraum in der Größenordnung von 1 Mio. Jahre zweifelhaft erscheinen lassen.

Gerade die letzte Mindestanforderung, die eine Langzeitsicherheit des Endlagers im Rahmen des Planfeststellungsverfahrens für 1 Mio. Jahre garantieren soll, scheint eine Anforderung zu sein, die den ingenieurgeologischen Planer vor unlösbare Schwierigkeiten stellen dürfte. Eine Prognose für das geologische Geschehen der nächsten 100.000 Jahre abzugeben, scheint vielleicht gerade noch denkbar, dies für eine 1 Mio. Jahre zu wagen, zeugt von unrealistischem ingenieurgeologischem Denken. Durch unsere Beteiligung an der Erkundung des weltweit ersten HAW-Endlagers in Onkalo, Finnland, war uns die Möglichkeit gegeben, tiefere Einblicke in die dortige geologische und geotechnische Situation zu gewinnen (Fecker, 2007). Dort wird das Endlager so gebaut, dass es für 100.000 Jahre den HAW-Abfall sicher einschließt, sogar unter der Annahme, dass dort infolge einer weiteren zu erwartenden Eiszeit ein mächtiger Eispanzer entsteht, der das Land durch Isostasie um mehrere hundert Meter absinken und nach der Eiszeit um denselben Betrag wieder aufsteigen lässt, wie wir dies in Skandinavien als Folge der letzten Eiszeit noch heute beobachten und messen können.

10 Baugeologisches Gutachten und Dokumentation

Für die Projektierung und Ausführung von Bauwerken im Boden und Fels wird in der Regel ein mit bautechnischen Aufgaben vertrauter Geologe zugezogen, der die geologische Feldaufnahme durchführt und die gewonnenen Daten in einem Gutachten zusammenfasst. Dieses Gutachten sollte jedoch in einer für den planenden Ingenieur verständlichen Sprache abgefasst sein und nur die bautechnisch wichtigen Fakten enthalten.

Keinesfalls sollte der Ingenieur seine eigenen geologischen Kenntnisse für ausreichend halten, in schwierigen Fällen den Baugeologen und dessen gutachterliche Tätigkeit zu ersetzen. Seine Kenntnisse sollten ihn vielmehr befähigen, ein Gespräch mit dem Baugeologen zu führen und die anstehenden geologischen Probleme zu verstehen. Außerdem sollte er befähigt sein, den Geologen durch gezielte Fragestellungen in seiner gutachterlichen Tätigkeit zu lenken, ohne diesen unbedingt auf bestimmte Fragen zu beschränken. In Tab. 10.1 wird das schrittweise Vorgehen beschrieben, welches sich als bewährte Organisationsform und zweckmäßige Abgrenzung der Aufgaben von Ingenieur und Geologen herausgestellt hat.

Auch die baugeologische Dokumentation sollte eine ständige Obliegenheit des beratenden Geologen sein. So werden häufig im Zuge der Projektierung eines Bauvorhabens zunächst nur so viele künstliche Aufschlüsse geschaffen, wie zur Ergänzung der natürlichen Aufschlüsse im ersten Stadium des Detailprojektes erforderlich sind. Um Aufschließungskosten zu sparen, wird die Projektierung im Detail in der Regel erst anhand der während der Baumaßnahmen erzielten Aufschlüsse und Erkenntnisse in der beschriebenen Weise schrittweise vorwärtsgetrieben.

Dadurch ergibt sich eine im Laufe der Zeit wachsende Zahl geologischer Aufschlüsse und Erkenntnisse, welche in einer Sammlung zum Zwecke der Auswertung und als Beleg für die Zweckmäßigkeit der getroffenen Baumaßnahmen aufzubewahren sind. Diese Sammlung dient ferner als Grundlage für eine gerechte Vertragsabwicklung und gegebenenfalls der Beurteilung späterer Schäden sowie der Planung allfälliger Ausbesserungsarbeiten. Insbesondere bei Tunnelbauwerken gehört die Dokumentation des Vortriebes und bei Talsperren die Beschreibung der Aufstandsfläche zu den wichtigsten Aufgaben des Geologen.

E. Fecker, *Baugeologie*, https://doi.org/10.1007/978-3-662-58998-4_10

Tab. 10.1 Arbeitsteilung und Zusammenarbeit zwischen dem Ingenieur und Geologen (aus Müller, 1978; mit freundlicher Genehmigung von © Springer-Verlag GmbH Deutschland, 2018, alle Rechte vorbehalten)

Erster Schritt:	Der **Ingenieur** legt die technischen Zusammenhänge des Projektes dar. Er überträgt das Gesamtproblem sowie dessen spezifische Fragestellungen und Erfordernisse seinem Mitarbeiter, dem Geologen, ohne diesen unbedingt auf diese Fragen zu beschränken.
Zweiter Schritt:	Der **Geologe** plant und führt die geologischen und ingenieurmäßigen Felduntersuchungen durch, welche jene Daten im Gelände liefern, die für den Ingenieur wichtig und/oder für den Geologen zur Lösung der Aufgabe notwendig erscheinen.
Dritter Schritt:	Der **Geologe** wählt die wesentlichen Daten der Felduntersuchungen aus und vermittelt dem Ingenieur geologische Erkenntnisse und Schlüsse in einer solchen Form, dass sie für den Ingenieur verständlich und für dessen ingenieurmäßige Analysen brauchbar sind.
Vierter Schritt:	Der **Ingenieur** analysiert die geologischen Erkenntnisse und Schlüsse unter dem Gesichtspunkt ingenieurmäßiger Überlegungen, leitet daraus technische Schlussfolgerungen ab und formuliert Empfehlungen betreffs technischer Maßnahmen, welche notwendig sind, um den gegebenen Bedingungen zu entsprechen.
Letzter Schritt:	Das **Team** vermittelt Erkenntnisse, Schlussfolgerungen und Empfehlungen in zusammenfassender Art, in denen standpunktbedingte Widersprüche nicht mehr aufscheinen.

10.1 Baugeologisches Gutachten

Wenngleich es unmöglich erscheint, Art und Inhalt eines baugeologischen Gutachtens festzulegen, so können doch allgemeine Richtlinien gegeben werden, an denen sich der Ausführende orientieren bzw. anhand derer er sich Rechenschaft geben kann, welche Untersuchungen durchzuführen sind und welche unterbleiben können. Generell sollte jedoch gelten, dass ein baugeologisches Gutachten bei der Ausarbeitung der Baupläne bereits vorliegt.

Durch die Normenausschüsse sowohl in Deutschland als auch in Österreich und der Schweiz ist das Vorgehen bei der Erkundung des Baugrundes und das Benennen von Bodenarten und Fels weitgehend festgelegt. Selbst die zeichnerische Darstellung der baugeologischen Daten ist normiert. Die wichtigsten dieser Normen sind am Ende als Anhang aufgeführt.

10.1.1 Bodengutachten

Häufig geübte bodenmechanische Praxis ist es, auf geologische Baugrundgutachten vollständig zu verzichten. Viele Ingenieure geben sich der falschen Meinung hin, durch die bewährten Methoden der Baugrunderschließung mittels

- Bohrungen,
- Schürfen,

- Sondierungen und
- geophysikalischen Messungen

sei der Baugrund so weitgehend bekannt, dass zusammen mit der Bestimmung der physikalischen Bodenkennwerte ein Bauwerk setzungsfrei bzw. ohne schädliche Setzungsunterschiede zu gründen sei. Dabei wird jedoch völlig außer Acht gelassen, dass der Baugrund in der Regel durch geologische Vorgänge gebildet wurde, die räumlich und zeitlich häufig gewechselt haben. Abfolge und räumliche Stetigkeit der einzelnen Schichten unterliegen geologischen Gesetzmäßigkeiten, die es ermöglichen, die allgemeine geologische Situation der Baustelle zuerst zu klären und anschließend ein sinnvoll abgestimmtes Untersuchungsprogramm einzuleiten. Das baugeologische Gutachten sollte enthalten:

1. Auswertung der vorhandenen Daten:
   - Karten,
   - Luftbilder,
   - Bohrungen,
   - wissenschaftliche Publikationen,
   - meteorologische Aufzeichnungen,
   - Erdbebenbeobachtungen,
   - Aufzeichnungen der geologischen Behörden,
   - Unterlagen der Bergämter,
   - Unterlagen der Wasserwirtschaftsämter,
   - Beobachtungen über Lawinen und Muren (meist in den Forstämtern),
   - Bodenschätzkarte (i. A. beim zuständigen Finanzamt).
2. Beobachtungen im Gelände:
   - morphologische Merkmale (natürliche Böschungswinkel, Rutschungen, Dolinen etc.),
   - Beobachtungen an benachbarten Bauwerken (Risse, Ausbesserungen),
   - Strömungs- und Mengenverhältnisse des Grundwassers und der offenen Wasserläufe,
   - geologische Beschreibung der natürlichen Aufschlüsse,
   - Verkrüppelung des Baumbestandes und standortkennzeichnende Pflanzen,
   - meteorologische Beobachtungen.
3. Versuche im Labor:
   - Chemismus der Wässer.
   - mikroskopische Beobachtungen an Bodenproben:
     - Kornzusammensetzung,
     - Kornform.
4. Interpretation aller gewonnenen Daten:
   - Lagerung der Sedimente:
     - durchgehende Schichten,
     - verzahnte Lagerung,
     - Linsen;

- Art der Sedimente:
  - rollige Böden,
  - bindige Böden (insbesondere Hinweise auf humose Böden);
- Entstehung der Sedimente:
  - Flussablagerung,
  - Hochflutablagerung,
  - Deltaablagerung,
  - Küstenablagerung,
  - Hangschutt und Muren,
  - Glazialablagerung,
  - Windsedimente,
  - vulkanische Aschen,
  - Ablagerung stehender Gewässer;
- Mächtigkeit der Sedimente:
  - Einzelschichten,
  - Gesamtmächtigkeit bis zum anstehenden Fels;
- Höhe der früheren Überlagerung:
  - alluviale (nicht vorbelastete) Böden,
  - diluviale (durch Gletscher vorbelastete) Böden,
  - mächtige Ablagerungen geologisch älterer, bindiger Sedimentgesteine (z. B. Opalinuston in Süddeutschland);
- Sekundärstrukturen in bindigen Böden:
  - Klüfte,
  - Harnische;
- Tektonik und Erdbeben,
- Verwitterbarkeit der Böden,
- Grundwasser:
  - Höhenlage und Schwankungen des Grundwasserspiegels,
  - Chemismus,
  - Gewässerschutz;
- Beschaffung von Schüttgut und Betonzuschlagstoffen,
- Beurteilung von Deponieplätzen.

5. Vorschläge für weitergehende Untersuchungen:
   Die bodenmechanischen Baugrunduntersuchungen und Aufschlüsse durch die Baumaßnahmen selbst erbringen zahlreiche weitere Erkenntnisse über den Baugrund, die insbesondere bei großen Bauvorhaben die geologische Situation besonders gut aufschließen. Ein Ingenieurgeologe sollte schon im Interesse der Allgemeinheit daher ständig alle neuen Aufschlüsse geologisch dokumentieren.

10.1.2 Begutachtung von Fels und Gebirge

Naturgemäß liegen die Akzente bei der Begutachtung von Fels und Gebirge etwas anders als beim Bodengutachten. Grundsätzlich gelten aber auch hier die gleichen Vorbemerkungen. Das baugeologische Gutachten sollte enthalten:

1. Auswertung der vorhandenen Daten (wie in Abschn. 10.1.1) und Zusammenfassung in einer kurzen Übersicht. Insbesondere die geologische Situation (Tektonik, Stratigraphie), Petrographie und Hydrogeologie sollen durch Karten, Schnitte und Tabellen illustriert sein.
2. Untersuchungen im Gelände:
   - geologische Kartierung,
   - Detailaufnahme von Geländeaufschlüssen mit Schwerpunkt auf petrographische und gefügekundliche Merkmale,
   - Angaben über die Festgesteine:
     - Gesteinstypen und Schichtserien, insbesondere deren Schwankungen und Wechsel,
     - technische Eigenschaften (z. B. wie in Tab. 9.1),
     - Gefüge und dessen Lage zum Bauwerk,
     - wichtige Einzelstörungen,
     - Gebirgsklassifikation (z. B. Ausbruchsklassen, Standzeit bezogen auf den Ausbruchsquerschnitt, Standfestigkeit etc.),
     - Gasvorkommen,
     - Radioaktivität;
   - Angaben über Lockergesteine und Böden:
     - Lockergesteinstypen,
     - Klassifikation,
     - geotechnische Eigenschaften,
     - Beurteilung des bautechnischen Verhaltens;
   - Angaben zu den Primärspannungen,
   - Angaben über Hangbewegungen,
   - Angaben über Erdfälle, Solutionssenken, Karsterscheinungen,
   - Angaben zur Hydrogeologie:
     - Erstellung einer Quellenkarte und eines Quellenkatasters,
     - Art des Wasserzuflusses, zu erwartende Schüttung, gegebenenfalls Dauer derselben,
     - Druck, Temperatur,
     - Chemismus,
     - wasserführender Karst,
     - Beobachtungen über wasserführende und wasserstauende Festgesteine,
     - Wirkung des Wassers auf das Bauvorhaben,
     - Beeinflussung von Oberflächenwasser (Quellen, Grundwasser etc.),
     - Gewässerschutz,
     - Grundwasser im Lockergestein;
   - Angaben über Lawinengefahr,
   - Vorkommen nutzbarer Lagerstätten im Baubereich,
   - Beurteilung der Verwendbarkeit von Aushub und Ausbruch,
   - Beurteilung von Deponieplätzen.
3. Beurteilung und Genauigkeit der geologisch-geotechnischen Prognose und Hinweise auf mögliche Abweichungen.
4. Klassifizierung des Gebirges nach den in Abschn. 9.4 aufgeführten Grundsätzen.

5. Ingenieurgeologische Kartenpläne und Profilschnitte. (Es kommen hierfür beispielsweise Mächtigkeitsdarstellungen der Deckschichten, Strukturkarten des Anstehenden, gegebenenfalls mit eingetragenen Gefügediagrammen, abgedeckte Karten zur Darstellung des Gebirges im Niveau von Tunnelbauwerken, Teufendarstellungen des Grundwassers, Längs- und Querschnitte zur Trasse von Straßen und Eisenbahnen mit Verteilung der Gebirgsklassen usw. infrage.) Die Maßstäbe der Lagepläne und Schnitte sollten zwischen 1:100 und 1:1000 liegen.

10.2 Baugeologische Dokumentation

Eine baugeologische Dokumentation verfolgt drei Aufgaben:

- Die Gebirgs- und Bergwasserverhältnisse erfassen und übersichtlich darstellen, und zwar so, dass ein Vergleich der prognostizierten und der angetroffenen Situation möglich ist.
- Die Ergebnisse geotechnischer, hydrologischer und hydrochemischer Untersuchungen sind zu beschreiben und auf deren Auswirkung auf das Baugeschehen und das fertige Bauwerk hinzuweisen.
- Das mechanische Gebirgsverhalten ist sowohl visuell zu beobachten als auch anhand von geotechnischen Messungen quantitativ zu erfassen.

Es ist selbstverständlich, dass diese Dokumentation die gesamten Rohbauarbeiten lückenlos beschreibt und dass nach Abschluss der Arbeiten ein zusammenfassender baugeologisch-geotechnischer Bericht erstellt wird, der eine Beurteilung des Gebirgsverhaltens und der Wasserverhältnisse ermöglicht. Dieser Bericht ist so zu gestalten, dass Zusammenhänge zwischen Aushub, Ausbruch und Sicherungsmaßnahmen und den geologisch-hydrologischen Gegebenheiten erkennbar werden.

Die Dokumentation eines Bauvorhabens sollte sich in der Regel wie folgt gliedern:

- Protokollierung,
- zeichnerische Darstellung und
- gutachterliche Auswertung

der

- natürlichen Aufschlüsse,
- Röschen (Schürfschlitze),
- Schächte (Sondier- und Brunnenschächte),
- Tunnel und Stollen (Sondier- und Richtstollen),
- Aushübe,
- Bohrungen (Schlag- und Kernbohrungen),
- Versuche (Belastungs- und Ankerzugversuche, Sprengversuche) und
- Messbeobachtungen.

Sie sollte ferner erfassen:

- Bohrprotokolle der Bohrfirmen und
- mündlich eingeholte Berichte des bei Bohrungen, Röschen, Schächten und Stollen eingesetzten Personals,
- Vortriebsberichte der Tunnelbauten,
- alle von der Bauleitung übermittelten Angaben sowie veröffentlichte Fremddarstellungen.

10.2.1 Durchführung der Dokumentation

Die Darstellungen der Dokumentation sind, wie deren Ziel, aufs Technische gerichtet. Es werden bei den Beobachtungen, Aufzeichnungen und Darstellungen daher bevorzugt jene Eigenschaften und Merkmale der Böden, Locker- und Festgesteine festgehalten, welche für die Beurteilung des Baugrundes, im Besonderen seiner

- Standfestigkeit,
- Tragfähigkeit,
- Wetterbeständigkeit,
- allfälliger Gebirgsdruckeigenschaften,
- Bergfeuchte,
- Wasserführung

wichtig sind.

Es werden daher neben den

- Gesteinsarten (Bergarten) und deren
- stratigraphischer Einordnung

im Besonderen auch die technisch hochbedeutsame

- Schichtung (Bankung) und
- Klüftung (Schichtklüfte, Groß- und Kleinklüfte) sowie der
- Grad der Gesteinszerlegung (Klüftigkeitsziffer nach Stini)

und die durch diese Faktoren bestimmte technische Gesteinsfazies (massige, bankige, schichtige, großblockige, kleinblockige, stückige, mylonitische usw. Fazies) angegeben, wo dies für die Bauwerke von Bedeutung ist. In Tunneln und Stollen wird überdies die Zuordnung der Gesteinsarten und der Fazies zu den Positionen der Leistungsbeschreibung der Ausschreibung genannt werden.

Zu diesem Zwecke werden alle Aufschlüsse

- von der Bauleitung topographisch eingemessen,
- vom Ingenieurgeologen geologisch protokolliert und
- die wichtigsten Daten der geologischen Beschreibung in Plänen festgehalten.

Bei der geologischen Aufnahme der natürlichen Aufschlüsse, Röschen, Schächte, Tunnel und Stollen werden insbesondere Klüfte und Gefügedaten eingemessen und in der in Kap. 6 beschriebenen Weise dargestellt.

Zur Auswertung der Bohrergebnisse werden die Bohrprotokolle der Bohrfirmen ausgewertet, der Inhalt der Bohrkisten statistisch nach

- Größe,
- Zahl und
- Zerlegungsgrad der Bohrkerne sowie nach dem
- Relativanteil der Kernverluste

beschrieben, woraus Rückschlüsse auf den

- Zerlegungsgrad des Gesteins und die
- Gesteinsfestigkeit, allenfalls auch auf die
- Standfestigkeit

gewonnen werden können.

Werden die Bohrlöcher mit einer optischen Sonde oder einem optischen bzw. akustischem Scanner aufgenommen, so sind

- Lage,
- Raumstellung,
- Spaltweite,
- Oberflächenbeschaffenheit und
- Zwischenmittel

der Gesteinsklüfte zu beschreiben.

Bei Tunneln und Stollen werden im Vordergrund stehen: Die Beobachtungen der Gewinnungsfestigkeit, zu beurteilen nach

- Sprengstoffbedarf,
- Abschlagtiefe und
- Stückgröße des Haufwerkes;

der Standfestigkeit, zu beurteilen nach

- Art der Verbaumittel,
- Menge der Verbaumittel und
- zeitlichem Verformungsverhalten der Tunnelwandungen,

ferner der Nachbrüche, zu beurteilen nach

- Auflockerungsgrad und den vorher beschriebenen Faktoren,
- Injizierbarkeit,

- Bergwasserführung und
- Wasserwegigkeit sowie
- Bergfeuchtigkeit.

Überhaupt nimmt die Dokumentation im Tunnelbau eine Sonderstellung ein, weil sie beim Vortrieb dem Geologen eine sehr genaue Prognose der geologischen Situation der nächsten Abschläge ermöglicht, womit die Ausbruchsklassen im Voraus festgelegt und die Sicherungsmittel disponiert werden können.

Für die Erfassung der Gebirgsverhältnisse im Längsschnitt gibt es verschiedene Techniken (Abb. 10.1):

- Die zeitaufwendigste Darstellungsweise ist die Darstellung der Situation in einer Abwicklung der Tunnellaibung (s. a. Abb. 6.63).
- Häufig angewandt wird der Vertikalschnitt in Tunnellängsachse (s. a. Abb. 10.2).
- Als Ergänzung hierzu der Horizontalschnitt auf Kalottensohle.

Der Nachteil der beiden letztgenannten Methoden besteht darin, dass diese Schnitte infolge des Tunnelvortriebes nicht mehr existieren, während die Abwicklung natürlich erhalten bleibt.

Neben der Darstellung im Längsschnitt bzw. in der Tunnelabwicklung werden alle relevanten geotechnischen Kenngrößen erhoben und dem Tunnelband zugefügt. Muster einer solchen Vorgehensweise mag Abb. 10.2 sein, wo neben einem Längsschnitt durch die Tunnelachse die Raumstellung des Flächengefüges mit Fallrichtung und Fallwinkel im Tunnelband eingetragen sind und für gleichbleibende Abschnitte des Tunnels, sog. Homogenbereiche des Tunnels, Gefügediagramme beigegeben sind. Diese geologischen Kenngrößen werden in der Regel noch ergänzt durch geotechnische Daten, wie Gebirgsklasse, Ausbruchsklasse, Mehrausbruch, Verbaumittel, Ergebnisse von geotechnischen Messungen, Sprengstoffverbrauch, Isolierung usw.

Ergänzt werden solche Tunnelbänder häufig auch noch durch einen Horizontalschnitt auf der Kalottensohle und an wichtigen Stellen durch Bilder der Ortsbrust (Abb. 6.64).

10.2.2 Dokumentensammlung

Die Dokumentensammlung wird bewusst für das gesamte Bauvorhaben in einer geschlossenen Form, wenn auch aufgegliedert nach einzelnen Bauwerken, geführt. Dies geschieht nicht nur deshalb, weil aus der Zeit der Vorplanung und der ersten Detailplanung bereits zahlreiche Beobachtungen über das ganze Baugebiet verstreut festgehalten sind, sondern auch, weil die baugeologische Beurteilung der einzelnen Fundamentgruben oder des einzelnen Tunnelringes sich nicht allein auf die an Ort und Stelle getroffenen Feststellungen stützen darf, sondern auf das vergleichende Abwägen des Zusammenspiels der geologischen, insbesondere tektonischen

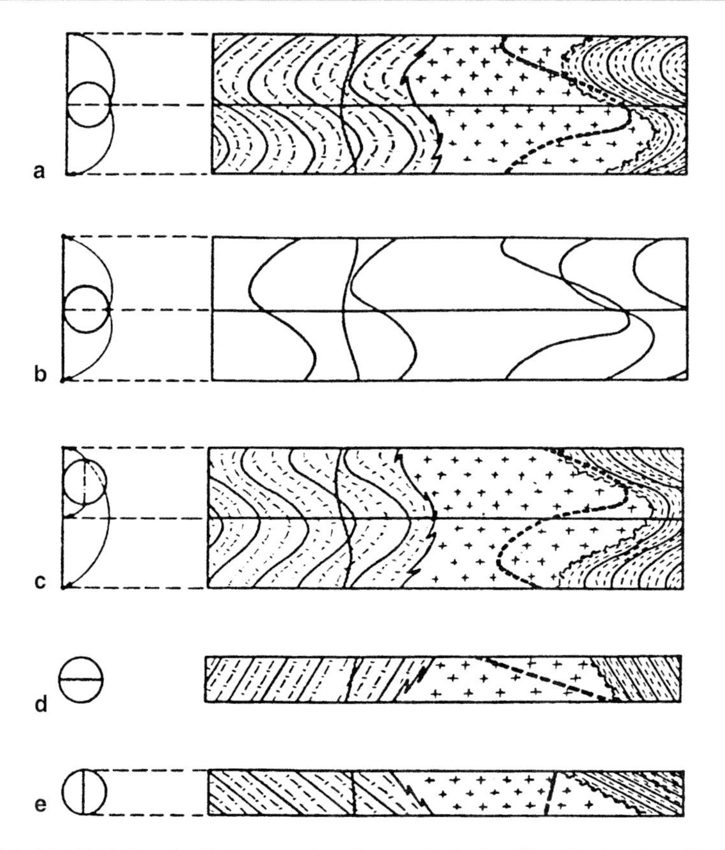

Abb. 10.1 Möglichkeiten der Dokumentation einer geologischen Situation in einem Tunnelband **a** Abwicklung der Tunnellaibung mit Gesteinssignatur und Gefügeflächen, **b** Abwicklung der Tunnellaibung nur mit Gefügeflächen; **c** Abwicklung jeweils der unteren und oberen Laibungshälfte getrennt; **d** Vertikalschnitt in Tunnellängsachse; **e** Horizontalschnitt in Strossenhöhe (nach Wanner, 1979; mit freundlicher Genehmigung von © Springer Nature, Heidelberg 2018, alle Rechte vorbehalten)

Faktoren der Nachbarschaft, wobei die Überlegung nach einer alten Erfahrungsregel gerne vom Großen zum Kleinen, vom Allgemeinen zum Besonderen fortschreitet.

Die Dokumentationssammlung besteht aus:

- dem Übersichtslageplan,
- dem Aufschlussverzeichnis,
- der Plansammlung,
- den Feldprotokollen,
- der Photosammlung und
- der Sammlung von Gesteins- und Bodenproben.

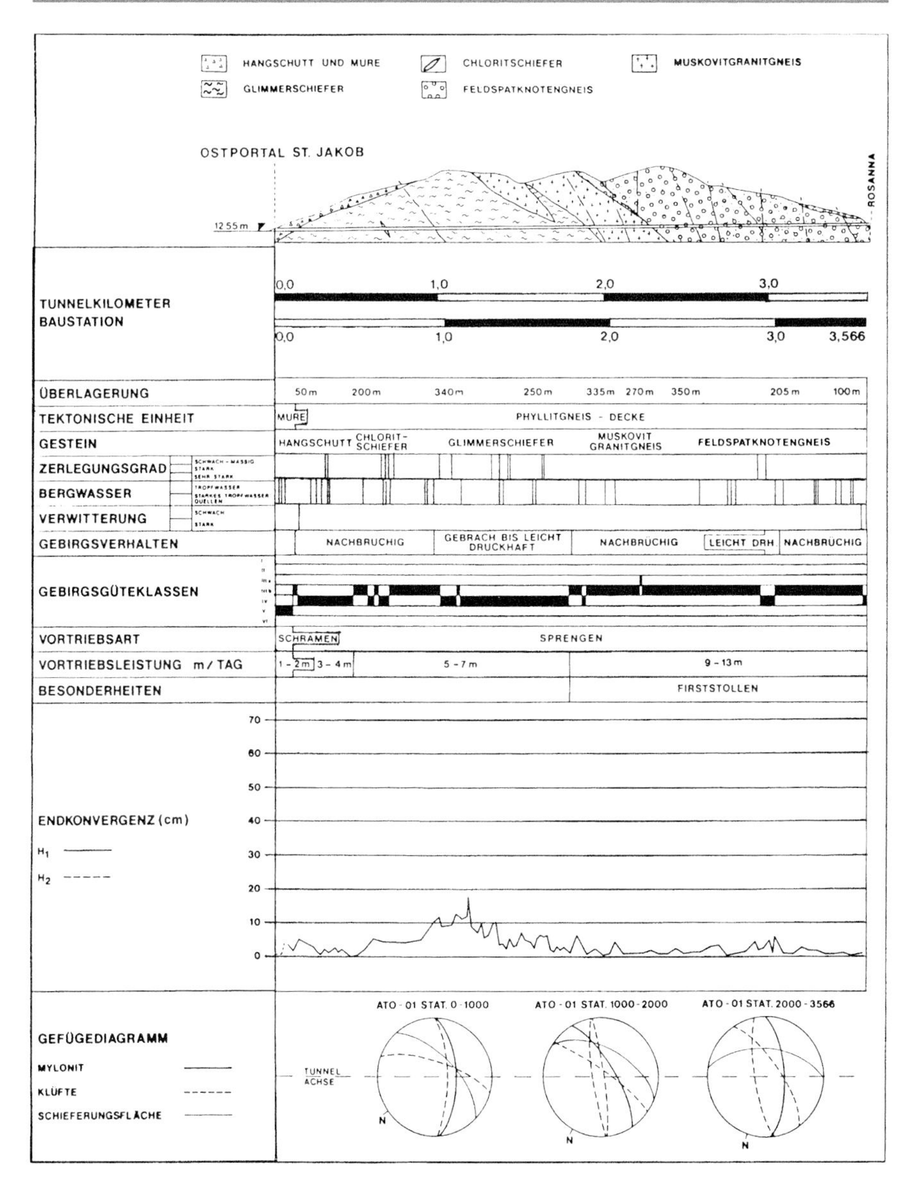

Abb. 10.2 Beispiel einer Tunneldokumentation vom Vortunnel des Arlberg-Straßentunnels (aus Kunz, 1981; mit freundlicher Genehmigung von © Ferenc Kunz, 2018, alle Rechte vorbehalten)

Der **Übersichtsplan** dient als Kataster und enthält die Ortsangabe und Bezeichnung aller Aufschlüsse und Beobachtungen sowie die Protokollnummer aller zu den einzelnen Orten gehörigen Daten und Aufzeichnungen.

Wünscht man also nachzusehen, was über eine bestimmte Örtlichkeit an Aufschlüssen dokumentiert ist, so entnimmt man dem Lageplan Protokollnummer und

Bezeichnung der nächstgelegenen Aufschlüsse und geht mit diesen Daten in das Aufschlussverzeichnis, aus welchem hervorgeht, wo sich nähere Angaben über den Aufschluss finden lassen.

Das **Aufschlussverzeichnis** enthält in zeitlich fortlaufender Nummerierung:

- die Protokollnummer des Feldaufnahmeprotokolls,
- den Aufnahmetag,
- die Auftragsnummer,
- die Art des Aufschlusses,
- die Plannummer der zeichnerischen Darstellung,
- die Nummer von Photos,
- die Auswertung in Gutachten, Zwischenberichten, technischen Berichten, Briefen oder Emails und schließlich
- die Seite der Protokollniederschrift.

Die **Plansammlung** ist nach den Auftragsnummern geordnet und wird ebenso wie die übrigen Einheiten der Dokumentationsmappe laufend ergänzt.

Die **Feldprotokolle** sind gleichfalls nach Bereichen geteilt und den Planmappen beigeheftet.

Die **Photosammlung** ist ebenfalls analog der Plansammlung gegliedert. Auf eine Beschreibung der Photos wird verzichtet, weil eine solche einerseits in den Feldprotokollen, andererseits in den Auswertungen und Berichten wiederkehrt.

Die Sammlung von Gesteins- und Bodenproben soll erst später mit der übrigen Dokumentation abgestimmt und in dieser punktweise vermerkt werden, bis ein besserer Überblick darüber gewonnen werden kann, welche Gesteinsproben nur vorübergehend und welche langfristig aufzubewahren sind.

10.2.3 Auswertung

Die Auswertung der gesamten Dokumentation geschieht laufend im Zuge der Projektierung,

- teils in Zwischenberichten,
- teils in Aktenvermerken zur Planung selbst,
- teils gleich während der Protokollierung an Ort und Stelle und zunächst mündlich (z. B. bei der Festlegung von Aushubtiefen, von Pfeilerfundamenten und dergleichen).

Sobald einzelne Arbeitsabschnitte fertiggestellt sind und ihre Aufschlüsse endgültig überblickt werden können, werden diese zwischendurch getroffenen Festlegungen und Beurteilungen in gutachtlicher Form einzelner Berichte zusammengefasst.

Anhang (Normen und Empfehlungen)

Nachfolgend sind Normen und Empfehlungen zusammengestellt, die mit der Erkundung und den Eigenschaften des Baugrundes in Zusammenhang stehen. Es sind dies in Tab. A.1 die Normen des europäischen Komitees für Standardisierung (CEN), in Tab. A.2 die Normen des Deutschen Instituts für Normung e. V. (DIN), in Tab. A.3 die Empfehlungen des Arbeitskreises 3.3 der DGGT e. V., und in Tab. A.4 die Empfehlungen der International Society for Rock Mechanics and Rock Engineering.

E. Fecker, *Baugeologie*, https://doi.org/10.1007/978-3-662-58998-4

Tab. A.1 Normen des europäischen Komitees für Standardisierung (CEN), Stand April 2018

Lfd. Nr.	Titel	Veröffentlicht Jahr-Monat
1	EN 1997-1: Eurocode 7, Geotechnical Design, Part 1: General rules	2014-03
2	EN 1997-2: Eurocode 7, Geotechnical Design, Part 2: Ground investigation and Testing (= DIN EN 1997-2 mit nationalem Anhang)	2010-10
3	EN 1998-1: Eurocode 8: Auslegung von Bauwerken gegen Erdbeben – Teil 1: Grundlagen, Erdbebeneinwirkungen und Regeln für Hochbauten	2010-12
4	EN ISO 18674-1: Geotechnical investigation and testing – Geotechnical monitoring by field instrumentation – Part 1: General rules	2015-09
5	EN ISO 18674-2: Geotechnical investigation and testing – Geotechnical monitoring by field instrumentation – Part 2: Measurement of displacements along a line: Extensometers	2016-10
6	EN ISO 18674-3: Geotechnical investigation and testing – Geotechnical monitoring by field instrumentation – Part 3: Measurement of displacements across a line: Inclinometers	2016-06
7	EN ISO 22476-1: Geotechnical investigation and testing – Field testing, Part 1: Electrical cone and piezocone penetration test	2013-10
8	EN ISO 22476-2: Geotechnical investigation and testing – Field testing, Part 2: Dynamic probing	2012-3
9	EN ISO 22476-3: Geotechnical investigation and testing – Field testing, Part 3: Standard penetration test	2012-3
10	EN ISO 22476-4: Geotechnical investigation and testing – Field testing, Part 4: Ménard pressuremeter test (= DIN EN ISO 22476-4)	2013-03
11	EN ISO 22476-5: Geotechnical investigation and testing – Field testing, Part 5: Flexible dilatometer test (= DIN EN ISO 22476-5)	2013-03
12	EN ISO 22476-7: Geotechnical investigation and testing – Field testing, Part 7: Borehole jack test (= DIN EN ISO 22475-7)	2013-03
13	EN ISO 22476-9: Geotechnical investigation and testing – Field testing, Part 9: Field vane test	2014-4

Tab. A.2 Normen des Deutschen Instituts für Normung e. V. (DIN), Stand Juni 2018

Lfd. Nr.	Titel	Veröffentlicht Jahr-Monat
1	DIN 1054: Baugrund – Sicherheitsnachweise im Erd- und Grundbau – Ergänzende Regelungen zu DIN EN 1997-1	2012-08
2	DIN 3310-1: Analysensiebe – Technische Anforderungen und Prüfung – Teil 1: Analysensiebe mit Metalldrahtgewebe	2017-11
3	DIN 4020: Geotechnische Untersuchungen für bautechnische Zwecke; einschl. Beiblatt 1: Anwendungshilfen, Erklärungen	2010-12
4	DIN 4020: Ergänzende Regelungen zu DIN EN 1997-2	2010-12
5	DIN 4021: Baugrund; Aufschluss durch Schürfe und Bohrungen sowie Entnahme von Proben (Dokument zurückgezogen)	1990-10
6	DIN 4022-1: Baugrund und Grundwasser; Benennen und Beschreiben von Boden und Fels; Schichtenverzeichnis für Bohrungen ohne durchgehende Gewinnung von gekernten Proben im Boden und im Fels (Dokument zurückgezogen, ersetzt durch DIN EN ISO 14688-1 und DIN EN ISO 22475-1)	1987-09
7	DIN 4023: Geotechnische Erkundung und Untersuchung – Zeichnerische Darstellung der Ergebnisse von Bohrungen und sonstigen direkten Aufschlüssen	2006-02
8	DIN 4030-1: Beurteilung betonangreifender Wässer, Böden und Gase – Teil 1: Grundlagen und Grenzwerte	2008-06
9	DIN 4030-2: Beurteilung betonangreifender Wässer, Böden und Gase – Teil 2: Entnahme und Analyse von Wasser- und Bodenproben	2008-06
10	DIN 4094-5: Baugrund – Felduntersuchungen, Teil 5: Bohrlochaufweitungsversuche (ersetzt durch DIN EN ISO 22476-4, -5 und -7)	2001-06
11	DIN 4107-1 Geotechnische Messungen, Teil 1: Grundlagen (Dokument zurückgezogen, ersetzt durch DIN EN ISO 18674-1:2015-09)	2011-01
12	DIN 4107-2 Geotechnische Messungen, Teil 2: Extensometer- und Konvergenzmessungen (ersetzt durch DIN EN ISO 18674-2:2017-03)	2011-03
13	DIN 4107-3 Geotechnische Messungen, Teil 3: Inklinometer- und Deflektometermessungen (Dokument zurückgezogen, ersetzt durch DIN EN ISO 18674-3:2018-04)	2011-03
14	DIN 4107-4 Geotechnische Messungen, Teil 4: Druckkissenmessungen	2012-02
15	DIN 4107-5 Geotechnische Messungen, Teil 5: Kraftmessungen in geotechnischen Bauwerksteilen (Norm-Entwurf)	2013-12
16	DIN 4124: Baugruben und Gräben – Böschungen, Verbau, Arbeitsraumbreiten	2012-01
17	DIN 4149: Bauten in deutschen Erdbebengebieten – Lastannahmen, Bemessung und Ausführung üblicher Hochbauten	2005-04
18	DIN EN ISO 8044: Korrosion von Metallen und Legierungen – Grundbegriffe	2015-12
19	DIN EN 12620: Gesteinskörnungen für Beton	2008-07
20	DIN EN ISO 14688-1: Geotechnische Erkundung und Untersuchung – Benennung, Beschreibung und Klassifizierung von Boden – Teil 1: Benennung und Beschreibung	2018-06

Tab. A.2 (Fortsetzung)

Lfd. Nr.	Titel	Veröffentlicht Jahr-Monat
21	DIN EN ISO 14688-2: Geotechnische Erkundung und Untersuchung – Benennung, Beschreibung und Klassifizierung von Boden – Teil 2: Grundlagen für Bodenklassifizierungen	2004-11
22	DIN EN ISO 14689-1: Geotechnische Erkundung und Untersuchung – Benennung, Beschreibung und Klassifizierung von Fels – Teil 1: Benennung und Beschreibung	2004-4
23	DIN EN ISO 17892-1: Geotechnische Erkundung und Untersuchung – Laborversuche an Bodenproben – Teil 1: Bestimmung des Wassergehalts	2015-03
24	DIN EN ISO 17892-2: Geotechnische Erkundung und Untersuchung – Laborversuche an Bodenproben – Teil 2: Bestimmung der Dichte des Bodens	2015-03
25	DIN EN ISO 17892-3: Geotechnische Erkundung und Untersuchung – Laborversuche an Bodenproben – Teil 3: Bestimmung der Korndichte	2016-07
26	DIN EN ISO 17892-4: Geotechnische Erkundung und Untersuchung – Laborversuche an Bodenproben – Teil 4: Bestimmung der Korngrößenverteilung	2017-04
27	DIN EN ISO 17892-5: Geotechnische Erkundung und Untersuchung – Laborversuche an Bodenproben – Teil 5: Ödometerversuch mit stufenweiser Belastung	2017-08
28	DIN 18122-1: Baugrund, Untersuchung von Bodenproben – Zustandsgrenzen (Konsistenzgrenzen) – Teil 1: Bestimmung der Fließ- und Ausrollgrenze	1997-07
29	DIN 18122-2: Baugrund – Untersuchung von Bodenproben – Zustandsgrenzen (Konsistenzgrenzen) – Teil 2: Bestimmung der Schrumpfgrenze	2000-09
30	DIN 18123: Baugrund, Untersuchung von Bodenproben – Bestimmung der Korngrößenverteilung (Dokument zurückgezogen, ersetzt durch DIN EN ISO 17892-4:2017-04)	2011-04
31	DIN 18130-1; Baugrund – Untersuchung von Bodenproben; Bestimmung des Wasserdurchlässigkeitsbeiwerts – Teil 1: Laborversuche	1998-05
32	DIN 18130-2; Baugrund – Untersuchung von Bodenproben; Bestimmung des Wasserdurchlässigkeitsbeiwerts – Teil 2: Feldversuche	2015-08
33	DIN 18137-1: Baugrund, Untersuchung von Bodenproben – Bestimmung der Scherfestigkeit – Teil 1: Begriffe und grundsätzliche Versuchsbedingungen	2010-07
34	DIN 18137-2: Baugrund, Untersuchung von Bodenproben – Bestimmung der Scherfestigkeit – Teil 2: Triaxialversuch	2011-04
35	DIN 18137-3: Baugrund, Untersuchung von Bodenproben – Bestimmung der Scherfestigkeit – Teil 3: Direkter Scherversuch	2002-09
36	DIN 18196: Erd- und Grundbau – Bodenklassifikation für bautechnische Zwecke	2011-05
37	DIN 18300: VOB Vergabe- und Vertragsordnung für Bauleistungen – Teil C: Allgemeine Technische Vertragsbedingungen für Bauleistungen (ATV) – Erdarbeiten	2016-09

Tab. A.2 (Fortsetzung)

Lfd. Nr.	Titel	Veröffentlicht Jahr-Monat
38	DIN 18312: VOB Vergabe- und Vertragsordnung für Bauleistungen – Teil C: Allgemeine Technische Vertragsbedingungen für Bauleistungen (ATV) – Untertagebauarbeiten	2016-09
39	DIN EN ISO 18674-1: Geotechnische Erkundung und Untersuchung – Geotechnische Messungen – Teil 1: Allgemeine Regeln	2015-09
40	DIN EN ISO 18674-2: Geotechnische Erkundung und Untersuchung – Geotechnische Messungen – Teil 2: Verschiebungsmessungen entlang einer Messlinie: Extensometer	2017-03
41	DIN EN ISO 18674-3: Geotechnische Erkundung und Untersuchung – Geotechnische Messungen – Teil 3: Verschiebungsmessungen quer zu einer Messlinie: Inklinometer	2018-09
42	DIN EN ISO 22475-1: Geotechnische Erkundung und Untersuchung – Probenentnahmeverfahren und Grundwassermessungen – Teil 1: Technische Grundlagen der Ausführung	2007-01

Tab. A.3 Empfehlungen des Arbeitskreises 3.3 – Versuchstechnik Fels – der Deutschen Gesellschaft für Geotechnik e. V., Stand Juni 2019

Lfd. Nr.	Titel	Redaktionelle Bearbeitung	Veröffentlicht
1	Einaxiale Druckversuche an zylindrischen Gesteinsprüfkörpern	Mutschler, T.	Bautechnik **81** (2004), Heft 10, S. 825–834
2	Dreiaxiale Druckversuche an Gesteinsproben	Rissler, P.	Bautechnik **56** (1979), Heft 7, S. 221–224
3	Dreiaxiale Druckversuche an geklüfteten Großbohrkernen im Labor	Wichter, L.	Bautechnik **56** (1979), Heft 7, S. 225–228
4	Scherversuch in situ	Henke, K. F. & Kaiser, W.	Bautechnik **57** (1980), Heft 10, S. 325–328
5	Punktlastversuche an Gesteinsproben	Thuro, K.	Bautechnik **87** (2010), Heft 6, S. 322–330
6	Doppel-Lastplattenversuch	Müller, G., Neuber, H. & Paul, A.	Bautechnik **62** (1985), Heft 3, S. 102–106
7	Schlitzentlastungs- und Druckkissenbelastungsversuche	Leichnitz, W. & Müller, G.	Bautechnik **61** (1984), Heft 3, S. 89–93
8	Dilatometerversuche in Felsbohrungen	Pahl, A.	Bautechnik **61** (1984), Heft 4, S. 109–111
9	Wasserdruckversuch im Fels	Rissler, P.	Bautechnik **61** (1984), Heft 4, S. 112–117
10	Indirekter Zugversuch an Gesteinsproben – Spaltzugversuch	Lapique, M.	Bautechnik **85** (2008), Heft 9, S. 623–627
11	Quellversuche an Gesteinsproben	Paul, A.	Bautechnik **63** (1986), Heft 3, S. 100–104

Tab. A.3 (Fortsetzung)

Lfd. Nr.	Titel	Redaktionelle Bearbeitung	Veröffentlicht
12	Mehrstufentechnik bei dreiaxialen Druckversuchen und direkten Scherversuchen	Wichter, L.	Bautechnik **64** (1987), Heft 11, S. 382–385
13	Laborscherversuch an Felstrennflächen	Leichnitz, W.	Bautechnik **65** (1988), Heft 9, S. 301–305
14	Bestimmung von Gebirgsspannungen mit dem Überbohrverfahren Teil 1: Triaxialmesssondenversuche	Heusermann, S. & Kiehl, J. R.	Bautechnik **96** (2019), in Vorbereitung
15	Verschiebungsmessungen längs der Bohrlochachse – Extensometermessungen	Paul, A. & Gartung, E.	Bautechnik **68** (1991), Heft 2, S. 41–48
16	Ein- und dreiaxiale Kriechversuche an Gesteinsproben	Hunsche, U.	Bautechnik **71** (1994), Heft 8, S. 500–505
17	Einaxiale Relaxationsversuche an Gesteinsproben	Haupt, M. & Mutschler, T.	Bautechnik **71** (1994), Heft 8, S. 506–509
18	Konvergenz- und Lagemessungen	Reik, G. & Völter, U.	Bautechnik **73** (1996), Heft 10, S. 681–690
19	Messung der Spannungsänderung im Fels und an Felsbauwerken mit Druckkissen	Paul, A. & Walter, F.	Bautechnik **81** (2004), Heft 8, S. 639–647
20	Zerfallsbeständigkeit von Gesteinen – Siebtrommelversuch	Herzel, P.	Bautechnik **79** (2002), Heft 2, S. 101–105
21	Verschiebungsmessungen quer zur Bohrlochachse – Inklinometer- und Deflektometermessungen	Bock, H. & Paul, A.	Bautechnik **79** (2002), Heft 4, S. 243–256
22	Schlitzentlastungs- und Kompensationsmethode zur Messung der Druckspannungen im Randbereich geotechnischer Bauwerke	Fröhlich, B. & Schlebusch, M.	Bautechnik **96** (2019), in Vorbereitung
23	Bestimmung der Abrasivität von Gesteinen mit dem CERCHAR-Versuch	Käsling, H. & Plinninger, R. J.	Bautechnik **93** (2016), Heft 6, S. 409–417

Tab. A.4 Empfehlungen der International Society for Rock Mechanics and Rock Engineering (ISRM): Field Testing, Stand Januar 2018

Lfd. Nr.	Titel	Veröffentlicht
1	Suggested methods for determining shear strength	1974
2	Suggested methods for rockbolt testing final draft	1974
3	Suggested methods for rockbolt testing	1974
4	Recommandations on site investigation techniques	1975
5	Suggested methods for monitoring rock movements using borehole extensometers	1977
6	Suggested methods for monitoring movements using inclinometers and tiltmeters	1977
7	Suggested methods for determining in-situ deformability of rock	1978
8	Suggested methods for pressure monitoring using hydraulic cells	1979
9	Suggested methods for surface monitoring of movements across discontinuities	1984
10	Suggested methods for determining point load strength	1985
11	Suggested methods for rock anchorage testing	1985
12	Suggested methods for deformability determination using a large flat jack technique	1986
13	Suggested methods for rock stress determination	1987
14	Suggested methods for deformability determination using a flexible dilatometer	1987
15	Suggested methods for large scale sampling and triaxial testing of jointed rock	1989
16	Suggested methods for rapid field identification of swelling and slaking rocks	1994
17	Suggested methods for deformability determination using a stiff dilatometer	1996
18	Suggested methods for in situ stress measurement using the compact conical-ended borehole overcoring (CCBO) technique	1999
19	Suggested methods for rock stress estimation Part 1: Strategy for rock stress estimation Part 2: Overcoming methods Part 3: Hydraulic fracturing (HF) and/or hydraulic testing of pre-existing fractures (HTPF) Part 4: Quality control of rock stress estimation	2003

Literatur

Adler, R., Fenchel, W., Hannak, W. & Pilger, A. (1965): Einige Grundlagen der Tektonik I. – Clausthaler Tektonische Hefte, Heft 1, 3. Aufl., 64 S.

Adler, R., Fenchel, W. & Pilger, A. (1965): Statistische Methoden in der Tektonik II. – Clausthaler Tektonische Hefte, Heft 4, 2. Aufl., 111 S.

Ahorner, L. (1975): Present day stress field and seismotectonic block movements along major fault zones in central Europe. – Tectonophysics, Vol. 29, S. 233–249

AkEnd (2002): Auswahlverfahren für Endlagerstandorte. Empfehlungen des AkEnd. – Arbeitskreis Auswahlverfahren Endlagerstandorte, Köln, 260 S.

D'Andrea, D. V., Fischer, R. L. & Fogelson, D. E. (1965): Prediction of compressive strength from other rock properties. – U. S. Bureau of Mines, Rep. of Inv. 6702

Arbeitskreis Felsböschungen der DGEG e. V. (1979): Empfehlungs-Entwurf: Geotechnische Erkundung für den Entwurf von Felsböschungen. – Geotechnik, 2. Jg., S. 170–177

Arnould, M., Broquet, J. F., Deveughele, M. & Usseglio Polatera, J. M. (1979): Cartographie géotechnique de la ville de Paris – Premières réalisations. – Bull. Int. Ass. Eng. Geol., Vol. 19, S. 109–115

Arnould, M. & Frey, P. (1978): Analyse des réponses a une enquête internationale de l'UNESCO sur les glissements de terrain. – Bull. Int. Ass. Eng. Geol., Vol. 17, S. 114–118

Ashgirei, G. D. (1963): Strukturgeologie. – Dtsch. Verl. Wiss., Berlin

Atterberg, A. (1911): Über die physikalische Bodenuntersuchung und über die Plastizität der Tone. – Internationale Mitteilungen für Bodenkunde, Bd. 1, S. 10–43

Banks, D. C. & De Angelo, M. (1972): Velocity of potential landslides, Libby Dam. – U. S. Army Engineer Waterways Experiment Station, Report to U. S. Army Engineer District. Seattle, Wash.

Barden, L. (1963): Stresses and displacements in a cross-anisotropic soil. – Géotechnique, Vol. 13, S. 198–210

Barton, N. R. (1971): Relationship between joint roughness and joint shear strength. – Proc. Int. Symp. Rock Mech., I-8, Nancy

Barton, H., Lien, R. & Lunde, J. (1974): Engineering classification of rock for the design of tunnel support. – Rock Mechanics, Vol. 6, S. 189–236

Baudendistel, M. (1974): Abschätzung der Seitendruckziffer λ und deren Einfluß auf den Tunnel. – Rock Mechanics, Supplementum 3, S. 89–96

Baumann, H. (1981): Regional stress field and rifting in western Europe. – In: Illies, J. H. (Hrsg.): Mechanism of graben formation. – Tectonophysics, Vol. 73, S. 105–111

Baumann, H. (1984): Aufbau und Messtechnik zweier Stationen zur Registrierung von Spannungsänderungen im Bereich des Hohenzollerngrabens – Erste Resultate. – Oberrhein. geol. Abhandlungen, Band 33, S. 1–14

Baumgärtner, J. (1987): Anwendung des Hydraulic-Fracturing-Verfahrens für Spannungsmessungen im geklüfteten Gebirge. – Berichte des Instituts für Geophysik der Ruhr-Universität Bochum, Reihe A, Nr. 21

Behrens, J., Marx, C. & Schlüter, K. (1981): Schürfbohrtechnik. – Statusbericht, Inst. f. Tiefbohrtechnik und Erdölgewinnung, TU Clausthal, 234 S., Eigenverlag

Bendel, L. (1944): Ingenieurgeologie. – 832 S., Springer, Wien

Bender, F. (Hrsg.) (1984): Angewandte Geowissenschaften, Bd. III. – 674 S., Enke, Stuttgart

Bhaskaran, R. (1975): Variability in strength and deformation characteristics of anisotropic clays. – Symp. Recent Developments Analysis Soil Behaviour and Application in Geotechnical Structures, Univ. of N. S. W., Sydney Australia

Bielenstein, H. U. & Eisbacher, G. H. (1969): Tectonic interpretation of elastic-strain-recovery measurements at Elliot Lake, Ontario. – Mines Branch Research Report, R 210, 64 S., Ottawa

Bieniawski, Z. T. (1967): Mechanism of brittle fracture of rock. – CSIR Report MEG 580, Pretoria, 226 S.

Bieniawski, Z. T. (1974): Geomechanics classification of rock masses and its application in tunneling. – Proc. 3rd Congr. ISRM, Denver, Vol. 2, Part A, S. 27–32

Bieniawski, Z. T. & Orr, C. M. (1976): Rapid site appraisal for dam foundations by the geomechanics classification. – Commission Internationale des Grands Barrages, 12th Int. Congr. Mexico, Vol. III, S. 483–501

Bishop, A. W. (1973): The influence of an undrained change in stress on the pore pressure in porous media of low compressibility. – Géotechnique, Vol. 23, S. 435–442

Bjerrum, L., Brekke, T. L., Moum, J. & Selmer-Olsen, R. (1963): Some norwegian studies and experiences with swelling materials in rock gouges. – Felsmechanik u. Ingenieurgeologie, Vol. I, S. 23–31

Blaschke, R., Dittmann, G., Neumann-Mahlkau, P. & Vowinckel, J. (1977): Interpretation geologischer Karten. – 74 S., Enke, Stuttgart

Blümling, P. (1983): Bohrlochauskesselungen und ihre Beziehung zum regionalen Spannungsfeld. – Berichtsband V, Sonderforschungsbereich 108, Univ. Karlsruhe, S. 313–323

Blum, R. (1975): Seismische Überwachung der Schlegeistalsperre und die Ursachen induzierter Seismizität. – Diss. Universität Karlsruhe, 170 S.

Blume, U. (2016): Vergleichsuntersuchungen zum Frosthebungsversuch an kalkbehandelten Böden, RC-Baustoffen und industriellen Nebenprodukten. – Berichte der Bundesanstalt für Straßenwesen, Straßenbau, Heft S 63

Bock, G. (1978): Induzierte Seismizität: Modelle und die Beobachtungen am Schlegels- und Emosson-Stausee. – Diss. Universität Karlsruhe, 175 S.

Bock, G. (2001): Seismograph. – In: Brandt, D. & Martin, C. (Hrsg.) Lexikon der Geowissenschaften, Spektrum Akademischer Verlag, Heidelberg, Band 4, S. 465

Bock, H. (1972): Zur Mechanik der Kluftentstehung in Sedimentgesteinen. – Veröff. Inst. Boden- und Felsmechanik, Universität Karlsruhe, Heft 53, 116 S.

Bock, H. (1978): An introduction to rock mechanics. – Department of Civil and Systems Engineering, James Cook University of North Queensland

Bock, H. & Foruria, V. (1983): A recoverable borehole slotting instrument for in-situ stress measurements in rocks not requiring overcoring. – Proc Int. Symp. Field Measurements in Geomechanics, Zürich, Band 1, S. 15–29

Bonjer, K.-P., Gelbke, C., Gilg, B., Rouland, D., Mayer-Rosa, D. & Massinon, B. (1984): Seismicity and dynamics of the upper Rhinegraben. – Sonderforschungsbereich 108, Berichtsband für die Jahre 1981–1983, S. 125–158, Karlsruhe

Borowicka, H. (1966): Das Risiko im Bauwesen. – Mitteilungen des Institutes für Grundbau und Bodenmechanik., TH Wien, Heft 7

Bouvard, M. & Pinto, N. (1969): Aménagement Capivari-Cachoeira. étude du puits en charge. – La Houille Blanche, Vol. 7, S. 747–760

Brauns, D. (1878): Die Technische Geologie. – 370 S., Schwetschke, Halle

Brinkmann, R. (1990): Abriss der Geologie; Bd. I, Allgemeine Geologie, 14. Aufl. – 278 S., Enke-Verlag, Stuttgart

Broili, L. (1980): Betrachtungen über die Standsicherheit von Felsböschungen bei Erdbeben. – Rock Mechanics, Supplementum 10, S. 47–61

Butscher, C., Mutschler, T. & Blum, P. (2016): Swelling of clay-sulfate rocks: A review of processes and controls. – Rock Mechanics and Rock Eng, Vol. 49, S. 1533–1549

Calabresi, G. & Manfredini, G. (1973): Shear strength characteristics of jointed clay of S. Barbara. – Géotechnique, Vol. 23, S. 233–244

Carder, D. S. (1945): Seismic investigations in the Boulder Dam area, 1940–1944, and the influence of reservoir loading on local earth-quake activity. – Bull. Seism. Soc Am., Vol. 35, S. 175–197

Casagrande, A. (1934a): Die Aräometer-Methode zur Bestimmung der Kornverteilung von Böden und anderen Materialien. – 56 S., Springer, Berlin

Casagrande, A. (1934b): Bodenuntersuchungen im Dienste des neuzeitlichen Straßenbaues. – Straßenbau, Heft 25

Casagrande, A. (1958): Notes on the design of the liquid limit device. - Géotechnique, Vol. 8, S. 84–91

Casagrande, A. (1961): Control of seepage through foundations and abutments of dams. – Géotechnique, Vol. 11, S. 161–182

Chenevert, M. E. (1964): The deformation-failure characteristics of laminated sedimentary rocks. – Ph. D. Thesis, Austin, Texas

Church, H. K. (1965): Seismic exploration yields data. – Engineering News-Record, August

Cloos, H. (1936): Einführung in die Geologie. – 503 S., Borntraeger, Berlin

Cluff, L. S. & Slemmons, D. B. (1972): Wasatch fault zone – Features defined by Low-Sun Angle Photography. – Utah Geol. Association, Publ. I, S. G1–G9

Colback, P. S. B. & Wiid, B. L. (1965): Influence of moisture content on the compressive strength of rocks. – Proc. 3rd Canad. Symp. Rock Mech., Ottawa, S. 65–83,

Comité Français des Grands Barrages (1976): Rapport de synthèse. – Commission Internationale des Grands Barrages, 12th Int. Congr., Mexico, 1976, Vol. IV, R.S. 10, S. 661–693

Cook, N. G. W. (1965): The failure of rock. – Int. Jour. Rock. Mech. Min. Sci., Vol. 2, S. 385–403

Czurda, K. A. & Ginther, G. (1983): Quellverhalten der Molassemergel im Pfänderstock bei Bregenz. Österreich. – Mitt. österr. geol. Ges., Band 76, S. 141–160

Darcy, H. (1856): Les fontaines publiques de la ville de Dijon. – Dalmont, Paris

Deere, D. U. (1963): Technical description of rock cores for engineering purposes. – Felsmechanik u. Ingenieurgeologie, Vol. I, S. 16–22

Deere, D. U. & Miller, R. P. (1966): Engineering classification and index properties for intact rock. – Air Force Weapours Lab. Tech. Rep. AFWL-TR-65–116, Kistland Base

Demmer, W. & Grollitsch, E. (1968): Über die Erschließung von Lockerböden mittels Rotationsbohrungen, samt Durchlässigkeitsbestimmungen beim Bau des Dammes Freistritz. – Mitt. Ges. Geol. Bergbaustudenten, Band 18, Wien

Detzlhofer, H. (1969): Gebirgswassereinflüsse beim Stollenbau. – Rock Mechanics, Vol. 1, S. 207–240

Dörhöfer, G. (1993): Die Umsetzung der Anforderungen an die Geologische Barriere beider Einrichtung von Deponien. – Umweltgeologie heute, Band 1, S. 21–31

Dreyer, M. (1967): Die Festigkeitseigenschaften natürlicher Gesteine, insbesondere der Salz- und Karbongesteine. – Clausthaler Hefte zur Lagerstättenkunde und Geochemie der mineralischen Rohstoffe, Heft 5, S. 1–247

Dreyer, M. (1974): Gebirgsmechanik im Salz. – 205 S., Enke-Verlag, Stuttgart

Einsele, G. (1983): Mechanismus und Tiefgang der Verwitterung bei mesozoischen Ton- und Mergelsteinen. – Z. dt. geol. Ges., Band 134, S. 289–315

Eisbacher, G. H. & Bielenstein, H. U. (1971): Elastic strain recovery in proterozoic rocks near Elliot Lake, Ontario. – J. Geophys. Res., Vol. 75, S. 2012

Eisenburger, D., Kopietz, J., Liedtke, L. & Meister, D. (1983): Instrumentation and FE calculations of in situ heating experiments in a salt mine related to the permanent disposal of high level wastes. – Field Measurements in Geomechanics, S. 1309–1319, Zürich

Eissele, K. (1962): Pleistozäner Bodenfrost und Klüftigkeit im nordschwarzwälder Buntsandstein. – Hermann Aldinger-Festschrift, S. 43–50, Stuttgart
Eissele, K. (1966): Grundwasserbewegung in klüftigem Sandstein. – Jh. Geol. L. A. Bad.-Württemberg, Bd. 8, S. 105–111
Ellenberg, H. (1950): Unkrautgemeinschaften als Zeiger für Klima und Boden. – 141 S., Ulmer Stuttgart
Engelhardt, W. v., Füchtbauer, H. & Müller, G. (1964): Sediment-Petrologie. I. – Schweizerbart, Stuttgart
Erguvanli, K. (1979): Problems on damsites and reservoirs in karstic areas with some considerations as to their solution. – Bull. IAEG, Vol. 20, S. 173–178
Erguvanli, K. (1981): Engineering geology text-book in the world. - International Engineering Geology Symposium, 14-18 September 1981, 16 S., Istanbul
Ernst, W. (1984): Verfahren und Vorrichtung zum Untersuchen der Struktur und der Durchlässigkeit von Erd- und Gesteinsbereichen. – Europäisches Patent EP 0 105 967 A 1 vom 25. 04. 1984
Fabry, R. (1950): Bodenuntersuchung im Gelände. – 141 S., Hanser, München
Farmer, J. W. (1968): Engineering properties of rocks. – Chapman and Hall, London
Fauser, T. (2000): Ausbruchsklasse. – In: Brandt, D. & Martin, C. (Hrsg.) Lexikon der Geowissenschaften, Spektrum, Akademischer Verlag, Heidelberg, Band 1, S. 161–162
Fecker, E. (1970): Tektonische Beobachtungen am Westrand des Rheingrabens bei Neustadt a. d. Weinstraße. – Oberrhein. Geol. Abhandlungen, Jg. 20, S. 15–20
Fecker, E. (1977): Hydraulisches Analogon zum Spitzenreibungswiderstand auf großen Kluftflächen. – Veröffentlichungen des Inst. f. Bodenmechanik u. Felsmechanik der Univ. Karlsruhe, Heft 73, 110 S.
Fecker, E. (1978): Geotechnical description and classification of joint surfaces. – Bull. IAEG, Vol. 18, S. 111–120
Fecker, E. (1980): Influence of jointing on failure of Teton dam. A review and commentary. – Bull. IAEG, Vol. 21, S. 232–238
Fecker, E. (1995): Untersuchung von Schwellvorgängen und Erprobung von Auskleidungskonzepten beim Freudensteintunnel. – Taschenbuch für den Tunnelbau 1996, 20. Jahrgang, Glückauf Essen, S. 165–182
Fecker, E. (1998): Verfahren und Vorrichtung zur Untersuchung der Wandung eines Bohrlochs in Gestein. – Patent Nr. 44 37 525 der Bundesrepublik Deutschland, München
Fecker, E. (2006): The practice of borehole expansion tests in Germany. – ISP5 – Pressio 2005, Symposium international 50 ans de pressiomètres. Vol. 2, 381–391
Fecker, E. (2007): Kallion jännitystilan mittaus Olkiluodon maanalaisessa kallioperätutkimustilassa ONKALOssa syvyydellä 120m. WR 2007–26. Posiva Oy
Fecker, E. (2018): Geotechnische Messgeräte und Feldversuche im Fels, 2. Aufl. – 213 S., Springer Spektrum, Berlin
Fecker, E. & Lux, K.-N. (2001): Bildgebende Messsysteme in Bohrungen. – Geotechnik, 24, Heft 2, 123–128
Fecker, E. & Mühlhaus, H.-B. (1979): Beitrag zum Quell- und Schwellverhalten horizontal gelagerter Sedimentgesteine. – Ber. 2. Nat. Tag. Ing.-Geol., S. 127–134, Fellbach
Fecker, E. & Wullschläger, D. (1991): Geotechnische Messeinrichtungen in der Untersuchungsstrecke U1 des Freudensteintunnels, Messergebnisse. – IBW, Jg. 29, Nr. 7, S. 195–213, 12/1991
Fecker, E. & Rengers, N. (1971): Measurements of large scale roughness of rock planes by means of profilograph and geological compass. – Proc. Int. Symp. Rock Mech., 1–18, Nancy
Fenti, V., Silvano, S. & Spagna, V. (1979): Methodological proposal for an engineering geomorphological map. Forecasting rockfalls in the Alps. – Bull. IAEG, Vol. 19, S. 134–138
Floss, R. (2011): Zusätzliche Technische Vorschriften für Erdarbeiten im Straßenbau, ZTVE-StB, Kommentar und Leitlinien mit Kompendium Erd- und Felsbau. – 725 S.. Kirschbaum, Bonn
Franklin, J. A. & Hoek, E. (1970): Developments in triaxial testing technique. – Rock Mechanics, Vol. 2, S. 223–280

Franklin, J. A., Broch, E. & Walton, G. (1971): Logging the mechanical character of rock. – Trans. Inst. Min. Metall., Section A, Vol. 80, A1–A9

Franklin, J. A. & Hungr, O. (1978): Rock stresses in Canada, their relevance to engineering projects. – Rock Mechanics, Supplementum 6, S. 25–46

Fröhlich, B. (1986): Anisotropes Quellverhalten diagenetisch verfestigter Tonsteine. – Veröffentlichungen d. Inst. f. Bodenmechanik u. Felsmechanik der Univ. Karlsruhe, Heft 99, 130 S.

Fuchs, E. & Klengel, K. J. (1977): Baugrund und Bodenmechanik. – 312 S., VEB Verlag für Bauwesen, Berlin

Ganssen, R. (1965): Grundsätze der Bodenbildung. – 135 S., BI Hochschultaschenbücher Nr. 327, Bibliographisches Institut, Mannheim

Gattinger, T. (1973): Geologie und Baugeschichte des Schneealpenstollens der 1. Wiener Hochquellenleitung (Steiermark – Niederösterreich). – Abh. geol. Bundes-Anstalt, Band 30, 60 S.

Gay, N. C. (1975): In-situ stress measurements in Southern Africa. – Tectonophysics, Vol. 29, S. 447–459

Geyer, O. F. & Gwinner, M. P. (1991): Geologie von Baden-Württemberg. 4. Aufl. – 482 S., Schweizerbart, Stuttgart

Gignoux, M. & Barbier, R. (1955): Géologie des Barrages et des Aménagements Hydrauliques. – 343 S., Masson, Paris

Gilluly, J., Waters, A. C. & Woodford, A. O. (1975): Principles of geology. – 527 S., W. H. Freeman, San Francisco

Glötzl, R., Kappel, G., Meyer, Th. & Schmidt, M. W. (1986): New approach to the long-term determination of stress fields to reduce overloading risks of large underground caverns. – Large Rock Caverns, Helsinki

Götz, H.-P. (1978): Auswirkungen des Blähverhaltens von Gesteinen auf die Sohlhebungen im Tunnelbau. – Veröffentl. d. Inst. f. Bodenmechanik u. Felsmechanik, Univ. Karlsruhe, Heft 76, 99 S.

Goodman, R. E. (1974): Die mechanischen Eigenschaften von Klüften. – Proc. 3rd Congr. ISRM, Denver, Vol. 1, Part A, S. 157–169

Goodman, R. F., Heuzé. F. E. & Ohnishi, Y. (1972): Research on strength-deformability water pressure relationships for faults in direct shear. – Advanced Research Projects Agency, ARPA Order No. 1579, Berkeley

Goodman, R. E. & Ohnishi, Y. (1973): Undrained shear testing of jointed rock. – Rock Mechanics., Vol. 5, S. 129–149

Goodman, R. E., Taylor, R. L. & Brekke, T. L. (1968): A model for the mechanics of jointed rock. – Soil Mech. Found. Div. Proc. ASCE, Vol. 94, SM 3, S. 637–659

Greiner, G. (1978): Spannungen in der Erdkruste – Bestimmung und Interpretation am Beispiel von in Situ-Messungen im süddeutschen Raum. – Dissertation, Universität Karlsruhe, 192 S.

Grengg, H. (1971): Statistik 1971 der Talsperren, Kunstspeicher und Flußstauwerke. – Die Talsperren Österreichs, Heft 19

Griggs, D. T., Turner, F. J. & Heard, H. C. (1960): Deformation of rocks at 500° to 800 °C. – Geol. Soc. of America, Memoir 79, p. 39–104

Griggs, D. T. & Handin, J. (1960): Observations on fracture and a hypothesis of earthquakes. – Geol. Soc. of America, Memoir 79, p. 347–364

Grob, H. (1972): Schwelldruck im Belchentunnel. – Sitzungsber. Int. Symp. f. Untertagebau, Luzern, S. 99–119

Grünthal, G., Stromeyer, D., Bosse, C., Cotton, F. & Bindi, D. (2018): The probabilistic seismic hazard assessment of Germany – version 2016, considering the range of epistemic uncertainties and aleatory variability. – Bulletin of Earthquake Eng., Open access: https://doi.org/10.1007/s10518-018-0315-y

Gruner, E. (1978): Staubecken – das Risiko Dritter und deren Versicherung. – Wasserwirtschaft, Vol. 68, S. 232–235

Gudehus, G. (1981): Bodenmechanik. – 268 S., Enke, Stuttgart

Haimson, B. C. (1978): The hydrofracturing stress measuring method and recent field results. – Int. J. Rock Mech. Min. Sci., Vol. 15, S. 167–178

Hallbauer, D. K., Wagner, H. & Cook, N. G. W. (1973): Some observations concerning the microscopic and mechanical behaviour of quartzite specimens in stiff, triaxial compression tests. – Int. J. Rock Mech. Min. Sci., Vol. 10, S. 713–726

Harpf, R. & Gais, W. (1983): Vortrieb im Lockermaterial und im aufgelockerten Gebirge. – Felsbau, Vol. 1, S. 49–54

Hast, N. (1967): The state of stresses in the upper part of the earth's crust. – Eng. Geol., Vol. 2, S. 5–17

Hast, N. (1969): The state of stress in the upper part of the earth's crust. – Tectonophysics, Vol. 8, S. 169–211

Hazen, A. (1892): Some physical properties of sands and gravels with special reference to their use in filtration. – 24th Annual Report Massachusetts State Board of Health: Pub.Doc. No.34, S. 539–556

Heim, A. (1932): Bergsturz und Menschenleben. – Beiblatt zur Vierteljahresschrift Naturf. Ges. Zürich, Jg. 77/BB20 http://www.ngzh.ch/publikationen/vjs/77/BB20

Heissler, V. (1962): Kartographie. – Sammlung Göschen, 30/30a, W. de Gruyter, Berlin

Heitfeld, K.-H. (1965): Hydro- und baugeologische Untersuchungen über die Durchlässigkeit des Untergrundes an Talsperren des Sauerlandes. – Geol. Mitt., Bd. 5, S. 1–210

Heitfeld, K.-H. (1979): Durchlässigkeitsuntersuchungen im Festgestein mittels WD-Testen. – Mitt. zur Ing.- u. Hydrogeologie, Heft 9, S. 175–218, Aachen

Heitfeld, K.-H. & Düllmann, H. (1978): Mechanische Eigenschaften anisotroper Gesteine in Abhängigkeit vom Korngefüge. – Felsmechanik Kolloquium Karlsruhe, S. 85–105

Henningsen, D. (1986): Einführung in die Geologie der Bundesrepublik Deutschland. 3. Aufl. – 132 S., Enke, Stuttgart

Herget, G. (1972): Tectonic fabric and current stress field at an iron mine in the Lake Superior Region. – 24th Int. Geol. Congr., Montreal, Sect. 13, S. 241–248

Hesse, K.-H. (1978): Zur ingenieurgeologischen Gebirgscharakteristik und deren Einfluß auf Entwurf und Sicherung von Felsbauwerken im Rheinischen Schiefergebirge. – Mitt. zur Ing.- u. Hydrogeologie, Heft 6, 173 S., Aachen

Hessisches Landesamt für Bodenforschung (1981): DB-NBS Hannover-Würzburg. – Unveröffentlichtes Gutachten

Hilsdorf, H. (1965): Die Bestimmung von zweiachsiger Festigkeit von Beton. – Dt. Ausschuss für Stahlbeton, Heft 173, Berlin

Hiltscher, R. (1972): Anwendung der Gebirgsspannungsmessung bei der schwedischen Staatlichen Kraftwerksverwaltung. – Int. Symp. f. Untertagebau, Luzern, S. 555–560

Hjulström, F. (1935): Studies of the morphological activity of rivers as illustrated by the river Fytis. – Bull. Geol. Inst. Uppsala, Vol. 25, S. 221–527

Hobbs, B. E., Means, W. U. & Williams, P. F. (1976): An outline of structural geology. – 571 S., Wiley, New York

Hoek, E. & Bray, J. W. (1974): Rock slope engineering. – Institution of Mining and Metallurgy, London, 309 S.

Hoek, E. & Brown, E. T. (1980): Underground excavations in rock. – Institution of Mining and Metallurgy, London, 527 S.

Hoek, E. & Brown, E. T. (1997): Practical estimates of rock mass strength. – International Journal of Rock Mechanics & Mining Sciences, Vol. 34, p. 1165–1186

Hölting, B. & Coldewey, W. (2012): Hydrogeologie. 8. Aufl. – 438 S., Spektrum, Akademischer Verlag, Heidelberg

Hötzl, H., Koenzen, J.-P., Merkler, G., Metzler, F. & Rothengatter, P. (1981): Hydrogeologische Untersuchungen zur Kennzeichnung der Durchlässigkeit von klüftigen Festgesteinen. – Veröff. Inst. Boden- und Felsmechanik, Universität Karlsruhe, Heft 87, S. 143–179

Hoth, P., Wirth, H., Reinhold, K., Bräuer, V., Krull, P. & Feldrappe, H. (2007): Endlagerung radioaktiver Abfälle in tiefen geologischen Formationen Deutschlands – Untersuchung und Be-

wertung von Tongesteinsformationen. – Bundesanstalt für Geowissenschaften und Rohstoffe, Hannover, 118 S.
Houlsby, A. C. (1976): Routine interpretation of the Lugeon Water Test. – Quat. Engng. Geol., Vol. 9, S. 303–313, Belfast
Hubbert, M. K. & Willis, D. G. (1957): Mechanics of hydraulic fracturing. – J. Petrol. Tech., Vol. 9, S. 153–168
Huder, J. & Amberg, G. (1970): Quellung im Mergel, Opalinuston und Anhydrit. – Schweiz. Bauzeitung, 88. Jg., S. 975–980
Illies, H. (1974): Intra-Plattentektonik in Mitteleuropa und der Rheingraben. – Oberrhein. Geol. Abh., Bd. 23, S. 1–24
Illies, H. (1975): Intraplate tectonics in stable Europe as related to plate tectonics in the Alpine system. – Geologische Rundschau, Bd. 64, S. 677–699
Jaeger, J. C. (1971): Friction of rocks and stability of rock slopes. – Géotechnique, Vol. 13, S. 97–134
Jaeger, J. C. & Cook, N. G. W. (1976): Fundamentals of rock mechanics. – Science Paperbacks, 586 S., Chapman and Hall, London
Jaeger, J. C. & Rosengren, K. J. (1969): Friction and sliding of joints. – Aus. J. M. & M. Proc., No. 229, S. 93–104
Janin, J. J. & Le Sciellour, G. F. (1970): Chemical grouting for Paris Rapid Transit Tunnel. – Proc. ASCE, J. Constr. Div., Vol. 96, No CO 1, S. 61–74
John, K. W. (1969): Ein Ingenieurverfahren zur rechnerischen Abschätzung von Festigkeit und Verformbarkeit regelmäßig geklüfteten Felsens. – Rock Mechanics, Vol. 1, S. 183–197
John, K. W. (1976): Felsgründungen von großen Talsperren. – Rock Mechanics, Supplementum 5, S. 61–79
John, K. W. & Baudendistel, M. (1981): A compromise approach to tunnel design. – 22. US-Symp. Rock Mech. MIT, Cambridge (Massachusetts)
John, K. W. & Deutsch, R. (1974): Die Anwendung der Lagenkugel in der Geotechnik. – In: Festschrift Leopold Müller-Salzburg, S. 137–159, Karlsruhe
Käsling, H. & Plinninger, R. J. (2016): Bestimmung der Abrasivität von Gesteinen mit dem Cerchar-Versuch. – Empfehlung Nr. 23 der DGGT e. V., Bautechnik, Bd. 93, S. 409–417
Kaessaris, N. S., Falconier, A. & v. Gottstein, E. (1965): Wasserverluste im Stauraum von Perdikkas (Griechenland) – ihre Ursachen und Möglichkeiten ihrer Behebung. – Felsmechanik u. Ingenieurgeologie, Vol. III, S. 1–23
Karl, F. & Kern, H. (1968): Über Beanspruchung und Verformung von Gesteinen II. Rotationssymmetrische und echt dreiachsige Verformungen an Marmoren. – Contributions to Mineralogy and Petrology, Vol. 18, S. 199–224
Kármán, Th. von (1912): Festigkeitsversuche unter allseitigem Druck. – Mitt. Forsch. Ing.-Wes., Hrsg. VDI, Bd. 118, S. 37–68
Kézdi, A. (1973): Handbuch der Bodenmechanik, Bd. III. – 274 S., VEB Verlag für Bauwesen, Berlin
Kieslinger, A. (1964): Die nutzbaren Gesteine Salzburgs. – 436 S., Das Bergland-Buch, Salzburg
Kirsch, E. G. (1898): Die Theorie der Elastizität und die Bedürfnisse der Festigkeitslehre. – Zeitschr. V. D. I., Bd. 42, S. 797–807
Kirschke, D. (1974): Druckstoßvorgänge in wassergefüllten Felsklüften. – Veröff. Inst. Boden- und Felsmechanik, Universität Karlsruhe, Heft 61, 169 S.
Kirschke, D. (1978): Die statische Berechnung als Bindeglied zwischen Ingenieurgeologie und Felsbaupraxis. – Rock Mechanics, Supplementum 6, S. 115–132
Kleinert, K. & Einsele, G. (1978): Sohlhebungen in Straßeneinschnitten in Anhydritführendem Gipskeuper. – Bericht der 3. Nat. Tag. über Felsmech., Aachen, S. 103–124
Klengel, K. J. (1968): Frost und Baugrund. – 288 S., VEB Verlag für Bauwesen, Berlin
Klengel, K. J. & Wagenbreth, O. (1981): Ingenieurgeologie für Bauingenieure. – 212 S., VEB Verlag für Bauwesen, Berlin

Kramrisch, F. (1935): Zur Rauhigkeitsbestimmung von Gesteinsbruchflächen. – Geol. u. Bauwesen, Jg. 7, S. 33–59

Krapp, L. (1979): Gebirgsdurchlässigkeit im linksrheinischen Schiefergebirge – Bestimmung nach verschiedenen Methoden. – Mitt. zur Ing.- u. Hydrogeologie, Heft 9, S. 313–347, Aachen

Krause, H. (1977): Zur Geologie und Statistik des Tunnelbaus in Baden-Württemberg unter besonderer Berücksichtigung der Keupertunnel. – Jh. Geol. L. A. Bad.-Württemberg, Bd. 19, S. 35–57, Freiburg

Kronberg, P. (1984): Photogeologie. – 268 S., Enke, Stuttgart

Kropotkin, P. N. (1972): The state of stresses in the earth's crust as based on measurements in mines and geophysical data. – 24th Int. Geol. Congr. Montreal, Sect. 3, S. 64–70

Kubiena, W. L. (1953): Bestimmungsbuch und Systematik der Böden Europas. – 392 S., Enke, Stuttgart

Kruedener, A. v. (1951): Ingenieurbiologie. – 172 S., Reinhardt Verlag, München

Krumbein, W. C. (1941): Measurement and geological signification of shape and roundness of sedimentary Particles. – Journal of Sedimentary Petrology, Vol. 11, S. 64–72

Kuhnhenn, K., Bruder, J. & Lorscheider, W. (1979): Sondierstollen und Probestollen für den Engelberg-Basistunnel. – Ber. 2. Nat. Tag. Ing. Geol., S. 25–42, Fellbach

Künzel, H. (1936): Der „Prüfstab", ein einfaches Mittel zur Bodenprüfung. – Bauwelt, Bd. 21, S. 327

Kunz, F. (1981): Baugeologische Beschreibung der Ostseite des Arlberg-Straßentunnels. – Mitt. Ges. Geol. Bergbaustud. Österr., Bd. 27, S. 117–143

Ladanyi, B. & Archambault, G. (1969): Simulation of shear behaviour of a jointed rock mass. – Proc. 11. Symp. Rock Mech., S. 105–125

Laemmlen, M., Prinz, H. & Roth, H. (1979): Folgeerscheinungen des tiefen Salinar-Karstes zwischen Fulda und d. Spessart-Rhön-Schwelle. – Geol. Jb. Hessen, Bd. 107, S. 207–250

Lama, R. D. (1975): Concept of the creep of jointed rocks and the status of research project A–7. – Jahresbericht 1974, SFB 77 – Felsmechanik – Universität Karlsruhe, S. 104–134

Lama, R. D. (1978): Influence of thickness of fill on shear strength of rough rock joints at low normal stresses. – Felsmechanik Kolloquium Karlsruhe, S. 55–66

Lane, K. S. (1970): Engineering problems due to fluid pressure in rock. – 11. Symp. on Rock Mech., S. 501–540, Berkeley 1969, New York

Langefors, U. & Kihlström, B. (1963): The modern technique of rock blasting. – Wiley, New York

Langer, M. (1979): Rheologisches Verhalten von Gesteinen und Fels. – Proc. 4. Intern. Congr. on Rock Mech., **3**, S. 63–97, Montreux

Lapique, M. (2008): Indirekter Zugversuch an Gesteinsproben – Spaltzugversuch. – Empfehlung Nr. 11 der DGGT e. V., Bautechnik, Bd. 85, S. 623–627

Lauffer, H. (1958): Gebirgsklassifizierung für den Stollenbau. – Geol. u. Bauwesen, Jg. 24, H. 1, S. 46–51

Lauffer, H. (1960): Ein Gerät zur Ermittlung der Felsnachgiebigkeit für die Bemessung von Druckstollen- und Druckschachtauskleidungen. – Geol. u. Bauwesen, Jg. 25, S. 114

Lauffer, H. & Seeber, G. (1966): Die Messung der Felsnachgiebigkeit mit der TIWAG-Radialpresse und ihre Kontrolle durch Dehnungsmessungen an der Druckschachtpanzerung des Kaunertalkraftwerkes. – Proc. 1. Congr. Internat. Soc. of Rock Mech., Lissabon, Band II, S. 347–356

Leeman, F. R. (1971): The CSIR „doorstopper" and triaxial rock stresses measuring instruments. – Rock Mechanics, Vol. 3, S. 25–50

Lehmann, K. (1971): Irrungen und Wirrungen in der Geologie. – Eigenverlag, Herne, 20 S.

Leichnitz, W. (1981): Mechanische Eigenschaften von Felstrennflächen im direkten Scherversuch. – Veröffentlichungen des Inst. f. Bodenmechanik u. Felsmechanik der Univ. Karlsruhe, Heft 90, 100 S.

Leichnitz, W. & Müller, G. (1984): Schlitzentlastungs- und Druckkissenbelastungsversuche. – Empfehlung Nr. 7 der DGGT e. V., Bautechnik, Bd. 61, S. 89–93

Leins, W. & Thum, W. (1970): Ermittlung und Beurteilung der Sprengbarkeit von Gestein auf der Grundlage des spezifischen Sprengenergieaufwandes. – Forsch.-Ber. d. Landes NRW, 2118

Leitmeier, H. (1950): Einführung in die Gesteinskunde. – 275 S., Springer, Wien

Lekhnitskii, S. G. (1963): Theory of elasticity of an isotropic elastic body. – Holden day Series in Mathem. Physics, San Francisco

Lempp, Ch., Menezes, F. & Sachwitz, S. (2016): Tonstein als Wirtsgestein: Ein geomechanischer Beitrag über Opalinuston. – Geotechnik, 39, S. 235–251

LGRB, Landesamt für Geologie, Rohstoffe und Bergbau (2012): Zweiter Sachstandsbericht zu den seit dem 01.03.2010 erfolgten Untersuchungen im Bereich des Erdwärmesondenfeldes beim Rathaus in der historischen Altstadt von Staufen i. Br. – http://www.lgrb-bw.de/geothermie/staufen

Lohr, J. (1969): Die seismischen Geschwindigkeiten der jüngeren Molasse im ostschweizerischen und deutschen Alpenvorland. – Geophys. Prosp., Vol. 17, S. 111–125

Lombardi, G. & Dal Vesco, E. (1966): Experimentelle Bestimmung der Reibungskoeffizienten für die Felswiderlager der Staumauer Contra (Verzasca). – Ber. 1. Kongr. Int. Ges. f. Felsmechanik, Lissabon, Band I, S. 571–576

Londe, P. (1966): Panel Discussion Theme 6: Natural and excavated slopes. – Ber. 1. Kongr. Int. Ges. f. Felsmechanik, Lissabon, Band III, S. 449–453

Londe, P. (1976): Séances techniques – Question 45. – Commission Internationale des Grands Barrages, 12th Int. Congr. Mexico, 1976, Vol. V, Q. 45, S. 235–241

Londe, P. & Sabarly, F. (1966): La distribution des perméabilités dans la fondation des barrages voûtes en fonction du champ de contrainte. – Ber. 1. Kongr. der Int. Ges. f. Felsmechanik, Lissabon, Band II, S. 517–521

Louis, C. (1967): Strömungsvorgänge in klüftigen Medien und ihre Wirkung auf die Standsicherheit von Bauwerken und Böschungen im Fels. – Veröff. Inst. Boden- und Felsmechanik, Universität Karlsruhe, Heft 30, 121 S.

Loureiro-Pinto, J. (1970): Deformability of schistous rocks. – Proc. 2. Congress, ISRM, Belgrad, 1, S. 491–496

Loureiro-Pinto, J. (1981): Determination of the deformability modulus of weak rock masses by means of large flat jacks (LFJ). – Proc. Int. Symp. on Weak Rocks, Tokyo, S. 447–452

Luchterhandt, J. (1966): Grünverbau. – 200 S., Bauverlag, Wiesbaden, Berlin

Lugeon, M. (1933): Barrages et Géologie. – 138 S., Dunod, Paris

Madsen, F. T. (1979): Determination of the swelling pressure of claystones and marlstones using mineralogical data. – Proc. 4. Int. Congr. on Rock Mech., Vol. 1, S. 237–243, Lausanne

Maidl, B. (1970): Bohrbarkeit von Gesteinen als Parameter zur Bohrgeräteermittlung im Untertagebau. – Ber. 2. Int. Kongr. f. Felsmechanik, Belgrad, Band 4, S. 455–457

Maidl, B. (1972): Bohrbarkeit von Gesteinen als Parameter zur Bohrzeitermittlung im Untertagebau. – Straße, Brücke, Tunnel, 6, S. 148–150

Maleton, G. (1973): Wechselwirkungen von Maschine und Fels beim Reißvorgang. – Veröff. Inst. Maschinenwesen im Baubetrieb Universität Karlsruhe, Reihe F., Heft 5, 157 S., Karlsruhe

Malgot, J. (1977): Deep-seated gravitational slope deformations in neovolcanic mountain ranges of Slovakia. – Bull. IAEG, Vol. 16, S. 106–109

Marinos, V., Marinos, P. and Hoek, E. (2005): The geological strength index; applications and limitations. – Bull. Eng. Geol. Environment, Vol. 64, p. 55–65

Marx, C. (1972): Diamantwerkzeuge und ihr Einsatz in Flachbohrungen. – Christensen Diamond Products, Celle

Marx, C. (1978): Grundlagen der Horizontalbohrtechnik für große Längen. – Vortrag für den „Berg- und Hüttenmännischen Tag 1978" der Bergakademie Freiberg

Masure, Ph. (1970): Comportement mécanique des roches à anisotropie planaire discontinue. – Ber. 2. Kongr. Int. Ges. Felsmechanik, Belgrad, Band 1–27

Mathews, K. E. & Edwards, D. B. (1969): Rock mechanics in practice at Mt. Isa, Queensland, Australia. – Proc. 9th Commonwealth Min. Met. Congr., Vol. 1, S. 321–383

Matthess, G. (1985): Hydrogeologische Aspekte der Abfalldeponien. – Ber. 5. Nat. Tag. Ing.-Geol., S. 21–28

Matula, M. & Pašek, J. (1966): Zásady inženyrsko-geologického mapovani (mit engl. Kurzfassung). – Sbornik Geologickych VED, S. 161–172

Mayer, A., Habib, P. & Marchand, R. (1951): Mesure en place des pressions de terrain. – Int. Conf. Rock Pressure and Support in the Workings. Liège, S. 217–221
Melton, M. A. (1957): An analysis of the relations among elements of climate, surface properties, and geomorphology. – Project Nr. 389–042, Techn. Rep. Columbia University
Melzer, K-J., Fecker, E. & Westhaus, T. (2017): Baugrunduntersuchungen im Feld. – In: Grundbau-Taschenbuch Teil 1: Geotechnische Grundlagen, 8. Auflage, Berlin (Ernst & Sohn), 45–137
Merkler, G., Fuchs, K. & Bock, G. (1979): Untersuchung seismischer Aktivität an Stauseen in den Alpen und in den rumänischen Karpaten. – Sonderforschungsbereich 77 – Felsmechanik, Jahresbericht 1978, Karlsruhe, S. 43–92
Militzer, H., Schön, J. & Stötzner, U. (1986): Angewandte Geophysik im Ingenieur- und Bergbau, 2. Auflage. – 448 S., Enke, Stuttgart
Mogilevskaya, S. E. (1974): Morphology of joint surfaces in rock and its importance for engineering geological examination of dam foundations. – Proc. 2. Int. Congr. IAEG, VI–17
Mohr, O. (1914): Abhandlungen aus dem Gebiete der technischen Mechanik. – Ernst & Sohn, Berlin
Moser, M. & Mazur, W. (1983): Die Kinematik von instabilen hohen Talflanken. – Ber. 4. Nat. Tagung Ing. Geol., Goslar, S. 247–258
Mühlhaus, H. B. & Reik, G. (1978): Methoden zur Ermittlung mechanischer Eigenschaften von geklüftetem Fels. – Felsmechanik Kolloquium, Karlsruhe, S. 67–84
Müller, L. (1933): Untersuchungen über statistische Kluftmessung. – Geol. u. Bauwesen, Jg. 5, S. 185–255
Müller, L. (1950): Der Kluftkörper. – Geol. u. Bauwesen, Jg. 18, S. 52–60
Müller, L. (1951): Eine Arbeitsgemeinschaft für Geomechanik. – Geol. u. Bauwesen, Jg. 18, S. 247–252
Müller, L. (1959): Der Mehrausbruch in Tunneln und Stollen. – Geol. u. Bauwesen, Jg. 24, S. 204–222
Müller, L. (1963): Der Felsbau, Bd. I, Theoretischer Teil, Felsbau über Tage. – 624 S., Enke, Stuttgart
Müller, L. (1964): The rock slide in the Vajont valley. – Felsmechanik u. Ingenieurgeologie, Vol. 2, S. 148–212
Müller, L. (1968): New considerations on the Vajont Slide. – Felsmechanik u. Ingenieurgeologie, Vol. 6, S. 1–91
Müller, L. (1974): Engineering Geology Today. – Bull. IAEG, Vol. 9, S. 75–78
Müller, L. (1978): Der Felsbau, Bd. III, Tunnelbau. – 945 S., Enke, Stuttgart
Müller, L. (2018): Der Felsbau, Bd. II, Felsbau über Tage, 2. Teil: Gründungen, Wasserkraftanlagen Teilband B. – 992 S., Springer Spektrum, Berlin
Müller, L. & Lögters, G. (1974): Eine Rutschung am Rand eines geologischen Grabens. – Rock Mechanics, Suppl. 3, S. 53–67
Müller, S. (1970): Man-made-earthquakes. Ein Weg zum Verständnis natürlicher seismischer Aktivität. – Geol. Rundschau, Bd. 59, S. 792–805
Muhs, H. (1957): Die Prüfung des Baugrundes und der Böden. – Handb. d. Werkstoffprüfung, 2. Aufl., Bd. III, 992 S., Springer, Berlin
Murawski, H. (1977): Geologisches Wörterbuch, 7. Aufl. – 280 S., Enke, Stuttgart
Murawski, H. (1983): Geologisches Wörterbuch, 8. Aufl. – 281 S., Enke, Stuttgart
Mutschler, T. (2004): Einaxiale Druckversuche an zylindrischen Gesteinsprüfkörpern. – Empfehlung Nr. 1 der DGGT e. V., Bautechnik, Bd. 81, S. 825–834
Natau, O. (1975): Die Gebirgsmechanik eine selbständige Wissenschaft. – Bericht aus dem Arbeitskreis „Bergmännische Gebirgsmechanik" der DFG, 168 S., Bonn
Natau, O. (1978): Theoretische und experimentelle Gebirgsmechanik im Steinkohlenbergbau. – Abschlussbericht zum Forschungsvorhaben „Steinkohlenbergwerk der Zukunft", 187 S., Karlsruhe

Nemčok, A., Pašek, J. & Rybář, J. (1972): Classification of landslides and other mass movements. – Rock Mechanics, Vol. 4, S. 71–78

Niedermeyer, S. W., Rahn, W., Reik, G. & Stoll, R. D. (1983): Geologische Gegebenheiten im Unteren und Mittleren Buntsandstein und ihre geotechnische Bedeutung für Baumaßnahmen im Fels. – Felsbau, Jg. 1, S. 54–67

Niedersächsisches Landesamt für Bodenforschung (1977): Seismische und geoelektrische Untersuchungen DB-Neubaustrecke Hannover-Würzburg Abschnitt Hildesheimer Wald. – Unveröff. Gutachten, 18 S., Hannover

Norman, C. E. (1970): Geometric relationship between geologic structure and ground stresses near Atlanta, Ga. – US Bur. Mines Rep., Inv. 7365, Washington DC, 23 S.

Okamoto, S. (1984): Introduction to earthquake engineering, 2. Auflage. – University of Tokyo Press

Pacher, F. (1954): Konstruktion des Kluftkörpers. – Geol. u. Bauwesen, Jg. 21, S. 87–89

Pacher, F. (1959): Kennziffern des Flächengefüges. – Geol. u. Bauwesen, Jg. 24, S. 223–227

Pacher, F., Rabcewicz, L. v. & Golser, J. (1974): Zum derzeitigen Stand der Gebirgsklassifizierung im Tunnel- und Stollenbau. – Bundesministerium f. Bauten und Technik, Straßenforschung, 18, S. 51–58

Pariseau, W. G. (1978): A note on monitoring stress changes in situ. – Int. J. Rock Mech. Min. Sci., Vol. 15, S. 161–166

Pašek, J. & Rybář, J. (1961): Die Darstellung ingenieurgeologischer Verhältnisse in der Karte 1 : 25 000. – Z. Angew. Geol., Bd. 7, Heft 3. S. 136–139

Patton, F. D. (1966): Multiple modes of shear failure in rock. – Proc. 1. Congr. Int. Soc. Rock Mech., Lissabon, Vol. 1, S. 509–513

Paul, A. & Wichter, L. (1995): Das Langzeitverhalten von Tunnelbauten im quellenden Gebirge – Neuere Messergebnisse vom Stuttgarter Wagenburgtunnel. – Taschenbuch für den Tunnelbau 1996, S. 125–164

Pettijohn, F. J. (1949): Sedimentary rocks. – Harper Brothers, New York

Piteau, D. R. (1970): Engineering geology contribution to the study of stability of slopes in rock with particular reference to De Beers Mine. – Ph. D. Thesis, Univ. of Witwatersrand, 1, 151 S.

Powers, M. C. (1953): New roundness scale for sedimentary particles. – J. Sediment. Petrol., Vol. 23, S. 117–119

Press, F. & Siever, R. (1974/78): Earth, 5. Aufl. – 656 S., Freeman & Co., San Francisco

Preuss, H. D. (1974): Numerisch-Photogrammetrische Messung geologischer Trennflächen. – Dt. geodät. Korn., Bay. Akad. Wiss., Reihe C, Heft 201

Prinz, H. (1982): Abriß der Ingenieurgeologie, 1. Aufl. – 432 S., Enke, Stuttgart

Prinz, H. & Strauss, R. (2011): Ingenieurgeologie, 5. Aufl. – 738 S., Spektrum, Akademischer Verlag, Heidelberg

Pusch, M., Hammer, J., Kus, J., Klosa, D., Thiemeyer, N. & Mingerzahn, G. (2014): Macro- and microscale distribution of hydrocarbons in the Staßfurt Hauptsalz of the Gorleben salt dome. – Z. Dt. Ges. Geowiss., Vol. 165, S. 3–14

Rad, U. v. (1962): Die Flyschzone des östlichen Allgäus zwischen Iller und Lech. – Jahresbericht u. Mitt. oberrh. geol. Ver., N. F. Bd. 44, S. 31–42

Rahn, W. (1981): Zum Einfluß der Gesteinsanisotropie und des bruchbedingten nichtlinearen Materialverhaltens auf die Ergebnisse von Spannungsmessungen im Bohrloch. – Bochumer geol. u. geotechnische Arbeiten, Bd. 5, S. 1–209

Rahn, W., Neuenburg, R. & Effenberger, K. (1983): Ermittlung der Gebirgsverhältnisse in Gebieten mit Salzauslaugungen im tieferen Untergrund und ihre Auswirkungen auf den Tunnelbau. – Ber. 4. Nat. Tag. Ing.-Geol., S. 115–128, Goslar

Ranalli, G. & Chandler, T. E. (1975): The stress field in the upper crust as determined from in situ measurements. – Geol. Rundschau, Bd. 64, S. 653–674

Redlich, K., Terzaghi, K. v. & Kampe, R. (1929): Ingenieurgeologie. – 708 S., Springer, Wien

Reik, G. (1974): Tektonische Entlastungsphase und Entwicklung des Kluft- und Mikrogefüges. – In: Festschrift Leopold Müller-Salzburg zum 65. Geburtstag. Hrsg.: Fecker et al, S. 113–126, Karlsruhe

Reik, G. (1985): Primärspannung und Gebirgsdruck. – Felsbau, Jg. 3, S. 101–106

Reik, G. & Soetomo, S. (1986): Influence of geological condition on design and construction of Cirata powerhouse cavern. – Proceedings of the Internat. Conference on Large Caverns, Helsinki, Finland

Reik, G. & Vardar, M. (1974): Bestehen Zusammenhänge zwischen residuellen Spannungen und tektonischer Beanspruchung? – Rock Mechanics, Vol. 6, S. 101–116

Rengers, N. (1967): Terrestrial photogrammetry. A valuable tool for engineering geological purposes. – Felsmechanik und Ingenieurgeologie, Vol. 5, S. 150–154

Rengers, N. (1970): Influence of surface roughness on the friction properties of rock plains. – Proc. 2. Congr. of the Intern. Soc. For Rock Mechanics, Belgrad, Paper 1–31

Rengers, N. (1976): Special applications of photographs in engineering geology. – Int. Inst. Aerial Survey and Earth Sciences, Enschede

Rengers, N. (1978): Remote sensing for engineering geology: possibilities and limitations. – 3. Int. Congress IAEG, Madrid, Vol. 10, S. 267–281

Richey, J. E. (1955): Some geological aspects of catchment areas and reservoir sites. – Water Power, Vol. 7, S. 283–291

Richey, J. E. (1964): Elements of engineering geology – 157 S., Pitman, London

Riedel, W. (1929): Zur Mechanik geologischer Brucherscheinungen. – Cbl. f. Min. etc., Abt. B., S. 354–368

Rocha, M. (1964): Mechanical behaviour of rock foundations in concrete dams. – 8th Int. Congr. on Large Dams, Edinburgh

Rocha, M., Lopes, J. B. & Da Silva, J. N. (1969): A new technique for applying the method of the flat jack in the determination of stresses inside rock masses. – Laboratōrio Nacional De Engenharia Civil (LNEC), Lisboa, Memoria No. 324

Roloff, A. (1978): Geomechanische Erfahrungen beim Bau und Betrieb eines Pumpspeicherwerkes mit gedichtetem Unterbecken in Buntsandstein. – Rock. Mechanics, Supplementum 7, S. 41–51

Roš, M. & Eichinger, A. (1949): Die Bruchgefahr fester Körper. – EMPA-Bericht Nr. 172, 246 S., Zürich

Rossi, P. P. (1987): Recent developments the jack test on masonry structures. – Bergamo, I quaderni dell'ismes, Vol. 231

Rowe, P. W., Barden, L. & Lee, K. (1964): Energy components during the triaxial cell and direct shear tests. – Géotechnique, Vol. 14, 247–261

Rummel, F. & Alheid, H.-J. (1980): Hydraulic fracturing stress measurements in SE Germany and tectonic stress pattern in Central Europe. – Proc. LTS-Yugoslav Research Conf. Intra-Continental Earthquakes, ed. Inst. Earthquake Eng. Seism., Skopje

Rummel, F. & Fairhurst, Ch. (1970): Post-failure behaviour of brittle rock using a servocontrolled testing machine. – Rock Mechanics, Vol. 2, S. 189–204

Russell, R. D. & Taylor, R. E. (1937): Roundness and shape of Mississippi river sands. – J. Geol., Vol. 45, S. 225–267

Rutschmann, W. (1974): Mechanischer Tunnelvortrieb im Festgestein. – 200 S., VDI-Verlag, Düsseldorf

Rybář, J. (1974): Blockrutschungen mit einem Grabenbruch. – In: Fecker, E., Götz, H.-P., Sauer, G. & Spaun, G. (Hrsg.): Festschrift Leopold Müller-Salzburg zum 65. Geburtstag, S. 161–175

Sander, B. (1930): Gefügekunde der Gesteine. 352 S., Springer, Wien

Sander, B. (1948): Einführung in die Gefügekunde der geologischen Körper, 1. Teil. – Springer, Wien

Sander, B. (1950): Einführung in die Gefügekunde der geologischen Körper, 2. Teil. – Springer, Wien

Savidis, S. (1980): Betrachtungen bei der Berechnung der Erdbebensicherheit von Erd- und Steindämmen. – Geotechnik, Jg. 1980/1, S. 38–43

Sbar, M. L. & Sykes, L. R. (1973): Contemporary compressive stress and seismicity in Eastern North America: An example of intra-plate tectonics. – Geol. Soc, Am., Bull., Vol. 84, S. 1861–1882

Schaible, L. (1958): Frost- und Tauschäden an Verkehrswegen und deren Bekämpfung. – W. Ernst & Sohn, Berlin

Scheidegger, A. E. (1978): Comparative aspects of the geotectonic stress field. – Rock Mechanics, Supplementum 6, S. 55–64

Schimazek, J. & Knatz, H. (1970): Der Einfluß des Gesteinaufbaus auf die Schnittgeschwindigkeit und den Meißelverschleiß von Streckenvortriebsmaschinen. – Glückauf, 106, S. 274–278

Schlesinger, L. (1976): Ermittlung der Rauhigkeit einer Gesteinsoberfläche aus photographischen Meßbildern. – Unveröffentlichte Diplomarbeit, Universität Stuttgart

Schmaltz, G. (1929): Über Glätte und Ebenheit als physikalisches und physiologisches Problem. – Z. d. VDI, Bd. 73, S. 1461–1467

Schneider, B. (1967): Moyens nouveaux de reconnaissance des massifs rocheux. – Ann. Inst. Techn. Bâtiment Trav. Publ. 20, N°235–236, S. 1055–1094

Schneider, H.-J. (1975): Reibungs- und Verformungsverhalten von Trennflächen im Fels. – Veröffentl. Inst. f. Boden- und Felsmechanik, Univ. Karlsruhe, Heft 65, 166 S.

Schneider, H.-J. (1979): Neue Versuchsapparatur zur Bestimmung der Durchströmungseigenschaften von Fels. – Ber. 2. Nat. Tag. Ing. Geol., Fellbach, S. 75–83

Schneider, H.-J. & Mühlhaus, H. B. (1977): Die Spannungsverteilung in der Probe mit vorgegebener Gleitfläche beim direkten Scherversuch. – Jahresbericht 1976, SFB 77 – Felsmechanik – Universität Karlsruhe, 1977, S. 60–84

Schneider, T. (1966): Geologische Gesichtspunkte bei der Projektierung von Dichtungsschirmen im Fels. – Felsmechanik u. Ingenieurgeologie, Vol. 4, S. 132–139

Schultze, E. & Muhs, H. (1967): Bodenuntersuchungen für Ingenieurbauten. 2. Aufl. – 722 S., Springer Berlin

Schulze, W. E. & Simmer, K. (1974): Grundbau, Teil 1. – 230 S., Teubner, Stuttgart

Schumm, A. A. (1956): Evolution of drainage systems and slopes in bad lands at Perth Amboy, New Jersey. – Geol. Soc. Am., Bull., Vol. 67, S. 597–646

Schuster, R. L. (1979): Reservoir-induced landslides. – Bull. IAEG., Vol. 20, S. 8–15

Seeber, G. (1964): Einige felsmechanische Messergebnisse aus dem Druckschacht des Kaunertalkraftwerkes. – Felsmechanik u. Ingenieurgeologie, Suppl. I, S. 130–148

Seeber, G. & Friedrich, R. (1999): Druckstollen und Druckschächte. – 348 S., Spektrum, Akademischer Verlag, Heidelberg

Seed, H. B. (1979): Considerations in the earthquake-resistant design of earth and rockfill Dams. – Géotechnique, Vol. 29, S. 215–263

Sharma, B. (1978): Spannungsänderungen beim Abbau von Böschungen im geklüfteten Fels. – Sonderforschungsbereich 77 „Felsmechanik", Jahresbericht 1977, S. 125–148, Karlsruhe

SIA 198 (1993): Schweizerischer Ingenieur- und Architekten-Verein: Norm SIA 198, Untertagebau – Ausführung. – Ausgabe 1993

SIA 199 (1975): Schweizerischer Ingenieur- und Architekten-Verein: Empfehlung SIA 199, Erfassen des Gebirges im Untertagebau. – Ausgabe 1975

Simpson, D. W. (1976): Seismicity changes associated with reservoir loading. – Eng. Geol., Vol. 10, S. 123–150

Skempton, A. W. (1954): The pore pressure coefficients A and B. – Géotechnique, Vol. 4, S. 143–152

Spaun, G. (1974): Tunnelbaugeologie – Bauvertrag – Bauabwicklung. – Bundesministerium f. Bauten u. Technik, Straßenforschung, S. 7–13, Wien

Spaun, G. (1979): Über die Ursachen von Sohlhebungen im Gipskeuper. – Ber. 2. Nat. Tag. Ing.–Geol., S. 143–151, Fellbach

Spaun, G. (1984): Geologische Gesichtspunkte bei der Klassifizierung des Gebirges. – In: Wichter, L. (Hrsg.): Tunnelbau. – Reihe Kontakt & Studium, Bauwesen, 184,Technischen Akademie Esslingen, 1–13

Steiner, W., Kaiser, P. K. & Spaun, G. (2011): Role of brittle fracture in swelling behaviour: evidence from tunnelling case histories. – Geomechanics and Tunnelling, Vol. 4, S. 141–156

Stemberk, J., Fecker, E., Košťák, B. & Rybář, J. (2008): Tectonic movements detected recently in the Upper Rhine Graben. – In: „Geomechanik Kolloquium Karlsruhe: Grundlagen und Anwendungen der Geomechanik", Veröff. Inst. Bodenmechanik und Felsmechanik, Universität Karlsruhe, Heft 170a, S. 187–198

Stief, K. (1993): Technische Anforderungen an die Errichtung von Deponien in der TA-Siedlungsabfall. – Die neue TA-Siedlungsabfall und ihre Folgen, Symposium Aachen, 22. u. 23. Juli 1993, Wissenschaftsverlag, Aachen, S. 217

Stini, J. (1922): Technische Geologie. – Enke, Stuttgart

Stini, J. (1929): Technische Gesteinskunde. – 550 S., Springer, Wien

Stini, J. (1933): Die Quellen. – 255 S., Springer, Wien

Stini, J. (1950): Tunnelbaugeologie. – 366 S., Springer, Wien

Stini, J. (1955): Die baugeologischen Verhältnisse der Österreichischen Talsperren. – Die Talsperren Österreichs, Heft 5

StLB 007 (2018): Standardleistungsbuch: Leistungsbereich 007: Untertagebau. – Köln, 2018 (s.a.: https://www.stlb-bau-online.de/)

Stojič, P. (1965): Consolidation work for the Grančarevo dam foundation. – Felsmechanik u. Ingenieurgeologie, Vol. 3, S. 24–33

Streckeisen, A. (1967): Classification and nomenclature of igneous rocks. – Neues Jahrbuch f. Mineralogie, Abh., Bd. 107, H. 3, S. 215–240

Talobre, M. J. (1957): La Mécanique des Roches. – 442 S., Dunod, Paris

Tentschert, E. (1980): Kraftwerksgruppe Sellrain-Silz: Kluftwasserhaushalt der Druckschächte. – Geol. Pal. Mitt. Innsbruck, 10, S. 173–215

Terzaghi, K. von (1929): Gründung von Stauwerken. – In: Redlich, K., Terzaghi, K. v. & Kampe, R. (1929): Ingenieurgeologie. – 708 S., Springer, Wien, S. 506–543

Terzaghi, K. von (1936): The shearing resistance of saturated soils and the angle between the planes of shear. – Proc. 1. Int. Conf. Soil Mech. Found. Engng., Cambridge (Mass.), Vol. 1, S. 54–56

Terzaghi, K. von (1946): Rock defects and loads on tunnel supports. – 95 p., Harvard University, Graduate School of Engineering

Terzaghi, K. von & Peck, R. (1961): Bodenmechanik in der Baupraxis. – 585 S., Springer, Berlin

Thuro, K. (1996): Bohrbarkeit beim konventionellen Sprengvortrieb. Geologisch-felsmechanische Untersuchungen anhand sieben ausgewählter Tunnelprojekte. – Münchner Geologische Hefte, Reihe B, Angewandte Geologie, B1: 1–145

Thuro, K. (2010): Punktlastversuche an Gesteinsproben. – Empfehlung Nr. 5 der DGGT e. V., Bautechnik, Bd. 87, S. 322–330

Tucker, M. E. (1985): Einführung in die Sedimentpetrologie. – 265 S., Enke, Stuttgart

Udluft, P. (1972): Bestimmung des entwässerbaren Kluftraumes mit Hilfe des Austrocknungskoeffizienten nach Maillet, dargestellt am Einzugsgebiet der Lohr (Nordost Spessart). – Z. dt. geol. Ges., Bd. 123, S. 53–63

U. S. Geological Survey (1974): Town of Portola Valley General Plan. – Portola

Vardar, M. (1977): Zeiteinfluß auf das Bruchverhalten des Gebirges in der Umgebung von Tunneln. – Veröff. Inst. Boden- und Felsmechanik, Universität Karlsruhe, Heft 72, 117 S.

Vardar, M. & Fecker, E. (1984): Theorie und Praxis der Beherrschung löslicher und quellender Gesteine im Felsbau. – Felsbau, Jg. 2, S. 91–98

Verein Deutscher Zementwerke e. V. (1968): Tätigkeitsbericht 1967–68. – VDZ Düsseldorf 1978

Vogel, A. (1979): Review: Phenomena of earthquake generating processes and prediction research. – In: Terrestrial and space techniques in earthquake prediction research, Proc. of the international workshop Strasbourg, 1978, Vol. 1, S. 3–48

Vogler, U. W. O. L. & Stacy, T. R. (2016): The influence of test specimen geometry on the laboratory-determined class II characteristics of rocks. – J. S. Afr. Inst. Min. Metall., Vol. 116, S. 987–1000

Voight, B. (1966): Beziehung zwischen großen horizontalen Spannungen im Gebirge und der Tektonik und der Abtragung. – Proc. 1st Congr. Int. Soc. Rock Mechanics, Lissabon, Band II, S. 51–56

Vutukuri, V. S., Lama, R. D. & Saluja, S. S. (1974 ff): Handbook on mechanical properties. – Trans Tech Publications, Clausthal, 4 Vol.

Wadell, H. (1932): Volume, shape and roundness of rock particles. – J. Geol., Vol. 40, S. 443–451

Wagenbreth, O. (1958): Geologisches Kartenlesen und Profilzeichnen. – 188 S., Teubner, Leipzig

Wagenbreth, O. (1977): Naturwissenschaftliches Grundwissen für Ingenieure des Bauwesens, 2. Aufl. – Bd. 3, 193 S., VEB Verlag für Bauwesen, Berlin

Wallace, R. (1990): The San Andreas fault system, California. – U.S. Geological Survey Professional Paper 1515, 304 p., Washington

Walz, K. (1936): Die Bestimmung der Kornform der Zuschlagstoffe. – Die Betonstraße, 11, S. 27–32

Wanner, H. (1979): Advantages of the computer-aided mapping of tunnels. – Bull. IAEG, Vol. 19, S. 314–319

Wanner, H. (1980): Klüftigkeit und Gesteins-Anisotropie beim mechanischen Tunnelvortrieb. – Rock. Mechanics, Supplementum 10, S. 155–169

Wanner, H. & Aeberli, U. (1978): Bestimmung der Vortriebsgeschwindigkeit beim mechanischen Tunnelvortrieb. – Geol. Inst. Baugeologie, ETH Zürich, Zwischenbericht 1978

Wawersik, W. R. (1968): Detailed analysis of rock failure in laboratory compression tests. – Ph. D. Thesis, University of Minnesota

White, O. L., Karrow, P. F. & MacDonald, J. R. (1974): Residual stress relief phenomena in Southern Ontario. – Proc. 9th Canadian Rock Mechanics Symp., Montreal, S. 323–348

Wickham, G. E., Tiedemann, H. R. & Skinner, E. H. (1972): Support determinations based on geological predictions. – 1st North American Rapid Excavation and Tunneling Conference, Proc. 1, S. 43–64

Wimmenauer, W. (1985): Petrographie der magmatischen und metamorphen Gesteine. – 382 S., Enke, Stuttgart

Wittke, M. (2006): Design, construction, suspension and long-term behaviour of tunnels. – ISRM News Journal, 9, S. 49–54; Lissabon.

Wittke, W. & Louis, C. (1966): Zur Berechnung des Einflusses der Bergwasserströmung auf die Standsicherheit von Böschungen und Bauwerken in zerklüftetem Fels. – Proc. 1st Int. Congr. ISRM, Lissabon, Vol. 2

Wittke, W. & Rissler, P. (1976): Bemessung der Auskleidung von Hohlräumen in quellendem Gebirge nach der Finite Element Methode. – Veröffentl. d. Inst. f. Grundbau, Bodenmechanik, Felsmechanik u. Verkehrswasserbau der RWTH Aachen, 2, S. 7–46

Wolters, R., Reinhard, M. & Jäger, B. (1972): Beobachtungen über Art, Anordnung und Ausdehnung von Kluftöffnungen. – Symp. Durchströmung von klüftigem Fels, Stuttgart, T 1–1

Worotnicki, G. & Walton, R. J. (1976): Triaxial „Hollow Inclusion" gauges for determination of rock stresses in situ. – Advances in stress measurement, Sydney, Supplement, I–8

Wycisk, P. (1993): Die Umweltverträglichkeitsprüfung (UVP) – konzeptioneller Rahmen einer vorsorgenden Umweltgeologie: Beispiel Deponiestandortsuche. – Z. dt. geol. Ges., Bd. 144, S. 308–325

Záruba, Q. & Mencl, V. (1961): Ingenieurgeologie. – 606 S., Akademie-Verlag, Berlin

Záruba, Q. & Mencl, V. (1982): Landslides and their control. 2. Edition. – 324 S., Academia, Prag

Zötl, J. G. (1974): Karsthydrogeologie. – 291 S., Springer, Wien

Zunker, F. (1930): Das Verhalten des Bodens zum Wasser. – In: Blanck, E. (Hrsg.): Handbuch der Bodenlehre, Band 6, S. 66–220, Springer, Berlin

Stichwortverzeichnis

Q

R